"十三五"国家重点出版物出版规划项目

21 世纪高等教育建筑环境与能源应用工程系列教材

制冷技术

主　编　方赵嵩

副主编　杨晚生　江燕涛

主　审　李树林

机械工业出版社

本书在工程热力学理论的基础上，介绍了制冷技术中常用的制冷循环工作原理、制冷系统组成、制冷设备性能和制冷技术应用等。从教学基本要求出发，本书较全面地论述了应用最广泛的蒸气压缩式制冷技术，介绍了溴化锂吸收式制冷技术，对制冷技术用于热泵、冷库、蓄冷等方面的基础知识也做了简要介绍。为方便配合教学，从第 2 章开始每章都附有习题。

本书可作为高等院校建筑环境与能源应用工程专业的教材，也可作为能源与动力工程专业的教材，还可供从事暖通空调及制冷和建筑节能工作的工程技术人员参考。

本书配有 ppt 电子课件，免费提供给选用本书作为教材的授课教师，需要者请登录机械工业出版社教育服务网（www.cmpedu.com）注册下载。

图书在版编目（CIP）数据

制冷技术/方赵嵩主编. —北京：机械工业出版社，2021.3（2024.7
重印）

21 世纪高等教育建筑环境与能源应用工程系列教材 "十三五"国家重点出版物出版规划项目

ISBN 978-7-111-67164-0

Ⅰ. ①制… Ⅱ. ①方… Ⅲ. ①制冷技术-高等学校-教材

Ⅳ. ①TB66

中国版本图书馆 CIP 数据核字（2020）第 257483 号

机械工业出版社（北京市百万庄大街 22 号 邮政编码 100037）
策划编辑：刘 涛 责任编辑：刘 涛 章承林
责任校对：王 延 责任印制：刘 媛
涿州市般润文化传播有限公司印刷
2024 年 7 月第 1 版第 2 次印刷
184mm×260mm·27.5 印张·680 千字
标准书号：ISBN 978-7-111-67164-0
定价：79.80 元

电话服务 网络服务
客服电话：010-88361066 机 工 官 网：www.cmpbook.com
 010-88379833 机 工 官 博：weibo.com/cmp1952
 010-68326294 金 书 网：www.golden-book.com
封底无防伪标均为盗版 机工教育服务网：www.cmpedu.com

前 言

　　"制冷技术"课程是建筑环境与能源应用工程专业的专业必修课，也是能源与动力工程专业的主要专业课程之一。

　　为适应教学改革与发展的需要，广州大学、广东工业大学、广东海洋大学和仲恺农业工程学院四所高等院校的教师联合编写了本书，并被列为"十三五"国家重点出版物出版规划项目。

　　作为本科专业技术入门教育的教材，与其他同名称教材相比较，本书在坚持重视阐述制冷技术的基本概念、基本理论、基本方法的前提下，从加强制冷理论与工程应用相结合出发，按照制冷技术领域的新规范和新标准，内容编排上力图能够反映制冷技术发展和应用的新信息。考虑到学生从事专业技术工作后还需参加全国勘察设计注册公用设备工程师专业考试，书中除论述空调制冷外还编写了冷库、热泵、蓄冷等内容。"制冷技术"课程目前在教学计划中学时数一般为32学时，选用本书作为教材时教学学时分配建议参考下表。

"制冷技术"课程教学学时分配（供参考）

章号	内容	建议学时数
1	绪论	1
2	制冷剂、载冷剂和润滑油	2
3	蒸气压缩式制冷循环	4
4	制冷压缩机	4
5	制冷换热设备	2
6	节流装置和辅助设备	3
7	蒸气压缩式制冷系统	2
8	溴化锂吸收式制冷系统	4
9	热泵	2
10	空调水系统与制冷机房	2
11	蓄冷技术	3
12	冷库设计基础	3

　　参加本书编写的人员有：广州大学方赵嵩、冀兆良，广东工业大学杨晚生，广东海洋大学江燕涛，仲恺机械工程学院丁力行。本书主审为西安建筑科技大学李树林，主编为方赵嵩，副主编为杨晚生、江燕涛。本书编写分工为：第1章和第3章由冀兆良编写，第2章和第5章由方赵嵩编写，第4章和第9章由方赵嵩、冀兆良编写，第6章和第7章由江燕涛编写，第8章和第10章由杨晚生编写，第11章由方赵嵩、丁力行编写，第12章由丁力行编写。附录由冀兆良整理。

　　本书编写时参考了已出版的相关教材、与现行制冷技术有关的设计规范和产品标准等。在此，对各位作者表示衷心感谢！本书在编写过程中得到了广州大学的大力支持和帮助，在此也表示衷心感谢！同时还要衷心感谢主审李树林老师对本书进行的严格审查和提出的宝贵修改意见。

　　由于编写人员的水平及经验有限，书中难免存在缺点和不足之处，敬请读者给予批评指正。

编者

目　录

第 1 章
绪　　论

1.1　制冷概述

什么是制冷？制冷就是用人工技术方法使某空间或物体的温度低于环境温度，并保持该温度。以房间为例，室内空气温度与室内空气中的热量相关，要使室内空气温度低于室外空气温度，就必须从室内空气中拿走一些热量，拿走的热量越多，室内空气温度低于室外空气温度的幅度越大。例如，空调器制冷是把空调房间室内空气中的热量拿到室外空气中，从而实现并保持空调房间室内空气温度低于室外空气温度；冷库制冷是把冷藏（冻）库内空气中的热量拿到室外空气中，从而实现并保持冷库室内空气温度低于室外空气温度。因此，制冷的实质是拿走热量，制冷技术实际上就是拿走热量的技术，是把热量从温度较低处拿到温度较高处的技术，制冷量就是负热量，供冷即吸热。

理解了制冷是拿走热量，那么，利用制冷系统获得的热量来应用，就是热泵。制冷的同时产生热量，制热的同时产生冷量，当需要用的是冷量时即为制冷，当需要用的是热量时就是热泵，若冷量、热量同时被应用，则这样的制冷（制热）系统最有利于节能。

1.2　实现制冷的技术方法

冷量的来源可分为自然冷源和人工冷源。自然冷源的冷量直接来自自然界，例如冰、雪、地下水、深海水等，自然冷源的冷量虽容易获取，但受到季节、环境、温度等条件限制，难以满足现代生产及生活的需要。人工冷源的冷量是利用技术手段制取的，可以不受季节等自然因素的限制，随时随地需要多少冷量就制取多少冷量，需要什么样的制冷温度就保持什么样的制冷温度，可以完全满足现代生产、生活及科学研究的供冷需要。因此，通常说的制冷技术就是人工制冷，即利用技术手段制取冷量，空调冷源就是由制冷系统制取冷量来实现空调供冷的人工冷源。

实现制冷的技术方法很多，下面先做一些简要介绍。

1.2.1　蒸气压缩制冷

蒸气压缩制冷是液体汽化制冷的技术方法之一，这种方法利用液体汽化时的吸热效应，将制冷需要拿走的热量吸取并带走，用于汽化吸热的工质称为制冷剂（第 2 章将介绍制冷剂），液态制冷剂吸热汽化后变为气态制冷剂，吸热汽化出来的制冷剂蒸气处于低温低压状态，经制冷压缩机压缩后成为高温高压状态的制冷剂蒸气，温度高于环境温度，便于实现冷凝放热,将带出来的热量(主要是汽化潜热)放出之后,制冷剂恢复为液体状态,返回制冷需要拿走热量之处再次吸热汽化,循环往复,从而实现连续制冷。

蒸气压缩式制冷的核心设备是制冷压缩机(见第 4 章),制冷压缩机因实现压缩过程的形式不同可分为离心式制冷压缩机、螺杆式制冷压缩机、滚动转子式制冷压缩机、涡旋式制冷压缩机、活塞式(也称为往复式)制冷压缩机等。通常,因为蒸气制冷压缩机是由电动机驱动的,即利用电能实现制冷的,所以这种制冷技术也被简称为电制冷。

1.2.2 蒸气吸收式制冷

蒸气吸收式制冷是液体汽化制冷技术的另一种方法,这种方法同样是利用液体汽化时的吸热效应,将制冷需要拿走的热量由制冷剂液体汽化成蒸气的过程中吸取并带走,从而实现制冷。蒸气吸收式制冷不用压缩机,而是用吸收器和靠热源加热的发生器来实现使制冷剂蒸气从低温低压状态变为高温高压状态,实现制冷循环的工作介质有制冷剂和吸收剂,吸收剂的作用是将制冷剂从低温低压的吸收器携带到高温高压的发生器,配合制冷剂完成制冷循环。蒸气吸收式制冷是利用热能来实现制冷的,热源加热的过程是在发生器中进行的,按加热所用热源型式的不同,分为燃气直燃型、蒸气型、热水型等。

蒸气吸收式制冷技术在实际应用上主要有两种形式:溴化锂吸收式制冷、氨吸收式制冷。溴化锂吸收式制冷所用的制冷剂是水,吸收剂是溴化锂水溶液;氨吸收式制冷所用的制冷剂是氨,吸收剂是水。溴化锂吸收式制冷实现的制冷温度在 0℃ 以上,因此,作为空调冷源的吸收式制冷多为溴化锂吸收式制冷;冷热电三联供系统的供冷常用溴化锂吸收式制冷,因其是利用余热来制冷的。氨吸收式制冷适用于制冷温度在 0℃ 以下,多用于制取 - 15℃ 以下的盐水,为生产工艺供冷。

1.2.3 空气膨胀制冷

根据气体状态方程,空气被压缩时随着压力的升高,温度升高、体积变小;高压状态的空气当压力降低时,温度降低、体积变大(膨胀),把这种温度降低效应就称为空气膨胀制冷。若将压缩之后温度高的空气经冷却后再减压,则膨胀制冷获得的制冷温度会更低,若将空气减压过程的膨胀功回收利用,则有利于提高空气膨胀制冷循环的制冷系数。

空气膨胀制冷广泛用于飞机空调,特别是民用航空飞机客舱空调,无论是欧洲的空中客车(Airbus)飞机、美国的波音(Boeing)飞机,还是俄罗斯的伊尔(IL)飞机和图(TU)系列飞机,以及我国已试飞的 C919 飞机,飞机客舱空调用的都是空气膨胀制冷,这种制冷技术的方法都是将室外空气吸入压缩后经过冷却器冷却,然后减压膨胀降低温度送入客舱,民航客机的飞行高度通常在 1 万 m 左右,此高度处的机外空气温度较低,故空气冷却器的冷却效果是显著的,对实现空气膨胀制冷满足客舱空调要求是非常有利的。

1.2.4 热电制冷

热电制冷是根据温差电效应原理来实现制冷的。1821 年德国物理学家塞贝克(Thomas Seebeck)发现:把两根铜丝和一根钢丝与灵敏电流计串联成闭合电路,然后把铜丝和钢丝的一个连接点放在盛有冰水混合物的容器里保持低温,另一个连接点放在火焰上加热,发现灵敏电流计的指针发生了偏转,这表明该闭合电路中产生了电流,塞贝克把这种电流叫作

"热电流",把这一电路叫"热电偶电路",这就是温差电效应,也被称为塞贝克效应,今天仍在广泛应用于测量温度的热电偶,依据的就是这一原理。1834 年法国业余物理学研究者佩尔捷(Jean Peltier)发现:由两种不同的金属导线连接所组成的封闭环路,接上电源之后,其中一个连接点散发热量而另一个连接点吸收热量,把吸收热量的连接点称为冷端,散发热量的连接点称为热端,冷端的热量被移到热端,导致冷端温度降低,热端温度升高,这就是著名的佩尔捷效应。塞贝克效应是两个连接点温度不同时环路产生电流,佩尔捷效应是接上电源的环路会形成冷端和热端,利用冷端吸热将热量拿到热端放出,理论上可实现制冷。然而,一般金属环路的佩尔捷效应很微弱,由其冷端、热端产生的吸热量、放热量值很小,不能满足实用要求。这种情况一直持续到 20 世纪 60 年代后半导体材料的出现及广泛应用,才使热电制冷逐渐发展并步入实用化,因为半导体材料的热电效应更强,半导体热电制冷技术可以采用热电堆,加大冷端吸热量及热端放热量,从而使该技术达到实用化要求。

热电制冷技术已越来越广泛地应用于医疗器械、饮水机、计算机、卫星、仪器设备等制冷,但因为其制冷量比蒸气压缩式制冷或蒸气吸收式制冷的制冷量小得多,所以在建筑物空调制冷系统及冷库制冷系统中尚未有应用。

1.2.5 正在研发的制冷技术

1. 磁制冷

磁制冷是一种利用磁性材料的磁热效应来实现制冷的新技术。所谓磁热效应是指磁性材料在无外加磁场时(也称为去磁过程)吸热,而在有外加磁场时(也称为磁化过程)放热的现象。利用磁热效应让磁性材料将热量从需要制冷之处吸走,然后将热量排放到大气环境中去。磁制冷被认为是传统的液体汽化制冷技术的一种有希望的替代方法,达到实用化尚需解决的主要问题是找到常温环境条件下具有良好磁热性能(磁化、去磁性能,吸热、放热性能)且价廉易得的磁性材料。

2. 膜辐射制冷

膜辐射制冷技术的基本原理是:利用经过特殊工艺处理的膜,将制冷需要拿走的热量以红外辐射的方式传递至外太空。2014 年,美国斯坦福大学华人学者范善辉教授带领的研究团队,试验研究在硅的表面先镀上一层对太阳光具有很强反射能力的金属银,然后在银的表面交替沉积上厚度为几十至几百纳米之间的二氧化硅和二氧化铪,试制成辐射制冷薄膜,试验结果显示这种膜对太阳光的反射率可达 97%,且其热辐射波长集中在 8~14μm 的红外线区(也称大气窗口波段),即使在膜外侧太阳辐射热达最大值时,膜内侧的空气温度也比地面空气温度低约 5℃,具有很好的辐射制冷效果。然而,这种膜的生产工艺过程复杂且加工设备昂贵,于是,国内外的研究团队都在试图改进这种膜的构造及其生产工艺,同时又能使膜外表面具有高反射率和强红外热辐射力,提高膜的辐射传热性能并降低膜的生产成本,实现可大面积生产,这些问题只有解决后,才有利于膜辐射制冷技术的推广应用。

技术有限,智慧无穷,创新无止境。随着科学技术的不断发展,今后还会有新的制冷技术出现,这是必然的。

本书重点介绍的制冷技术属于普通制冷技术,主要是服务于建筑环境的空调制冷及冷库制冷,因此,课程教学内容主要讲工程中广泛应用的液体汽化制冷,即蒸气压缩式制冷和溴化锂吸收式制冷。

1.3 制冷技术发展历史

1.3.1 世界制冷技术发展简史

纵观世界，200 多年来的制冷技术发展历史主要由以下著名贡献者及其标志性成就著写，简要列举如下：

1）1755 年，英国化学教授库仑（William Cullen）试制了第一台小型制冷试验设备，这台试验设备可以造成真空使水蒸发而产生少量的冰，同时他发表了题为《液体蒸发制冷》的学术论文，这是制冷技术方面公开发表最早的原理性论文。

2）1834 年，在英国的美国人珀金斯（Jacob Perkins）试制成功了世界上第一台以乙醚为制冷剂的蒸气压缩式制冷机，这台制冷压缩机是活塞式的，是由人力驱动的。

3）1844 年，美国医生高里（John Gorrie）利用封闭循环的空气实现了空气膨胀制冷，这是世界上第一台空气膨胀制冷机。

4）1859 年，法国人卡列（Ferdinad Carre）设计并制成了世界上第一台氨吸收式制冷机。

5）1875 年，德国人林德（Linde）设计制成了世界上第一台氨蒸气压缩式制冷机。

6）1910 年，法国人莱兰克（Maurice Lehlanc）在巴黎发明了世界上第一台蒸气喷射式制冷机。

7）1922 年，美国工程师开利（Carrier）设计制成世界上第一台离心压缩式制冷机。

8）1929 年，美国人麦杰里（Midgley）发现了氟利昂，1930 年之后，氟利昂制冷剂日益广泛地得到应用。

9）1934 年，瑞典皇家工学院教授阿尔夫·利斯霍姆（Alf Lysholm）发明了世界上第一台螺杆式压缩机，起先用于燃气轮机的增压，后推广用作制冷压缩机。

10）1945 年，美国开利公司研制出溴化锂吸收式制冷机。

11）20 世纪初，法国工程师克拉斯（Cruex）发明了涡旋式压缩机，并且在美国申请了专利，受限于当时缺乏高精度涡旋型线加工设备，故并没有得到快速发展应用。直到 20 世纪 70 年代后有了高精度数控机床，才实质性地推动了涡旋式制冷压缩机大量发展和应用。

12）1974 年，美国人莫列纳（Molina）和罗兰（Rowland）发现部分氟利昂消耗大气臭氧层，并产生温室效应，1987 年开始限用氟利昂，现已进展到限用对环境有影响的 HCFC 及 HFC 阶段。

1.3.2 我国制冷技术发展简史

1949 年 10 月以前，我国制造业技术极为落后，风机、水泵都造不了，更别说制冷压缩机了！新中国建立之后，才开始我国的工业化体系建设。经过 70 多年持续不懈地艰苦奋斗，如今，我国的制冷技术水平在一些领域已是国际领先水平，但总体技术水平仍需要继续提高。

70 多年来制冷技术领域的发展历程及成就简列如下：

1）1954 年试制出我国第一台活塞式氨制冷压缩机。

2）1966 年试制出我国第一台溴化锂吸收式制冷机。

3）1966 年研制成我国第一台离心式制冷机，当时美国及西方资本主义国家对我国实施全面封锁，禁止向我国出口氟利昂制冷剂，因此，我国第一台离心式制冷机用的制冷剂是丙烯。

4）1967 年制造出蒸气喷射式制冷机。

5）1971 年研制成螺杆式制冷机。

6）1976 年制造出全封闭活塞式式制冷压缩机。

7）20 世纪 80～90 年代，引进国外生产线学习生产转子式制冷压缩机和螺杆式制冷压缩机。

8）1993 年基本完成了涡旋式制冷压缩机的研制攻关。

9）2011 年，我国第一台拥有完全自主知识产权的直流变频离心式冷水机组，也是全球首台双级高效变频离心式冷水机组通过技术鉴定，其名义工况性能系数 COP = 6.73，部分负荷制冷性能系数 IPLV = 11.2，该技术指标处于国际领先水平。

1999 年全世界最著名科学家们评出：20 世纪对人类社会产生重大影响的 20 项科学技术，"制冷空调技术"得到全世界公认，被排在第 10 位。由此可见，制冷空调技术对人类社会的生产、生活、工作及一切活动的重要性。如今我国是制冷技术应用大国，正在向制冷技术强国阔步前进。

1.4 制冷量的单位及换算

制冷量是负热量，因此制冷量的物理单位与热量基本相同。按照国际单位制，单位时间的制冷量类似于功率，故用 kW 表示，非标准的功率单位常用"匹"表示，"匹"原本单位是马力，有米制马力和英马力。而供冷用户的累计用冷量，计量单位应用 kJ、MJ、GJ 或 kW·h。与热量计量单位不同的是冷量计量单位还有冷吨，冷吨有美国冷吨、日本冷吨、英国冷吨；冷量单位还有非国际单位的工程单位，如卡（cal）、英热单位（Btu）等。各种冷量单位与国际单位的换算关系如下：

1kcal/h（千卡/小时）= 1.163W；

0.8598kcal/h = 1W；

1Btu/h（英热单位/小时）= 0.2931W；

3.412Btu/h = 1W；

1 USRT（美国冷吨）= 3024 千卡/小时（kcal/h）= 3.517kW；0.28433 USRT = 1kW；

1 日本冷吨 = 3320 千卡/小时（kcal/h）= 3.861 千瓦（kW）；

1 英国冷吨 = 3373 千卡/小时（kcal/h）= 3.923 千瓦（kW）；

1kcal/h = 3.968Btu/h；

1Btu/h = 0.252kcal/h；

1USRT = 12000Btu/h；

10000kcal/h = 3.3069USRT；

1 马力（米制马力）= 0.735kW；

1hp（英马力）= 0.7457kW；

1kW·h = 3600kJ；

1MJ = 0.2778kW·h。

第 2 章
制冷剂、载冷剂和润滑油

制冷剂是在制冷系统中完成制冷循环的工作物质（也称制冷工质），对于热泵系统，其制冷剂也可称作热泵工质。只有在工作温度范围内能够汽化和凝结的物质，才能称为制冷剂或热泵工质。本章第一节分析了制冷剂对蒸气压缩制冷循环及其制冷系统的影响。因此，要获得性能良好、运转正常且符合环境友好要求的制冷或热泵装置，应熟悉制冷有关知识。

载冷剂是间接制冷系统中用以传递制冷、蓄冷装置冷量的中间介质。载冷剂在蒸发器中被制冷剂冷却后送到冷却设备或蓄冷装置中，吸收被冷却物体或空间的热量，再返回蒸发器，重新被冷却，如此循环不止，以实现冷量的传递。

2.1 制冷剂

2.1.1 制冷剂的种类及其编号方法

根据制冷剂的分子结构，可分为无机化合物制冷剂和有机化合物制冷剂两大类；根据制冷剂的组成，可分为单一（纯质）制冷剂和混合制冷剂；根据制冷剂的常规冷凝压力 p_k 和标准沸点，可分为高温（低压）制冷剂、中温（中压）制冷剂和低温（高压）制冷剂。一般高温是指标准沸点为 $0 \sim 10℃$（压力 $\leqslant 0.3MPa$）；中温为 $0 \sim -20℃$（压力为 $0.3 \sim 2.0MPa$）；低温为 $-20 \sim -60℃$（压力 $\geqslant 2.0MPa$）。

我国国家标准 GB/T 7778—2017《制冷剂编号方法和安全性分类》中规定了各种通用制冷剂的简单编号方法，以代替其化学名称、分子式或商品名称。该标准与美国国家标准/美国采暖制冷空调工程师学会（ASHRAE）标准 ANSI/ASHRAE 34—2013《制冷剂命名和安全分类》（Designation and Safety Classification of Refrigerants）等效采用，编号方法与国际标准 ISO 817：2014 一致。

相关标准规定用字母 R（英文 Refrigerant 的首字母）和它后面的一组数字及字母作为制冷剂的简写编号。字母 R 作为制冷剂的代号，后面的数字或字母则根据制冷剂的种类及分子组成按一定规则编写。

1. 无机化合物制冷剂

常见无机化合物的制冷剂有水、空气、氨、二氧化碳、二氧化硫等。其编号用序号 700 表示，化合物的相对分子质量（是一个分子质量与碳 12 原子质量的 1/12 的比值）加上 700 就得到制冷剂的识别编号。如氨（NH_3）的相对分子质量为 17，其编号为 R717，空气、水和二氧化碳的编号分别为 R729、R718 和 R744。如两种或多种无机化合物制冷剂具有相同的相对分子质量时，用 A、B、C 等字母予以区别。

2. 有机化合物制冷剂

常用的有机化合物制冷剂有卤代烃、碳氢化合物及其制冷剂混合物等。

（1）甲烷、乙烷、丙烷和环丁烷系的卤代烃以及碳氢化合物的编号方法　卤代烃是一种烃的衍生物，含有一个或多个卤族元素（溴、氯或氟），氢也可能存在。目前用作制冷剂的主要是甲烷、乙烷、丙烷和环丁烷系的衍生物，其通式为 $C_m H_n F_p Cl_q Br_r$。碳氢化合物（又称烃类物质），主要有饱和碳氢化合物和非饱和碳氢化合物，其通式为 $C_m H_{2m+2}$，原子之间的关系式为

$$2m + 2 = n + p + q + r$$

制冷剂的编号 R 后面自右向左的第一位数字是化合物中的氟（F）原子数；自右向左的第二位数字是化合物中的氢（H）原子数加 1 的数；自右向左的第三位数字是化合物中的碳原子数减 1（即 $m-1$）的数，当该数值为零时，则不写；自右向左的第四位数字是化合物中碳键的个数，当该数值为零时，则不写。例如二氟二氯甲烷分子式为 $CF_2 Cl_2$，编号为 R12；二氯三氟乙烷 $C_2 HF_3 Cl_2$ 的编号为 R123。

若卤代烃分子式中有溴（Br）原子部分和全部代替氯的情况，则在编号最后增加字母 B，以表示溴（Br）的存在，字母 B 后的数字表示溴原子数，例如三氟一溴甲烷 $CF_3 Br$，其编号为 R13B1。

化合物中氯（Cl）的原子数，是从能够与碳（C）原子结合的原子总数中减去氟（F）、溴（Br）和氢（H）原子数的和后求得的。

对于饱和的制冷剂，连接的原子总数是 $2n+2$，其中 n 是碳原子数。对于单个不饱和的制冷剂和环状饱和制冷剂，连接的原子总数是 $2n$。

环状衍生物，在制冷剂的识别编号之前使用字母 C。例如氯七氟环丁烷的分子式为 $C_4 ClF_7$，其编号为 RC317。

对乙烷、丙烷、环丁烷系列的同分异构体具有相同的编号，但对最对称的一种制冷剂的编号后面不带任何字母。随着同分异构体变得越来越不对称，就附加小写 a、b、c 等字母。例如二氟乙烷的分子式为 $CH_2 FCH_2 F$，其编号为 R152；它的同分异构体的分子式为 $CHF_2 CH_3$，其编号为 R152a。

（2）混合物制冷剂编号方法　这类制冷剂包括共沸混合物制冷剂和非共沸混合物制冷剂，由制冷剂编号和组成的质量分数来表示。已编号的共沸混合物制冷剂，依应用先后，在 R500 序号中顺序地规定其编号，例如 R500 和 R502 的组成（质量分数）如下：R500-R12/R152a（73.8/26.2），R502-R22/R115（48.8/51.2）。已编号的非共沸混合物制冷剂，依应用先后，在 R400 序号中顺次地规定其编号。如混合物制冷剂的组分相同，质量百分比不同，编号数字后接大写 A、B、C 等字母加以区别。例如非共沸混合制冷剂 R407B-R32/R125/R134a（10/70/20），R407C-R32/R125/R134a（23/25/52）。

此处需说明的是：非共沸混合物制冷剂是由两种或两种以上不同的制冷剂按一定比例混合而成的制冷剂，在饱和状态下，气液两相组成成分不同，在一定压力和一定的混合比下，沸腾温度（泡点）和冷凝温度（露点）不同，两者之差称为滑移温度，当滑移温度 ≤1℃时，一般称之为近（亚）共沸混合制冷剂。非共沸混合物制冷剂的两个特性：①非共沸混合物制冷剂在一定压力下冷凝或蒸发时为非等温过程，故可实现非等温制冷，对降低功耗、提高制冷系数有利；②由于非共沸混合物制冷剂气液相组分不同，当系统有泄漏时，会改变

制冷剂的混合比例，影响制冷剂的性能。

（3）其他有机化合物的编号方法　有机化合物一般规定按 R600 序号编号，其编号按 GB/T 7778—2017 中表 5 的规定执行。如乙醚 – R610，甲胺 – R630，乙胺 – R631 等。

为促进人们理解 GB/T 7788—2017，对制冷剂编号前添加前缀符号规定了统一性原则；对技术性和非技术性的前缀符号都做了规定，可以根据应用的目的和读者对象进行选择。

技术性前缀符号主要应用在技术出版物、设备标牌、样本以及使用维护说明书中。技术性前缀符号是在制冷剂编号之前应加字母 R，如 R22、R134a 等。

非技术性前缀符号（又称成分标识前缀符号）主要应用在有关保护臭氧层的限制与替代制冷剂化合物或混合物的非技术性的、科普读物类的以及有关宣传类的出版物中。如 HCFC-22、HFC-R134a 等。有编号或无编号的混合物制冷剂分别采用有编号和无编号两种前缀符号表示方法，如 CFC/HFC-500，HCFC-22/HFC-152a/CFC-114（36/24/40）。

2.1.2　对制冷剂的要求

1. 热力学性质方面

（1）制冷剂的制冷效率 η_R　制冷剂的制冷效率是理论循环制冷系数 ε_{th} 与两个传热过程有温差的逆卡诺循环制冷系数 ε'_c 之比，即 $\eta_R = \varepsilon_{th}/\varepsilon'_c$，它标志着不同制冷剂节流损失和过热损失的大小。

（2）临界温度要高　制冷剂的临界温度高，便于用一般冷却水或空气进行冷凝液化。此外，制冷循环的工作区域越远离临界点，制冷循环越接近逆卡诺循环，节流损失越小，制冷系数较高。

（3）适宜的饱和蒸气压力　蒸发压力不宜低于大气压力 p_0，以避免空气渗入制冷系统。冷凝压力 p_k 也不宜过高，p_k 太高，对制冷设备的强度要求高，而且会引起压缩机的耗功增加。此外，希望压缩比（p_k/p_0）和压力差（$p_k - p_0$）比较小，这点对减小压缩机的功耗、降低排气温度和提高压缩机的实际吸气量十分有益。

（4）凝固温度低　可以制取较低的蒸发温度。

（5）汽化热要大　相同制冷量时，可以减少制冷剂的充注量，有利于环境友好。

（6）对制冷剂单位容积制冷量 q_V 的要求应按压缩机的形式不同分别对待　如大、中型制冷压缩机，q_V 希望尽可能大，它可以减小压缩机的尺寸；但对于小型压缩机或离心式压缩机，有时压缩机尺寸过小反而引起制造上的困难，此时要求 q_V 小些反而合理。

表 2-1 是目前几种常用制冷剂在 $t_0 = -15℃$，$t_k = 30℃$，膨胀阀前制冷剂再冷温度为 5℃（吸气为饱和状态）时的单位容积制冷量。将表 2-1 与表 2-2 对照后可看出，一般的规律是标准沸点低的制冷剂，其 q_V 就大。

表 2-1　常用制冷剂单位容积制冷量

制冷剂	R22	R717	R123	R134a	R407c	R404A	R401A
单位容积制冷量 $q_V/(kJ/m^3)$	2160.5	2214.9	169.4	1283.5	2206.7	2320.7	3244.4
比率（以 R22 为 1）	1	1.03	0.079	0.594	1.02	1.07	1.50

（7）等熵指数（比热比）应小　等熵指数越小，压缩机排气温度越低，而且还可以降低其耗功量。

常见的一些制冷剂的热力学性质见表2-2。

表 2-2　制冷剂的热力学性质

制冷剂	化学名称和分子式或混合物组成（质量分数,%）	相对分子质量	标准沸点/℃	凝固温度/℃	等熵指数（103.25kPa）	临界温度/℃	临界压力/MPa
R22	一氯二氟甲烷 $CHClF_2$	86.47	−40.8	−160.0	1.194（10℃）	96.2	4.99
R32	二氟甲烷 CH_2F_2	52.02	−51.2	−136.0		78.3	5.78
R123	二氯三氟乙烷 $CHCl_2CF_3$	152.93	27.7	−107.0		183.3	3.66
R1234yf	四氟丙烯 CF_3CFCH_2	114	−29.0				
R124	一氯四氟乙烷 $CHClFCF_3$	136.48	−12.0			122.3	3.62
R134	四氟乙烷 CHF_2CHF_2	102.03	23.0			119.0	4.62
R134a	四氟乙烷 CH_2FCF_3	102.03	−26.1	−101.1	1.11（20℃）	101.1	4.06
R143	三氟乙烷 CH_2FCHF_2	84.04	5.0			156.7	5.24
R143a	三氟乙烷 CH_3CF_3	84.04	−47.2	−111.3		72.9	3.78
R152a	二氟乙烷 CH_3CHF_2	66.05	−25.0	−117.0		113.3	4.52
R245fa	五氟丙烷 $CHF_2CH_2CF_3$	134.05	58.8	−160		256.9	4.64
R290	丙烷 $CH_3CH_2CH_3$	44.10	−42.1	−187.1	1.13（15.6℃）	96.7	4.25
R404A	R125/143a/134a（44/52/4）	97.60	−46.6			72.1	3.74
R407C	R32/125/134a（23/25/52）	86.20	−43.8			87.3	4.63
R410A	R32/125/（50/50）	72.58	−51.6			72.5	4.95
R503	R23/13（40.1/59.5）	87.25	−87.5		1.21（34℃）	18.4	4.27
R504	R32/115（48.2/51.8）	79.25	−57.7		1.16（20℃）	62.1	4.44
R507A	R125/143a（50/50）	98.86	−47.1			70.9	3.79
R600a	异丁烷 $CH(CH_3)_3$	58.12	−11.6	−160		134.7	3.64
R717	氨 NH_3	17.03	−33.3	−77.7	1.32（20℃）	132.3	11.34
R744	二氧化碳 CO_2	44.01	−78.4	−56.6	1.295（20℃）	31.1	7.38

2. 物理化学性质方面

1）制冷剂的导热系数、传热系数要高，这样可提高热交换效率，减少蒸发器、冷凝器等换热设备的传热面积。

2）制冷剂的密度、黏度要小，在系统中能有效降低流动阻力，降低压缩机的功耗或减小管路直径。

3）制冷剂对金属和其他材料（如橡胶等）应无腐蚀和侵蚀作用。

4）制冷剂的热化学稳定性要好，在高温下应不分解。

5）有良好的电绝缘性，在封闭式压缩机中，由于制冷剂与电动机的线圈直接接触，因此要求制冷剂应具有良好的电绝缘性能。电击穿强度是绝缘性能的一个重要指标，故要求制冷剂的电击穿强度要高。

6）制冷剂有一定的吸水性，当制冷系统中储存或者渗进极少量的水分时，虽会导致蒸发温度稍有提高，但不会在低温下产生"冰塞"，系统运行安全性好。

7）制冷剂与润滑油的溶解性，一般分为无限溶解和有限溶解，各有优缺点。有限溶解的制冷剂优点是蒸发温度比较稳定，在制冷设备中制冷剂与润滑油分层存在，因此易于分离；但会在蒸发器及冷凝器等设备的热交换面上形成一层很难清除的油膜，影响传热。与油无限溶解的制冷剂的优点是压缩机部件润滑较好，在蒸发器和冷凝器等设备的热交换面上，不会形成油膜阻碍传热；其缺点是使蒸发温度 t_0 有所提高，制冷剂溶于油会降低油的黏度，制冷剂沸腾时泡沫多，蒸发器中液面不稳定。综合比较，一般认为对油有限溶解的制冷剂要好些。

使用的润滑油必须与压缩机的类型及制冷剂的种类相匹配。如封闭式压缩机比开启式压缩机对润滑油的要求质量高，螺杆式压缩机一般推荐用合成类润滑油，部分 HFC 类制冷剂与矿物润滑油不相溶，与醇类（PAG）润滑油有限溶解，与脂类（POE）润滑油完全互溶。因此，大多数 CFC、HCFC 和 HC 制冷剂可使用矿物油；多数 HFC 类制冷剂使用 PAG 或POE 合成油，一般推荐 PAG 油用于 R134a 的汽车空调系统，其他场合的 HFC 制冷剂使用POE 油。

3. 制冷剂的安全性和环境友好性

（1）制冷剂应具有可接受的安全性　安全性包括毒性、可燃性和爆炸性。GB/T 7778—2017 分别按毒性定量和可燃性定量方法，将制冷剂分为 8 种安全分组类型。制冷剂安全性分类由一个字母和一个数字两个符号以及一个表示低燃烧速度的字母"L"组成，大写字母A、B 表示毒性危害程度，阿拉伯数字 1、2L、2、3 表示燃烧性危险程度。表 2-3 是制冷剂的安全性分组类型。

表 2-3　制冷剂的安全性分组类型

燃烧性	毒性	
	低慢性毒性	高慢性毒性
无火焰传播	A1	B1
弱可燃	A2L	B2L
可燃	A2	B2
可燃易爆	A3	B3

非共沸混合物制冷剂在温度滑移时，其组分的浓度也发生变化，其燃烧性和毒性也可能变化。因此，它应该有两个安全性分组类型表示，这两个类型使用一个斜杠（/）分开，如A1/A2。第 1 个类型是在规定的组分浓度下的安全分类；第 2 个类型是混合制冷剂在最大温度滑移的组分浓度下的安全分类。

常见的一些制冷剂的安全分类见表 2-4。

表 2-4　制冷剂的安全分类

制冷剂	化学名称和分子式或混合物组成 （质量分数,%）	安全分类
R22	一氯二氟甲烷 $CHClF_2$	A1
R32	二氟甲烷 CH_2F_2	A2L
R123	二氯三氟乙烷 $CHCl_2CF_3$	B1
R1234yf	四氟丙烯 CF_3CFCH_2	A2L

（续）

制冷剂	化学名称和分子式或混合物组成 （质量分数,%）	安全分类
R124	一氯四氟乙烷 $CHClFCF_3$	A1
R134a	四氟乙烷 CH_2FCF_3	A1
R143a	三氟乙烷 CH_3CF_3	A2L
R152a	二氟乙烷 CH_3CHF_2	A2
R245fa	五氟丙烷 $CHF_2CH_2CF_3$	B1
R290	丙烷 $CH_3CH_2CH_3$	A3
R404A	R125/143a/134a（44/52/4）	A1/A1
R407C	R32/125/134a（23/25/52）	A1/A1
R410A	R32/125/（50/50）	A1/A1
R503	R23/13（40.1/59.5）	
R504	R32/115（48.2/51.8）	
R507A	R125/143a（50/50）	A1
R600a	异丁烷 $CH(CH_3)_3$	A3
R717	氨 NH_3	B2L
R744	二氧化碳 CO_2	A1

注：表中的安全分类摘自 GB/T 7778—2017。2014 年 7 月美国环保部发布了气候友好型制冷剂名单，如丙烷、异丁烷、乙烷、混合工质 R414A 及 R32。

制冷剂在工作范围内，应不燃烧、不爆炸，无毒或低毒，同时具有易检漏的特点。

（2）**制冷剂环境友好性** 制冷剂对大气环境的影响可以通过制冷剂的臭氧损耗潜值（Ozone Depletion Potential，ODP）、全球变暖潜值（Global Warming Potential，GWP）、大气寿命（Atmospheric Life）等现有数据，按标准规定的计算方法进行评估，以确定其排放到大气层后对环境的综合影响。该评估结论应符合国际认可的条件，在一定意义上讲，评估结论也会随着日益从严排放要求的国际环境发生变化。

1）臭氧损耗潜值（ODP）的大小表示损耗臭氧层物质（Ozone Depletion Substance，ODS）排放进大气，对大气臭氧层的损耗程度，即反映对大气臭氧层破坏的大小，其数值是相对于 CFC-11 排放所产生的臭氧层损耗的比较指标。

2）全球变暖潜值（GWP）。GWP 是衡量制冷剂对全球气候变暖影响程度大小的指标值。它是一种温室气体排放相对于等量二氧化碳排放所产生的气候影响的比较指标。GWP 被定义在固定时间范围内 1kg 物质与 1kg CO_2 脉冲排放引起的时间累积（如 100 年）辐射力的比例。

此外，国际上近年来还采用变暖影响总当量（Total Equivalent Warming Impact，TEWI），它是综合反映一台机器对全球变暖所造成影响的指标值。TEWI 的计算比较复杂，它包括了直接使用制冷剂产生的温室效应和制冷剂使用期内电厂发电产生的间接温室效应两部分。

3）大气寿命。指任何物质排放到大气层被分解到一半（数量）时，所需要的时间（年），也就是制冷剂在大气中存留的时间。制冷剂在大气中寿命越长，说明其潜在的破坏作用越大。

4. 制冷剂的经济性与充注量减少

制冷剂应易于制备或获得，生产工艺简单，价格低廉。在制冷设备中减少制冷剂充注量既具经济性，又是环境友好的措施。因此，降低制冷设备制冷剂充注量的研发日渐深入，如机组采用降膜式蒸发器，有的机型可使制冷剂充注量减少30%~50%，同时还强化了模型效果。

2.1.3 CFCs 及 HCFCs 的淘汰与替代

臭氧层的破坏和全球气候变暖是当前全球面临的主要环境问题。由于制冷、热泵行业广泛采用氟氯烃（CFCs）及氢氟氯烃（HCFCs）类物质，它们对臭氧层有破坏作用以及产生温室效应，CFCs 及 HCFCs 类物质的淘汰与替代已经不仅仅是制冷、热泵行业的责任，也成了国家的职责和我国面对世界的庄严承诺。

1. 臭氧层的破坏、《蒙特利尔议定书》及其修正案

1974 年，美国加利福尼亚大学的莫列纳（M. J. Molina）和罗兰（F. S. Rowland）教授合作发表论文指出，卤代烃中的氯或溴原子会破坏大气的臭氧层，这就是著名的 CFC 问题。

近代的科技研究表明，CFCs 类物质进入大气层后，几乎全部升浮到臭氧层，在紫外线的作用下，CFCs 产生出 Cl 自由基，参与了对臭氧层的消耗，进而破坏了大气臭氧层的臭氧含量，使臭氧层厚度减薄或出现臭氧层空洞。HCFCs 物质中由于有氢，使 Cl 自由基对臭氧层的破坏有一定的抑制作用，加之 HCFCs 物质大气寿命均较短，因此对臭氧层的破坏较 CFCs 物质有一定的抑制作用。臭氧层的破坏，增加了太阳对地球表面的紫外线辐射强度，根据测算，若 O_3 每减少1%，紫外线的辐射量将增加2%。紫外线辐射量的增加破坏人的免疫系统，人的抵抗力大为下降，皮肤癌、白内障等病患增多。臭氧层的耗减，将使全世界农作物、鱼类等水产品减产；导致森林或树木坏死；加速塑料制品老化；城市光化学烟雾的发生概率增加等。

为了保护臭氧层，国际社会于1985年缔结了《保护臭氧层的维也纳公约》、1987年又缔结了《关于消耗臭氧层物质的蒙特利尔议定书》（以下简称《议定书》），这是保护臭氧层而进行的全球合作的开端。之后，随着保护臭氧层日益紧迫的要求，《议定书》缔约方大会又先后通过了《伦敦修正案》（1990年）、《哥本哈根修正案》（1993年）、《蒙特利尔修正案》（1997年）和《北京修正案》（1999年）。这些修正案对《议定书》所列损耗臭氧层物质（Ozone Deleting Substance，ODS）的种类、损耗量基准和禁用时间等做了进一步的调整和限制。

2. 温室效应及《京都议定书》

CFCs 的排放也会加剧地球的温室效应，CFCs 是产生温室效应的气体，使地球的平均气温升高，海平面上升，土地沙漠化加速，危害地球上多种生物，破坏生态平衡。因此，CFCs 的淘汰及替代物的使用，不仅要考虑 ODP 值，还应考虑到 GWP 值。

1997 年12月，联合国气候变化框架公约缔约国第三次会议在日本东京召开，会议通过了《京都议定书》。我国于2002年9月正式核准《京都议定书》，并承担相应的国际义务。《京都议定书》确定 CO_2、HCFCs 等6种气体为受管制的温室气体，并将限制上述温室气体排放总量。要求各国采取高能效，降低其能源需求，调整能源结构等技术措施，降低其温室气体排放总水平。2007年9月召开的《蒙特利尔议定书》第19次缔约方大会达成加速淘汰

HCFCs 调整案。根据调整案提出的新淘汰时间表规定，对于我国等发展中国家，其消费量与生产量分别选取 2009 年与 2010 年的平均水平作为基准线，在 2013 年实现冻结；到 2015 年削减 10%；到 2020 年削减 35%；到 2025 年削减 67.5%；到 2030 年完全淘汰 HCFCs 的生产与消费。但在 2030—2040 年允许保留年均 2.5% 的维修用量（我国工商制冷行业目前消费的 HCFCs 制冷剂包括 R22、R123、R142b）。

3. 《中国逐步淘汰消耗臭氧层物质的国家方案》与进展

我国政府于 1989 年 7 月、1991 年 6 月和 2003 年 4 月先后核准加入了《蒙特利尔议定书》《伦敦修正案》和《哥本哈根修正案》。于 2010 年 5 月核准加入了《蒙特利尔修正案》和《北京修正案》。1992 年，国家组织编制了《中国逐步淘汰消耗臭氧层物质的国家方案》（简称《国家方案》），1993 年 1 月经国务院批准实施。1998 年对《国家方案》进行了修订，1999 年 11 月颁布了《国家方案的修订稿》。经过多年的艰苦努力和积极行动，我国在 2000 年 7 月 1 日实现了 CFCs 类物质消费的全面淘汰，提前两年半实现了议定书及其修正案规定的目标。

4. 氢氟烃（HFCs）类物质的淘汰与替代

欧盟委员会关于某些含氟温室气体的第 842/2006 条例颁布，希望实现延缓欧盟的 F-gas 排放增长趋势，将欧盟 15 国的排放量维持在 2010 年的水平，约合 7500 万二氧化碳当量吨。不难看出，该条例的宗旨是要减少并控制温室气体的应用规模，其原因还是源于替代产品的市场化还需时日。

属于 HFCs 制冷剂有 R134a、R410A、R407C、R404A。对于替代用 CO_2、氨和碳氢化合物等制冷剂的安全性、性能和使用成本等还需加以改善，需要得到实践的检验。

2.1.4　常用制冷剂的性能

1. 卤代烃及其混合物

（1）R22（HCFC-22）　R22 属过渡性制冷剂，其 ODP 和 GWP 比 R12 小得多。由于其分子组成中仍有氯，因此对臭氧层仍有一定的破坏性。按国际法规定，R22 在我国可使用到 2040 年。

水在 R22 中的溶解度很小，而且随着温度的降低，溶解度会进一步减小。当 R22 中溶解有水时，对金属有腐蚀作用，并且在低温时会发生"冰塞"现象。

R22 能部分地与矿物油溶解，其溶解度与润滑油的种类和温度有关，温度高时，溶解度大；温度低时，溶解度小。当温度降至某临界温度以下时，开始分层，上层主要是油，下层主要是 R22。

R22 不燃烧、不爆炸，毒性很小（A1）。R22 的渗透能力很强，并且泄漏时难以被发现。R22 的检漏方法常用卤素喷灯，当喷灯火焰呈蓝绿色时，则表明有泄漏；当要求较高时，可用电子检漏仪。

（2）R32　R32 是一种新型制冷剂，其单位质量制冷量较大，约为 R22 的 1.57 倍，循环的 COP 与 R22 相近（约为 R22 制冷效率的 94%），安全性为 A2L 级。R32 的 ODP = 0；GWP = 675，比 R22（1700）小。

R32 的制冷性能与 R410A 接近，且随着冷凝温度的升高，其性能及能效比明显优于 R410A。但在低温情况下，R32 的性能差于 R410A。另外，R32 单位质量制冷剂比 R410A 的制冷量要高，因此，相同的额定制冷量，R32 充注量要少于 R410A，试验验证的结果约少30%。当制冷量相当时，R32 的压力略高于 R410A，且排气温度要高。因此，使用 R32 时，需要解决好高排气温度和弱可燃性问题。

随着 R32 制冷剂的制冷空调设备制造与使用安全技术的研究和完善，R32 已经成为 R22 的一个重要替代品。

（3）R404A R404A 属美国杜邦公司的专利产品，代号为 SUVAHP62，为全 HFC 混合物，其组成物质及质量分数为 R125/R143a/R134a（44/52/4），其 ODP = 0，GWP = 3260，属温室气体，安全性为 A1/A1。R404A 的相变滑移温度为 0.5℃，属近共沸混合物，系统内制冷剂的泄漏对系统性能影响较小。R404A 的热力学性质与 R22 接近，在中温范围时的能耗比 R22 增加 8% ~20%，但在低温范围时，两者相当。在同温度工况下，由于 R404A 的压缩比 R22 低，因此压缩机的容积效率比 R22 高。再冷温度对 R404A 的性能影响大，因此提倡在 R404A 系统中增设再冷器，R404A 可用于 -45 ~ +10℃ 的蒸发温度范围的商用及工业用制冷系统，也可替代 R22。由于 R404A 含有 R134a，故其制冷系统用的润滑油、干燥剂及清洁度要求等与 R134a 相同。

（4）R407C R407C 是由 R32、R125、R134a 三种工质按 23%、25% 和 52% 的质量分数混合而成的非共沸混合物。该制冷剂的 ODP = 0，GWP = 1530，安全性为 A1/A1，相变滑移温度为 7.1℃。R407C 的热力学性质在工作压力范围内与 R22 非常相似，COP 与 R22 也相近。但使用 R22 的制冷设备改用 R407C，原系统需要更换润滑油，调整制冷剂的充灌量、节流组件和干燥剂等。由于 R407C 的相变滑移温度较大，在发生泄漏、部分室内机不工作的多联机系统以及使用满液式蒸发器的场合，混合物的配比可能发生变化，进而影响预期的效果。另外，非共沸混合物在传热表面的传质阻力增加可能会造成蒸发、冷凝过程的热交换效率降低，这在壳管式换热器中的变温过程，制冷剂在壳侧更明显。与 R404A 一样，由于 R407C 中含有 R134a，故系统使用的润滑油、干燥剂及对清洁度等的要求同 R134a。

（5）R410A R410A 是由 R32 和 R125 两种工质按各 50% 的质量分数组成的，属 HFCs 混合物，其 ODP = 0，GWP = 1730，安全性为 A1/A1。R410A 的相变滑移温度为 0.2℃，属近共沸混合物制冷剂。其导热系数比 R22 高，黏度比 R22 低，其传热和流动特性优于 R22。另外，与 R22 相比，R410A 的冷凝压力增大近 50%，是一种高压制冷剂，需提高设备及系统的耐压强度。由于 R410A 的高压、高密度，使系统制冷剂的管路直径可减少许多，压缩机的排量也有很大降低。

（6）水 水是由氢、氧两种元素组成的无机物，在常温常压下为无色无味的透明液体，密度在 4℃ 时最大，为 1000kg/m^3；水的比热容大 [4.19kJ/（kg·℃）]，对流传热性能好，其作为制冷剂有许多优点，如汽化热大、价廉、易得、无毒、无味、不燃烧、不爆炸等；但是缺点也很明显，凝固点和沸点相对都不高，在一个标准大气压下（101.375kPa），沸点为100℃，凝固点为 0℃，水在绝对压力为 872Pa 下，沸点为 5℃，汽化热为 2490kJ/kg。因此，水作为制冷剂，通常是在真空状态下实现蒸发吸热，溴化锂制冷中的制冷剂就是水。

（7）其他新型制冷剂 对于新型制冷剂的研究，首先考虑的应当是其环境友好性，这就取决于制冷剂的 ODP 及 GWP 值的大小了。由于汽车空调所用的压缩机是开式系统，原来大量使用的 R12 和后来的替代物 R134a 都因大量泄漏而对环境造成污染。《京都议定书》的制定要求汽车空调用制冷剂必须要有关键性的发展。欧盟对此政策采取了积极的响应，截止

2017 年，已经禁止所有汽车空调使用 GWP 值大于 150 的制冷剂。对于欧洲国家，研究新型制冷剂并尽快完成替代是其制冷行业的首要任务。现今霍尼韦尔和杜邦两大国际化学公司联手研发工质 R1234yf，制冷剂代号为 HFO-1234yf。

R1234yf（四氟丙烯 CH_2CFCF_3）作为单一工质制冷剂，沸点为 -29.5℃，安全级别为 A2L（无毒微可燃），具有优异的环境参数，GWP = 4，ODP = 0，寿命期气候性能（LCCP）低于 HFC-134a，大气分解物与 HFC-134a 相同，而且其系统性能优于 HFC-134a。HFO-1234yf 被认为是较具潜力的新一代汽车制冷剂替代品。

HFO-1234yf 的 GWP 和大气寿命与其他替代 HFC-134a 的制冷剂相比具有明显的环境优势。它不受职业接触的限制，有较好的急性毒性接触极限（ATEL）和可燃下限（LFL），而且它的可燃性低于 HFC-152a。R1234yf 可以应用于电冰箱制冷剂、灭火剂、传热介质、推进剂、发泡剂、起泡剂、气体介质、灭菌剂载体、聚合物单体、移走颗粒流体、载气流体、研磨抛光剂、替换干燥剂、电循环工作流体等领域。R1234yf 的应用将成为制冷剂中的主流，将直接替代空调汽车中的 R134a。

另外一种新型制冷剂为 R152a（五氟乙烷），作为 CFC 的替代品用于制冷剂、发泡剂、气雾喷射剂（如发胶、空气清新剂、杀虫剂等领域用作气雾剂和推进剂）、降温剂，以及用于多种混配制冷剂的主要原料。其 OPD = 0，GWP = 120，可以作为 R12 的替代物。

2. 碳氢化合物

用作制冷剂的主要是 R290（丙烷）和 R600a（异丁烷），该类物质在欧洲和一些发展中国家被广泛用来作为冰箱的制冷剂，国内也有数家电冰箱厂采用上述制冷剂，特别是 R600a。

（1）R290 的主要特点

1）ODP = 0，GWP = 20。

2）属于天然有机物，溶油性好，可采用普通矿物性润滑油，吸水性小。

3）可以从石油液化气直接获得，价格低。

4）热力学性质好，汽化热大，系统流量小，流动阻力低，系统充液量少，其 COP 值稍高于 R22，比 R134a 高 10% ~ 15%。

5）相同工况下，排气温度要比合成制冷剂的压缩机低，比 R22 可低 20℃，有利于延长压缩机的使用寿命。

（2）使用 R290 制冷剂的主要问题　可燃性、爆炸性，需加强安全措施，R290 在空气中的可燃极限为 2% ~ 10%。

碳氢化合物推广应用的最大障碍是可燃性问题，使用时需注意其充注量一定要控制在相关法规所规定的上限以内。此外，减小制冷剂泄漏量及提高泄漏检测、应对能力，是提高 R290 安全性的又一项重要措施，如在机房内设置可燃气体泄漏报警装置，以及与之联动的通风装置。

3. 无机化合物

一般把无机化合物的制冷剂和前面介绍的碳氢化合物类制冷剂统称为天然制冷剂或自然制冷剂，即自然界天然存在而不是人工合成的可用作制冷剂的物质。其中无机化合物中常用的制冷剂有氨和 CO_2。

（1）氨（R717）　氨是一种应用较广泛的中压中温制冷剂，其 ODP 和 GWP 均为 0。有较好的热力学及热物理性质，在常温和普通低温的范围内压力适中，单位容积制冷量大，黏度小，流动阻力小，传热性能好。氨制冷机的 COP 分别比 R134a、R22 高 19% 和 12% 左右，在冷藏行业中应用广泛。

氨的吸水性强，能以任意比例与水溶解，形成弱碱性的水溶液。在氨制冷系统中，水一般不会从溶液中析出而出现"冰塞"现象，因此氨系统不必设干燥器。但水的存在会导致制冷系统的蒸发温度提高，制冷剂的含水质量分数要求不超过 0.12%。氨对黑色金属无腐蚀作用，若含有水分时，对铜及铜合金（磷青铜除外）有腐蚀作用。因此，在氨制冷系统中除了少量部件采用高锡磷青铜外，不允许使用铜和其他铜合金。

氨几乎不溶于矿物油，因此氨制冷系统的管道和换热的传热面上会积有油膜，影响传热。氨液密度比油小，在储液器和蒸发器的下部会沉积油，应定期放油。

氨的缺点是毒性大（安全性为 B2 级），对人体有害。当氨在空气中的体积分数达到 0.5% ~ 0.6% 时，人在其中停留半小时，就会中毒；当体积分数达 11% ~ 14% 时，即可点燃（黄色火焰）；若达 15% ~ 16% 时，会引起爆炸。氨蒸气对食品有污染作用，氨制冷机房应保持通风，设置氨气体浓度报警装置，当空气中氨气浓度达到 0.001% 或 0.015% 时自动报警并起动机房内的事故排风机。

随着 CFCs 及 HCFCs 的淘汰，扩大氨制冷剂的使用范围呼声高涨，各国学者为了在空调制冷领域用氨作为制冷剂，做了大量的工作，如：

1）开发了与氨互溶的合成 PAG 润滑油，改善了其传热性能，解决了干式和板焊式蒸发器中的回油问题，简化了系统的油分离器及集油器。

2）封闭式氨压缩机电动机的关键技术已解决。

3）用于氨的钎焊板式换热器已有大量产品，它可减少系统中氨的充注量，从而降低其可燃性和毒性。

4）开启式压缩机的轴封泄漏问题已解决。目前，欧洲许多国家（特别是德国）均有空调用氨冷水机组产品，并有许多工程应用实例。

（2）CO_2（R744） CO_2 在历史上曾一度作为普遍使用的制冷剂，20 世纪 30 年代后，因卤代烃的出现而被抛弃，仅限用于干冰生产中。随着 CFCs 及 HCFCs 的淘汰，采用 R744 的制冷系统又成为比较理想的替代制冷剂使用方案，可以显著减少碳排放，被认为是制冷空调行业发展中具有意义的众多领域之一。

CO_2 的 ODP = 0，GWP = 1，比任何 HFCs 和 HCFCs 都小，如果是利用原本要排入大气中的 CO_2，则可以认为对全球变暖无影响。CO_2 化学稳定性好，不传播火焰，安全无毒，汽化热大，流动阻力小，传热性能好，易获取并且价格低廉，堪称理想的天然制冷剂。其主要问题是临界温度低（31.1℃），因此能效低。又因为临界压力高（7.38MPa），CO_2 制冷系统压力高，如 $t_0 = 0$℃，$p_0 = 3.55$MPa；$t_k = 50$℃，$p_k = 10$MPa；压差达到 6.45MPa。因此，在制冷空调中应用，系统必须具备高承压能力、高可靠性等特点，相应地导致系统的造价较高。

首先，由于其临界点低，用在制冷空调上常为跨临界过程的单级压缩机制冷系统。欧洲的研究成果认为换热器采用小孔扁管式平流换热器的高效换热器，压缩机采用往复式或斜盘式，对压缩机采取减小缸径、增大行程、增加密封环数量等措施，能满足 CO_2 制冷要求。

其次，因 CO_2 在高压侧具有较大的温度变化（80 ~ 100℃），CO_2 的传热过程适宜于热泵的制热运行和热泵热水机的运行。有关研究表明，用作热泵热水机的试验结果比采用电能或天然气燃烧加热水，可节能 75%，水温可从 8℃升高到 60℃。

最后，在复叠式制冷系统中，CO_2用作低温级制冷剂，高温级则用 NH_3 或 HFC-134a 作为制冷剂，实际运行情况表明在技术上可行。该系统还适用于低温冷冻干燥。

2.2　载冷剂

1. 对载冷剂的要求

1）在使用温度范围内不凝固、不汽化、密度小、黏度小、比热容大、导热系数大。

2）无臭、无毒、不燃烧、不爆炸、化学稳定性好，对金属不腐蚀、不污染环境。

3）价格低廉并容易获得。

常用的载冷剂有空气、水、盐水、有机化合物及其水溶液等。

空气和水作为载冷剂有很多优点，特别是价格低廉和容易获得。但空气的比热容小、导热系数低，影响了它的使用范围；而水只能用在高于 0℃的工况，多用在各种制冷空调系统中。对于低于 0℃时（有时把凝固点低于 0℃的载冷剂称作不冻液），需采用盐水或有机化合物的水溶液。

2. 盐水溶液

（1）盐水溶液的质量浓度及凝固温度　盐水溶液是盐和水的溶液，常用的有氯化钠水溶液和氯化钙水溶液，其性质取决于溶液中盐的浓度，如图 2-1 所示。图中曲线为不同浓度盐水溶液的凝固温度线。溶液中盐的浓度低时，凝固温度随浓度的增加而降低，当浓度高于一定值以后，凝固温度随浓度的增加反而升高，此转折点为冰盐合晶点。氯化钠水溶液的合晶点为 −21.2℃，其对应的质量浓度为 23.1%；氯化钙水溶液的合晶点为 −55℃，其质量浓度为 29.9%。

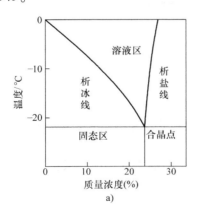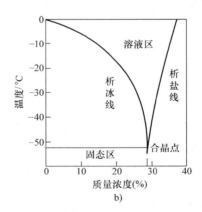

图 2-1　氯化钠和氯化钙的凝固曲线

a）氯化钠水溶液　b）氯化钙水溶液

（2）盐水溶液的使用　选择盐水溶液的原则是：①要保证蒸发器中的盐水不冻结；②盐水溶液的凝固温度不要选择得过低，其质量浓度不应大于合晶点的质量浓度，一般应使盐水溶液的凝固温度比蒸发温度低 4~5℃（敞开式蒸发器）或 8~10℃（封闭式蒸发器）；③尽可能减少盐水溶液对金属的腐蚀作用。

为了减少盐水溶液的腐蚀性，可采取的措施有：①配制盐水溶液时，应选用纯度高的盐；②减少溶液与空气接触的机会，宜采用闭式循环系统，并在盐水箱上加封盖；③在盐水溶液中添加一定量的缓蚀剂，使溶液呈弱碱性，其 pH 值保持在 7.5 ~ 8.5 之间，使用较多的缓蚀剂有氢氧化钠（NaOH）和重铬酸钠（$Na_2Cr_2O_7$），一般两者的质量配比为 NaOH：$Na_2Cr_2O_7 = 28:100$。

3. 有机化合物水溶液

由于盐水溶液对金属有强烈腐蚀作用，目前有些场合采用腐蚀性小的有机化合物，乙烯乙二醇、丙二醇、乙醇、甲醇、丙三醇等水溶液均可作为载冷剂。乙烯乙二醇、丙二醇水溶液在工业制冷和冰蓄冷系统中应用较广泛。丙二醇是极稳定的化合物，其水溶液无腐蚀性，无毒性，可与食品直接接触；但丙二醇的价格及黏度较乙烯乙二醇高。乙烯乙二醇水溶液特性与丙二醇相似，它是无色、无味的液体，挥发性弱，腐蚀性低，容易与水和其他许多有机化合物混合使用；虽略带毒性，但无危害，其价格和黏度均低于丙二醇。乙烯乙二醇水溶液的凝固点见表 2-5。

表 2-5　乙烯乙二醇水溶液的凝固点

质量浓度（%）	5	10	15	20	25	30	35	40	45	50
体积浓度（%）	4.4	8.9	13.6	18.1	22.9	27.7	32.6	37.5	42.5	47.5
凝固点/℃	-1.4	-3.2	-5.4	-7.8	-10.7	-14.7	-17.9	-22.3	-27.5	-33.8

需要说明的是，由于盐水、乙烯乙二醇水溶液的密度、黏度、导热系数、比热容等与水不同，因此造成其流动阻力比水大，传热系数比水小，系统所需循环流量比水大。

另外，盐水溶液和上述有机化合物的水溶液在制冷系统中运转时，有可能不断吸收空气中的水分，使其浓度降低，凝固温度提高，故应定期用密度计测定上述水溶液的密度，根据密度可查出各自水溶液的浓度，若浓度降低时，应添加盐量或乙烯乙二醇量，以维持要求的浓度。冰蓄冷系统常采用的乙烯乙二醇水溶液的质量浓度为 25% ~ 30%。

2.3　润滑油

2.3.1　润滑油的作用

在制冷系统中，润滑油对压缩机的运行可靠性和使用寿命上有很重要的作用，主要体现在以下三个方面：

1）由于润滑油的作用，压缩机在运行中，在摩擦面上能形成一层油膜，能有效减少摩擦，减少压缩机的运行能耗。

2）压缩机在运行过程中，摩擦产生的热量致使部分元件升温，而影响压缩机的正常运行，然而润滑油具有流动性，从而能有效带走摩擦产生的热量，减低部分元件温度，提高压缩机运行的稳定性。

3）由于压缩机在运行过程中，摩擦面常出现一定的空隙，导致气态制冷剂泄漏，而润滑油的注入能够起到一定的密封作用。

2.3.2　润滑油的种类

制冷压缩机用润滑油可分为天然矿物油和人工合成油两大类。

1. 天然矿物油（简称矿物油）

矿物油（Mineral Oil，MO）是从石油中提取的润滑油，一般由烷烃、环烷烃和芳香烃组成，它只能与极性较弱或非极性制冷剂相互溶解。根据国家标准 GB/T 16630—2012《冷冻机油》，冷冻机油分类及各品种的应用见表 2-6。

表 2-6　冷冻机油分类及各品种的应用

分组字母	主要应用	制冷剂	润滑剂分组	润滑剂类型	代号	典型应用	备注
D	制冷压缩机	NH₃（氨）	不相溶	深度精制的矿油（环烷基或石蜡基），合成烃（烷基苯，聚 α 烯烃等）	DRA	工业用和商业用制冷	开启式或半封闭式压缩机的满液式蒸发器
			相溶	聚（亚烷基）二醇	DRB	工业用和商业用制冷	开启式压缩机或工厂厂房装置用的直膨式蒸发器
		HFCs（氢氟烃类）	相溶	聚酯油，聚乙烯醚，聚（亚烷基）二醇	DRD	车用空调，家用制冷，民用商用空调，热泵，商业制冷包括运输制冷	—
		HCFCs（氢氯氟烃类）	相溶	深度精制的矿油（环烷基或石蜡基），烷基苯，聚酯油，聚乙烯醚	DRE	车用空调，家用制冷，民用商用空调，热泵，商业制冷包括运输制冷	—
		HCs（烃类）	相溶	深度精制的矿油（环烷基或石蜡基），聚（亚烷基）二醇，合成烃（烷基苯，聚 α 烯烃等），聚酯油，聚乙烯醚	DRG	工业制冷，家用制冷，民用商用空调，热泵	工厂厂房用的低负载制冷装置

2. 人工合成油（简称合成油）

合成油弥补了矿物油的不足，通常都有较强的极性，能溶解在极性较强的制冷剂中，如 R132a。常用的合成油有聚烯烃乙二醇油（Poly-alkylene Glycol，PAG）、烷基苯油（Alkl Benzene，AB）、聚酯类油（Polyol Ester，POE）和聚醚类油（Polyvinyl Ester，PVE）。对于聚烯烃乙二醇油（PAG）对应的制冷剂主要是 CFC-134a、HCs、氨，主要用于汽车空调、家用空调和电冰箱；烷基苯油（AB）所对应的制冷剂主要是 CFCs、HCFCs、氨和 HFC-407C，主要用于空调设备、冷冻冷藏设备；聚酯类油（POE）和聚醚类油（PVE）所对应的制冷剂主要是 HCFCs 和其混合物，但是聚酯类油（POE）主要用于冷冻冷藏设备和空调器，而聚醚类油（PVE）主要用于汽车空调、家用空调和中央空调冷水机组。

2.3.3　润滑油的选用

选择润滑油时需要考虑润滑油的低温性能和与制冷剂的互溶性。

1. 低温性能

润滑油的低温性能主要包括黏度和流动性。润滑油的黏度对低温性能影响很大，黏度过大，油膜的承载能力大，易于保持液体润滑，但增大了流动阻力大，压缩机的摩擦功率和起动阻力增大；黏度过小，流动阻力小，摩擦热量小，但不易在运动部件摩擦面之间形成具有一定承载力的油膜，油的密封效果差。因此，在低温情况下，在确保润滑油的润滑效果情况下，仍需保持其良好的流动性。

2. 与制冷剂的互溶性

在与制冷剂的互溶性方面，有两大类润滑油，一类是有限溶于制冷剂，另一类是无限溶于制冷剂。这两类润滑油不是固定不变的，其与水的溶解性与温度有关，当温度降低时，无限溶解可转化为有限溶解。无限溶于制冷剂润滑油，能在保持良好润滑效果的情况下，不影响换热效果。但由于润滑油中含有制冷剂，压缩机在起动时，压力骤降，容易引起润滑油"起泡"，一旦被压缩机吸入，会影响其安全运行。另外，在低温情况下，容易出现分层现象，导致润滑不良，有烧毁压缩机的危险。因此，在压缩机起动前，常用油加热器加热润滑油，以减少其中制冷剂的溶解量，保护压缩机。

习　　题

1. 什么是制冷剂？其作用是什么？家用空调、电冰箱常用什么制冷剂？
2. 选择制冷剂有哪些要求？
3. 什么是共沸制冷剂？请列举几种常见的共沸制冷剂。
4. 无机化合物制冷剂的命名有什么规定？
5. 常用的制冷剂用哪些？它们的工作温度和工作压力是什么？
6. 为什么国际上提出对 R11、R12、R113 等制冷剂限制使用？
7. 氨作为制冷剂的主要优缺点是什么？
8. 什么是氟利昂？如何命名？
9. 使用 R134a 时应该注意什么问题？
10. 试写出 R11、R115、R32、R12 的化学式。
11. 试写出 CF_3Cl、CHF_3、$C_2H_3F_2Cl$、CO_2 的编号。
12. 什么叫载冷剂？对载冷剂的要求有哪些？
13. 水作为载冷剂有什么优点？
14. 什么是制冷剂的 GWP 和 ODP？
15. "盐水的浓度越高，使用温度越低"，这种说法对吗？为什么？
16. 为什么要严格控制氟利昂制冷剂中的含水量？
17. 人们常讲无氟指的是什么？
18. 共沸混合物类制冷剂有什么优点？
19. 简述 R12、R22、R717 与润滑油的溶解性。
20. "环保制冷剂就是无氟制冷剂"的说法正确吗？请简述原因。
21. 如何评价制冷剂的环境友好性能。

第 3 章

蒸气压缩式制冷循环

3.1 理想制冷循环

1. 逆卡诺循环

卡诺循环分为正卡诺循环和逆卡诺循环，均是由两个等温和两个等熵过程组成，它们是一个理想循环。图 3-1 所示的 12341 是逆卡诺循环，也是理想制冷循环。逆卡诺循环中，制冷剂（工质）沿等熵线 3-4 膨胀，温度由热源温度降低至冷源温度 T'_0，然后沿等压、等温线 4-1 蒸发，在该过程中，1kg 制冷剂在 T'_0 温度下从被冷却物体吸收热量 q_0（kJ/kg）；制冷剂再从状态 1 被等熵压缩至状态 2，温度从 T'_0 升高至 T'_k；最后沿等温线 2-3 冷凝压缩，在冷凝过程中，制冷剂在 T'_k 温度下向冷却剂放出热量 q_k（kJ/kg）；在 3-4-1 的膨胀过程中，对外做膨胀功 w_e（kJ/kg）；1-2-3 压缩过程中消耗功 w_c（kJ/kg），循环 1kg 的工质消耗功 $\sum w = w_c - w_e$。根据热平衡原理，$q_k = q_0 + \sum w$。

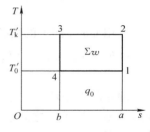

图 3-1　逆卡诺循环

制冷循环的性能指标用制冷系数 ε 表示，制冷系数为单位耗功量所能获取的冷量，即

$$\varepsilon = q_0/\sum w \tag{3-1}$$

对于逆卡诺循环，有

$$q_0 = T'_0(s_1 - s_4) \tag{3-2}$$

$$q_k = T'_k(s_1 - s_4) \tag{3-3}$$

$$\sum w = q_k - q_0 = (T'_k - T'_0)(s_1 - s_4) \tag{3-4}$$

$$\varepsilon = T'_0(s_1 - s_4)/[(T'_k - T'_0)(s_1 - s_4)] = T'_0/(T'_k - T'_0) \tag{3-5}$$

式中　s_1、s_4——状态点 1（或 2）和 4（或 3）的比熵[kJ/(kg·K)]。

由式（3-5）可知，逆卡诺循环的制冷系数与制冷剂性质无关，仅取决于冷、热源温度 T'_0 和 T'_k，T'_0 越高、T'_k 越低，ε 越高。同时，T'_0 的影响大于 T'_k。

2. 湿蒸气区的逆卡诺循环——蒸气压缩式制冷的理想循环

对于蒸气压缩式制冷系统，其中蒸发器中的沸腾汽化过程是一个等压、等温过程，冷凝器中的凝结过程也是一个等压、等温过程，因此在湿蒸气区域进行制冷循环有可能易于实现逆卡诺循环，如图 3-2 所示。在 T-s 图中：1-2 为等熵压缩过程，在压缩机中完成，消耗功 w_c（面积 123041）；2-3 为等压等温的凝结过程，在冷凝器中完成，放出热量 q_k；3-4 为等熵膨胀过程，在膨胀机中完成，获得膨胀功 w_c（面积 3043）；4-1 为等压、等温的汽化过程，在蒸发器中完成，吸收热量（制冷量）q_0。该循环是由两个等温过程和两个等熵过程组成的逆卡诺循环，但所有过程都是在湿蒸气区中进行的，因此称为湿蒸气区的逆卡诺循环。其循环性能参数和指标计算方法同逆卡诺循环相同。

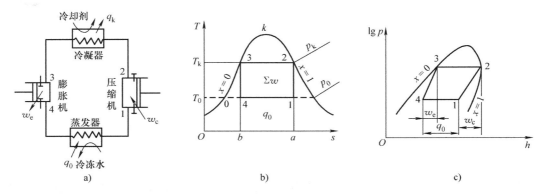

图 3-2　蒸气压缩式制冷的理想循环

a）工作流程　b）理想循环在 T-s 图上的表示　c）理想循环在 $\lg p$-h 图上的表示

若用 $\lg p$-h 图上的焓差表示，则有：$q_0 = h_1 - h_4$，$q_k = h_2 - h_3$，$\sum w = w_c - w_e = (h_2 - h_1) - (h_3 - h_4)$，$\varepsilon = (h_1 - h_4)/[(h_2 - h_1) - (h_3 - h_4)]$。

3. 有传热温差的制冷循环

理想制冷循环——逆卡诺循环的一个重要条件是制冷剂与被冷却物（低温热源）和冷却剂（高温热源）之间必须在无温差情况下相互传热，但实际的热交换过程总是在有温差的情况下进行。下面分析有温差制冷循环制冷系数的影响因素。

图 3-3 所示为有传热温差的制冷循环，其中 T'_0、T'_k 分别为蒸发器中被冷却物和冷凝器中冷却剂的平均温度，无传热温差时的逆卡诺循环可用图中的 $1'2'3'4'1'$ 表示。由于有传热温差，蒸发器中制冷剂的蒸发温度 T_0 低于 T'_0，即 $T_0 = T'_0 - \Delta T_0$；冷凝器中制冷剂的冷凝温度 T_k 应高于 T'_k，即 $T_k = T'_k + \Delta T_k$，为了使 q_0 相等，图中的 $b4'1'a'b$ 应等于面积 $b41ab$。此时有传热温差的制冷循环 12341 的耗功量为面积 12341，比逆卡诺循环 $1'2'3'4'1'$ 多消耗的耗功量为剖线标出的面积。这种在有传热温差条件下由两个等温过程和两个等熵过程所组成的制冷循环，有的文献称为"有传热温差的逆卡诺循环"，其制冷系数

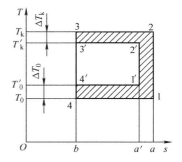

图 3-3　有传热温差的制冷循环

$$\varepsilon' = T_0/(T_k - T_0) = (T'_0 - \Delta T_0)/[(T'_k + \Delta T_k) - (T'_0 - \Delta T_0)]$$
$$= (T'_0 - \Delta T_0)/[(T'_k - T'_0) + (\Delta T_k + \Delta T_0)]$$
$$< \varepsilon = T'_0/(T'_k - T'_0) \tag{3-6}$$

显而易见，有传热温差时，制冷系数总要小于逆卡诺循环的制冷系数，其减小的程度一般称为温差损失。ΔT_0 和 ΔT_k 越大，则温差损失越大。

3.2　蒸气压缩制冷的理论循环及热力计算

1. 蒸气压缩式制冷的理论循环

蒸气压缩制冷的理论循环由两个等压过程、一个等熵过程和一个节流过程组成，如图 3-4 所示。它与前述的理想循环相比，有以下三个特点：①两个传热过程为等压过程并具有传热温差；②用膨胀阀代替膨胀机；③蒸气的压缩用干压缩代替湿压缩。关于采用有温差传热问题，前面已有论述，以下仅就后两个特点加以分析。

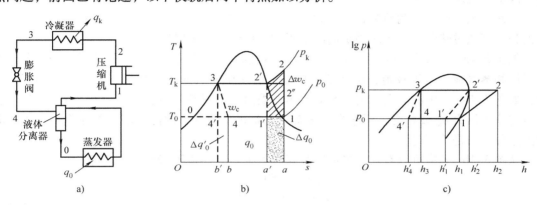

图 3-4　蒸气压缩式制冷的理论循环

a）工作流程　b）理想循环在 $T\text{-}s$ 图上的表示　c）理想循环在 $\lg p\text{-}h$ 图上的表示

（1）膨胀阀代替膨胀机　膨胀阀的节流过程是不可逆过程，节流前后的比焓相等，在节流过程中有摩擦损失和涡流损失，同时，这部分机械损失又转变为热量，加热制冷剂，减少了制冷量，从图 3-4b、c 中可以看出，在相同的蒸发温度 T_0 和冷凝温度 T_k 下，用节流阀的循环 $1'2'341'$ 与用膨胀机的理想循环 $1'2'34'1'$ 相比，有以下两部分损失：

1）由于节流过程降低了有效制冷量，由理想循环的 q_0 变为 $q_0 - \Delta q_0'$，即减少了 $\Delta q_0'$，可用图中的面积 $44'b'b4$ 表示。

2）损失了膨胀功 w_e。w_e 可用图中的三角形面积 $034'0$ 表示。

由上述内容可写出用膨胀阀的制冷循环的主要性能：

单位质量制冷量

$$q_{0节} = q_0 - q_0' = (h_1' - h_4') - (h_4 - h_4') = h_1' - h_4 \tag{3-7}$$

单位质量消耗功

$$w_节 = w_e + \Sigma w = w_c = 面积\ 04'41'2'30 = h_2' - h_1' \tag{3-8}$$

制冷系数

$$\varepsilon_节 = (q_0 - \Delta q_0')/w_c = (h_1' - h_4)/(h_2' - h_1) \tag{3-9}$$

由式（3-9）可以看出，膨胀阀代替膨胀机后，制冷量减少，消耗功上升，制冷系数下降，其降低的程度称为节流损失。节流损失的大小与如下因素有关：①与 $(T_k - T_0)$ 有关，节流损失随其增加而增大；②与制冷剂的物性有关，从 $T\text{-}s$ 图中可见，制冷剂的饱和液线与饱和蒸气线之间距离越窄（即比潜热 r 越小），饱和液线越平滑（即液态制冷剂的比热容 c_x' 越大），节流损失越大，也可用 r/c_x' 表示，即 r/c_x' 小，节流损失大；r/c_x' 大，节流损失小；

③与 p_k 有关，p_k 越接近临界压力 p_{kr}，节流损失越大。

（2）干压缩代替湿压缩　蒸气压缩式制冷理论循环，为了实现两个等温过程，压缩机吸入的是湿蒸气，这种压缩称为湿压缩。湿压缩有如下缺点：

1）压缩机吸入的低温湿蒸气与热的气缸壁之间发生强烈热交换，特别是落在缸壁上的液珠，更是迅速蒸发而占据气缸的有效空间，使压缩机吸入的制冷剂质量减少，从而使制冷量显著降低。

2）过多的液体进入压缩机气缸后，很难全部汽化，这时既破坏了压缩机的润滑，又会造成液击，使压缩机遭到破坏。

因此，蒸气压缩式制冷装置在实际运行中严禁发生湿压缩，要求进入压缩机的制冷剂为干饱和蒸气或过热蒸气，干压缩是制冷机正常工作的一个重要标志。

如图 3-4a 所示，可在蒸发器出口（或在蒸发器上）增设一个液体分离器。分离器上部的干饱和蒸气被压缩机吸走，保证了干压缩，进入压缩机的制冷剂状态点位于饱和蒸气线上，如图 3-4b、c 中的 1 点。制冷剂的绝热压缩过程在过热蒸气区进行，即从状态点 1 起，直至与冷凝压力 p_k 线相交，压缩终了状态点 2 是过热蒸气。因此，制冷剂在冷凝器中并非等温过程，而是等压过程。

从图 3-4b、c 中可以看出：采用膨胀阀的干压缩制冷循环 12341 中，其主要性能为

$$q_{0干} = q_{0湿} + \Delta q_0（面积 a11'a'a） = h_1 - h_4 \qquad (3-10)$$
$$w_{c干} = w_{c湿} + \Delta w_c（面积 122'1'1） = h_2 - h_1 \qquad (3-11)$$

制冷系数

$$\varepsilon_干 = (q_{1湿} + \Delta q_0)/(w_{c湿} + \Delta w_c) = (h_1 - h_4)/(h_2 - h_1) \qquad (3-12)$$

与湿压缩相比，分子和分母均有所增加，难以直接判断两个循环的优劣。但从图 3-4b 中可以看出，绝大多数制冷剂压缩时均有一个三角形面积 2''22'2''，故对于大多数制冷剂，采用干压缩后，制冷系数有所降低，即 $\varepsilon_干 < \varepsilon_湿$，减少的程度称为过热损失。其损失的大小与节流损失一样，即与 $(T_k - T_0)$、p_k/p_{kr} 和制冷剂物性有关。一般来讲，节流损失大的制冷剂，过热损失就小，而且，p_k/p_{kr} 越大，过热损失越大。

2. 蒸气压缩式制冷理论循环的热力计算

蒸气压缩式制冷理论循环热力计算内容主要涉及循环系统内所输入和输出的能量值，它主要包括制冷量、耗功率、制冷系数及冷凝器负荷等，其计算步骤为：

1）循环温度工况点的确定。包括蒸发温度 T_0、冷凝温度 T_k、液体再冷温度 $T_{r.c}$（或再冷度 $\Delta T_{r.c}$）和压缩机的吸气温度 T_1（或过热度 ΔT_{sh}）。T_0、T_k 的确定方法，应根据当地环境条件、冷却剂和被冷却物的温度，按有关规范确定。对于再冷度，一般采用 3~5℃。氨压缩机的过热度一般为 5℃ 左右，对于使用热力膨胀阀的制冷系统一般为 4~7℃，采用回热循环时吸气温度一般为 15℃。

2）应用制冷剂的 lg p-h 图，画出制冷循环，并由图或热力性质表查出各状态点 h 值及吸气比体积 v_1，如图 3-5 所示。

3）热力计算：

① 单位质量制冷量 q_0（kJ/kg）：

$$q_0 = h_1 - h_4 \qquad (3-13)$$

② 单位容积制冷量 q_V（kJ/m³），即压缩机每吸入 1m³ 制冷剂气体所产生的冷量：

$$q_V = q_0/v_1 = (h_1 - h_4)/v_1 \qquad (3\text{-}14)$$

式中　v_1——压缩机吸气比体积（m^3/kg），即压缩机入口气态制冷剂的比体积。

③ 制冷剂质量流量 m_R（kg/s），即压缩机单位时间吸入的气态制冷剂质量：

$$m_R = \phi_0/q_0 \qquad (3\text{-}15)$$

式中　ϕ_0——制冷量（kJ/s 或 kW）。

④ 冷凝器单位质量换热量 q_k（kJ/kg）和热负荷 ϕ_k（kJ/s 或 kW）：

$$q_k = h_2 - h_3 \qquad (3\text{-}16)$$

$$\phi_k = m_R q_k = M_R(h_2 - h_3) \qquad (3\text{-}17)$$

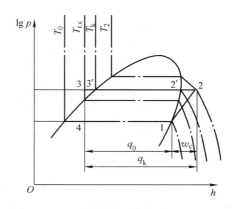

图 3-5　蒸气压缩式制冷循环在 $\lg p\text{-}h$ 图上的表示

⑤ 压缩机单位质量耗功量 w_{th}（kJ/kg）和理论耗功量 P_{th}（kJ/s 或 kW）：

$$w_{th} = h_2 - h_1 \qquad (3\text{-}18)$$

$$P_{th} = m_R w_{th} = m_R(h_2 - h_1) \qquad (3\text{-}19)$$

⑥ 理论制冷系数 ε_{th}：

$$\varepsilon_{th} = \phi_0/P_{th} = q_0/w_{th} = (h_1 - h_4)/(h_2 - h_1) \qquad (3\text{-}20)$$

⑦ 制冷效率 η_R：理论循环制冷系数 ε_{th} 与考虑了传热温差的理想制冷循环制冷系数 ε'_c 之比，即

$$\eta_R = \varepsilon_{th}/\varepsilon'_c \qquad (3\text{-}21)$$

最后，计算结果应符合热平衡检验，即 $\phi_k = \phi_0 + P_{th}$ 或 $q_k = q_0 + w_{th}$。

3. 蒸气压缩式制冷循环的改善

通过上述分析可知，蒸用压缩式制冷理论循环存在着温差损失、节流损失和过热损失，使其制冷系数远小于理想制冷循环。因此，减少上述损失，提高制冷系数，对节能有着非常重要的意义。减少上述损失的措施有：

（1）膨胀阀前液体制冷剂再冷却　为了使膨胀阀前液态制冷剂得到再冷却，可以设置再冷却器或采用回热循环。

1）设置再冷却器。对于同一种制冷剂，节流损失主要与节流前后的温差（$T_k - T_0$）有关，温差越小，节流损失越少。一般可在冷凝器后增加一个再冷却器，使冷却水先通过再冷却器，然后进入冷凝器。再冷却器可使冷凝后的液体制冷剂在冷凝压力下被再冷至状态点 3'（见图3-6）。图中3-3'是高压液体制冷剂在再冷却器中的再冷过程，再冷却所能达到的温度 $T_{r.c}$ 称为再冷温度，冷凝温度与再冷温度之差 $\Delta T_{r.c}$ 称为再冷度（或过冷度）。这种带有再冷的循环，称为再冷循环。

由图3-6a 可以看出，无再冷却的饱和循环 122'341 和有再冷却的循环 122'33'4'41 相比，节流过程由 3-4 变为 3'-4'，单位质量制冷量增加（即面积 $a44'ba$），而压缩功 w_c 不变。因此，再冷循环的制冷系数

$$\begin{aligned}\varepsilon_{再冷} &= (q_0 + \Delta q_0)/w_c = [(h_1 - h_4) + (h_4 - h'_4)]/(h_2 - h_1) \\ &= \varepsilon + (c'_x \cdot \Delta T_{r.c})/(h_2 - h_1) \end{aligned} \qquad (3\text{-}22)$$

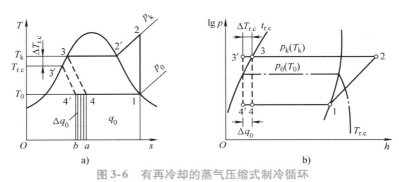

图 3-6 有再冷却的蒸气压缩式制冷循环

a）循环在 $T\text{-}s$ 图上的表示 b）循环在 $\lg p\text{-}h$ 图上的表示

式中 ε——无再冷的饱和循环制冷系数；

c'_x——制冷剂液体在 T_k 和 $T_{r.c}$ 之间［即 $(T_k+T_{r.c})/2$］的平均比热容［kJ/(kg·K)］。

由式（3-22）可知，采用再冷循环，可以提高制冷系数，提高的大小与制冷剂的种类及再冷度的大小有关。需要说明的是：①不是 $\Delta T_{r.c}$ 越大越好，$T_{r.c}$ 越低越好，受技术条件和经济性限制，$T_{r.c}$ 不可能很低；②使用热力膨胀阀的制冷系统，膨胀阀前也需要有 3～4℃ 的再冷度，如果再冷不足，制冷剂液体易产生闪发气体，影响制冷效率。

通常使用的再冷方法有：①单独设置再冷却器，由于增加了设备费用，而空调用制冷装置的蒸发温度 T_0 较高，因此一般很少单独设置再冷却器；②把再冷器设在水冷冷暖器内，在冷凝器下部专门有一空间设置再冷器，冷却水先通过再冷器中的再冷管再进入冷凝管；③增大冷凝器面积（一般增大 5%～10%），使冷凝器中有一定的液体，并使冷却水和制冷剂呈逆流。不管哪种方法，再冷温度不可能低于或等于冷却水进口温度，一般需有 1～3℃ 的端部温差。

2）采用回热循环。为了使膨胀阀前液体的再冷度增加，进一步减少节流损失，同时又保证压缩机吸气有一定过热度，可在制冷系统中增设一个回热器，其理论循环如图 3-7 所示。回热器的作用是使膨胀阀前的制冷剂液体与压缩机吸入前的制冷剂蒸气进行热交换，将液体由 3 再冷到 3′，吸入蒸气由 1 过热到 1′，该过程称为回热。有回热器的循环称为回热循环，即图中的 1′2′233′4′411′ 循环。回热循环与无回热的饱和循环 12341 相比，由于再冷增加了制冷量 $\Delta q_0=(h_4-h'_4)$，即面积 44′b′b4；由于过热（过热量为 Δq）增加了压缩机耗功量 Δw_c（面积 1′2′211′），即 $(h'_2-h'_1)-(h_2-h_1)$，因此，回热循环的制冷系数是否提高，视 $\Delta q_0/\Delta w_c$ 的比值定。

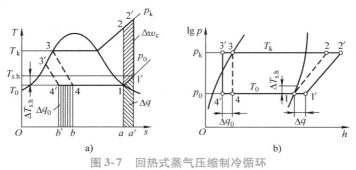

图 3-7 回热式蒸气压缩制冷循环

a）循环在 $T\text{-}s$ 图上的表示 b）循环在 $\lg p\text{-}h$ 图上的表示

表 3-1 是几种常用制冷剂采用回热循环后，制冷系数及排气温度的变化情况。计算采用 $T_0 = -15℃$，$T_k = 30℃$，吸气温度为 15℃（即过热度为 30℃）的制冷循环。表中，ε 表示的是过热循环与饱和循环的增减百分数。

表 3-1　吸气过热后对 ε 和排气温度的影响

制冷剂	R717	R22	R502
制冷系数 ε 的增减率（%）	-4.18	-1.88	+3.02
排气温度 $T'_2/T_2/$（℃/℃）	140.3/102	84.7/53.5	66.5/37.3

从表 3-1 中可以看出，制冷剂 R502 的制冷循环，吸气过热可以增加 ε，排气温度有增加，但并不很高，显然有利。但对于制冷剂 R22，实用上有时也采用回热循环，其出发点是 ε 降低不多，排气温度不太高，而且保证了干压缩，有利于安全运行和有较大的再冷度，使节流前液体不汽化，保证热力膨胀阀的稳定工作。对于 R717，绝不能采用回热循环，不仅因为其 ε 降低多，而且排气温度高，还会带来其他一些不利影响。

需要说明的是，在制冷循环热力计算时，一般将回热器内的换热过程看作等熵过程，故可认为图中的 $\Delta q_0 = \Delta q$，即 $h_4 - h'_4 = h'_1 - h_1$。

（2）带膨胀机的制冷循环　前面已述，用膨胀阀代替膨胀机造成了节流损失，过去认为采用液体膨胀机得不偿失。但随着科技发展，液体（实际上应是两相流动）膨胀机已在实际产品上得到了采用。由图 3-2 和图 3-4 可知，带两相流动膨胀机的过程近似为等熵膨胀过程 3-4′，取代膨胀阀的等焓过程 3-4 后，不但提高了循环的制冷系数，而且膨胀机还能对外做功，可以发电，也可以驱动辅助设备，如水泵等。从 20 世纪 90 年代开始，市场上已有相关产品出售，如带膨胀机的高能效离心式冷水机组，其名义工况性能系数 COP 达到了 7.04kW/kW，较常规机组提高 25% ~ 40%（即节能率）。

（3）带闪发蒸气分离器的多级压缩制冷循环　从冷凝器带来的高压液态制冷剂节流降压至某中间压力时，在闪发蒸气分离器中气液分离，分离后的闪发蒸气通入压缩机进行压缩，液体部分再经节流降压至蒸发器吸热制冷。由于有闪发蒸气分离器，达到了节约压缩机耗功的目的，故一般也将闪发蒸气分离器称为经济器或节能器。目前采用节能器的循环主要有：

1）带节能器的螺杆式压缩机二次吸气制冷循环。由于螺杆式压缩机可以设二次吸气口，因此这种循环常用于螺杆式压缩机的冷水机组或热泵机组。节能器分为有再冷却及无再冷两种形式，螺杆式压缩机组常用有再冷却型，其流程和制冷的 lg$p$-h 图如图 3-8 所示。由图可见，这种带节能器的二次吸气制冷循环，其冷量增加，功耗减少，性能系数 COP 明显提高。经对制冷剂为 R22，空调工况（$t_k = 40℃$，冷冻水进水温度、出水温度分别为 12℃、7℃）和蓄冰工况（$t_k = 40℃$，乙烯乙二醇水溶液进口温度、出口温度分别为 -6℃、-2℃）分别进行计算，计算结果见表 3-2。计算时未考虑制冷剂的吸气过热；中间压力 p_m（即节能器中压力）近似取 $p_m = (p_k p_0)^{1/2}$；旁通制冷剂流量比 $m_{R2}/m_{R1} = 0.15$。从表 3-2 中可以看出，空调工况带节能器后制冷系数 ε_{th} 提高了 0.3（4.9%）；蓄冰工况提高了 0.5（12.8%），表明 t_0 越低，加节能器后节能率越大。

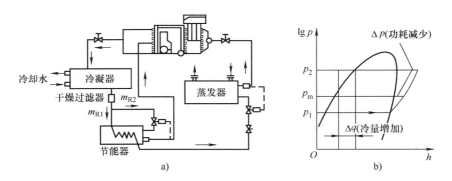

图 3-8 带节能器的二次吸气制冷（螺杆式压缩机）循环

a）带节能器二次吸气制冷系统流程　b）循环制冷在 lg p-h 图上的表示

表 3-2 带节能器与不带节能器制冷循环计算结果

工况　计算项目	空调工况		蓄冰工况	
	不带节能器	带节能器	不带节能器	带节能器
单位质量制冷量 $q_0/(kJ/kg)$	157.1	186.1	154.9	183.4
单位容积制冷量 $q_V/(kJ/m^3)$	3771.0	4605.6	2449.5	2901.0
单位质量压缩机耗功量 $w_c/(kJ/kg)$	25.7	28.9	39.7	41.7
理论循环制冷系数 ε_{th}	6.10	6.40	3.90	4.40

2）带节能器的多级压缩制冷循环。由于离心式压缩机可以采用两个、三个或多个叶轮，对制冷剂气体进行压缩，因此可以在叶轮之间设吸气口和节能器。吸气口数量一般比压缩级数（即叶轮数）少一个，节能器数量和吸气口数量相等。这种带节能器的多级压缩制冷循环的优点主要有：①可减少压缩过程的过热损失和节流过程的节流损失，能耗少，性能系数高，据有关文献报道，带节能器的三级离心式制冷机组名义工况 COP 比单级机组高5%～20%，部分负荷下的性能系数提高20%；②可以制取较低的蒸发温度，适用范围大；③压缩机的转速低，噪声小，振动低，使用寿命长。国内外均有这种离心式冷水机组及热泵机组产品。

4. 蒸气压缩式制冷实际循环简介

前面讨论的制冷循环均不考虑任何损失，因此计算所得的制冷量、消耗功率、制冷系数等都是理论值。实际循环与理论循环有一定差异，实际制冷量、消耗功率和制冷系数均不同于理论值。实际计算中，经常是撇开一些次要因素的影响，先进行理论循环计算，然后再进行修正。理论循环与实际循环的差别主要是以下三方面：①制冷剂在压缩过程中忽略了气体内部及气体与缸壁之间的摩擦和与外界的热交换；②忽略了制冷剂流经压缩机进、排气阀的节流损失；③制冷剂通过管路、冷凝器及蒸发器等设备时，未考虑其与管壁或内壁之间的摩擦和与外界的热交换。

由于蒸气压缩制冷的实际循环比较复杂，难以细致计算，因此一般均以理论循环作为计算基准。但是在选择压缩机及其配用的电动机，确定制冷剂管道直径，计算蒸发器和冷凝器的传热面积以及进行机房设计时，都应考虑这些影响因素，以保证实际需要，并尽量减少制冷量的损失和耗功率的增加，提高系统的实际制冷系数。

3.3　蒸气压缩式制冷循环的改善

蒸气压缩式制冷理论循环存在节流损失和过热损失，因此，采取措施减少这两种损失对于提高制冷系数、节省能量消耗非常重要。采用液态制冷剂再冷却可以减少节流损失；采用膨胀机回收膨胀功可以降低所消耗的功率；采用多级压缩可以减少过热损失。

3.3.1　膨胀阀前液态制冷剂再冷却

为了使膨胀阀前液态制冷剂得到再冷却，可以采用再冷却器，对于一些制冷剂还可以采用回热循环。

1. 设置再冷却器

图 3-9a 所示为具有再冷却器的单级蒸气压缩式制冷的工作流程。从图中可以看出，冷却水先经过设置在冷凝器下游的再冷却器，然后进入冷凝器，就可以实现液态制冷剂的再冷却。

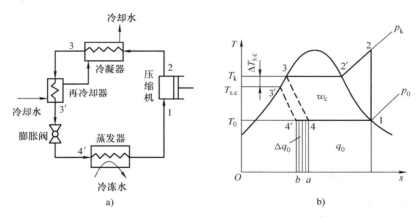

图 3-9　具有再冷却器的蒸气压缩式制冷循环

a）工作流程　b）理论循环

图 3-9b 中的 3-3′就是高压液态制冷剂再冷却过程线，其所达到的温度 $T_{s.c}$ 称为再冷温度，冷凝温度 T_k 与它的差值 $\Delta T_{s.c}$ 称为再冷度。从图中还可以明显看出，由于高压液态制冷剂得到再冷却，在压缩机耗功量不变的情况下，单位质量制冷能力增加 Δq_0（面积 $a44'ba$），因此，节流损失减少，制冷系数有所提高。

由于降低冷凝器出口高压液体的比焓可获得温度更低的等量制冷量，故应尽可能采用自然环境中温度低于冷凝温度的冷却剂为高压液体降温；同时，在经济性允许的条件下，也可采用另一套蒸发温度更高的制冷装置作为再冷却器。但一般空调用制冷装置并不单独设置再冷却器，而是适当增大冷凝器面积，并使这部分冷凝器面积中冷却剂与制冷剂呈逆流换热，以达到再冷目的。

2. 回热循环

为了使膨胀阀前液态制冷剂有较大的再冷度，同时又能保证压缩机吸入具有一定过热度的蒸气，常常采用回热循环。

由图 3-10 可以看出，来自蒸发器的低压气态制冷剂 1 在进入压缩机前先经过一个换热器——回热器，在回热器中与来自冷凝器的高压饱和液 3（也可以是再冷液）进行热交换，低温蒸气 1 等压过热至状态 1′，而高压液体 3 被等压再冷却至状态 3′，从而实现蒸气回热循环，如图 3-10b 中的循环过程 1′2′33′4′11′。1-1′ 为低压蒸气的等压加热过程，1′ 点的温度 $T_{s.h}$ 称为过热温度，其与饱和蒸气温度 T_1 的差值 $\Delta T_{s.h}$ 称为过热度。

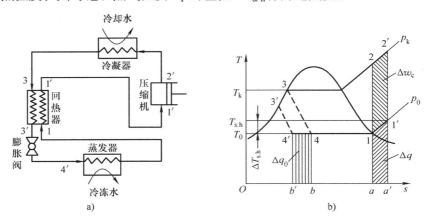

图 3-10   回热式蒸气压缩式制冷循环

a）工作流程   b）理论循环

由于流经回热器的液态制冷剂与气态制冷剂的质量流量相等，因此，在对外无热交换的情况下，每千克液态制冷剂放出的热量等于每千克气态制冷剂吸收的热量。也就是说，单位质量制冷剂因再冷却所增加的制冷能力 Δq_0（面积 $b'b44'b'$），等于单位质量气态制冷剂所吸收的热量 Δq（面积 $aa'1'1a$）。这样，采用蒸气回热循环虽然单位质量制冷能力有所增加，但是压缩机的耗功量也增加了 Δw_c（面积 $11'2'21$），因此，该种循环的理论制冷系数是否提高，与制冷剂的热物理性质有关，一般而言，对于节流损失大的制冷剂如氟利昂 R134a、R744 等是有利的，而对于制冷剂氨则不利。

3.3.2   回收膨胀功

在蒸气压缩式制冷装置中，为简化结构、降低成本，通常用膨胀阀取代膨胀机。然而，在大容量制冷装置中，由于膨胀机的容量较大，不会出现因机件过小导致加工方面的困难，此时采用膨胀机对高压液体进行膨胀降压，并回收该过程的膨胀功，是降低能量消耗、提高制冷系数的有效方法。

图 3-11 所示为采用膨胀机的蒸气压缩式制冷循环。与图 3-4 采用膨胀阀时相比，采用膨胀机后，一方面回收了膨胀功 w_e（面积 0430），使制冷循环的耗功量减小至 w_{ce}（面积 122′341）；另一方面，单位质量制冷能力增加了 Δq_0（面积 $bb'4'4b$），使其增大至 q_{0e}（面积 $a14ba$）。这两方面的有益影响，有效地改善了制冷循环性能：

单位质量制冷能力增大 $q_{0e} = q_0 + \Delta q_0 > q_0$

压缩机理论耗功率减小 $w_{ce} = w_c - w_e < w_c$

理论制冷系数提高 $\varepsilon_{the} = \dfrac{q_{0e}}{w_{ce}} = \dfrac{q_0 + \Delta q_0}{w_c - w_e} > \dfrac{q_0}{w_c} = \varepsilon_{th}$

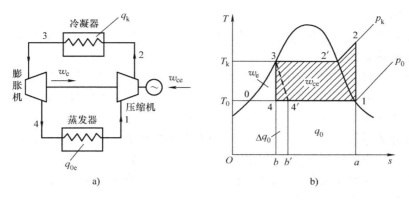

图 3-11 采用膨胀机的蒸气压缩式制冷循环

a）工作流程 b）理论循环

式中，q_{0e}、w_{ce} 和 ε_{the} 分别表示采用膨胀机时制冷循环的单位质量制冷能力、循环的理论耗功量和理论制冷系数；q_0、w_c 和 ε_{th} 则分别表示采用膨胀阀时的单位质量制冷能力、压缩机理论耗功量和理论制冷系数。

由此可以看出，采用膨胀机回收高压液体膨胀、降压时产生的膨胀功后，制冷循环的单位质量制冷能力与理论制冷系数均比采用热力膨胀阀时有明显的改善。

3.3.3 多级压缩制冷循环

为了减少过热损失，可采用具有中间冷却的多级压缩制冷循环，如图 3-12 中的制冷循环 $12'2''2'''2341$。低压饱和蒸气 1 从压力 p_0 先被压缩至中间压力 p_1，经等压冷却后再被压缩至中间压力 p_2，再经冷却……最后被压缩至冷凝压力 p_k。这种多级压缩制冷循环，不但降低了压缩机的排气温度，而且还减少了过热损失和压缩机的总耗功量。高、低压差越大，或者说蒸发温度越低或冷凝温度越高，其节能效果越明显。

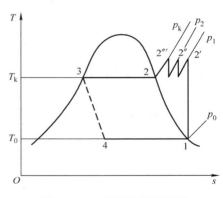

图 3-12 多级压缩制冷循环

多级压缩制冷循环虽然可以提高循环的制冷系数，却要增加压缩机等设备的投资和系统的复杂程度，一般在压缩比 $p_k/p_0 > 8$ 时采用，且多采用双级压缩。

对于双级压缩制冷循环，根据高压级压缩机的吸气状态不同，有完全中间冷却和不完全中间冷却两种形式，当高压级压缩机吸入饱和蒸气时称为完全中间冷却，而吸入过热蒸气时则为不完全中间冷却；根据高压液态制冷剂到蒸发压力之间的节流次数，又分为一次节流和二次节流，所谓一次节流就是指高压液体只经过一次节流就进入蒸发器，而二次节流则是指高压液体先节流至中间压力 p_m，中压液态制冷剂再经过一次节流才进入蒸发器。因此，双级压缩制冷循环具有四种基本形式：一次节流完全中间冷却、一次节流不完全中间冷却、二次节流完全中间冷却、二次节流不完全中间冷却，需根据制冷剂特点和产品工艺与技术要求选择适宜的循环形式。

多级压缩制冷循环需要利用制冷剂冷却低压级压缩机的排气，一般采用中间冷却器和闪发蒸气分离器两种形式来实现。

中间冷却器可将低压级压缩机的排气温度冷却至中间压力下的饱和蒸气状态，达到完全中间冷却。此外，中间冷却器内还可设有液体冷却盘管，使来自冷凝器的高压液获得较大的再冷度，既有节能作用，又利于制冷系统的稳定运行。

闪发蒸气分离器是将节流至中间压力后闪发出的饱和蒸气分离出来的设备，该饱和蒸气与低压级压缩机的中压排气混合使低压级压缩机排气降温后再进入高压级压缩机，故只能使低压级压缩机的排气温度稍有下降，而高压级级压缩机的吸气仍为过热蒸气状态，因此属于不完全中间冷却，不适用于氨制冷系统。

各种压缩机均容易实现双级压缩。由于螺杆式和涡旋式压缩机能够较为方便地实现中间补气，故空调用冷（热）水机组虽然压缩比不高，但也较多采用中间补气的双级压缩系统。鉴于双级压缩系统具有良好的技术经济性能，故目前已在双工况（制冷与制冰）冰蓄冷空调机组、寒冷地区用空气源热泵等系统中得到广泛应用。

1. 双级压缩制冷循环

（1）采用中间冷却器的双级压缩制冷循环 图 3-13 所示为一次节流完全中间冷却的双级压缩制冷循环，常用于制冷机等熵指数大、压缩比大的制冷系统（如氨冷库制冷系统）。

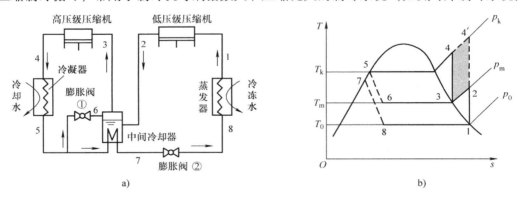

图 3-13 一次节流完全中间冷却的双级压缩制冷循环
a）工作流程 b）理论循环

其工作流程如下：一部分（少部分）来自冷凝器的高压液态制冷剂 5 经过膨胀阀①节流至中压状态 6，进入中间冷却器冷却低压级压缩机排气 2 至状态点 3，同时使另一部分（大部分）高压制冷剂再冷至状态点 7；再冷液 7 经膨胀阀②节流至状态 8 进入蒸发器，吸收被冷却物的热量而蒸发，低压饱和蒸气 1 经低压级压缩机压缩至状态 2，再进入中间冷却器；经一次节流后的闪发蒸气和被冷却至饱和状态的低压级排气一同进入高压级压缩机，进而在冷凝器中被冷却成饱和或具有一定再冷度的高压液体 5，从而完成双级压缩制冷循环。

图 3-14 所示为一次节流不完全中间冷却的双级压缩制冷循环，它与图 3-13 的区别在于，低压级压缩机的排气不是送入中间冷却器内使之冷却至中压饱和状态，而是中间冷却器中分离出的饱和蒸气与低压级压缩机排气混合降温后进入高压级压缩机被压缩，故高压级压缩机吸入的是过热蒸气，故称为"不完全中间冷却"，常用于制冷剂等熵指数较小、压缩比

不太大的制冷系统。此外，该循环采用了回热循环（饱和蒸气 0 与再冷液体 7 进行换热，故 $h_1 - h_0 = h_7 - h_8$）。

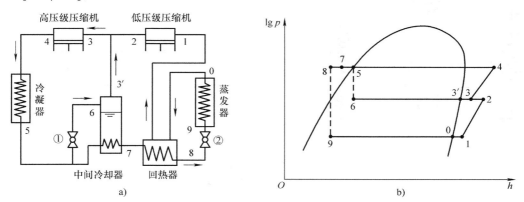

图 3-14　带回热器的一次节流不完全中间冷却的双级压缩制冷循环
a）工作流程　b）理论循环

（2）采用闪发蒸气分离器的双级压缩制冷循环　将来自冷凝器的高压液态制冷剂节流降压至某中间压力 p_m，将闪发蒸气分离出来，与低压级压缩机排气一起送入高压级压缩机进行压缩，也可达到节约压缩机功耗的目的，此时则采用闪发蒸气分离器。由于采用闪发蒸气分离器减少了循环的过热损失，从而降低压缩机的功耗，故也称闪发蒸气分离器为经济器（Economizer）。

在图 3-13、图 3-14 中，高压级和低压级的压缩任务分别是在两台压缩机中完成的，故该类循环称为双级压缩循环，其特点是中间压力为定值，且各级压缩机在压缩过程中的质量不变（不考虑内部泄漏）。对于具有连续压缩特点的螺杆式、涡旋式等回转式压缩机，可以较为方便地采用中间补气方式实现双级压缩，但由于在制冷剂补气过程中，压缩腔内制冷剂的质量和压力都在连续地增加，因此，该双级循环有别于高、低压级独立压缩的双级压缩循环，故称为"准双级压缩"制冷循环。

图 3-15a 所示为螺杆式或涡旋式冷水机组常用的采用闪发蒸气分离器的"准双级压缩"制冷循环工作流程。来自冷凝器的高压液态制冷剂 5 先经过膨胀阀①，降压至状态点 6 进入闪发蒸气分离器，在分离器中，只要蒸气上升速度小于 0.5m/s，就可使因节流闪发的气态制冷剂从液态制冷剂中充分分离出来。这样，饱和液 7 再经膨胀阀②节流至状态点 8 进入蒸发器，来自蒸发器的低压饱和蒸气 1 进入压缩机，经过初压缩（压缩至状态点 2）、喷射压缩（补入状态点 3 的饱和蒸气与状态点 2 的过热蒸气混合至 2'）和再压缩过程（压缩至状态点 4），再进入冷凝器被冷凝。该循环属于二次节流中间不完全冷却双级压缩制冷循环。因在喷射（补气）压缩过程中，腔内制冷剂压力和质量逐渐增大（不是一个定值），故其压焓图与采用两台压缩机时不同。为便于热力计算，可将该准双级压缩制冷循环压焓图简化为图 3-15b。

2. 双级压缩制冷循环的热力计算

对于双级压缩制冷循环来说，需要合理地选择中间压力，以使高压级和低压级压缩机耗功量之和最小；此外，双级压缩制冷循环与单级压缩制冷循环不同，就是流经各部件的制冷

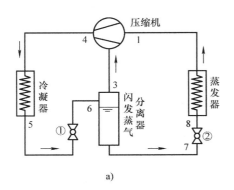 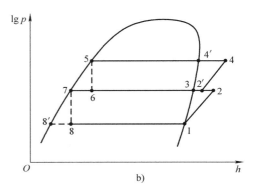

图 3-15　带蒸气分离器的双级压缩制冷循环
a）工作流程　b）理论循环

剂质量流量并不都相等，因此，进行热力计算时必须首先计算流经各部件的制冷剂质量流量，然后才能计算各换热器的换热量、各级压缩机的耗功量以及循环的制冷系数等。

（1）双级蒸气压缩制冷循环的中间压力　在设计双级压缩制冷系统时，选定适宜的中间压力，可以获得良好的经济效益。一般应以制冷系数最大作为确定中间压力的原则，这样得出的中间压力称为最佳中间压力。由于制冷循环形式或压缩机排气量配置不同，很难用一个统一表达式进行最佳中间压力的计算，设计时，应选择几个中间压力值进行试算，以求得最佳值。

通常也有以高、低压级压缩机的压缩比相等为原则确定双级压缩制冷循环的中间压力，这样得到的结果，虽然制冷系数不是最大值，但可使压缩机气缸工作容积的利用程度较高，具有实用价值。此时，中间压力的计算式为

$$p_m = \sqrt{p_0 p_k}$$

（2）关于制冷剂的质量流量　对于图 3-13 给出的一次节流完全中间冷却的双级压缩制冷循环来说，当已知需要的制冷量为 ϕ_0，则通过蒸发器的制冷剂质量流量（也就是进入低压级压缩机的制冷剂质量流量）m_{R1} 为

$$m_{R1} = \frac{\phi_0}{h_1 - h_8}$$

进入高压级压缩机的制冷剂质量流量 m_R 应为 m_{R1} 与来自膨胀阀①的制冷剂质量流量 m_{R2} 之和；而来自膨胀阀①的制冷剂，一方面使来自低压级压缩机的排气完全冷却至饱和状态，另一方面还要使膨胀阀②前的液态制冷剂由状态点 5 再冷却至状态点 7。因此，根据中间冷却器的热平衡方程，可得

$$m_{R1} h_5 + m_{R1} h_2 + m_{R2} h_6 = (m_{R1} + m_{R2}) h_3 + m_{R1} h_7 \qquad (3-23)$$

因 $h_5 = h_6$，$h_7 = h_8$，故

$$m_{R2} = \frac{(h_2 - h_3) + (h_5 - h_7)}{h_3 - h_5} m_{R1} \qquad (3-24)$$

高压级压缩机吸入的饱和蒸气量为

$$m_R = m_{R1} + m_{R2} = \left[1 + \frac{(h_2 - h_3) + (h_5 - h_7)}{h_3 - h_6} \right] m_{R1} = \frac{h_2 - h_7}{h_3 - h_5} m_R$$

$$= \frac{h_2 - h_8}{(h_3 - h_5)(h_1 - h_8)}\phi_0 \tag{3-25}$$

对于图 3-14 所示的一次节流不完全中间冷却的双级压缩制冷循环来说，在进行热力循环计算时，必须确定高压级压缩机的吸气状态点 3 的状态参数，以及膨胀阀①通过的制冷剂质量流量 m_{R2}。

因为，状态点 3 是由状态点 2 和状态点 3′混合而成的，根据热平衡

$$m_{R1}h_2 + m_{R2}h_3' = (m_{R1} + m_{R2})h_3$$

式中　m_{R1}——进入蒸发器的制冷剂质量流量。

所以

$$h_3 = h_3' + \frac{m_{R1}}{m_{R1} + m_{R2}}(h_2 - h_3') \tag{3-26}$$

而 m_{R2} 可由中间冷却器的热平衡决定，由于

$$m_{R1}(h_5 - h_7) = m_{R2}(h_3' - h_6)$$

因此

$$m_{R2} = \frac{h_5 - h_7}{h_3' - h_6}m_{R1}$$

通过高压级压缩机的制冷剂质量流量为

$$m_R = m_{R1} + m_{R2} = \left(1 + \frac{h_5 - h_7}{h_3' - h_6}\right)m_{R1} = \frac{h_3' - h_7}{(h_3' - h_6)(h_0 - h_8)}\phi_0 \tag{3-27}$$

【例 3-1】　采用如图 3-15 所示制冷循环的空气调节用制冷系统，其制冷量为 20kW，已知：制冷剂为 R134a，蒸发温度为 4℃，冷凝温度为 40℃，无再冷，且压缩机入口为饱和蒸气，试进行制冷理论循环的热力计算。

【解】　如果该制冷循环中间压力 p_m 按下式选取：

$$p_m = \sqrt{p_0 p_k}$$

这样，根据已知工作条件可以由压焓图查出各状态点的参数如下：

状态点	温度/℃	绝对压力/MPa	比焓/(kJ/kg)	比熵/[kJ/(kg·K)]	比体积/(m³/kg)
1	4.0	0.3376	410.0	1.7252	0.06042
2	22.8	0.5858	412.3	1.7252	0.03596
2′	22.6	0.5858	412.0	1.7243	0.03596
3	20.8	0.5858	410.3	1.7180	0.03519
4	43.7	1.0165	423.6	1.7243	0.02000
4′	40.0	1.0165	419.6	1.7115	0.01999
5	40.0	1.0165	256.4	1.1903	0.000872
6	20.8	0.5858	256.4	1.1944	0.006084
7	20.8	0.5858	228.5	1.0997	0.000818
8′	4.0	0.3376	205.4	1.0194	0.007810
8	4.0	0.3376	228.5	1.1028	0.007830

单位质量制冷能力

$$q_0 = h_1 - h_8 = (401.0 - 228.5)\text{kJ/kg} = 172.5\text{kJ/kg}$$

单位容积制冷能力

$$q_V = \frac{q_0}{v_1} = \frac{172.5}{0.06042}\text{kJ/m}^3 = 2855.01\text{kJ/m}^3$$

低压级制冷剂质量流量

$$m_{R1} = \frac{\phi_0}{q_0} = \frac{20}{172.5}\text{kg/s} = 0.1159\text{kg/s}$$

低压级压缩机制冷剂体积流量

$$V_{R1} = m_{R1}v_1 = 0.1159 \times 0.06042\text{m}^3/\text{s} = 0.0070\text{m}^3/\text{s}$$

高压级制冷剂质量流量 m_R 可由下式求出：

$$m_{R1} = m_R(1 - x_6)$$

状态点6的干度为

$$x_6 = \frac{h_6 - h_7}{h_3 - h_7} = \frac{256.4 - 228.5}{410.3 - 228.5} = 0.1532$$

因此

$$m_R = \frac{m_{R1}}{1 - x_6} = \frac{0.1159}{1 - 0.1532}\text{kg/s} = 0.137\text{kg/s}$$

而高压级压缩机吸气状态点 $2'$ 的状态参数可由以下能量平衡方程计算（结果见上表）：

$$m_R h'_2 = (m_R - m_{R1})h_3 + m_{R1}h_2$$

因此，高压级压缩机制冷剂体积流量

$$V_{R2} = m_R v_{2'} = 0.137 \times 0.03596\text{m}^3/\text{s} = 0.00492\text{m}^3/\text{s}$$

冷凝器热负荷

$$\phi_k = m_R(h_4 - h_5) = 0.137 \times (423.6 - 256.4)\text{kW} = 22.906\text{kW}$$

压缩机理论耗功率

$$P_{th} = P_{th1} + P_{th2} = m_{R1}(h_2 - h_1) + m_R(h_4 - h_{2'}) = 2.915\text{kW}$$

理论制冷系数

$$\varepsilon_{th} = \frac{\phi_0}{P_{th}} = \frac{20}{2.915} = 6.861$$

制冷效率

$$\eta_{th} = \frac{\varepsilon_{th}}{\varepsilon_c} = 0.893$$

与例3-1对比，在相同工况和制冷能力条件下，带闪发蒸气分离器的准双级压缩制冷循环，其排气温度降低，冷凝器热负荷下降，理论制冷系数提高约9%。

3.4 蒸气压缩式制冷的实际循环

前面讨论了亚临界与跨临界蒸气压缩式制冷的理论循环及其性能改善途径，而理论循环与实际循环相比，忽略了以下三方面问题：

1）在压缩机中，气体内部、气体与气缸壁之间的摩擦，气体与外部的热交换。

2）制冷剂流经压缩机进气阀、排气阀时的压力损失。

3）制冷剂流经管道、冷凝器（或气体冷却器）和蒸发器等设备时，制冷剂与管壁或器壁之间的摩擦，以及与外部的热交换。

另外，离开冷凝器的液体常有一定再冷度，而离开蒸发器的蒸气有时也是过热蒸气，这也会使实际循环与理论循环存在一定差异。

下面以目前广泛应用的亚临界蒸气压缩式制冷循环的实际过程为例进行分析，以说明实际循环与理论循环的差异。

3.4.1　实际循环过程分析

在图 3-16 中，过程线 12341 所组成的循环是蒸发压力为 p_0、冷凝压力为 p_k 的蒸气压缩式制冷理论循环。如果蒸发器入口制冷剂压力仍为 p_0，冷凝器出口制冷剂压力仍为 p_k，并考虑有再冷与过热，当采用活塞式制冷压缩机时，其实际循环应为 $1'1''abc'cd2'33'4'1'$。

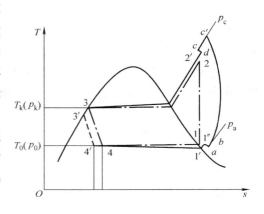

图 3-16　蒸气压缩式制冷的实际循环

过程线 $1'$-$1''$：来自蒸发器的低压制冷剂饱和蒸气或过热蒸气，经管道流至压缩机，由于沿途存在摩擦阻力、局部阻力以及吸收外界的热量，制冷剂压力稍有降低，温度有所升高。

过程线 $1''$-a：低压气态制冷剂通过压缩机吸气阀时被节流，压力降至 p_a。

过程线 a-b：低压气态制冷剂进入气缸，吸收气缸热量，温度有所上升，而压力仍为 p_a。

过程线 b-c：这是气态制冷剂在压缩机中的实际压缩过程线；压缩初期，由于制冷剂内部以及与气缸壁之间有摩擦，而且制冷剂温度低于气缸壁温度，因此是吸热压缩过程，比熵有所增加；当制冷剂被压缩至高于气缸壁温度以后，则变为放热压缩过程，直至压力升至 p_c，比熵有所减少。气缸头部冷却效果越好，制冷剂比熵减少越多，如图中 c'-c 过程线。

过程线 c-d：制冷剂经过压缩机排气阀，被节流，比焓基本不变，压力有所降低。

过程线 d-$2'$：制冷剂从压缩机经管道至冷凝器的过程，由于阻力与热交换存在，制冷剂压力与温度均有所降低。

过程线 $2'$-3-$3'$：制冷剂在冷凝器中由于有摩擦和涡流存在，因此冷凝过程并非等压过程，根据冷凝器形式的不同，其压力有不同程度的降低，出口还有一定的再冷度（3-3'）。

过程线 $3'$-$4'$：制冷剂节流过程，温度不断降低，同时，在进入蒸发器前，将从外界吸收一些热量，比焓略有增加。

过程线 $4'$-$1'$：与冷凝器类似，蒸发过程也不是等压过程，随蒸发器形式的不同，压力有不同程度的降低。

3.4.2 实际循环的性能参数

由上述分析可以看出，在实际循环中，如果蒸发器入口制冷剂压力仍为 p_0，冷凝器出口制冷剂压力仍为 p_k 时，由于冷凝器和蒸发器沿程存在阻力，与理论循环相比，平均冷凝压力将有所升高，平均蒸发压力有所降低。图 3-17 所示为保留实际制冷循环的主要特征而抽象出的压焓图。其中，$1'2'33'4'1'$ 为实际循环；12341 则为理论循环。

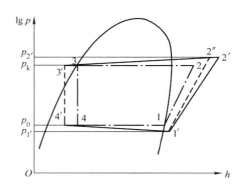

图 3-17　蒸气压缩式制冷的实际循环 $\lg p\text{-}h$ 图

在实际制冷循环中，压缩机的压缩过程并非等熵过程（$1'\text{-}2''$），而是压缩指数不断变化的多变过程（$1'\text{-}2'$）。而且，由于压缩机气缸中存在余隙容积，气体经过吸气阀、排气阀及通道会产生热量交换及流动阻力，气体通过活塞与气缸壁间隙处会产生泄漏等，这些因素都会使压缩机的输气量减少，制冷量下降，消耗功率增加，排气温度升高。

描述实际制冷循环性能的主要参数包括制冷量、输入功率和制冷系数。对于热泵循环，则应考察从冷凝器中放出的热量（冷凝负荷）和供热系数。为简化循环计算，将实际循环先按 $1'2''3''4''1'$ 的理论循环（蒸发压力、冷凝压力分别等于压缩机吸气压力、排气压力，节流前的比焓值与实际循环相同）进行计算，然后再进行修正。

1. 制冷量

各种损失引起压缩机输气量的减少可用容积效率 η_V 来表示，容积效率 η_V 是压缩机实际输气量 V_r 与理论输气量 V_h 之比，则压缩机的实际输气量为

$$V_r = \eta_V V_h \tag{3-28}$$

理论输气量 V_h 仅与压缩机的结构参数和转速有关，对于确定的压缩机而言，V_h 为一定值（详见第 4 章）。

在图 3-17 所示的实际循环中，制冷量为流经蒸发器的制冷剂质量流量 m_{Re} 与单位质量制冷量 q_0 的乘积，即

$$\phi_0 = m_{Re}q_0 = m_{Re}(h_{1'} - h_{4''}) \tag{3-29}$$

m_{Re} 也是单级压缩制冷循环流经压缩机（或多级压缩制冷循环流经低压级压缩机）的实际输气量 V_r 下对应的制冷剂质量流量 m_{Rcomp}，故

$$m_{Re} = m_{Rcomp} = \frac{V_r}{v_{1'}} = \frac{\eta_V V_h}{v_{1'}} \tag{3-30}$$

式中　$v_{1'}$——压缩机入口气态制冷剂的比体积（m^3/kg，也称为"吸气比体积"）。

2. 输入功率

制冷剂在等熵压缩时的理论耗功率 P_{th} 由式（3-31）式给出，即

$$P_{th} = m_{Rcomp}w_c = m_{Rcomp}(h_{2''} - h_{1'}) \tag{3-31}$$

式中　$h_{2''}$——等熵压缩的排气比焓值（kJ/kg）。

在实际压缩过程中，由于存在各种损失，压缩机电动机的输入功率 P_{in} 大于理论耗功率

P_{th}，可表示为

$$P_{in} = \frac{P_{th}}{\eta_{el}} \tag{3-32}$$

式中　η_{el}——压缩机的电效率，$\eta_{el} = P_{th}/P_{in}$，是压缩机的理论耗功率 P_{th} 与压缩机输入功率 P_{in} 之比，因封闭式和开启式压缩机的结构不同，压缩机输入功率 P_{in} 所包含的部分也不同（详见 3.2 节）。

3. 冷凝负荷

制冷循环的冷凝负荷（或热泵循环的制热量）是制冷循环从冷凝器中排放的热量 ϕ_k，当忽略压缩机壳体和排气管等部位的热量损失时，由能量守恒可知，ϕ_k 应为制冷量 ϕ_0 与（循环中全部）压缩机提供给制冷剂的功率之和。对于单级压缩制冷循环，则

$$\phi_k = \phi_0 + P_{in} = \phi_0 + P_{th}/\eta_{el} \tag{3-33}$$

同时，ϕ_k 也等于流经冷凝器的制冷剂质量流量 m_{Rc} 与单位冷凝负荷 q_k 的乘积，即

$$\phi_k = m_{Rc} q_k = m_{Rc}(h_{2'} - h_{3''}) \tag{3-34}$$

式中　$h_{2'}$——实际压缩过程的排气比焓值（kJ/kg）。

由于制冷循环形式的种类繁多，m_{Rc} 不一定与流经蒸发器的制冷剂质量流量相等，故需通过质量守恒方程确定。

4. 性能系数

（1）实际制冷（热泵）循环的性能系数　实际制冷（热泵）循环的性能优劣常用实际制冷系数 ε_s 和实际供热系数 μ_s 来评价，它是实际制冷量或制热量与循环中所消耗的压缩机功率之比。

对于单级制冷循环而言，根据 ε_s 的定义和式（3-29）、式（3-31）和式（3-32），且 $m_{Re} = m_{Rcomp}$ 可知，其实际制冷系数

$$\varepsilon_s = \frac{\phi_0}{P_{in}} = \eta_{el} \frac{h_{1'} - h_{4''}}{h_{2''} - h_{1'}} = \eta_{el} \varepsilon_{th} \tag{3-35}$$

同理，单级热泵循环的实际供热系数 μ_s 是热泵循环的制热量（即冷凝负荷）与压缩机的输入功率之比，因 $m_{Re} = m_{Rcomp}$，故

$$\mu_s = \frac{\phi_k}{P_{in}} = \eta_{el} \frac{h_{2'} - h_{3''}}{h_{2''} - h_{1'}} = \eta_{el} \mu_{th} \tag{3-36}$$

式（3-35）、式（3-36）中的 ε_{th} 和 μ_{th} 分别表示蒸发压力、冷凝压力分别为压缩机吸气压力、排气压力，再冷度、过热度与实际循环相同的理论循环的制冷系数与供热系数。

由上可知，由于实际制冷系统存在各种损失，故实际制冷系数 ε_s 小于理论循环制冷系数 ε_{th}，实际供热系数 μ_s 也是如此。

（2）制冷（热泵）设备的性能系数　在上述制冷循环或热泵循环的性能系数计算中，只计入了压缩机消耗的功率，而对于实际制冷设备与热泵设备而言，则应采用输入制冷设备消耗的总功率。在产品标准中，因设备种类不同，其消耗总功率所包含的耗电环节也不同，例如：房间空调器的耗电环节包括压缩机、冷凝器风扇、蒸发器风扇和控制器的总功率，而水冷式冷水机组则只包括压缩机和控制器的总功率。

在实际工程中，制冷设备与热泵设备的性能系数常用 COP（coefficient of performance）表示，单位为 W/W。制冷性能系数与制热性能系数分别用 COP$_c$（cooling coefficient of performance）与 COP_h（heating coefficient of performance）表示；但也有些产品也将 COP_c 称为制冷能效比，用 EER（energy efficiency ratio）表示，而将 COP_h 记为 COP。这是由于各类产品的标准体系不同所致，虽然符号不统一，但意义完全相同。

3.5　跨临界制冷循环

对于高温与中温制冷剂，在普通制冷范围内，由于制冷循环的冷凝压力远低于制冷剂的临界压力，故称之为亚临界循环。亚临界循环是目前制冷、空调领域广泛应用的循环形式。然而，一些低温制冷剂在普通制冷范围内，利用冷却水或室外空气作为冷却介质时，压缩机的排气压力位于制冷剂临界压力之上，而蒸发压力位于临界压力之下。此类循环跨越了临界点，故将其称为跨临界循环（transcribed cycled）或超临界循环（supercritical cycled）。例如，以 CO_2 为制冷剂的空气源热泵热水器就采用了跨临界循环。

3.5.1　CO_2 跨临界制冷循环

CO_2 跨临界循环与常规亚临界循环均属于蒸气压缩式制冷范畴，它与常规制冷循环基本相似。图 3-18 给出了单级 CO_2 跨临界制冷循环原理图和压焓图，其循环过程为 12341。压缩机的吸气压力低于临界压力，蒸发温度也低于临界温度，循环的吸热过程在亚临界条件下进行，依靠液体蒸发制冷；但压缩机的排气压力高于临界压力，制冷剂在超临界区等压放热，与常规亚临界状态下的冷凝过程不同，换热过程依靠显热交换来完成，此时制冷剂高压侧热交换器不再称为冷凝器（condenser），而称为气体冷却器（gas cooler）。

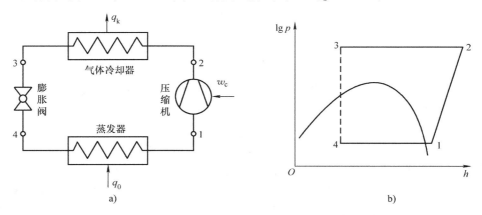

图 3-18　单级 CO_2 跨临界制冷循环
a）工作流程　b）理论循环

由于 CO_2 在超临界条件下具有特殊的热物理性质，其流动和换热性能优良；在气体冷却器中采用逆流换热方式，不仅可减少高压侧不可逆传热损失，而且还可以获得较高的排气温度和较大的温度变化，因而跨临界制冷循环在较大温差变温热源时具有独特的优势。正因为如此，CO_2 跨临界制冷循环热泵热水器不仅可以制取温度较高的热水，同时还具有良好的性能。

跨临界制冷循环的热力计算与常规亚临界制冷循环完全相同。对于图 3-18b 所示的 CO_2

跨临界制冷循环，根据稳定流动能量方程式可得：

蒸发器中等压吸热过程，单位质量制冷剂的制冷能力为

$$q_0 = h_1 - h_4 \tag{3-37}$$

单位质量制冷剂在压缩机中被绝热压缩时，压缩机的耗功量为

$$w_c = h_2 - h_1 \tag{3-38}$$

制冷剂在气体冷却器中等压放热过程，单位质量制冷剂的冷却负荷为

$$q_k = h_2 - h_3 \tag{3-39}$$

节流前后，制冷剂的比焓不变，即

$$h_3 = h_4 \tag{3-40}$$

根据制冷循环的能量平衡方程有

$$w_c = q_k - q_0$$

制冷循环的理论性能系数 ε_{th} 为

$$\varepsilon_{th} = \frac{q_0}{w_c} = \frac{h_1 - h_4}{h_2 - h_1} \tag{3-41}$$

在常规亚临界制冷循环中，冷凝器出口的制冷剂焓值只是温度的函数，但在跨临界循环中，温度和压力共同影响着气体冷却器出口制冷剂的焓值。在超临界压力下，CO_2 无饱和状态，由于温度与压力彼此独立，改变高压侧压力将影响制冷量、压缩机耗功量以及循环的制冷系数。当蒸发温度 t_0、气体冷却器出口温度 t_3 保持恒定时，随着高压侧压力 p_2（或压缩比 p_2/p_1）的升高，单位质量耗功量呈直线规律上升，而单位质量制冷量的上升幅度却有逐渐减小的趋势，两者综合作用的结果使得制冷系数 ε_{th} 先逐渐升高再逐渐下降。在某压力 p_2 下出现最大值 ε_{thm}，对应于 ε_{thm} 的压力称为最优高压侧压力 p_{2opt}。研究表明，p_{2opt} 受气体冷却器出口温度 t_3 的影响较大，几乎呈线性递增函数的变化规律，但蒸发温度 t_0 对其影响并不明显。

根据极值存在条件和式（3-41），可通过求解下列方程得到 p_{2opt}，即

$$\frac{\partial \varepsilon_{th}}{\partial p_2} = \frac{-\left(\frac{\partial h_3}{\partial p_2}\right)_{t_3}(h_2 - h_1) - \left(\frac{\partial h_2}{\partial p_2}\right)_s(h_1 - h_3)}{(h_2 - h_1)^2} = 0 \tag{3-42}$$

式（3-42）可整理成

$$-\frac{\left(\frac{\partial h_3}{\partial p_2}\right)_{t_3}}{h_1 - h_3} = \frac{\left(\frac{\partial h_2}{\partial p_2}\right)_s}{h_2 - h_1} \tag{3-43}$$

根据状态方程和热力学关系式，原则上可以由式（3-43）确定不同条件下的 p_{2opt}。但由于公式中温度和压力以隐式形式出现，难以直接应用，而自此整理出的半经验公式使用更为方便。当不考虑吸气过热度的影响时，p_{2opt} 可以采用下式计算：

$$p_{2opt} = (2.778 - 0.015t_0)t_3 + (0.381t_0 - 9.34) \tag{3-44}$$

式中 p_{2opt}——最优高压侧压力（100kPa）；

t_3——气体冷却器出口温度（℃）；

t_0——蒸发温度（℃）。

3.5.2 CO₂跨临界循环的改善

1. 蒸气回热循环

在单级 CO_2 跨临界制冷循环中，来自气体冷却器的气态制冷剂经过膨胀阀时动能增大，压力下降，在此过程中产生了两部分损失：

1）由于节流过程是不可逆过程，流体吸收摩擦热产生无益汽化，降低了有效制冷量，使得单位质量制冷量减少。

2）损失了膨胀功。节流过程中不可逆损失的大小与蒸发温度 t_0 和气体冷却器出口（膨胀阀入口）制冷剂的温度 t_3 有关，当其他条件不变时，循环的理论性能系数 ε_{th} 随 t_3 的增大而迅速下降。研究表明，CO_2 跨临界制冷循环采用回热循环是减少节流损失、提高性能系数的有效途径之一。

图 3-19 所示为带有回热器的 CO_2 跨临界制冷循环的原理图和压焓图。与常规亚临界循环的回热循环相似，通过回热器，利用蒸发器出口的低温低压气态 CO_2 使气体冷却器出口的高温高压气态 CO_2 得到进一步冷却，以降低膨胀阀入口 CO_2 的温度 t_3，从而提高制冷循环的理论性能系数 ε_{th}。两股流体在回热器中进行热交换，因此，由图 3-19b 可知，单位质量制冷剂的回热量为

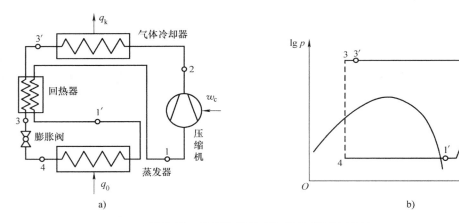

图 3-19　带回热器的 CO_2 跨临界制冷循环

a）工作流程　b）理论循环

$$q_{re} = h_1 - h_{1'} = h_{3'} - h_3 \tag{3-45}$$

此时，制冷循环的理论性能系数

$$\varepsilon_{thre} = \frac{q_0}{w_c} = \frac{h_{1'} - h_4}{h_2 - h_1} \tag{3-46}$$

在式（3-45）与式（3-46）中，$h_{1'}$、h_1、$h_{3'}$、h_3 分别表示蒸发器出口、压缩机入口、气体冷却器出口与膨胀阀入口制冷剂的比焓（kJ/kg）。

2. 双级压缩回热循环

在 CO_2 跨临界制冷循环中，采用回热循环可以降低节流过程的不可逆损失，改善循环性能，但势必导致压缩机吸、排气温度升高，吸、排气压差增大，制冷剂循环量减少，压缩机

的不可逆损失增大。在回热循环的基础上，采用双级压缩有利于降低压缩机排气温度并提高系统性能，同时有利于压缩机安全运行。

图 3-20 所示为带回热器的双级压缩跨临界制冷循环。蒸发器出口的低温气态 $CO_2\,1'$，经过回热器加热至状态 1 后进入低压级压缩机，被压缩至状态 $2'$ 后进入第一气体冷却器，使气态 CO_2 等压冷却至状态 $2''$，再通过高压级压缩机压缩至状态 2，然后进入第二气体冷却器；高压气态 CO_2 在第二气体冷却器中冷却至状态 $3'$ 后进入回热器，被蒸发器出口的低温气态 CO_2 冷却至状态 3；状态 3 的气态 CO_2 经膨胀阀节流降压至两相区呈湿蒸气状态 4，最后在蒸发器中等压吸热蒸发，直至蒸发器出口状态 $1'$。

值得注意的是，与双级压缩亚临界循环相比不同，由于 CO_2 系统的排气温度较高，故在双级压缩跨临界制冷循环中，不需要中间冷却器或闪发蒸气分离器，仅通过冷却水或常温空气作为冷却介质即可实现低压级压缩机排气的充分冷却。

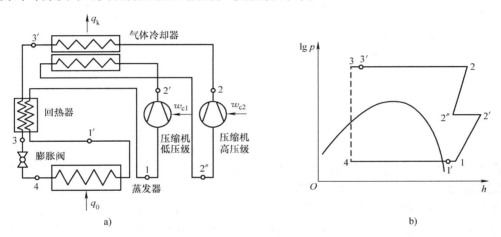

图 3-20 带回热器的 CO_2 跨临界双压缩制冷循环

a）工作流程 b）理论循环

与单级制冷循环相似，对于双级压缩 CO_2 跨临界制冷循环，在给定蒸发温度条件下，高压级压缩机出口仍然存在一个最优高压侧压力 p_{2opt}，使系统的制冷系数达到最大值 ε_{thm}。此外，对于采用膨胀阀节流的双级压缩循环，过热度取 15℃ 为宜，中间压力取吸、排气压力的比例中项，即

$$p_{2'} = \sqrt{p_1 p_2} \tag{3-47}$$

3. 用膨胀机回收膨胀功

在典型夏季工况下，CO_2 用于空调、制冷时，均采用跨临界制冷循环。分析表明，单级压缩回热循环的制冷系数 ε 仅为常规制冷剂（R22、R134a）制冷循环的 70% ~ 80%，即使采用双级压缩回热循环，其 ε 仍然比 R22、R134a 系统低。为提高 CO_2 跨临界循环的 ε 值，一种思路就是利用膨胀机代替膨胀阀，回收制冷剂从高压到低压过程的膨胀功；CO_2 的膨胀比较低（2~4），膨胀功的回收率较高，采用膨胀机循环更具有经济性。分析表明，带膨胀机的单级压缩 CO_2 跨临界循环的制冷系数 ε 可超过相同工作条件下 R22 和 R134a 的单级压缩循环。

图 3-21a 所示为采用膨胀机的单级 CO_2 跨临界制冷循环原理图。CO_2 在膨胀过程中出现气液相变，体积变化不大，主要靠压力势能和气体相变输出膨胀功。此过程是自发过程，伴随有压力波的传递。由于汽化核心的产生和气泡的生长有时间滞后，膨胀过程中将出现"过热液体"的亚稳态现象；当有一定过热度后，才产生足够多的汽化核心，并可能产生爆炸式闪蒸。这种汽化滞后，将导致膨胀机效率下降，甚至无轴功输出，实际过程应尽量避免这种现象，使 CO_2 液体在膨胀机内瞬时汽化。

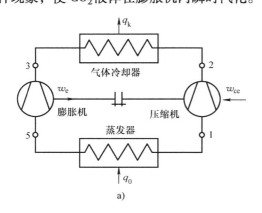
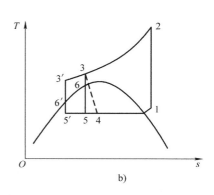

图 3-21　采用膨胀机的单级 CO_2 跨临界制冷循环

a）工作流程　b）理论循环

图 3-21b 所示为膨胀机在不同入口状态下的膨胀过程温熵图。过程 3-5 表示膨胀机内部的等熵膨胀过程（3-4 虚线表示采用膨胀阀的节流过程），单位质量制冷剂输出的轴功等于状态 3 与状态 5 的比焓差 Δh，包括比内能差 Δu 和比流动功差 $\Delta(pv)$。CO_2 输出的轴功由两部分组成：一部分是超临界流体转变为饱和液体过程中输出的轴功（3-6），该过程没有相变，可称其为液体功；另一部分是在膨胀过程中出现相变，由气液两相流体的容积膨胀输出的轴功（6-5），该过程有气泡产生，可称其为相变功。这两部分的比例随着气体冷却器出口流体的状态变化而变化，随着气体冷却器出口温度 t_3 的降低，液体功所占的比例将增大，如图中 3'-6'。在通常情况下 t_3 较高，输出的轴功主要由相变功提供。

如果膨胀机的效率为 0.65，压缩机的指示效率为 0.9，在其他参数完全相同的条件下，分别采用上述四种循环形式：单级压缩循环（见图 3-18）、单级压缩回热循环（见图 3-19）、双级压缩回热循环（见图 3-20）、采用膨胀机的单级压缩循环（见图 3-21）时，其实际制冷系数 ε 依次提高，如图 3-22 所示。由此可见，采用蒸气回热、双级压缩以及用膨胀机回收膨胀功均能有效地改善 CO_2 跨临界制冷循环的性能，特别是采用带膨胀机的双级压缩蒸气回热循环，其系统性能将得到明显改善。

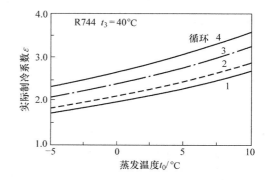

图 3-22　四种 CO_2 跨临界制冷循环的实际制冷系数 ε_s 随蒸发温度 t_0 的变化关系

3.6 双级压缩制冷循环

两级压缩两级节流制冷循环在一些制冷压缩机组中（如离心式压缩机组、螺杆式压缩机组和涡旋式压缩机组）均有应用。图 3-23 所示为两级压缩两级节流制冷循环系统。它采用了中间补气，其工作过程如下：

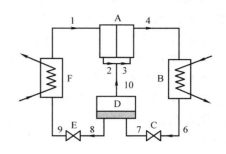

图 3-23　两级压缩两级节流制冷循环系统图

A—两级压缩机　B—冷凝器　C——级节流元件
D—气液分离器　E—二级节流元件　F—蒸发器

在蒸发器 F 中产生的压力为 p_0 的低压蒸气首先被压缩机 A 的低压级吸入并压缩到中间压力 p_m，和从气液分离器 D（俗称经济器）中分离出来的气体汇合后进入高压级进一步压缩到冷凝压力 p_k，然后进入冷凝器 B 被冷凝成液体。由冷凝器出来的液体经过一级节流元件 C 节流到中间压力 p_m 后，进入气液分离器 D 进行气液分离。分离出来的气体作为中间补气直接和压缩机 A 的低压级排气汇合送入高压级压缩；分离出来的液体经二级节流元件 E 节流到蒸发压力 p_0 后，进入蒸发器 F 中蒸发，制取冷量，蒸发出来的低压蒸气被压缩机 A 的低压级吸入。循环就这样周而复始地运行。

由于气液分离器 D 分离出来的气体没有经过低压级的压缩，而直接作为中间补气进入高压级压缩，这样减小了低压级的功耗，并提高了单位制冷量，使得机组的效率提高了大约 7%。

图 3-24 所示为这种循环的 $p\text{-}h$ 图，图中各状态点均与图 3-23 相对应。图中 1-2 表示低压压缩机的压缩过程，2-10-3 表示低压压缩机的排气 2 和中间补气 10 混合成 3 点状态的过程，3-4 表示高压压缩机内的压缩过程，4-6 表示在冷凝器内的冷却、凝结和过冷过程（也可以没有过冷），6-7 表示经过一级节流元件的节流过程，此后制冷剂进行气液分离，7 点的制冷剂分离为 8 点的饱和液体和 10 点的饱和气体，此后，8-9 表示经过二级节流元件的节流过程，9-1 表示它在蒸发器内蒸发制冷的过程。

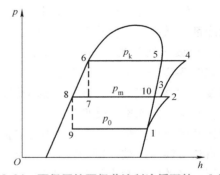

图 3-24　两级压缩两级节流制冷循环的 $p\text{-}h$ 图

为了进一步提高制冷压缩机组的效率，也经常采用三级节流、中间两次补气的三级压缩制冷循环，其系统与循环和两级节流、中间补气的两级压缩制冷循环基本类似。

带经济器的螺杆式压缩机的二次节流压缩制冷系统如图 3-25 所示。来自贮液器 4 的制冷剂液体，经节流阀 7 至经济器 5 中，经济器上部产生的闪发气体，通过压缩机补气口进入处在压缩阶段的基元容积中，与原有气体继续被压缩；经济器下部的液体经节流阀 8 第二次节流后，进入蒸发器 6 中制冷。进入蒸发器的制冷剂液体，经过二次节流，且二次节流前与进入补气口的气体的温度相同。无论是一次节流还是二次节流，都使得进入蒸发器的制冷剂过冷，因而制冷量增加。同时补气后使基元容积气体质量增加，压缩功也有一定的增大，但其增大速率比制冷量增加得慢，因此制冷系数提高，具有节能效果。节能效益的大小与制冷剂性质及工况有关，制冷剂中 R502 最好，其次是 R12 及 R22，而 R717 最小；低温工况下的节能效果最显著，当冷凝温度不变，蒸发温度越低时，其循环的制冷系数提高得越多。据有关文献介绍，对蒸发温度在 −15 ~ −40℃ 范围内的低温工况，制冷量增加 19% ~44%，制冷系数提高 7% ~30%。

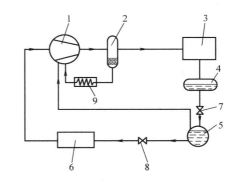

图 3-25　带经济器的螺杆式二次节流压缩制冷循环系统

1—压缩机　2—油分离器　3—冷凝器　4—贮液器
5—经济器　6—蒸发器　7、8—节流阀　9—油冷却器

3.7　复叠式制冷循环

3.7.1　复叠式制冷机循环系统

　　复叠式制冷装置是使用两种或两种以上的制冷剂，由两个或两个以上的单级压缩制冷循环组成，一般用于获取 −60 ~−120℃ 的低温。

　　常用的两级复叠式制冷装置，由高温级和低温级两部分组成。高温级中使用中温制冷剂，低温级中使用低温制冷剂，形成两个单级压缩制冷系统复叠工作的循环。如图 3-26 所示，两系统之间采用一个冷凝蒸发器衔接起来，高温级的中温制冷剂在其中蒸发制冷，使低温级的低温制冷剂在其中放出热量，与蒸发的中温制冷剂进行热交换后，被冷凝为液体。从冷凝蒸发器出来的中温制冷剂蒸气带走低温制冷剂的冷凝热量，经过高温级循环将热量传递给环境介质（水或空气）。而从冷凝蒸发器出来的低温制冷剂液体，经低温级

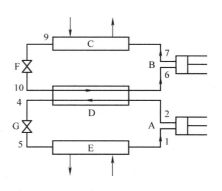

图 3-26　复叠式制冷循环系统原理图

低温部分：A—压缩机　D—冷凝器　G—膨胀阀　E—蒸发器
高温部分：B—压缩机　C—冷凝器　D—蒸发器　F—膨胀阀

节流阀降压后，进入蒸发器吸取被冷却物的热量而蒸发制冷，获得所需要的低温。

　　图 3-27 所示是图 3-26 所示两级复叠式制冷循环的 $p-h$ 图。循环工作过程可从图中清楚看出，图 3-27a 中 123451 为低温部分循环，图 3-27b 中 6789106 为高温部分循环。冷凝蒸发器中的传热温差一般取 5 ~10℃。

　　图 3-28 所示为国产 D-8 型低温箱所用的制冷机系统。它就是按照图 3-27 所示的循环设计的，高温级制冷剂为 R22，低温级制冷剂为 R13，箱内工作温度为（−80 ±2）℃，因而

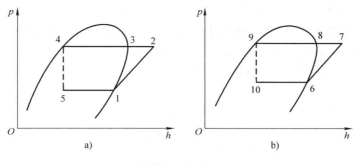

图 3-27　复叠式制冷循环的 $p-h$ 图
a）低温级　b）高温级

R13 的蒸发温度为 $-85 \sim -90℃$。在低温部分的系统中还增加了气-液热交换器、水冷却器及膨胀容器。气-液热交换器的作用是降低其排气温度，减少冷凝蒸发器中的冷凝热负荷，即减少高温级循环的制冷量；水冷却器可以减少冷凝蒸发器的热负荷，也就是减少高温级的制冷负荷，水冷却器中排出气体的温度约等于高温级的冷凝温度（因使用的是同一种冷却介质）。同时，膨胀容器的设置，对保证低温级系统避免超压和安全顺利地启动运行有重要的意义。电磁阀用于阻止系统停止运行时高压制冷剂窜入蒸发器，造成系统在启动过程中大量液体进入压缩机发生液击事故。

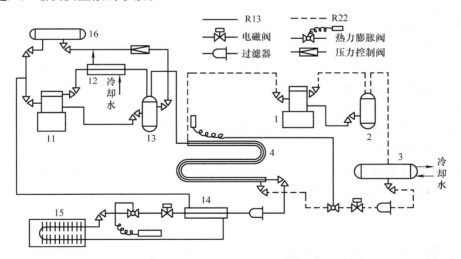

图 3-28　国产 D-8 型低温箱所用的制冷机系统
高温部分：1—压缩机　2—油分离器　3—冷凝器　4—冷凝蒸发器
低温部分：11—压缩机　12—水冷却器　13—油分离器　14—气-液热交换器
15—蒸发器　16—膨胀容器

从保护环境出发，以 NH_3 和 CO_2 构成的 NH_3/CO_2 复叠式制冷系统在 20 世纪 90 年代投入运行后，在国外，尤其在冷库、超市陈列柜等食品冷冻冷藏领域已广泛应用。相比目前冷库中广泛使用的氨单级压缩或两级压缩制冷系统，NH_3/CO_2 复叠式制冷系统具有以下优点：

1）CO_2 作为自然工质，无毒，无味，不可燃，也不助燃。由于低温级采用 CO_2，可以避免氨与食品、人群等的直接接触，降低制冷系统的危险性。另外，如果发生重大泄漏事件，CO_2 只会形成干冰，干冰升华后变成气体不会造成危害，增加了系统运行的安全性。

2）NH_3/CO_2 复叠式制冷系统能明显降低氨的充注量，NH_3/CO_2 复叠式制冷系统中氨的充注量约为氨两级压缩制冷系统的 1/8。

3）CO_2 制冷剂的单位容积制冷量大，约是 NH_3 的 8 倍，低温级制冷剂的容积流量大大降低。

4）NH_3/CO_2 复叠式制冷系统节能效果显著。从某冷库的运行情况来看，制冷温度为 $-31.7℃$ 时，NH_3/CO_2 复叠式制冷系统比氨单级制冷系统节能 25%，比氨双级压缩制冷系统节能 7%，而且温度越低，节能效果越明显。

由两个单级系统组成的复叠式制冷循环，因受压缩机压力比的限制，它只能达到 $-80℃$ 左右的低温。如果采用一个单级系统和一个两级系统组成的复叠式系统，则可得到 $-110℃$ 左右的低温，为了得到更低的温度，可采用三元复叠式系统，由此可见，复叠式系统的循环选择主要取决于所需要达到的低温要求，而且如果配合恰当，可使整个系统的经济性、可靠性均提高。

3.7.2 复叠式制冷循环的热力计算

复叠式制冷循环的热力计算可分别对高温部分及低温部分单独进行计算。计算中令高温部分的制冷量等于低温部分的冷凝热负荷加上冷损。计算方法与单级或两级压缩制冷循环的热力计算相同。

复叠式制冷循环中，中间温度的确定应根据性能系数最大或各台压缩机压力比大致相等的原则。前者对能量利用最经济，后者对压缩机气缸工作容积的利用率较高（即容积效率较大）。由于中间温度在一定范围内变动时对性能系数影响并不大，故按各级压力比大致相等的原则来确定中间温度似乎更为合理。

冷凝蒸发器传热温差的大小不仅影响传热面积和冷量损耗，而且也影响整台制冷机的容量和经济性，一般温差为 5 ~10℃，温差选得大，冷凝蒸发器的面积可小些，但却使压力比增加，循环经济性降低。

制冷剂的温度越低，传热温差引起的不可逆损失越大。蒸发器的传热温差因蒸发温度很低而应取较小值，最好不大于 5℃。

3.7.3 复叠式制冷机的起动与膨胀容器

复叠式制冷机必须先起动高温级，当中间温度降低到足以保证低温级的冷凝压力不超过 1.57MPa 时才可以起动低温级。当复叠式制冷机设置有膨胀容器，与排气管路连接，并在连接管路上装有压力控制阀，则高、低温部分可以同时起动。因为当低温部分的排气压力一旦升高到限定值时，压力控制阀将自动打开，使排气管路与膨胀容器接通，压力降低。这种起动方式常被小型复叠式制冷机组采用。

当复叠式制冷机停止运行后，系统内的温度逐渐升高至环境温度，因为低温制冷剂的临界温度一般都较低，低温制冷剂将会全部汽化为过热蒸气，为了防止低温系统内压力过度升高，在大型装置中通常使低温制冷剂始终处于低温状态（定期运行高温部分）或将低温制冷剂抽出，液化后装入高压钢瓶中。对于中、小型试验用低温复叠式制冷装置则是在低温系统内设置膨胀容器，以便停机后大部分汽化的低温制冷剂蒸气进入膨胀容器中使整个系统的

压力保持在允许的工作压力之内。膨胀容器容积 V_e 的计算公式为

$$V_e = (m_x v_e - V_x) \frac{v_x}{v_x - v_e}$$ （3-48）

式中　m_x——低温系统（不包括膨胀容器）在工作状态下所包含的制冷剂质量（kg）；

　　　V_x——低温系统（不包括膨胀容器）的总容积（m^3）；

　　　v_e——停机后制冷剂的比体积（m^3/kg）；

　　　v_x——在环境温度及吸气压力下制冷剂的比体积（m^3/kg）。

当系统增加了膨胀容器后，制冷剂的充灌量 m_t 为

$$m_t = m_x + \frac{V_e}{v_x}$$ （3-49）

停机后系统中保持的压力一般取 0.98 ~ 1.47MPa。

习　　题

1. 制冷压缩机有哪几种？其主要作用体现在哪几个方面？

2. 有人说"在蒸气压缩式制冷装置中，蒸发温度越高，压缩机的输入功率则越大"，请问这句话对吗？为什么？

3. 制冷剂在制冷循环中扮演了什么角色？蒸发器内制冷剂的汽化过程是蒸发吗？

4. 什么是节流损失？什么是过热损失？

5. 什么是回热循环？它对制冷循环有何影响？

6. 请简述一级节流完全中间冷却的双级压缩制冷循环和一级节流不完全中间冷却的双级压缩制冷循环的区别。

7. 什么是节流损失？什么是过热损失？其绝对值对循环制冷系数的影响大吗？为什么？

8. 压缩机吸气管道中热交换和压力损失对制冷循环有何影响？

9. 试分析蒸发温度升高、冷凝温度降低时，对制冷循环的影响。

10. 已知 R22 的压力为 0.1MPa，温度为 10℃。求该状态下 R22 的比焓、比熵和比体积。

11. 已知工质 R134a 和表 3-3 填入的参数值，请查找 lg p-h 图填入未知项。

表 3-3　题 11 表

p/MPa	$t/℃$	$h/(kJ/kg)$	$v/(m^3/kg)$	$s/[kJ/(kg \cdot K)]$	x
0.3			0.1		
	-25				0.3
	70			1.85	

12. 有一单级蒸气式压缩制冷循环用于空调，假定为理论制冷循环，工作条件如下：蒸发温度 $t_0 = 7℃$，冷凝温度 $t_k = 42℃$，制冷剂为 R134a。空调房间需要的制冷量为 $Q_o = 3kW$，试求：该理论制冷循环的单位质量制冷量、制冷剂质量流量、理论比功、压缩机消耗的理论功率、制冷系数和冷凝器热负荷。

13. 蒸气压缩式制冷装置，蒸发温度 $t_0 = 5℃$，冷凝温度 $t_k = 40℃$，制冷剂为 R22，循环的制冷量 $Q_o = 500kW$，压缩机吸气为饱和蒸气，试求：单位质量制冷能力和单位容积制冷能力、制冷剂质量流量和体积流量、冷凝器的热负荷、压缩机的理论耗功率、理论制冷系数、制冷效率。

14. 空气源热泵机组的制热量为 12kW，采用 R410A 为制冷剂。已知：蒸发压力为 0.9MPa，冷凝压力为 2.7MPa，再冷度为 3℃，过热度为 5℃，试对热泵进行理论循环的热力计算。求制冷剂体积流量、蒸发

器的吸热量、理论供热系数、供热效率；画出压焓图。

15. R134a 制冷系统的制冷量为 40kW，采用回热循环，已知 $t_e = 0℃$，$t_c = 40℃$，吸气温度为 10℃，冷凝器、蒸发器出口的制冷剂状态均为饱和。求制冷系统的质量流量、容积流量、制冷系数。

16. 如图 3-29 所示的 R134a 制冷系统，已知 $t_e = -5℃$，$t_c = 40℃$，冷凝器和蒸发器出口及压缩机入口均为饱和状态，部分液体经过冷后的温度为 35℃，求系统单位质量制冷量、制冷系数。

17. 有一 R22 制冷系统，采用回热循环，为了降低压缩机的排气温度，一部分冷凝液体经节流后进入压缩机吸气管，压缩机吸气点处于饱和状态，如图 3-30 所示，已知冷凝温度 $t_c = 40℃$，蒸发温度 $t_e = -20℃$，蒸发器、冷凝器出口均为饱和状态。经回热后气体温度为 15℃，请画出 $\lg p\text{-}h$ 图，试求该系统制冷量、消耗功率及制冷系数。

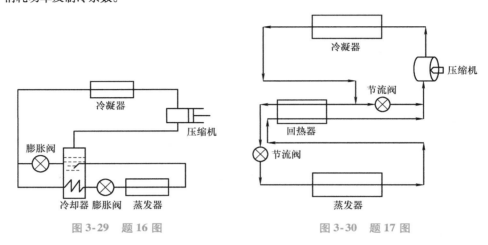

图 3-29 题 16 图   图 3-30 题 17 图

18. 如图 3-31 所示的 R22 制冷系统，工况为 $t_e = -5℃$，$t_c = 35℃$，冷凝器、蒸发器出口均为饱和状态，系统制冷量为 100kW，试求压缩机质量流量、单位容积制冷量、耗功量及制冷系数。

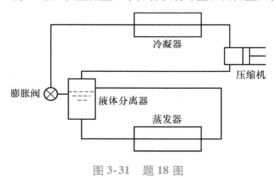

图 3-31 题 18 图

第 4 章
制冷压缩机

4.1 活塞式制冷压缩机

4.1.1 活塞式制冷压缩机的工作原理和特点

活塞式制冷压缩机是目前应用最广泛的一种制冷压缩机,它是靠由气缸、气阀和活塞所构成的可变工作容积来完成制冷剂气体的吸入、压缩和排出过程的。

1. 活塞式制冷压缩机的工作原理

活塞式制冷压缩机的基本结构和组成的主要零部件都大体相同,主要包括机体、曲轴、连杆组件、活塞组件、气缸及吸排气阀等,如图4-1所示。圆筒形气缸的顶部设有吸、排气阀,与活塞共同构成可变工作容积。连杆的大头与曲轴的曲柄销连接,小头通过活塞销与活塞连接,当曲轴在驱动下旋转时,通过曲柄销、连杆、活塞销的传动,活塞即在气缸中做往复直线运动。吸、排气阀的阀片被气阀弹簧压在阀座上,靠阀片两侧气体的压差自动开启,控制制冷剂气体进、出气缸的通道。

活塞式制冷压缩机的工作循环分为四个过程,如图4-2所示。

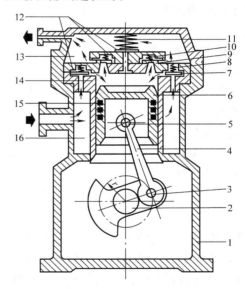

图 4-1 活塞式制冷压缩机示意图

1—机体 2—曲轴 3—曲柄销 4—连杆 5—活塞销
6—活塞 7—吸气阀阀片 8—吸气阀弹簧 9—排气阀阀片
10—排气阀弹簧 11—安全弹簧 12—气阀
13—排气腔 14—气缸 15—活塞环 16—吸气腔

(1)压缩过程 压缩机通过压缩过程将制冷剂的压力提高。当活塞处于最下端位置1-1(称为内止点或下止点)时,气缸内充满了从蒸发器吸入的低压蒸气,吸气过程结束;活塞在曲轴-连杆机构的带动下开始向上移动,此时吸气阀关闭,气缸工作容积逐渐减小,处于缸内的制冷剂受压缩,温度和压力逐渐升高。活塞移动到2-2位置时,气缸内的气体压力升高到略高于排气腔中的制冷剂压力时,排气阀开启,开始排气。制冷剂在气缸内从吸气时的低压升高到排气压力的过程称为压缩过程。

(2)排气过程 压缩机通过排气过程,使制冷剂进入冷凝器。活塞继续向上运动,气

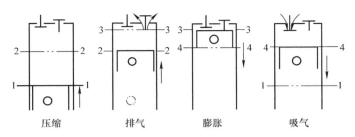

图 4-2　活塞式制冷压缩机的工作循环

缸内制冷剂的压力不再升高，制冷剂不断地通过排气管流出，直到活塞运动到最高位置 3-3（称为外止点或上止点）时排气过程结束。制冷剂从气缸向排气管输出的过程称为排气过程。

（3）膨胀过程　压缩机通过膨胀过程将制冷剂的压力降低。活塞运动到上止点时，气缸中仍有一些空间，该空间的容积称为余隙容积。排气过程结束时，在余隙容积中的气体为高压气体。当活塞开始向下移动时，排气阀关闭，吸气腔内的低压气体不能立即进入气缸，此时余隙容积内的高压气体因容积增加而压力下降直至气缸内气体的压力降至稍低于吸气腔内气体的压力，即将开始吸气过程时为止，此时活塞处于位置 4-4。活塞从 3-3 移动到 4-4 的过程称为膨胀过程。

（4）吸气过程　压缩机通过吸气过程，从蒸发器吸入制冷剂。活塞从位置 4-4 向下运动时，吸气阀开启，低压气体被吸入气缸中，直到活塞到达下止点 1-1 的位置。此过程称为吸气过程。

完成吸气过程后，活塞又从下止点向上止点运动，重新开始压缩过程。曲轴每旋转一周，活塞往复运行一次，可变工作容积中将完成一个包括吸气、压缩、排气、膨胀四个过程在内的工作循环。

2. 活塞式制冷压缩机的特点

（1）优点

1）能适应较大的压力范围和制冷量范围要求。

2）热效率高，单位耗电量相对较少，特别是偏离设计工况运行时更明显。

3）对材料要求低，多用普通金属材料，加工比较容易，造价较低。

4）技术上较为成熟，生产使用中积累了丰富的经验。

5）装置系统比较简单。

上述优点使活塞式制冷压缩机在中、小制冷量范围内，成为制冷压缩机中应用最广、生产批量最大的机型。

（2）缺点

1）因受到活塞往复式惯性力的影响，转速受到限制，不能过高，因此单机输气量大时，机器显得笨重。

2）结构复杂，易损件多，维修工作量大。

3）由于受到各种力、力矩的作用，运转时振动较大。

4）输气不连续，气体压力有波动。

4.1.2　活塞式制冷压缩机的分类

1. 按压缩机级数分类

按压缩机级数分为单级压缩机和双级压缩机。单级压缩机是指制冷剂气体由低压至高压状态只经过一次压缩；单机双级压缩机是指制冷剂气体在一台压缩机的不同气缸内由低压至高压状态经过两次压缩。

2. 按压缩机转速分类

按压缩机转速分类分为高、中、低速三种。转速高于 1000r/min 为高速，低于 300r/min 为低速，其间为中速。现代中小型多缸压缩机多属高速，但是随着转速的提高，对压缩机在减振、结构、材料及制造精度等各方面提出更高的要求。

3. 按气体在气缸的流动分类

压缩机气阀的不同布置方式会造成制冷剂气体进出气缸的不同流动方向。因此，压缩机可分为图 4-3a 所示的顺流式压缩机和图 4-3b、c 所示的逆流式压缩机两种。

顺流式压缩机的排气阀一般布置在气缸顶部的阀板上，吸气阀布置在活塞顶部。逆流式压缩机的吸、排气阀如图 4-3b 所示，都布置在气缸顶部阀板上，或如图 4-3c 所示把吸气阀布置在缸套上部的法兰周围，这样气体进出气缸的流向相反。逆流式的优点是活塞短且简单，可用铝合金制造，质量小，有利于提高转速，是高速制冷压缩机中普遍采用的布置方式。

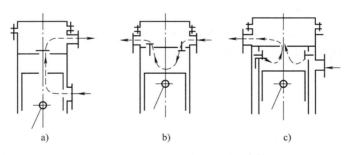

图 4-3　压缩机气阀的不同布置方式
a）顺流式　b）、c）逆流式

4. 按气缸布置方式分类

活塞式制冷压缩机按气缸布置方式通常分为卧式压缩机、直立式压缩机和角度式压缩机三种。图 4-4 所示为压缩机气缸布置形式。

卧式压缩机的气缸轴线呈水平布置，多属大型低速压缩机。直立式压缩机的气缸轴线与水平面垂直，用符号 Z 表示，除单、双缸外，现在很少采用。角度式压缩机的气缸轴线，在垂直于曲轴轴线的平面内有一定的夹角，其排列形式有 V 形、W 形、Y 形、S 形（扇形）、X 形等。角度式压缩机具有结构紧凑、质量小、动力平衡性好、便于拆装和维修等优点，因而在中、小型高速多缸压缩机中得到了广泛应用。

此外，按使用的制冷剂不同可分为氨压缩机、氟利昂压缩机和使用其他制冷剂（如二氧化碳、乙烯等）的压缩机；按气缸作用方式分为单作用式压缩机、双作用式压缩机；按气缸数分为单缸压缩机、双缸压缩机和多缸压缩机；按运动机构形式分为曲柄连杆式压缩

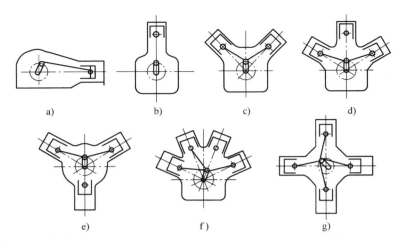

图 4-4　压缩机气缸布置形式

a) 卧式　b) 直立式　c) V 形　d) W 形
e) Y 形　f) S 形　g) X 形

机、曲柄滑块式压缩机和斜盘式压缩机；按气缸的冷却方式分为空气冷却式压缩机、水冷却式压缩机和进气冷却式压缩机；按传动方式分为间接传动式压缩机和直接传动式压缩机等。

我国对活塞式单级压缩机和活塞式单机双级压缩机的类型、基本参数、名义工况以及使用范围都有具体规定，分别是国家标准《活塞式单级制冷剂压缩机（组）》（GB/T 10079—2018）、机械行业标准《活塞式单机双级制冷剂压缩机》（JB/T 5446—2018）和《舰船用活塞式制冷压缩机通用规范》（GJB 3304—1998）。

4.1.3　活塞式制冷压缩机的主要零部件结构

1. 机体及气缸套

（1）机体　机体是用来支承压缩机主要零部件并容纳润滑油的部件，包括气缸体和曲轴箱两部分。机体中上半部分为安装气缸所在的部位，是气缸体；机体中下半部分为曲轴箱，曲轴箱是曲轴、连杆运动的空间，也是盛装润滑油的容器。在机体上还装有气缸盖、轴承座等零部件。机体是整个压缩机的支架，因而要求其有足够的强度和刚度。

机体的外形主要取决于压缩机的气缸数和气缸的布置形式。根据气缸体上是否装有气缸套，可分为无气缸套机体和有气缸套机体两种。

无气缸套机体，是指气缸工作镜面直接在机体上加工而成，这在小型立式制冷压缩机中，包括在大多数的全封闭压缩机中被广泛应用。无气缸套机体的特点是结构简单，如图 4-5 所示的是一小型两缸压缩机的机体结构。其气缸体内壁即为气缸的工作表面，这种气缸体外表面有散热片，靠空气来冷却气缸。

在气缸尺寸较大（直径 $D \geqslant 70\text{mm}$）的多缸高速压缩机系列中，常采用气缸体和气缸套分开的结构形式，这样可以简化机体的结构，便于铸造。其曲轴箱内壁设有多个加强肋，以提高强度和刚度。气缸冷却主要靠水冷却，冷却效果较好。这种机体气缸套和机体可分别采用不同的材料，对气缸体的要求低，因此被国内外高速多缸的活塞式制冷压缩机广泛采用。

由于机体结构复杂，加工面多，因此机体的材料应具有良好的铸造性和可加工性。机体一般采用铸铁 HT200 和 HT250 材料，它具有良好的吸振性，应力集中的敏感性小，以及价廉物美等优点。有时为了减小质量、提高散热效果，也可采用低压铸造的铝合金机体。

（2）气缸套　大、中型压缩机的活塞侧向力较大，活塞运行速度较高，因此气缸壁的磨损比较严重，另外，因为大、中型的压缩机结构复杂、加工不易、成本高，为了延长机体的使用寿命，采用气缸套，这样当气缸套磨损后可更换新气缸套，压缩机便可以继续使用。气缸套呈圆筒形，如图 4-6 所示。图 4-6a 所示的气缸套仅起解决磨损问题的作用。图 4-6b 所示的气缸套除此之外还增加了两个功能：①气缸套顶部的法兰提供了吸气通道 4 和吸气阀阀座，成为压缩机气阀的一部分；②气缸套中部外圆上的凸缘 3 及挡环槽 2 是用以安装顶开吸气阀阀片的卸载机构的，成为压缩机输气量调节机构的一部分。

气缸套采用优质耐磨铸铁铸造而成。

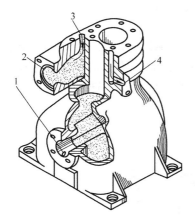

图 4-5　无气缸套机体的结构
1—油孔　2—吸气腔
3—吸气通道　4—排气通道

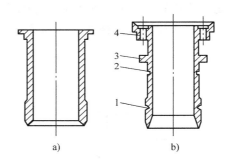

图 4-6　气缸套
a）普通气缸套　b）带气阀结构的气缸套
1—密封圈环槽　2—挡环槽　3—凸缘　4—吸气通道

2. 曲轴

曲轴是制冷压缩机的重要运动部件之一，压缩机的全部功率都是通过曲轴输入的。曲轴受力情况复杂，要求有足够的强度、刚度和耐磨性。活塞式制冷压缩机曲轴的基本结构形式有如下三种：

（1）曲柄轴　它由主轴颈、曲柄和曲柄销三部分组成，如图 4-7a 所示，只有一个主轴承，系悬臂支承结构，只宜承受很小的载荷，用于功率很小的制冷压缩机中。

（2）偏心轴　其主轴采用偏心轴的结构，连杆大头采用整体式，装在偏心轮上。轴的一端为电动机的主轴，如图 4-7b、c 所示。其中，图 4-7b 仅有一个偏心轴颈；图 4-7c 有两个方位相差 180°的偏心轴颈，前者只能驱动单缸压缩机，后者可驱动双缸压缩机，它很好地平衡了压缩机的往复惯性力问题。偏心轴多用于小型全封闭压缩机或半封闭式压缩机中，与之相配的连杆大多数是铝合金连杆。

（3）曲拐轴　曲拐轴简称曲轴，是活塞行程较大时常用的曲轴类型。如图 4-7d 所示，它由一个或几个以一定错位角排列的曲拐所组成，每个曲拐由主轴颈、曲柄和曲柄销三部分组成。曲轴的一端为功率输入端，通过联轴器或带轮与电动机连接，另一端为自由端，用来带动油泵。曲轴除传递动力作用外，通常还起输送润滑油的作用。如图 4-8 所示，曲轴内部

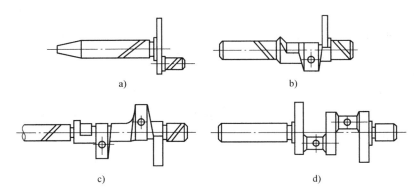

图 4-7　曲轴的几种结构形式

a）曲柄轴　b）一个偏心轴颈偏心轴　c）两个偏心轴颈偏心轴　d）曲拐轴

钻有油道，从油泵出来的润滑油，经油道 5 输送到主轴颈和曲柄销等部位。与此曲轴配合使用的连杆大头是剖分式的，每个曲柄销上可并列安装 1~4 个连杆。为了消除或减轻压缩机的振动，在曲柄上装（铸）有平衡块，起到全部或部分平衡旋转质量、往复质量惯性力及其力矩的作用。

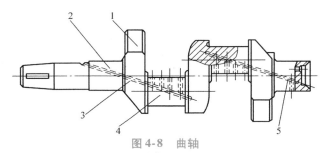

图 4-8　曲轴

1—平衡块　2—主轴颈　3—曲柄　4—曲柄销　5—油道

　　曲轴一般用优质碳素结构钢 40、45 锻造或用球墨铸铁 QT500-7 铸造。由于铸造曲轴具有良好的铸造和加工性能，可铸造出较复杂、合理的结构形状，吸振性好，耐磨性高，制造成本低，对应力集中敏感性小，因而得到了广泛的应用。

　　3. 连杆组件

　　连杆的作用是将活塞和曲轴连接起来，将曲轴的旋转运动转变为活塞的往复运动。它由连杆大头、连杆小头和连杆体三部分组成。连杆按其大头的结构可分为剖分式连杆和整体式连杆，如图 4-9 所示。

　　连杆大头及连杆大头轴瓦与曲柄销连接，工作时做旋转运动。连杆小头及衬套通过活塞销与活塞相连，工作时做往复运动。连杆大头、小头之间称连杆体，做往复与摆动的复合运动。连杆体承受着拉伸、压缩的交变载荷及连杆体摆动所引起的弯曲载荷的作用。因此，要求连杆具有足够的强度和刚度；轴瓦工作可靠，耐磨性好；连杆易于制造、成本低。

　　（1）连杆大头　连杆大头分剖分式和整体式。前者用于曲拐结构的曲轴上，后者用于单曲柄曲轴或偏心轴结构上。剖分式连杆大头又分为直剖式和斜剖式（见图 4-10）两种。整体式连杆大头的结构简单，适用于缸径在 70mm 以下的小型制冷压缩机中。

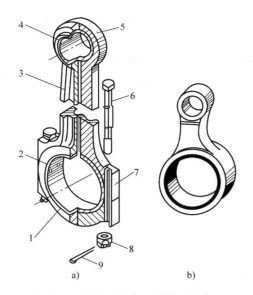

a) b)

图 4-9 剖分式连杆及整体式连杆

a）剖分式连杆 b）整体式连杆

1—连杆大头盖 2—连杆大头轴瓦 3—连杆体
4—连杆小头衬套 5—连杆小头 6—连杆螺栓
7—连杆大头 8—螺母 9—开口销

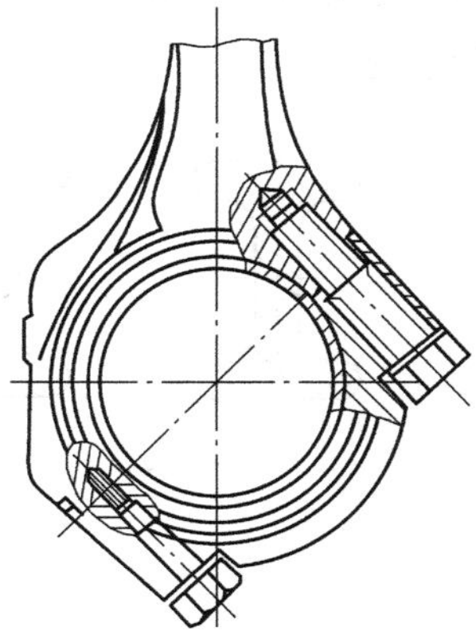

图 4-10 斜剖式连杆大头

（2）连杆小头 连杆小头一般做成整体圆环形结构。在高速压缩机中，连杆小头广泛采用简单的薄壁圆筒形结构，如图 4-11a 所示。小头内有衬套，衬套材料一般采用锡磷青铜合金、铁基或铜基粉末冶金等。

连杆小头的润滑方式有两种：一种是靠从连杆体钻孔输送过来的润滑油进行压力润滑（见图 4-11a）；另一种是在小头上方开有集油孔槽（见图 4-11b）承接曲轴箱中飞溅的油雾进行润滑。

连杆小头轴承可以采用滚针轴承（见图 4-11c），但是在单机双级压缩机中，由于高压级活塞上气体的压力较高，高压缸连杆的小头不宜使用一般衬套轴承。

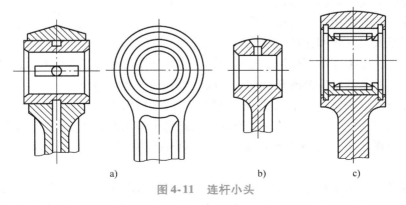

a) b) c)

图 4-11 连杆小头

（3）连杆体 连杆体的断面形状如图 4-12 所示，有工字形、圆形、矩形等。在高速压缩机中，可采用受力合理、质量小的工字形断面。圆形和矩形断面的连杆体加工简单，但材料利用不够合理，只用于单件或小批量生产的压缩机中。连杆体断面中心所钻油孔能使润滑油由大头经油孔送到小头，润滑轴套。

连杆的材料一般采用优质碳素结构钢 35、40、45 或可锻铸铁 KTH350-10、KTH370-12（过渡牌号）、球墨铸铁 QT450-10 等。为了减小连杆惯性力，小型制冷压缩机也广泛采用低密度的铝合金连杆。

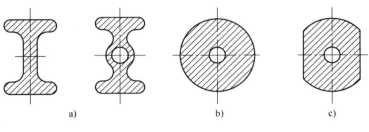

图 4-12　连杆体的断面形状

a）工字形　b）圆形　c）矩形

4. 活塞组

活塞组由活塞体、活塞环及活塞销组成。典型的筒形活塞组如图 4-13 所示。

（1）活塞体　活塞体简称活塞，我国制冷压缩机采用的活塞是筒形活塞，通常分顶部、环部和裙部三部分。活塞压缩气体的工作面称顶部，供安装活塞环的圆柱部分称为环部，环部下面为裙部，裙部上有销座孔供安装活塞销用。

活塞顶部承受气体压力，为了保证顶部的承压能力而又减小活塞质量，顶部常采用薄壁设加强肋的结构。活塞顶部与高温制冷剂接触，其温度很高，因而对于直径较大的铝合金活塞，顶部与气缸之间的间隙要大于裙部与气缸间的间隙。为减少余隙容积，活塞顶部的形状应与气阀结构的形状相配合。

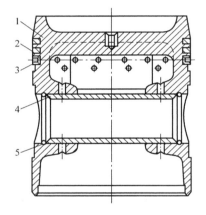

图 4-13　筒形活塞组

1—活塞　2—气环　3—油环
4—活塞销　5—弹簧挡圈

活塞环部是安放气环和油环的部位，装油环的环槽中钻有回油孔，使油环刮下的油通过回油孔回到曲轴箱。小型活塞没有气环和油环，它们通常在活塞的外圆车削出一道或几道环槽，以便起到径向密封的作用。

活塞裙部与气缸壁紧贴，是承受侧压力和支承活塞销的部位，其上设有活塞销座。为了避免受热后沿活塞销孔轴线方向的膨胀而影响活塞的正常工作，往往在铝合金活塞座的外圆上制成凹陷（见图 4-13）或车削成椭圆形。小型铸铁活塞因其尺寸小、刚度大、热膨胀小，无须采用类似措施。

活塞的材料一般采用灰铸铁和铜硅铝合金（ZL108、ZL109 或 ZL111）。铸铁活塞因密度大，导致运行惯性大，导热性能差，因而近来被铜硅铝合金取代。铝合金密度小，导热性好，抗磨性好，便于硬模铸造，目前高速多缸制冷压缩机均采用；但由于其热膨胀系数较大，因而气缸与活塞之间的间隙也应适当放大。

（2）活塞环　活塞环是一个带切口的弹性圆环，如图 4-14 所示。在自由状态下，其外径大于气缸的直径，装入气缸后直径变小，在切口处留下一定的热膨胀间隙，靠环的弹力使其外圆面与气缸内壁贴合并产生预紧压力。活塞环可分为气环和油环两种。

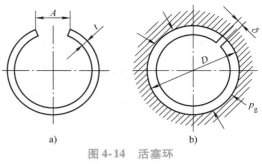

图 4-14　活塞环
a）自由状态　b）装入气缸后

1）气环。气环的作用是密封气缸的工作容积，防止压缩气体通过气缸壁处间隙泄漏到曲轴箱。

在压缩机开始运转时，气缸内压力尚未建立，气环本身的预紧压力 p_g 使气环与缸壁贴合，防止此时气体的泄漏，从而使缸内气体压力迅速建立。如图 4-15 所示，活塞向上移动后，气环内侧受气体压力 p_1 作用，产生的径向压力将环推向气缸壁面，形成气环与气缸壁面的密封；由于气环上端的气体压力 p_1 大于气环下端的压力 p_2，于是在气环两端面产生一个压差 $(p_1 - p_2)$，在压差作用下，气环被推向低压 p_2 方，阻止气体由环槽端而间隙泄漏。气缸内压力越大，密封力也越大，这时气环的预紧压力 p_g 已不起主要作用。

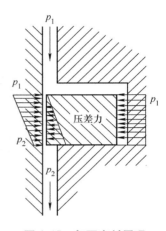

图 4-15　气环密封原理

采用多环密封的活塞，气体经过第一道环密封后，其气体压力 p_2 降至原压力的 26%，经第二、三道环密封后，压力降至原压力的 10% 和 7.5%，可见采用多环密封，第一道环的密封作用最大。制冷压缩机由于气缸工作压力不太高，活塞一般用两道或三道气环。转速高、缸径小和采用铝合金活塞的压缩机可以只用一道气环。

压缩机运转时，气环不断将润滑油泵入气缸。气环的泵油原理如图 4-16 所示。活塞下行时，润滑油进入气环下端面和环背面的间隙中（见图 4-16a）；活塞向上运动时，气环的下端面与环槽平面贴合，油将挤入上侧间隙（见图 4-16b）；活塞再度下行时，油进入位置更高处的间隙（见图 4-16c）。如此反复，润滑油被泵入气缸中。

气环的截面形状多为矩形，其切口形式一般有直切口、斜切口和搭切口三种，如图 4-17 所示。其中，搭切口漏气量最少，斜切口比直切口的密封能力强些。对于高速压缩机而言，不同切口形状的漏气量相差不多，大多采用直切口。这是因为直切口制造方便，安装时不易折断。同一活塞上的几个活塞环在安装时，应使切口相互错开，以减少漏气量。

2）油环。油环的作用是刮去气缸壁上多余的润滑油，避免润滑油过多进入气缸。一般在气环的下部设置油环，图 4-18 所示为油环的两种结构形式。图 4-18a 所示为一种比较简单的斜面式油环；图 4-18b 所示为目前压缩机中常用的槽式油环结构，在它的工作表面上有一条槽，以形成上下两个狭窄的工作面，在槽底铣有 10 ~ 12 个均布的排油孔。在安置油环的相应活塞槽底部也钻有一定数量的泄油孔，以配合油环一起工作。

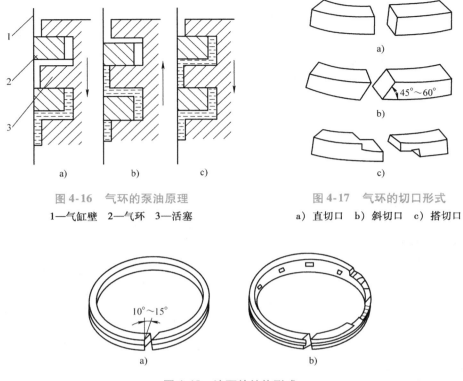

图 4-16　气环的泵油原理

1—气缸壁　2—气环　3—活塞

图 4-17　气环的切口形式

a）直切口　b）斜切口　c）搭切口

图 4-18　油环的结构形式

a）斜面式油环　b）槽式油环

油环的刮油及布油作用如图 4-19 所示。斜面式油环在活塞上行时起布油作用（见图4-19a），形成油楔利于润滑和冷却，下行时将油刮下经活塞的环槽回油孔流入曲轴箱（见图4-19b、c）。槽式油环由于具有两个刮油工作面（见图 4-19d），与气缸壁的接触压力高，排油通畅，刮油效果好，被广泛应用于中小型压缩机中。

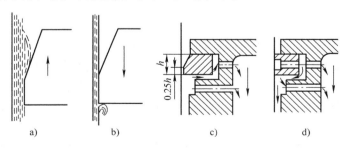

图 4-19　油环的刮油及布油作用

a）布油　b）刮油　c）斜面式油环　d）槽式油环

活塞环的材料要有足够的强度、耐磨性、耐热性和良好的初期磨合性等。目前常用的材料是含少量 Cr、Mo、Cu、Mn 等元素的合金铸铁。在小型制冷压缩机中，近年来出现使用聚四氟乙烯加玻璃纤维或石墨等填充剂制成的活塞环。

（3）活塞销　活塞销是连接连杆和活塞的零件，连杆通过活塞销带动活塞做往复运动。

活塞销一般均制成中空圆柱结构（见图 4-13 中的件 4），以减少惯性力。为防止活塞销产生轴向窜动而伸出活塞擦伤气缸，通常在销座两端的环槽内装上弹簧挡圈（见图 4-13 中的件 5）。

活塞销与活塞销座间的润滑油是来自飞溅的润滑油或由油环刮下并通过油孔导入的润滑油。

活塞销一般用碳素结构钢 20 或合金结构钢 20Cr、15CrMn 进行表面渗碳淬火，活塞销也可采用 45 钢进行高频淬火并回火。

5. 气阀组件

气阀是活塞式压缩机的主要部件之一，气阀性能的好坏直接影响到压缩机的制冷量和功率消耗，以及运行的可靠性。

活塞式制冷压缩机所使用的气阀都是受阀片两侧气体压差控制而自行启闭的自动阀。它由阀座、阀片、气阀弹簧和升程限制器四部分组成，如图 4-20 所示。阀座 1 上开有供气体通过的通道 6。阀座上设有凸出的环状密封边缘 5（称为阀线），阀片 2 是气阀的主运动部件，当阀片与阀线紧贴时则形成密封，气阀关闭。气阀弹簧 3 的作用是迫使阀片紧贴阀座，并在气阀开启时起缓冲作用。升程限制器 4 用来限制阀片开启高度。

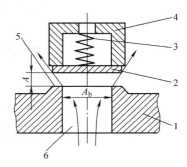

图 4-20　气阀组成示意图
1—阀座　2—阀片　3—气阀弹簧
4—升程限制器　5—阀线　6—阀座通道

气阀的工作原理：当阀片下面的气体压力大于阀片上面的气体压力、弹簧力以及阀片重力之和时，阀片离开阀座，上升到与升程限制器接触为止，即气阀全开，气体便通过气阀通道。当阀片下面的气体压力小于阀片上面的气体压力、弹簧力及阀片重力之和时，阀片离开升程限制器向下运动，直到阀片紧贴在阀座的阀线上，即关闭了气阀通道，使气体不能通过，这样就完成了一次启闭过程。由此可见，吸气阀是靠压缩机吸气腔与气缸内的压差而动作，排气阀是靠压缩机排气腔与气缸内的压差而动作。

气阀的结构形式也是多种多样的，最常见的有环片阀和簧片阀两种。

（1）环片阀　环片阀可分为刚性环片阀和柔性环片阀两种。

1）刚性环片阀采用顶开吸气阀阀片来调节输气量，是目前应用最广泛的一种气阀结构形式，我国缸径在 70mm 以上的中小型活塞式制冷压缩机系列均采用这种气阀。图 4-21 所示为刚性环片阀的典型结构，是气缸套和吸、排气阀组合件。吸气阀座与气缸套 25 顶部的法兰是一个整体，法兰端面上加工出两圈凸起的阀线。环状吸气阀阀片 17 在吸气阀关闭时贴合在这两圈阀线上。两圈阀线之间有一环状凹槽，槽中开设若干均匀分布的与吸气腔相通的吸气孔 1。吸气阀的阀盖（升程限制器）与排气阀的外阀座 13 做成一体，底部开若干个沉孔，设置若干个吸气阀弹簧 16。吸气阀布置在气缸套外围，不仅有较大的气体流通面积，而且便于设置顶开吸气阀阀片的输气量调节装置。排气阀的阀座由内阀座 14 和外阀座 13 两部分组成。环状排气阀阀片 4 与内、外阀座上两圈阀线相贴合，形成密封。阀盖 5 底部开若干个沉孔，设置若干个排气阀弹簧 12。内、外阀座之间的通道形状与活塞顶部形状吻合，当活塞运动到上止点位置时，内阀座刚好嵌入活塞顶部凹坑内，因而使压缩机的余隙容积减

小。外阀座 13 安装在气缸套的法兰面上，内阀座 14 与阀盖（升程限制器）5 用中心螺栓 11
连接，阀盖 5 又通过四根螺栓 3 与外阀座连成一体，这个阀组也被称为安全盖（又称假
盖）。有些 100、170 系列压缩机的外阀座固定在气缸套法兰上，仅由内阀座及阀盖作为安全
盖。

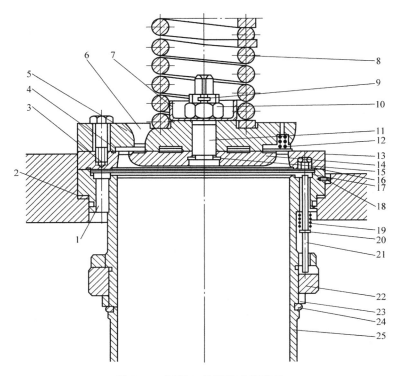

图 4-21　刚性环片阀的典型结构

1—吸气孔　2—调整垫片　3—螺栓　4—排气阀阀片　5—阀盖　6—排气孔　7—钢碗
8—安全弹簧　9、20—开口销　10—螺母　11—中心螺栓　12—排气阀弹簧　13—外阀座
14—内阀座　15—垫片　16—吸气阀弹簧　17—吸气阀阀片　18—圆柱销　19—顶杆弹簧
21—顶杆　22—转动环　23—垫圈　24—弹性圈　25—气缸套

　　刚性环片阀的阀片结构简单，易于制造，工作可靠；但阀片较厚，运动惯性较大，且阀
片与导向面有摩擦，阀片启闭难以做到迅速、及时。因此，刚性环片阀适用于转速低于
1500r/min 的压缩机中。

　　2）柔性环片阀是全封闭制冷压缩机中采用的气阀形式之一，这种环片阀开启时阀片变
形，产生弹力，因而取消了气阀弹簧，如图 4-22 所示。吸气阀阀片 1 和排气阀阀片 3 都为
柔性环形阀阀片，升程限制器 4 限制排气阀阀片 3 的挠曲程度。工作中受气体推力，吸、排
气阀阀片分别向下或向上挠曲，打开相应的阀座通道。这类气阀的结构和工艺都比较复杂，
成本较高，多用于功率为 0.75 ~ 7.5kW 的压缩机中。

　　（2）簧片阀　簧片阀又称舌簧阀或翼状阀，阀片用弹性薄钢片制成，一端固定在阀座
上，另一端可以在气体压差的作用下上下运动，以达到启闭的目的。簧片阀由阀板、阀片和
排气阀升程限制器组成。图 4-23 所示为吸、排气簧片阀中的一种，吸气阀阀片 7 为舌形，
装在阀板 6 的下面，它的一侧即舌尖部分为自由端，置于气缸体相应的凹槽中。阀板上四个

呈菱形布置的小孔是吸气通道。吸气阀阀片上的长形孔作为排气通道及减小阀片刚度之用。排气阀阀片 5 装在阀板的上面，其形状为弓形。

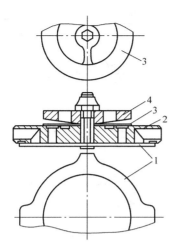

图 4-22　柔性环片阀
1—吸气阀阀片　2—阀座
3—排气阀阀片　4—升程限制器

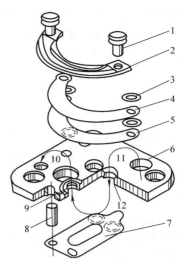

图 4-23　吸、排气簧片阀组
1—螺钉　2—升程限制器　3—垫圈　4—缓冲弹簧片
5—排气阀阀片　6—阀板　7—吸气阀阀片　8—销钉
9、12—阀线　10—排气流向　11—吸气流向

簧片阀工作时，阀片在气体力的作用下，离开阀板，气体从气阀中通过，而当阀片两侧的压差消失时，阀片在本身弹力的作用下，回到关闭位置。

簧片阀由厚度为 0.1～0.3mm 的优质弹性薄钢片制造，其质量小，冲击小，启闭迅速，余隙容积小，但存在气阀通道面积较小，不易实现顶开吸气阀调节输气量等缺点，因此簧片阀只适用于小型高速制冷压缩机。

除此之外，活塞式制冷压缩机中还使用网片阀、盘状阀、条状阀和塞状阀等。

我国制冷压缩机中使用的刚性环片阀阀片常用 30CrMnSiA、30Cr13 或 32Cr13Mo 等合金结构钢和不锈钢制造；簧片阀阀片则多用瑞典弹簧带钢和 T8A、T10A 碳素工具钢，在高转速的情况下可采用 60Si2CrA 弹簧钢及 PH15-7Mo（相当于我国牌号 07Cr15Ni7Mo2Al）不锈钢等制造。

6. 轴封装置

对于开启式制冷压缩机，曲轴均需伸出机体（曲轴箱）与电动机连接。为了防止曲轴箱内的制冷剂气体经曲轴外伸端间隙漏出，或者因曲轴箱内气体压力过低而使外界空气漏入，应在曲轴伸出机体的间隙安装密封结构，即轴封装置。轴封装置主要有波纹管式和摩擦环式两种。波纹管式轴封因密封性较差，容易损坏，目前多被摩擦环式所替代。

图 4-24 所示为常用的摩擦环式轴封，其结构简单，维修方便，使用寿命长。它有三个密封面：转动摩擦环 2 随轴旋转，与静摩擦环 3 相互压紧，形成径向摩擦密封面 A；转动摩擦环 2 与密封橡胶圈靠弹簧压紧，形成径向摩擦面 B；在运转过程中，曲轴难免发生轴向窜动，因此，要求密封橡胶圈 5 与轴间能相对移动，因密封橡胶圈 5 的自身弹力，使其内表面和曲轴外表面形成轴向密封面 C。

主轴旋转时，密封端面 A 会产生大量摩擦热和严重磨损，因此必须对密封端面 A 进行润滑和冷却，以减少摩擦和磨损，增强密封效果。

转动摩擦环材料为磷青铜和浸渍石墨，密封橡胶圈的材料为氯醇橡胶和丁腈橡胶。

4.1.4 能量的调节

1. 设置能量调节装置的目的

1）制冷系统的制冷量是根据其工作时可能遇到的最大冷负荷选定的，但制冷机运行时，受使用条件（如冷负荷）的变化以及工况变化（如冷凝压力的变化）的影响，需要的制冷量随之变化，因而压缩机配有能量调节装置，以适应上述变化。

2）采用膨胀阀作为节流元件的制冷机中，停机时高压侧和低压侧的压力不平衡。为了降低起动转矩，应设置卸载装置，把输气量调到零或尽量小的数值，使压缩机电动机能在最小的负荷状态下起动。卸载起动还有许多优点，如可以给压缩机选配价格较低、机构简单的笼型异步电动机，

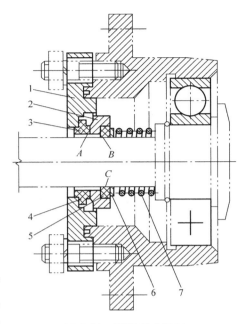

图 4-24　摩擦环式轴封
1—端盖　2—转动摩擦环　3—静摩擦环　4—垫片
5—密封橡胶圈　6—弹簧座圈　7—弹簧

而非高起动转矩电动机；可以减小起动电流，缩短起动时间，避免因高、低压侧压差太大以致起动困难。

2. 压缩机的能量调节方式

（1）压缩机间歇运行　压缩机间歇运行是最简单的能量调节方法，在小型制冷装置中被广泛采用。当被冷却空间温度或与之对应的蒸发压力达到下限值时，压缩机停止运行，直到温度或与之相对应的蒸发压力回升到上限值时，压缩机重新起动投入运行。

间歇运行使压缩机的开、停比较频繁，对于制冷量较大的压缩机，频繁的开、停会导致电网中电流产生较大的波动，此时可将一台制冷量较大的压缩机改为若干台制冷量较小的压缩机并联运行，需要的冷量变化时，停止一台或几台压缩机的运转，从而使每台压缩机的开停次数减少，降低对电网的不利影响，这种多机并联间歇运行的方法已得到广泛的应用。

（2）吸气节流　吸气节流是指通过改变压缩机吸气截止阀的通道面积来实现能量调节。当通道面积减小时，吸入蒸气的流动阻力增加，使蒸气受到节流，吸气腔压力相应降低，压缩机的质量流量减小，从而达到能量调节的目的。吸气节流压力的自动调节可用专门的主阀和导阀来实现。这种调节方法不够经济，目前国内应用较少。

（3）旁通调节　因气阀结构限制，不便采用顶开吸气阀阀片来调节输气量的压缩机，有时可采用压缩机排气旁通的办法来调节输气量。旁通调节的主要原理是将吸、排气腔连通，压缩机排气直接返回吸气腔，实现输气量调节。图 4-25 所示为在压缩机内部利用电磁阀控制排气腔和吸气腔旁通的方法进行输气量调节，它是安装在半封闭压缩机（采用组合阀板式气阀结构）气缸盖排气腔上的受控旁通阀。在正常运转时，电磁阀 6 处在关闭位置，它一方面堵住管道 5 的下端，另一方面顶开单向阀 8，高压气体通过冷凝器侧通道 1、管道

10 流入控制气缸 3，将控制活塞 7 向右推动，切断通向吸气腔通道 4 与排气腔通道 9 之间的流道，压缩机排气通过排气腔通道 9、单向阀 2、冷凝器侧通道 1 进入冷凝器。旁通调节输气量时，电磁阀 6 开启，单向阀 8 关闭，吸气经管道 5 与控制气缸 3 连通，控制活塞 7 在排气压力作用下推向左侧，排气腔通道 9 与吸气腔通道 4 连通，排气流回吸气腔，达到调节输气量的目的。

（4）变速调节　改变压缩机转速来调节输气量是一种比较理想的能量调节方法。它是通过改变输入电动机的电源频率而改变电动机转速的，因而可以实现连续无级调节输气量，且调节范围较宽，节能

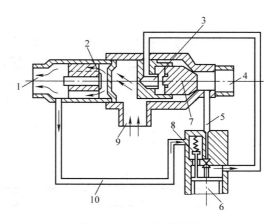

图 4-25　旁通调节装置
1—冷凝器侧通道　2、8—单向阀　3—控制气缸
4—吸气腔通道　5、10—管道　6—电磁阀
7—控制活塞　9—排气腔通道

高效，虽然价格偏高，但运行经济，目前仍获得很大的推广。以变频器驱动的变速小型全封闭制冷压缩机系列产品已广泛使用变速调节，同样驱动方式的单级螺杆压缩机、双级螺杆压缩机和涡旋式压缩机在低负荷时有着较高的效率。

（5）顶开吸气阀阀片调节法　它是指采用专门的调节机构将活塞式压缩机的吸气阀阀片强制顶离阀座，使吸气阀在压缩机工作全过程中始终处于开启状态，由于气缸中压力无法建立，排气阀始终打不开，被吸入的气体没有得到压缩就经过开启着的吸气阀重新排回到吸气腔中。这样，压缩机尽管依然运转着，但无法有效地进行工作，从而改变了压缩机制冷量。

顶开吸气阀阀片调节法通过控制被顶开吸气阀的缸数，达到从无负荷到全负荷之间的分段调节。如对八缸压缩机，可实现 0%、25%、50%、75%、100% 五种负荷。吸气阀阀片被顶开后，它所消耗的功仅用于克服机械摩擦和气体流经吸气阀时的阻力，因此，这种调节方法有较高的经济性。

该调节方法可以灵活地实现负载或卸载，在我国四缸以上、同时缸径大于 70mm 的系列产品中已被广泛采用。这里主要介绍通过液压缸-拉杆机构顶开吸气阀阀片的工作过程。

图 4-26 所示为液压缸-拉杆机构工作原理。液压泵不向油管 4 供油时，因弹簧的作用，活塞 2 及拉杆 5 处于右端位置，吸气阀阀片被顶杆 8 顶起，气缸处于卸载状态。若液压泵向液压缸 1 供油，在油压力的作用下，活塞 2 和拉杆 5 被推向左方，同时拉杆上凸缘 6 使转动环 7 转动，顶杆相应落至转动环上的斜槽底，吸气阀阀片关闭，气缸处于正常工作状态。由此可见，该机构既能起到调节能量的目的，也具有卸载起动的作用。因为停车时，液压泵不供油，吸气阀阀片被顶开，压缩机就空载起动，压缩机起动后，液压泵正常工作，油压逐渐上升，当油压力超过弹簧 3 的弹簧力时，活塞动作，使吸气阀阀片下落，压缩机进入正常运行状态。

这种液压缸-拉杆机构中，压力油的供给和切断一般由油分配阀或电磁阀来控制。每个油分配阀分别与每对气缸的卸载液压缸相连，回油管与曲轴箱相连。通过手柄转动阀芯，可

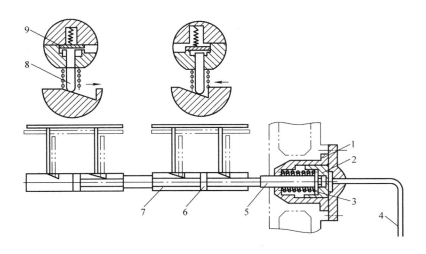

图 4-26　液压缸-拉杆机构工作原理

1—液压缸　2—活塞　3—弹簧　4—油管　5—拉杆
6—凸缘　7—转动环　8—顶杆　9—吸气阀阀片

使配油管与回油腔或进油腔接通。当与回油腔接通时，气缸处于卸载状态；反之，气缸处于正常工作状态。

当压力油采用电磁阀控制时，它是利用不同的低压压力继电器操作电磁阀的，以控制卸载液压缸的供油油路的通断，电磁阀关闭，吸气阀阀片投入正常工作；电磁阀开启，气阀处于卸载状态。

除液压缸-拉杆机构控制吸气阀阀片的顶开操作外，还可以采用油压直接顶开吸气阀阀片的调节机构。

（6）关闭吸气通道的调节　这种方法是指通过关闭吸气通道的方法使气缸不能吸入气体，从而没有气体排出，达到气缸卸载调节的目的。这种方法没有气体的流动损失，因此，比顶开吸气阀阀片的方法效率高，但必须保证吸气通道关闭严密，一旦有泄漏存在，将会造成气缸在高压比下运行，会使压缩机过热，十分危险。

4.1.5　压缩机的润滑

制冷压缩机运转时，各运动摩擦副表面之间存在一定的摩擦和磨损。除了零件本身采用自润滑材料之外，在摩擦副之间加入合适的润滑剂，可以减小摩擦、降低磨损。压缩机中需要润滑的摩擦面主要有气缸镜面-活塞（活塞环）、活塞销座-活塞销、连杆小头-活塞销、连杆大头-曲柄销、轴封摩擦环、前后轴瓦-曲轴主轴颈、液压泵传动机构等。

1. 润滑的作用

制冷压缩机的润滑是保证压缩机长期、安全、有效运转的关键。润滑的作用如下：

1）使润滑油在摩擦面间形成一层油膜，从而降低压缩机的摩擦功和摩擦热，减少机件的磨损量。

2）对摩擦表面起冷却和清洁作用。润滑油可带走摩擦热量，使摩擦零件表面的温度保持在允许的范围内，并带走磨屑，便于将磨屑由过滤器清除。

3）起辅助密封作用。润滑油充满活塞与气缸镜面的间隙中和轴封的摩擦面之间，可增强密封效果。

4）压力润滑系统中的压力油可以为能量调节机构提供动力。

2. 润滑方式

由于不同压缩机的运行条件不同，其润滑方式也不同。压缩机的润滑方式可分为飞溅润滑和压力润滑两大类。

1）飞溅润滑是利用连杆大头或甩油盘随着曲轴旋转把润滑油溅起甩向气缸壁面，引向连杆大头、连杆小头、轴承、曲轴主轴承和轴封装置，保证摩擦表面的润滑。图 4-27 所示为典型的采用飞溅润滑的立式两缸半封闭压缩机。其连杆大头装有溅油勺 1，将曲轴箱中的油溅向气缸镜面，润滑活塞与气缸内壁的摩擦表面；另外曲轴靠近电动机的一端还装有甩油盘 2，将油甩起并收集在端盖的集油器 4 内，通过曲轴中心油道 3 流至主轴承和连杆轴承等处进行润滑。

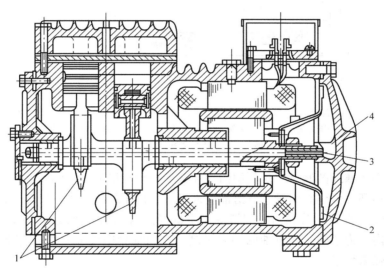

图 4-27　B24F22 型压缩机
1—溅油勺　2—甩油盘　3—曲轴中心油道　4—集油器

飞溅润滑的特点是不需设置液压泵，也不装润滑油过滤器，循环油量很小，但对摩擦表面的冷却效果较差，油污染较快。然而由于飞溅润滑系统设备简单，在一些小型半封闭和小型开启式压缩机中仍有应用。

2）压力润滑系统是利用液压泵产生的油压，将润滑油通过输油管道输送到需要润滑的各摩擦表面，润滑油压力和流量可按照设定要求实现，因而油压稳定，油量充足，还能对润滑油进行过滤和冷却处理，因而在我国的中、小型制冷压缩机系列和一些非标准的大型制冷压缩机中均广泛采用。根据液压泵的作用原理不同，压力润滑又分为齿轮液压泵压力润滑系统和离心供油压力润滑系统两种。

齿轮液压泵压力润滑系统，如图 4-28 所示。曲轴箱中的润滑油通过粗过滤器 1 被齿轮泵 2 吸入，提高压力后经细过滤器 3 滤去杂质后分成三路：Ⅰ路进入曲轴自由端轴颈里的油道，润滑主轴承和相邻的连杆轴承，并通过连杆体中的油道输送到连杆小头轴衬和活塞销；Ⅱ路进入轴封 10，润滑和冷却轴封摩擦面，然后从曲轴功率输入端的主轴颈上的油孔流入曲轴内的油道，润滑主轴承和相邻的连杆轴承，并经过连杆体中的油道去润滑连杆小头轴衬和活塞销；Ⅲ路进入能量调节机构的油分配阀 7 和卸载液压缸 8 以及油压差控制器 5，作为能量调节控制的液压动力。

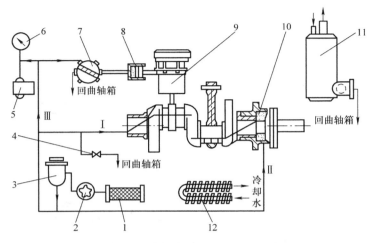

图 4-28　齿轮液压泵压力润滑系统

1—粗过滤器　2—齿轮泵　3—细过滤器　4—油压调节阀　5—油压差控制器
6—压力表　7—油分配阀　8—卸载液压缸　9—活塞、连杆及缸套
10—轴封　11—油分离器　12—油冷却器

气缸壁面和活塞间的润滑，是利用曲拐和从连杆轴承甩上来的润滑油进行润滑的。活塞上虽然装有刮油环，但仍有少量的润滑油进入气缸，被压缩机的排出气体带往排气管道。排出气体进入油分离器 11，分离出的润滑油由下部经过自动回油阀或手动回油阀定期放回压缩机的曲轴箱内。为了防止润滑油的油温过高，在曲轴箱中还装有油冷却器 12，依靠冷却水将润滑油的热量带走。

曲轴箱（或全封闭压缩机壳）内的润滑油，在低的环境温度下溶入较多的制冷剂，压缩机起动时将发生液击，为此有的压缩机在曲轴箱内还装有油加热器，在压缩机起动前先加热一定时间，以减少溶在润滑油中的制冷剂。

离心供油压力润滑系统常见于立轴式的小型全封闭制冷压缩机中。图 4-29 所示为全封闭压缩机的离心供油机构，有四种离心供油润滑方式。曲轴的一端或主轴延伸管浸入润滑油中，润滑油进入偏心油道。曲轴旋转时，在离心力的作用下，润滑油不断提升，并流向各轴承和连杆大头处或直接飞溅至需润滑的部位。

由于受到轴颈直径的限制，液压泵的供油压力不可能很高，一般仅为几百到数千帕。当需要较高油压时，可采用两级偏心油道结构（见图 4-29b）。图 4-29d 所示为叶片式供油润滑，是在主轴下端设一风扇状的螺旋叶片，当主轴高速旋转时，借助叶片的推力和离心力向上输送润滑油。离心式供油的主要优点是构造简单、加工容易、无磨损、无噪声。

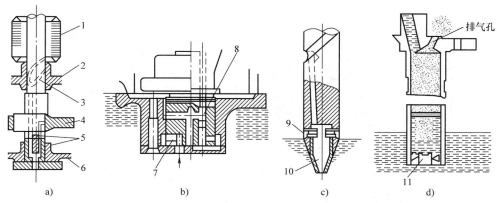

图 4-29　全封闭压缩机的离心供油机构

a）偏心式　b）两级偏心式　c）延伸管式　d）叶片式

1—电动机　2—主轴承　3—螺旋油道　4—连杆大头　5—偏心油道　6—副轴承
7—第一级偏心油道　8—第二级偏心油道　9—排气孔　10—延伸管　11—螺旋叶片

4.1.6　活塞式制冷压缩机的总体结构与机组

1. 开启活塞式制冷压缩机

（1）开启活塞式制冷压缩机的特点

1）电动机独立，无须采用耐油和耐制冷剂的措施，而且电动机的损坏、修理、更换对制冷系统没有任何影响。

2）在无电力供应的场合，可由内燃机驱动。

3）压缩机的缸盖和气缸体充分暴露在外，便于冷却，容易拆卸，维修方便。

4）可以简单地通过改变带传动的传动比来改变压缩机的转速，调节其制冷量。

5）制冷剂和润滑油比较容易泄漏。

6）具有质量大、占地面积大及噪声大等缺点。

因此，开启活塞式制冷压缩机在使用氨作为工质或不用电力驱动的情况下有着明显的优势，开启高速多缸压缩机在各行业得到了普遍运用，但在小型制冷装置中的应用已逐渐减少。

（2）总体结构实例　810F70 型压缩机是一种比较典型的单级开启活塞式制冷压缩机，如图 4-30 所示。该压缩机的四对气缸为扇形布置，相邻气缸中心线夹角为 45°，气缸直径为 100mm，活塞行程为 70mm，曲轴两曲拐的夹角为 180°。

2. 半封闭活塞式制冷压缩机

半封闭活塞式制冷压缩机的电动机和压缩机装在同一机体内并共用同一根主轴，因而不需要轴封装置，机体密封面以法兰连接，用垫片或垫圈密封。

半封闭活塞式制冷压缩均采用高速多缸机型，其特点如下：

1）电动机和压缩机共用一根主轴，取消了轴封装置和联轴器，结构紧凑、质量小、密封性能好、噪声小。

2）机体多采用整体式结构，曲轴箱和电动机室有孔相通，保证了压力平衡以利润滑油的回流。

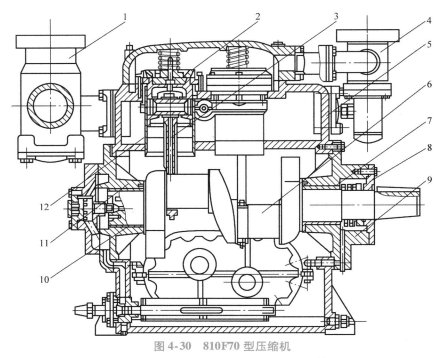

图 4-30 810F70 型压缩机

1—吸气管　2—假盖　3—连杆　4—排气管　5—气缸体　6—曲轴
7—前轴承　8—轴封　9—前轴承盖　10—后轴承　11—后轴承盖　12—活塞

3）压缩机的气缸暴露在外，便于冷却，容易拆卸和维修。

4）主轴是曲拐轴或偏心轴结构，横卧布置。主轴的一端悬臂支承着电动机转子。

5）内置电动机的冷却方式有空气冷却、水冷却和低压制冷剂冷却。空气冷却绝大多数用于风冷式冷凝机组中，这时，电动机外壳周围设有足够的散热片，靠冷凝风机吹过的风冷却电动机定子；当采用水冷却时，电动机外壳的水套中引入冷却水对定子进行冷却；用低压制冷剂冷却的方式是从蒸发器来的低温制冷剂蒸气冷却电动机定子，可使内置电动机具有较大的过载能力。

6）对于功率小于 5kW 的半封闭活塞式制冷压缩机，其润滑系统常用飞溅润滑方式，功率较大的压缩机则应采用压力供油润滑方式。

3. 全封闭活塞式制冷压缩机

全封闭活塞式制冷压缩机是将整个压缩机电动机组支承在一个全封闭的钢制薄壁机壳中而构成的制冷压缩机，其特点主要如下：

1）将气缸体、主轴承座和电动机座组成一个紧凑轻巧的刚性机体，大大减小了其质量和尺寸。

2）制冷剂和润滑油被密封在密闭的薄壁机壳中，不会泄漏。

3）外壳简洁，只有吸气管、排气管、工艺管和电源接线柱。

4）压缩机电动机组由内部弹簧支承，振动小、噪声低。

5）压缩机密封性好，但维修时需剖开机壳。

6）绝大多数的全封闭活塞式制冷压缩机采用立轴式布置，这样就可以采用简单的离心式供油。

全封闭活塞式制冷压缩机的驱动功率大多在 7.5kW 之内，目前最大的可达 22kW；缸径一般不超过 60mm；气缸数以 1 个或 2 个居多，少数有 3 个或 4 个气缸的。全封闭活塞式制冷压缩机大多采用二极电动机。

4.1.7　活塞式制冷机组

随着空调和制冷技术的不断发展，许多生产厂家制造出能直接为制冷和空调工程提供冷却介质的制冷机组。它具有结构紧凑、占地面积小、安装简便、质量可靠、操作简单和管理方便等优点。

1. 活塞式压缩冷凝机组

活塞式压缩冷凝机组是把一台或几台活塞式制冷压缩机、冷凝器、风机、油分离器、贮液器、过滤器及必要的辅助设备组合，并安装在一个公共底座或机架上。制冷量一般为 350～580kW，但随着半封闭活塞式制冷压缩机质量的提高，采用多台主机组合成机组，制冷量范围不断扩大。活塞式压缩冷凝机组的系统结构比较简单，维修方便。

水冷式压缩冷凝机组的冷凝器通常兼贮液器的作用，少数制冷量大的机组装有专用贮液器。大、中型制冷装置一般选配氨压缩冷凝机组。对中、小型制冷装置大多数选用氟利昂压缩冷凝机组。

图 4-31 所示为风冷式氟利昂压缩冷凝机组，由半封闭活塞式制冷压缩机 1、风冷式冷凝器 2、贮液器 4、管道、阀门等组成。某些产品还配置仪表控制盘。风冷式冷凝器由翅片换热器和风机组合而成，风机 3 的转向使空气先流过冷凝器，再经过压缩机组。

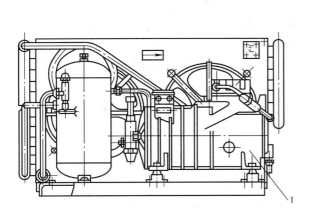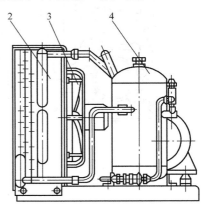

图 4-31　风冷式氟利昂压缩冷凝机组
1—半封闭活塞式制冷压缩机　2—风冷式冷凝器　3—风机　4—贮液器

图 4-32 所示为水冷式氟利昂压缩冷凝机组，由压缩机（半封闭式或开启式）、电动机（开启式压缩机所配）、油分离器、水冷式冷凝器、仪表控制盘、管道、阀门等组成。水冷式冷凝器通常配置成卧式壳管式，这种冷凝器一般放置在下部，除冷凝制冷剂外，还兼做贮液器。

2. 活塞式冷水机组

活塞式冷水机组由活塞式压缩冷凝机组与蒸发器、电控柜及其他附件（干燥过滤器、贮液器、电磁阀、节流装置等）构成，并安装于同一底座上。大多数厂家将电控柜安装在

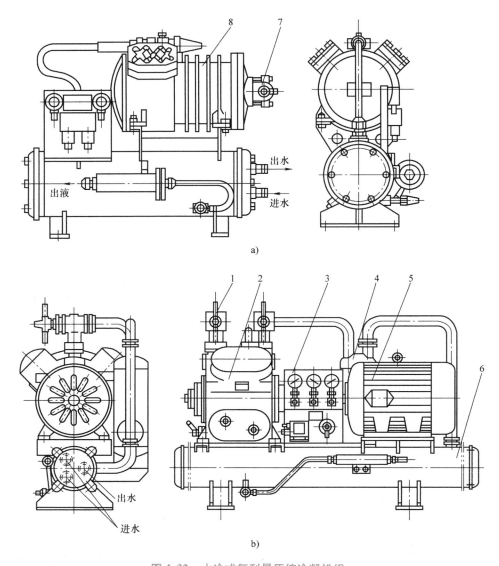

图 4-32 水冷式氟利昂压缩冷凝机组

a) 410F70-LN 型 b) B45F40-LN 型

1、7—进气阀 2—开启式压缩机 3—仪表控制盘 4—油分离器
5—电动机 6—水冷冷凝器 8—半封闭式压缩机

机组上，部分厂家则将电控柜安装在机组以外。冷水机组适用于各种大型建筑物舒适性空调，以及机械、纺织、化工、仪表、电子等行业所需工业性空调或工业用冷水。

活塞式冷水机组的特点是：机组设有高低压保护、油压保护、电动机过载保护、冷媒水冻结保护和断水保护，以确保机组运行安全可靠；机组可配置多台压缩机，通过压缩机起动台数来调节制冷量，以适应外界负荷的波动；机组可实现压力、温度、制冷量、功耗及负荷匹配等参数全部由微型计算机智能控制。

普通型水冷活塞式冷水机组在结构上的主要特点是：冷凝器和蒸发器（简称"两器"）均为壳管换热器，它们或上下叠置或左右并置，而压缩机或直接置于"两器"上面，或通过钢架置于"两器"之上。由于运转时往复惯性力较大，因此，单机容量不能过大，否则机器显得笨重，振动也大。普通型活塞式冷水机组的单机容量一般为 580～700kW。而风冷式的活塞冷水机组结构简单且紧凑，并安装于室外空地，也可安装在屋顶，无须建造机房。

多机头活塞式冷水机组是由两台以上半封闭或全封闭制冷压缩机为主机组成的，目前，多机头冷水机组最多可配八台压缩机。配置多台压缩机的冷水机组的特点：一是在部分负荷时仍有较高的效率；二是整个机组分设两个独立的制冷剂回路，这两个独立回路可以同时运行，也可以单独运行，这样可以起到互为备用的作用，提高了机组运行的可靠性。

图 4-33 所示为 LS600 型活塞式多机头冷水机组，配有六台半封闭活塞式制冷压缩机，换热器均采用高效传热管，机组结构紧凑。半封闭压缩机的电动机用吸气冷却，并有一系列的保护措施。

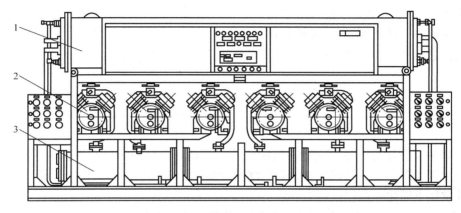

图 4-33　LS600 型活塞式多机头冷水机组
1—蒸发器　2—压缩机　3—冷凝器

活塞式模块化冷水机组由多台模块冷水机单元组合而成，每个模块包括一个或几个完全独立的制冷系统，各模块冷水机单元的结构、性能完全相同。自第一台模块化冷水机组于 1986 年 9 月在澳大利亚墨尔本投入使用以来，目前已遍及世界许多国家。该机组可提供 5～8℃工业或建筑物空调用的低温水。

模块化冷水机组的特点如下：

1）计算机控制，自动化和智能化程度高。机组内的计算机检测和控制系统按外界负荷量大小，适时起停机组各模块，使冷水机组制冷量与外界负荷同步匹配，控制并记录冷水机组的动态运行情况，机组运行效率高。

2）如果外界负荷发生突变或某一制冷系统出现故障，模块化机组通过计算机控制可自动地使各个制冷系统按步进方式顺序运行，并启用后备的制冷系统，机组的可靠性高。

3）机组中各模块单元体积小，结构紧凑，可以灵活组装，有效地利用空间，节省占地面积和安装费用。

4）采用组合模块单元化设计，用不等量的模块单元可以组成制冷量不同的机组，可选择的制冷量范围宽。

5）模块化冷水机组设计简单，维修人员不需要经过专门的技术训练，降低了运行维护费用。

如图 4-34 所示，RC130 型模块化冷水机组的每个模块单元由两台压缩机及相应的两个独立制冷系统、计算机控制器、V 形管接头、仪表盘、单元外壳构成。各单元之间的连接只有冷冻水管与冷却水管。将多个单元相连时，只要连接四根管道，接上电源，插上控制件即可。制冷剂选用 R22。制冷系统中选用高转速全封闭活塞式制冷压缩机，蒸发器和冷凝器均采用板式热交换器。每个单元模块制冷量为 110kW，在一组多模块的冷水机组中，可使 13 个单元模块连接在一起，总制冷量为 1690kW。

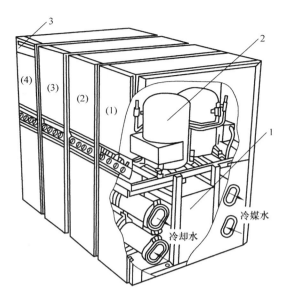

图 4-34　RC130 型模块化冷水机组
1—换热器　2—压缩机　3—控制器

4.1.8　活塞式制冷压缩机的热力性能

1. 工作循环

（1）理论工作循环　活塞式制冷压缩机的工作循环，是指活塞在气缸内往复运动一次，气体经一系列状态变化后又回到初始吸气状态的全部工作过程。为了便于分析压缩机的工作状况，可做如下简化和假设：

1）无余隙容积。无余隙容积，即排气过程终了时气缸中的气体被全部排尽。

2）无吸、排气压力损失。吸、排气压力损失是指气体流经吸、排气阀时因需克服由阀件和气流通道所造成的阻力而产生的压力降。

3）吸、排气过程中无热量传递。即气体与气缸等机件之间不发生热交换。

4）在循环过程中气体没有任何泄漏。

5）气体压缩过程的过程指数为常数，通常把压缩过程看作等熵过程。

凡符合以上假设条件的工作循环称为压缩机的理论工作循环。压缩机的理论工作循环及其示意图分别如图 4-35a、b 所示。图 4-35a 所示为活塞运动时气缸内气体压力 p 与容积 V 的变化。一个理论工作循环分吸气、压缩、排气三个过程。吸气过程用平行于 V 坐标轴的水平线 4-1 表示，气体在恒压 p_1 下进入气缸，直到充满气缸的全部容积为止。压缩过程用曲线 1-2 表示，气体在气缸内容积由 V_1 压缩至 V_2，压力则由 p_1 上升至 p_2。排气过程是因为气体在恒压 p_2 下被全部排出，所以气缸用平行于 V 坐标轴的水平线 2-3 表示。

（2）实际工作循环　在分析压缩机的理论工作循环中曾做了一系列的假设，而在实际工作循环中，问题远非这么简单。为了了解压缩机实际工作循环，一般采用示功仪来测量气缸内气体体积和压力的变化关系，如图 4-36 所示。图中曲线所包围的面积表示耗功的大小，因此又称示功图。由于实际压缩机中不可避免地存在余隙容积，当活塞运动到外止点时，余隙容积内的高压气体留存于气缸内，活塞由外止点开始向内止点运动时，吸气阀在压差作用下不能立即开启，首先存在一个余隙容积内高压气体的膨胀过程，当气缸内气体压力降到低于吸气管内的压力 p_0 时，吸气阀才自动开启，开始吸气过程。由此可知，压缩机的实际工作循环是由膨胀、吸气、压缩、排气四个工作过程组成的。图 4-36 中的 3′-4′ 表示膨胀过程，4′-1′ 表示吸气过程，1′-2′ 表示压缩过程，2′-3′ 表示排气过程。与图 4-35 相比，实际循环多一个膨胀过程。除此之外，在吸、排气时存在压力损失和压力波动，在整个工作过程中气体同气缸、活塞间有热量交换，同时通过气缸与活塞之间的间隙及吸、排气阀还有气体泄漏。因此，实际压缩机的工作过程要复杂得多。

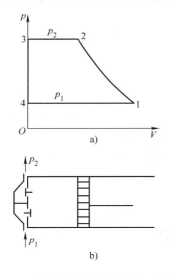

图 4-35　活塞式压缩机的理论工作循环　　　　图 4-36　活塞式压缩机的实际工作循环

a) p-V 图　b) 压缩机示意图

2. 性能参数及计算

（1）输气量及容积效率　压缩机在单位时间内经过压缩并输送到排气管内的气体，换算到吸气状态的容积，称为压缩机的容积输气量，简称输气量（或排量）。

1）理论输气量。在理论工作循环时，压缩机的理论输气量等于单位时间内的理论吸气量。设压缩机内、外止点之间气缸工作室的容积为 V_p，显然有

$$V_p = \frac{\pi}{4}D^2S \qquad\qquad (4-1)$$

式中　V_p——气缸工作容积（m^3）；

　　　　D——气缸直径（m）；

　　　　S——活塞行程（m）。

假定压缩机有 z 个气缸，转速为 n，则压缩机的理论输气量为

$$V_h = 60znV_p \qquad\qquad (4-2)$$

式中　V_h——压缩机的理论输气量（m^3/h）；

　　　　z——压缩机的气缸数；

　　　　n——压缩机的转速（r/min）。

2）实际输气量。在实际工作循环中，由于余隙容积、气阀阻力、气体热交换、泄漏损失等的影响，压缩机的实际输气量必定小于理论输气量。两者的比值称为压缩机的容积效率，用 η_V（$\eta_V < 1$）表示。实际输气量可表示为

$$V_s = \eta_V V_h \qquad (4\text{-}3)$$

式中　V_s——压缩机的实际输气量（m^3/h）。

3）容积效率。容积效率 η_V 的大小反映了实际工作过程中存在的诸多因素对压缩机输气量的影响，也表示了压缩机气缸工作容积的有效利用程度，也称压缩机的输气系数。通常可用容积系数 λ_V、压力系数 λ_p、温度系数 λ_T、密封系数 λ_L 的乘积来表示，即

$$\eta_V = \lambda_V \lambda_p \lambda_T \lambda_L \qquad (4\text{-}4)$$

① 容积系数 λ_V。容积系数 λ_V 反映了压缩机余隙容积的存在对压缩机输气量的影响，是表征气缸工作容积有效利用程度的系数。由于安装压缩机的气阀必须留出一定空隙，活塞到达外止点时也不可能与气缸盖完全贴紧，同时在装配压缩机时，为了保证活塞在工作时因热膨胀等因素的影响，必须在气缸与活塞之间保留一定的间隙，由于这些因素的存在，便产生了余隙容积，在图 4-36 中余隙容积用 V_c 表示。由于余隙容积的存在，工作循环中出现了膨胀过程，占据了一定的气缸工作容积，使部分活塞行程失去了吸气作用，导致压缩机吸气量减少，即压缩机的实际输气量减少。实际吸气容积 V_1 与气缸工作容积 V_p 之比值称容积系数，即 $\lambda_V = \dfrac{V_1}{V_p}$。

由于气缸内高压气体膨胀时，通过气缸壁与外界有热交换，因此余隙容积的蒸气在 3'-4' 膨胀过程是多变过程，即由状态 3' 的压力 $(p_k + \Delta p_k)$ 和容积 (V_c) 膨胀到状态 4' 的压力 $(p_0 + \Delta p_0)$ 和容积膨胀 (ΔV_1) 过程方程式是 $pV^m =$ 常数。

由此可知，容积系数 λ_V 可表示为

$$\lambda_V = \frac{V_h - \Delta V_1}{V_h} = 1 - c\left[\left(\frac{p_k + \Delta p_k}{p_0}\right)^{\frac{1}{m}} - 1\right] \qquad (4\text{-}5)$$

式中　c——相对余隙容积，它等于余隙容积 V_c 与气缸工作容积 V_p 之比，即 $c = V_c/V_p$；

　　m——膨胀过程指数；

　　p_k——冷凝压力（MPa），即名义排气压力；

　Δp_k——排气压力损失（MPa）；

　　p_0——蒸发压力（MPa），即名义吸气压力。

由式（4-5）可知，影响 λ_V 数值的因素有相对余隙容积 V_c、压力比 p_k/p_0、膨胀过程指数 m 及排气压力损失 Δp_k。

相对余隙容积 c 值越大，λ_V 越小，因此，在加工和运行条件许可的情况下，应尽量减少压缩机的余隙容积。采用长行程的压缩机，可减少 c 的数值。中、小型活塞式制冷压缩机的 c 值范围为 2% ~4%，低温用制冷压缩机应取较小值。

压力比 p_k/p_0 越大，λ_V 越小，气体排气温度升高，当压力比大到一定程度时，甚至可使 $\lambda_V = 0$，因此，为保证压缩机具有一定的容积效率，单级活塞式制冷压缩机的最大压力比应受到一定的限制。从压缩机的经济性和可靠性考虑，氨压缩机的压力比一般不得超过 8，氟利昂压缩机的压力比不得超过 10。

膨胀过程指数 m 的数值随制冷剂的种类和膨胀过程中气体与壁面间的热交换情况而定。一般来说，对于氨压缩机，$m = 1.10 \sim 1.15$；对于氟利昂压缩机，$m = 0.95 \sim 1.05$。应该注意，在压缩机运行时，增强对气缸壁的冷却，如水冷或强迫风冷，膨胀过程指数 m 增大。

排气压力损失 Δp_k 与气阀结构及流动阻力有关，对于氨压缩机，一般取 $\Delta p_k = (0.05 \sim$

$0.07)p_k$；对于氟利昂压缩机，取 $\Delta p_k = (0.1 \sim 0.15)p_k$。

p_k 对 λ_V 的影响较小，可以略去不计，则式（4-5）可简化为

$$\lambda_V = 1 - c\left[\left(\frac{p_k}{p_0}\right)^{\frac{1}{m}} - 1\right] \tag{4-6}$$

② 压力系数 λ_p。气态制冷剂通过进、排气阀时，断面突然缩小，气体进、出气缸需要克服流动阻力。压力系数 λ_p 反映了由于吸气阀阻力的存在使实际吸气压力 p'_0 小于吸气管中的压力 p_0，从而造成吸气量减少的程度。压力系数 λ_p 的计算公式为

$$\lambda_p = 1 - \frac{1 + c}{\lambda_V}\frac{\Delta p_0}{p_0} \tag{4-7}$$

式中，Δp_0 是吸气压力损失。通常，氨压缩机的 $\Delta p_0 = (0.03 \sim 0.05)p_0$，氟利昂压缩机的 $\Delta p_0 = (0.05 \sim 0.10)p_0$。

吸气阀处于关闭状态时的弹簧力对压力系数 λ_p 的影响较大。弹簧力过强，会使吸气阀提前关闭，使 Δp_0 增大，降低 λ_p；反之，弹簧力过弱，会使吸气阀延迟关闭，将吸入气缸的气体又部分地回流至吸气管内，造成 λ_p 下降。

③ 温度系数 λ_T。温度系数 λ_T 表示吸气过程中气体从气缸壁等部件吸收热量造成体积膨胀，从而造成吸气量减少的程度。吸入气体与壁面的热交换是一个复杂的过程，与制冷剂的种类、压力比、气缸尺寸、压缩机转速、气缸冷却情况等因素有关。λ_T 的数值通常用经验公式计算。

中、小型开启式制冷压缩机为

$$\lambda_T = 1 - \frac{T_2 - T_1}{740} \tag{4-8}$$

式中　T_1——吸气温度（K）；

　　　T_2——排气温度（K）。

小型封全闭式制冷压缩机为

$$\lambda_T = \frac{T_1}{aT_k + b\theta} \tag{4-9}$$

式中　T_1——吸气温度（K）；

　　　T_k——冷凝温度（K）；

　　　θ——蒸气在吸气管中的过热度（K），$\theta = T_1 - T_0$，T_0 为蒸发温度（K）；

　　　a——压缩机的温度随冷凝温度而变化的系数，$a = 1.0 \sim 1.15$，随压缩机尺寸的减少而增大，根据经验，家用制冷压缩机 $a \approx 1.15$，商用制冷压缩机 $a \approx 1.10$；

　　　b——吸气量减少与压缩机对周围空气散热的关系系数，$b = 0.25 \sim 0.8$，制冷量越大、压缩机壳体外空气做自由运动时，b 值取较大值。

压缩机的冷凝温度 T_k 下降或蒸发温度 T_0 上升，气缸及气缸盖冷却良好时，都能使 λ_T 增大，从而提高气缸容积的利用率。

④ 密封系数 λ_L。密封系数 λ_L 反映压缩机工作过程中因泄漏而对输气量的影响。压缩机泄漏的主要途径是活塞环与气缸壁之间不严密处和吸、排气阀密封面不严密处或关闭不及时，造成制冷剂气体从高压侧泄漏到低压侧，从而引起输气量的下降。泄漏量的大小与压缩机的制造质量、磨损程度、气阀设计、压力差大小等因素有关。由于目前加工技术和产品质

量的提高，压缩机的泄漏量是很小的，故 λ_L 值一般都很高，推荐 $\lambda_L = 0.97 \sim 0.99$。

一般情况下，对压缩机容积效率 η_V 影响较大的是容积系数 λ_V 和温度系数 λ_T，而压力系数 λ_p 和密封系数 λ_L 则因其数值较大（均接近于 1）而且数值变化范围较小，对容积效率 η_V 的影响是比较小的。因此，可以把影响 λ_V 和 λ_T 的主要因素看作影响压缩机容积效率 η_V 的主要因素。

在压缩机的类型、结构尺寸、转速、冷却方式及制冷剂种类已确定的情况下，容积效率 η_V 主要取决于运行工况。实际运行中，压缩机的运行工况是有变动的，因而容积效率 η_V 将随之发生变化。

容积效率 η_V 的数值可在分别计算出 λ_V、λ_p、λ_T、λ_L 四个系数后，再代入式（4-4）中求出。但通常为了简化计算可采用经验公式或从有关容积效率的特性曲线图上查取。下面介绍一些可供计算时应用的经验公式和特性曲线图。

对于单级高速多缸压缩机，转速 $n > 720\text{r/min}$，相对余隙容积 $c = 3\% \sim 4\%$，容积效率 η_V 为

$$\eta_V = 0.94 - 0.085\left[\left(\frac{p_k}{p_0}\right)^{\frac{1}{m}} - 1\right] \tag{4-10}$$

式中　p_k——冷凝压力（MPa）；

p_0——蒸发压力（MPa）；

m——制冷剂的压缩过程指数，对于 R717，$m = 6.28$；对于 R22，$m = 6.18$。

对于单级中速立式压缩机，转速 $n < 720\text{r/min}$，相对余隙容积 $c = 4\% \sim 6\%$，容积效率 η_V 为

$$\eta_V = 0.94 - 0.605\left[\left(\frac{p_k}{p_0}\right)^{\frac{1}{m}} - 1\right] \tag{4-11}$$

对于双级压缩系统中使用的高速多缸压缩机，高压级的 η_{Vg} 和低压级的 η_{Vd} 可分别用下列公式计算：

$$\eta_{Vg} = 0.94 - 0.085\left[\left(\frac{p_k}{p_m}\right)^{\frac{1}{m}} - 1\right] \tag{4-12}$$

$$\eta_{Vd} = 0.94 - 0.085\left[\left(\frac{p_m}{p_0 - 0.01}\right)^{\frac{1}{m}} - 1\right] \tag{4-13}$$

式中　p_m——中间压力（MPa）。

图 4-37 所示为小型封闭式压缩机和开启式压缩机容积效率 η_V 与压力比 $\varepsilon = p_k/p_0$ 的关系曲线。图 4-38 所示为单级开启式压缩机的容积效率随工况变化的关系曲线，图中，T_k 为冷凝温度。

（2）制冷量　制冷压缩机热力循环的性能与其工作条件有关，因此，只用制冷压缩机的输气量大小不能直接反映其使用价值，而应用压缩机工作能力表示。压缩机的工作能力是单位时间内所产生的制冷量，它是制冷压缩机的重要性能指标之一。

应注意的是，一台压缩机在不同的运行工况下，每小时产生的制冷量是不相同的。通常在压缩机铭牌上标出的制冷量，是指其名义工况下的制冷量。当制冷剂和转速不变时，对于同一台制冷压缩机，不同工况下的制冷量可根据其理论输气量等于定值的条件下，按以下方

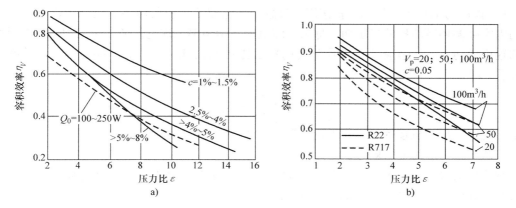

图 4-37 小型封闭式压缩机和开启式压缩机的 η_V 与 ε 的关系

a) 小型封闭式 b) 开启式

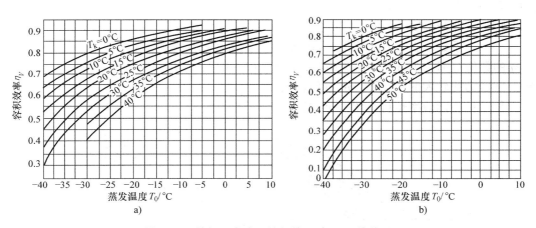

图 4-38 单级开启式压缩机的 η_V 与工况的关系

a) R717 b) R22

法换算。

若一台压缩机在已知工况 A 和 B 时的制冷量分别为 Q_{0A} 和 Q_{0B}，即有

$$Q_{0A} = \frac{\eta_{VA} V_s q_{VA}}{3600}, \quad Q_{0B} = \frac{\eta_{VB} V_s q_{VB}}{3600} \qquad (4\text{-}14)$$

由此可得不同工况下的制冷量换算式为

$$Q_{0B} = Q_{0A} \frac{\eta_{VB} q_{VB}}{\eta_{VA} q_{VA}} \qquad (4\text{-}15)$$

式中 V_s ——压缩机的实际容积输气量（m^3/h）；

η_{VA}、η_{VB} ——A、B 工况下压缩机的容积效率；

q_{VA}、q_{VB} ——A、B 工况下的单位容积制冷量（kJ/m^3）。

（3）功率和效率 压缩机实际工作过程与理论工作过程的区别，也影响到它的功耗。如吸、排气时的压力损失、运动机械的摩擦、压缩过程偏离等熵过程等，均使压缩机的功耗增大。下面分析影响压缩机功耗的各种因素，从中找出提高效率的途径。

1）指示功率和指示效率。直接用于气缸中压缩制冷工质所消耗的功称为指示功。单位时间内实际循环所消耗的指示功，称为压缩机的指示功率。理论循环中压缩1kg制冷剂所消耗的理论比功 w_o，与实际循环中所消耗的指示比功 w_i 的比值，称为压缩机的指示效率，用 η_i 表示。即

$$\eta_i = \frac{w_o}{w_i} = \frac{P_o}{P_i} \qquad (4\text{-}16)$$

式中　P_o——压缩机按等熵压缩理论循环工作所需的理论功率（kW）；

　　　P_i——指示功率（kW）。

制冷压缩机的指示效率 η_i，是从动力经济性角度来评价压缩机气缸内部热力过程的完善程度。开启式压缩机中的 η_i 的经验计算式为

$$\eta_i = \frac{T_0}{T_k} + b(T_0 - 273) \qquad (4\text{-}17)$$

式中　T_0——蒸发温度（K）；

　　　T_k——冷凝温度（K）；

　　　b——系数，立式氨压缩机 $b = 0.001$，立式氟利昂压缩机 $b = 0.0025$。

η_i 的数值范围：小型氟利昂压缩机，$\eta_i = 0.65 \sim 0.8$；家用全封闭式压缩机，$\eta_i = 0.6 \sim 0.85$。在压力比较大的工况下，η_i 数值较低。

压缩机的指示效率也可由图4-39查取。

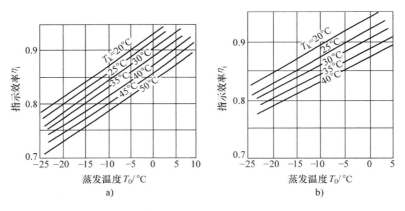

图 4-39　制冷压缩机指示效率
a）R717　b）R22

影响指示功率和指示效率的因素有压力比 ε、相对余隙容积 c、吸气和排气过程的压力损失、吸气预热程度及制冷剂泄漏等。图4-40所示为指示效率 η_i 随压力比 ε 和相对余隙容积 c 的变化关系。当 ε 较低时，η_i 因吸、排气压力损失较大而下降。当 ε 较大时，η_i 又因吸气预热程度及制冷剂泄漏的增大而趋小。较大的 c 值意味着余隙容积中气体的数量相对较多，其压缩和膨胀过程的不可逆损失也较大，因而 η_i 随 c 值的增大而下降。

2）轴功率、摩擦功率和机械效率。由电动机传到曲轴上的功率称为轴功率，用 P_e 表示。轴功率可分成两部分：一部分直接用于压缩机气体，即指示功率 P_i；另一部分用于克服曲柄连杆机构等处的摩擦阻力，称为压缩机的摩擦功率，用 P_m 表示。显然，压缩机的轴

功率必然比指示功率大，两者之比值称为机械效率，用 η_m 表示。即

$$\eta_m = \frac{P_i}{P_e} = \frac{P_i}{P_i + P_m} \tag{4-18}$$

摩擦功率主要有往复摩擦功率（活塞、活塞环与气缸壁间的摩擦损失）和旋转摩擦功率（轴承、轴封的摩擦损失及驱动润滑液压泵的功率）组成，前者占 60% ~ 70%，后者占 30% ~ 40%。但是，随着压缩机各轴承直径的加大和转速的提高，旋转摩擦功率也迅速增加，有的甚至超过了往复摩擦功率。

试验证明，摩擦功率与压缩机的结构、润滑油的温度及转速有关，几乎与压缩机的运行工况无关。摩擦功率可以通过测定空载下压缩机的轴功率求得，也可以通过机械效率来计算。制冷压缩机的机械效率一般在 0.75 ~ 0.9 之间。冷凝温度一定时，压缩机的机械效率 η_m 具有随着压力比 ε 的增长而下降的趋势，如图 4-41 所示，这是因为随着 ε 增大，指示功率减少而摩擦功率 P_m 几乎保持不变。

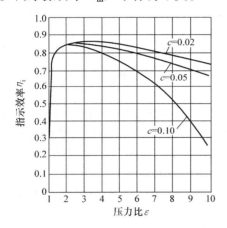

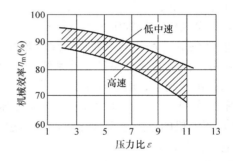

图 4-40　指示效率 η_i 随压力比 ε 和相对　　　　图 4-41　机械效率 η_m 随压力比 ε 的变化关系
　　　　余隙容积 c 的变化关系

提高 η_m 可以从以下几方面着手：①选用合适的气缸间隙，对主轴承和连杆进行最优化设计，适当减少活塞环数；②选用合适的润滑油，调节其温度，使润滑油在各种工况下维持正常的黏度；③加强曲轴、曲轴箱等零件的刚度，合理提高其加工和装配精度，减小摩擦表面的表面粗糙度值等。

通常，衡量压缩机轴功率有效利用程度的指标称为轴效率（又称等熵效率），用 η_e 表示。即

$$\eta_e = \frac{P_o}{P_e} = \frac{P_o}{P_i}\frac{P_i}{P_e} = \eta_i \eta_m \tag{4-19}$$

η_e 一般在 0.6 ~ 0.7 之间，它反映压缩机在某一工况下运行时的各种损失。

3）配用电动机功率。确定制冷压缩机所配用的电动机功率时，应考虑到压缩机与电动机之间的连接方式及压缩机的类型。对于开启式压缩机，如果用带传动，应考虑传动效率 $\eta_d = 0.9 ~ 0.95$。如果用联轴器直接传动时，则不必考虑传动效率。对于封闭式压缩机，因电动机与压缩机共用一根轴，也不必考虑传动效率问题。

制冷压缩机所需要的轴功率是随工况的变化而变化的，选配电动机功率时，还应考虑到这一因素，并应有一定的裕量，以防意外超载。如果压缩机本身带有能量卸载装置，可以空载起动，则电动机选配功率 P_e 可按运行工况下压缩机的轴功率，再考虑适当裕量（10% ~ 15%）选配。

还应指出，在封闭式压缩机中，由于电动机绕组获得了较好的冷却，它的实际功率可比名义值大，因此，该电动机的名义功率可取得比一般开启式压缩机的电动机的功率小些（30% ~ 50%）。

开启式压缩机由外置电动机通过传动装置运转，其动力经济性往往以曲轴效率 η_e 衡量。

而在封闭式压缩机中，内置电动机的转子直接装在压缩机主轴上，其动力经济性用电效率 η_{el} 衡量。电效率 η_{el} 等于轴效率 η_e 和电动机效率 η_{mo} 的乘积，即 $\eta_{el} = \eta_e \eta_{mo}$。单相和三相的内置电动机在名义工况下，其 η_{mo} 的范围一般在 0.60 ~ 0.95 之间，对大功率电动机取上限，小功率电动机取下限。单相与三相比较，则单相电动机的 η_{mo} 较差。

（4）压缩机的排气温度 排气温度是在压缩机运行中的一个重要参数，必须严格控制。

1）排气温度过高的危害性。制冷压缩机的排气温度过高会引起压缩机的过热，严重影响其工作。排气温度过高的危害性主要表现在以下几个方面：

① 使容积效率降低和轴功率增加；润滑油黏度降低，使轴承和气缸、活塞环产生异常磨损，甚至会引起烧毁轴瓦和气缸拉毛的事故。

② 促使制冷剂和润滑油在金属的催化下出现热分解，生成对压缩机有害的游离碳、酸类和水分。酸类物质会腐蚀制冷系统的各组成部分和电气绝缘材料。水分会堵住毛细管。积炭沉积在排气阀上，既破坏了其密封性，又增加了流动阻力。积炭使活塞环卡死在环槽里，失去密封作用。剥落下来的炭渣若被带出压缩机，会堵塞毛细管、干燥器等。

③ 压缩机的过热甚至会导致活塞的过分膨胀而卡死在气缸内，也会引起封闭式压缩机内置电动机的烧毁。

④ 会影响压缩机的寿命，因为化学反应速度随温度的升高而加剧。当电气绝缘材料的温度上升 10℃，其寿命要减少一半。这一点对全封闭式压缩机显得特别重要。

上述分析表明，必须对压缩机的排气温度加以限制。对于 R717，排气温度应低于 150℃；对于 R22、R502，排气温度应低于 145℃；对于 R134a，排气温度应低于 130℃。

2）排气温度的计算公式。压缩机的排气温度取决于压力比、吸排气阻力损失、吸气终了温度和多变压缩过程指数，其计算公式为

$$T_2 = T_1 \left[\varepsilon \left(1 + \delta_0 \right) \right]^{\frac{m-1}{m}} \tag{4-20}$$

式中　T_2——压缩机的排气温度（K）；

　　　T_1——压缩机吸气终了温度（K）；

　　　ε——压力比，$\varepsilon = p_k/p_0$，p_k 为冷凝压力，p_0 为蒸发压力；

　　　δ_0——吸、排气相对压力损失，$\delta_0 = \Delta p_0/p_0 + \Delta p_k/p_k$，$\Delta p_0/p_0$ 为吸气压力损失，$\Delta p_k/p_k$ 为排气压力损失；

　　　m——多变压缩过程指数，近似取制冷剂的等熵指数。

3）降低排气温度的主要措施。由式（4-20）可知，要降低制冷压缩机的排气温度 T_2，必须从吸气终了温度 T_1、压力比 ε、相对压力损失 δ_0 以及多变压缩过程指数 m 等几个方面去考虑。

① 设计时首先要限制压缩机单级的压力比，高压力比时应采用多级压缩中间冷却的办法来实现。在运行中要防止冷凝压力过高、蒸发压力过低等现象。降低吸排气阻力实际上也起到了减小气缸中实际压力比的作用。

② 加强对压缩机的冷却，减少对吸入制冷剂的加热，以降低吸气终了时制冷剂的温度和多变压缩过程指数，这是降低排气温度的有效途径，如在气缸盖上设置冷却水套、在吸气管外包隔热层等。

③ 在封闭式压缩机中，提高内置电动机的效率、减少电动机的发热量对降低排气温度具有重要作用。

④ 在低温制冷压缩机中，为了降低排气温度，还可以采用直接向吸气管喷入液态制冷剂的方法。

⑤ 在同样的蒸发温度 T_0 和冷凝温度 T_k 时，不同的制冷剂有不同的排气温度，如 R134a 的排气温度低于 R22 的排气温度，因而合理地选用制冷剂是控制排气温度的重要方法。

综合看来，影响压缩机排气温度的因素是多方面的，为了确保制冷机的安全运行，应根据运行中的具体情况采取相应的措施，以降低压缩机的排气温度。

【例 4-1】　一台 6FW10 型制冷压缩机（采用 R22 制冷剂），行程 $S = 70\text{mm}$，转速 $n = 960\text{r/min}$，运行工况为：冷凝温度 $t_k = 38℃$，蒸发温度 $t_0 = 4℃$，过冷度 $t_u = 34℃$，吸气温度 $t_1 = 12℃$。试求该压缩机的制冷量，冷凝器的热负荷，压缩机的理论功率、指示功率，配用电动机功率（压缩机与电动机直接传动）和电动机的输入功率。

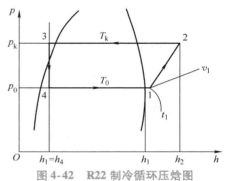

图 4-42　R22 制冷循环压焓图

【解】　根据已知的运行工况，绘出 R22 的压焓图，如图 4-42 所示，并查相关资料，得到以下参数值：

$p_k = 1.46\text{MPa}$，$p_0 = 0.56\text{MPa}$，$h_1 = 415\text{kJ/kg}$，$h_2 = 439\text{kJ/kg}$，$h_3 = h_4 = 242\text{kJ/kg}$，$v_1 = 0.044\text{m}^3/\text{kg}$。

1）单位质量制冷量

$$q_0 = h_1 - h_4 = 173\text{kJ/kg}$$

2）单位质量冷凝负荷

$$q_k = h_2 - h_4 = 197\text{kJ/kg}$$

3）单位质量制冷耗功量

$$w_o = h_2 - h_1 = 24\text{kJ/kg}$$

4）容积效率

$$\eta_V = 0.94 - 0.085\left[\left(\frac{p_k}{p_0}\right)^{\frac{1}{1.18}} - 1\right] = 0.846$$

5）理论输气量

$$V_h = \frac{\pi D^2 S}{240}zn = \frac{\pi (0.1)^2 \times 0.07}{240} \times 6 \times 960\text{m}^3/\text{s} = 0.052\text{m}^3/\text{s}$$

6）总的制冷量

$$Q_0 = \eta_V V_h \frac{q_0}{v_1} = 173\,\mathrm{kW}$$

7）冷凝热负荷

$$Q_k = \eta_V V_h \frac{q_k}{v_1} = 197\,\mathrm{kW}$$

8）制冷剂质量流量

$$m_R = \frac{\eta_V V_h}{v_1} = 1.0\,\mathrm{kg/s}$$

9）理论压缩功率

$$P_o = m_R w_o = 24\,\mathrm{kW}$$

10）压缩机的指示功率

$$P_i = \frac{P_o}{\eta_i} = \frac{24}{0.79}\,\mathrm{kW} = 30.4\,\mathrm{kW}$$

11）压缩机的轴功率

$$P_e = \frac{P_i}{\eta_m} = \frac{30.4}{0.94}\,\mathrm{kW} = 32.3\,\mathrm{kW}$$

12）压缩机的配用电动机功率

$$P_c = 1.10 \times \frac{P_e}{\eta_d} = 1.10 \times \frac{32.3}{1}\,\mathrm{kW} = 35.4\,\mathrm{kW}$$

13）电动机输入功率

$$P_{mi} = \frac{P_e}{\eta_d \eta_{mo}} = \frac{32.3}{1 \times 0.85}\,\mathrm{kW} = 38\,\mathrm{kW}$$

4.1.9　性能曲线与工况

1. 性能曲线

制冷压缩机的性能曲线是压缩机在规定的工作范围内运行时，压缩机的制冷量和功率随工况变化的关系曲线。

一台制冷压缩机转速不变，其理论输气量也是不变的。但由于工作温度的变化，使用不同制冷剂，其单位质量制冷量 q_0、单位指示功 w_i 及实际质量输气量 m_s 都要改变，因此，制冷压缩机的制冷量 Q_0 及轴功率 P_e 等性能指标就要相应地改变。

压缩机制造厂对其制造的各种类型的压缩机，都要在试验台上针对某种制冷剂和一定的工作转速，测出不同工况下的制冷量和轴功率，并据此画出压缩机的性能曲线，并附在产品说明书中，以供使用者参考。

性能曲线左侧的纵坐标为制冷量，右侧的纵坐标为轴功率，横坐标为蒸发温度，一种冷凝温度对应一条曲线。通常，一张性能曲线图上绘有 3 条或 4 条曲线，对应 3 种或 4 种冷凝温度。利用性能曲线可以很方便地求出制冷压缩机在不同工况下的制冷量和轴功率。图4-43和图4-44 所示为几种活塞式制冷压缩机的性能曲线，它们的性能曲线虽各异，但其随工况变化的基本规律是相同的。由图可见，当蒸发温度 t_0 一定时，随着冷凝温度 t_k 的上升，制冷量

Q_0 减少，而轴功率 P_e 增大；当冷凝温度一定时，随着蒸发温度的下降，制冷量减少，而轴功率先增大后减少，有一最大值存在，最大轴功率时的压力比约等于 3。

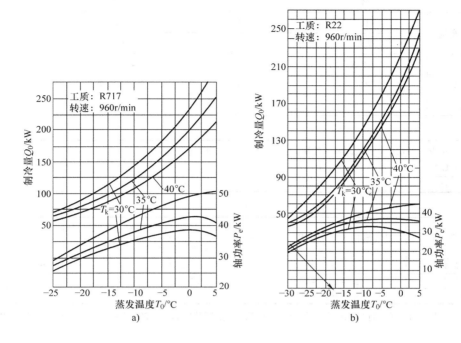

图 4-43　开启式压缩机的性能曲线

a）810A70 型　b）810F70 型

对于半封闭和全封闭压缩机，性能曲线一般是反映蒸发温度与同轴电动机输入电功率之间的关系，这样能比较直观地反映总耗电量，对用户有较实用的参考价值。

2. 工况

由上分析可知，同一台压缩机的制冷量和轴功率随着工况的不同而变化，因此，要说明一台压缩机的制冷量和轴功率，必须说明这时的工况。同样，只有在相同的工况下，才能比较两台压缩机的制冷量和轴功率的大小。此外，压缩机的零件需要根据使用时的工况来设计和制造，电动机的功率和润滑油的牌号也需要根据工况来选择。我国国家标准《活塞式单级制冷剂压缩机（组）》（GB/T 10079—2018）规定的名义工况及压缩机的设计使用条件见表 4-1 ~ 表 4-3。

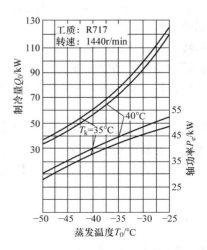

图 4-44　AS10AC 型单机双级压缩机的性能曲线

表 4-1　有机制冷剂压缩机（组）的名义工况

应用		吸气饱和（蒸发）温度 /℃	排气饱和（冷凝）温度 /℃	吸气温度 /℃	过冷度 /℃
制冷	高温	10	46	21	8.5
		7.0	54.5	18.5	8.5
	中温	−6.5	43.5	4.5/18.5	0
	低温	−31.5	40.5	4.5/−20.5	0
热泵		−15	35	−4	8.5

表 4-2　R717 制冷剂压缩机（组）的名义工况

吸气饱和（蒸发）温度 /℃	排气饱和（冷凝）温度 /℃	吸气温度 /℃	过冷度 /℃
−15	30	−10	5

表 4-3　制冷压缩机的设计和使用条件

类型	吸气饱和（蒸发）温度/℃	排气饱和（冷凝）温度/℃	
		高冷凝压力	低冷凝压力
高温型	≥ −1～13	25～60	25～50
中温型	≥ −18～−1	25～55	25～50
低温型	≥ −40～−18	25～50	25～45

注：对于使用 R717 制冷剂的压缩机，吸气饱和（蒸发）温度范围为 ≥ −30～5℃，排气饱和（冷凝）温度范围为 ≥25～45℃。

4.2　回转式制冷压缩机

为了提高压缩机的效率和降低能耗，以及实现制冷设备的小型化，采用回转式压缩机已成为制冷压缩机的发展潮流。

回转式制冷压缩机也属于容积式压缩机，它是靠回转体的旋转运动替代活塞压缩机活塞的往复运动，以改变气缸的工作容积，周期性地将一定质量的低压气态制冷剂进行压缩。

回转式制冷压缩机有转子式、涡旋式和螺杆式，其容积效率高，运转平稳，实现了高速和小型化，但是，由于回转式压缩机为滑动密封，故加工精度要求高。

4.2.1　滚动转子式制冷压缩机

1. 结构与工作原理

滚动转子式压缩机又称为滚动活塞式压缩机，基本结构如图 4-45 所示：它具有一个圆筒形气缸，上部（或端盖上）有吸、排气孔，排气孔上装有排气阀，防止排出的气体倒流。

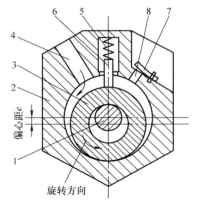

图 4-45　滚动转子式制冷压缩机的基本结构

1—偏心轮轴　2—气缸　3—滚动活塞
4—吸气孔口　5—弹簧　6—滑板
7—排气阀　8—排气孔口

气缸中心是带偏心轮的主轴（偏心轮轴，偏心距为 e），偏心轮轴上套装一个可以转动的套筒状滚动活塞。主轴旋转时，滚动活塞沿气缸内表面滚动，从而形成一个月牙形工作腔，其位置随主轴旋转而缩小，对气体实现压缩。该工作腔的最大容积即为气缸工作容积 V_g。

气缸上部的纵向槽缝内装有滑板，靠排气压力和弹簧力联合作用，使其下端与滚动活塞表面紧密接触，从而将气缸工作腔分隔为两部分：具有吸气孔口部分为吸气腔，具有排气孔口部分为压缩腔或排气腔。当主轴由电动机驱动绕气缸中心连续旋转时，每个腔体的容积均随之改变，于是实现吸气、压缩、排气等工作过程。

滚动转子式制冷压缩机的工作原理与工作过程如图 4-46 所示，图中以气缸与转子的切点 T 和气缸中心 O 的连线 OT（与气缸与转子的连心线 OO' 重合）表示转子所在位置。其位置和工作过程见表 4-4。

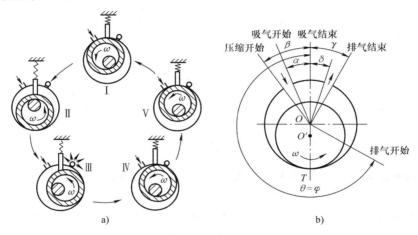

图 4-46 滚动转子式制冷压缩机的工作原理与工作过程
a) 工作原理 b) 工作过程与特征角

表 4-4 转子位置和工作过程

位置	I	II	III	IV	V
吸气腔	吸气	吸气	吸气	吸气	吸气结束
排气腔	压缩	压缩	开始排气	排气结束	与吸气腔连通

图 4-46b 示出了与滚动转子式制冷压缩机工作过程和性能有关的几个特征角（θ 表示主轴转角）：

吸气孔口后边缘角 α：当 $\theta = \alpha$ 时，吸气腔与吸气孔口相通，开始吸气，构成吸气封闭容积，α 的大小影响吸气开始前吸气腔中的气体膨胀。

吸气孔口前边缘角 β：当 $\theta = 2\pi + \beta$ 时，压缩过程开始，β 的存在会造成压缩过程开始前吸入的气体向吸气孔回流，导致输气量下降。

排气孔口后边缘角 γ：当 $\theta = 4\pi - \gamma$ 时，排气过程结束，排气腔内的容积为余隙容积。

排气孔口前边缘角 δ：当 $\theta = 4\pi - \delta$ 时排气腔与排气孔口断开，形成排气封闭容积，θ 在 $4\pi - \delta \sim 4\pi$ 范围内，排气封闭容积内的气体再度受到压缩。

排气开始角 φ：当 $\theta=2\pi+\varphi$ 时，开始排气，此时压缩腔内的压力略高于排气管中的压力，以克服排气阀阻力顶开排气阀阀片。

图 4-47 所示为滚动转子式制冷压缩机在其工作过程中工作容积 V_g 与气体压力 p 随主轴转角 θ 之间的变化关系。其具体工作过程如下：

主轴转角 $\theta=0$（位置 V）时，滚动活塞位于气缸上部正中，开始产生新的吸气腔；θ 在 $0\sim\alpha$ 范围内，新生成的吸气腔容积不断扩大，但不与任何孔口相通，此时的气腔称为吸气封闭容积，其内的气体压力有可能膨胀到远低于吸气管内压力 p_1。

主轴转角 $\theta=\alpha$（位置 I）时，吸气腔与吸气孔相通，开始吸气过程。

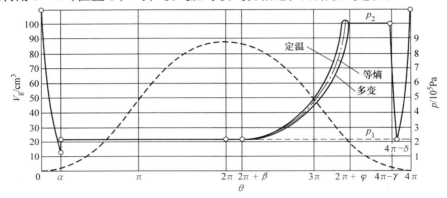

图 4-47 工作容积及气体压力随转角的变化

主轴转角 θ 在 $\alpha\sim2\pi$ 范围内为压缩机的吸气过程，随着吸气腔容积的增大，气腔通过吸气孔口不断吸入气体，这时气腔内的压力不变且等于吸气压力。其中，当 $\theta=\pi$（位置 II）时，滚动活塞位于气缸下部正中，吸气腔与排气腔的容积相等；当 $\theta=2\pi$（位置 V）时，滚动活塞位于气缸上部正中，吸气过程结束，吸气腔容积达到最大值，腔内吸满低压气态制冷剂。

主轴再进一步旋转，即转子刚转第二圈（$\theta>2\pi$）时，吸气腔的容积开始缩小，所吸入的气体有一部分倒流至吸气管；当 $\theta=2\pi+\beta$ 时，吸气腔与吸气孔口断开，压缩过程开始；当 $\theta=2\pi+\beta\sim2\pi+\varphi$ 时为压缩机的压缩过程，随着转角的增加，压缩腔容积不断缩小，气体压力不断升高。

当主轴转角 $\theta=2\pi+\varphi$（位置 III）时，腔内气体压力等于（实际应稍高于）排气阀外的压力 p_2，排气阀开启，开始排出被压缩的气态制冷剂；θ 为 $2\pi+\varphi\sim4\pi-\gamma$ 范围时，为压缩机的排气过程，随着排气腔容积的缩小，将被压缩的气体排到排气管内。

主轴转角 θ 达到 $4\pi-\gamma$（位置 IV）时，排气过程结束，此时排气腔内的容积为余隙容积。当稍微转过 $4\pi-\gamma$ 位置时，排气腔通过排气孔口与其后面的吸气腔连通，其内的高压气体向吸气腔的膨胀瞬间完成；当 $\theta=4\pi-\delta$ 时，气腔与排气孔口断开，形成排气封闭容积；当 θ 在 $4\pi-\delta\sim4\pi$ 范围时，排气封闭容积内残留的气体再度受到压缩，压力升高。

当 $\theta=4\pi$（位置 V）时，气腔在完成一个完整的工作循环后瞬间消失，当 θ 稍微转动一定角度时，吸气腔再度形成，重新开始新的循环。

2. 滚动转子式制冷压缩机的特点

由上述工作过程可以看出，滚动转子式制冷压缩机具有以下特点：

1）滚动转子式压缩机由圆筒形气缸和做回转运动的滚动活塞相互配合而直接进行旋转压缩，因而它不需要将旋转运动转化为往复运动的转换机构，因此滚动活塞压缩机的零部件少，特别是易损件少，结构简单，体积小，质量轻。

滚动转子式制冷压缩机的容积效率比往复式压缩机高，其值为 0.7 ~ 0.9，空调器使用的滚动转子式压缩机可达 0.9 以上，由于滚动转子式压缩机不需要吸气阀，从而降低了吸气过程中的流动阻力损失，因此其指示效率高，一般比往复式压缩机高 30% ~ 40%。

2）滚动转子式压缩机振动小，运转平稳，成本低，可靠性较高。

近年来，小型全封闭滚动转子式制冷压缩机发展迅速，主要用于批量大的房间空调器、电冰箱和商业用制冷设备。

由于小型全封闭压缩机自身无容量调节机构，因此变频（调速）压缩机已经成为发展趋势。

变频（调速）压缩机的使用不仅能提高空调、热泵装置的能效比，而且能有效改善房间的热舒适性。但是，当压缩机高速运转时，会出现运动部件磨损增大，气体流经排气阀时的流动损失增加并导致排气缩短，润滑油的循环率增加，以及噪声增大。为适应转速的大范围调节，变转速压缩机在结构上有相应的变化，对于滚动转子式压缩机而言，除改善主轴、滑板的耐磨与润滑性能外，还需采取必要措施，如在压缩机内部设阻油盘，以防止高转速运转时润滑油大量被带出机壳；提高阀片的抗疲劳强度，并适当增大阀座面积，以免高转速时阀片损坏；采用排气消声孔与共鸣腔相结合的消声方式以及设置多重扩张式消声器等，降低压缩机噪声。

目前，变频（调速）滚动转子式压缩机应用的容量为 3.5kW（对应于电网频率的名义容量）以下，频率或转速的最大调节范围可达 1 ~ 180Hz。

3. 滚动转子式制冷压缩机的输气参数

（1）输气量 滚动转子式压缩机的理论输气量 V_h（m³/s）为

$$V_h = n\pi(R^2 - r^2)H/60 \tag{4-21}$$

式中 n——压缩机转速（r/min）；

R——气缸半径（m）；

r——滚动活塞半径（m）；

H——气缸高度（m）。

与活塞式压缩机相同，滚动转子式压缩机的实际输气量 V_r 也小于理论输气量，两者之间的关系可表示为

$$V_r = \eta_V V_h \tag{4-22}$$

（2）容积效率 同样地，滚动转子容积效率也受到余隙容积、吸排气阻力、吸气过热和压缩过程泄漏等诸多因素的影响，可表示为

$$\eta_V = \lambda_V \lambda_p \lambda_T \lambda_L$$

式中，各参数的含义见式（4-4）。

对于滚动转子式压缩机，滚动转子转过最初的 β 角时，由于压缩腔与吸气管道尚未隔断，制冷剂将由压缩腔回流至吸气管道而不产生压缩。回流造成的容积损失称为结构容积损失。其与余隙容积损失结合，构成滚动转子式压缩机总的容积系数：

$$\lambda_V = 1 - c\left[\left(\frac{p_2 + \Delta p_2}{p_1}\right)^{\frac{1}{m}} - 1\right] - \frac{V_\beta}{V_h} \tag{4-23}$$

式中 V_β——结构容积损失，可由 β 角计算。

一般而言，滚动转子式压缩机的吸气回流和排气压降（Δp_2）均较小，因此容积系数也可简化为

$$\lambda_V = 1 - c\left[\left(\frac{p_2}{p_1}\right)^{\frac{1}{m}} - 1\right] \tag{4-24}$$

滚动转子式压缩机的压力系数与活塞式压缩机的计算方法相同，即

$$\lambda_p = 1 - \frac{1 + c}{\lambda_V}\frac{\Delta p_1}{p_1} \tag{4-25a}$$

由于滚动转子式压缩机没有吸气阀和消声器，Δp_1 一般很小，因此，$\lambda_p \approx 1.0$。

滚动转子式压缩机的温度系数主要考虑的是排气、吸气通道、润滑油等加热进入吸气腔前的制冷剂而导致制冷剂比体积增加对压缩机输气量的影响，因此，它与压缩机的结构密切相关。

对于高压腔压缩机（压缩壳体内为压缩机排气），制冷剂直接通过管道进入吸气腔，因此吸气受热的影响较小，λ_T 较为接近 1。

对于低压腔压缩机（压缩壳体内为压缩机吸气），制冷剂进入压缩机后，先与压缩机电动机和润滑油等充分换热后才能进入压缩腔，因此，吸气过热对 λ_T 的影响较大。λ_T 可按照以下经验公式计算，即

$$\lambda_T = A_1 T_k + B_1 \Delta T_{sh} \tag{4-25b}$$

式中 T_k——冷凝温度（K）；

ΔT_{sh}——过热度（K）；

A_1、B_1——制冷剂的经验系数，当冷凝温度为 30～50℃时，可按表 4-5 选取。

表 4-5 制冷剂的经验系数

制冷剂	R22	R502
A_1	2.57×10^{-3}	2.57×10^{-3}
B_1	1.06×10^{-3}	1.80×10^{-3}

泄漏是影响滚动转子式压缩机容积效率的重要因素。泄漏量随转子与气缸的间隙大小、润滑油状况和转速等因素变化而变化。当精心设计选用较小间隙时，密封系数 λ_L 为 0.92～0.98。

4.2.2　涡旋式制冷压缩机

1. 结构与工作原理

涡旋式制冷压缩机构造简图如图 4-48 所示，它主要由静涡盘和动涡盘组成。气态制冷剂从静涡盘的外部被吸入，在静涡盘与动涡盘所形成的月牙形空间中压缩，被压缩后的高压气态制冷剂，从静涡盘中心排出。动涡盘随偏心轴进行公转，其旋回半径为 r。为了防止动涡盘自转，设有防自转环，该环具有同侧或异侧两对凸肋，分别嵌在动涡盘下面的和上支承（或静涡盘）的键槽内。

涡旋式制冷压缩机的工作原理如图 4-49 所示。当动涡盘中心位于静涡盘中心的右侧时（见图4-49a），涡盘密封啮合线在左右两侧，此时完成吸气过程，靠涡盘间的四条啮合线组成两个封闭空间（即压缩室），从而开始压缩过程。当动涡盘顺时针方向公转 90° 时（见图4-49b），涡盘间的密封啮合线也顺时针转动 90°，基元容积减小，两个封闭空间内的气态制冷剂被压缩，同时，涡盘外侧进行吸气过程，内侧进行排气过程。当动涡盘顺时针方向公转 180° 时（见图4-49c），涡盘的外、中、内三个部位，分别继续进行吸气、压缩和排气过程。动涡盘进一步顺时针方向再公转 90°（见图4-49d），内侧部位的排气过程结束；中间部位两个封闭空间内气态制冷剂的压缩过程告终，即将进行排气过程；而外部的吸气过程仍在继续进行。动涡盘再转动，则又回到图 4-49a 所示的位置，外侧部位吸气过程结束，内侧部位仍在进行排气过程，如此反复。

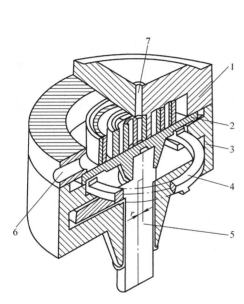

图 4-48 涡旋式制冷压缩机构造简图
1—静涡盘 2—动涡盘 3—壳体 4—防自转环
5—偏心轴 6—吸气口 7—排气口

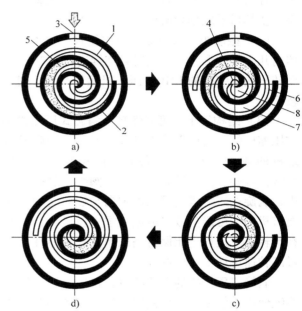

图 4-49 涡旋式制冷压缩机的工作原理
1—动涡盘 2—静涡盘 3—吸气口 4—排气口
5—压缩室 6—吸气过程 7—压缩工程 8—排气过程

2. 涡盘的型线

涡盘的型线可以采用螺线，也可以是线段、正四边形或圆的渐开线。

采用圆渐开线所构成的涡旋型线及组成的压缩机具有如下优点：

1）最少的涡旋型线圈数 N。

2）最短的轴向间隙泄漏线长度 L_r。

3）最短的特征形状几何中心至渐开线终点的距离 Δ。

4）当吸气容积增大时，N、L_r、Δ 的增加幅度最小。

5）加工工艺简单。

因此，目前商品化的涡旋式压缩机主要采用圆的渐开线及其修正曲线作为涡盘型线。

压缩机要求的压力比 p_k/p_0 越高，涡旋型线圈数则越多，圈数越多涡盘的加工越困难，通常单级压缩比不超过 8。

3. 涡旋式制冷压缩机的特点

涡旋式压缩机具有以下特点：

（1）效率高　涡旋式压缩机的吸气、压缩和排气过程基本是连续进行的，外侧空间与吸气孔相通，始终处于吸气过程，因而吸入气体的有害过热度小，可以近似认为温度系数 $\lambda_T = 1$；没有余隙容积，故容积系数 $\lambda_V = 1$；没有吸气阀，吸气压力损失很小，故压力系数 $\lambda_p = 1$；由于压缩机的封闭啮合线形成的连续压缩腔两侧的压力差较小，其径向泄漏和切向泄漏量均较小且为内泄漏，故密封系数 λ_L 较高。由此可知，涡旋式压缩机的容积效率 η_V（$= \lambda_V \lambda_p \lambda_T \lambda_L$）高，通常达 95% 以上。涡旋式压缩机因无进、排气阀组，气流的流动阻力小，且动涡盘上的所有点均以几毫米的旋回半径 r 做同步转动，运动线速度低，摩擦损失小，使其指示效率和机械效率的乘积 $\eta_i \eta_m$ 比往复式和滚动转子式压缩机更高。

（2）振动小、噪声低　与往复式、滚动转子式压缩机相比，涡旋式压缩机在一组涡旋体内几个月牙形空间中同时且连续进行压缩过程，因此，曲轴转矩变化小，仅为往复式与滚动转子式压缩机的 1/10，压缩机运转平稳，进、排气的力脉动很小，致使振动较小和噪声较低。

（3）结构简单，可靠性高　涡旋式压缩机构成压缩室的零件数目与滚动转子式及活塞式压缩机的数目比例为 1:3:7，因此，涡旋式压缩机的体积比往复式压缩机小 40%，质量小15%；涡旋式压缩机无进、排气阀组，易损部件少；涡旋式压缩机还可采用轴向与径向间的柔性调节机构，可避免液击造成的损失及破坏，即使在高转速下运行也能保持高效率和高可靠性，其最高转速可达 13000r/min。

涡旋式压缩机的上述特点，很适合小型热泵系统使用；但因需要高精度的加工设备和精确的装配技术，目前还是以小容量为主。

4. 涡旋式制冷压缩机的输气参数

涡旋式压缩机中涡旋盘各项基本参数的意义及计算方法如图 4-50 及表 4-6 所示。

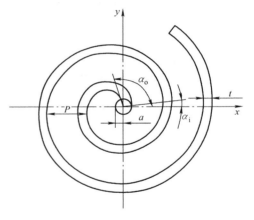

图 4-50　圆渐开线涡旋型线的基本参数

表 4-6　涡旋型线的基本参数及意义

参数	计算方法	意义
a	—	基圆半径
P	$2\pi a$	渐开线节距
α_i，α_o	—	内、外渐开线起始角
t	$a(\alpha_i - \alpha_o)$	涡旋体壁厚
h	—	涡旋体高度
N	—	涡旋体圈数（任意实数，以 0° 角为渐开线发生角）
ϕ_c	$2\pi N + \pi/2 + (\alpha_i + \alpha_o)/2$	渐开线最大展开角，当内、外渐开线起始角沿 x 轴对称设置时，可简化表示 $2\pi N + \pi/2$
r	$P/2 - t$	动、静涡盘基圆中心距离

涡旋式压缩机的吸气容积（或称工作容积）V_s 为

$$V_s = \pi P(P - 2t)(2N - 1)h \tag{4-26}$$

排气容积 $V(\theta^*)$ 的计算公式为

$$V(\theta^*) = \pi P(P - 2t)\left(3 - \frac{\theta^*}{\pi}\right)h \tag{4-27}$$

式中　θ^*——开始排气角，它是指当涡旋盘旋转到 θ^* 时，中心排气腔与压缩腔连通，压缩
　　　　进入排气阶段。

开始排气角 θ^* 的大小在很大程度上影响压缩机的压缩终了容积，从而影响涡旋式压缩机的内容积比和内压缩比。开始排气角 θ^* 可通过求解以下超越方程组获得，即

$$\begin{cases} \phi_0^{*2} + 2\phi_0^* \sin\left(\phi_0^* - \dfrac{\alpha_i - \alpha_o}{2}\right) + 2\cos\left(\phi_0^* - \dfrac{\alpha_i - \alpha_o}{2}\right) = \left(\pi - \dfrac{\alpha_i - \alpha_o}{2}\right)^2 - 2 \\ \theta^* = \dfrac{3}{2}\pi - \phi_0^* - \alpha_o \end{cases}$$

由此可得涡旋式压缩机的内容积比 v_i 和内压缩比 r_i 分别为

$$v_i = V_s / V(\theta^*) = (2N - 1) / \left(3 - \frac{\theta^*}{\pi}\right) \tag{4-28}$$

$$r_i = v_i^k \tag{4-29}$$

式中　k——制冷剂的多变压缩指数，与制冷剂的种类有关。

基于上述涡旋式压缩机的理论吸气容积计算公式，可以获得涡旋式压缩机的理论输气量 V_h（m^3/s）为

$$V_h = n\pi P(P - 2t)(2N - 1)h/60 \tag{4-30}$$

其实际输气量为

$$V_r = \eta_V V_h$$

容积效率 η_V 仍可表示为 $\eta_V = \lambda_V \lambda_p \lambda_T \lambda_L$。

这些系数对涡旋式压缩机的 η_V 影响较小。由前述特点可知，涡旋式压缩机的容积效率可达到 0.95 以上。

4.2.3　螺杆式制冷压缩机

螺杆式制冷压缩机，是指用带有螺旋槽的一个或两个转子（螺杆）在气缸内旋转使气体压缩的制冷压缩机。螺杆式制冷压缩机属于容积型压缩机，它靠气缸内螺杆的回转造成螺旋状齿形空间的容积变化来完成气体的压缩过程。按照螺杆转子数量的不同，螺杆式压缩机有双螺杆式压缩机与单螺杆式压缩机两种。双螺杆式压缩机简称螺杆式压缩机，由两个转子组成；单螺杆式压缩机由一个转子和两个星轮组成。

螺杆式压缩机最先由德国人 H. Krigar 在 1878 年提出，1934 瑞典皇家理工学院 A. Lyaholm 奠定了螺杆式压缩机 SRM 技术，并于 20 世纪 40 年代由瑞典 SRM 公司实用化，20 世纪 60 年代初以氨为制冷剂的喷油开启螺杆式制冷压缩机首先被用于制冷行业。20 世纪 70 年代末至 20 世纪 80 年代初，相继出现了几种汽车空调用螺杆式压缩机，标志着螺杆式压缩机开始广泛应用于制冷行业。从 1983 年起，先后生产出了喷油式半封闭单螺杆制冷压缩机和喷制冷剂式单螺杆制冷压缩机。20 世纪 90 年代又开发出了大冷量半封闭单螺杆制冷

压缩机，各项性能达到或超过了大型离心式制冷压缩机的水平，啮合副寿命达到 4 万 h，近年又出现了全封闭系列螺杆式压缩机。20 世纪 70 年代以来，螺杆式制冷压缩机因具有的众多独特的优点，而在制冷空调领域得到了越来越广泛的应用。目前螺杆式制冷压缩机的制冷量在 10 ~ 4650kW 范围内。

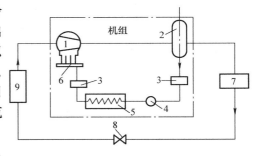

图 4-51　螺杆式制冷压缩机及循环系统
1—螺杆式压缩机　2—油分离器　3—油过滤器
4—液压泵　5—油冷却器　6—油分配器
7—冷凝器　8—节流装置　9—蒸发器

在典型单级螺杆式压缩机制冷循环原理图中，作为循环四大部件之一的螺杆式压缩机常以机组的形式出现。图 4-51 中单点画线所围方框表示循环中螺杆式制冷压缩机组。由于螺杆式制冷压缩机以喷射大量的油来保持其良好的性能，因此，在机组中除螺杆式压缩机 1 外，往往还有辅机，如油分离器 2、油过滤器 3、液压泵 4、油冷却器 5、油分配器 6 等。随着螺杆式压缩机向小型化封闭式发展，在新技术推动下，这些辅机有的不断被简化或省略。

1. 螺杆式制冷压缩机基本结构和工作过程

（1）螺杆式制冷压缩机的基本结构和工作原理

1）基本结构。开启螺杆式制冷压缩机的基本结构如图 4-52 所示。它主要由转子、机壳（包括中部的气缸体和两端的吸、排气端座等）、轴承、轴封、平衡活塞及能量调节装置组成。两个按一定传动比反向旋转又相互啮合的转子平行地配置在"∞"字形的气缸中。转子具有特殊的螺旋齿形，凸齿形的称为阳转子，凹齿形的称为阴转子。一般，阳转子为主动转子，阴转子为从动转子。气缸的左右有

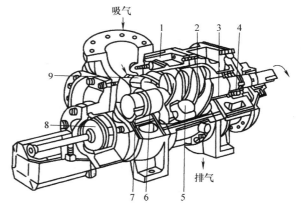

图 4-52　开启螺杆式制冷压缩机的基本结构
1—机壳　2—阳转子　3—滑动轴承　4—滚动轴承　5—调节滑阀
6—轴封　7—平衡活塞　8—调节滑阀控制活塞　9—阴转子

吸气端座和排气端座，一对转子支承在左右端座的轴承上。转子之间及转子和气缸、端座间留有很小的间隙。吸气端座和气缸上部设有轴向和径向吸气孔口，排气端座和滑阀上分别设有轴向和径向排气孔口。压缩机的吸、排气孔口是按其工作过程的需要精心设计的，可以根据需要准确地使工作容积和吸、排气腔连通或隔断。

螺杆式压缩机的工作是依靠啮合运动着的一个阳转子与一个阴转子，并借助于包围这一对转子四周的机壳内壁的空间完成的。当转子转动时，转子的齿、齿槽与机壳内壁所构成的呈 V 形的一对齿间容积称为基元容积（见图 4-53），其容积大小会发生周期性的变化，同时它还会沿着转子的轴向由吸气口侧向排气口侧移动，将制冷剂气体吸入并压缩至一定的压力后排出。

2）螺杆式制冷压缩机的工作过程。图 4-53 所示为螺杆式制冷压缩机的工作过程示意

图，该图呈现具有四个凸形齿的阳转子和具有六个凹形齿的阴转子组成的双螺杆式压缩机的工作过程。

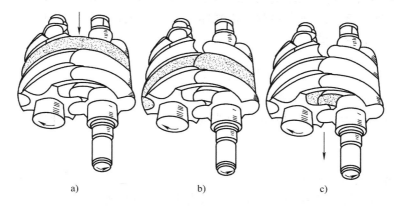

图 4-53　螺杆式制冷压缩机的工作过程
a）吸气　b）压缩　c）排气

① 吸气过程。齿间基元容积随着转子旋转而逐渐扩大，当与吸气端座上的吸气口相通时，气体通过吸入孔口进入齿间基元容积，称为吸气过程。当转子旋转一定角度后，齿间基元容积越过吸入孔口位置与吸入孔口断开，吸气过程结束。齿间基元容积吸满了蒸气。

② 压缩过程。螺杆继续旋转，齿间基元容积随着两转子的啮合运动，基元容积逐渐缩小，实现气体的压缩过程。压缩过程直到基元容积与排出孔口相连通的瞬间为止。

③ 排气过程。当齿间基元容积与排出孔口相通，具有一定压力的气体便送到排气腔，进行排气过程，此过程一直延续到基元容积为零时终止。

随着转子的连续旋转，上述吸气、压缩、排气过程循环进行，各基元容积依次陆续工作，构成了螺杆式制冷压缩机的工作循环。

由此可知，螺杆式压缩机的压缩过程中，基元容积的缩小是在与吸入孔口、排气孔口相隔绝的状态下进行的，这种压缩称为内压缩。此外，两转子转向相迎合的一面，气体受压缩，称为高压力区；另一面，转子彼此脱离，齿间基元容积吸入气体，称为低压力区。高压力区与低压力区被两个转子齿面间的接触线所隔开。另外，由于吸气基元容积的气体随着转子回转，由吸气端向排气端做螺旋运动，因此，螺杆式制冷压缩机的吸、排气孔口都是呈对角线布置的。

3）内容积比及附加功损失。

① 内容积比。基元容积吸气终了的最大容积为 V_1，相应的气体压力为吸气压力 p_1，内压缩终了的容积为 V_2，相应的气体压力为内压缩终了压力 p_2。V_1 与 V_2 的比值，称为螺杆式制冷压缩机的内容积比 ε_V。即

$$\varepsilon_V = \frac{V_1}{V_2} \tag{4-31}$$

螺杆式制冷压缩机是无气阀的容积式压缩机，吸、排气孔口的启闭完全由结构形式来控制吸气、压缩、排气和所需要的内压缩压力。由于其结构已定，因此具有固定的内容积比，这与活塞式制冷压缩机有很大区别。

活塞式制冷压缩机压缩终了时的气体压力取决于排气腔内的气体压力和排气阀的阻力损

失。如果略去气阀的阻力损失，可近似地认为活塞式制冷压缩机压缩终了时的压力等于排气腔内气体压力。螺杆式制冷压缩机内压缩终了压力 p_2 与转子几何形状、排气孔口位置、吸气压力 p_1 及气体种类有关，而与排气腔内气体压力 p_d 无关，内压缩终了压力 p_2 与吸气压力 p_1 之比称为内压力比 ε_i，即

$$\varepsilon_i = \frac{p_2}{p_1} = \left(\frac{V_1}{V_2}\right)^m = \varepsilon_V^m \tag{4-32}$$

式中 m——压缩过程的多变指数。

排气腔内气体压力（背压力）p_d 称为外压力，它与吸气压力 p_1 之比称为外压力比 ε，即 $\varepsilon = \frac{p_d}{p_1}$。

螺杆式制冷压缩机的外压力比与内压力比可以相等，也可能不等，这完全取决于压缩机的运行工况与设计工况是否相同。内压力比取决于孔口的位置，而外压力比则取决于运行工况。一般应力求内压力比与外压力比相等或接近，以使压缩机获得较高效率。

② 附加功损失。若内压缩终了压力 p_2 与排气腔内气体压力 p_d 不等，基元容积与排气孔口连通后，基元容积中的气体将进行等容压缩或等容膨胀，使气体压力与排气腔压力 p_d 趋于平衡，从而产生附加功损失。下面分三种情况讨论：

$p_2 > p_d$：基元容积与排气口相通时，基元容积中的气体会发生突然的等容膨胀过程，其多消耗了压缩功相当于图 4-54a 中的阴影面积，此为过压缩现象。

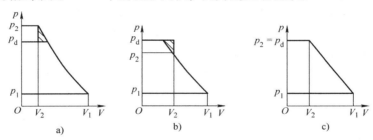

图 4-54 螺杆式压缩机压缩过程 p-V 图

a）$p_2 > p_d$ b）$p_2 < p_d$ c）$p_2 = p_d$

$p_2 < p_d$：基元容积与排气口相通时，排气腔中的气体会倒流入基元容积，在基元容积中的气体被等容压缩，使气体压力骤然升到 p_d，然后进行排气过程，其多消耗的压缩功即为图 4-54b 中的阴影面积，此为欠压缩现象。

$p_2 = p_d$：只有在这种情况下，压缩机无额外功消耗，运行的效率最高，如图 4-54c 所示。因此，为了使运行效率最高，必须使内容积比能自动调节，使 p_2 与 p_d 始终相等。

（2）螺杆式制冷压缩机的分类和特点 螺杆式制冷压缩机分为开启式、半封闭式和全封闭式三种。我国国家标准《螺杆式制冷压缩机》（GB/T 19410—2008）对螺杆式制冷压缩机和压缩机组型号表示方法做了相应的规定。

就压缩气体的原理而言，螺杆式制冷压缩机与活塞式制冷压缩机一样，同属于容积式压缩机。就其运动形式而言，螺杆式制冷压缩机的转子与离心式制冷压缩机的转子一样，做高速旋转运动。因此，螺杆式制冷压缩机兼有两者的特点。

螺杆式制冷压缩机的主要优点是：

a. 螺杆式制冷压缩机的转速较高（通常在 3000r/min 以上），具有质量小、体积小、占地面积小等一系列优点，经济性较好。

b. 螺杆式制冷压缩机没有往复质量惯性力，动力平衡性能好，基础可以很小。

c. 螺杆式制冷压缩机结构简单紧凑，易损件少，因此运行周期长，维修简单，使用可靠，有利于实现操作自动化。

d. 螺杆式制冷压缩机对进液不敏感，可采用喷油或喷液冷却，故在相同的压力比下，排气温度比活塞式制冷压缩机低得多，因此单级压力比高。

e. 与离心式制冷压缩机相比，螺杆式制冷压缩机具有强制输气的特点，即输气量几乎不受排气压力的影响，因此在较宽的工况范围内，仍可保持较高的效率。

螺杆式制冷压缩机的主要缺点是：

a. 由于气体周期性地高速通过吸、排气孔口，以及通过缝隙的泄漏等原因，使压缩机产生很大的噪声，需要采取消声或隔声措施。

b. 螺旋状转子要求加工精度较高，需用专用设备和刀具来加工。

c. 由于间隙密封和转子刚度等的限制，目前螺杆式制冷压缩机还无法像活塞式制冷压缩机那样，获得较高的终了压力。

d. 由于螺杆式制冷压缩机采用喷油冷却和润滑方式，需要喷入大量油，因而必须配置相应的辅助设备，从而使整个机组的体积和质量加大。

2. 螺杆式制冷压缩机的主要零部件

螺杆式制冷压缩机的主要零部件包括机壳、转子、轴承、平衡活塞及能量调节装置等。

（1）机壳　螺杆式制冷压缩机的机壳一般为剖分式。它由机体（气缸体）、吸气端座、排气端座及两端端盖组成，如图 4-55 所示。

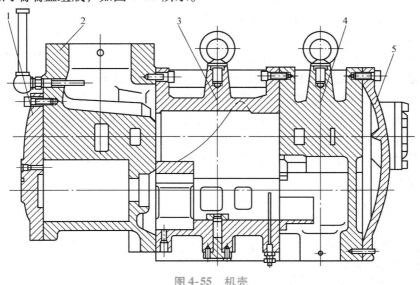

图 4-55　机壳
1—吸气端盖　2—吸气端座　3—机体　4—排气端座　5—排气端盖

1）机体。机体是连接各零部件的中心部件，为各零部件提供正确的装配位置，保证阴、阳转子在气缸内啮合，可靠地进行工作。其端面形状为"∞"形，这与两个啮合转子的外圆柱面相适应。机体内腔上部靠近吸气端有径向吸气孔口，是依照转子的螺旋槽形状铸造而成的。机体内腔下部留有安装移动滑阀的位置，还铸有能量调节旁通口。机体的外壁铸有肋板，可提高机体的强度和刚度，并起散热作用。

2）吸气端座。吸气端座上部铸有吸气腔，与其内侧的轴向吸气孔口连通，装配时轴向吸气孔口与机体的径向吸气孔口连通。轴向吸气孔口的位置和形状大小，应能保证基元容积最大限度地充气，并能使阴转子的齿开始侵入阳转子齿槽时，基元容积与吸气孔口断开，其间的气体开始被压缩。吸气端座中部有安置后主轴承的轴承座孔和平衡活塞座孔，下部铸有能量调节用的液压缸，其外侧面与吸气端盖连接。

3）排气端座。排气端座中部有安置阴、阳转子的前主轴承及推力轴承的轴承座孔，下部铸有排气腔，与其内侧的轴向排气孔口连通。轴向排气孔口的位置和形状大小，应尽可能地使压缩机所要求的排气压力完全由内压缩达到，同时排气孔口使齿间基元容积中的压缩气体能够全部排到排气管道。轴向排气孔口的面积越小，则获得的内容积比（内压力比）越大。装配时，排气端座的外侧面与排气端盖连接。

机壳的材料一般采用灰铸铁，如HT200等。

（2）转子 转子是螺杆式制冷压缩机的主要部件，如图4-56所示。转子常采用整体式结构，将螺杆与轴做成一体。转子的毛坯常为锻件，一般多采用优质碳素结构钢，如35、45钢等。有特殊要求时也选用40Cr等合金结构钢或铝合金。目前，不少转子采用球墨铸铁，既便于加工，又降低了成本。常用的球墨铸铁牌号为QT600-3等。转子精加工后，应进行动平衡校验。

1）转子的齿形。主动转子和从动转子的齿面均为型面，是空间曲面。当转子相互啮合时，其型面的接触线为空间曲线，随着转子旋转，接触线由吸气端向排气端推移，完成基元容积的吸气、压缩和排气三个工作过程。因此，接触线是基元容积的活动边界，它把齿间容积分成为两个不同的压力区，起到隔离基元容积的作用。

型面在垂直于转子轴线平面（端面）上的投影称为转子的齿形，是一条平面曲线。阴、阳转子齿形在端平面上啮合运动的啮合点轨迹，叫作齿形的啮合线，它也是平面曲线。显然，啮合线是接触线在端平面上的投影。转子的齿形影响着转子有效工作容积的比率和啮合状况，因而影响着压缩机的输气量、功率消耗、磨损和噪声，并对转子的刚度和加工工艺性能有很大的影响。如图4-57所示，齿形一般由圆弧、摆线、椭圆、抛物线、径向直线等组成。组成转子齿形的曲线称为型线。阴、阳转子的齿形型线是段数相等又互为共轭的曲线。两转子啮合旋转时，其齿形曲线在啮合处始终相切，并保持一定的瞬时传动比。

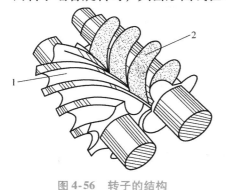

图 4-56 转子的结构
1—阴螺杆 2—阳螺杆

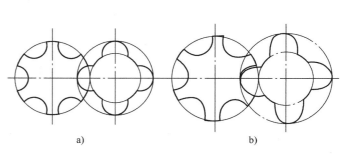

a) b)

图 4-57 转子的齿形
a) 对称圆弧齿形 b) 非对称圆弧齿形

　　为保障螺杆式制冷压缩机的性能，螺杆齿形应满足一般啮合运动的要求，除保证转子连续稳定地运转外，还应满足以下的基本要求：

　　① 较好的气密性。根据螺杆式压缩机的工作原理，基元容积内的气体在压缩和排气过程中会发生泄漏，即较高压力基元容积内气体向较低压力基元容积或吸气压力区泄漏，其泄漏方向如图 4-58 所示。气体可沿三个方向泄漏，一是沿转子外圆与机体内壁间的 A 方向泄漏，二是沿转子端面与端盖间的 B 方向泄漏，三是沿转子接触线的 C 方向泄漏。A、B 均为转子相对于机体间的泄漏，在设计中应选择恰当的配合间隙以保证气密性。而接触线 C 方向的泄漏是型线设计中的一个核心问题。接触线方向的泄漏如图 4-59 所示，图中 H、M 为机体内壁圆周交点，H′、M′ 为共轭型线啮合点，又称啮合顶点。若啮合顶点 H′ 与机体内壁圆周交点 H 不重合，将会产生高压基元容积内气体向较低压力基元容积泄漏，其泄漏面形状接近空间曲边三角形，如图 4-60 所示。这称为泄漏三角形（MM′ 虽然也是三角形通道，由于 MM′ 处于吸气侧，不存在泄漏问题）。由于它是沿转子轴线方向泄漏，故又称轴向泄漏。转子的齿形应具有较小的泄漏三角形。

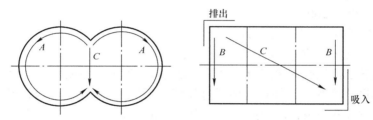

图 4-58　气体泄漏方向

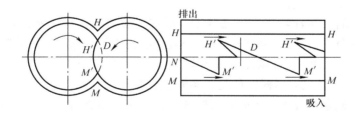

图 4-59　轴向泄漏与横向泄漏

　　② 接触线长度尽量短。从图 4-59 中可以看到，若接触线在 D 点中断，则气体要从中断处 D 由高压基元容积向低压基元容积产生横向泄漏。避免横向泄漏的条件是型面接触线连续，或啮合线封闭。在转子实际啮合工作中，型面沿接触线存在一定的间隙值，它既是密封线，又是泄漏线，两转子间隙值一定，接触线越短，泄漏量越小。

　　③ 较大的面积利用系数，以提高压缩机的输气量。面积利用系数表征转子端面充气的有效程度，转子尺寸相同，面积利用系数大，则压缩机的输气量也大。

　　2）转子的其他结构。

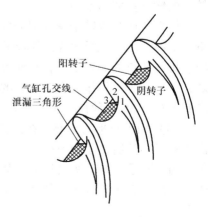

图 4-60　泄漏三角形

① 转子的齿数和扭转角。转子的齿数和压缩机的输气量、效率及转子的刚度有很大关系。通常转子齿数越少，在相同的转子长度和端面面积时，压缩机输气量就越大。增加齿数，可加强转子的刚度和强度，同时使相邻齿槽的压差减小，从而减小了泄漏，提高了容积效率。一般螺杆式制冷压缩机的阴、阳转子齿数比，过去常采用 6∶4，现在 Sigma、CF 齿形的齿数比采用 6∶5，瑞典斯达尔公司 S80 型压缩机的齿数比为 7∶5，美国开利（Carrier）公司 06T 型压缩机的齿数比为 7∶6，因此齿数比的研究还在继续深入。

转子的扭转角是指转子上的一个齿在转子两端端平面上投影的夹角，如图 4-61 所示。它表示转子上一个齿的扭曲程度。转子的扭转角增大，使两转子间相啮合的接触线增大，引起泄漏量增加，同时较大的扭转角相应地加大转子的型面轴向力。但是，较大的转子扭转角可使吸、排气孔口开得大一些，减小了吸、排气阻力损失。当前较多采用的是阳转子的扭转角为 270°、300°，与之相啮合的阴转子的扭转角则为 180°、200°。

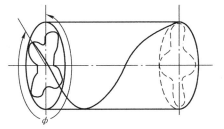

图 4-61　转子的扭转角

② 圆周速度和转速。转子齿间圆周速度是影响压缩机尺寸、质量、效率及传动方式的一个重要因素。习惯上，常用阳转子齿顶圆周速度值来表示。提高圆周速度，在相同输气量的情况下，压缩机的质量及外形尺寸将减小，并且气体通过压缩机间隙的相对泄漏量将会减少。但与此同时，气体在吸、排气孔口及齿间内的流动阻力损失相应增加。当制冷剂的种类、吸气温度、压力比以及转子啮合间隙一定时，都有一个最佳圆周速度，通常喷油螺杆式压缩机最佳圆周速度选择在 25～35m/s 之间。

圆周速度确定后，螺杆转速也随之确定。通常，喷油螺杆式压缩机若采用不对称齿形时，主动转子转速范围为 730～4400r/min。小直径的转子可以选用较高的转速，如开利公司 06N 系列螺杆式制冷压缩机，其阳转子最高转速达到 9100r/min。

③ 公称直径、长径比。螺杆直径是关系到螺杆式压缩机系列化、零件标准化、通用化的一个重要参数。确定螺杆直径系列化的原则是：在最佳圆周速度的范围内，以尽可能少的螺杆直径规格来满足尽可能广泛的输气量范围。一般，转子公称直径为 100～500mm，适用较广的输气量使用范围。

螺杆式压缩机转子螺旋部分的轴向长度 L 与其公称直径 D_0 之比称为长径比 λ。当输气量不变时，减小长径比 λ，则转子公称直径 D_0 变大，可提高转子的刚度和强度，而且轴向吸、排气孔口的面积变大，从而可降低气体流速，减少气体的阻力损失，提高容积效率；反之，可以减少气体作用在转子上的轴向力，从而可省去平衡活塞。一般 $\lambda = 1～1.5$。我国产品有 1.0、1.5 两种长径比。

（3）轴承与平衡活塞　在螺杆式压缩机的转子上，作用有轴向力和径向力。径向力是由于转子两侧所受压力不同而产生的，其大小与转子直径、长径比、内压力比及运行工况有关。由于转子一端是吸气压力，另一端是排气压力，再加上内压缩过程的影响，以及一个转子驱动另一转子等因素，便产生了轴向力。轴向力的大小与转子直径、内压力比及运行工况有关。

另外，由于内压缩的存在，排气端的径向力要比吸气端大。由于转子的形状及压力作用面积不同，两转子所受的径向力大小也不一样，实际上阴转子的径向力较大。因此，承受径向力的轴承负荷由大到小依次是：阴转子排气端轴承、阳转子排气端轴承、阴转子吸气端轴承和阳转子吸气端轴承。同样，两转子所受轴向力大小也不同，阳转子所受轴向力大约是阴转子的 4 倍。

　　螺杆式制冷压缩机属高速重载机构。为了保证阴、阳转子的精确定位及平衡轴向力和径向力，必须选用相应的轴承和平衡机构，确保转子可靠运行。低负荷、小型机器中一般采用滚动轴承，高负荷、大中型机器多采用滑动轴承。由于滚动轴承的间隙小，能提高转子的安装精度，使转子与转子、转子与机壳间具有较小的间隙，减少了气体的泄漏；另外，滚动轴承的维护比较简单，加工和装配方便，近年来逐渐趋向于采用滚动轴承。

　　径向轴承一般采用圆柱滚子轴承，推力轴承采用角接触球轴承。应指出的是，虽然螺杆式制冷压缩机中的径向力无法消除，必须全部由轴承来承受，但部分或全部轴向力却是可以消除的。通常用一个平衡活塞或类似装置，在它两边施加一定的压差来达到这一目的。采用平衡活塞来平衡轴向力，可大大减小推力轴承的负荷和几何尺寸，减少金属材料消耗量。平衡活塞位于阳转子吸气端的主轴颈尾部，它利用高压油注入活塞顶部的油腔内，产生与轴向力相反的压力，使轴向力得以平衡。图 4-62 所示为油压平衡活塞的结构。

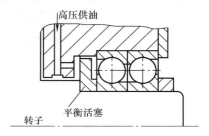

图 4-62　油压平衡活塞的结构

　　（4）能量及内容积比调节机构　螺杆式制冷压缩机能量调节的方法主要有吸入节流调节、转停调节、变频调节、滑阀调节、塞柱阀调节和内容积比调节等。目前使用较多的为滑阀调节、塞柱阀调节和内容积比调节。

　　① 滑阀调节。如图 4-63 所示，滑阀调节是在螺杆式压缩机的机体上，安装一个调节滑阀成为压缩机机体的一部分。滑阀位于机体高压侧两内圆的交点处，且能在与气缸轴线平行的方向上来回滑动。

　　滑阀调节的基本原理是通过滑阀的移动改变转子的有效工作长度，来达到能量调节的目的。图 4-64 为滑阀调节的原理。其中，图 4-64a 所示为全负荷的滑阀位置，此时滑阀的背面与滑阀固定部分紧贴，压缩机运行时，基元容积中的气体全部被压缩后排出。而在调节工况时滑阀的背部与固定部分脱离，形成回流孔，如图 4-64c 所示。基元容积在吸气过程结束后的一段时间内，虽然已经与吸气孔口脱开，但仍和回流孔连通，随着基元容积的缩小，一部分进气被转子从回流孔中排回吸气腔，压缩并未开始，直到该基元容积的齿面密封线移过回流孔之后，所余的进气（体积为 V_p）才受到压缩，因而压缩机的输气量将下降。滑阀的位置离固定端越远，回流孔长度越大，输气量就越小，当滑阀的背部接近排气孔口时，转子的有效长度接近于零，便能起到卸载起动的目的。

　　图 4-65 所示为螺杆式制冷压缩机输气量和滑阀位置的关系曲线。滑阀背部同固定端紧贴时，为全负荷位置。由于滑阀固定部分的长度约占机体长度的 1/5，故当滑阀刚刚离开固定端时，从理论上讲应使输气量突降到 80%（如图 4-65 中虚线所示）。但在压缩机实际运行中，由于回流孔的阻力作用，通过回流孔的回流气体减少，因此，输气量不会从 100% 立即降到 80%，而是按图 4-65 中实线所示，输气量连续变化。

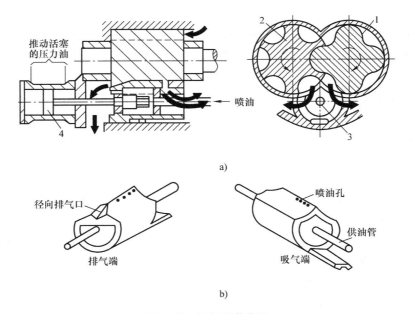

a)

b)

图 4-63 滑阀调节装置

a）滑阀工作示意图 b）滑阀结构示意图

1—阳转子 2—阴转子 3—滑阀 4—油压活塞

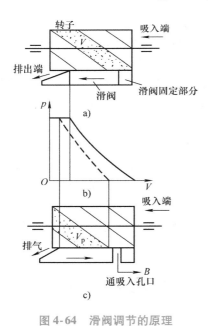

图 4-64 滑阀调节的原理

a）全负荷的滑阀位置 b）基元容积与

压力的关系 c）无负荷的滑阀位置

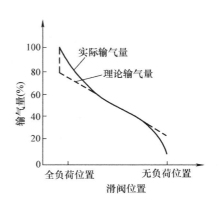

图 4-65 输气量与滑阀位置的关系曲线

　　随着滑阀向排气端移动，输气量继续降低。当滑阀向排气端移动至理论极限位置时，即将要进行压缩时，该基元容积的压缩腔已与排气孔口连通，使压缩机不能进行内压缩，此时压缩机处于全卸载状态。如果滑阀越过这一理论极限位置，则排气端座上的轴向排气孔口与基元容积连通，使排气腔中的高压气体倒流。为了防止这种现象发生，实际上常把这一极限位置设置在输气量 10% 的位置上。因此，螺杆式制冷压缩机的能量调节范围一般为 10% ~ 100% 内的无级调节。调节过程中，功率与输气量在 50% 以上负荷运行时几乎是成正比关系，但在 50% 以下时，性能系数则相应会大幅度下降，显得经济性较差，如图 4-66 所示。这是由于摩擦损失不随负荷的减速小而下降，另外，回流口流动阻力也消耗一些能量。

滑阀的调节可用手动控制，也可实现自动控制，但控制的基本原理都是采用油压驱动调节。

② 塞柱阀调节。螺杆式制冷压缩机能量调节的另一种方法是采用多个塞柱阀调节，约克公司生产的螺杆式压缩机便是使用这种方式。图 4-67 中有三个塞柱阀，当需要减少输气量时，将塞柱阀 1 打开，基元容积内一部分制冷剂气体旁通到吸气口；当需要输气量继续减少时，则再将塞柱阀 2 打开。塞柱阀的启闭是通过电磁阀控制液压泵中油的进出来实现的。塞柱阀调节输气量只能实现有级调节，调节负荷为 75%、50%、25% 等。这种调节方法在小型、紧凑型螺杆式压缩机中常常可以看到。

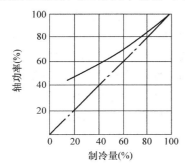

图 4-66　轴功率与制冷量的关系

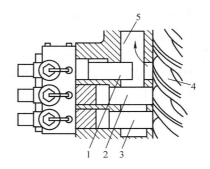

图 4-67　塞柱阀的能量调节原理
1、2、3—塞柱阀　4—转子　5—回流通道

③ 内容积比调节。由于工况的改变，螺杆式制冷压缩机内压缩终了的压力 p_2 往往同排气腔内的压力 p_d 不相等，造成等容压缩或等容膨胀的额外功耗。为此，就有必要进行内容积比调节来实现 $p_2 = p_d$，以适应螺杆式制冷压缩机在不同工况下的高效运行。

内容积比调节机构的作用，就是通过改变径向排气孔口的位置来改变内容积比，以适应不同的运行工况。内容积比的调节种类很多。早期，生产厂根据压缩机应用中的常用工况要求，提供更换不同径向排气孔口的滑阀，或同时提供更换排气端座。但是，对于工况变化范围大的机组，如一年中夏天制冷、冬天供暖的热泵机组，有必要实现内容积比随工况变化进行无级自动调节。

（5）润滑系统　螺杆式制冷压缩机大多采用喷油结构。如图 4-71b 所示，与转子相贴合的滑阀上部开有喷油小孔，其开口方向与气体泄漏方向相反，压力油从喷油管进入滑阀内部，经滑阀上部的喷油孔，以射流形式不断地向一对转子的啮合处喷射大量冷却润滑油。喷油量（体积分数）以输气量的 0.8% ~ 1% 为宜。喷入的油除了起密封工作容积和冷却压缩气体与运动部件的作用外，还润滑轴承、增速齿轮、阴阳转子等运动部件。

根据油路系统是否配有液压泵，将其分为三种类型，即带液压泵油循环系统、不带液压泵油循环系统及混合油循环系统。

① 带液压泵油循环系统。带液压泵油循环系统是螺杆式制冷压缩机组常用的油循环系统，特别是压缩机采用滑动轴承（主轴承），或螺杆转速较高以及带有增速齿轮等情况下，压缩机组上需设置预润滑液压泵。每次开机前，首先起动预润滑液压泵，建立一定的油压，然后压缩机才能正常起动。当机组工作稳定后，系统油压可以由液压泵一直供给，或由冷凝器压力提供。此时预润滑液压泵可以关闭。

② 不带液压泵油循环系统。当压缩机采用对润滑条件不敏感的滚动轴承，以及压缩机转速较低时，机组常趋向于采用不带液压泵油循环系统，依靠机组运行时建立的排气压力来完成油的循环。

③ 混合油循环系统。不少机组联合使用上述两种系统。机组运行在低压工况下，由液压泵供给足够的油，而在高压运行时，靠压力差供给。

3. 螺杆式制冷压缩机的总体结构

1) 开启螺杆式制冷压缩机。开启螺杆式制冷压缩机适用于低、中、高工况下运行，使用领域广泛。图4-68所示为开启螺杆式制冷压缩机的总体结构。该压缩机开发了一些先进结构和控制系统，如：①转子采用新型单边不对称齿形，并优化了齿数比，使泄漏损失减少；②采用高质量滚动轴承，并替代滑动轴承，使径向间隙大幅度减少，达到 $0 \sim 10\mu m$，这样阴、阳转子齿形间隙缩小，降低了泄漏，一方面减少起密封作用的喷油量，另一方面使用滚动轴承时它本身的用油量也减少，同时改善转子轴径部位的磨损程度；③能量调节滑阀及内容积比调节机构均由可编程序控制器（PLC）自动控制，保证压缩机在高、中、低温各种工况下，均运行在效率最高点；④吸气过滤器布置在机体内，机体采用双层壁结构，隔声

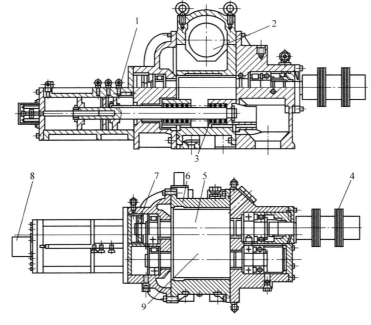

图4-68 开启螺杆式制冷压缩机的总体结构

1—液压活塞 2—吸气过滤网 3—滑阀 4—联轴器 5—阳转子 6—气缸
7—平衡活塞 8—能量测量装置 9—阴转子

效果好；⑤改进润滑系统供油方法，采用带液压泵油循环系统，利用机械密封排出的油作为压缩机吸气侧轴承的润滑油，排气侧轴承排出的油直接返回螺杆转子的基元容积中，这样使润滑油的用量控制在较低的范围；⑥采用喷制冷剂对压缩过程进行冷却，进一步减少了润滑油的循环量；⑦采用中间补气的"经济器"循环，使压缩机的性能得到了进一步的改善，尤其是在压力比较大的运行工况下；⑧采用水冷式电动机，将冷凝器冷却后的部分冷却水通入电动机水套内对电动机进行冷却，使压缩机效率进一步提高。

为适应高压力比工况，提高效率，还生产了单机双级开启螺杆式制冷压缩机，如图4-69所示。用电动机直接驱动低压级的阳转子，通过它再驱动高压级的阳转子。一般冷冻、冷藏用的压缩机，高、低压级容量比为 1∶3，也可以为 1∶2。根据工况运转要求，容量比还可有多种组合。

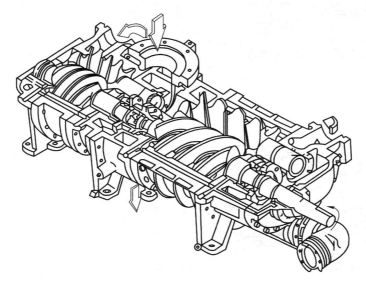

图 4-69　单机双级开启螺杆式制冷压缩机的结构

开启螺杆式制冷压缩机的主要特点是：①压缩机与电动机相分离，使压缩机的适用范围更广；②同一台压缩机可以适应不同制冷剂，除了采用卤代烃制冷剂外，通过更改部分零件的材质，可采用氨作为制冷剂；③可根据不同的制冷剂和使用工况条件，配用不同容量的电动机；④但存在噪声大、制冷剂较易泄漏、油路系统复杂等缺点。

2）半封闭螺杆式制冷压缩机。由于螺杆式制冷压缩机在中小冷量也具有良好的热力性能和很好的冷量调节性能，随着空调领域冷水机组及风冷热泵机组需求的急剧增加，开启式螺杆压缩机便向半封闭甚至全封闭的结构发展。

半封闭螺杆式制冷压缩机的额定功率一般为 10～100kW，在使用 R134a 工质时，其冷凝温度可达 70℃，使用 R404A 或 R407C 工质时，单级蒸发温度最低可达 -45℃。因此，由于它的冷凝压力和排气温度很高，尤其在压力差很大的苛刻工况下也能安全可靠地运行，近几年得到了长足的发展。

半封闭螺杆式制冷压缩机的特点是：

① 压缩机的阴、阳转子都采用齿数比为 6∶5 或 7∶5 的齿数，主要提高转子圆周速度和阴、阳转子高速旋转时的速度差。阳转子与电动机共用一根轴，滚动轴承采用圆柱滚子轴承

和角接触球轴承，保持了阴、阳转子轴心稳定，从而减少转子啮合间隙，减少泄漏，并且润滑油用量也相应减少，使得容易溶解于油的卤代烃在压缩机内闪发气体减少，提高了容积效率。

② 油分离器与主机一体化。图 4-70 所示的压缩机组的油分离器设置在压缩机机体内，使得机组装置紧凑。

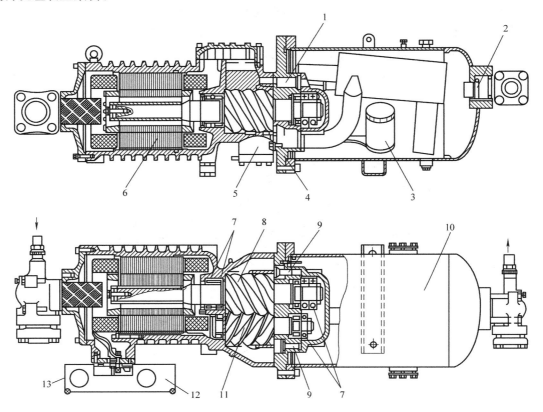

图 4-70 比泽尔（Bitze）公司 HSKC 型半封闭螺杆式制冷压缩机的结构
1—压差阀 2—单向阀 3—油过滤器 4—排气温度控制探头 5—内容积比控制机构
6—电动机 7—滚动轴承 8—阳转子 9—输气量控制器 10—分离器
11—阴转子 12—电动机保护装置 13—接线盒

③ 在图 4-80 中，低压制冷剂气体进入过滤网，通过电动机再到压缩机吸气孔口，因此，内置电动机靠制冷剂气体冷却，电动机效率大大提高，而且电动机有较大的过载能力，其尺寸也相应缩小。

④ 压差供油。压差供油是利用排气压力和轴承处压力的差值来供油的，不必设液压泵，简化了润滑供油系统。由于采用了滚动轴承，在压缩机起动时可利用存在于轴承内的油予以润滑，故有条件采用压差供油。

⑤ 无油冷却系统。压缩机使用新开发的合成润滑油，即使在较高排气温度下（例如 100℃），这种油也能维持润滑和密封所要求的黏度，省去了油冷却器，仅靠机壳散热即可。

⑥ 由于风冷及热泵机组使用工况较恶劣，在高的冷凝压力和低的蒸发压力时，排气温

度和润滑油温度或内置电动机温度会过高，造成保护装置动作，压缩机停机。为了保证压缩机能在工作界限范围内运行，可采用喷射液体制冷剂进行冷却降温。图 4-71 所示是德国比泽尔公司采用喷液冷却在半封闭螺杆式压缩机上的应用实例，其最高限制温度设定在 80～100℃之间，当排气温度传感器 1 传来达到限制温度的信号时，立即打开温控喷液阀 2，让液体制冷剂从喷油入口 5 喷入，以降低排气温度。

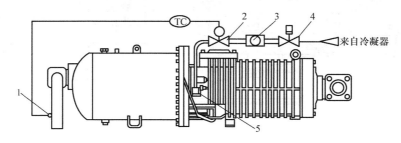

图 4-71　半封闭螺杆式制冷压缩机的喷液冷却
1—排气温度传感器　2—温控喷液阀　3—视镜　4—电磁阀　5—喷油入口

⑦ 为了满足较高精度的环境温度调节要求，压缩机多数采用移动滑阀旁通吸入气体的方法进行能量无级或有级调节，而微型半封闭螺杆式制冷压缩机应用变频器调节能量。同时，除了少量微型半封闭螺杆式制冷压缩机外，大多数半封闭螺杆式制冷压缩机都设置内容积比有级调节机构。

3）全封闭螺杆式压缩机。由于制造和安装技术要求高，全封闭螺杆式压缩机直到近年才得到开发。图 4-72 所示为美国顿汉-布什（Dunham-Bush）公司用于贮水、冷冻、冷藏和空调的全封闭螺杆式制冷压缩机的结构。转子为立式布置，为了提高转速，电动机主轴与阴转子直连，整个压缩机全部采用滚动轴承。润滑系统采用吸、排气压差供油，省去了液压泵。用温度传感器采集压缩机排气温度，当排气温度较高时，用液态制冷剂和少量油组成的混合液喷入压缩腔。能量调节由计算机控制滑阀移动来实现。压缩机内置电动机由排气冷却，采用耐高温电动机，允许压缩机排气温度达到 100℃，排出的高温压缩制冷剂气体通过电动机和外壳间的通道，经过油分离器 12，由排气口 1 排出，整个机壳内充满了高压制冷剂气体。目前有单机组成的全封闭螺杆式冷水机组，其制冷量可达到 186kW。

图 4-73 所示为比泽尔公司 VSK 型全封闭螺杆式压缩机的结构，电动机配用功率 10～20kW，采用卧式布置，能量调节是电动机变频调节。

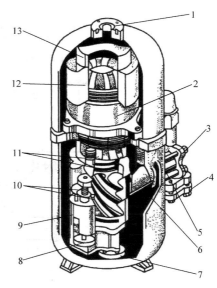

图 4-72　全封闭螺杆式制冷压缩机的结构
1—排气口　2—内置电动机　3—吸气截止阀
4—吸气口　5—吸气单向阀　6—吸气过滤网
7—滤油　8—能量调节液压活塞　9—调节滑阀
10—阴阳转子　11—主轴承　12—油分离器
13—挡油板

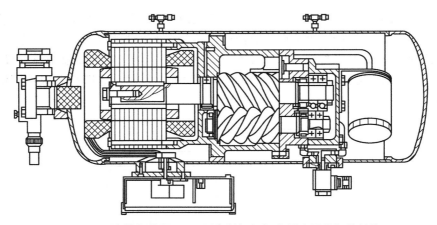

图 4-73 比泽尔公司 VSK 型全封闭螺杆式制冷压缩机的结构

4. 螺杆式制冷压缩机组

（1）**螺杆式制冷压缩机组的构成** 为了保证螺杆式制冷压缩机的正常运转，必须配置相应的辅助机构，如润滑系统、能量调节的控制装置、安全保护装置和监控仪表等。通常，生产厂多将压缩机、驱动电动机及上述辅助机构组装成机组的形式，称为螺杆式制冷压缩机组。

图 4-74 和图 4-75 所示分别为国产单级开启螺杆式制冷压缩机组系统图和外形图。如图

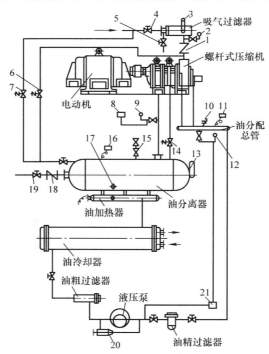

图 4-74 单级开启螺杆式制冷压缩机组系统图

1—吸气单向阀 2—吸气压力计 3—吸气温度计 4—吸气截止阀 5—加油阀 6—起动旁通电磁阀
7—旁通电磁阀 8—排气压力高保护继电器 9—排气压力阀 10—油温度计 11—油温度高保护继电器
12—油压计 13—排气温度计 14—回油电磁阀 15—溢流阀 16—排气温度高保护继电器 17—油面镜
18—排气单向阀 19—排气截止阀 20—油压调节阀 21—精滤器前后压差保护

4-74 所示，由蒸发器来的制冷剂气体，经吸气截止阀 4、吸气过滤器、吸气单向阀 1 进入螺杆式制冷压缩机的吸入口，压缩机在气体压缩过程中，油在滑阀或机体的适当位置喷入，然后油气混合物经过压缩后，由排气口排出，进入油分离器。油气分离后，制冷剂气体通过排气单向阀 18、排气截止阀 19 送入冷凝器。

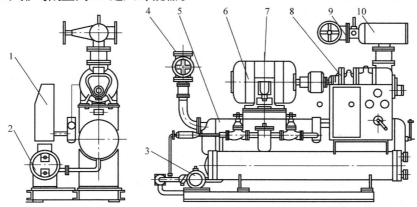

图 4-75 单级开启螺杆式制冷压缩机组外形图

1—操纵台 2—油冷却器 3—液压泵 4—排气截止阀 5—油分离器 6—电动机

7—过滤器 8—压缩机 9—吸气截止阀 10—吸气过滤器

（2）带经济器的螺杆式制冷压缩机组 带经济器的螺杆式制冷压缩机由于单机压缩机采用了两级制冷循环，既减少了一级压缩的制冷剂流量，又降低了二级压缩机进口的蒸发温度和比体积，从而降低了压缩机的功耗。另外，带经济器的螺杆式制冷压缩机有较宽的运行范围，单级压力比大，卸载运行时能实现最佳运行；其制造加工基本与单级螺杆式制冷压缩机相同，制冷系统中阀门和设备增加不多，故目前应用越来越广泛。

（3）喷液螺杆式制冷压缩机组 螺杆式压缩机喷液或喷油，是利用螺杆式压缩机对湿行程不敏感，即不怕带液运行的优点而实施的。由于油具有降温密封作用，在螺杆式压缩机运行中喷入大量的润滑油，可提高压缩机的性能。然而，为了对油进行处理，增加了油分离器和油冷却器等设备，使机组变得笨重庞大，与螺杆式压缩机主机结构简单、体积小、质量小极不相称，尤其是中小型封闭式压缩机。因此，人们开发了在压缩机压缩过程中用喷射制冷剂液体代替喷油，借此省去油冷却器，缩小油分离器，并且喷液冷却能使排气温度下降，防止封闭式压缩机电动机因排气温度过高引起保护装置动作而停机。

图 4-76 所示为螺杆式制冷压缩机喷液系统原理。在压缩机气缸中间开设孔口，将制冷剂液体与润滑油混合后一起喷入压缩机转子中，液体制冷剂吸收压缩热并冷却润滑油。喷液不影响螺杆式制冷压缩机在蒸发压力下吸入的气体量，虽然有极小部分制冷剂未参与制冷，但制冷量的降低却很小，轴功率增加也甚微。喷液与不喷液相比可大大改善系统的性能。

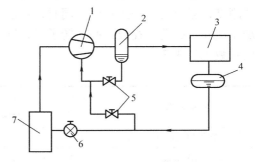

图 4-76 螺杆式制冷压缩机喷液系统原理

1—压缩机 2—分离器 3—冷凝器 4—贮液器

5—调节阀 6—节流阀 7—蒸发器

　　喷液不能完全代替喷油，因为油有一定黏度，密封效果好，因此，目前常用的是制冷剂液体和油混合后喷射进去。

　　（4）多台主机并联运转的螺杆式制冷压缩机组　随着外界负荷大幅度的变化，虽然螺杆式压缩机可以采用滑阀来调节其输气量，调节时气体的压缩功几乎是随输气量的减少而成比例地减少，但作为整台压缩机来说，运转中的机械损耗几乎仍然不变。因此，在同一系统中采用多台螺杆式压缩机并联来代替单台压缩机运行，在调节工况时，可以节省功率，特别是在较大输气量的系统中尤为有利。随着螺杆式压缩机半封闭化、小型化及控制系统的发展，近几年来，多台主机并联运转系统取得了很大发展，其适用制冷量范围为240～1500kW。

5. 螺杆式制冷压缩机的热力性能

　　（1）性能参数和计算

　　1）输气量。螺杆式制冷压缩机输气量的概念与活塞式制冷压缩机相同，也是指压缩机在单位时间内排出的气体换算到吸气状态下的容积。其理论输气量为单位时间内阴、阳转子转过的齿间容积之和。即

$$V_h = 60 C_n C_\varphi n_1 L D_0^2 \qquad (4\text{-}33)$$

式中　V_h——理论输气量（m^3/h）；

　　　　C_n——面积利用系数，是由转子齿形和齿数所决定的常数；

　　　　C_φ——扭角系数（转子扭转角对吸气容积的影响程度）；

　　　　D_0——转子的公称直径（m）；

　　　　n_1——阳转子的转速（r/min）；

　　　　L——转子的螺旋部分长度（m）。

　　令

$$C_n = \frac{z_1(A_{01} + A_{02})}{D_0^2} \qquad (4\text{-}34)$$

式中　A_{01}、A_{02}——阳转子与阴转子的端面齿间面积（端平面上的齿槽面积）（m^2）；

　　　　z_1——阳转子的齿数。

　　直径和长度尺寸相同的两对转子，面积利用系数大的一对转子，其输气量大，反之输气量小。相同输气量的螺杆式压缩机，面积利用系数大的转子，机器外形尺寸和质量可以小些。但转子的面积利用系数大，往往会使转子齿厚，特别是阴转子的齿厚减薄，降低了转子的刚度，影响转子加工精度，同时，在运转时由于气体压力的作用会使转子变形增加，也增加了泄漏。因此，在设计制造转子时，选取面积利用系数必须全面考虑。几种齿形的面积利用系数见表4-7。

表4-7　几种齿形的面积利用系数

齿形名称	SRM 对称齿形	SRM 不对称齿形	单边 不对称齿形	X 齿形	Sigma 齿形	CF 齿形
阴、阳转子齿数比（$z_1:z_2$）	6:4	6:4	18.36:4	6:4	6:5	6:5
面积利用系数 C_n	0.472	0.52	0.521	0.56	0.417	0.595

　　当转子的扭转角大到某一数值时，啮合两转子的某基元容积对在吸气端与吸气孔口隔断时，其齿在排气端并未完全脱离，致使转子的齿间容积不能完全充气。考虑这一因素对压缩

机输气量的影响，用扭角系数 C_φ 表征。表4-8列出了阳转子扭转角 φ_1 与 C_φ 中的对应关系。扭角系数是计算输气量、容积效率的基本数据，也是吸、排气孔口设计的基本依据。

表 4-8　阳转子扭转角 φ_1 与 C_φ 的对应值

扭转角 $\varphi_1/(°)$	240	270	300
扭转系数 C_φ	0.999	0.989	0.971

2）容积效率。由于泄漏、气体受热等，螺杆式制冷压缩机的实际输气量低于它的理论输气量，与活塞式压缩机一样，可以用容积效率 η_V 衡量输气量的损失。当考虑到压缩机的容积效率 η_V 时，其实际输气量 V_s 为

$$V_s = \eta_V V_h \tag{4-35}$$

螺杆式制冷压缩机的容积效率 η_V 一般为 0.75~0.9，小输气量、高压力比的压缩机取小值，大输气量、低压力比的压缩机则取大值。由于螺杆式制冷压缩机没有进、排气阀和余隙容积，再加上新齿形的应用、喷油的密封和冷却作用的大大改进，其容积效率 η_V 比其他的容积型制冷压缩机均要高。此外，容积效率随压力比增大并无很大的下降，这对热泵用的压缩机是十分有利的。

影响螺杆式制冷压缩机容积效率的主要因素有如下几个方面：

① 泄漏。气体通过间隙的泄漏，可分为外泄漏和内泄漏两种。前者是指基元容积中压力升高的气体向吸气通道或正在吸气的基元容积中泄漏；后者是指高压力区内基元容积之间的泄漏。外泄漏影响容积效率，内泄漏仅影响压缩机的功耗。

② 吸气压力损失。气体通过压缩机吸气管道和吸气孔口时，产生气体流动损失，吸气压力降低，比体积增大，相应地减少了压缩机的吸气量，降低了压缩机的容积效率。

③ 预热损失。转子与机壳因受到压缩气体的加热而温度升高。在吸气过程中，气体受到吸气管道、转子和机壳的加热而膨胀，相应地减少了气体的吸入量，降低了压缩机的容积效率。

上述几种损失的大小，与压缩机的尺寸、结构、转速、制冷工质的种类、气缸喷油量和油温，机体加工制造的精度、磨损程度及运行工况等因素有关。因此，在输气量大（全负荷时）、转速较高、转子外圆圆周速度适宜、压力比小、喷油量适宜、油温低的情况下压缩机的容积效率较高。

3）制冷量。在给定工况下，双螺杆式制冷压缩机的制冷量 Q_0 的计算公式为

$$Q_0 = \frac{m_R q_0}{3600} = \frac{\eta_V V_h q_V}{3600} \tag{4-36}$$

式中　m_R——质量输气量（kg/h）；

$\quad\quad q_0$——单位质量制冷量（kJ/kg）；

$\quad\quad V_h$——理论容积输气量（m³/h）；

$\quad\quad \eta_V$——容积效率；

$\quad\quad q_V$——单位容积制冷量（kJ/m³）。

4）功率和效率。螺杆式制冷压缩机功率和效率的概念与活塞式制冷压缩机基本相同。

① 压缩机的理论功率 P_o。

$$P_o = \frac{m_s(h_2 - h_1)}{3600} \tag{4-37}$$

式中　m_s——压缩机的实际质量输气量（kg/h）；

　h_2、h_1——等熵压缩过程终点和始点的气体比焓（kJ/kg）。

② 压缩机的指示功率 P_i。

$$P_i = \frac{P_o}{\eta_i} = \frac{m_s(h_2 - h_1)}{3600\eta_i} \tag{4-38}$$

螺杆式制冷压缩机的指示效率 η_i 一般为 0.8 左右，指示效率的主要影响因素有气体的流动损失、泄漏损失、内外压力比不等时的附加损失。

③ 压缩机的轴功率 P_e。

$$P_e = P_i + P_m \tag{4-39}$$

即压缩机指示功率 P_i 和摩擦功率 P_m 之和。

机械效率 $\eta_m = \dfrac{P_i}{P_e}$，表征轴承、轴封等处的机械摩擦所引起功率损失的程度，螺杆式制冷压缩机的机械效率 η_m 通常为 0.95～0.98。

轴效率

$$\eta_e = \eta_i \eta_m \tag{4-40}$$

④ 压缩机的输入功率 P_{mi} 和选配电动机的功率 P_c。

压缩机的输入功率 P_{mi} 为

$$P_{mi} = \frac{P_e}{\eta_{mo}} \tag{4-41}$$

式中　P_e——压缩机轴功率（kW），即电动机输出功率；

　η_{mo}——传动效率，一般为 0.85～0.95。

电动机通常要有 10%～15% 的储备功率，故实际选配电动机的功率 P_c 为

$$P_c = (1.10～1.15) P_e \tag{4-42}$$

（2）性能曲线与工况　制冷压缩机的制冷量和轴功率随着不同的工况而变化，因此说明制冷量和轴功率时，必须说明这时的工况。在制冷压缩机的铭牌上记有名义工况制冷量及其轴功率。我国国家标准《螺杆式制冷压缩机》（GB/T 19410—2008）规定，螺杆式制冷压缩机名义工况及设计和使用条件见表 4-9 和表 4-10。

当偏离名义工况时，螺杆式制冷压缩机的性能可由性能曲线查出。图 4-77 所示为几种双螺杆式制冷压缩机的性能曲线，制冷剂是 R717。

表 4-9　压缩机及机组名义工况　　　　　　　　　　　　（单位：℃）

类型	吸气饱和（蒸发）温度	排气饱和（冷凝）温度	吸气温度[2]	吸气过热度[2]	过冷度
高温（高冷凝压力）	5	50	20		
高温（低冷凝压力）		40			
中温（高冷凝压力）	−10	45	—	10 或 5[1]	0
中温（低冷凝压力）		40			
低温	−35				

① 用于 R717。

② 吸气温度适用于高温名义工况，吸气过热度适用于中温、低温名义工况。

表 4-10　压缩机设计和使用条件　　　　　　　　　　　（单位：℃）

类型	吸气饱和（蒸发）温度	排气饱和（冷凝）温度	
		高冷凝压力	低冷凝压力
高温（热泵）	-15 ~ 12	25 ~ 60	25 ~ 45
高温（制冷）	-5 ~ 12		
中温	-25 ~ 0	25 ~ 55	
低温	-50 ~ -20	20 ~ 50	20 ~ 45

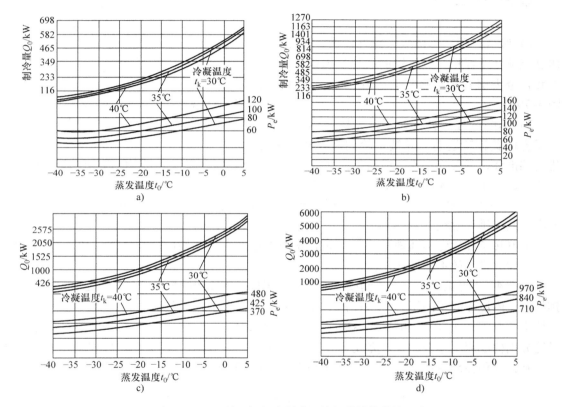

图 4-77　几种双螺杆式制冷压缩机的性能曲线

a）LC16A 型　b）LC20A 型　c）LC25A 型　d）LC31.5A 型

6. 单螺杆式制冷压缩机

单螺杆式制冷压缩机最早由法国人辛麦恩（B. Zimmern）提出，由于具有结构简单、零部件少、重量轻、效率高、振动小和噪声低等优点，开始用于空气压缩机。20 世纪 70 年代中期，荷兰格拉索（Grasso）公司成功研制成 MS10 型单螺杆式制冷压缩机后，很快在中小型制冷空调和泵装置上得到应用。目前该压缩机有开启式和半封闭式两种，电动机匹配功率为 20 ~ 1000kW。

（1）单螺杆式制冷压缩机的基本结构和工作原理　单螺杆式制冷压缩机是利用形似蜗轮断面的星轮与蜗杆转子（又称螺杆转子）相啮合的压缩机，故又称蜗杆压缩机，也属于容积型回转式压缩机。图 4-78 所示为开启单螺杆式制冷压缩机，是一个螺杆转子带动两个与之相啮合的星轮转动，并由螺杆转子 1 的齿间凹槽、星轮 3 和气缸内壁组成一独立的基元容积。随着螺杆与星轮的旋转，基元容积被星轮齿片不断地填塞推移，基元容积的大小周期性地变化。转子和星轮装在一个密闭的机壳中，转子与星轮齿片的啮合线将基元容积分隔成高、低压力区两个气腔。

单螺杆式制冷压缩机的工作过程如图 4-79 所示。

1）吸气过程。气体吸入螺杆齿槽，制冷剂气体已充满基元容积。当星轮的齿片切入螺杆齿槽，并旋转至齿槽容积与吸气腔隔开，吸气结束（见图 4-79a）。

2）压缩过程。吸气终了，当螺杆继续旋转，基元容积做旋转运动，并被星轮的齿片相对地往

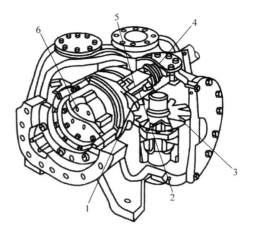

图 4-78 开启单螺杆式制冷压缩机
1—螺杆转子 2—内容积比调节滑阀 3—星轮
4—轴封 5—滑阀 6—轴承

排气端推移，基元容积连续地缩小，制冷剂气体压力不断升高，直至齿槽内的气体与排气口刚要连通为止，气体压缩结束（见图 4-79b）。

3）当齿槽与排气口连通时，即开始排气，直至星轮全部扫过螺杆齿槽，槽内气体全部排出，此即排气过程（见图 4-79c）。

随着转子和星轮不断地移动，基元容积的大小发生周期性的变化，便完成了气体的吸气、压缩、排气的不断循环过程。

由图 4-79 可见，单螺杆式制冷压缩机和双螺杆式制冷压缩机的相同之处是，都没有吸、排气阀，内压缩终了的压力 p_2 往往都不等于（小于或大于）排气压力 p_d。而单螺杆式制冷压缩机与双螺杆式制冷压缩机的不同之处是，在单螺杆式制冷压缩机的转子两侧对称配置的星轮分别构成双工作腔，各自完成吸气、压缩和排气工作过程，因此单螺杆式制冷压缩机的一个基元容积在旋转一周内，完成了两次吸气、压缩和排气循环。

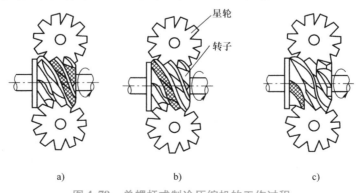

a)   b)   c)

图 4-79 单螺杆式制冷压缩机的工作过程
a) 吸气过程 b) 压缩过程 c) 排气过程

（2）输气量和内容积比调节

1）输气量调节。单螺杆式压缩机输气量调节基本有两种方法。

第一种方法是荷兰 Grasso 公司较早采用的转环块调节机构（见图 4-80），在压缩机排气端体上安装调速转环块 A，它与螺杆转子主轴同心，并可沿圆周改变其周向位置。图 4-80a 所示为压缩机全负荷时的位置；图 4-80b 所示为部分负荷时调整转环块 A 的位置，此时，基元容积部分气体通过通道口 B 流向吸气腔，输气量减少。

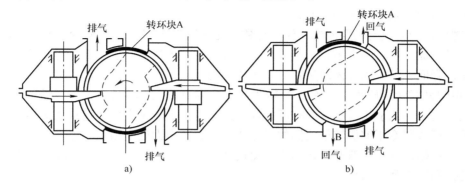

图 4-80 转环块机构调节输气量原理

a）转环块 A 全负荷位置 b）转环块 A 部分负荷位置

第二种方法是与双螺杆式制冷压缩机一样，采用滑阀结构调节输气量（见图 4-81）。图 4-81a 表示输气量调节滑阀 1 在全负荷位置；图 4-81b 表示输气量调节滑阀 1 由吸气端向排气端移动一定距离，使基元容积吸入的气体旁通到吸入腔，减少输气量。这种滑阀调节机构比调整转环块简单可靠，而且调节上便于实现自动或半自动。

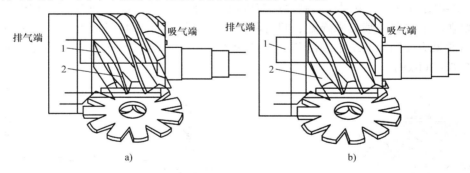

图 4-81 滑阀调节输气量和滑阀调节内容积比的原理图

a）滑阀 1、2 分别处于输气量最大和内容积比最小位置

b）滑阀 1、2 分别处于输气量最少和内容积比增大位置

1—输气量调节滑阀 2—内容积比调节滑阀

2）内容积比调节。同双螺杆式制冷压缩机一样，由于单螺杆式制冷压缩机无吸、排气阀，在压缩终了时的压力 p_2 不太可能与排气管内的压力 p_d 相等，因此要进行内容积比调节，单螺杆式制冷压缩机内容积比调节原理如图 4-81 所示，图中滑阀 2 是内容积比调节滑阀。图 4-81a 表示滑阀 2 处于较右位置，使基元容积较早地与排气口相通，内容积比变小。图 4-81b 表示滑阀 2 处于较左的位置，这样推迟了基元容积与排气口相通的时间，内容积比增大。由图 4-81 可见，单螺杆式制冷压缩机输气量调节滑阀 1 与内容积比调节滑阀 2 可单独运行，实现了输气量调节，并使运行工况变化时压缩机仍在较高效率下进行。

图 4-80 所示为荷兰 Grasso 公司单螺杆式制冷压缩机在吸气旁通的同时，将转环块 A 做相应运动来挡住部分排气孔口的面积，使排气孔口面积相应减少，改变了压缩终了的基元容积，基本保持了与全负荷大小相同的内容积比，因此也达到了内压缩终了压力不随负荷而变化的目的。

（3）单螺杆式制冷压缩机及机组的结构特点

1）螺杆转子齿数与相匹配的星轮齿片数之比一般为 6∶11，这样减少了排气脉动，从而使排气平稳，加上左右两个星轮，造成交替啮合，有效地排除了正弦波，与双螺杆式制冷压缩机相比，降低了噪声和气体通过管道系统传递的振动。

2）单螺杆式制冷压缩机具有一个转子和左右对称布置的两个星轮，由图 4-82a 可见，转子两端受到大小几乎相等、方向相反的轴向力，省去了转子平衡活塞；从图 4-82b 中又可看出，单螺杆式制冷压缩机转子两侧的星轮使转子的径向力处于相互平衡状态，这样几乎消除了轴承的磨损，避免了双螺杆式制冷压缩机转子由于受到较大的轴向力和径向力而造成转子端面磨损和轴承磨损的现象。

3）星轮齿片与转子齿槽相互啮合，不受气体压力引起的传递动力作用，因此齿片可用密封性和润滑性好的树脂材料。美国麦克维尔公司使用的星轮齿片由 52 层优良的渗碳材料复合而成，使得星轮齿片与转子齿槽啮合间隙接近零，减少了压缩过程中的内泄漏和外泄漏，从而提高了容积效率和降低了输入功率。

4）螺杆转子旋转一周可完成两次压缩过程，压缩速度快，泄漏时间短，有利于提高容积效率。

5）机组结构简化。单螺杆式制冷压缩机在压缩制冷剂气体时，内压缩过程的压力比较高，需要在压缩过程中喷油来降温、润滑和密封，因此就有图 4-83 所示的喷油系统，分离器的分离效果应使制冷系统中制冷剂的含油量为 5mg/kg，液压泵的泵油压力比压缩机排气要力高 200~300kPa。

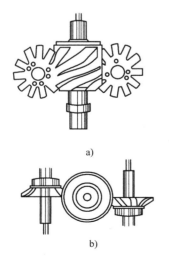

图 4-82　星轮对称布置在转子两侧

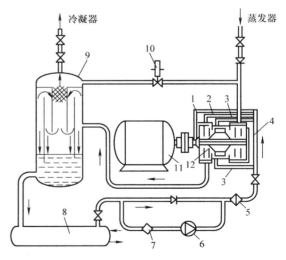

图 4-83　单螺杆式制冷机组的喷油系统

1—轴封油管　2—调节环油管　3—喷油管　4—油分配总管
5—精过滤器　6—液压泵　7—粗过滤器　8—油冷却器
9—油分离器　10—螺旋气门　11—电动机　12—压缩机

　　为简化结构，美国麦克维尔等公司研制了半封闭单螺杆式压缩机，并用液体制冷剂冷却机器的内压缩过程。由蒸发器来的制冷剂气体先冷却电动机再进入压缩腔，在压缩气体的同时向压缩腔喷射液体制冷剂，起冷却和密封作用，排出的制冷剂气体和油进入油过滤器，气体进入排气管，油存入油池，油池里的油在高压作用下再流入轴承，油在装置中循环，不流入系统中。这种结构省去了油分离器、液压泵和油冷却器，装置简单，结构紧凑。

　　6）经济器系统。单螺杆式压缩机具有双螺杆式压缩机的结构特点，在压缩过程中能进行中间补气，因此也能设置经济器系统，增大制冷量，提高性能系数。

　　图 4-84 所示为日本大金公司 UWJ1320 ~ UWJ4000 系列的半封闭单螺杆式压缩机的结构剖视图。使用工质 R22，制冷量为 118 ~ 355kW，并且输气量控制在 100%、70%、40%、0 四档。

　　图 4-85 所示为英国 J&E Hall（霍尔）公司的 HSS 系列开启式和半封闭式单螺杆式压缩机的性能曲线图。图 4-85a、b、c、d 分别相对于 R22 半封闭式系列、R134a 半封闭式系列、R717 开启式系列和 R134a 开启式系列。

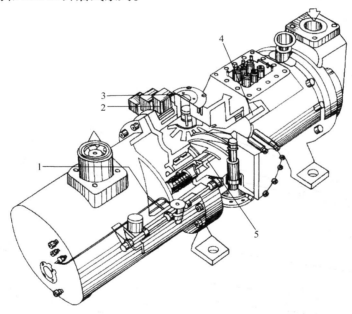

图 4-84　半封闭单螺杆式压缩机的结构剖视图

1—油循环系统　2—星轮　3—转子　4—电动机　5—滑阀

7. 单螺杆式制冷压缩机的热力性能

（1）单螺杆式制冷压缩机的输气量　单螺杆式制冷压缩机的理论容积输气量 V_h（m^3/h）的计算公式为

$$V_h = 120nz_1V_g \tag{4-43}$$

式中　V_g——星轮齿片刚封闭转子一齿槽时的基元容积（m^3）；

　　　n——螺杆转子转速（r/min）；

　　　z_1——螺杆齿槽数。

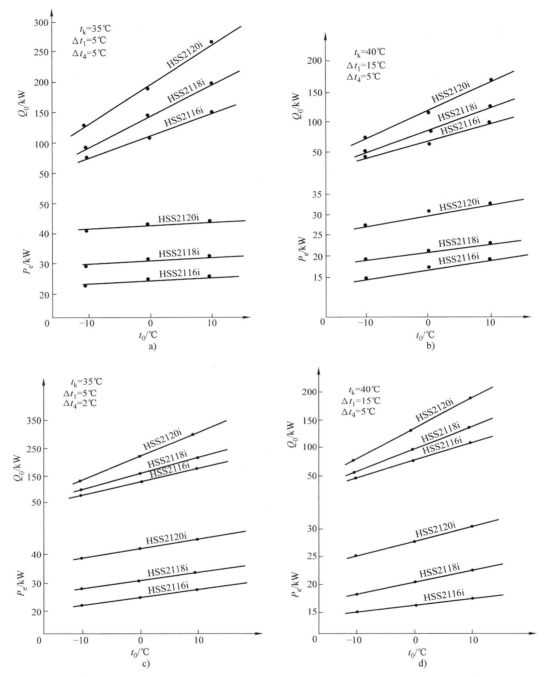

图 4-85 英国 J&E Hall（霍尔）公司的单螺杆式压缩机的性能曲线

a）R22 半封闭式系列 b）R134a 半封闭式系列 c）R717 开启式系列 d）R134a 开启式系列

单螺杆式制冷压缩机的实际容积输气量 V_s（m^3/h）的计算公式为

$$V_s = \eta_V V_h \qquad (4\text{-}44)$$

式中，η_V 为容积效率，当 $\tau = p_2/p_1$（p_2 是排气终了压力，p_1 是吸气终了压力）时，按经验公式 $\eta_V = 0.95 - 0.0125\tau$ 计算。

当片式星轮侧面直线齿形为平行型，螺杆与星轮中心距 $A = 0.8d_1$（d_1 是螺杆外径）时，则

$$V_g = (0.0286 - 0.1622\zeta)d_1^3 \qquad (4\text{-}45)$$

式中　ζ——齿宽系数，取值范围为 $0.09 \sim 0.25$（ζ 值为螺杆外缘上齿的轴向长度 L 与螺杆外径的比值）。

若产品资料中给出了 $\eta_V - \tau$ 曲线，也可查曲线得到不同制冷剂在不同工况下的 η_V 值。

（2）单螺杆式制冷压缩机的效率　由于单螺杆式压缩机无吸、排气阀，几乎没有相对余隙容积。因此，具有较高的容积效率 η_V 和等熵压缩效率 η_s。图 4-86 所示为不同内容积比时采用 R22 的单螺杆式制冷压缩机效率曲线。

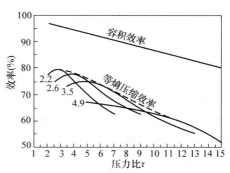

图 4-86　采用 R22 的单螺杆式
制冷压缩机效率曲线
——固定内容积比　– – –可调内容积比

（3）单螺杆式制冷压缩机的制冷量和功率

1）在给定工况下，单螺杆式制冷压缩机的制冷量 Q_0（kW）的计算公式为

$$Q_0 = \frac{m_R q_0}{3600} = \frac{\eta_V V_h q_v}{3600} \qquad (4\text{-}46)$$

式中　m_R——质量输气量（kg/h）；

　　　q_0——单位质量制冷量（kJ/kg）；

　　　V_h——理论容积输气量（m³/h）；

　　　η_V——容积效率；

　　　q_v——单位容积制冷量（kJ/m³）。

2）在给定工况下，单螺杆式制冷压缩机的轴功率 P_e（kW）的计算公式为

$$P_e = \frac{m_R(h_2 - h_1)}{3600\eta_e} \qquad (4\text{-}47)$$

式中　h_2——压缩终了制冷剂气体比焓（kJ/kg）；

　　　h_1——吸气终了制冷剂气体比焓（kJ/kg）；

　　　η_e——压缩机轴效率，一般为 $0.72 \sim 0.85$。

压缩机的输入功率 P_{mi} 和选配电动机的功率 P_c 的计算与前面所述的双螺杆压缩机一样。

4.3　离心式制冷压缩机

离心式制冷压缩机属于速度型压缩机，它是靠高速旋转的叶轮对气体做功，以提高气体的压力。为了产生有效的能量转换，这种压缩机中叶轮的转速必须很高。另外，由于气体的流动是连续的，其流量比容积型制冷压缩机要大得多。离心式制冷压缩机的吸气量为 $0.03 \sim 15\text{m}^3/\text{s}$，转速为 $1800 \sim 90000\text{r/min}$，吸气温度通常在 $10 \sim 100℃$，吸气压力为 $14 \sim 700\text{kPa}$，排气压力小于 2MPa，压力比在 $2 \sim 30$，几乎所有制冷剂都可采用。以往离心式制冷压缩机组常用的 R11、R12 等 CFC 类工质，对大气臭氧层破坏极大，目前已开始改用 R22、R123 和 R134a 等工质。

目前所使用的离心式制冷机组大致可以分成两大类：一类为冷水机组，其蒸发温度在5℃以上，大多用于大型中央空调或制取5℃以上冷水或略低于0℃盐水的工业用场合；另一类是低温机组，其蒸发温度为 $-40 \sim -5℃$，多用于制冷量较大的化工工艺流程。另外，在啤酒工业、人造干冰场、冷冻土壤、低温实验室和冷、温水同时供应的热泵系统等也可使用离心式制冷机组。离心式制冷压缩机通常用于制冷量较大的场合，在 $350 \sim 7000kW$ 范围内采用封闭离心式制冷压缩机，在 $7000 \sim 35000kW$ 范围内多采用开启离心式制冷压缩机。

4.3.1 离心式制冷压缩机概述

1. 工作原理及特点

离心式制冷压缩机有单级、双级和多级等多种结构形式。单级离心式制冷压缩机主要由吸气室、叶轮、扩压器、蜗壳等组成，如图 4-87 所示。其工作原理为：压缩机叶轮 4 旋转时，制冷剂气体由吸气室 1 进入叶轮流道，在叶轮叶片 8 的推动下，气体随着叶轮一起旋转。由于离心力的作用，气体沿着叶轮流道径向流动并离开叶轮，同时，叶轮进口处形成低压，气体由吸气管不断吸入。在此过程中，叶轮对气体做功，使其动能和压力能增加，气体的压力和流速得到提高。接着，气体以高速进入断面逐渐扩大的扩压器 5 和蜗壳 6，流速逐渐下降，大部分气体动能转变为压力能，压力进一步提高，然后引出压缩机外。

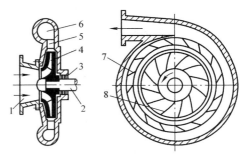

图 4-87　单级离心式制冷压缩机
1—吸气室　2—主轴　3—轴封　4—叶轮　5—扩压器　6—蜗壳　7—扩压器叶片　8—叶轮叶片

对于多级离心式制冷压缩机，还设有弯道和回流器等部件。一个工作叶轮和与其相配合的固定零部件（如吸气室、扩压器、弯道、回流器或蜗壳等）组成压缩机的一个级。多级离心式制冷压缩机的主轴上设置着多个叶轮串联工作，以达到较高的压力比。

因压缩机的工作原理不同，离心式制冷压缩机与活塞式制冷压缩机相比，具有以下特点：

1）在相同制冷量时，离心式制冷压缩机外形尺寸小、质量小、占地面积小。相同的制冷工况及制冷量，活塞式制冷压缩机比离心式制冷压缩机（包括齿轮增速器）重 $5 \sim 8$ 倍，占地面积多 1 倍左右。

2）无往复运动部件，动平衡特性好，振动小，基础要求简单。中小型组装式机组的压缩机可直接装在单筒式的蒸发-冷凝器上，无须另外设计基础，安装方便。

3）磨损部件少，连续运行周期长，维修费用低，使用寿命长。

4）润滑油与制冷剂基本上不接触，提高了蒸发器和冷凝器的传热性能。

5）易于实现多级压缩和节流，达到同一台制冷压缩机多种蒸发温度的操作运行。

6）能够经济地进行无级调节。可以利用进口导流叶片自动进行能量调节，调节范围和节能效果较好。

7）转速较高，用电动机驱动的压缩机一般需要设置增速器，而且对轴端密封要求高，这些均增加了制造上的困难和结构上的复杂性。

8）当冷凝压力较高或制冷负荷太低时，压缩机组会发生喘振而不能正常工作。

9）制冷量较小时，效率较低。

10）对大型制冷机，若用经济性高的工业汽轮机直接带动，可实现变转速调节，对有废热蒸汽的工业企业，能实现能量回收。

2. 分类

离心式制冷压缩机可按多种方法分类，常用的分类方法有以下三种：

（1）按用途分类　离心式制冷压缩机可分为冷水机组和低温机组。

（2）按压缩机的密封结构形式分　离心式制冷压缩机和其他形式的制冷压缩机一样，按密封结构形式分为开启离心式制冷机组、半封闭离心式制冷机组和全封闭离心式制冷机组三种。

1）开启离心式制冷机组。图 4-88 所示为开启离心式制冷机组简图。机组的布置是把压缩机、增速齿轮与电动机分开，在机壳外用联轴器连接（见图 4-88a）。有的机组则是将压缩机、增速齿轮封装在同一机壳内，由增速齿轮与电动机轴连接（见图 4-88b）。在这些机组中，为了防止制冷剂泄漏，在轴的外伸端处必须装有轴封。电动机放在机组外面利用空气冷却，可省能耗 3% ~ 6%。机组也可用其他动力机械传动。若机组改换制冷剂运行时，可以按工况要求的大小更换电动机。它的润滑系统放在机组内部或另外设立。

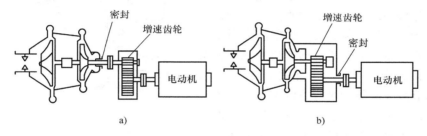

图 4-88　开启离心式制冷机组简图

a）增速齿轮外装式　b）增速齿轮内装式

2）半封闭离心式制冷机组。图 4-89 所示为半封闭离心式制冷机组简图。压缩机组封闭在一起，泄漏少。各部件与机壳用法兰面连接，结构紧凑；采用单级或多级悬臂叶轮；多级叶轮也可不用增速齿轮而由电动机直接驱动。电动机需专门制造，并要考虑其在运转中的冷却，以及耐制冷剂的腐蚀、电器绝缘等问题。半封闭离心式制冷机组的优点是体积小、噪声低和密封性好，因此，是目前空调用离心式制冷机组普遍采用的一种形式。

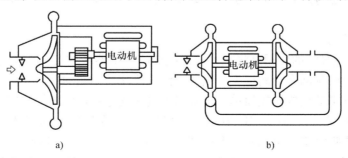

图 4-89　半封闭离心式制冷机组简图

a）单级压缩式　b）直联二级压缩式

3）全封闭离心式制冷机组。图 4-90 所示为全封闭离心式制冷机组简图。它把所有的制冷设备封闭在同一机壳内。电动机两个输出轴端各悬一级或两级叶轮直接驱动，取消了增速齿轮、无叶扩压器和其他固定零部件。电动机在制冷剂中得到充分冷却，不会出现电流过载。整个机组结构简单，噪声低，振动小。有些机组采用气体膨胀机高速传动，结构更简单。一般用于飞机机舱或船只内空调，采用氟利昂制冷剂，它具有制冷量小、气密性好的特点。

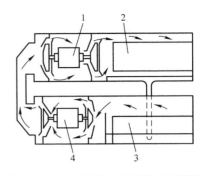

图 4-90　全封闭离心式制冷机组简图
1、4—电动机　2—冷凝器　3—蒸发器密封

（3）按压缩机的级数分　压缩机分为单级离心式制冷压缩机和多级离心式制冷压缩机。

1）单级离心式制冷压缩机。由于其结构决定了它不可能获得很大的压力比，因此，单级离心式制冷压缩机多用于冷水机组中。图 4-91 所示为一台 2800kW 制冷量的单级离心式制冷压缩机局部剖视图。它由叶轮、增速齿轮、电动机和进口导叶等部件组成。气缸为垂直剖分型，采用低压制冷剂 R123 作为工质，压缩机采用半封闭的结构形式，驱动电动机、增速齿轮和压缩机组装在一个机壳内，叶轮为半开式铝合金叶轮，制冷量的调节由进口导叶进行连续控制，齿轮采用斜齿轮，在增速齿轮箱上部设置有油槽，电动机置于封闭壳体中，电动机定子和转子的线圈都用制冷剂直接喷液冷却。

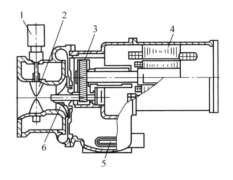

图 4-91　单级离心式制冷压缩机局部剖视图
1—导叶电动机　2—进口导叶　3—增速齿轮
4—电动机　5—油加热器　6—叶轮

2）多级离心式制冷压缩机。由于单级离心式制冷压缩机不可能获得很大的压力比，为改善离心式制冷压缩机的低温工况性能，在低温机组中采用多级离心式制冷压缩机。图 4-92 所示为四级离心式制冷压缩机的剖视图。

3. 主要零部件的结构和机构

由于使用场合的蒸发温度、制冷剂的不同，离心式制冷压缩机的缸数、段数和级数相差很大，总体结构上也有差异，但其基本组成零部件不会改变。现将其主要零部件的结构与作用简述如下：

（1）主要零部件

1）吸气室。吸气室的作用是将从蒸发器或级间冷却器来的气体，均匀地引导至叶轮的进口。为减少气流的扰动和分离损失，吸气室沿气体流动方向的断面一般做成渐缩形，使气流略有加速。吸气室的结构比较简单，有轴向进气吸气室和径向进气吸气室两种形式，如图 4-93 所示。对单级悬臂压缩机，压缩机放在蒸发器和冷凝器之上的组装式空调机组中，常用径向进气肘管式吸气室（见图 4-93b）。但由于叶轮的吸入口为轴向的，径向进气的吸气室需设置导流弯道，为了使气流在转弯后能均匀地流入叶轮，吸气室转弯处有时还加有导流板。图 4-93c 所示的吸气室常用于具有双支承轴承的压缩机。

2）进口导流叶片。在压缩机第一级叶轮进口前的机壳上安装进口导流叶片，可用来调

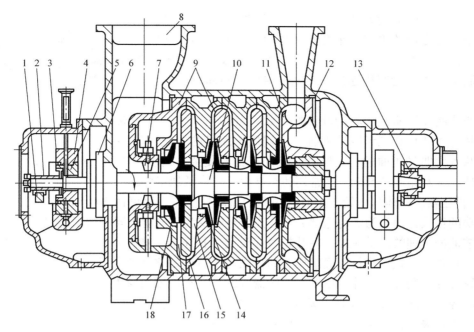

图 4-92　四级离心式制冷压缩机的剖视图

1—顶轴器　2—套筒　3—推力轴承　4—轴承　5—调整块　6—轴封　7—进口导叶
8—吸入口　9—隔板　10—轴　11—蜗壳　12—调整环　13—联轴器　14—第二级叶轮
15—回流器　16—弯道　17—无叶扩压器　18—第一级叶轮

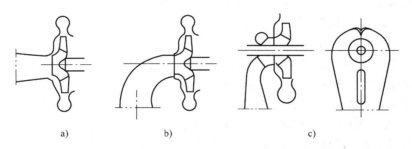

图 4-93　吸气室

a）轴向进气吸气室　b）径向进气肘管式吸气室　c）径向进气半蜗壳式吸气室

节制冷量。当导流叶片旋转时，改变了进入叶轮的气流流动方向和气体流量的大小。转动导流叶片可采用杠杆式或钢丝绳式调节机构。进口导流叶片的材料为铸铜或铸铝，叶片具有机翼形与对称机翼形的叶形剖面，由人工修磨选配。进口导流叶片转轴上配有铜衬套，转轴与衬套间以及各连接部位应注入少许润滑剂，以保证机构转动灵活。

　　3）叶轮。叶轮也称工作轮，是压缩机中对气体做功的唯一部件。叶轮随主轴高速旋转后，利用其叶片对气体做功，气体由于受旋转离心力的作用以及在叶轮内的扩压流动，使气体通过叶轮后的压力和速度得到提高。叶轮按结构形式分为闭式叶轮、半开式叶轮和开式叶轮三种。通常采用闭式叶轮和半开式叶轮两种，如图 4-94 所示。闭式叶轮由轮盖、叶片和轮盘组成，空调用制冷压缩机大多采用闭式叶轮。半开式叶轮不设轮盖，一侧敞开，仅有叶片和轮盘，用于单级压力比较大的场合。有轮盖时，可减少内漏气损失，提高效率，但在叶轮旋转时，轮盖的应力较大，因此，叶轮的圆周速度不能太大，限制了单级压力比的提高。半开式叶轮由于没有轮盖，适宜于承受离心惯性力，因而对叶轮强度有利，可以有较高的叶轮圆周速度。钢制半开式叶轮圆周速度目前可达 450~540m/s，单级压力比可达 6.5。

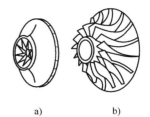

图 4-94 叶轮
a）闭式叶轮 b）半开式叶轮

离心式制冷压缩机叶轮的叶片按形状可分为单圆弧叶片、双圆弧叶片、直叶片和三元叶片四种。空调用压缩机的单级叶轮多采用形状既弯曲又扭曲的三元叶片，其加工比较复杂，精度要求高。当使用氟利昂制冷剂时，通常用铸铝叶轮，可降低加工要求。

4）扩压器。气体从叶轮流出时有很高的流动速度，一般可达 200~300m/s，占叶轮对气体做功的很大比例。为了将这部分动能充分地转变为压力能，同时为了使气体在进入下一级时有较低的合理的流动速度，在叶轮后面设置了扩压器，如图 4-98 所示。扩压器通常由两个和叶轮轴相垂直的平行壁面组成，如果在两平行壁面之间不装叶片，称为无叶扩压器；如果设置叶片，则称为叶片扩压器。扩压器内环形通道断面是逐渐扩大的，当气体流过时，速度逐渐降低，压力逐渐升高。无叶扩压器结构简单，制造方便，由于流道内没有叶片阻挡，无冲击损失。在空调离心式制冷压缩机中，为了适应其较宽的工况范围，一般采用无叶扩压器。低温机组多级压缩机常用叶片扩压器。

5）弯道和回流器。在多级离心式制冷压缩机中，弯道和回流器是为了把由扩压器流出的气体引导至下一级叶轮。弯道的作用是将扩压器出口的气流引导至回流器进口，使气流从离心方向变为向心方向。回流器则是把气流均匀地导向下一级叶轮的进口，为此，在回流器流道中设有叶片，使气体按叶片弯曲方向流动，沿轴向进入下一级叶轮。

6）蜗壳。蜗壳的作用是把从扩压器或从叶轮中（没有扩压器时）流出的气体汇集起来，排至冷凝器或中间冷却器。图 4-95 所示为离心式制冷压缩机中常用的一种蜗壳形式，流通断面是沿叶轮转向（即进入气流的旋转方向）逐渐增大的，以适应流量沿圆周不均匀的情况，同时也起到使气流减速和扩压的作用。

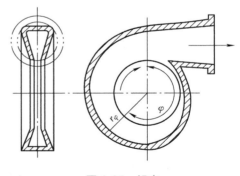

图 4-95 蜗壳

除上述主要零部件外，离心式制冷压缩机还有其他一些零部件，如减少气体从叶轮出口倒流叶轮入口的轮盖密封，减少级间漏气的轴套密封，承受转子剩余轴向推力的推力轴承以及支撑转子的径向轴承，减少轴向推力的平衡盘，开启式机组还有轴端密封，等等。

为了使压缩机持续、安全、高效地运行，还需设置一些辅助设备和系统，如增速器、润滑系统、冷却系统、自动控制和监测及安全保护系统等。

（2）能量调节

1）进气节流调节。进气节流调节方式，是在蒸发器和压缩机的连接管路上安装一蝶形阀，通过改变阀的开度来改变流量和进口压力，从而改变压缩机的特性曲线，达到调节制冷量的目的。这种调节方法简单，但压力损失大，经济性差，制冷量的调节只能在 60%~

100% 之间。这种方法只用在固定转速下的大型氨、丙烯离心式制冷压缩机上或使用过程中制冷量变化不大的场合。

2）进口导流叶片调节。进口导流叶片调节方式，是在叶轮进口前装有可转动的进口导流叶片。当导流叶片转动时，进入叶轮的气流产生预定方向的旋绕，即进口气流产生所谓的预旋。利用进气预旋，使压缩机产生的压头和流量发生变化，从而达到机组能量的调节。这种调节方法结构简单，并且由于叶片把气体预旋，以最佳条件进入叶轮，可以减少涡旋从而提高效率。采用这种调节机构调节，有时可使单级离心式制冷机组的能量减少到 10%。在单级离心式制冷压缩机上采用进口导流叶片调节具有结构简单、操作方便、效果较好的特点。但对多级离心式制冷压缩机，如果仅调节第一级叶轮进口，对整机特性曲线收效甚微。若每级均用进口导流叶片，则导致结构复杂，且还应注意级间协调问题。这种调节方法的经济性比改变转速要差，但比进气节流调节经济，而且可以在 30%~100% 的制冷量调节范围内实现无级调节，因此，在固定转速的单级或双级空调用离心式制冷机组的能量调节上使用最多。

3）压缩机转速调节。当用汽轮机或可变转速的电动机驱动时，可对压缩机的转速进行调节，这种调节方法最经济，如图 4-96 所示。对应于每个压缩机转速 n（$n_1 > n_2 > n_3$），有不同的温度曲线 t_k-Q_0 和轴效率曲线 η_e-Q_0。当转速发生改变时，工作点将随之改变从而达到调节机组能量的目的。图中还说明其喘振点 K_1、K_2、K_3 随转速的降低向左端移动，扩大了压缩机的使用范围。

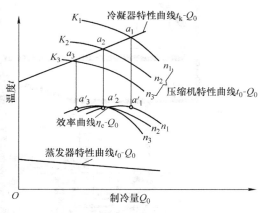

图 4-96　改变压缩机转速的能量调节

压缩机转速的改变可采用变频调节以改变电动机转速来实现。应用于离心式冷水机组中的变频驱动装置（Variable Speed Drives，VSD），是离心式制冷压缩机利用转速调节能量的一大特点。通过调节电动机转速和优化压缩机导流叶片的位置，使机组在各种工况下，尤其是部分负荷情况下，始终保持最佳效率。VSD 根据冷水出水温度和压缩机压头来优化电动机的转速和导流叶片的开度，从而使机组始终在最佳状态区运行。一般速度型压缩机的电动机消耗功率与转速的三次方有关联，即减小转速，将大大减小功率，同时提高压缩机的效率和降低制冷机组的功耗。

4）旁通调节。旁通调节方法虽然不经济，但由于它可以使压缩机在极小制冷量时也能运行，因此往往和其他调节方法配合使用。当其他调节方法已不再能使制冷量减少，否则会使压缩机进入喘振区时（这部分内容在后面介绍），就可以用旁通调节作为辅助调节，即压缩机的排气经旁通管道直接进入压缩机进口，以保证吸入流量为一定值，且不产生喘振。由于压缩机的排气温度比吸气温度高，当用旁通调节时，为防止改变压缩机特性及压缩机温度过高，因此要求用制冷剂来冷却旁通气体。

（3）润滑系统　离心式制冷压缩机一般是在高转速下运行的，其叶轮与机壳无直接接触摩擦，无须润滑。但其他运动摩擦部位则不然，即使短暂缺油，也将导致烧坏，因此，离心式制冷机组必须带有润滑系统。开启式机组的润滑系统为独立的装置，半封闭式则放在压缩机机组内。图 4-97 所示为半封闭离心式制冷压缩机的润滑系统。润滑油通过油冷却器 2 冷却后，经油过滤器 5 吸入液压泵 1；液压泵加压后，经油压调节阀 3 调整到规定压力（一般比蒸发压力高 0.15～0.2MPa），进入磁力塞 6，油中的金属微粒被磁力吸附，使润滑油进一步净化；然后一部分油送往电动机 9 的末端轴承，另一部分送往径向轴承 15、推力轴承 16 及增速器齿轮和轴承；然后流回贮油箱供循环使用。

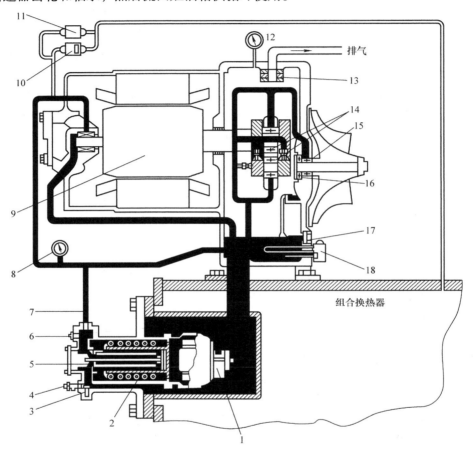

图 4-97 半封闭离心式制冷压缩机的润滑系统

1—液压泵 2—油冷却器 3—油压调节阀 4—注油阀 5—油过滤器 6—磁力塞 7—供油管
8—油压计 9—电动机 10—低油压断路器 11—关闭导叶的油开关 12—油箱压力计 13—除雾器
14—小齿轮轴承 15—径向轴承 16—推力轴承 17—喷油嘴视镜 18—油加热器的恒温控制器与指示灯

由于制冷剂中含油，在运转中应不断把油回收到油箱。一般情况下经压缩后的含油制冷剂，其油滴会落到蜗壳底部，通过喷油嘴可回收入油箱。进入油箱的制冷剂闪发成气体再次被压缩机吸入。

油箱中设有带恒温装置的油加热器，在压缩机起动前或停机期间通电工作，以加热润滑油。其作用是使润滑油黏度降低，以利于高速轴承的润滑，另外在较高的温度下易使溶解在润滑油中的制冷剂蒸发，以保持润滑油原有的性能。

为了保证压缩机润滑良好，液压泵应在压缩机起动前 30s 先起动，在压缩机停机后 40s 内仍让其连续运转。当油压差小于 69kPa 时，低油压保护开关使压缩机停机。

（4）防喘振调节　图 4-98 所示为离心式制冷压缩机的特性曲线，若压缩机在设计工况 A 点下工作时，气流方向和叶片流道方向一致，不会出现边界层脱离现象，效率达到最高。当流量减小时（工作点 A 移动），气流速度和方向均发生变化，使非工作面上出现脱离，当流量进一步减少到临界值（工作点 A_1）时，脱离现象扩展到整个流道，使损失大大增加，压缩机产生的能量头突然下降，其排气压力比冷凝压力低，致使气流从冷凝器倒流，倒流的气体与吸进来的气体相混合，流量增大，叶轮又可压送气体。但由于吸入气体量没有变化，流量仍然很小，故又将产生脱离，再次出现倒流现象，如此周而复始，这种气流来回倒流撞击的现象称为"喘振"，临界流量称为喘振流量。喘振时，由于压缩机出口排出的气体反复倒灌、吐出，来回撞击，使电动机交替出现空载和满载，机器产生剧烈的振动并伴随刺耳的噪声，并且由于高温气体的倒流引起机壳和轴承温度上升，在这种情况下连续运转会损坏压缩机叶片甚至整个机组。

当压缩机运行的流量增大，直至流道最小截面处的气体速度达到声速时，流量就不能再增加，这时的流量称为堵塞流量（工作点 A_2）；或者气体虽未达到声速，但叶轮对气体所做的功全部用来克服流动损失，压力并不升高，这时也达到堵塞工况。喘振与堵塞工况之间的区域称为压缩机的稳定工况区。

产生喘振的主要原因是压力比过大或负荷过小，也可能是大量空气进入系统等所致。当压力比大到某一极限点时或负荷小到某一极限点时，便发生喘振。离心式制冷机组工作时一旦进入喘振工况，应立即采取调节措施，一般可采用热气旁通来进行喘振防护，如图 4-99 所示。它是通过喘振保护线来控制热气旁通阀的开启或关闭，使机组远离喘振点，达到保护的目的。从冷凝器连接到蒸发器一根连接管，当运行点到达喘振保护点而未能到达喘振点时，通过控制系统打开热气旁通阀，经连接管使冷凝器的热气排到蒸发器，降低了压力比，同时提高了流量，从而避免了喘振的发生。

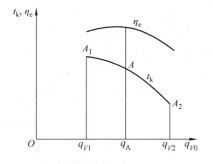

图 4-98　离心式制冷压缩机的特性曲线

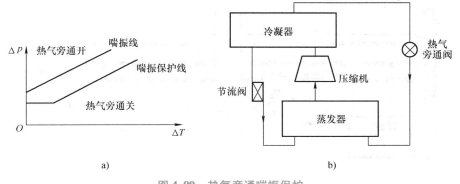

a)　　　　　　　　　　　　b)

图 4-99　热气旁通喘振保护

a）喘振保护示意图　b）系统循环图

由于经热气旁通阀从冷凝器抽出的制冷剂并没有起到制冷作用，因此这种调节方法是不经济的。目前，一些机组采用三级或两级压缩，以减少每级的负荷，或者采用高精度的进口导流叶片调节，以减少喘振的发生。空调用离心制冷机大部分采用进口导流叶片调节方法，再配合回流调节可使制冷机正常运转。

4.3.2 空调用离心式制冷机组

离心式制冷机组主要由离心式制冷压缩机、冷凝器、蒸发器、节流装置、润滑系统、进口低于大气压时用的抽气回收装置、进口高于大气压时用的泵出系统、能量调节机构及安全保护装置等组成。

一般空调用离心式制冷机组制取 4~7℃ 冷媒水时，采用单级、双级或三级离心式制冷压缩机，而蒸发器和冷凝器往往做成单筒式或双筒式置于压缩机下面，以组装形式出厂。机组的节流装置常用浮球阀、节流膨胀孔板（或称节流孔口）、线性浮阀及提升阀等，在有些机组中，还有用汽轮膨胀机作为节流装置的。

1. 离心式制冷循环

和其他压缩式制冷装置一样，离心式制冷循环由蒸发、压缩、冷凝和节流四个热力状态过程组成。图 4-100 所示为单级半封闭离心式制冷机组的制冷循环。离心式制冷压缩机 4 从蒸发器 6 中吸入制冷剂气体，经压缩后的高压气体进入冷凝器 5 内进行冷凝。冷凝后的制冷剂液体经除污后，通过节流阀 7 节流后进入蒸发器，在蒸发器内吸收列管中的冷媒水的热量，成为气态而被压缩机再次吸入进行循环工作。冷媒水被冷却降温后，由循环水泵送到需要降温的场所进行降温。另外，在通过节流阀节流前，用管路引出一部分液体制冷剂，进入蒸发器中的过冷盘管使其过冷，然后经过滤器 9 进入电动机转子端部的喷嘴，喷入电动机，使电动机得到冷却，再流回冷凝器再次冷却。

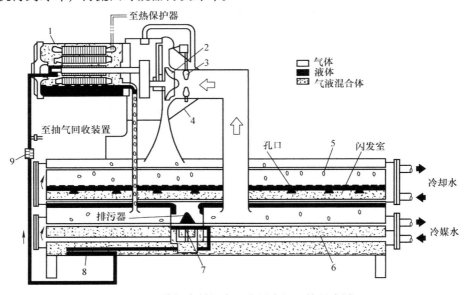

图 4-100　单级半封闭离心式制冷机组的制冷循环

1—电动机　2—叶轮　3—进口导流叶片　4—离心式制冷压缩机
5—冷凝器　6—蒸发器　7—节流阀　8—过冷盘管　9—过滤器

2. 抽气回收装置

空调机组采用低压制冷剂（如 R123）时，压缩机进口处于真空状态。当机组运行、维修和停机时，不可避免地有空气、水分或其他不凝性气体渗透到机组中。若这些气体过量而又不及时排出，将会引起冷凝器内部压力的急剧升高，使制冷量减少、制冷效果下降、功耗增加，甚至会使压缩机停机、机器腐蚀。因此，需采用抽气回收装置，随时排除机内的不凝性气体和水分，并把混入气体中的制冷剂回收。

抽气回收装置一般有"有泵"和"无泵"两种类型。

"有泵"型自动抽气回收装置如图 4-101 所示，可以自动排除不凝性气体、水分，并回收制冷剂。它由抽气泵（小型活塞式压缩机）、油分离器、回收冷凝器、再冷器、差压开关、过滤干燥器、节流器、电磁阀等组成。

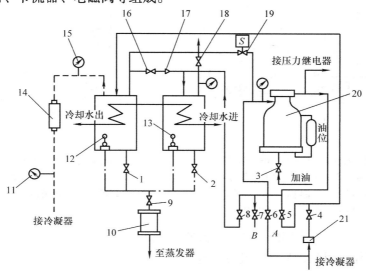

图 4-101　"有泵"型自动抽气回收装置

1～9—阀门　10—过滤干燥器　11—冷凝器压力计　12—回收冷凝器　13—再冷器　14—差压开关
15—回收冷凝器压力计　16—减压阀　17—单向阀　18—减压阀　19—电磁阀　20—抽气泵　21—节流器

该装置不仅可以抽气回收，而且还可用作机组的抽真空或加压。在对机组内抽真空或进行加压时，采用手动操作。

"无泵"型抽气回收装置不用抽气泵，而采用新的控制流程自动排放冷凝器中积存的空气和不凝性气体，达到与有泵装置等同的效果。无泵型抽气回收装置具有结构简单、操作方便、节能等优点，应用日渐增多。目前使用的无泵型抽气回收装置控制方式有差压式和油压式两种。图 4-102 所示为差压式无泵型抽气回收装置。该装置主要由回收冷凝器、干燥器、过滤器、差压继电器、压力继电器及若干操作阀等组成。

图 4-103 所示为油压式无泵型抽气回收装置。这种装置在使用时必须要有油压，一般取自高位油箱。

另外，对于采用高压制冷剂（如 R22、R134a）的机组，还必须设置泵出系统。它用于充灌制冷剂、制冷剂在蒸发器和冷凝器之间的转换以及机组抽真空等场合。

4.3.3　离心式制冷机组的特性曲线

离心式制冷机组的特性曲线也是压缩机与制冷设备的联合工作特性。当通过压缩机的流量与通过制冷设备的流量相等，压缩机产生的压头（排气口压力与吸气口压力的差值）等

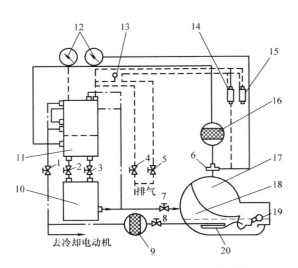

图 4-102　差压式无泵型抽气回收装置

1~8—波纹管阀　9、16—过滤器　10—干燥器

11—回收冷凝器　12—压力计　13—电磁阀

14—差压继电器　15—压力继电器　17—冷凝器

18—蒸发器　19—浮球阀　20—过冷段

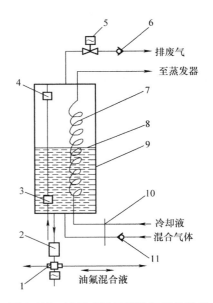

图 4-103　油压式无泵型抽气回收装置

1—三通电磁阀　2—干燥过滤器　3—下浮球阀

4—上浮球阀　5—排气电磁阀　6、11—单向阀

7—冷却盘管　8—润滑油油位　9—回收冷凝器

10—节流口

于制冷设备的阻力时，整个制冷系统才能保持在平衡状况下工作。因此，制冷机组的平衡工况应该如是压缩机特性曲线与冷凝器特性曲线的交点。

如图 4-104 所示，压缩机特性曲线与冷凝器特性曲线的交点 A 为压缩机的稳定点。当冷凝器冷却水进水量变化时，冷凝器的特性曲线将改变，这时交点 A 也随之而改变，从而改变了压缩机的制冷量。如果冷凝器进水量减少，则冷凝器特性曲线斜率增大，曲线 I 移至 I′的位置，压缩机工作点移到 A' 点，制冷量减少。反之，如果冷凝器冷却水进水量增大，则压缩机工作点移至 A'' 点，制冷量增大。

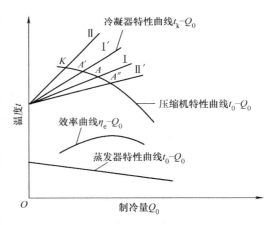

图 4-104　压缩机和制冷设备的联合特性曲线

4.4　磁悬浮制冷压缩机

4.4.1　磁悬浮轴承

磁悬浮离心式冷水机组中一个关键的部件是磁悬浮轴承。

磁悬浮是利用磁力使物体处于无接触悬浮状态。磁悬浮技术的研究首先始于磁悬浮列车，伴随着现代控制理论和电子技术的迅速发展，20 世纪 60 年代中期磁悬浮技术跃上了一个新台阶，向应用方向转化，开始研究磁悬浮轴承。磁悬浮轴承属于高科技产品，价格昂贵，过去仅用于航天工程，随着现代工业的飞速发展，20 世纪 90 年代以后开始研究应用于制冷压缩机。2003 年 1 月，麦克维尔空调公司在美国正式向全球发布了世界上第一台采用磁悬浮离心式压缩机 150t 水冷式冷水机组 WFC，并顺利通过美国制冷空调与供暖协会认证。我国在磁悬浮轴承及磁悬浮空调领域的研究工作相对落后一些，但对磁悬浮轴承技术的相关研究一直在许多高校和企业开展，并在理论分析方面取得了许多研究成果，产品应用则起步不久。

磁悬浮轴承应用于制冷领域在传统的蒸气压缩式制冷冷水机组是由最基本的四大部件（压缩机、冷凝器、节流元件、蒸发器），再加上一些用于改善制冷循环运行条件和性能的辅助设备所构成的。在这些设备中，压缩机是输入机械功让低温低压的气态制冷剂提升压力，以完成制冷剂在高温下放热的过程，进而实现制冷循环的周而复始。因此，压缩机是核心设备，相当于整个系统的"心脏"，而压缩机的运行效率也直接影响整个机组的性能。在中央空调应用场合，传统的主要有三大类型的制冷压缩机，即活塞式压缩机、螺杆式压缩机和离心式压缩机。离心式压缩机属于速度型压缩机，它是用高速旋转的叶轮让制冷剂获得动能，再使制冷剂在流通面积逐渐增大的蜗壳管中流出，把大部分动能变为压力能。在传统的离心式压缩机中，机械轴承是必需的部件，并且需要有润滑油及润滑油循环系统来保证机械轴承的工作。磁悬浮轴承是利用磁力作用将转子悬浮于空中，使转子与定子之间没有机械接触。与传统的轴承相比，磁悬浮轴承不存在机械接触，转子可以运行到很高的转速，具有机械磨损小、噪声小、寿命长、无须润滑、无油污染等优点，特别适用于高速场合。

西方国家磁悬浮压缩机技术已有多年历史，相对比较成熟，但磁悬浮冷水机组本身形式多元化且国际学术界和主要生产公司对这一技术一直比较谨慎，因此，磁悬浮冷水机组仍处于推广和发展阶段。在我国，海尔是第一家将磁悬浮技术成功应用到中央空调的企业，这几年海尔陆续研发推出了水冷磁悬浮机组、风冷磁悬浮机组和水源热泵磁悬浮。其磁悬浮中央空调也成功地在多个建筑工程项目应用并通过了一定的运行考验。

4.4.2　磁悬浮冷水机组与传统离心式冷水机组相比的特点

传统的离心式冷水机组的特点是效率高、容量大、结构简单、自动程度高以及操作方便，但一般只适用于大型制冷场合，小负载、小制冷剂流量情况下易出现喘振现象。

磁悬浮变频离心式冷水机组集磁悬浮无油运转技术、变频驱动技术、高效的满液式蒸发器、智能数字控制技术于一体，从根本上提高离心式机组的运行效率和性能稳定性。采用二级压缩可以使理论制冷系数比一级压缩提升约 10%，通过变频技术使机组在低负荷为（一般最低部分负荷为 10%，多机头机组最低部分负荷可达 5%）时低速运转，避免喘振的发生，同时保持高效运行。磁悬浮轴承系统在机组上的应用使机组没有机械摩擦损失，没有润滑油循环和相应的油过滤器、油冷却器等油路设备，降低了故障率。无油运行还使制冷剂比较纯净，机组的性能系数有所提高。机组采用的制冷剂是 R134a，它的许多特性和 R12 很接近，最大的优点在于对臭氧层没有破坏，属于新型无公害制冷剂，是目前应用最广泛的一种替代型制冷剂。

磁悬浮变频离心式冷水机组的节能性主要体现在部分负荷时的高能效比，常用综合部分负荷性能系数（IPLV）来衡量。IPLV 是按机组在特定负荷下运行时间的加权因素用下式计算而来的：

$$IPLV = 0.023A + 0.415B + 0.461C + 0.101D$$

式中　A——100% 负荷工况点时的 COP；

　　　B——75% 负荷工况点时的 COP；

　　　C——50% 负荷工况点时的 COP；

　　　D——25% 负荷工况点时的 COP。

根据磁悬浮变频离心式冷水机组低噪声、部分负荷时卓越的能效比的特点，特别适合于医院、大酒店、高档办公楼、绿色节能环保建筑等的中央空调系统。它能充分发挥部分负荷高效节能的作用，很大程度上节省了整个空调工程的运行费用。另外，由于磁悬浮变频离心式冷水机组在出水温度为 3~18℃ 都有很高的 COP，因此，也可以应用于低温送风系统、独立新风系统等空调场合。

4.5　压缩机的热力性能

实际上，制冷压缩机仅能为制冷剂提供增压和循环动力，而并不直接产生制冷或制热效果。但表征压缩机容量大小的理论输气量、所配电动机的输入功率等参数对用户而言不够直观且缺乏可比性。因此，一般采用给定工作条件下的应用该压缩机的制冷装置或热泵装置的性能参数来描述压缩机的热力性能，这些给定的工作条件称为压缩机的工况。

当压缩机工作在不同工况时其热力性能也不相同。离心式压缩机的热力性能一般由生产厂家根据试验数据提供其性能图表或回归公式，而容积式压缩机的热力性能除采用性能图表或回归公式描述外，还可采用效率法计算获得。下面首先介绍决定压缩机热力性能的工作条件即"工况"，然后介绍容积式压缩机热力性能指标及其基于效率法的计算方法。

1. 压缩机的工况

当压缩机在确定的工作条件下运行时，其性能参数也就唯一确定，这些工作条件由五个因素构成，即：①蒸发温度；②吸气温度（或过热度）；③冷凝温度；④液体再冷温度（或再冷度）；⑤压缩机工作的环境温度。包含这五个因素的一组数值就是一个工况。

为了统一基准描述一台压缩机的大小和性能优劣，必须给定一个具有应用代表性的、特定的工况（一组数值），采用该工况下测试出的压缩机性能参数（制冷量/制热量、输入功率、性能系数）来表征压缩机的容量和能效。因此，将这一组特定的蒸发温度、吸气温度（或过热度）、冷凝温度、液体再冷温度（或再冷度）和压缩机工作环境温度称为压缩机的名义工况（或额定工况），所测量出的性能参数称为名义性能参数。

各类压缩机的名义工况都由其产品标准统一给出。目前，我国与制冷压缩机有关的国家标准有：《活塞式单级制冷剂压缩机（组）》（GB/T 10079—2018）；《全封闭涡旋式制冷剂压缩机》（GB/T 18429—2018）；《螺杆式制冷压缩机》（GB/T 19410—2008）；《房间空气调节器用全封闭型电动机-压缩机》（GB/T 15765—2014）；《电冰箱用全封闭型电动机-压缩机》（GB/T 9098—2008）；《汽车空调用制冷剂压缩机》（GB/T 21360—2018）。

各类压缩机因其使用条件不同，故其产品标准中给出的名义工况也不尽一致，表 4-11 汇总给出了各类压缩机的名义工况。

表 4-11 各类制冷压缩机的名义工况

类型	吸气饱和（蒸发）温度/℃	吸气温度/℃	吸气过热度/℃	排气饱和（冷凝）温度/℃	液体再冷温度/℃	液体再冷度/℃	环境温度/℃	标准编号	备注
高温	7.0	18.5	—	54.5	—	8.5	—	GB/T 10079—2018	有机制冷剂，高冷凝压力工况
	10	21	—	46	—	8.5	—		有机制冷剂，低冷凝压力工况
	5	20	—	50	—	0	—	GB/T 19410—2008	高冷凝压力工况
	5	20	—	40	—	0	—		低冷凝压力工况
	10	21	—	46	—	8.5	—	GB/T 18429—2018	—
	7.0	18.5	—	54.5	—	8.5	—		
	7.2±0.2	35±0.5	—	54.4±0.3	—	8.3±0.2	35±1	GB/T 15765—2014	试验工况 1
	7.2±0.2	18.3±0.5	—	54.4±0.3	—	8.3±0.2	35±1		试验工况 2
中温	−6.5	18.5	—	43.5	—	0	—	GB/T 10079—2018	有机制冷剂
	−6.7	4.5	—	43.5	—	0	—		
	−10	—	10 或 5	45	—	0	—	GB/T 19410—2008	高冷凝压力工况
	−10	—	10 或 5	40	—	0	—		低冷凝压力工况
中低温	−15	−10	—	30	—	5	—	GB/T 10079—2018	无机制冷剂（R717）
低温	−31.5	4.5/−20.5	—	40.5	—	0	—	GB/T 10079—2018	有机制冷剂
	−35	—	10 或 5	40	—	0	—	GB/T 19410—2008	—
	−31.5	4.5/−20.5	—	40.5	—	0	—	GB/T 18429—2018	—
	−23.3±0.2	32.2±3	—	54.4±0.3	—	32.2±0.3	32.2±1	GB/T 9098—2008	—
汽车空调用	−1.0	—	10	63	—	—	≥65	GB/T 21360—2018	涡旋式压缩机转速为 3000r/min，其他压缩机为 1800r/min

2. 压缩机的性能参数

压缩机主要包括制冷量与制热量两个性能参数。制冷量和制热量是表征压缩机容量大小的指标，是指将该压缩机应用于制冷或热泵装置中，在给定工况下能够输出的制冷能力或制热能力。

（1）制冷量 各类压缩机的制冷量 ϕ_0（kW）可统一表示为

$$\phi_0 = m_{Re}q_0 = m_{Re}(h_{e,o} - h_{e,i}) \tag{4-48}$$

式中 m_{Re}——蒸发器中制冷剂的质量流量（kg/s）；

q_0——单位质量制冷剂的制冷量（kJ/kg）；

$h_{e,i}$——蒸发器入口制冷剂比焓（kJ/kg）；

$h_{e,o}$——蒸发器出口制冷剂比焓（kJ/kg）。

对于容积式压缩机而言，由式（4-48）可知，ϕ_0 也可表示为

$$\phi_0 = \eta_V V_h \frac{(h_{e,o} - h_{e,i})}{v_1} \tag{4-49}$$

式中 V_h——压缩机的理论输气量（m³/s）；

η_V——压缩机的容积效率；

v_1——压缩机吸气制冷剂比体积（m³/kg）。

（2）制热量 各类压缩机的制热量 ϕ_k（kW）可统一表示为

$$\phi_k = m_{Rc} q_k = m_{Rc}(h_{c,i} - h_{c,o}) \tag{4-50}$$

式中 m_{Rc}——冷凝器中制冷剂的质量流量（kg/s）；

q_k——单位质量制冷剂的冷凝负荷（kJ/kg）；

$h_{c,i}$——冷凝器入口制冷剂比焓（kJ/kg）；

$h_{c,o}$——冷凝器出口制冷剂比焓（kJ/kg）。

压缩机的制热量通常是以单级压缩热泵循环为基准进行定义的，故对于容积式压缩机而言，ϕ_k 可表示为

$$\phi_k = \eta_V V_h \frac{(h_{c,i} - h_{c,o})}{v_1} \tag{4-51}$$

3. 耗功率

耗功率是表征压缩机的能耗指标，是指将该压缩机应用于制冷装置或热泵装置中，在给定工况下运行时所消耗的功率。

图 4-105 所示为各类压缩机的能量传递及损失。从图中可以看出，在电动机输入能量中只有一部分（P_{th}）才是真正用于制冷剂气体的等熵压缩过程，而其余能量则损失在电动机、传动、机械和内压缩等诸多能量传递环节。因此，压缩机的输入功率 P_{in}（kW）的计算公式为

$$P_{in} = \frac{P_{th}}{\eta_{el}} \tag{4-52}$$

式中 P_{th}——等熵压缩功率（kW）（参见第 1 章）；

η_{el}——压缩机的电效率。

对于封闭式压缩机，由于压缩机和电动机为一体化结构，故 η_{el} 的计算公式为

$$\eta_{el} = \eta_i \eta_m \eta_d \eta_{mo} \tag{4-53}$$

式中 η_i、η_m、η_d、η_{mo}——压缩机的指示效率、机械效率、传动效率和电动机效率。

对于电动机外置的开启式压缩机，压缩机的输入功率是外部动力提供给压缩机的轴功率，故开启式压缩机的电效率中不包含传动效率 η_d 和电动机效率 η_{mo}，故 η_{el} 的计算公式为

$$\eta_{el} = \eta_i \eta_m \tag{4-54}$$

下面对影响压缩机输入功率的上述四个效率分别进行说明：

（1）指示效率 表征压缩机实际内压缩过程偏离等熵压缩过程的程度。指示效率等于

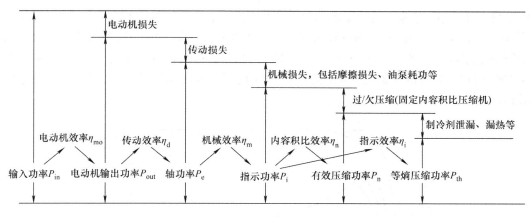

图 4-105 各类压缩机的能量传递及损失

p-V图上理想等熵压缩过程所包围面积与实际压缩过程所包围面积的比值。影响压缩机指示效率的因素除制冷剂泄漏、热量传递等外，对于固定内容积比压缩机（涡旋式压缩机和螺杆式压缩机）而言，还包括内容积比效率 η_n。

对于内容积比固定的压缩机，由于其独特的结构，其压缩终了时的压力 p_2 只与吸气压力 p_1、内容积比 v_i 和压缩过程多变指数 n 有关，故其内压缩比 ε_i 为

$$\varepsilon_i = \frac{p_2}{p_1} = \left(\frac{V_1}{V_2}\right)^n = v_i^n \tag{4-55}$$

当压缩终了压力 p_2 小于系统排气压力 p_k 时，压缩机处于欠压缩状态，在排气口打开瞬间，排气管道内压力为 p_k 的气体冲入压缩腔中，使腔内压力迅速上升到系统排气压力 p_k，此过程造成的额外功耗如图 4-106b 所示。

当压缩终了压力 p_2 大于系统排气压力 p_k 时，压缩机处于过压缩状态，压缩腔内压力为 p_2 的制冷剂在排气口打开瞬间冲出压缩腔，腔内制冷剂迅速膨胀到系统排气压力 p_k，此过程造成的额外功耗如图 4-106c 所示。

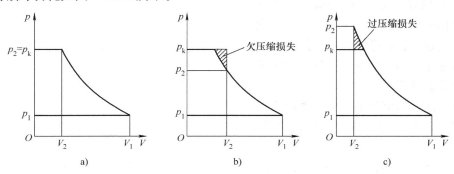

图 4-106 压缩过程的欠压缩与过压缩

a) $p_2 = p_k$ b) $p_2 < p_k$ c) $p_2 > p_k$

内容积比效率 η_n 是描述固定内容积比压缩机出现欠压缩、过压缩对压缩机指示效率的影响程度，是图 4-106 中内压缩过程中的总功耗（粗实线和纵坐标轴所围的总面积）与额外功耗（画有阴影线的三角形面积）的差与总功耗的比值。可以看出，系统排气压力 p_k 偏

离压缩终了压力 p_2 越远，则压缩机的内容积比效率 η_n 越低。图 4-107 所示为 $n = 1.15$ 时，η_n 随系统外压缩比（p_k/p_1）的变化情况。以内容积比 $v_i = 2$ 为例，只有当系统的外压缩比等于压缩机的内压缩比（$\varepsilon_i = 2^{1.15} = 2.22$）时，压缩机的 η_n 才为 1，如图 4-107 和图 4-106a 所示。系统的压缩比偏离压缩机内压缩比都将导致压缩机下降，且 η_n 对过压缩更为敏感。

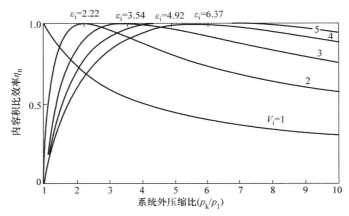

图 4-107　内容积比效率随系统外压缩比的变化情况

当然，有些压缩机具有内容积比调节装置，可根据运行工况的变化调节内容积比，从而解决上述问题。图 4-108 示出了不同内容积比和内容积比可调的 R22 螺杆式制冷压缩机的指示效率 η_i 随外压比的变化曲线。可见，内容积比可调的压缩机的指示效率 η_i 比固定内容积比更高。

（2）机械效率 η_m　机械效率是指示功率与轴功率的比值。它主要受压缩机内动力传输过程的各种摩擦影响。因此，动力传输路径短、动态平衡性好的压缩机具有较高的机械效率。

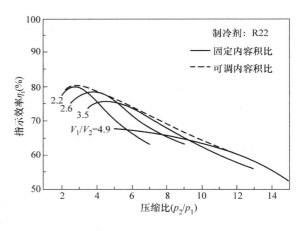

图 4-108　典型 R22 双螺杆压缩机的指示效率

此外，随着压缩比的增大，摩擦力将增加，因此压缩机的机械效率普遍降低。对于含油泵的压缩机，机械损失还包含油泵的能耗。

（3）传动效率 η_d　表征电动机输出功率传递到压缩机轴的过程中的能量损耗情况。对于电动机与压缩机共轴的情况，传动效率 $\eta_d = 1$，当前，制冷空调压缩机多为此类。对于电动机与压缩机通过增速齿轮连接的压缩机，传动效率 $\eta_d > 0.98$，非直连离心式压缩机属于此类；当电动机与压缩机通过带连接时，传动效率 $\eta_d = 0.90 \sim 0.95$。

（4）电动机效率 η_{mo}　表示电动机输出轴功率与电动机输入电功率之比，其受到电动机铜损、铁损等因素的影响。三相电动机的效率普遍高于单相电动机，直流无刷电动机的效率高于交流感应电动机。

在实际压缩机或系统性能计算中，除采用上述通用的效率法进行计算外，也可从压缩机生产厂家提供的基于试验结果的性能曲线中直接获得。图 4-109 所示即为某开启活塞式压缩机的性能曲线，图中给出了压缩机的制冷量和轴功率随冷凝温度和蒸发温度的定量变化关系。

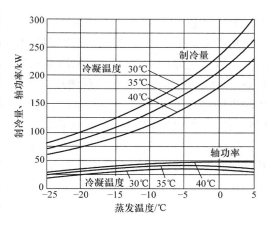

图 4-109　某开启活塞式压缩机的性能曲线
（再冷度为 0℃，吸气温度为 18.3℃）

4. 性能系数

压缩机的能效指标采用性能系数（Coefficient of Performance，COP）表示，包括制冷系数 COP_c 和制热系数 COP_h，分别表示在给定工况下压缩机的制冷量和制热量与输入功率之比。即

$$COP_c = \frac{\phi_0}{P_{in}}, \qquad COP_h = \frac{\phi_k}{P_{in}} \qquad (4\text{-}56)$$

制冷量 ϕ_0 和制热量 ϕ_k 已由前文所述方法计算获得，因此计算压缩机性能系数的重点在于确定压缩机的输入功率 P_{in}。特别需要强调的是，开启式压缩机的输入功率为轴功率。

5. 工况对压缩机性能的影响

压缩机的制冷量、输入功率、性能系数等性能参数随工况的变化而不同，其中影响最为显著的是冷凝温度和蒸发温度。

由式（4-49）可以看出，对于结构和转数一定（或压缩机的理论输气量为常数）的压缩机而言，只有吸气比体积 v_1、容积效率 η_V 和单位质量制冷量 q_0（$q_0 = h_{e,o} - h_{e,i}$）影响压缩机的制冷量。而影响容积效率的主要因素是压缩机的压缩比（p_k/p_0），也就是说，随着排气压力（或冷凝压力）的增加、吸气压力（或蒸发压力）的降低，压缩机的容积效率 η_V 减小。

图 4-110 和图 4-111 分别表示出了冷凝温度和蒸发温度变化时对单位质量制冷量 q_0、单位质量压缩功 w_c、吸气比体积 v_1 的影响（图中，再冷度和过热度均为 0℃）。

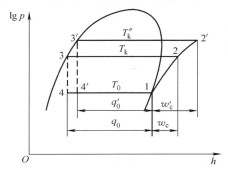

图 4-110　冷凝温度的影响

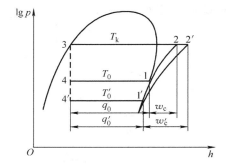

图 4-111　蒸发温度的影响

从图 4-110 中可以看出：当蒸发温度不变时，随着冷凝温度的升高，单位质量制冷量 q_0 减小，单位质量压缩功 w_c 增大，由于吸气比体积 v_1 不变，故其质量流量 m_R（$= \eta_V V_h/v_1$）变化很小（其变化量仅取决于容积效率 η_V），因此，压缩机的制冷量 ϕ_0 减小，耗功率 P_{in} 增

大，制冷系数 COP_c 降低；反之亦然。

从图 4-111 中可以看出：当冷凝压力不变时，随着蒸发温度的升高，单位质量制冷量 q_0 增大，吸气比体积 v_1 减小使得制冷剂的质量流量 m_R 增大，两者共同影响使得压缩机的制冷量 ϕ_0 增大；另外，虽然单位质量压缩功 w_c 减小，但质量流量 m_R 增大，其综合效果体现在压缩机的耗功率 P_{in}（$= m_R w_c / \eta_{el}$）随蒸发温度的升高先逐渐增大（此时 m_R 增大占主导地位），达到最大值（$P_{in,max}$）后再逐渐减小（此时 w_c 减小占主导地位）。

实际上，压缩机在制冷（热泵）系统设计或运行时，其工况与名义工况不可能一致，其性能参数也将随运行工况不同而变化，因此，工况不同的性能指标不具备可比性。

习　　题

1. 活塞式制冷压缩机的实际工作循环包括哪些过程？请简述活塞式制冷压缩机的分类。

2. 活塞式制冷压缩机有何优缺点？

3. 什么是往复式压缩机的输气系数？它与哪些因素有关？请具体说明。

4. 曲轴有哪几种？各有何特点？

5. 简述螺杆式制冷压缩机的工作原理和工作过程。

6. 螺杆式制冷压缩机能量调节的方法有哪些？

7. 开启螺杆式制冷压缩机有何优点？半封闭螺杆式制冷压缩机有何特点？

8. 离心式制冷机组由哪些主要零部件组成？这些主要零部件的作用是什么？

9. 什么是离心式制冷机组的喘振？它有什么危害？如何防止喘振发生？

10. 滚动活塞式制冷压缩机有何特点？

11. 一台 8 缸活塞式制冷压缩机气缸直径为 125mm，活塞行程为 100mm，转速为 960r/min，求其理论输气量。

12. 有一台 6 缸压缩机，气缸直径 140mm，活塞行程 75mm，转速为 1500r/min。若制冷剂为 R134a，工况为 $t_e = 0℃$，$t_c = 40℃$。试求：（1）按饱和循环工作，绘制制冷系统的压焓图；（2）求这台压缩机的理论制冷量（多变指数 $m = 1.18$）。

13. 一台 R22 半封闭压缩机和两台蒸发器（蒸发温度不同）构成的制冷装置原理如图 4-112 所示。如果忽略管道的压力损失和热损失，压缩机的机械效率 $\eta_m = 0.90$，电动机效率 $\eta_{mo} = 0.80$，容积效率 η_V 和指示效率 η_i 以及其他已知条件见表 4-12。

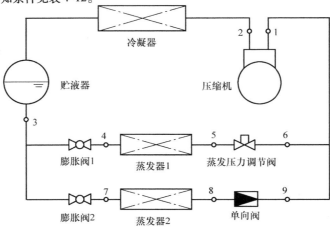

图 4-112　制冷装置原理

表 4-12　题 1 的已知条件

项目	蒸发器 1	蒸发器 2
制冷量 ϕ_0	7kW	14kW
蒸发温度 t_0/蒸发压力 p_0	0℃/0.498MPa	−20℃/0.2453MPa
过热度	8℃	3℃
冷凝温度 t_k/冷凝压力 p_k	35℃/1.352MPa	
再冷度	5℃	
压缩机容积效率 η_V	$\eta_V = 0.844 - 0.0245\,(p_k/p_0)$	
压缩机指示效率 η_i	$\eta_i = 0.948 - 0.0513\,(p_k/p_0)$	

1）请将该装置的制冷循环表示在 $\lg p\text{-}h$ 图上（要求各状态点与原理图一一对应，蒸发压力调节阀相当于膨胀阀，具有节流降压功能）。

2）计算该制冷装置所采用压缩机的理论输气量 V_h（$\mathrm{m^3/s}$）。

3）压缩机的输入功率 P_{in}（kW）以及制冷系数 COP 各为多少？

4）如果采用两台独立制冷装置向不同蒸发温度区域供冷，各已知条件均与图中相同，请计算这两台制冷装置的制冷系数 COP_1、COP_2 和总耗电能 $\sum P_{in}$（kW）。

5）根据上述计算结果，分析两类技术方案（第一类采用蒸发压力调节阀制冷装置，第二类采用两台制冷装置）的特点。

第 5 章
制冷换热设备

5.1 蒸发器的种类及特点

在制冷循环中，来自冷凝器的液态制冷剂经节流后在蒸发器中汽化吸热，使被冷却介质的温度降低，达到制冷的目的。因此，蒸发器是制冷系统中的一种换热设备，具有制取和输出冷量的作用。

1. 按冷却介质分类

按被冷却介质的种类不同，蒸发器可分为两大类。

（1）冷却液体载冷剂的蒸发器　这种蒸发器用于冷却液体载冷剂，如水、盐水或乙二醇水溶液等。

（2）冷却空气的蒸发器　具体内容见 5.1.2 节。

2. 按制冷剂供液方式分类

按制冷剂供液方式的不同，蒸发器可分为以下四种：

（1）满液式蒸发器　如图 5-1a 所示，制冷剂经节流阀节流，再经过气液分离后，液体制冷剂进入蒸发器内。这种蒸发器内充满液态制冷剂，液态制冷剂和传热面充分接触，沸腾传热系数高，因此，满液式蒸发器的传热效果好，但是需充入大量制冷剂，液柱对蒸发温度将会有一定影响。而且，当采用与润滑油相溶的制冷剂时，润滑油难以返回压缩机。属于这类蒸发器的有立管式蒸发器、螺旋管式蒸发器和卧式壳管式蒸发器。

（2）非满液式蒸发器　如图 5-1b 所示，制冷剂经节流阀节流后直接进入蒸发器内，制冷剂处于气、液两相，随着制冷剂在蒸发器管内的流动，并不断吸收管外载冷剂的热量而汽化，蒸发器内气相制冷剂增多。由于一部分传热面积与气相制冷剂相接触，因此传热系数比满液式蒸发器差。但这种蒸发器克服了满液式蒸发器的回油、液柱问题，另外，它的制冷剂充注量只是满液式的 1/3 ~ 1/2，甚至更少。属于这类蒸发器的有干式壳管式蒸发、直接蒸发式空气冷却器和冷却排管等。

（3）循环式蒸发器　如图 5-1c 所示，这种蒸发器是通过泵强迫制冷剂在蒸发器内循环，循环量为制冷剂蒸发量的 4 ~ 6 倍，因此，与满液式蒸发器相似，沸腾换热系数更高，而且润滑油不易在蒸发器内积存；但是这种蒸发器的设备费较高，故多用于大、中型冷藏库中。

（4）淋激式蒸发器（喷淋式蒸发器）　如图 5-1d 所示，这种蒸发器借助泵将液态制冷剂喷淋在传热面上，这样既可减少制冷剂的充液量，又可消除静液高度对蒸发温度的影响。由于这类设备费用较高，故适用于蒸发温度很低或蒸发压力很低的制冷装置中。目前，这种蒸发器用于溴化锂吸收式制冷机,在其他场合较少使用。

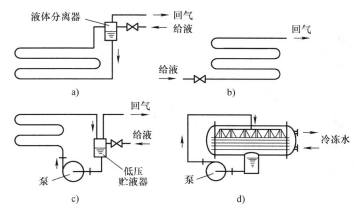

图 5-1 蒸发器的形式
a) 满液式 b) 非满液式 c) 循环式 d) 淋激式

5.1.1 冷却液体载冷剂的蒸发器

冷却液体载冷却的蒸发器主要有壳管式蒸发器、水箱式蒸发器和板式蒸发器三种。

1. 壳管式蒸发器

它与卧式壳管式冷凝的结构相似,即采用平放的圆筒,内置传热管束。按供液方式分,有卧式壳管式蒸发器和干式壳管式蒸发器两种。

(1) 卧式壳管式蒸发器 卧式壳管式蒸发器是满液式蒸发器。它的筒体由钢板卷板后焊接而成,筒体两端焊有管板,多根水平传热管穿过管板后,通过胀接或焊接的方式与管板连接。两端管板外侧装有带分程隔板的封盖,靠隔板将水平管束分为几个管组(流程)。载冷剂由端盖下部接口管进入蒸发器的水平管束,按顺序流过各管组,这样的设计有利于提高管中液体流速,增强传热。被冷却的载冷剂再由端盖上部接口管流出。载冷剂在管内流速要求为 $1 \sim 2m/s$。经膨胀阀降压的液态制冷剂由筒体下部进入蒸发器,淹没传热管束,在管外蒸发。为了防止液体被压缩机吸入,在蒸发器上部设有液体分离器(回气包),以分离蒸气中夹带的液体。

氨用满液式卧式管壳式蒸发器如图 5-2 所示。其换热管尺寸(直径×管厚)为 $\phi25mm \times 2.5mm$ 或 $\phi19mm \times 2mm$ 的钢管,封盖上除了有载冷剂进口管、载冷剂出口管外,还有泄水管、放气旋塞。在筒体上部设有制冷剂回气包和安全阀、压力计、气体均压管等,回气包上有回气管。筒体中下部侧面有氨液供液管、液体均压管等。在回气包与筒体间还设有钢制液面指示器。由于氨与润滑油不相溶,润滑油密度大于氨液而沉积于其中,因此筒体下部设集油包,包上有放油管,通过它定期往集油器放油。满液式卧式管壳式蒸发器壳体周围要设置保温层,以减少冷量损失。

满液式卧式管壳式蒸发器中制冷剂充满高度应适中。充满过高,由于蒸发器内制冷剂沸腾形成大量泡沫而可能造成回气中夹带有液体;反之,制冷剂不足,使部分传热面不与制冷剂接触,而降低了蒸发器的传热能力。因此,对于氨蒸发器,充满高度一般为筒径的70% ~ 80%;对于氟利昂蒸发器,由于氟利昂产生泡沫现象比较严重,充满高度应稍低些,为筒径的 55% ~ 65% 。

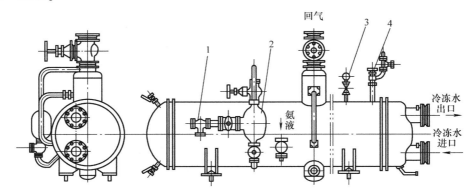

图 5-2　氨用满液式卧式管壳式蒸发器
1—氨液过滤器　2—浮球阀　3—压力计　4—安全阀

由于满液式蒸发器制冷剂充注量大，且有回油问题，因此原来多用在价格较低廉且难与润滑油相溶的氨制冷系统中。近年来，由于提高制冷机组性能系数的需要，氟利昂制冷剂冷水机组采用满液卧式壳管式蒸发器逐渐增多。

氟利昂卧式壳管满液式蒸发器如图 5-3 所示，由于氟利昂和润滑油在蒸发温度部分互溶，且润滑油密度小于氟利昂，故在氟利昂卧式壳管满液式蒸发器液态制冷剂上部液体中存在一个集油层。回油措施有：①在蒸发器液位附近水平方向开几个回油口，利用压缩机的高压排气，把蒸发器内含油浓度较高的液体连续引射回压缩机；②在蒸发器液体附近水平方向开几个回油口，利用压缩机吸气管中高速气流把含油浓度较高的液体带回压缩机；③在蒸发器液位附近上下方向开两个回油口，利用高度差，使含油浓度较高的液体落入集油容器，利用压缩机高压排气把这些液体带压回压缩机；④在蒸发器液位附近开一个回油口，利用高度差，使含油浓度高的液体流入一个换热器。在换热器中，混合液体的液体制冷剂吸收从冷凝器来的高温液体的热量而蒸发，剩余的油被压缩机高压排气压回压缩机。

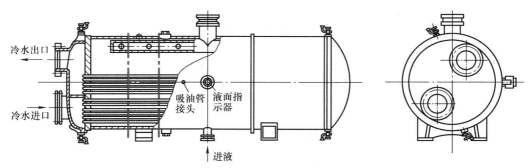

图 5-3　氟利昂卧式壳管满液式蒸发器

卧式壳管式蒸发器结构紧凑，传热性能好，制造工艺简单。为了强化氟利昂侧的沸腾换热，用于氟利昂的卧式壳管式蒸发器采用低肋铜管。但是这种蒸发器存在两个缺点：其一，使用时需注意蒸发压力的变化，避免蒸发压力过低，导致冷冻水冻结，胀裂传热管，当冷却普通淡水时，其出水温度应控制在 3℃ 以上；其二，蒸发器水容量小，运行过程的热稳定性差，水温易发生较大变化，而水箱式蒸发器可消除此缺点。

（2）干式壳管式蒸发器　干式壳管式蒸发器的构造与卧式壳管式蒸发器相似，它与卧式壳管式蒸发器的主要不同点在于：制冷剂在管内流动，而被冷却液体在管束外部空间流动，筒体内横跨管束装有若干块隔板，以增加液体横掠管束的流速。

液态制冷剂经膨胀阀降压，从下部进入管组，随着在管内流动不断吸收热量，逐渐汽化，直至完全变成饱和蒸气或过热蒸气，从上部接管流出，返回压缩机。由于蒸发器的传热面几乎全部与不同干度的湿蒸气接触，故属于非满液式蒸发器；其充液量只为管内容积的40% 左右；而且，管内制冷剂流速大于一定数值（约 4m/s），即可保证润滑油随气态制冷剂顺利返回压缩机。此外，由于被冷却液体在管外，故冷量损失少，还可以缓解冻结危险。

干式壳管式蒸发器按照管组的排列方式不同可分为直管式和 U 形管式两种，如图 5-4所示。

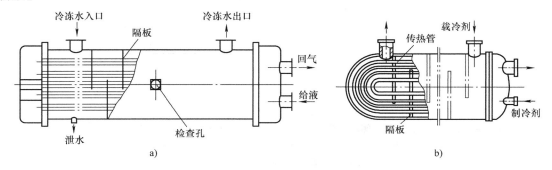

图 5-4　干式壳管式蒸发器
a）直管式　b）U 形管式

直管式干式壳管式蒸发器可以采用光管或具有多股螺旋形微内肋的高效蒸发管作为传热管。由于载冷剂侧的对流换热系数较高，因此，一般不用外肋管。因为随着制冷剂沿管程流动，其蒸气含量逐渐增加，所以后一流程的管数应多于前一流程，以满足蒸发管内制冷剂湿蒸气比体积逐渐增大。

U 形管式干式壳管式蒸发器的传热管为 U 形管，从而构成制冷剂为二流程的壳管式结构。U 形管式结构可以消除由于管材热胀冷缩而引起的内应力，且可以抽出来清除管外的污垢。另外，制冷剂在蒸发器中始终沿着同一管道流动，而不相互混合，因而传热效果较好。

2. 水箱式蒸发器

水箱式蒸发器由水箱和蒸发盘管组成，水箱由钢板焊接而成，水箱内盛有被冷却的液体载冷剂（水、盐水、乙二醇水溶液等）。水箱内放有若干蒸发盘管，盘管可为立管、螺旋形盘管或蛇形盘管。水箱式蒸发器中蒸发管组的形式如图 5-5 所示。图 5-6 所示为氨立管式水箱式蒸发器，每排盘管管组由上、下集管和介于其间的许多钢制立管组成，立管中有许多根两端微弯的液体管和几根粗立管组成。由于粗、细立管内的制冷剂液体蒸发是不同的，导致粗立管内的液体密度大于细立管内的密度，从而形成液体上下循环，粗立管是下降管，细立管是上升管。进液管从中间一根较粗的立管上部插入蒸发管组，几乎伸至下集管，这样可保证液体直接进入下集管，并均匀分配给各个立管。上集管的一端焊有液体分离器，吸热汽化后的制冷剂，上升至上集管，经液体分离器分离后液体制冷剂沿液体分离器底部的立管流回下集管内，气体返回压缩机。下集管的一端焊一根水平管与水箱外的集油器相通，集油器上部接有与回气管相通的均压管。

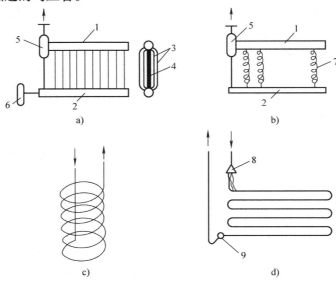

图 5-5　水箱式蒸发器中蒸发管组的形式

a）立管式（氨）　b）螺旋管式（氨）　c）盘管式（氟利昂）　d）蛇管式（氟利昂）

1—上集管　2—下集管　3—细立管　4—粗立管　5—液体分离器

6—集油器　7—螺旋管　8—分液器　9—回气集管

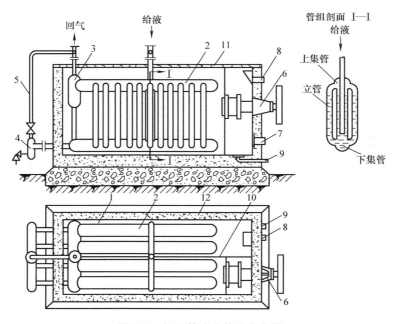

图 5-6　氨立管式水箱式蒸发器

1—水箱　2—管组　3—液体分离器　4—集油器　5—均压管　6—螺旋搅拌器

7—出水口　8—溢流口　9—泄水口　10—隔板　11—盖板　12—保温层

　　螺旋管式的蒸发管组与立管式的不同点是将细立管改成螺旋管，螺旋管可用一层或数层组成。这种形式的蒸发器常用于小型氟利昂系统中。

蛇管式蒸发器把铜管盘成蛇形管，数组蛇形管下端焊在一个回气集管上，每组蛇形管上端用分液管与分液器焊接在一起，以便使制冷剂均匀分配到各组蛇形管中。这种形式的蒸发器仅用于氟利昂系统中。

从供液方式分，图 5-5a、b 所示为满液式蒸发器。液态制冷剂维持到上集管的底部，液体与传热面之间接触很好，传热效果好。图 5-5c、d 所示的两种蒸发器为非满液式蒸发器。

在立管式和螺旋管式蒸发器中，制冷剂为下进上出，符合液体沸腾过程的运动规律，故循环良好、沸腾换热系数较高。

为了使水在箱内流动，增加外侧的传热系数。水箱中设有隔板将载冷剂分成几条通路，并在箱内设有搅拌机，载冷剂在箱中以一定路线循环，水速一般为 0.5 ~ 0.7m/s。水箱上部设有溢流管，箱底设有排水口，以备检修时排空水箱中的载冷剂。

3. 降膜式蒸发器

降膜式蒸发器是一种高效的蒸发设备，具有温差小、滞留时间短、工作寿命长、结构紧凑、效数（单效或多效）不受限制等优点。它的主要传热方式是降膜蒸发，制冷工质从蒸发器顶端经布液器后均匀分布到蒸发管上，在重力作用下在蒸发管外绕流并形成一层液膜，吸收管内流体热量而逐渐蒸发，从而冷却管内载冷介质。目前制冷空调机组所用降膜式蒸发器工质主要为水、氨水以及少数制冷剂。

降膜式蒸发器按布液壁的形式不同，主要分为板式降膜蒸发器、竖直管降膜蒸发器及水平管降膜蒸发器等。降膜式蒸发器主要结构包括布液器、蒸发元件、排气系统等，如图 5-7 所示。其中布液器是关键部件，在很大程度上影响传热性能和操作稳定。

降膜式蒸发器传热分段模型表明：在较低热流密度下，由于传热温差较小，热量传递主要依靠液膜流动对流来实现，液膜中无气泡产生，随热流密度的增大，在管壁处会产生少量的气泡，

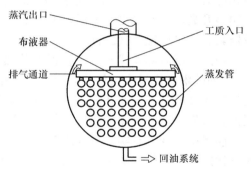

图 5-7　水平管降膜式蒸发器原理

由于此时的热流密度不足以使气泡增大、摆脱液膜的束缚溢出表面，但由于气泡的存在，多少对液膜起到一定的扰动作用，对流换热也相应加强，该过程称为表面蒸发阶段，如图 5-8 所示。此时，管外传热系数 h_0 主要与流体的流动参数 R_e、p_r 等有关，在一定程度上，也与热流密度有关；随热流密度的进一步增大，管外更多的凹穴成为汽化核心，液膜内开始产生大量的气泡，液膜的沸腾现象明显，波动性增强，降膜蒸发过程处于沸腾蒸发阶段，热量传递主要依靠气泡实现，此时，管外传热系数 h_0 主要与壁面特性如表面粗糙度 R_p 和液体临界参数 T_{cr}、p_{cr} 等有关；当热流密度继续增大时，在液膜比较薄的区域就会由于蒸发较快而产生干斑，局部壁面温度急剧增大，使换热效果恶化，这种情况应尽量避免。

在影响降膜式蒸发器流动与传热性能的影响的研究，除以上所述的热流密度外，还有制冷剂质量流量、温度、喷淋密度、几何参数等因素。降膜式蒸发器液膜很薄且处于层流状态时，传热过程是薄膜导热；随着质量流量的增加，液膜处于波动状态，传热机理是自然对流，在较大温差下，同时也有核态沸腾发生。因此，由于工况的不同，传热机理也不尽相同，质量流量对降膜蒸发器性能的影响大小有所差异。

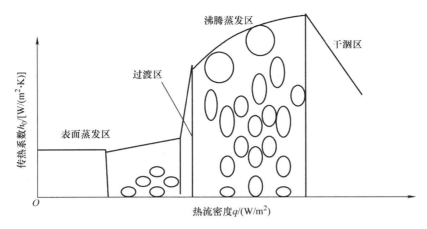

图 5-8　水平管外降膜蒸发的特性曲线

温度是降膜式蒸发器传热性能的一个非常重要的因素。通过试验研究发现：在不同试验条件下总传热系数随蒸发温度的升高而增大；传热温差的增大对传热系数影响降低；提高加热壁初温可以强化蒸发；低过热度时，湍动易形成旋涡阻碍薄膜导热，但有利于对流传热；过热度大于 30K 后，开始核态沸腾，此时湍流有利于气泡的扰动从而强化换热，使传热系数明显升高。由此可见，大温差不一定会提高薄膜蒸发的传热性能，小温差传热使降膜式蒸发器具有无可比拟的优越性。

喷淋密度对降膜式蒸发器获得高传热系数很重要，因为喷淋密度太小管壁会产生"干斑"，而喷淋密度过大会使热阻增大，同样不利于薄膜蒸发。此外，降膜式蒸发器传热系数受加热元件形状和表面状况等影响也很显著。对于水平降膜式蒸发器，管程下进上出布置且浸没管数较少时，整体传热会随其浸没管数增多而增大，不过当浸没管数到一定数量后，传热性能保持不变。有实验发现满液区的浸液管数百分比为 40% 时传热性能最优。正三角形布管比矩形布管传热效果好，采用叉排式传热性能最好。

布膜好坏关系到是否在加热壁表面形成均匀稳定的液膜，避免干壁发生，也是有效进行传热的必要条件。新型的布膜方法有：利用毛细现象对竖直微沟槽降膜结构进行布膜，通过马兰戈尼效应增加液体在微结构腔内的循环流显著提高了蒸发速率，避免干壁；利用电磁流体动力学原理，使降膜蒸发器通过电磁力（EHD）在两电极间布膜。

由于在降膜蒸发过程中，液固和液气界面都可能产生相变换热，所以其传热系数很高。再加上满液式蒸发器虽具有较高的传热系数，但制冷介质的充注量较大，所以制冷介质充注量可明显减少的降膜蒸发传热技术逐渐引起关注。

4. 板式蒸发器

它与焊接板式冷凝器的结构相似，仍分为两种结构形式，即半焊接板式蒸发器和全焊接板式蒸发器。焊接板式蒸发器除了具有结构紧凑、传热性能好、板片间隙窄和内容积小等特点外，还具有如下特点：

1) 与壳管式蒸发器相比，冻结危险性小。其原因是水在板式蒸发器的板间通道里形成激烈的湍流，使板式蒸发器的冻结可能性相对变小。同时，由于板式蒸发器的传热性能良好，水与制冷剂的传热温差可取得很小。例如，在 R717 用板式蒸发器中，冷冻水的出口温度可达到比 R717 的蒸发温度高 2℃ 左右。这样一来，在要求同样温度的冷冻水时，与其他蒸发器相比，可以提高其蒸发温度，因而可以减小板式蒸发器的冻结危险性。

2）板式蒸发器具有较好的抗冻性。当系统发生故障而使蒸发器出现冻结时，板式蒸发器较传统的蒸发器更能承受因冻结而产生的压力。

为了使板式蒸发器各板间通道之间制冷剂分配均匀，各生产厂家常采取一些技术措施。例如，阿法拉伐（Alfa- Laval）公司在 CB51、CB75 两个系列的板式蒸发器各通道的进口处装有节流小孔，用增加局部阻力的办法来保证各通道的制冷剂流量均匀。又如，GEA 技术设备（上海）有限公司提出一种雾化器专利。在板数较多时（一般片数多于 30 片时），必须安装 GEA 雾化器。雾化器是一块非常致密的圆形铜丝网，安装在制冷剂进口处，如图 5-9 所示。它将制冷剂雾化成为微小液滴，这种均匀的雾状流伴随气态制冷剂均匀地流入各板间通道，以充分利用板式蒸发器的换热面积。

表 5-1 对以上介绍的冷却液体载冷剂的蒸发器的特点进行了比较。

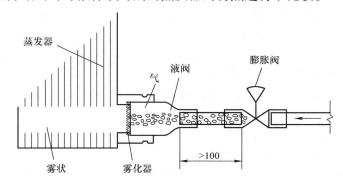

图 5-9　雾化器的安装位置

表 5-1　冷却液体载冷剂的蒸发器的特点

项目	水箱式蒸发器	卧式壳管式蒸发器	干式壳管式蒸发器	板式蒸发器
水容量	水容量大	水容量小	水容量较小	水容量小
冻结危险性	无冻结危险	有冻结危险	冻结危险性较小	冻结危险性小
结构	结构较庞大	结构紧凑	结构紧凑	结构紧凑
腐蚀性	易腐蚀	腐蚀缓慢	腐蚀缓慢	耐腐蚀
适用性	只适用于开式水系统	适用于开式和闭式水系统	适用于开式和闭式水系统	适用于开式和闭式水系统

5.1.2　冷却空气的蒸发器

冷却空气的蒸发器的制冷剂在蒸发器的管程内流动，并与在管程外流动的空气进行热交换，按空气流动的原因，冷却空气的蒸发器可分为自然对流式冷却空气的蒸发器和强迫对流式冷却空气的蒸发器两种。

1. 自然对流式冷却空气的蒸发器

自然对流式冷却空气的蒸发器常应用在空气流动空间不大的冷库和电冰箱等小型制冷装置中，它依靠自然对流换热方式使空间内空气冷却，排管内的制冷剂流动并蒸发，从而吸收被冷却空气的热量。这种蒸发器结构简单、制作方便，甚至可在现场生产，但传热系数较低、面积大、消耗金属多。为了提高传热效果，可采用绕制肋管制造。

　　冷库内常用蒸发器的排管可根据其安装的位置分为墙排管、顶排管、搁架式排管等多种形式；从构造来分，有立管式排管、蛇形盘管、U形排管等形式，如图5-10所示。

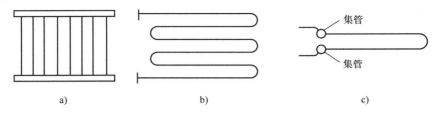

图5-10　排管的结构形式
a）立管式排管　b）蛇形盘管　c）U形排管

　　蛇形盘管通常用无缝钢管（氨或氟利昂制冷装置用）或纯铜管（氟利昂制冷装置用）加工而成，排管吊在冷库的平顶下或安装在墙壁上。图5-11所示为盘管式墙排管，它由无缝钢管弯制成蛇形而成，排管水平安装，盘管回程可以设成一个通路（单头）和两个通路（双头）。氨制冷液从盘管下部进入，当流过全部盘管蒸发后，气体从上部排出。它可采用氨泵供液。盘管式墙排管的

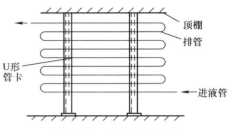

图5-11　盘管式墙排管

结构简单、易于制作、氨充量小（一般只为排管容积的50%）；但在蒸发时所产生气体不易排出，并且排管底部形成的气体要经过全部盘管长度从顶部排出，会影响传热效果。

　　U形排管一般吊装在库房顶棚下面作为顶排管用。U形排管通常用无缝钢管制作成双排或四排形式，如图5-12和图5-13所示，每组排管各用上、下两根集管，下集管进液，上集管回气。U形排管在冷藏库中应用较为广泛。

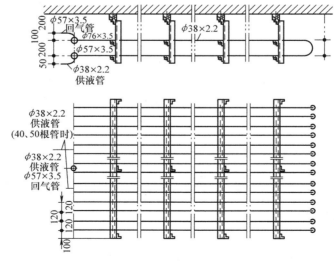

图5-12　双排U形排管

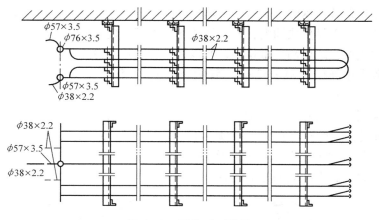

图 5-13　四排 U 形排管

小型冷藏库通常采用搁架式排管作为冷库冻结设备，如图 5-14 所示。搁架式排管一般采用无缝钢管制作，宽度为 800～1200mm，管子水平间距为 100～200mm，最低一层排管离地不小于 250mm。根据装放食品的盛盆高度，每层管子的竖直中心距一般为 250～400mm。

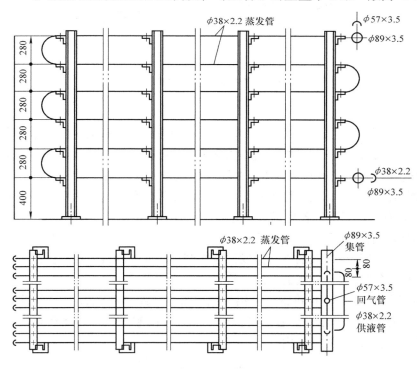

图 5-14　搁架式排管

与其他形式的冻结设备相比，搁架式排管具有容易制作、不需要维修、传热效果较好等优点，但钢材耗量较大。

总的来说，排管有光滑管和翅片管两种，一般由 φ38mm×2.2mm 的无缝钢管制成；翅片材料多为软质钢带，翅片宽 4.6mm，厚为 1～1.2mm，片距为 35.8mm。由于翅片管容易生锈，冷库中用得比较少。管中心距：光滑管为 110mm，翅片管为 180mm。

由于铝的导热系数是钢的 4 倍多，传热性能好；铝合金排管的管壁光滑洁净，管内制冷剂阻力小，流速大，不易生成油垢；外表面抗养化处理，使用中不用定期防腐处理；铝翅片排管可采用一次成型，耐压高，重量轻，所以铝排管近年在冷库中被广泛应用。

铝排管一般采用外径为 21～32mm，管壁为 1.8～2.5mm 的光管或翅片管，一次成型的翅片管有双翅片和多翅片形式。

电冰箱中采用的自然对流式冷却空气式蒸发器还有管板式和吹胀式。管板式蒸发器是将直径为 6～8mm 的纯铜管贴焊在铝板或薄钢板上，如图 5-15 所示。这种蒸发器制造工艺简单，不易损坏泄漏，常用于电冰箱的冷冻室。在立式冷冻箱中，此类蒸发器常做成多层搁架。它具有结构紧凑、冷冻效果好等优点。

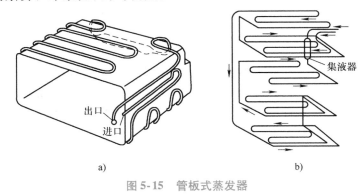

图 5-15　管板式蒸发器

a）无搁架式　b）多层搁架式

2. 强迫对流式冷却空气的蒸发器

这种蒸发器又称为直接蒸发式空气冷却器，在冷库或空调系统中，又称为冷风机。这种蒸发器由几排带肋片的盘管和风机组成，依靠风机的强制作用，使被冷却房间的空气以 1～3m/s 的流动速度（迎面风速）从盘管组的肋片间流过。管内制冷剂吸热汽化，管外空气冷却降温后送回房间。这种蒸发器传热系数比自然对流传热系数高，为自然对流翅片管的 3～5 倍，因此，具有结构紧凑、容易调节、能适应负荷的变化、易于实现自动控制等优点。

按管束的形式有光管和肋片管束两种。目前，光管的空气蒸发器已很少使用，只在低温中还有应用，而肋片管束形式的空气蒸发器在空调、冷冻和冷藏中被广泛地应用。

肋片管束的形式很多，常用的有绕片管束和串片管束。

（1）绕片管束　用绕片机将钢带、铝带或铜带直接缠绕在光管上。常用的有 L 形平肋和褶皱绕片，如图 5-16 所示。后者是将肋片根部压成褶皱，然后缠绕在光管上。还有镶嵌肋片，即把肋片直接嵌在光管壁内。

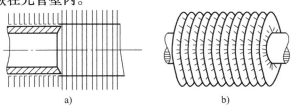

图 5-16　绕片管束

a）L 形平肋　b）褶皱绕片

（2）串片管束 肋片用薄钢板或 0.2mm 左右的薄铝片，按管束排列形式冲孔并翻边，用套片机将肋片套于管束上，由翻边高度控制片距。为了防止肋片孔与管子间有间隙而降低传热效果，必须将肋片冲孔的翻边部分与管壁固定紧。目前常用的串片管束有钢管串钢片和铜管串铝片。整体铝片又可为平板形肋片、波纹形肋片、条缝形肋片等。改变肋片的形状，会影响流动空气的扰动。

肋片管束蒸发器的片距，根据用途不同有宽有窄。片距越窄，蒸发器的紧凑性指标越大，但空气流动阻力也越大，空气通路容易堵塞。供空调工程用的蒸发器片距通常为 2 ~ 3mm；当蒸发器除湿量大时，为了避免凝结水堵塞，以采用 3.0mm 的步距为宜。供除湿机用的蒸发器，由于在肋片间有很多凝结水，阻止空气流通，因此，片距应大些，一般为 4 ~ 6mm。温度低于 0℃的蒸发器，由于存在结霜问题，因此其片距应更大一些，一般为6 ~ 12mm。

蒸发器的排数一般为 3 ~ 8 排，仅在特殊情况（如要求大焓降）时可多于 8 排。蒸发器的迎面风速为 2 ~ 3m/s，一般取 2.5m/s。当迎面风速过高时，肋片间的凝结水容易被风吹出。

这种蒸发器一般有很多制冷剂通路。为了保证各通道供液量和制冷剂干度相同，节流后的气液混合物必须经过分液器和毛细管再进入蒸发器的每一通路。分液器保证了制冷剂气液比相同，而毛细管内径很小，有较大的流动阻力，从而保证了制冷剂分配时供液量均匀。

目前常见的几种分液器如图 5-17 所示。其中，图 5-17a 所示为离心式分液器，来自节流阀的制冷剂沿切线方向进入小室，经充分混合的气液混合物从小室顶部沿径向分送到各通路。图 5-17b、c 所示为碰撞式分液器，来自节流阀的制冷剂以高速进入分液器后，首先与壁面碰撞使之成均匀的气液混合物，然后再进入各通路。图 5-17d、e 所示为降压式分液器。其中，图 5-17d 所示为文氏管型，其压力损失较小，这种类型的分液器是使制冷剂首先通过缩口，增加流速以达到气液充分混合，克服重力影响，从而保证制冷剂均匀地分配给各通路。这些分液器可水平安装，也可竖直安装，一般多为竖直安装。

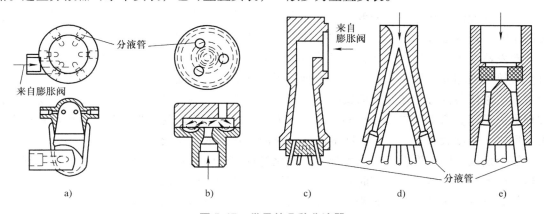

图 5-17 常见的几种分液器
a）离心式分液器 b）、c）碰撞式分液器 d）、e）降压式分液器

5.2 影响蒸发器传热效果的因素

蒸发器是制冷装置中的换热设备之一。其传热过程包括制冷剂侧的沸腾换热，被冷却介质（空气、水或盐水）侧的对流换热以及管壁与管壁附着物的导热。因此，蒸发器传热效

果的好坏，也像冷凝器一样，取决于管外和管内的传热系数、管壁与管壁附着物热阻的大小。

本节将主要讨论制冷剂在蒸发器内的沸腾换热问题和沸腾传热系数的主要影响因素。

液体内部进行的汽化过程，称为"沸腾"；在液体表面进行的汽化过程称为"蒸发"。在制冷装置中，虽然将制冷剂汽化产生和输出冷量的设备称为蒸发器，但是制冷剂液体在蒸发器内的热力过程却是低温下的沸腾过程。也就是说，在蒸气压缩式制冷装置中，利用制冷剂液体在低温下沸腾吸热的特性来实现制冷。因此，分析制冷剂液体沸腾换热过程是十分重要的。

由传热学可知，制冷剂在蒸发器管束的粗糙不平、黏附污垢及有泡沫的地方先生成气泡，热量不断地传入气泡，使气泡增大。当气泡大到一定尺寸时，就脱离壁面上升，上升中，气泡沿程吸热，使气泡继续变大，最后逸出液面。制冷剂的沸腾就是这样不断地进行。因此，液体的沸腾传热系数与液体的物性、管表面粗糙度、液体对管束表面的润湿能力、热流密度、蒸发压力（蒸发温度）和蒸发器结构形式等因素有关。

制冷剂在干式壳管式蒸发器、冷却空气的蒸发器、蛇管水箱式蒸发器、顶排管等蒸发器内的沸腾换热是典型的制冷剂在管内的沸腾换热。节流后的制冷剂进入蒸发器管内，马上形成管内沸腾。制冷剂在管内流动沸腾与大空间内沸腾不同，管壁上产生气泡，变大后脱离壁面并加入液体中，和液体在管内一起流动，形成气-液两相流动。故管内沸腾换热涉及管内两相流体的流动问题。随着汽化过程的进行，沿管长的含气量逐渐增加。这时沸腾换热强度不仅与汽化过程本身有关，同时也与气-液两相流动状态有关。因此，制冷剂在管内沸腾传热系数取决于制冷剂液体物性、蒸发压力、热流密度、管内流体的流速、管径、管长、流体的流向以及管子的位置等因素。

下面分析影响沸腾换热的主要因素。

1. 制冷剂液体物理性质的影响

制冷剂液体的热导率、密度、黏度和表面张力等有关物理性质，对沸腾传热系数有着直接的影响。热导率较大的制冷剂，在传热方面的热阻就小，其沸腾传热系数就较大。

蒸发器在正常工作条件下，蒸发器内制冷剂与传热壁面的温差，一般仅有 $2 \sim 5℃$，其对流换热的强烈程度取决于制冷剂在沸腾过程中气泡使液体受到扰动的强烈程度。强烈的扰动增加了液体各部分与传热壁面接触的可能性，使液体从传热壁面吸收热量更为容易，沸腾过程更为迅速。密度和黏度较小的制冷剂液体，受到这种扰动就较强，其对流传热系数便较大。反之，密度大和黏度大的制冷剂液体，对流传热系数也就较小。

制冷剂液体的密度及表面张力越大，汽化过程中气泡的直径就较大，气泡从生成到离开传热壁面的时间就越长，单位时间内产生的气泡就越少，传热系数也就小。

氟利昂制冷剂的标准蒸发温度越低，则它的沸腾传热系数也越高。因此，在泡状沸腾区，在热流密度和流量相同的情况下，R22 的沸腾传热系数比 R12 高 30%，比 R142 高 60%。

氟利昂与氨的物理性质有着显著的差别。一般来说，氟利昂的热导率比氨的小，密度、黏度和表面张力都比氨的大，氨比氟利昂的沸腾传热系数要大。

2. 制冷剂液体润湿能力的影响

如果制冷剂液体对传热表面的润湿能力强，则沸腾过程中生成的气泡具有细小的根部，能迅速从传热表面脱离，传热系数也就较大。反之，沸腾中生成的气泡根部很大，减少了气泡核心的数目，甚至沿传热表面形成气膜，使传热系数显著降低。常用的几种制冷剂均是润湿性的液体，但氨的润湿能力要比氟利昂的强得多。

3. 制冷剂沸腾温度的影响

制冷剂液体沸腾过程中，蒸发器传热壁面上单位时间生成的气泡数目越多，则沸腾传热系数越大。而单位时间内生成的气泡数目，与气泡从生成到离开传热壁面的时间长短有关，这个时间越短，则单位时间内生成气泡数目越多。此外，如果气泡离开壁面的直径越小，则气泡从生成到离开的时间越短。气泡离开壁面时，其直径的大小是由气泡的浮力及液体表面张力的平衡来决定的。浮力促使气泡离开壁面，而液体有面张力则阻止气泡离开。气泡的浮力和液体表面张力，又受饱和温度下液体和蒸气的密度差的影响。气泡的浮力和密度差成正比，而液体的表面张力与密度差的四次方成正比。因此，随着密度差的增大，则液体表面张力的增大速度比气泡浮力的增大速度大得多，这时气泡只能依靠体积的膨胀来维持平衡，因此气泡离开壁面时的直径就大。相反，密度差越小，气泡离开壁面的直径就越小，而密度差的大小与沸腾温度有关，沸腾温度越高，饱和温度下的液体与蒸气的密度差越小，汽化过程就会更迅速，传热系数就更大。

上面说明了在同一个蒸发器中，使用同一种制冷剂时，其传热系数随着沸腾温度的升高而增大。

4. 制冷剂在管内流速或质量流速的影响

制冷剂在管内流速或质量流速越大，管内沸腾传热系数也越大。这样可以减小传热温差，提高蒸发温度；然而，流速的加大，必将引起传热管内制冷剂压力降的增加，致使蒸发器出口处制冷剂压力低于进口处压力，相应的蒸发温度 t_{02} 低于 t_{01}，致使压缩机吸气压力降低，压缩机制冷能力下降，能耗增加。因此，必然存在最优质量流速 $(v_m)_{op}$，如图 5-18 所示。

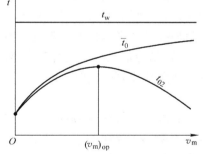

图 5-18　蒸发温度与质量流速的关系

5. 蒸发压力和热流密度的影响

例如，R12、R22 在卧式壳管式蒸发器的管束上沸腾时，管束平均传热系数随着蒸发压力的升高而增大，随着热流密度的增大而增大。氟利昂在低肋管上沸腾时，蒸发压力和热流密度以及管排数对沸腾传热系数的影响要比光管管束小。

制冷剂在管内沸腾换热时，其传热系数随着蒸发温度的降低而减小。例如，当蒸发温度度由 10℃ 降至 –10℃ 时，对于 R22、R12、R142 的传热系数减小15% ~ 17%。

热流密度对制冷剂在管内沸腾换热的影响情况如图 5-19 所示，它给出了 R22 的沸腾传热系数与热流密度、质量流量的试验关系。由图 5-19 可看出：

1）当热流密度较小时，α 仅与制冷剂在管内的质量流量 m_R 有关，而与热流密度 ψ_e 几乎

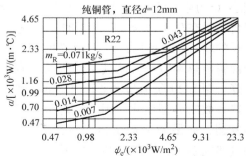

图 5-19　R22 沸腾传热系数 α 与热流密度 ψ_e、质量流量 m_R 的试验关系

无关。这是因为热流密度很小时，产生的气泡很少，此时管壁对氟利昂制冷剂的传热主要依靠液态制冷剂的对流。因此，这个区称为"对流换热区"或"非泡状沸腾区"。

2）当热流密度超过一定数值时，α 不仅与制冷剂质量流量 m_R 有关，而且还与热流密度 ψ_e 有关。这是因为热流密度超过一定数值后，管壁上产生大量气泡，此区称为"泡状沸腾区"。

但应注意到，由"对流换热区"向"泡状沸腾区"过渡时的热流密度 ψ_e，随制冷剂的种类、蒸发温度和制冷剂在管内的流量不同而有差别。

6. 蒸发器构造的影响

1）肋管上的沸腾传热系数大于光管的。这是因为，肋管上的气泡核心数比光管多，而且气泡增大速度的降低，使得气泡又容易脱离壁面。有资料介绍，R12 肋管管束的沸腾传热系数比光管管束大 70%，而 R22 则大 90%。

使用内肋管后，由于制冷剂一侧的换热面积增加，可以使管内表面的相应传热系数大大提高。

近年来，细微肋管在表面式蒸发器和壳管式蒸发器中被广泛采用。管内的微肋数目一般为 60~70，肋高为 0.1~0.2mm，螺旋角为 10°~30°，其中对传热性能和流动阻力影响最大的为肋高。与光管相比，它可以使管内蒸发表面传热系数增加 2~3 倍，而压降的增加却只有 1~2 倍，其次，单位长度的质量增加的很少，这种肋管的成本低。

2）管束上的沸腾传热系数大于单管的。这是因为，管束作为加热面，一方面对制冷剂不断加热，使之沸腾换热；另一方面，管束下面排管上产生的气泡向上浮升时，引起液体强烈扰动，增强对管束的对流传热。因此，R717 在管束上的沸腾传热系数约比单管大 40%。所附加扰动的影响程度与蒸发压力、热流密度和管间距等有关。

3）制冷剂在卧式壳管蒸发器的管束上的沸腾传热系数取决于蒸发压力、热流密度、管束几何尺寸及管排间距等因素。

7. 管长对制冷剂管内沸腾换热的影响

制冷剂在管内沸腾时，其局部沸腾传热系数 α_b 沿管长不断地变化。这是因为，制冷剂在管内沸腾时，形成气液两相，随着汽化过程的进行，沿管长的含气量逐渐增加。试验表明，在含气量较小（干度 $x<0.3$）时，α_b 变化很小；当含气量在 $0.3<x<0.7$ 范围时，α_b 随管长的增长急剧增加；当 $x>0.7$ 时，由于沸腾传热系数小，使其又沿管长急剧下降。图 5-20 所示为水平管内局部沸腾传热系数的典型变化。因此，对于干式蒸发器，如果制冷剂出口是过热蒸气，则过热度越大，沸腾传热系数越小。实际进行蒸发器设计计算时，可按表 5-2 选取管内制冷剂质量流速和每个制冷剂通程的传热管长度。

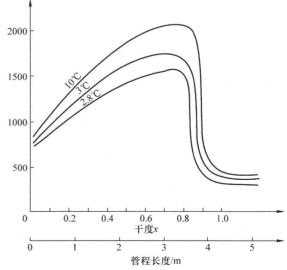

图 5-20　水平管内局部沸腾传热系数的典型变化

根据以上分析，蒸发器的结构应该保证制冷剂蒸气能很快地脱离传热表面。为了有效地利用传热面，应将液体制冷剂节流后产生的蒸气，在进入蒸发器前就从液体中分离出来，而且在操作管理中，蒸发器应该保持合理的制冷剂液体流量，否则也会影响蒸发器的传热效果。

表 5-2 制冷剂的质量流速 v_m ［单位：kg/（m²·s）］

热流密度 ψ_e/	R134a		R22	
（W/m²）	v_m	l/d_i	v_m	l/d_i
1160	75 ~ 95	2500 ~ 3200	85 ~ 120	3200 ~ 4300
2320	85 ~ 115	1500 ~ 2000	100 ~ 140	1800 ~ 2500
5800	105 ~ 150	800 ~ 1100	120 ~ 180	900 ~ 1300
11600	120 ~ 190	450 ~ 700	140 ~ 220	500 ~ 800

注：l/d_i 为单路管长与管内径之比。

8. 制冷剂中含油对沸腾换热的影响

根据文献介绍，制冷剂中含油对沸腾传热系数的影响大小与含油浓度有关。当 R12 中油的质量浓度 $\xi < 6\%$，热流密度为 $1050 ~ 6400 \text{W/m}^2$ 时，可不考虑这项影响。但是当含油浓度增加、蒸发温度很低时，可使沸腾传热系数变小。因此，文献建议，在蒸发温度在 $-25 ~ -10℃$ 范围时，沸腾传热系数应乘以含油量修正系数 0.96。

润滑油对管内沸腾换热的影响十分复杂，受许多因素影响，如润滑油与制冷剂的互溶性、含油浓度、物性、蒸发器热流密度及蒸发管的长度等。

一般来说，对于能与润滑油互溶的 R12 和 R22，含油质量浓度 ≤5% 时，其传热系数比无油时还大，这是因为含油的制冷剂液体在管内沸腾时，会起泡沫，从而增加液体与管壁的接触。但是当含油质量浓度大于 10%，其传热系数较无油时小，这是因为油量过多时，在管子表面上形成油膜，使传热系数减小。同样，对于制冷剂与矿物油不互溶的 R717，含油后使其换热显著恶化，表面传热系数减小约 30%。

5.3 蒸发器的选择计算

一般的用户为制冷系统配置蒸发器时，都是选用系列产品。其选择计算的主要任务是根据已知条件决定所需要的传热面积，选择定型结构的蒸发器，并计算载冷剂通过蒸发器的流动阻力。计算方法与冷凝器的选择计算基本相似。

蒸发器的热交换基本公式为

$$\phi_o = KA\Delta t_m \tag{5-1}$$

因此，蒸发器的传热面积计算公式为

$$A = \frac{\phi_o}{K\Delta t_m} = \frac{\phi_o}{\psi_o} \tag{5-2}$$

式中 ϕ_o——蒸发器的热负荷（W）；

K——蒸发器的传热系数 ［W/(m²·K)］，可参见表 5-3；

A——蒸发器的传热面积（m²）；

Δt_m——蒸发器平均传热温差（℃）；

ψ_o——蒸发器的热流密度（W/m²）。

在进行蒸发器的选择计算时，蒸发器的热负荷是根据制冷用户的要求确定的。

表 5-3　蒸发器传热系数概略值

蒸发器形式			传热系数/ [W/(m²·K)]	热流密度/ (W/m²)	备注
满液式	卧式壳管	氨-水	450~500	2200~3000	$\Delta t_m = 5~6℃$ $v_w = 1~1.5 m/s$
		氟利昂-水	350~450	1800~2500	$\Delta t_m = 5~6℃$ $v_w = 1~1.5 m/s$
	水箱式	氨-水	500~550	2500~3000	$t_m = 5~6℃$
		氨-盐水	400~450	2000~2500	$v_w = 0.5~0.7 m/s$
非满液式	干式壳管	氟利昂-水	500~550	2500~3000	$\Delta t_m = 5~6℃$
	直接蒸发式 空气冷却器	氟利昂-空气	30~40	450~500	以外肋面积为准， $\Delta t_m = 15~17℃$， 风速 $v_a = 2~3 m/s$
	冷排管 （自然对流）	氟利昂-空气	8~12		光管 $\Delta t_m = 8~10℃$
			4~7		以外肋面积为准， $\Delta t_m = 8~10℃$
	冷风机 （供冷库用）	氟利昂-空气	17~35		

5.3.1　蒸发器的选型

1. 载冷剂、制冷剂的种类和空气处理设备型式的影响

空气处理设备采用水冷式表面冷却器，并以氨为制冷剂时，则可采用卧式壳管式蒸发器；如以 R22 为制冷剂时，宜采用干式蒸发器。空气处理设备采用淋水室时，宜采用水箱式蒸发器。冷库用时，常采用冷排管及冷风机。

2. 液面高度对蒸发温度的影响

由于制冷剂液柱高度的影响，在满液式蒸发器底部的制冷剂蒸发温度要高于液面的蒸发温度。

1）不同的制冷剂，受静液高度的影响不同。大气压力下沸点越高的制冷剂，受静液高度的影响越大，如 R123 受静液高度的影响比 R12 大。

2）无论哪种制冷剂，液面蒸发温度越低，静液高度对蒸发温度的影响也就越大，即静液高度使蒸发温度升高得越多。静液高度对蒸发温度的影响值可参见表 5-4。

因此，只有在蒸发压力较高时，可以忽略静液高对蒸发温度的影响；当蒸发压力较低时，就不能忽略。由此，对于低温蒸发器和制冷剂蒸发压力很低的满液式壳管蒸发器和水箱式蒸发器来说，必须设计成具有较低的静液高度，甚至使其不受静液高度的影响；否则，为了保持传热温差不变，将造成制冷压缩机吸气压力降低，制冷能力下降。或者，通过加大蒸发器传热面积，以补偿由于平均蒸发温度升高所造成的影响。

表 5-4　静液高度对蒸发温度的影响

液面蒸发温度/℃	1m 深处的蒸发温度/℃			
	R123	R134a	R22	R717
−10	2.23	−8.34	−8.97	−9.46
−30	−7.73	−26.70	−28.06	−28.86
−50	—	−43.23	−45.94	−47.68
−70	—	−54.57	−61.16	−63.25

3. 载冷剂冻结的可能性

如果蒸发器中的制冷剂温度低于载冷剂的凝固温度，则载冷剂就有冻结的可能。在载冷剂的最后一个流程中，载冷剂的温度最低，其冻结的可能性最大。在以水作为载冷剂时，从理论上来讲，管内壁温度可以低至 0℃。但为了安全，通常使最后一个流程出口端的管内壁温度保持在 0.5℃ 以上。对于用盐水作为载冷剂的情况，根据同样的道理，应该使管内壁温度比载冷剂的凝固温度高 1℃ 以上。

4. 制冷剂在蒸发器中的压力损失

对于非满液式蒸发器，如干式壳管式蒸发器和直接蒸发式空气冷却器，管内制冷剂的质量流速将影响管内制冷剂的压力降，制冷剂流速越大，压力降越大，蒸发器出口处的制冷剂的压力 p_2 低于入口处的压力 p_1，相应的蒸发温度 $t_2 < t_1$，降低了压缩机的吸气压力，致使压缩机的制冷能力下降，能耗增加。

5.3.2　平均传热温度 Δt_m

对于冷却水、盐水或空气作为载冷剂的蒸发器，若设水、盐水或空气进出口温度为 t_1、t_2，进入蒸发器的制冷剂是节流后的湿蒸气，在蒸发器中吸热汽化，依次变为饱和蒸气、过热蒸气，其温度变化如图 5-21 所示。由于蒸发器中过热度很小，吸收的热量也很少，故通常认为制冷剂的温度等于蒸发温度 t_o。这样，蒸发器内制冷剂与水、盐水或空气之间的平均对数传热温差为

$$\Delta t_m = \frac{t_1 - t_2}{\ln \dfrac{t_1 - t_o}{t_2 - t_o}} \tag{5-3}$$

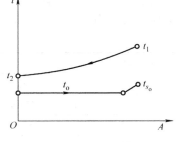

图 5-21　蒸发器中制冷剂和被
冷却介质温度的变化

t_1、t_2 往往是由空调或冷库工艺确定的。若 t_o 选得过低，压缩比增大，吸气比体积变大，使得制冷系统运行的经济性变差和制冷量下降（即制冷系数和热力完善度均下降），或需增加压缩机的容量；而从传热学观点分析，t_o 过低将使传热温差 Δt_m 变大，制冷循环的外部不可逆损失加大，制冷系统的运行经济性恶化，但在同样的制冷量时，可选择传热面积小的蒸发器，可减少换热设备的初投资。反之，t_o 选得过高，则蒸发器面积大，但制冷系统运行的经济性提高和制冷量增加，可以选用较小的压缩机。

但是，实际上由于受静液高度和流动阻力影响，蒸发温度并非定值。由于管内制冷剂流

动沸腾（或冷凝）为两相流动状态，计算压力降时除考虑摩擦阻力和局部阻力以外，还应计入由于相态变化而引起的动能变化。沸腾（或冷凝）状态下管内压力降可按式（5-4）近似计算：

$$\Delta p = \left[f \frac{l}{d_i} + n(\zeta_1 + \zeta_2) + \frac{2(x_2 - x_1)}{x} \right] \frac{\bar{v} v_m^2}{2} \tag{5-4}$$

式中 f——两相流动的阻力系数，含油小于6%时，$f = 0.037 \ (K'/Re)^{0.25}$；

K'——沸腾特征数，$K' = \dfrac{4\psi}{d_i v_m g}$；

Re——雷诺数，$Re = \dfrac{v_m d_i}{\mu}$；

ψ——热流密度（W/m^2）；

v_m——质量流速［$kg/(m^2 \cdot s)$］；

μ——蒸发温度下制冷剂饱和液的动力黏度（$N \cdot s/m^2$）；

$\bar{v}$——制冷剂的平均比体积（m^3/kg）；

g——重力加速度（m/s^2）；

x_1、x_2、x——进口、出口和平均制冷剂干度；

l——传热管直管段长度（m）；

d_i——传热管内径（m）；

ζ_1——弯头的局部阻力系数，无油时，等于 $0.8 \sim 1.0$；

ζ_2——弯头的摩擦阻力系数，无油时，$\zeta_2 = 0.094 \dfrac{R}{d_i}$；$R$ 是曲率半径；

n——弯头数目。

根据热流密度，按表5-5选取的最佳质量流速及合适的 l/d_i 范围，将使得制冷剂的压力降处于经济合理范围内。对于空调的制冷系统，R134a 在蒸发管内的压力降应不大于40kPa，R22 则应不大于60kPa。

表 5-5 制冷剂的质量流速

热流密度/	R134a		R22	
（W/m^2）	v_m	l/d_i	v_m	l/d_i
1160	75 ~ 95	2500 ~ 3200	85 ~ 120	3200 ~ 4300
2320	85 ~ 115	1500 ~ 2000	100 ~ 140	1800 ~ 2500
5800	105 ~ 150	800 ~ 1100	120 ~ 180	900 ~ 1300
11600	120 ~ 190	4507 ~ 00	140 ~ 220	500 ~ 800

载冷剂的温度降（$t_1 - t_2$）取值大小也涉及经济问题。加大（$t_1 - t_2$），制冷循环的外部不可逆损失加大，但是可以减小管道尺寸或降低水泵（风机）的耗功。

所以，在实际设计中，通常水、盐水或空气进口温度受环境温度的影响，以选取载冷剂出口温度与蒸发温度之差（$t_2 - t_o$）为合理值为准则。

用于冷却水或盐水的蒸发器：$t_1 - t_2 = 4 \sim 8 ℃$，$t_o < t_2 - (2 \sim 3) ℃$，即 $\Delta t_m = 5 \sim 7 ℃$。直接蒸发式空气蒸发器：$t_o < t_2 - (3 \sim 6) ℃$，$\Delta t_m = 11 \sim 13 ℃$。

5.3.3　传热系数

冷却液体载冷剂的蒸发器，其传热系数的计算与冷凝器基本相同，按传热面的外表面为基准的蒸发器传热系数可用下式计算：

$$K = \left(\frac{1}{\alpha_o} + \sum \frac{\delta}{\lambda} + \frac{\tau}{\alpha_i} \right)^{-1}$$

$$K_k = \left[\frac{1}{\alpha_o} + \frac{\delta_p}{\lambda_p} \frac{A_o}{A_m} + R_{of} + \left(R_{if} + \frac{1}{\alpha_i} \right) \frac{A_o}{A_i} \right]^{-1} \tag{5-5}$$

式中　α_o、α_i——管外、管内的传热系数〔$W/(m^2 \cdot K)$〕，即一侧为制冷剂的沸腾传热系数，另一侧为载冷剂的表面传热系数；

$\sum \frac{\delta}{\lambda}$——管壁及管壁附着物热阻（$m^2 \cdot K/W$）；

τ——肋化系数，管外面积与管内面积之比。

R_{of}、R_{if}——管外、管内的污垢热阻（$m^2 \cdot K/W$）；

δ_p——管子的壁厚（m）；

λ_p——管子的导热系数〔$W/(m \cdot K)$〕；

A_o、A_i、A_m——管外面积、管内面积及管内外表面积的平均值（m^2）。

当估算蒸发器面积时，推荐采用表5-3给出的蒸发器传热系数概略值。

5.4　冷凝器的种类及特点

冷凝器的功能是把由压缩机排出的高温高压气态制冷剂冷凝成液体制冷剂，把制冷剂在蒸发器中吸收的热量（制冷量）与压缩机耗功率相当的热量之和排入周围环境（水或空气等）。因此，冷凝器是制冷装置的传热设备。

根据冷却剂种类的不同，冷凝器可归纳为四类，即水冷式冷凝器、风冷式冷凝器、水-空气冷却（蒸发式和淋水式）式冷凝器以及靠制冷剂或其他工艺介质进行冷却的冷凝器。空气调节用制冷装置中主要使用前三类冷凝器。

5.4.1　水冷式冷凝器

水冷式冷凝器是以水作为冷却介质，靠水的温升带走冷凝热量。冷却水可以采用自来水、江河水、湖水等。冷却水可以一次使用，也可以循环使用，后者使用最为广泛。当冷却水循环使用时，系统中需设有冷却塔或凉水池。相对于室外空气而言，由于水的温度比较低，因此采用水冷式冷凝器可以得到较低的冷凝温度，对制冷系统的制冷能力和运行经济性均有利。

根据结构形式，水冷式冷凝器可分为壳管式冷凝器、套管式冷凝器和焊接板式冷凝器。

1. 壳管式冷凝器

壳管式冷凝器分为立式壳管式冷凝器和卧式壳管式冷凝器。立式或卧式壳管式冷凝器都是由一个筒体（外壳）、管板和管束（传热面）等组成的。筒体是用钢板卷成的圆筒，圆筒的两端用管板封住，在板间胀接或焊接许多根小口径的无缝钢管，组成管束。管束是壳管式冷凝器的传热面，管内走冷却水。

（1）立式壳管式冷凝器 如图 5-22 所示，冷却水自冷却水进口 1 通入配水箱 2 内，吸热后排入下部水池 10。为了使冷却水能够均匀地分配给各根钢管，冷凝器顶部装有配水箱，通过配水箱将冷却水分配到每根钢管；每根钢管顶端装有一个带斜槽的导流管嘴，如图 5-23 所示，冷却水通过斜槽沿切线方向流入管中，并以螺旋线状沿管内壁向下流动，这样在钢管内壁能够很好地形成一层水膜，不但可以提高冷凝器的冷却效果，还可以节省冷却水量。

高压气态制冷剂从冷凝器外壳的中部气态制冷剂进口 5 进入管束外部空间，为了使气体易于与管束各根管的外壁接触，管束中可留有气道。冷凝后的液体沿管外壁流下，积于冷凝器的底部，从液态制冷剂出口 9 流出。此外，冷凝器外壳上还设有液面指示器以及放气管接口 13、安全阀接管口 15、均压阀（又称平衡阀）管接口 14 和放油阀管接口 8 等。

对于立式壳管式冷凝器来说，由于气态制冷剂从中部进入，其方向垂直于管束，能很好地冲刷钢管外表面，使之不至于形成较厚的液膜，故传热系数较大。表 5-6 列出了氨立式壳管式冷凝器传热系数的参考值。

立式壳管式冷凝器的优点：①竖直安装，占地面积小；②无冻结危险，可安装在室外；③冷却水自上而下直通流动，便于清除铁锈和污垢，并且清洗时不必停止制冷系统的运行，这样对冷却水的水质要求不高。

它的缺点是冷却水用量大，体形比较笨重。立式壳管式冷凝器适用于水源充足、水质较差的地区，常用于大中型氨制冷系统中。

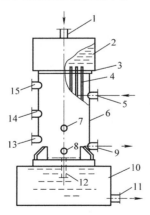

图 5-22　立式壳管式冷凝器

1—冷却水进口　2—配水箱　3—上管板　4—换热管
5—气态制冷剂进口　6—筒体　7—压力表接管口　8—放油阀管接口
9—液态制冷剂出口　10—水池　11—出液管接口
12—液面指示器　13—放气管接口　14—均压阀管接口　15—安全阀接管口

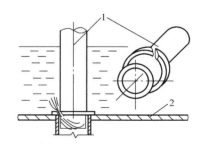

图 5-23　导流管嘴

1—导流管嘴　2—管板

表 5-6　氨立式壳管式冷凝器传热系数的参考值

每根管水量/(kg/s)	0.067	0.1	0.133	0.167	0.2	0.233	0.267
传热系数/[W/(m²·K)]	460	600	750	830	900	960	1020

注：本表适用于管径为 $\phi51$、壁厚为 3mm 的无缝钢管。

（2）卧式壳管式冷凝器　它为水平方向装设，如图 5-24 所示。为了提高换热能力，卧式壳管式冷凝器筒体两端管板的外面用带有隔板的封盖封闭，从而把全部管束按一定数量和流向分隔成几个管组（也称几个流程），使冷却水按一定的流向在管内一次流过。为便于冷却水的进出管安装在同一端盖上，通常采用偶数流程。冷却水从端盖的下部流入，按照已隔成的管束流程顺序在换热管内流动，吸收制冷剂放出的热量使制冷剂冷凝，冷却水最后从端盖的上部流出；高压的制冷剂蒸气则从筒体的上部进入，在筒体和

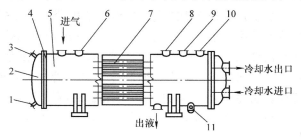

图 5-24　卧式壳管式冷凝器
1—泄水管接口　2—管箱　3—放气管接口　4—管板　5—筒体
6—均压阀管接口　7—换热管　8—安全阀管接口
9—压力表管接口　10—放气管接口　11—放油管接口

换热管外壁之间的壳程流动，向管组传热，冷凝为液态后积聚在筒体下部，从下部的出液口流出。

筒体上部设有安全阀、平衡管（或称均压管，与贮液器连接）、放气管和压力表等接口，下部设有集油包和放油管接口（氨冷凝器设有，氟利昂冷凝器不设），端盖上部装有放气旋塞，在充水时排出空气，下部装有放水旋塞，在冬季停用时将水排净，以避免冻裂管子。小型氟利昂冷凝器不装安全阀，而是在筒体上部装一个易熔塞，当冷凝器内部或外部温度达 70℃ 以上时，易熔塞熔化释放出制冷剂，可防止发生筒体爆炸事故。

氨卧式壳管式冷凝器的管束多采用外径为 $\phi25 \sim \phi32mm$ 的钢管。氟利昂卧式壳管式冷凝器多采用管束外径为 $\phi16 \sim \phi25mm$ 的外肋铜管，肋高 0.9 ～ 0.5mm，肋节距为 0.64 ～ 1.33mm，肋化系数（外表面总面积与管壁内表面积之比）≥3.5，以强化氟利昂侧的冷凝换热；制冷剂 R22 在水流速度为 1.6 ～ 2.8m/s 时传热系数可达 1200 ～ 1600W/（m² · K）。近年来，用于强化冷凝的高效冷凝管也得到了广泛的发展，已应用于大中型氟利昂制冷装置的冷凝器中。

卧式壳管式冷凝器的优点是传热系数较高，冷却水用量较少，操作管理方便，但是对冷却水的水质要求较高。目前大、中型氟利昂和氨制冷装置普遍采用这种冷凝器。

立式壳管式冷凝器和卧式壳管式冷凝器的比较见表 5-7。

表 5-7　立式壳管式冷凝器和卧式壳管式冷凝器的比较

项目	立式壳管式冷凝器	卧式壳管式冷凝器
适用制冷剂	R717	R717、R22、R134a
适用容量范围	主要用于大、中型制冷系统	适用于小、中、大型制冷系统
安装	竖直安装，占地面积小，常安装在室外	水平安装，一般都安装在室内
维修管理	容易清除管内的污垢，可不停机清除；漏氨易发现	不易清洗管内水垢和铁锈，需停机清洗；渗漏不易发现
冷却水质要求	对水质要求不高，一般水源都可以作为冷却水	对水质要求高
冷却水流量	冷却水进、出口温差小，一般为 1.5 ～ 4℃，因而冷却水量大	冷却水进、出口温差大，一般为 4 ～ 8℃，因而冷却水量小
冷却水流动阻力	流动阻力小	流动阻力大

2. 套管式冷凝器

小型氟利昂立柜式空调机组中常用套管式冷凝器，如图 5-25 所示。套管式冷凝器的结构特点是用一根大直径的金属管（一般为无缝钢管），内装一根或几根小直径铜管（光管或低肋铜管），再盘成圆形或椭圆形。冷却水在小管内流动，其流动方向是自下而上，而制冷剂在大管内小管外的空间中流动。制冷剂由上部进入，凝结后的制冷剂液体从下面流出，与冷却水的流动方向相反，呈逆流换热，以增强传热效果。

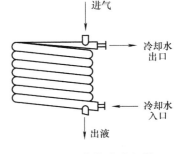

图 5-25　套管式冷凝器

套管式冷凝器的优点是结构简单，易于制造，体积小，结构紧凑，占地面积小，传热性能好。其缺点是冷却水流动阻力大，供水水压不足时会降低冷却水量，引起冷凝压力上升；水垢不易清除；由于冷凝后的液体存在大管的下部，因此管子的传热面积得不到充分利用；金属消耗量大。

3. 焊接板式冷凝器

焊接板式冷凝器是将一组不锈钢波纹金属板叠装焊接而成。焊接板式冷凝器通常有半焊接板式冷凝器和全焊接板式冷凝器。

半焊接板式冷凝器的结构是每两张波纹板片用激光焊接在一起，构成完全密封的板组，然后将它们组合在一起，彼此之间用密封垫片进行密封。这种半焊接板式冷凝器是由焊接形成的板间通道和由密封垫片密封的板间通道交替组合而成的。高压的制冷剂走焊接的板间通道，而水走密封垫片密封的板间通道。

全焊接板式冷凝器是将板片钎焊在一起，故又称钎焊板式冷凝器。由于采用焊接结构，可使其工作压力最高达 3.0MPa，而工作温度高达 400℃。

为了提高板片的耐腐蚀能力，常用不锈钢或钛作为板片材料。图 5-26 所示为焊接板式冷凝器及其板片形式。冷凝器板上的四孔分别为冷、热两流体的进、出口。在板四周的焊接

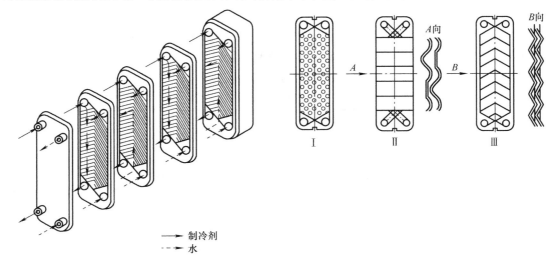

→ 制冷剂
-→ 水

图 5-26　焊接板式冷凝器及其板片形式

线内，形成传热板两侧的冷、热流体通道，在流动过程中通过板壁进行传热，两种流体在流道内呈逆流流动；而板片表面制成的球形、波纹形、人字形等各种形状，有利于破坏流体的层流边界层，在低流速下产生众多漩涡，形成剧烈的湍流，强化了传热；由于焊接板式冷凝器板片间形成许多支承点，承压约 3MPa 的冷凝器板片的厚度仅为 0.5mm 左右（板距一般为 2~5mm）。

在图 5-26 所示的三种板片形状中，球形板片是在板上冲压出交错排列的一些半球形或平头形凸状，流体在板间流道内呈网状流动，流动阻力较小，其传热系数值可达 4650W/(m² · K)；水平平直波纹形板片，其断面形状呈梯形，传热系数可达 5800W/(m² · K)；人字形板片属典型网状流板片，它将波纹布置成人字形，不仅刚性好，且传热性能良好，其传热系数可达 5800W/(m² · K)。焊接板式冷凝器在使用过程也会产生水侧结垢和制冷剂侧出现油垢现象，而使传热系数减小，因此在焊接板式冷凝器选型时传热系数推荐采用 2100~3000W/(m² · K)。这样，在相同的换热负荷情况下，焊接板式冷凝器的体积仅为壳管式冷凝器的 1/3~1/6，重量只有壳管式冷凝器的 1/2~1/5，所需的制冷剂充注量约为壳管式冷凝器的 1/7。

由于焊接板式冷凝器具有体积小、重量轻、传热效率高、可靠性好、加工过程简单等优点，近年来得到了广泛的应用；但是焊接板式冷凝器也存在内容积小、难以清洗、内部渗漏不易修复等缺点，在使用时要加以注意。

焊接板式冷凝器，冷却水下进上出，制冷剂蒸气从上面进入，冷凝后的液态制冷剂从下面流出。当制冷系统中存在不凝性气体时，由于含有不凝性气体的制冷剂蒸气在焊接板式冷凝器表面冷凝时，不凝性气体将会积聚在表面附近，阻挡蒸气接近冷凝表面，因此在焊接板式冷凝器中，即使存在很少量的不凝性气体，也会使得传热系数大大降低，所以采用焊接板式冷凝器的制冷系统更要注意消除不凝性气体的存在。为了及时排除不凝性气体，应将冷凝后的制冷剂液体及时排出，降低冷凝液位，使冷凝液和不凝性气体能从同一出口管嘴排出。

此外，焊接板式冷凝器的内容积很小，冷凝后的制冷剂液体也应及时排出，否则冷凝液将会淹没一部分传热面积，因此系统中必须装设高压贮液器。再者，冷凝器工作温度较高，如果水质不好，就容易产生结垢、堵塞问题，所以采用焊接板式冷凝器一定要提高冷却水水质。

5.4.2　风冷式冷凝器

风冷式冷凝器又称空冷式冷凝器，利用空气使气体制冷剂冷凝。

制冷剂在风冷式冷凝器中的传热过程和水冷式冷凝器相似，制冷剂蒸气经历了冷却过热、冷凝和再冷三个阶段。图 5-27 给出了 R22 气态制冷剂通过风冷式冷凝器的状态变化，以及冷却用空气的温度变化。从图 5-27 中可以看出，约 90% 的传热负荷用于制冷剂冷凝，在冷凝阶段制冷剂由于流过冷凝器时具有流动阻力，因此制冷剂温度稍有降低，基本是没变的。

根据空气流动的方式，风冷式冷凝器可分为自然对流的风冷式冷凝器或强迫对流的风冷式冷凝器。自然对流的风冷式冷凝器传热效果差，只应用在电冰箱或微型制冷机中。

强迫对流的风冷式冷凝器一般装有轴流风机，如图 5-28 所示。制冷剂蒸气从上部的分配集管进入蛇形管内，冷凝液从下部流出，而空气则在管外横向掠过，吸收管内制冷剂放出的热量。

由于管外空气侧的传热系数比管内制冷剂的凝结传热系数小得多，故通常都在管外加肋片，增加空气侧的传热面积。肋管常采用铜管铝片，也有采用钢管钢片或铜管铜片的；传热铜管有光管和内螺纹管两种；肋片多为连续整片，肋片根部用二次翻边与基管外壁接触，经机械或液压胀管后，两者紧密接触以减少其传热热阻。风冷式冷凝器的结构参数见表 5-8。

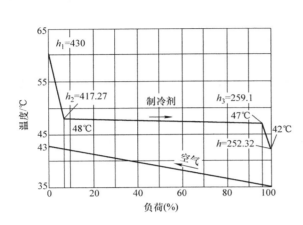

图 5-27　风冷式冷凝器的换热状况

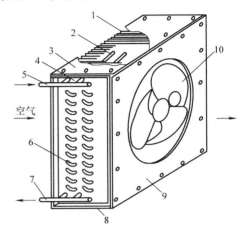

图 5-28　强迫对流的风冷式冷凝器

1—肋片　2—传热管　3—上封板　4—左端板
5—进气集管　6—弯头　7—出液集管
8—下封板　9—前封板　10—通风机

表 5-8　风冷式冷凝器的结构参数　　　　　　　　（单位：mm）

传热管规格	肋片厚度	肋片间距
$\phi 7 \times 0.35$	0.12~0.15	1.5~2.2
$\phi 9.52 \times 0.35$	0.12~0.15	1.8~2.2
$\phi 12.7 \times 0.5$	0.15~0.2	2.2~3.0
$\phi 15.8 \times 0.75$	0.15~0.2	2.2~3.5

风冷式冷凝器肋管的回路设计极为重要。一般来自制冷压缩机的高压气态制冷剂从上部分几路进入各个肋管，形成多通路；气态制冷剂在肋管中凝结到一定程度后，可合并、减少通路路数；最后，集中为少数几个通路，布于空气进口侧，构成再冷段，直至出液。这样，可以保证制冷剂在肋管内有较高的流动速度，又不至于造成较大的流动阻力，以达到良好的传热效果，使液态制冷剂有适当的再冷度。

风冷式冷凝器的管簇排列有顺排和叉排。空气流过叉排管簇时，所受的扰动大于顺排管簇。试验表明，由于风冷式冷凝器管簇采用叉排时受到空气扰动，使其传热系数比采用顺排时的传热系数至少大 10%。

沿空气流动方向的管排数越多，单位迎风面积的传热面积越大，但后面排管因受前排阻挡，传热量越小。为提高传热面积的利用率，管排数取 2~6 排为好。对于冷凝负荷较大的风冷式冷凝器，其外形除如图 5-28 所示为一面进风外，还可以布置成为 V 形或 U 形，因为空气从机组多面进风，所以在保证迎风面积的情况下，制冷机组更紧凑。

风冷式冷凝器的迎面风速一般取 2 ~ 3m/s，此时风冷式冷凝器的传热系数（以外表面积为准）为 25 ~ 40W/(m² · K)，且随风速的变化而变化，其平均传热温差通常取 10 ~ 15℃，以免需要的传热面积过大。

近年来，为了满足提高能效、减少体积和重量、铜材替代、减少制冷剂充注量等需求，微小通道风冷式冷凝器得到了快速发展。φ5mm 管径的铜管已应用于家用空调器换热器中。平行流冷凝器采用的铝合金挤压多孔扁管，其换热管当量直径一般为 1 ~ 2mm，已在汽车空调中得到广泛应用，目前正在向家用空调器推广应用。由于管内两相换热的微小尺度效应，加之管外空气侧的优化设计，使得微小通道风冷式冷凝器比常规通道冷凝器传热系数提高，体积和重量减少，制冷剂充注量减少。换热管当量直径为 1 ~ 2mm 的微小通道冷凝器与目前常规通道管片式冷凝器在同等制冷量条件下，其系统能效比平均提高 30% 以上，体积减少 30% 以上，材料重量减少约 50%，制冷剂充注量减少 30% 以上。随着微通道加工工艺的提升和制作成本的降低，换热管当量直径有进一步减小的趋势。

风冷式冷凝器与水冷式冷凝器相比较，在冷却水充足的地方，水冷式设备的初投资和运行费用均低于风冷式设备；采用风冷式冷凝器由于夏季室外空气温度较高，冷凝温度一般可达 50℃，为了获得同样的制冷量，制冷压缩机的容量约需增大 15%。但是，采用风冷式冷凝器的制冷系统组成简单，不需水源，并易于构成空气源热泵，故目前中小型氟利昂制冷机组多采用风冷式冷凝器。

5.4.3 蒸发式冷凝器

蒸发式冷凝器主要是利用盘管外喷淋的冷却水蒸发产生的汽化热带走盘管内制冷剂气体的热量，并使制冷剂凝结。

为了强化蒸发式冷凝器内空气的流动，及时带走蒸发的水蒸气，要安装通风机吹风或吸风，根据通风机在箱体中的安装位置，蒸发式冷却冷凝器可分为吹风式、吸风式和预冷式等类型。

图 5-29 所示为蒸发式冷凝器的工作原理。蒸发式冷凝器中的传热部分是一个由光管或肋片管组成的蛇形冷凝管组，管组装在一个由型钢和钢板焊制的立式箱体内，箱体的底部为一个水盘。制冷剂蒸气由蒸气分配管进入每根蛇形管，冷凝的液体经集液管流入贮液器中。冷却水用水泵加压送到冷凝管的上方，经喷嘴喷淋到蛇形管组的上方，沿冷凝管组的外表面流下。

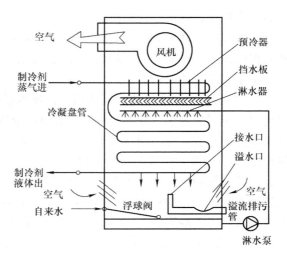

图 5-29 蒸发式冷凝器的工作原理

水受热后一部分变成水蒸气，其余的沿蛇形管外表面流入下部的水盘内，经水泵再送到喷嘴循环使用。水盘内的水用浮球阀控制，保持一定的水位。为了充分利用水蒸气的冷量，有些蒸发式冷凝器在淋水器的上部布置制冷剂蒸气进气管段，使水蒸气预冷该管段的制冷剂。

　　淋水的水量配置和均匀分布对蒸发式冷凝器盘管的换热效果有很大影响。根据经验，喷淋水量以全部润湿盘管表面、形成连续的水膜为最佳，从而获得最大的传热系数，并减少水垢。室外空气自下向上流经盘管，这样不仅可以强化盘管外表面的换热，而且可以及时带走蒸发形成的水蒸气，以加速水的蒸发，提高冷凝效果。为了防止空气带走水滴，喷水管上部装有挡水板，挡水板将热湿空气中带的水滴挡住，减少水的吹散损失，一般一个高效挡水板能控制水的损失率为水循环总量的 0.002% ~ 0.2%。蒸发式冷凝器如果采用吸风式风机，其气流可均匀地通过冷凝盘管，冷凝效果好，故应用较多，但此时风机在高温高湿下运行，易发生故障。送风式风机则与之相反。

　　蒸发式冷凝器的换热盘管一般采用圆形光管，随着对换热管研究的不断深入，现已出现了异形管蒸发式冷凝器。目前采用的异形管主要有椭圆管、异滴形管、波纹管和交变曲面波纹管等新型高效盘管。为了改善水膜在管表面的分布，一些厂家对换热盘管表面进行纳米亲水导热涂层处理，使水膜均匀地覆盖整个盘管表面，以减小水膜厚度，提高传热性能。

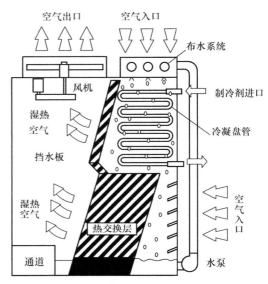

图 5-30　填料蒸发式冷凝器

　　如图 5-30 所示，填料蒸发式冷凝器将冷凝器和冷却塔合二为一，在冷凝盘管下部保留一段有填料的换热层。在盘管位置水流和空气流平行同方向流入，再错流流出；而空气流在填料换热层部分主要采用错流形式。这种冷凝器在填料换热层中空气和水进行了二次热质交换，大大降低了冷却水温，进而提高了冷凝盘管的单位面积换热量。

　　蒸发式冷凝器的进口空气湿球温度对换热量影响很大。进口空气湿球温度越小，则空气相对湿度越小，在同样的冷凝温度和风量情况下，冷却水蒸发量越大，冷凝效果越好。

　　蒸发式冷凝器的特点：

　　1）与直流供水水冷式冷凝器相比，耗水量很小。由于蒸发式冷凝器基本上是利用水的汽化以带走制冷剂蒸气冷凝过程放出的凝结潜热，因此，蒸发式冷凝器所消耗的冷却水只是补给散失的水量，这比水冷式冷凝器的冷却水用量要少得多。例如，水的汽化潜热约为 2450kJ/kg，而在水冷式冷凝器中冷却水的温升为 6 ~ 8℃，即 1kg 冷却水吸收 25 ~ 35kJ 的热量，因此，从理论上看，蒸发式冷凝器耗水量为水冷式的 1/100 ~ 1/70。鉴于挡水板效率不能达到 100%，空气中灰尘对水产生污染，需要经常更换水槽中部分水量等原因，实际上补水量为水冷式冷凝器的 1/50 ~ 1/25。但与循环供水冷却系统相比，用水量差不多。

　　2）与循环供水冷却系统相比，蒸发式冷凝器结构紧凑；但与风冷式或直流供水的水冷式冷凝器相比，尺寸大。

　　3）与风冷式冷凝器相比，其冷凝温度低，干燥地区更明显，并且冬季可按风冷式工作，另外空气流量不足风冷式冷凝器所需空气流量的 1/2。与直流供水的水冷式冷凝器相比，其冷凝温度高些。与循环供水冷却系统相比，两者的冷凝温度无较大差异。

4）蒸发式冷凝器的冷凝盘管易腐蚀，管外易结垢，且维修困难。

5）蒸发式冷凝器同时消耗水泵功率和风机功率。但对于1kW的热负荷，蒸发式冷凝器所需循环水量为0.014～0.019kg/s，空气流量为0.024～0.048m³/s，水泵和风机的电耗为0.02～0.03kW，因此，一般情况下蒸发式冷凝器的风机和水泵的电耗不大。

6）蒸发式冷凝器的冷却水是不断循环使用的，水垢层增长较快，因而需要使用经过软化处理的水。

总的来说，蒸发式冷凝器适宜用于缺水和干燥地区，可安装在屋顶上，节省占地面积，目前常用于中小型氨制冷系统中。

5.5 影响冷凝器传热效果的因素

冷凝器传热量的大小与传热面积（A）、对数平均温差（Δt_m）、传热系数（K）等因素有关。

在已选定的冷凝器中，其传热面积是一定的，因而要提高它的传热量，除了提高对数平均温差外，其重要的途径是如何提高传热系数。

由传热学知识可知，冷凝器中的传热过程包括制冷剂的冷凝换热，通过金属壁、垢层的导热，以及冷却剂的换热过程。冷凝器的传热系数则取决于冷凝器的结构、管内和管外的传热系数、管内和管外的污垢热阻、肋片与管子间的接触热阻等。本节将介绍换热过程和简要分析影响冷凝器传热系数的因素，以便探索强化冷凝器换热的途径。有关冷凝传热系数和冷却剂的对流传热系数的主要计算方法将在本章第7节中介绍。

5.5.1 制冷剂的冷凝传热

当蒸气与比其饱和温度低的冷壁面接触时，蒸气会发生凝结现象。通常的凝结过程按换热方式的不同可分为膜状凝结和珠状凝结等。制冷剂在冷凝器中的凝结一般是膜状冷凝，即冷凝时在冷壁面上形成一层连续流动的液膜。当液膜形成后，蒸气的凝结在液膜表面上发生，凝结时制冷剂蒸气放出的热量必须通过液膜才能传到冷壁面。

影响冷凝传热的影响因素有很多，以下着重分析液膜厚度、不凝性气体、制冷剂蒸气中含油的影响作用。

1. 液膜厚度

制冷剂的冷凝传热系数主要取决于液膜的热阻，液膜越厚，其冷凝传热系数越大。影响液膜厚度的主要因素有：

1）与制冷剂的物理性质有关，如制冷剂的导热系数、动力黏度、密度、汽化潜热等因素。

2）与冷凝器的形式有关。因为表面形成的液膜一般是靠重力排除的，所以竖立的管子比水平的管子易排除，竖管外凝结时，管下膜层逐渐变厚，并由层流转为湍流；在水平管束外侧凝结时，管束中高处的管子形成的凝结液会滴落在低处的管子上，使低处的管子表面液膜变厚，水平管束上下重叠的排数越多，这种影响就越大。立式壳管式冷凝器传热系数较小的原因之一便是其立管下部积有较厚的液膜层。

3）与制冷剂蒸气的流速和流动方向有关。如在风冷式冷凝器水平管内凝结时，当蒸气进口速度较低、冷凝热负荷较小时，管内凝结的流动结构是带有层流膜状凝结的气液分层流。当蒸气进口速度相当高，且凝结热负荷又比较大时，液膜被中间的蒸气流排挤到管的四周，出现两相环状流动，处于湍流状态，使冷凝传热系数增大。

如果冷凝液膜的流动方向与气流流动方向一致时，可使液膜迅速地流过传热表面，冷凝液体与传热表面的分离较快，因此，液膜变薄，冷凝传热系数增大。反之，当液膜的流动方向与气流流动方向相反时，液膜层会变厚，传热系数就减小。

考虑到制冷剂蒸气的流速和流向对失热的影响，立式壳管式冷凝器的蒸气进口一般设在冷凝器高度的2/3处的筒体侧面，以便不使冷凝液膜过厚而影响传热。

4）与传热壁面的表面粗糙度有关。传热壁面的表面粗糙度对冷凝液膜的厚度有很大影响。当壁面很粗糙或有氧化皮时，液膜流动阻力增加并且液膜增厚，从而使传热系数变小。根据试验，传热壁面严重粗糙时，可使制冷剂冷凝传热系数下降20%～30%。因此，冷凝管表面应保持光滑和清洁，以保证有较大的冷凝传热系数。

目前强化凝结传热的方法主要是应用低肋铜管来增大管外膜状凝结的传热系数。因为在低肋管的肋片上，形成的凝结液膜较薄，其冷凝传热系数比光管大75%～100%。同时，其表面面积也比光管大得多，因此使冷凝器的体积显著缩小。在空调用的风冷式冷凝器中常用内肋管来改善水平管内凝结传热过程。试验表明，由于内肋管改变了制冷剂的流动形式，强化了管内凝结换热，使得以肋管全部表面计算的冷凝传热系数比光管的增大20%～40%。如果只按管内表面面积计算（不计肋的表面积），则传热系数比光管提高1～2倍。

2. 空气或其他不凝性气体

在制冷系统中，总会有一些空气或其他不凝性气体存在，这些气体随制冷剂蒸气进入冷凝器，在热流密度较小时，会显著减小冷凝传热系数。这是因为制冷剂蒸气凝结后，这些不凝性气体将附着在凝结液膜附近。在液膜表面上，不凝性气体的分压力增加，因而使得制冷剂蒸气的分压力减小。由于蒸气分压力的减小，会大大影响制冷剂蒸气的冷凝换热；此外，气态制冷剂必须经过此膜层才能向冷却表面传热，从而使冷凝传热系数显著减小。试验证明，如在单位热负荷 $q < 1163W/m^2$ 以下，当氨蒸气中含有2.5%（体积分数）的空气时，冷凝传热系数将由 $8140W/(m^2 \cdot K)$ 降到 $4070W/(m^2 \cdot K)$。但是，当热流密度比较大时，气态制冷剂流速提高，带动不凝性气体膜层向冷凝器末端移动，从而对大部分冷凝表面影响不大。

为了降低不凝性气体对换热性能的影响，在氨系统高压部分设有专门的排放空气设备。氟利昂系统由于空气与制冷剂分离较困难，因此直接在高压设备，如冷凝器或高压贮液器上设有放空气阀。

3. 制冷剂蒸气中含油

制冷剂蒸气中含油对凝结传热系数的影响，与油在制冷剂中的溶解度有关。由于氨与油基本不相溶，润滑油会附着在制冷剂传热表面上形成油膜，造成附加热阻。但是，在一些试验中，氨冷凝器冷凝表面未见润滑油膜存在，而是被冷凝下的氨液冲掉，并带入蒸发器，故在冷凝器计算时可不考虑此项的影响。对于氟利昂系统，由于氟利昂与油容易相溶，制冷剂含油将致使一定压力下的饱和温度提高，影响传热效果，因此，制冷剂中油的质量分数宜小于6%。在制冷系统的设计中，通过设置高效的油分离器，可减少制冷剂蒸气中的含油量。

5.5.2　冷却剂的对流传热

冷凝器的冷却介质主要有空气、水以及水和空气。影响冷却剂侧的对流传热因素主要是冷却介质的性质、冷却水或空气的流速以及冷凝器的结构。

1. 冷却介质的性质

例如，水的传热系数比空气的传热系数大得多。

2. 冷却水或空气的流速

冷却介质的流速增大，将使该侧的对流传热系数变大，使冷凝器的传热系数有所增大。但是由于冷却水流速增大，其流动阻力也将增加，并加速水对管子的腐蚀，因此冷却水的流速不能无限增加，水冷式冷凝器的水流速度的限度见表 5-9。一般从传热角度考虑，光管水流速度的最小值一般取 1m/s，肋片管取 1.5m/s。在氨冷凝器中，由于水对钢管的腐蚀作用较大，水流速度通常选 0.8~1.2m/s。使用海水冷却的钢管冷凝器水流速度 <0.7m/s。对于氟利昂冷凝器，由于采用了低肋铜管，为强化传热，水流速度为 1.7~2.5m/s。

表 5-9　水冷式冷凝器水流速度的限度

使用时间/(h/a)	1500	2000	3000	4000	6000	8000
水流速度/(m/s)	3.0	2.9	2.7	2.4	2.1	1.8

3. 冷凝器的结构

对于水冷式冷凝器，除了在限度内增加冷却水流动速度，还可以采用肋管来增大传热系数 α。而风冷式冷凝器，由于空气侧的传热系数 α 相对管内制冷剂凝结传热系数来说很小，提高冷凝器的传热系数主要在于增大 α。影响 α 的大小主要是结构及形式。

（1）整体铝肋片形式的影响　据文献介绍，波形片空气侧的传热系数 α 比平片提高20%，条缝片比平片提高80%。

（2）传热管排列密度的影响　目前在空调器的肋片管换热器中管间距 S_1 与管子外径 d_o 之比大约为 2.5。若增加管子的排列密度，即缩小管间距 S_1，由于管子排列密度增加，促进了气流的扰动，缩小管束后空气滞留区，同时，肋片管效率也提高了，因此使 α 变大。试验证明，在管径、排列、肋片间距及试验条件等均不变的情况下，当 S_1 由 25.4mm 变为20.4mm 时，其 α 增加了 34%。因此，在空调用的风冷式冷凝器中，缩小管距是很有效的强化 α 的措施之一。

（3）换热管形式的影响　扁椭圆管代替圆管将会增大 α。根据文献对由 22mm×5mm 扁椭圆管和片厚 0.3mm 开窗形翅片组成的椭圆管换热器（见图 5-31）进行的试验指出，在空气质量流速为 5~10kg/($m^2 \cdot s$)时，这种换热器空气侧的传热系数比肋片管换热器（铝管外径为 $\phi10$~$\phi12$mm，铝肋片厚为 0.2~0.3mm）大 18%~25%。因此，目前已生产出扁椭圆管和板翅或肋片组成的风冷式冷凝器，如图 5-32 所示。

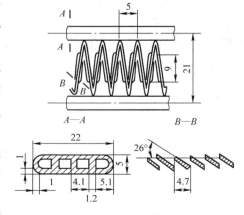

图 5-31　椭圆管换热元件

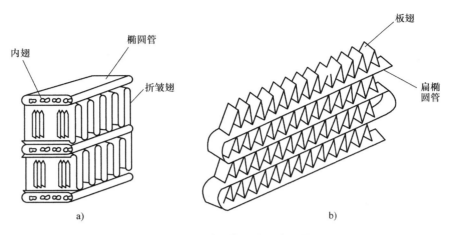

内翅　椭圆管　折皱翅　板翅　扁椭圆管

图 5-32　扁椭圆管风冷式冷凝器

a）日立公司生产的全铝风冷式冷凝器　b）由扁椭圆管和板翅组成的蛇形管风冷式冷凝器

5.5.3　油膜热阻

氨制冷系统的冷凝器经长期运行后，氨侧的换热表面上会出现油膜，当油膜厚度为 $0.05 \sim 0.08\text{mm}$，其热阻为 $(0.35 \sim 0.6) \times 10^{-3}\text{m}^2 \cdot \text{K/W}$。油膜的热阻很大，即 0.1mm 厚油膜的热阻相当于 33mm 厚钢板的热阻。在氟利昂制冷装置中，由于润滑油与氟利昂溶解，油膜热阻可以不做考虑。油膜热阻以 R_{oil} 表示。

5.5.4　污垢热阻

在水冷式冷凝器中，实际使用的冷却水不免含有某些矿物质和泥沙之类的物质，经长久使用后，在冷凝器的水侧换热面上会附着一层水垢。水垢层的厚度取决于冷却水质的好坏、冷凝器使用时间的长短及设备的操作管理情况等因素。

空气式冷凝器的空气侧换热表面在长期使用后，会被灰尘覆盖，或被锈蚀或沾上油污，这都会使冷凝器的传热情况恶化。

水垢、锈蚀以及其他污垢造成的附加热阻称污垢热阻，以 R_{fou} 表示。设计和选用冷凝器时，应以充分考虑。一般水垢热阻为 $(0.44 \sim 0.86) \times 10^{-4}\text{m}^2 \cdot \text{K/W}$，如果是易蚀管材，水垢热阻要加倍。空气侧的热阻为 $(0.1 \sim 0.3) \times 10^{-3}\text{m}^2 \cdot \text{K/W}$。各种冷却水的污垢热阻可参照表 5-10。

表 5-10　冷却水侧的污垢热阻 R_{fou}　（单位：$\times 10^{-3}\text{m}^2 \cdot \text{K/W}$）

冷却水的种类	水流速度≤1m/s	水流速度 >1m/s
海水	0.1	0.1
冷却塔循环水（经处理）	0.2	0.2
冷却塔循环水（未经处理）	0.5	0.5
沉淀后的河水	0.3	0.2
污浊的河水	0.5	0.3
自来水	0.2	0.2

冷凝器中的污垢热阻对冷水机组性能的影响如图 5-33 所示。图中设计选用污垢热阻为 $0.44 \times 10^{-4} \mathrm{m}^2 \cdot \mathrm{K/W}$，$\varepsilon_{\phi}$ 为冷水机组实际制冷量与设计制冷量之比，ε_{p} 为冷水机组实际耗功率与设计耗功率之比，t_{k} 为冷凝温度。可以看出，冷水机组制冷量随污垢热阻增加而呈线性降低，压缩机耗功率和冷凝温度随污垢热阻增加呈线性上升。

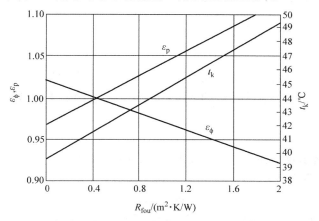

图 5-33　污垢热阻对冷水机组性能的影响
（蒸发器出口水温 6.7℃，冷凝器进口水温 29.4℃）

5.5.5　管壁热阻和接触热阻

管壁热阻 R_{p}：对于铜管，导热系数大，可不考虑；对于钢管等，应考虑。

在肋片管冷凝器中，接触热阻 R_{c} 的大小取决于两个因素：一是胀管率的大小，当胀管率减小时，接触热阻增加很快，一般胀管率控制在 $0.025\mathrm{mm} \sim 0.05\mathrm{mm}$ 之间；二是肋片的翻边形式，翻边为一次翻边时，其接触热阻大于两次翻边。铜管的接触热阻占总热阻的 10% 左右，若肋片与基管接触不严，其形成的接触热阻可取 $0.86 \times 10^{-3} \mathrm{m}^2 \cdot \mathrm{K/W}$。

5.6　冷凝器的选择计算

冷凝器的设计计算是给定冷凝器的热负荷及工况条件，计算所需要的传热面积和结构尺寸。冷凝器的传热计算公式为式（5-6），由此便可以计算出冷凝器的传热面积。

$$\phi_{\mathrm{k}} = K_{\mathrm{k}} A \Delta t_{\mathrm{m}} \tag{5-6}$$

式中　ϕ_{k}——冷凝器的热负荷（W）；

$\quad\quad K_{\mathrm{k}}$——冷凝器的传热系数 $[\mathrm{W/(m^2 \cdot K)}]$；

$\quad\quad A$——冷凝器的传热面积（m^2）；

$\quad\quad \Delta t_{\mathrm{m}}$——冷凝器的平均传热温差（℃）。

5.6.1　冷凝器的选型

冷凝器的选型应考虑工程地区的水质、水温、水量、气象条件及机房布置等情况，一般原则为：

1）立式冷凝器适用于水源丰富的地区，对水质要求不高，可布置在机房外。

2）卧式冷凝器适用于水温较低、水质较好的地区，一般布置在机房内。

3）淋激式冷凝器适用于空气相对湿度较低的地区，一般布置在室外通风良好处。

4）蒸发式冷凝器适用于空气相对湿度较低的地区，对水质要求高，应布置在室外通风处。

5.6.2 冷凝器热负荷

冷凝器热负荷是冷凝器在单位时间内排出的热量。如果忽略压缩机和排气管表面散失的热量，采用开启式压缩机的制冷系统的冷凝器热负荷一般约等于制冷量 ϕ_o 与制冷压缩机的指示功 P_i 之和，即

$$\phi_k = \phi_o + P_i \tag{5-7}$$

由于压缩机的指示效率在一定的蒸发温度 t_o、冷凝温度 t_k 下与制冷量有着一定的关系，所以式（5-7）可以简化为

$$\phi_k = \varphi \phi_o \tag{5-8}$$

式中 φ——负荷系数，与蒸发温度 t_o、冷凝温度 t_k、气缸冷却方式以及制冷剂种类有关，采用活塞式压缩机时，φ 值可通过图 5-34 查取。

对于采用全封闭压缩机的制冷系统，冷凝器热负荷等于制冷量与压缩机电动机功率之和，再减去压缩机传到周围介质的热量。根据苏联 B. B. 雅柯勃松的试验数据，整理成与制冷量相关的公式，采用全封闭压缩机的制冷系统的冷凝器热负荷等于

$$\phi_k = \phi_o(A + Bt_k) \tag{5-9}$$

式（5-9）的适用范围：$28℃ \leqslant t_k \leqslant 54℃$，对于 R22，$A = 0.86$，$B = 0.0042$。

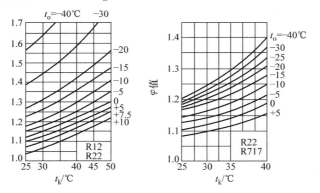

图 5-34　冷凝器的负荷系数 φ 值
a）空冷气缸　b）水冷气缸

5.6.3 平均传热温差 Δt_m

进入冷凝器的制冷剂是过热蒸气，在冷凝器中它由过热蒸气开始，依次变为饱和蒸气、饱和液体，最后达到过冷液体。因此，在冷凝器内，制冷剂的温度并不是定值，如图 5-35 所示，即分为过热区、饱和区和过冷区。而且在这三个区内的制冷剂的传热机理不同，所以传热系数不同。过热区的传热系数比饱和区的小，但在过热区的传热温差比饱和区的大，因

此，在饱和区和过热区的单位面积传热量几乎相同。但是，在一般制冷设备中，冷凝器出口制冷剂再冷度很小，排出的热量在总的冷凝器热负荷中占很小的比例。因此，为了简化计算，认为制冷剂的温度等于冷凝温度 t_k。因此冷凝器内制冷剂和冷却剂的平均对数传热温差为

$$\Delta t_m = \frac{t_2 - t_1}{\ln \dfrac{t_k - t_1}{t_k - t_2}} \tag{5-10}$$

由式（5-10）可以看出，计算传热温差 Δt_m，首先要确定制冷剂的冷凝温度 t_k 和冷却剂的进出口温度 t_1、t_2。

冷凝温度与冷却剂进、出口温差涉及制冷系统的经济性问题，设计大型制冷系统时，应做技术经济比较。

冷却剂的进口温度取决于当地的气象条件和水源条件。若提高冷凝温度 t_k、减少冷却剂进出口温差（即在 t_1 一定时降低 t_2），虽然可以提高传热温差，减少所需传热面积，降低设备投资费用。然而，冷凝温度的提高，却会增加制冷压缩机的耗电量；若增加冷却剂进出口温差（即在 t_1 一定时提高 t_2），一方面，所需冷却剂流量会

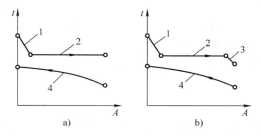

图 5-35　冷凝器中制冷剂和冷却剂温度变化示意图
a）无过冷　b）有过冷
1—过热蒸气冷却　2—凝结　3—液态制冷剂
过冷却　4—冷却剂温度

减少，从而输送冷却剂的能耗（水泵、风机耗能）减少，运行费用因此降低；另一方面，冷却剂出口温度 t_2 的增高使得平均传热温差减小，因此需要加大冷凝器面积，从而增加设备投资。因此，必须权衡利弊，合理确定冷凝温度与冷却剂进、出口温差。此外，为了保证冷凝器的热交换，冷凝温度必须高于冷却剂出口温度，且有一定下限。表 5-11 所示是制冷剂为氨的各种冷凝器的平均温差和冷却剂的进出口温差的取值范围。

表 5-11　冷却剂的进出口温差和平均温差

制冷剂种类	冷凝器型式	平均传热温差 $\Delta t_m / ℃$	冷却剂的进出口温差 $(t_2 - t_1) / ℃$
氨	立式壳管式	4 ~ 6	1.5 ~ 4
	卧式壳管式	4 ~ 6	4 ~ 8
	蒸发式	3	2（空气）
	卧式壳管（肋管）式	5 ~ 7	—
	空气冷却式	8 ~ 12	≤8

蒸发式冷凝器是靠水的蒸发带走冷凝热量，管外侧的水温基本不变，而管外掠过的空气主要是把蒸发的水汽带走，空气的温升很小。对于采用蒸发式冷凝器的制冷装置，它的冷凝温度与室外湿球温度有关。

5.6.4 传热系数

传热系数 K 可按传热学的基本公式进行计算。对于采用光管的冷凝器，以外表面为基准的传热系数为

$$K_k = \left[\frac{1}{\alpha_o} + \frac{\delta_p}{\lambda_p} \cdot \frac{A_o}{A_m} + R_{of} + \left(R_{if} + \frac{1}{\alpha_i}\right)\frac{A_o}{A_i}\right]^{-1} \qquad (5\text{-}10)$$

式中 α_o、α_i——管外、管内的传热系数［W/(m²·K)］；

δ_p——管子的厚度（m）；

λ_p——管子的导热系数［W/(m·K)］；

R_{of}、R_{if}——管外、管内的污垢热阻（m²·K/W）；

A_o、A_i、A_m——管外面积、管内面积及管内外表面面积的平均值（m²）。

对于肋片管束（如风冷冷凝器），应考虑肋效率。这样，若以基管表面温度为准，基管表面传热系数为 α_o 时，作为冷凝器（只有干工况情况）肋片管外的表面传热系数，即式（5-10）管外传热系数应为

$$\eta_{fb}\alpha_o = \frac{\eta_f A_f + A_p}{\alpha_o A_{of}} \qquad (5\text{-}11)$$

式中 η_{fb}——肋片管效率，表征肋片管与光管之间的温度效应，也就是考虑肋片热阻后的整个换热表面的效率；

η_f——肋效率，表征肋片散热的有效程度的参量，即实际散热量与假设整个肋表面处于肋基温度下的散热量的比值，为一个小于1的数；

A_p——肋片管的基管面积（m²）；

A_f——肋片管的肋片面积（m²）；

A_{of}——肋管管外面积（m²），$A_{of} = A_p + A_f$。

肋效率和许多参数有关，如肋片当量高度、肋片的形状参数，而这两个参数又与多个参数有关。一般低肋管的肋效率为 0.7～0.8，低螺纹的纯铜管的肋效率约为1。各种肋片的肋效率计算可参考传热相关资料。

冷凝器的传热面多为小直径光管或肋管，内外两侧传热面积相差较大，计算传热系数时应注意此问题。

在一般的选择计算中，通常直接用工厂提供的传热系数或热流密度。表 5-12 是各种冷凝器的热力性能推荐值。

表 5-12 各种冷凝器的热力性能推荐值

冷凝器型式	制冷剂种类	传热系数 K/［W/(m²·K)］	热流密度 ψ/（W/m²）	平均传热温差 Δt_m/℃	使用条件
立式壳管式	氨	700～800	3500～5000	5～7	单位面积冷却水量 1～1.7m³/(m²·h)
卧式壳管式	氨	800～1000	4000～6000	5～7	单位面积冷却水量 0.5～0.9m³/(m²·h)
	氟利昂（低肋管）	700～900	3500～5000	5～7	水流速为 1.7～2.5m/s
	氟利昂（低肋管）	1000～1500	5000～7000	5～7	

（续）

冷凝器型式	制冷剂种类	传热系数 K/ $[W/(m^2 \cdot K)]$	热流密度 ψ/ (W/m^2)	平均传热温差 Δt_m/℃	使用条件
套管式	氨、氟利昂	1000 ~ 1200	4000 ~ 6000	4 ~ 6	水流速 1 ~ 2m/s
蒸发式	氨	600 ~ 750	1800 ~ 2800	3 ~ 4	单位面积循环水量 0.12 ~ 0.16m³/(m² · h)，单位面积通风量 300 ~ 340m³/(m² · h)
	氟利昂	500 ~ 700	1500 ~ 2600	3 ~ 4	
空气冷却式 （强制对流）	氨、氟利昂	25 ~ 35	250 ~ 350	8 ~ 12	空气迎面风速 2 ~ 3m/s
板式换热器	氨	1800 ~ 2500			水流速 0.2 ~ 0.6m/s
	氟利昂	1650 ~ 2300			

【例 5-1】 某一氨制冷系统，假设冷凝器用循环水，进水温度为 $t_1 = 31℃$，当蒸发器温度 $t_o = -15℃$ 时，压缩机制冷量 $\phi_o = 93.1kW$，试计算卧式壳管式冷凝器的传热面积（冷却水温升为 5℃）。

【解】 1. 冷凝器热负荷

冷却水为循环水，冷却水温升 $\Delta t = 5℃$，出水温度 $t_2 = t_1 + 5℃ = 36℃$。若冷凝温度 t_k 比冷却水平均温度高 5℃，则冷凝温度为 39℃。根据图 5-34 查得 $\varphi = 1.245$，则

$$\phi_k = \varphi \phi_o = 1.245 \times 93100W = 115910W$$

2. 传热系数 K

查表 5-12 得 $K = 900W/(m^2 \cdot K)$。

3. 平均对数传热温度 Δt_m

$$\Delta t_m = \frac{t_2 - t_1}{\ln \dfrac{t_k - t_1}{t_k - t_2}} = \frac{36 - 31}{\ln \dfrac{39 - 31}{39 - 36}}℃ = 5.1℃$$

4. 冷凝器的传热面积 A

$$A = \frac{Q_k}{K \Delta t_m} = \frac{115910}{900 \times 5.1}m^2 = 25.25m^2$$

考虑 10% 的裕量，则

$$A' = 1.1A = 1.1 \times 25.25m^2 = 27.78m^2$$

5.7 其他换热设备

其他换热设备包括两种传热介质均是制冷剂的换热器，如复叠式制冷剂中的蒸发-冷凝器、两级压缩机制冷剂的中间冷却器和回热换热器。

5.7.1 再冷却器

对于冷凝器来说，希望能使冷凝后的液态制冷剂达到一定的再冷度，以便提高制冷系统的制冷能力和有利于液态制冷剂的输送。为了获得较大的再冷度，一般有两种方法：一种是使冷凝器底部传热管浸没在被冷凝下来的液态制冷剂中；另一种则是独立设置再冷却器。

采用冷凝下来的液态制冷剂浸没部分传热管时，由于液态制冷剂与刚进入冷凝器的冷却水通过管壁进行热交换，可使液态制冷剂有较大的再冷度。但是，浸没式传热面的换热属于自然对流换热，传热系数较小。

图 5-36 所示为套管式氨再冷却器。冷却水在内管中自下而上流动，氨液在内管外部环形空间中自上而下流动。这种与冷凝器分离的再冷却器，一则可以使之进行强迫对流换热，再则可使冷却水与氨液之间呈逆流式换热，因此，再冷却能力较强。

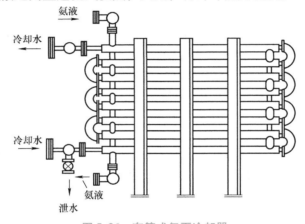

图 5-36　套管式氨再冷却器

5.7.2 回热器

回热器是指氟利昂制冷装置中使节流装置前制冷剂液体与蒸发器出口制冷剂蒸气进行换热的气液换热器，它的作用是：①对于 R12、R134a 和 R502，通过回热提高制冷装置的制冷系数；②使得节流装置前制冷剂液体再冷以免汽化，保证正常节流；③使蒸发器出口制冷剂蒸汽中夹带的液体汽化，以提高制冷压缩机的容积效率和防止压缩机液击。对于大中型制冷装置多采用盘管式回热器；0.5 ~ 15kW 容量的制冷装置可采用套管式回热器和绕管式回热器。对电冰箱等小型制冷装置，将供液管和吸气管绑在一起或并行焊接在一起，或将作为节流装置的毛细管同吸气管绑在一起，或者直接插入吸气管中，构成最简单的回热器。

盘管式回热器如图 5-37 所示。回热器外壳为钢制圆筒，内装铜制螺旋盘管。来自冷凝器的高压高温制冷剂液体在盘管内流动，而来自蒸发器的低压低温制冷剂蒸气则从盘管外部空间通过，使液体再冷却。

为了防止润滑油沉积在回热器的壳体内，制冷剂蒸气在回热器最窄截面上的流速取 8 ~ 10m/s；设计时，制冷剂液体在管内的流速可取 0.8 ~ 1.0m/s，这时回热器的传热系数为 240 ~ 300W/(m² · K)。制冷剂蒸气的干度对回热器的换热影响很大，饱和蒸气的传热系数比干度为 0.86 ~ 0.88 的湿蒸气小 1/3。

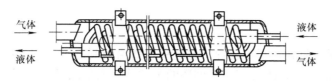

图 5-37　盘管式回热器

5.7.3　中间冷却器

中间冷却器用于双级压缩制冷装置，它的结构随循环的形式而有所不同。双级压缩氨制冷装置采用中间完全冷却，因此其中间冷却器用来同时冷却高压氨液及低压压缩机排出的氨气。氨中间冷却器的结构如图 5-38 所示。低压级压缩机排气经顶部的进气管直接通入氨液中，冷却后所蒸发的氨气由上侧接管流出，进入高压级压缩机的吸气侧。用于冷却高压氨液的盘管置于中间冷却器的氨液中，其进、出口一般经过下封头伸到壳外。进气管上部开有一个平衡孔，以防止中间冷却器内氨液在停机后压力升高时进入低压级压缩机排气管。氨中间冷却器中蒸气流速一般取 0.5m/s，盘管内的高压氨液流速取 0.4 ~ 0.7m/s，端部温差取 3 ~ 5℃，此时，传热系数为 600 ~ 700W/(m² · K)。

双级压缩氟利昂制冷装置采用中间不完全冷却，因此其中间冷却器只用来冷却高压制冷剂液体。氟利昂中间冷却器的结构如图 5-39 所示，其结构比氨中间冷却器简单。高压氟利昂液体由上部进入，在盘管内被冷却后由下部流出。高压氟利昂液体经节流后由右下方进入，蒸发的蒸气由左上方流出，其流量由热力膨胀阀来控制。氟利昂中间冷却器的传热系数为 350 ~ 400W/(m² · K)。

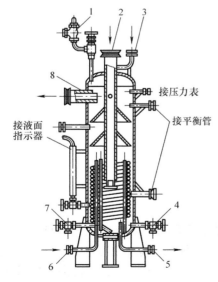

图 5-38　氨中间冷却器的结构

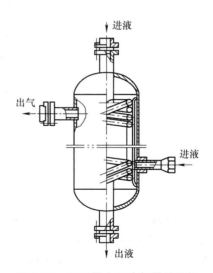

图 5-39　氟利昂中间冷却器的结构

1—安全阀　2—低压级排气进口管　3—中间压力氨液进口管
4—排液阀　5—高压氨液出口管　6—高压氨液进口管
7—放油阀　8—氨气出口管

5.7.4 冷凝-蒸发器

冷凝-蒸发器用于复叠式制冷装置，它是利用高温级制冷剂制取的冷量，使低温级压缩机排出的气态制冷剂冷凝，既是高温级循环的蒸发器，又是低温级循环的冷凝器。常用的结构形式有套管式冷凝-蒸发器、绕管式冷凝-蒸发器和壳管式冷凝-蒸发器。

1. 套管式冷凝-蒸发器

套管式冷凝-蒸发器与套管式冷凝器结构相似，它是将两个直径不同的管道套在一起后弯曲而成的。一般高温级循环制冷剂在管间蒸发，低温级制冷剂蒸气在管内冷凝。这种蒸发-冷凝器结构简单，加工制作方便，但外形尺寸较大；当套管太长时，蒸发和冷凝两侧的流动阻力都较大，故它适用于小型复叠式制冷装置。

2. 绕管式冷凝-蒸发器

绕管式冷凝-蒸发器的结构如图5-40所示，它是由一组多头的螺旋形盘管装在一个圆形的壳体内组成的。高温级制冷剂由上部供入，在管内蒸发，蒸气由下部导出；低温级制冷剂在管外冷凝。这种冷凝-蒸发器结构及制造工艺较其他形式复杂，但是它传热效果好，制冷剂充注量较小。由于其壳体内容积较大，必要时还可以起到膨胀容器的作用。

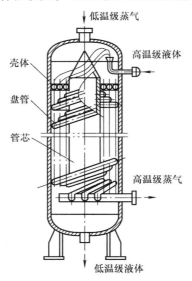

图 5-40　绕管式冷凝-蒸发器的结构

3. 壳管式冷凝-蒸发器

壳管式冷凝-蒸发器在结构上是将直管管束设置在壳筒内，以取代螺旋形盘管，其形式与壳管式冷凝器结构基本相同。它可以设计成立式安装型，高温级制冷剂液体从下部进入管内蒸发，蒸气由上部集管引出到高温级压缩机；低温级制冷剂蒸气由上封头的接管进入壳内，在管外冷凝成液体后由下封头的接管引出，进入低温级的节流装置。这种结构形式需要的高温级制冷剂充注量较大。此外，壳管式冷凝-蒸发器还可以设计成卧式安装型，其工作原理与干式卧式蒸发器相似，其结构较立式安装型复杂一些，但是传热效果较好，可以制作成大型设备，以满足大容量复叠式制冷装置的需要。

习　　题

1. 什么是顺流？什么是逆流？

2. 影响总传热系数的因素有哪些？

3. 传热基本公式中各量的物理意义是什么？

4. 说明冷凝器的作用和分类。

5. 水冷式冷凝器有哪几种形式？试比较它们的优缺点和使用场所。

6. 说明蒸发器的作用和如何分类。

7. 影响蒸发器传热的主要因素有哪些？

8. 立式壳管式冷凝器上各管接头的作用是什么？

9. 举例说明如何强化换热器的换热效率。

10. 比较干式壳管式蒸发器和满液式壳管式蒸发器。它们各自的优点是什么？

11. 冷凝器选型的原则是什么？

12. 板式换热器有什么突出的优点？

13. 举例说明制冷空调产品强化传热采取的措施。

14. 制冷剂在蒸发器管内沸腾换热系数与什么有关？冷却液体载冷剂的蒸发器的特点是什么？

15. 已知制冷量为 210kW 的冷水机组，制冷剂为 R134a，采用干式壳管式蒸发器，冷冻水入口温度为 $t_1 = 13℃$，试确定出水温度和蒸发温度，并估算蒸发器面积。

16. 有一将 15℃ 的水冷却至 7℃ 的蒸发器，制冷剂的蒸发温度为 5℃，经过一段时间使用后，其蒸发温度降至 0℃ 才能保证出水温度为 7℃。请问蒸发器的传热系数降低了多少？

17. 已知 R12 制冷系统的制冷量为 86kW，$t_e = 5℃$，冷却水进口温度为 25℃。试确定系统的冷凝温度、冷却水流量和卧式壳管式冷凝器的面积。

18. 已知 R22 制冷系统的制冷量为 100kW，$t_e = 5℃$，冷却水进出口温度为 32℃，试确定系统的冷凝温度、冷却水流量和卧式壳管式冷凝器的传热面积。

19. 已知一 R134a 制冷系统的冷凝负荷为 16kW，采用风冷式冷凝器。已知：冷凝器进口干空气温度为 39℃，出风温度为 47℃，传热管为外径 10mm、管壁厚 0.6mm 的纯铜管，采用正三角形错排设置，管间距为 25mm；肋片为平直套片（铝片），片厚 $\delta_f = 0.12mm$，片宽 $L = 44mm$。试设计该风冷式冷凝器。

20. 忽略管壁厚度，R22 水冷卧式壳管冷凝器和制取冷水的 R22 干式壳管蒸发器的换热管管径从 10mm 减少到 6mm，假设管数、管长和传热量都对应不变，试分别计算两台换热器制冷剂侧的换热系数各增加了多少，并分析这一计算结果说明了什么？

第 6 章
节流装置和辅助设备

6.1 节流装置

节流装置是制冷装置中的重要部件之一,其作用为:

1) 对高压液态制冷剂进行节流降压,保证冷凝器与蒸发器之间的压力差,使得蒸发器中的液态制冷剂在所要求的低压下蒸发吸热,达到制冷降温的目的;同时使冷凝器中的气态制冷剂在给定的高压下放热冷凝。

2) 根据负荷的变化,调节进入蒸发器中的制冷剂流量,避免因部分制冷剂在蒸发器中未汽化而进入制冷压缩机,引起湿压缩甚至冲缸事故;或因供液不足,致使蒸发器的传热面积未充分利用,引起制冷压缩机吸气压力降低,制冷能力下降,压缩机的排气温度升高,影响压缩机的正常润滑。

节流基本原理是:当制冷剂流体通过一小孔时,一部分静压力转变为动压力,流速急剧增大,成为湍流流动,流体发生扰动,摩擦阻力增加,静压下降,使流体达到降压调节流量的目的。在节流过程中,由于流速高、工质来不及与外界进行热交换,同时摩擦阻力消耗的动量也极微小,因此,可以把节流过程看作等焓节流,即在节流过程中的热量与动量都没有变化。

由于节流装置具有控制进入蒸发器中的制冷剂流量的功能,故也称为流量控制机构;又由于高压液态制冷剂流经此部件后,节流降压膨胀为湿蒸气,故又称为节流阀或膨胀阀。常用的节流装置有手动膨胀阀、浮球式膨胀阀、热力膨胀阀、电子膨胀阀、毛细管和节流短管等。

6.1.1 手动膨胀阀

手动膨胀阀的构造与普通截止阀相似,只是阀芯为针形锥体或具有 V 形缺口的锥体,如图 6-1 所示。阀杆采用细牙普通螺纹,当旋转手轮时,可使阀门开度缓慢增大或减小,保证良好的调节性能。其用于干式或湿式蒸发器。

由于手动膨胀阀要求管理人员根据蒸发器热负荷变化和其他因素的影响,利用手动方式不断地调整膨胀阀的开度,且全凭经验进行操作,管理麻烦。因此,手动膨胀阀现在已较少单独使用,一般都用作辅助性流量调节。例如,把它装在自动膨胀阀的旁通管道上,以备应急,或在检修自动阀门时使用;或者同液面控制器及电磁阀配合使用,共同实现供液量的控制。因此,现在只在氨制冷系统、试验装置或安装在旁路中作为备用节流装置情况下还有少量使用。

如图 6-2 所示,手动膨胀阀用在油分离器至压缩机曲轴箱的回油管路上。这时,节流阀用于控制流量，电磁阀用于阻止液体制冷剂在停机后流动。

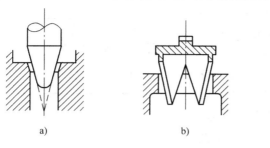

图 6-1　手动膨胀阀阀芯

a）针形阀芯　b）具有 V 形缺口的阀芯　c）平板阀芯

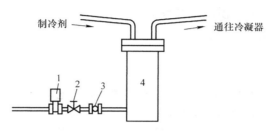

图 6-2　用在回油管路上的手动膨胀阀

1—电磁　2—手动膨胀阀　3—观察玻璃　4—油分离器

6.1.2　浮球式膨胀阀

浮球式膨胀阀是一种自动膨胀阀，主要用于满液式蒸发器。它根据满液式蒸发器液面的变化来控制供液量，同时对制冷剂起节流降压的作用。

根据供给蒸发器的液体制冷剂是否通过浮球室而分为直通式浮球式膨胀阀和非直通式浮球式膨胀阀两种，分别如图 6-3 和图 6-4 所示。这两种浮球式膨胀阀的工作原理都是依靠浮球室中的浮球因液面的降低或升高，控制阀门的开启或关闭。浮球室装在蒸发器一侧，上、下用平衡管与蒸发器相通，使蒸发器和浮球室两者液面高度一致。

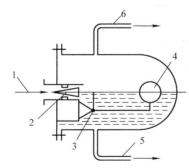

图 6-3　直通式浮球式膨胀阀

1—液体进口　2—浮球式膨胀阀　3—手动膨胀阀
4—液体过滤器　5—气体连通器　6—液体连通管

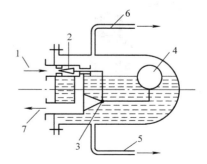

图 6-4　非直通式浮球式膨胀阀

1—液体进口　2—浮球式膨胀阀　3—手动膨胀阀
4—液体过滤器　5—液体连通管　6—气体连通管
7—节流后液体出口

这两种浮球式膨胀阀的区别在于：直通式浮球式膨胀阀供给的液体是通过浮球室和下部液体平衡管流入蒸发器的，其构造简单，但由于浮球室液面波动大，浮球传递给阀芯的冲击力也大，故容易损坏；而非直通式浮球式膨胀阀阀门机构在浮球室外部，节流后的制冷剂不通过浮球室而直接流入蒸发器，因此浮球室液面稳定，但结构和安装要比直通式浮球式膨胀阀复杂一些，目前应用比较广泛。在浮球式膨胀阀的旁通管上还设有手动膨胀阀，以备浮球式膨胀阀损坏或维修时使用，它们的安装情况如图6-5所示。

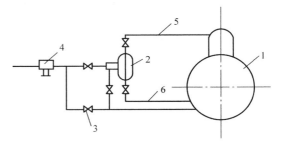

图6-5 浮球式膨胀阀的安装情况

1—蒸发器 2—浮球式膨胀阀 3—手动膨胀阀
4—液体过滤器 5—气体连通器 6—液体连通管

6.1.3 热力膨胀阀

热力膨胀阀也是一种自动膨胀阀，它靠蒸发器出口气态制冷剂的过热度来控制阀门的开启度，以自动调节供给蒸发器的制冷剂流量，并同时起节流作用。热力膨胀阀又称恒温膨胀阀，普遍用于氟利昂制冷系统中，与非满液式蒸发器联合使用，可分为内平衡式热力膨胀阀和外平衡式热力膨胀阀两种。

1. 内平衡式热力膨胀阀

内平衡式热力膨胀阀由阀体、推杆、阀座、阀针、弹簧、调节杆、感温包、连接管、感应膜片等部件组成，如图6-6所示。金属膜片是厚0.1~0.2mm的青铜合金片或不锈钢片，

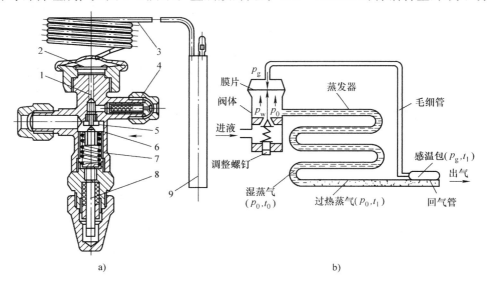

图6-6 内平衡式热力膨胀阀

a) 内平衡式热力膨胀阀的结构 b) 内平衡式热力膨胀阀的安装与工作原理

1—推杆 2—膜片 3—连接管 4—进口阀的过滤器 5—阀座
6—阀针 7—弹簧 8—调节杆 9—感温包

其断面冲压成波浪形，具有良好的受力弹性变形性能。阀座上装有阀针，随着与金属膜片相接触的传动杆上下移动，阀针也跟随着一起移动，从而开大或关小阀孔，调节制冷剂流量。感温包内充注液态或气态制冷剂，用来感受蒸发器出口的过热蒸气温度。毛细管是密封盖与感温包的连接管，感温包内的压力通过它传递给金属膜片上部。

调整螺钉用来调整弹簧力的大小，即调整膨胀阀的开启过热度。

过滤网安装在膨胀阀的进液端，用铜丝网做成，以过滤制冷剂中的杂质、污物，防止阀孔堵塞。

图 6-7 所示为内平衡式热力膨胀阀的工作原理。以常用的同工质充液式热力膨胀阀分析，弹性金属膜片受三种力的作用（忽略膜片的弹性力）：

p_1——阀后制冷剂的压力，作用在膜片下部，使阀门向关闭方向移动。

p_2——弹簧作用力，也施加于膜片下方，使阀门向关闭方向移动，其作用力大小可通过调整螺钉予以调整。

p_3——感温包内制冷剂的压力，作用在膜片上部，使阀门向开启方向移动，其大小取决于感温包内制冷剂的性质和感温包感受的温度。

对于任一运行工况，此三种作用力均会达到平衡，即 $p_1 + p_2 = p_3$，此时，膜片不动，阀芯位置不动，阀门开度一定。

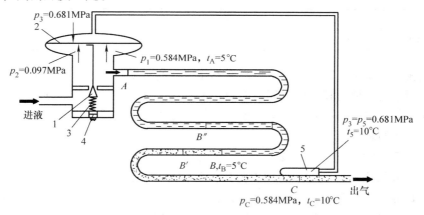

图 6-7 内平衡式热力膨胀阀的工作原理
1—阀芯 2—弹性金属膜片 3—弹簧 4—调整螺钉 5—感温包

如图 6-7 所示，感温包内定量充注与制冷系统相同的液态制冷剂 R22，若进入蒸发器的液态制冷剂的蒸发温度为 5℃，相应的饱和压力等于 0.584MPa，如果不考虑蒸发器内制冷剂的压力损失，蒸发器内各部位的压力均为 0.584MPa；在蒸发器内，液态制冷剂吸热沸腾，变成气态，直至图中 B 点，全部汽化，呈饱和状态。自 B 点开始制冷剂继续吸热，呈过热状态；如果至蒸发器出口感温包处的 C 点，温度升高 5℃，达到 10℃，当达到热平衡时，感温包内液态制冷剂的温度也为 10℃，即 $t_5 = 10$℃，相应的饱和压力等于 0.681MPa，作用在膜片上部的压力 $p_3 = p_5 = 0.681$MPa。如果将弹簧作用力调整至相当膜片下部受到 0.097MPa 的压力，则 $p_1 + p_2 = p_3 = 0.681$MPa，膜片处于平衡位置，阀门有一定开度，保证蒸发器出口制冷剂的过热度为 5℃。

当外界条件发生变化使蒸发器的负荷减小时，蒸发器内液态制冷剂沸腾减弱，制冷剂达到饱和状态点的位置后移至 B'，此时感温包处的温度将低于10℃，致使 $p_1 + p_2 > p_3$，阀门稍微关小，制冷剂供应量有所减少。反之，当外界条件改变使蒸发器的负荷增加时，蒸发器内液态制冷剂沸腾加强，制冷剂达到饱和状态点的位置前移至 B''，此时感温包处的温度将高于5℃，致使 $p_1 + p_2 < p_3$，阀门稍微开大，制冷剂流量增加。这样便可根据蒸发器出口制冷剂蒸气过热度的大小来调节流量。

这种阀只用在允许有较大过热度的制冷剂的非满液式蒸发器中，属于比例调节方式。

2. 外平衡式热力膨胀阀

当蒸发盘管较细或相对较长，或者分液器并联而多根盘管共用一个热力膨胀阀时，制冷剂通过时，因流动阻力较大，压差的影响就不可以忽略。这一影响可以用以下数据说明。还是以图6-7为例，若制冷剂在蒸发器内的压力损失为0.036MPa，如果 $t_s = 10℃$，膜片处于平衡状态。则蒸发器出口制冷剂的蒸发压力等于0.584MPa – 0.036MPa = 0.548MPa，相应的饱和温度为3℃，此时，蒸发器出口制冷剂的过热度则增加至7℃；蒸发器内制冷剂的阻力损失越大，过热度增加得越大，若仍使用内平衡式热力膨胀阀，将导致蒸发器出口制冷剂的过热度很大，蒸发器传热面积不能有效利用。一般情况下，当R22蒸发器内阻力损失达到表6-1规定的数值时，应采用外平衡式热力膨胀阀。

表6-1 使用外平衡式热力膨胀阀的蒸发器阻力损失值（R22）

蒸发温度/℃	10	0	10	20	30	40	50
阻力损失/kPa	42	33	26	19	14	10	7

为了克服上述缺点，对于流动阻力影响不能忽视的蒸发器一般采用外平衡式膨胀阀。外平衡式热力膨胀阀的结构和工作原理图如图6-8所示，它是在膜片的下方做一个空腔，并用一根平衡管同蒸发器出口接通，这样，膜片下部承受的是蒸发器出口的压力，因而消除了压差对膨胀阀特性的影响。

仍以图6-7为例，进入蒸发器的液态剂的蒸发温度为5℃，相应的饱和压力为0.584MPa，蒸发器内制冷剂的压力损失为0.036MPa，则蒸发器出口制冷剂的蒸发压力 $p_1 = 0.584MPa$，即相应的饱和温度为3℃，再加上5℃的过热度的弹簧作用力 $p_2 = 0.097MPa$，则 $p_3 = p_1 + p_2 = 0.645MPa$，对应的饱和温度约为8℃，膜片处于平衡位置，保证蒸发器出口气态制冷剂过热度基本上等于5℃。

用制冷剂蒸气的过热度来调节阀门开度的热力膨胀阀，在稳定工作状态时 $p_3 - p_1 = p_2$，$p_3 - p_1$ 取决于过热度，而 p_2 与弹簧的调定值及阀的开度有关，故阀的开度是随蒸气的过热度而变化的。过热度大，阀的开度大；反之，则阀的开度小。当过热度减小到某一数值时阀刚刚关闭，这一过热度称关闭过热度（也就是开始开启时的过热度）。关闭过热度是由于弹簧的预紧力而产生的，其值与弹簧的预紧程度有关，而预紧程度可用调节杆来调定。当弹簧调到最松位置时的关闭过热度称最小关闭过热度，一般设计不大于2℃；将弹簧调到最紧位置时的关闭过热度称最大关闭过热度，一般不小于8℃。从关闭状态开始开启到全开为止蒸气过热度增加的数值称可变过热度，它的大小为3~5℃。关闭过热度与可变过热度之和称工作过热度（或总过热度），在2~13℃之间变化，随调节杆的位置及阀的开度而变。此外，阀门还有一定的备用过热度，其供液量可比额定供液量大10%~40%。

图6-9所示为热力膨胀阀的工作过热度与供液能力的关系，图中 OA 为静装配过热度，

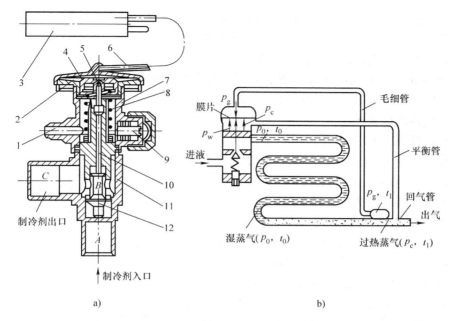

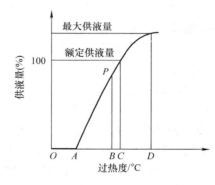

图 6-8　外平衡式热力膨胀阀

a）外平衡式热力膨胀阀结构　b）外平衡式热力膨胀阀的安装与工作原理

1—平衡管接头　2—薄膜外室　3—感温包　4—薄膜内室　5—膜片　6—毛细管

7—上阀体　8—弹簧　9—调节杆　10—阀体　11—下阀体　12—阀芯

AB 是有效过热度，OB 为工作过热度，CD 为备用过热度。

以上介绍可见，热力膨胀阀只用在允许有较大过热度的制冷剂（如 R12 等）的非满液式蒸发器中，属于比例调节。

热力膨胀阀的不足之处是：

1）信号的反馈有较大的滞后。蒸发器处的高温气体首先要加热感温包外壳，再由外壳对感温包内工质加热。感温包外壳有较大的热惯性，使得反应滞后，而外壳对工质的加热，使得滞后进一步加大，信号反馈的滞后导致被调参数出现周期性振荡。

2）控制精度较低。感温包中的工质通过薄膜将压力传递给阀针。因膜片的加工精度及安装均影响它受压产生的变形以及变形的灵敏度，故难以达到较高控制精度。

图 6-9　热力膨胀阀的工作过热度
与供液能力的关系

OA—静装配过热度　AB—有效过热度（可变过热度）

OB—工作过热度　AC—额定状态可变过热度

CD—备用过热度

3）调节范围有限。因薄膜变形有限，使阀针的开启度变化范围较小，故流量的调节范围也较小。在要求较大的流量调节能力时，如使用变频压缩机，热力膨胀阀无法满足要求。

3. 热力膨胀阀的充注方式及调节特性

根据制冷系统所用制冷剂的种类和蒸发温度不同，热力膨胀阀感温包内充注的工质和方式有多种。根据感温工质种类的不同，感温包内工质的充注形式有液体充注、气体充注、液体交叉充注、混合充注和吸附充注。热力膨胀阀的充注方式不同，其调节特性也不相同，各种充注方式均有一定的优缺点和使用限制。

（1）液体充注 采用液体充注感温包时，感温包的液体与制冷系统中的制冷剂相同。感温包充注的液体量应足够大，保证任何温度下感温包内总有液体存在，感温系统内的压力始终为充注液体的饱和压力。

液体充注膨胀阀的缺点是，随着蒸发温度的提高，作用在膜片下部的蒸发压力及弹簧力之和也变大。此时，感温包压力也相应增高，从而保证了制冷剂在离开蒸发器时始终有过热度。如图 6-10 所示，过热度的大小随蒸发温度而变，蒸发温度越高，过热度越小。另一个缺点是它对蒸发温度没有限制，而过高的蒸发温度会使制冷压缩机的电动机超负荷，甚至发生烧毁电动机的现象。它的优点是阀门的工作不受膨胀阀和平衡毛细管所处的环境温度的影响，即使环境温度低于感温包感受的温度也能正常工作。

（2）气体充注 气体充注时感温包内只注入与制冷剂相同的限量工质。当蒸发温度（或蒸发器内的压力）低于规定值时，感温包内工质的压力 – 温度关系与液体充注感温包时一样。但是蒸发温度超过规定值时，由于感温包内的工质已完全蒸发，尽管温度增加很多，压力的增量却很小。因此，当蒸发温度超过规定温度时，蒸发器出口处制冷剂虽有很高的过热度，仍不能将阀门打开。这样，便控制蒸发器的供液量和蒸发压力，避免蒸发温度过高现象出现。

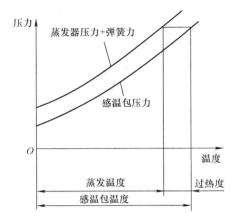

图 6-10 液体充注膨胀阀的过热度

气体充注膨胀阀的缺点是当膜盒温度低于感温包温度时，有时包内工质以液体形式积聚在膜片上，而不返回感温包内。因此，设计时必须保证膨胀阀在关闭时膜盒内有较高温度，使盒内液体蒸发，回到感温包内。

（3）液体交叉充注 液体交叉充注时感温包内的工质与制冷系统的制冷剂不同。感温包的饱和蒸气压力曲线与膜片下面作用力的变化曲线如图 6-11 所示。在不同的蒸发温度条件下，热力膨胀阀维持的过热度几乎不变。

（4）混合充注和吸附充注 混合充注时感温包内除充注与制冷系统不同的工质外，还充注一定压力的不可凝气体；吸附充注时是在感温包内充满吸附性气体与吸附剂，最普遍使用的吸附气体是 CO_2，吸附剂是活性炭。吸附充注时感温包不会发生气体积累在膜片的情形，但缺点是阀门对过热度变化的反应较缓慢。

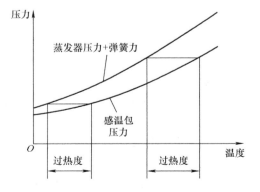

图 6-11 液体交叉充注热力膨胀阀的特性曲线

热力膨胀阀的工作能力受阀前制冷剂过冷度的影响，其影响程度用影响因子表示。阀前液体过冷度对阀的影响因子见表 6-2。

表 6-2　阀前液体过冷度对阀的影响因子

制冷剂	过冷度/℃									
	4	10	15	20	25	30	35	40	45	50
R22	1.00	1.06	1.11	1.15	1.20	1.25	1.30	1.35	1.39	1.44
R410A	1.00	1.08	1.15	1.21	1.27	1.33	1.39	1.45	1.50	1.56
R407C	1.00	1.08	1.14	1.21	1.27	1.33	1.39	1.45	1.51	1.57
R134A	1.00	1.08	1.13	1.19	1.25	1.31	1.37	1.42	1.48	1.54
R404A/R507	1.00	1.10	1.20	1.29	1.37	1.46	1.54	1.63	1.70	1.78

4. 热力膨胀阀的选配

在为制冷系统选配热力膨胀阀时，应考虑到制冷剂种类和蒸发温度范围，且使膨胀阀的容量与蒸发器的负荷相匹配。

在某一蒸发温度和压力差情况下，处于一定开度的膨胀阀的制冷剂流量称为该膨胀阀在此压力差和蒸发温度下的膨胀阀容量。在一定的阀开度，以及膨胀阀进出口制冷剂状态的情况下，通过膨胀阀的制冷剂流量 m_R（kg/s）为

$$m_R = C_D A_v \sqrt{2(p_{vi} - p_{vo})/v_{vi}}$$

$$C_D = 0.02005 \sqrt{\rho_{vi}} + 6.34 v_{vo} \tag{6-1}$$

式中　p_{vi}——膨胀阀进口压力（Pa）；

p_{vo}——膨胀阀出口压力（Pa）；

v_{vi}——膨胀阀进口制冷剂比体积（m^3/kg）；

v_{vo}——膨胀阀出口制冷剂比体积（m^3/kg）；

A_v——膨胀阀的通道面积（m^2）；

C_D——流量系数；

ρ_{vi}——膨胀阀进口制冷剂密度（kg/m^3）。

则热力膨胀阀的容量为

$$\phi_0 = m_R(h_{eo} - h_{ei}) \tag{6-2}$$

式中　h_{eo}——蒸发器出口制冷剂焓值（kJ/kg）；

h_{ei}——蒸发器进口制冷剂焓值（kJ/kg）。

除以上通过计算来选配热力膨胀阀外，也可以按厂家提供的膨胀阀容量性能表选择，选择时一般要求热力膨胀阀的容量比蒸发器容量大 20% ~ 30%。

5. 热力膨胀阀的安装

由于热力膨胀阀依靠感温包感受到的温度进行工作，且温度传感系统的灵敏度比较低，传递信号的时间滞后较大，易造成膨胀阀频繁启闭和供液量波动，因此感温包的正确安装非常重要。

热力膨胀阀的安装位置应靠近蒸发器，阀体应竖直放置，不可倾斜和颠倒安装。感温包安装在蒸发器出口、压缩机吸气管段上，并尽可能装在水平管段部分并不受积液、积油影响之处。当吸气管需要提高时，提高处应设存液弯，并装在弯头前，否则，只得将感温包安装

在立管上，以避免与积液直接接触。感温包的安装位置如图 6-12 所示。

感温包的安装方法如图 6-13 所示，感温包通常缠在吸气管上，感温包紧贴管壁，包扎紧密；接触处应将氧化皮清除干净，必要时可涂一层防锈层。当吸气管外径小于 22mm 时，管周围温度的影响可以忽略，安装位置可以任意，一般包扎在吸气管上部；当吸气管外径大于 22mm 时，感温包安装处若有液态制冷剂或润滑油流动，水平

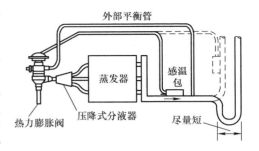

图 6-12　感温包的安装位置

管上、下侧温差可能较大，因此应将感温包安装在吸气管水平轴线与轴线以下 45°之间（一般为 30°）。当采用外平衡式热力膨胀阀，外部平衡管一般接在蒸发器出口、感温包后的压缩机吸气管上，连接口应位于吸气管顶部，以防被润滑油堵塞。为了防止感温包受外界温度影响，故在扎好后，务必用不吸水绝热材料缠包。

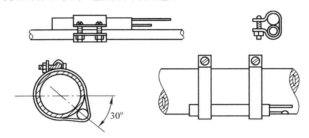

图 6-13　感温包的安装方法

6.1.4　电子膨胀阀

电子膨胀阀是近年出现的一种新型节流装置，它利用被调节参数产生的电信号，控制施加于膨胀阀上的电压或电流，进而达到调节供液量的目的。当制冷系统采用无级变容量制冷剂供液时，其要求供液调节范围宽、反应快，传统的节流装置（如热力膨胀阀）将难以满足要求，而电子膨胀阀可以很好地胜任。电子膨胀阀由传感器、控制器和执行器三部分构成，传感器通常采用热电偶或热电阻，执行器可控驱动装置和阀体，控制器的核心硬件为单片机。按照驱动方式的不同分为电磁式电子膨胀阀和电动式电子膨胀阀两类。

1. 电磁式电子膨胀阀

电磁式电子膨胀阀的结构如图 6-14a 所示，它依靠电磁线圈的磁力驱动阀针。当电磁线圈 2 通电前，阀针处于全开位置。通电后，受磁力作用，柱塞 3 将移动，同时带动阀针 6 移动，其位移量的大小取决于电磁线圈吸引力的大小，吸引力的大小基本上与外加电流大小成正比。当线圈上外加电流减小时，针阀在柱塞弹簧力的作用下，阀逐渐关闭。如图 6-14b 所示，电压越高，开度越小，反之越大。因此，通过控制电磁线圈电流的大小来控制针阀的位移量，以达到控制制冷剂流量和节流的目的。

电磁式电子膨胀阀的结构简单，动作响应快，但是在制冷系统工作时，需要一直提供控制电压。

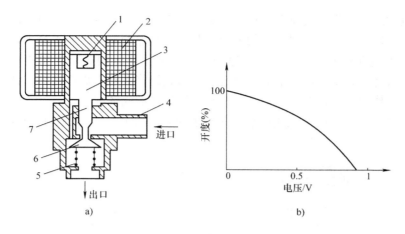

图 6-14 电磁式电子膨胀阀

a）结构 b）开度 - 电压关系

1—柱塞弹簧 2—电磁线圈 3—柱塞 4—阀座 5—弹簧 6—阀针 7—阀杆

2. 电动式电子膨胀阀

电动式电子膨胀阀依靠步进电动机驱动阀针，步进电动机转动时，转子带动阀针一起转动，使阀芯产生连续位移，从而改变阀的流通面积的大小。转子的旋转角度同阀针的位移量与输入脉冲数成正比。一般电动式电子膨胀阀从全开到全关，步进电动机的脉冲数在 300 个左右。每个脉冲对应一个控制位置，因此，电动式电子膨胀阀有很高的控制精度和良好的控制特性。这种电子膨胀阀分直动型电动式电子膨胀阀和减速型电动式电子膨胀阀两种。

（1）直动型电动式电子膨胀阀 直动型电动式电子膨胀阀的结构如图 6-15a 所示。该膨胀阀是用脉冲步进电动机直接驱动阀针。当控制电路的脉冲电压按照一定的逻辑关系作用到电动机定子的各相线圈上时，永久磁铁制成的电动机转子受磁力矩作用产生旋转运动，通过螺纹的传递，使阀针上升或下降，调节阀的流量。直动型电动式电子膨胀阀的工作特性如图 6-15b 所示。

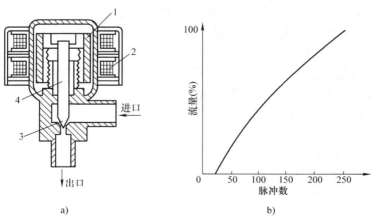

图 6-15 直动型电动式电子膨胀阀

a）结构 b）流量 - 脉冲数关系

1—转子 2—线圈 3—阀针 4—阀杆

直动型电动式电子膨胀阀驱动阀针的力矩直接来自于定子线圈的磁力矩，限于电动机尺寸，故这个力矩较小。为了获得较大的力矩，开发了减速型电动式电子膨胀阀。

（2）减速型电动式电子膨胀阀　减速型电动式电子膨胀阀的结构如图 6-16a 所示。该膨胀阀内装有减速齿轮组。步进电动机通过减速齿轮组将其磁力矩传递给阀针，减速齿轮组放大了磁力矩的作用。因而该步进电动机易与不同规格的阀体配合，满足不同调节范围的需要。节流阀口径为 $\phi1.6\text{mm}$ 的减速型电动式电子膨胀阀的工作特性如图 6-16b 所示。

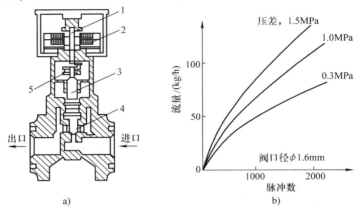

图 6-16　减速型电动式电子膨胀阀
a）结构　b）流量-脉冲数关系
1—转子　2—线圈　3—阀针　4—阀座　5—减速齿轮组

采用电子膨胀阀对蒸发器出口制冷剂过热度进行调节时，可以通过设置在蒸发器出口的温度传感器和压力传感器（或同时在蒸发器中部两相区处设置温度传感器采集蒸发温度）来采集过热度信号，采用反馈调节来控制膨胀阀的开度；也可以采用前馈加反馈复合调节，消除因蒸发器管壁与传感器热容造成的过热度控制滞后，改善系统调节品质，使得在很宽的蒸发温度区域内使过热度控制在目标范围内。

除了对过热度进行控制外，通过指定的调节程序还可以将电子膨胀阀的控制功能扩展，如用于热泵机组除霜、压缩机排气温度控制等。此外，电子膨胀阀也可以根据制冷剂液位进行工作，因此，电子膨胀阀除用于干式蒸发器外，还可用于满液式蒸发器。

电子膨胀阀与热力膨胀阀相比，具有如下特点：

1）由于电子膨胀阀的开度不受冷凝温度的影响，可以在很低的冷凝压力下工作，这大大提高了制冷装置在部分负荷下的性能系数。

2）电子膨胀阀可以在接近零过热度下平稳运行，不会产生振荡，从而可充分发挥蒸发器的传热效率。

3）电子膨胀阀具有很好的双向流通性能，两个流向的流量系数相差很小，偏差小于 4%。

因此，电子膨胀阀特别适用于与系统制冷剂循环量变化很大的空调机、多联机系统和热泵机组等。

6.1.5　毛细管

毛细管是最简单的节流装置，常用于小型制冷装置中，如电冰箱、家用空调器、干燥器等。毛细管是一根内径一般为 0.5～2.5mm、长度为 0.5～5m 细而长的纯铜管，连接在蒸发器与冷凝器之间，对制冷系统起到节流降压和控制制冷剂流量的作用。

1. 毛细管的工作特点

毛细管的工作原理是"液体比气体更容易过"。当具一定过冷度的液体制冷剂进入毛细管后，沿管长方向的压力及温度变化如图 6-17 所示。1－2 段为液相段，液态制冷剂在此阶段流动时压力降呈线性逐渐降低，但压力降不大，同时其温度是定值，这一过程为等温降压过程。当制冷剂流至点 2 处时，压力降到相当于制冷剂入口温度的饱和压力以下时，管中开始出现第一个气泡，称该点为发泡点。2－3 为两相段，制冷剂为湿蒸气，其温度相当于该压力下的饱和温度，这一过程的压力线与温度线重合。由于该段饱和蒸气的百分比（即干度）逐步增加，因此，压力降为非线性变化，且越接近毛细管末端，单位长度的压力降越大。当制冷剂从毛细管末端进入蒸发器时，温度仍有一个降落，如图中 3－4 段。点 4 为制冷剂在蒸发器中的状态。

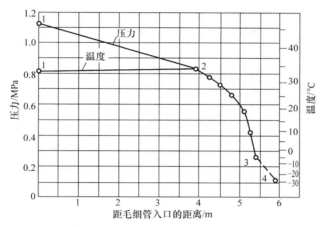

图 6-17　毛细管中的制冷剂压力及温度分布

毛细管的供液能力主要取决于毛细管入口处制冷剂的状态，如进口压力、进口制冷剂的过冷度和干度，以及毛细管的几何尺寸，而蒸发压力在通常情况下对供液能力的影响较小或根本没有。这是因为蒸气在等截面毛细管内流动时，会出现临界流动现象。当毛细管出口的背压（即蒸发压力）等于临界压力，通过毛细管的流量达到最高；当毛细管出口的背压低于临界压力，管出口截面的压力等于临界压力时，通过毛细管的流量保持不变，其压力的进一步降低将在毛细管外进行；只有当毛细管出口的背压高于临界压力，管出口截面的压力才等于蒸发压力，这时通过毛细管的流量随出口压力的降低而增加。

毛细管的几何尺寸与其供液能力有关，长度增加、内径缩小都使得供液能力减少。

毛细管的优点是制造简单，成本低廉，没有运动部件，工作可靠，并且在压缩机停止运行后，制冷系统内的高压侧压力和低压侧压力可迅速得到平衡，再次起动运转时，制冷压缩机的电动机起动负荷较小，不必使用起动转矩大的电动机，这一点对封闭和全封闭式制冷压缩机尤为重要。因此，毛细管广泛地用于由全封闭压缩机组成的空调器和电冰箱中。

毛细管的主要缺点是它的调节性能差，因此，毛细管宜用于蒸发温度变化范围不大、负荷比较稳定的场合。

使用毛细管时还应注意以下几点：

1）采用毛细管后制冷系统的制冷剂充注量一定要准确。若充注量过多，则在停机时留在蒸发器内的制冷剂液体过多，导致在重新起动时负荷过大，还易发生湿压缩，并且不易降温。反之，充注量过小，可能形成不了正常的液封，导致制冷量不降，甚至降不到所需的温度。系统的充注量与蒸发器容积有关，如果蒸发器容积小，要在蒸发器出口装一合适的气液分离器。

2）毛细管与制冷装置的能力应相匹配。毛细管的管径与长度是根据一定的机组和一定的工况配置的，不能任意改变工况或更换任意规格的毛细管，否则会影响制冷设备的合理工作。

3）毛细管入口部分应装设 $31 \sim 46$ 目/cm² 的过滤器（网），以防污垢堵塞其内孔。

4）当几根毛细管并联使用时，为使流量均匀，最好采用分液器。

5）要密切地注意系统内部的清洁和干燥。尤其是氟利昂制冷剂几乎是不溶解水分的，因此，如果系统残留水分，便会在毛细管出口侧产生冰塞，从而破坏了系统的正常运行。另外，系统内的灰尘也容易堵塞毛细管，造成制冷不良。

2. 毛细管尺寸的确定

毛细管尺寸需根据制冷系统的制冷剂流量和毛细管入口制冷剂的状态（压力和过冷度）来确定。影响毛细管流量的因素众多，通常确定的方法是，首先通过大量理论和试验建立计算图线，依此对毛细管尺寸进行初选，然后通过装置运行试验将毛细管尺寸调整到最佳值。

以上介绍的方法是根据毛细管入口制冷剂状态（压力 p_1 或冷凝温度 t_k，过冷度 Δt_0）通过图 6-18 确定标准毛细管流量 M_a，然后利用式（6-3）计算相对流量系数 ψ，再根据 ψ 查图 6-19 确定初选毛细管的长度和内径。另外，也可以根据给定毛细管尺寸确定它的流量初算值。

$$\psi = \frac{M_m}{M_a} \qquad (6-3)$$

式中　M_m——试验流量；

　　　M_a——实际流量。

此外，有关试验表明，在相同工况和流量的条件下，毛细管的长度近似与其内径 d_i的 4.6 次方成正比，见式（6-4）。相当于，如果毛细管的内径增大 5%，为了保证有相同的流通能力，其长度应为原长的 $1.05^{4.6} = 1.25$ 倍，即长度增加 25%，由此可见，毛细管的内径的偏差影响显著。

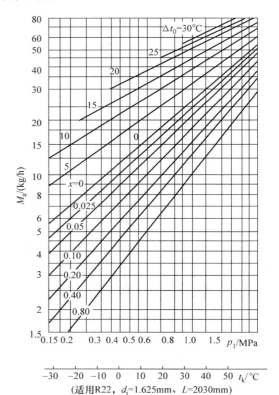

图 6-18　标准毛细管进口状态与流量关系

$$\frac{L_1}{L_2} = \left(\frac{d_{i1}}{d_{i2}}\right)^{4.6} \tag{6-4}$$

6.1.6 节流短管

节流短管是一种定截面节流孔的节流装置，已应用于部分汽车空调、少量冷水机组和热泵机组中。应用于汽车空调的节流短管通常长径比为 3～20 的细铜管段，将其装入在一根塑料套管内。在套管上有一或两个 O 形密封圈，铜管外是滤网，其结构如图 6-20 所示。来自冷凝器的制冷剂在 O 形密封圈的隔离下，只能通过细小的节流孔经过节流后进入蒸发器，滤网的作用是阻挡杂质进入铜管。

采用节流短管的制冷系统需在蒸发器后设置气液分离器，以防压缩机发生湿压缩。节流短管的优点是价格低廉、制造简单、可靠性好、便于安装，具有良好的互换性和自平衡能力。

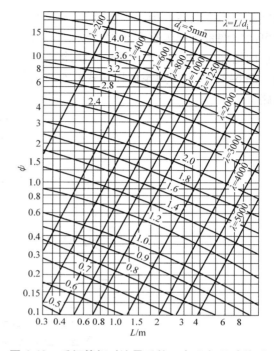

图 6-19 毛细管相对流量系数 ψ 与几何尺寸关系

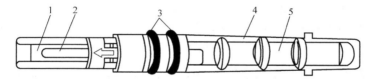

图 6-20 节流短管的结构

1—出口滤网 2—节流孔 3—O 形密封圈 4—塑料外壳 5—进口滤网

6.2 辅助设备

在制冷系统中，制冷设备可以分成两类：一类是完成制冷循环所必不可少的设备，如冷凝器、蒸发器、节流装置等；另一类是为了改善和提高制冷机的工作条件或提高制冷机的经济性及安全性的辅助设备，如分离设备与贮存设备、安全防护设备、阀件等。

由于用途不同，各种制冷装置的系统流程和设备配置不尽相同。下面以热泵型冷水机组和小型冷库来说明制冷系统流程和制冷系统设备等，并介绍主要辅助设备的工作原理和结构。

6.2.1 制冷系统流程

1. 热泵型冷水机组

热泵型冷水机组又称为冷暖型冷水机组，多用于风冷式机组和小型空调机组，如窗式空调器、分体空调器、柜式空调器等。冷暖型机组可在夏季向空调系统提供冷冻水源，而在冬季可向空调系统提供空调热水水源，或直接向室内提供冷风和热风。冷暖型机组主要通过在机组内增加一个四通换向阀改变制冷剂的流动路线，冷凝器变为蒸发器，蒸发器变为冷凝器。图 6-21 所示为热泵型风冷式冷水机组的工作原理，其中实线为制冷回路，虚线为制热回路。

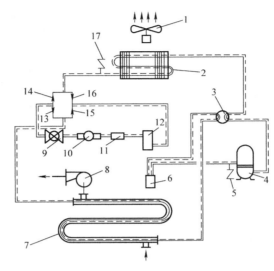

图 6-21 热泵型风冷式冷水机组的工作原理

1—风扇 2—翅片式换热器 3—四通换向阀 4—压缩机 5—低压接口 6—气液分离器
7—套管式换热器 8—水泵 9—膨胀阀 10—视镜 11—干燥过滤器 12—贮液罐
13～16—单向阀 17—高压接口

（1）制冷回路流程　在夏季机组处于制冷状态时，压缩机排气口的高温高压气态制冷剂通过四通换向阀进入翅片式换热器（冷凝器）内，冷凝放热后成为高压液态制冷剂，通过单向阀 16 进入贮液罐并经节流阀成为低压液态制冷剂，通过单向阀 13 进入套管式换热器（蒸发器）吸热蒸发成低压气态制冷剂，经气液分离器和四通换向阀至压缩机吸气口，完成制冷循环。

（2）制热回路流程　在冬季机组处于制热状态时，从压缩机排气口出来的高温高压气态制冷剂通过四通换向阀进入套管式换热器（冷凝器）内，放热冷凝成为高压液体，再通过单向阀 15 进入贮液罐，经节流阀后成为低压液态制冷剂，经单向阀 14 至翅片式换热器（蒸发器）蒸发吸热成为低压气态制冷剂，通过气液分离器和四通换向阀至压缩机吸入口，完成制热循环。与套管式换热器连接的换热循环水，在夏季为空调冷冻水源，冬季为空调热水源。

2. 小型冷库

图 6-22 所示为水冷式小型氟利昂冷库制冷系统流程。从图 6-22 中可以看出，实际装置与制冷循环原理图无本质上的差别，只是考虑运行中的安全问题而加了一些辅助装置，它们的名称及作用是：

（1）分液头　它使制冷剂均匀地分配到蒸发器的各路管组中。

（2）压力控制器　它是压缩机工作时的安全保护控制装置。

（3）油分离器　它把压缩机排气中的润滑油分离出来，并返回到曲轴箱去，以免油进入各种热交换设备而影响传热。

（4）热气冲霜管　其作用是定期将压缩机本身产生的高温蒸气，直接排到蒸发器内，加热蒸发器而除霜。

（5）冷却塔　它利用空气使冷却水降温，循环使用，节约用水。

（6）冷却水泵　它是冷却水循环的输送设备。

（7）干燥过滤器　它可除去冷凝器出来液体中的水分和杂质，防止膨胀阀冰堵或堵塞。

（8）回热器　它能过冷液体制冷剂，提高低压蒸气温度，消除压缩机的液击。

（9）电磁阀　它在压缩机停机后自动切断输液管路，防止过多制冷剂流入蒸发器，以免压缩机下次起动时产生液击，起保护压缩机的作用。

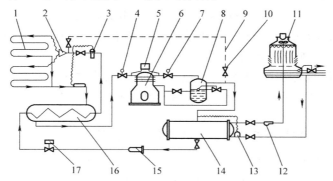

图 6-22　水冷式小型氟利昂冷库制冷系统流程

1—蒸发器　2—分液头　3—热力膨胀阀　4—低压计　5—压力控制器　6—压缩机　7—高压计　8—油分离器
9—热气冲霜管　10—截止阀　11—冷却塔　12—冷却水泵　13—冷却水量调节阀　14—冷凝器
15—干燥过滤器　16—回热器　17—电磁阀

6.2.2　油分离器

制冷压缩机工作时，总有少量滴状润滑油被高压气态制冷剂携带进入排气管，并可能进入冷凝器和蒸发器。如果在排气管上不装设油分离器，对于氨制冷装置来说，润滑油进入冷凝器，特别是进入蒸发器以后，在制冷剂侧的传热面上形成严重的油污，降低冷凝器至蒸发器的传热系数。对于氟利昂制冷装置来说，如果回油不良或管路过长，蒸发器内可能积存较多的润滑油，致使系统的制冷能力大为降低；蒸发温度越低，其影响越大，严重时还会导致压缩机缺油损毁。

当活塞式压缩机压缩制冷剂气体时，由于气缸内壁面、曲轴轴颈、活塞销等处都需要油来润滑，故在压缩过程中，压缩机气缸内一部分润滑油因受高温的影响也随着汽化，混在制冷剂的气体中排出，一方面容易使压缩机失去润滑油；另一方面润滑油进入冷凝器和蒸发器，在氨制冷系统会形成管壁油膜并沉积于容器或盘管底部，影响传热性能和减少有效传热面积，而在氟利昂制冷系统会使给定蒸发压力下的饱和蒸发温度升高，降低制冷能力。因此，制冷剂气体中的润滑油应当在压缩之后设法排回压缩机，而油分离器起的正是这个作用。

在正常运行工况下，纯氨对经过精炼的润滑油没有什么影响，氨与润滑油不会混溶。在静止放置时，润滑油沉积在容器的底部，并可用放油阀放出。为了防止润滑油进入冷凝器和蒸发器影响传热，应在压缩机的排气管路上安装油分离器。

多数润滑油都可与氟利昂以任何比例混溶。制冷剂温度较高时会把较多润滑油从压缩机排气口和贮液器带入蒸发器，制冷剂蒸发后使润滑油聚积于蒸发器底部，导致蒸发器积油而降低传热能力。对于大中型氟利昂制冷机，除在压缩机排气管上安装油分离器外，还在满液式蒸发器上安装集油器，使润滑油流入集油器并得到排放。小型氟利昂制冷系统中不设油分离器，管道中即使有少量润滑油，也能与氟利昂互溶而被带走。

油分离器的种类较多，用于氨制冷系统的有洗涤式油分离器、填料式油分离器和离心式油分离器等，用于氟利昂制冷系统的有过滤式油分离器。不管哪种型号的油分离器，其工作的基本原理为：①利用油的密度与制冷剂气体密度的不同，进行沉降分离；②利用扩大通道断面降低气体流速（一般在 0.8~1m/s），造成轻与重的物质易分离；③迫使气体流动方向改变，使重的油与轻的气进行分离；④气体流动撞击器壁，由于黏度不同、质量不同，产生的反向速度也不同，促使油的沉降分离。

在上述基本原理的基础上，再增加其他分离的功能。因增加功能的不同，出现四种常用的油分离器：洗涤式油分离器、过滤式油分离器或填料式油分离器和离心式油分离器。

1. 洗涤式油分离器

洗涤式油分离器是氨制冷系统中常用的油分离器，其结构如图 6-23 所示。洗涤式油分离器的壳体是用钢板卷焊成的筒体。筒体上、下两端焊有用钢板制成的封头。进气管由上封头中心处伸入到油分离器内稳定的工作液面下，进气管出口端四周有四个矩形出气口，进气管出口端底部用钢板焊死，防止高速的过热蒸气直接冲击油分离器底部将沉积的润滑油冲起。洗涤式油分离器内进气管的中上部设有多孔伞形挡板，进气管上有一平衡孔位于伞形挡板之下、工作液面之上。筒体上部焊有出气管伸入筒体内，并向上开口。筒体下部有进液管和放油管接口。

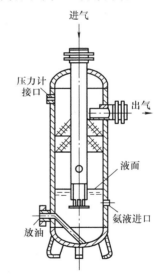

图 6-23　洗涤式油分离器的结构

进气管上平衡孔的作用是为了平衡压缩机的排气管路、油分离器和冷凝器间的压力，即当压缩机停机时，不致因冷凝压力高于排气压力而将油分离器中的氨液压入压缩机的排气管道中。

洗涤式油分离器工作时，应在油分离器内保持一定高度的氨液，使得压缩机排出的过热蒸气进入油分离器后，经进气管出气口流出时，能与氨液充分接触而被冷却。同时受到液体阻力和油分离器内流通断面突然扩大的作用，使制冷剂蒸气流速迅速下降。这时制冷剂蒸气中夹带的大部分油蒸气会凝结成较大的油滴而被分离出来。筒体内部分氨液吸热后汽化并随同被冷却的制冷剂排气，经伞形挡板受阻折流后，由排气管送往冷凝器。润滑油密度比氨液大，可逐渐沉积在油分离器的底部，定期通过集油器排向油处理系统。

2. 过滤式油分离器或填料式油分离器

过滤式油分离器或填料式油分离器通常用于小型氟利昂制冷系统中，其结构如图 6-24 所示。过滤式油分离器或填料式油分离器为钢制压力容器，上部有进、出气管接口，下部有手动回油阀和浮球阀。浮球阀自动控制回油阀与压缩机曲轴箱连通。油分离器内的进气管四周或筒体的上部设置滤油层或填料层，排气中的油滴依靠气流速度的降低、转向及滤油层的过滤作用而分离。

工作时，压缩机排气从过滤式油分离器或填料式油分离器顶部的进气管进入筒体内，由于流通断面突然扩大，流速减慢，再经过几层过滤网过滤，制冷剂蒸气流经不断受阻反复折流改向，将蒸气中的润滑油分离出来，滴落到容器底部，制冷剂蒸气由上部出气管排出。分离出的润滑油积聚于油分离器底部，达到一定高度后由浮球阀自动控制或手动回油阀在压缩机吸、排气压力差作用下送入压缩机的曲轴箱中。

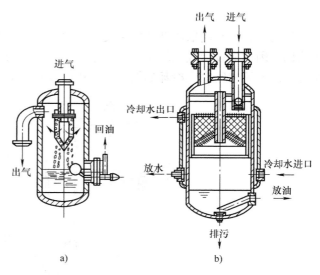

图 6-24 过滤式油分离器或填料式油分离器的结构
a) 过滤式油分离器 b) 填料式油分离器

过滤式油分离器或填料式油分离器的结构简单，制作方便，分离润滑油效果较好，应用较广。

3. 离心式油分离器

离心式油分离器的结构如图 6-25 所示。在筒体上部设置有螺旋状导向叶片，进气从筒体上部沿切线方向进入后，顺导向叶片自上而下做螺旋状流动，在离心力的作用下，进气中的油滴被分离出来，沿筒体内壁流下，制冷剂蒸气由筒体中央的中心管经三层筛板过滤后从筒体顶部排出。筒体中部设有倾斜挡板，将高速旋转的气流与贮油室隔开，同时也能使分离出来的油沿挡板流到下部贮油室。贮油室积存的油可通过筒体下部的浮球阀装置自动返回压缩机，也可采用手动方式回油。

6.2.3 中间冷却器

中间冷却器是用来冷却两个压缩级之间被压缩的气体或蒸气的设备。制冷系统的中间冷却器能降低低压级压缩机的排气温度（即高压级的吸气温度），以避免高压级压缩机的排气温度过高；还能使进入蒸发器

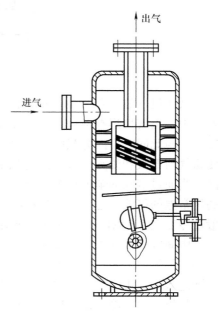

图 6-25 离心式油分离器的结构

的制冷剂液得到过冷，减少管中的闪发气体，从而提高压缩机的制冷能力。它应用在氟利昂或氨的双级或多级压缩制冷系统中，连接在低压级的排气管和高压级的吸气管之间。

1. 氨制冷系统用中间冷却器

氨制冷系统在制取较低蒸发温度时，由于夏季冷凝水温高，压缩机会超出最大压力差或压缩比，因此应设计成双级压缩制冷系统，也就需要使用中间冷却器。目前国内使用最多的还是一次节流中间完全冷却的循环，其中间冷却器如图 6-26 所示。

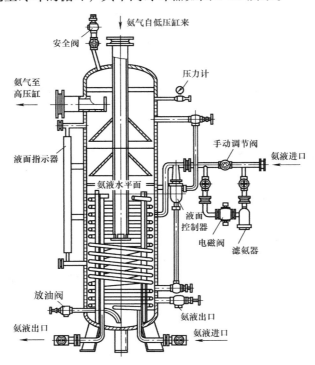

图 6-26　氨制冷系统用中间冷却器

低压机（缸）排出的高温气体由上方进入进气管，进气管直伸入筒身的下半部，沉在氨液中，出气口焊有挡板，防止直接冲击筒底把底部积存的油污冲起。高温气体在氨液中被冷却，与此同时，因为截面的扩大、流速减小、流动方向的改变及氨液的阻力及洗涤作用，使氨气与氨液和油雾分离。经过氨液洗涤后的氨气反向向上流动，其中仍夹带有氨液和油滴，当通过多孔的伞形挡板时分离出来，以免被带入高压机（缸）内，然后被高压级吸走。高压常温的氨液经过中间冷却器筒内的冷却蛇形盘管，向液氨放热而被冷却，实现过冷，一般过冷度在 5℃ 以内，然后再流向供液站去蒸发器。

中间冷却器的供液（用于洗涤的氨液）进入中间冷却器内有两种方式：一种是自中间冷却器下侧面进入；另一种是从中间冷却器顶部进气管进入，这时进液是与低压级排气混合一同进入的。中间冷却器供液量应使液面稳在一定的高度上。

另外，中间冷却器上还接有液面指示器、放油阀、排液阀（即氨液出口）、安全阀及压力计。中间冷却器是在低温下工作的，因此，筒身外部加装隔热材料，蛇形盘管出中间冷却器后也应加装保温层。

运行及操作中间冷却器时应注意下列事项：

1）中间冷却器内气体流速一般为 0.5 ~ 0.8m/s。

2）蛇形盘管内氨液流速一般为 0.4 ~ 0.7m/s，其出口氨液温度比进口低 3 ~ 5℃。

3）中间冷却器的中间压力一般在 0.3MPa（表压）左右，不宜超过 0.4MPa（表压）。

4）高压级的吸气过热度，即吸气温度比中间冷却器的中间温度高 2～4℃。

5）中间冷却器内的液面一般控制在中间冷却器高度的 50% 左右，这可通过液面指示器来观察，液面高低受液面控制器（浮球阀）自动控制，若液面不符合要求，说明自动控制失灵，可临时改用手动调节阀来控制液面。液面过高会使高压机（缸）产生湿冲程或液击；若液面过低，则冷却低压排气的作用大大降低，致使高压吸气过热度明显增高，影响制冷系统正常运行。

6）中间冷却器要定期放油。

2. 氟利昂制冷系统用中间冷却器

氟利昂制冷系统在双级压缩时大都采用一次节流中间不完全冷却循环，低压级排出的高温气体在管道中间与中间冷却器蒸发汽化的低温饱和气体混合后，再被高压级吸入高压机（缸），因此氟利昂制冷系统用中间冷却器比较简单，如图 6-27 所示。

中间冷却器的供液由热力膨胀阀自动控制，压力一般为 0.2～0.3MPa，靠热力膨胀阀调节，在保证不造成湿冲程的前提下，为供液中提供适量的湿饱和蒸气。

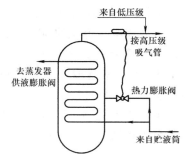

图 6-27 氟利昂制冷系统用中间冷却器

高压液体经膨胀阀降压节流后，进入中间冷却器，吸收了蛇形盘管及中间冷却器器壁的热量而汽化，通过出气管进入低压级与高压级连接的管道里与低压级排出的高温气体混合，达到冷却低压排气的效果。而高压常温液体通过蛇形盘管向外散热也降低了温度，实现了过冷，过冷度一般在 3～5℃ 之间，然后再送到蒸发器的供液膨胀阀，经节流降压进入蒸发器。因为该液体有一定的过冷度，所以提高了制冷效果。

6.2.4 贮液器

贮液器在制冷系统中起稳定制冷剂流量的作用，并可用于存贮液态制冷剂。根据功能和工作压力的不同，它可分为高压贮液筒（器）、低压贮液筒（器）、低压循环筒和排液筒四种。

1. 高压贮液器

高压贮液器一般位于冷凝器之后，其作用是：

1）贮存冷凝器流出的制冷剂液体，使冷凝器的传热面积充分发挥作用。

2）保证供应和调节制冷系统中有关设备需要的制冷剂液体循环量。

3）起到液封作用，即防止高压制冷剂蒸气窜至低压系统管路中去。

高压贮液器的基本结构如图 6-28 所示。它是钢板卷焊制成的筒体、两端焊有封头的压力容器。在筒体上部开有进液管、平衡管、压力计、安全阀、出液管和放空气管等接口，其中出液管伸入筒体内接近底部，另外还有排污管接口。氨制冷系统用高压贮液器的筒体一端装有液面指示器。

高压贮液器上的进液管、平衡管分别与冷凝器的出液管、平衡管相连接。平衡管可使两个容器中的压力平衡，利用两者的液位差，使得冷凝器中的液体能流进高压贮液器内。高压贮液器的出液管与系统中各有关设备及总调节站连通；放空气管和放油管分别与空气分离器和集油器有关管路连接；排污管一般可与紧急泄氨器相连，当发生重大事故时，作为紧急处理泄氨液用。在多台高压贮液器并联使用时，要保持各高压贮液器液面平衡，为此各高压贮液器间需用气相平衡管与液相平衡管连通。为了设备安全和便于观察，高压贮液器上应设置安全阀、压力计和液面指示器。安全阀的开启压力一般为 1.85MPa。高压贮液器贮存的制冷剂液体最大允许容量为高压贮液器本身容积的 80%，最少不低于30%，是按整个制冷系统每小时制冷剂循环量的 1/3 ~ 1/2 来选取的。存液量过高，易发生危险和难以保证冷凝器中液体流量；存液量过少，则不能满足制冷系统正常供液需要，甚至破坏液封发生高低压窜通事故。

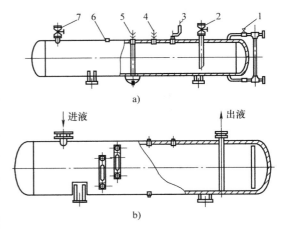

图 6-28　高压贮液器的基本结构

a）氨贮液器　b）氟利昂贮液器
1—压力计阀　2—出液管接口　3—安全阀接口
4—放空气管接口　5—放油管接口　6—平衡管接口
7—进液管接口

2. 低压贮液器

低压贮液器一般在大中型氨制冷装置中使用，根据用途的不同可分为低压贮液器和排液桶等。低压贮液器与排液桶属低温设备，筒体外应设置保温层。低压贮液器是用来收集压缩机回气管路中氨液分离器所分离出来的低压氨液的容器。在有几种不同蒸发温度的制冷系统中，应按各蒸发压力分别设置低压贮液器。低压贮液器一般装设在压缩机总回气管路上的氨液分离器下部，进液管和平衡管分别与氨液分离器的出液管和平衡管相连接，以保持两者的压力平衡，并利用重力使氨液分离器中的氨液流入低压贮液器，当需要从低压贮液器排出氨液时，从加压管送进高压氨气，使容器内的压力升高到一定值，将氨液输送到其他低压设备中。低压贮液器的结构与高压贮液器基本相同，在此不再介绍。

排液桶的作用是贮存热氨融霜时从被融霜的蒸发器（如冷风机或冷却排管）排出的氨液，并分离氨液中的润滑油。排液桶一般布置于设备间靠近冷库的一侧。排液桶结构如图6-29 所示。它是用钢板卷焊制成的筒体、筒体两端焊有封头的压力容器。在筒体上设有进液管、安全阀、压力计、平衡管、出液管等接口。其中平衡管接口焊有一段直径稍大的横管，横管上再焊接两根接管，这两根接管根据其用途称为加压管和减压管（均压管）。出液管伸入桶内接近底部。桶体下部有排污管、放油管接口。容器的一端装有液面指示器。

排液桶除了贮存融霜排液外，更重要的是对融霜后的排液进行气、液分离和沉淀润滑油。其工作过程是通过相应的管道连接来完成的。在氨制冷系统中，排液桶上的进液管与液体分调节站排液管相连接；出液管与通往氨液分离器的液体管或库房供液调节站相连；减压管与氨液分离器或低压循环贮液器的回气管相连，以降低排液桶内的压力，使热氨融霜后的氨液能顺利地进入桶内；加压管一般与热氨分配站或油分离器的出气管相连接，当要排出桶内氨液时，关闭进液管和减压管阀门，开启加压管阀门，对容器加压，将氨液送往各冷间蒸发器。在氨液排出前，应先将沉积在排液桶内的润滑油排至集油器。

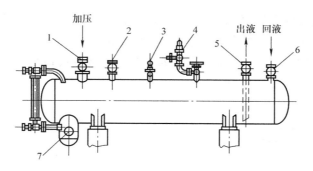

图 6-29　排液桶的结构

1—加压管接口　2—平衡管接口　3—压力计　4—安全阀
5—出液管接口　6—进液管接口　7—放油管接口

6.2.5　气液分离器

气液分离器是分离来自蒸发器出口中的低压蒸气中的液滴，防止制冷压缩机发生湿压缩甚至液击的现象。气液分离器也可安装在节流装置后，使节流后的气液两相制冷剂气液分离，只让液态制冷剂进入蒸发器，以提高蒸发器工作效率。氨用气液分离器便具有以上两种功能。

在重力供液和直接供液的制冷系统中，蒸发器内制冷剂汽化后先进入气液分离器，对回气中带有未蒸发完的液体进行气液分离。分离后的气体从出气口（上面顶部）去压缩机，因而避免压缩机的湿冲程和液击，而分离后的液体落入底部。进液口相反的来自膨胀阀节流后的气液两相制冷剂进入气液分离器，闪发气体被分离出来，从上部出气口去压缩机，而液体部分与回气从分离的液体制冷剂一起进入蒸发器。

气液分离原理主要利用气体和液体的密度不同，通过扩大管路通径减小速度以及改变速度的方向，使气体和液体分离。它的结构虽然简单，但其作用却是保证制冷压缩机安全运行、提高制冷效果不可缺少的。特别是在获取低蒸发温度时（如采用双级压缩），因负荷小，蒸发温度低，回来的气体中很容易夹带着尚来不及吸热蒸发的液体，这时气液分离器显得很重要。

气液分离器有立式和卧式两种，其构造和原理基本相同。图 6-30 所示为常用的立式氨气液分离器。进液量的多少由液面控制器或浮球阀来控制，使液位控制在容器高度的 1/3 处左右，严禁达到 2/3。气液分离器装有安全阀、放油阀及气液平衡压力管，还有液面指示器接口。液面指示器显示出液面高度。使用氨气液分离器的注意事项如下：

1）选择氨气液分离器应使氨气在筒体内流速控制在 0.5～1m/s。氨气液分离器安装高度应保证其正常液面高于蒸发器排管最高层 1.5～2m。

2）氨气液分离器在低温下工作，应包有隔热层。

3）氨气液分离器应定期放油。

4）氨气液分离器正常工作时，其进气阀、回气阀、供液阀、出液阀、浮球的均压阀、压力计阀都是常开的。

空气调节用小型氟利昂制冷系统所采用的气液分离器有管道形和筒体形两种，筒体形气液分离器如图 6-31 所示。来自蒸发器的含液气态制冷剂，从上部进入，依靠气流速度的降低和方向的改变，将低压气态制冷剂携带的液体或油滴分离；然后通过弯管底部具有油孔的吸气管，将稍具过热度的低压气态制冷剂及润滑油吸入压缩机；吸气管上部的小孔为平衡孔，防止在压缩机停机时分离器内的液态制冷剂和润滑油从油孔被压回压缩机。对于热泵式空调机，为了保证在融霜过程中压缩机的可靠运行，气液分离器是不可或缺的部件。同样，筒体横截面的气流速度不超过 0.5m/s。

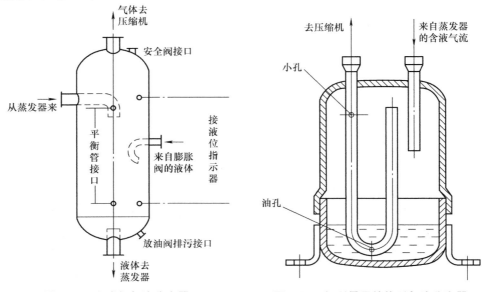

图 6-30　立式氨气液分离器　　　　　图 6-31　氟利昂用筒体形气液分离器

6.2.6　空气分离器

在制冷系统中，由于金属材料的腐蚀、润滑油的分解、制冷剂的分解、空气未排净或运行过程中有空气漏入等，往往存在一部分不凝性气体（主要是空气）。它在系统中循环而不能液化，到了冷凝器中会使冷凝压力升高，又使传热恶化，降低系统的制冷量。另外，空气还会使润滑油氧化变质，因此，必须从系统中排除不凝性气体。

（1）制冷系统中进入空气的原因

1）制冷系统在投产前或大修后，因未彻底清除空气（即真空试漏不合格），故空气遗留在制冷系统中。

2）日常维修时，局部管道、设备未经抽真空，就投入工作。

3）系统充氨、充氟、加油时带入空气。

4）当低压系统在负压下工作时，空气从密封不严密处窜入。

（2）系统中空气带来的害处

1）导致冷凝压力升高。在有空气的冷凝器中，空气占据了一定的体积，且具有一定的压力，而制冷剂也具有一定的压力。根据道尔顿定律：一个容器（设备）内，气体总压力等于各气体分压力之和。因此，在冷凝器中，总压力为空气压力和制冷剂压力之和。冷凝器中空气越多，其分压力也就越大，冷凝器总压力自然升高。

2）由于空气的存在，冷凝器传热面上形成气体层致使热阻增加，从而降低了冷凝器的传热效率。同时，由于空气进入系统，使系统含水量增加，从而腐蚀管道和设备。

3）由于空气存在，冷凝压力的升高会导致制冷机产冷量下降和耗电量增加。

4）氨和空气混合后，高温下有爆炸的危险。

表6-3是R22、氨蒸气和空气混合物中空气的饱和含量与压力、温度的关系。由表6-3可以看出，在气态制冷剂与空气的混合物中，压力越高，温度越低，空气的质量百分比越大。所以空气分离器采用在高压和低温条件下排放空气，可以既放出不凝性气体又能减少制冷剂的损失。

表6-3 R22、氨蒸气和空气混合物中空气的饱和含量（质量分数,%）

压力 /MPa	温度 /℃	空气的饱和含量		压力 /MPa	温度 /℃	空气的饱和含量	
		R717	R22			R717	R22
1.2	20	41	10	0.8	20	8	0
	−20	90	55		−20	82	40
1.0	20	20	3	0.6	20	0	0
	−20	87	50		−20	76	30

空气分离器是排除制冷剂系统中不凝性气体的一种专门设备，有多种形式，主要有卧式空气分离器和立式空气分离器。图6-32所示为氨制冷系统用的卧式空气分离器，又称四层套管式空气分离器，安装在壳管式冷凝器的上方，也可单独安装。它由四根不同直径的同心套管组成。其工作过程为：来自调节阀的氨液进入分离器的中心套管，在其中和第三层管腔内蒸发，产生蒸气由回气管接口引出，接至压缩机回气管上。来自冷凝器和高压储液器来的混合气体由外壳上的接口引入第四层管腔中，第四层和第二层管腔相通，由于受到第一层和第三层管腔的冷却，混合气体中的制冷气体被冷凝成液体，聚集在第四层管腔的下部，当数量较多时，可打开下部节流阀引至第一层和第三层管腔上的接口，并通过橡胶管引至装有水的桶中放出，水可以吸收少量残留的氨气。当水中不再大量冒气泡时，说明可以停止操作。

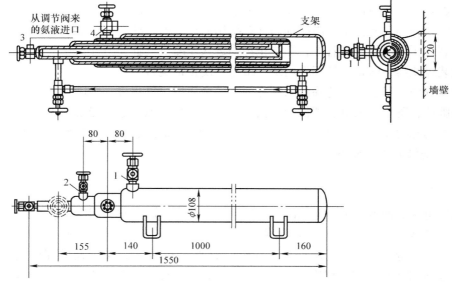

图6-32 四层套管式空气分离器
1、2—阀门 3—接头 4—节流阀

目前常用的立式空气分离器与卧式空气分离器相比，操作简单，并能实现自动控制。如

图 6-33 所示，从高压贮液器供给的氨液经节流后从空气分离器的底部进入分离器内的盘管，在盘管中蒸发吸热使容器内温度下降，蒸发的氨气从分离器上部被压缩机吸走；来自冷凝器和高压贮液器的混合体从分离器中部进入，在盘管外被冷却，制冷剂蒸气被冷凝成液体，沉于分离器的底部被排回高压贮液器，不凝性气体集中于分离器的上部，经放气口排出。

由于制冷剂在分离器的冷凝过程中为潜热交换，故温度不会显著变化；随着不凝性气体含量增多，分离器内的温度将显著降低，因此，在分离器上装有温度计测量混合气体的温度，当温度明显低于冷凝压力下的制冷剂饱和温度时，说明其中存在较多的不凝性气体，应该放气。

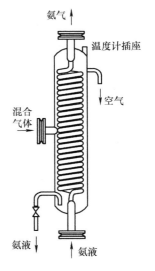

图 6-33　立式空气分离器

对于空气调节用制冷系统，除了使用高温制冷剂（如 R123 或 R11）的离心式制冷系统外，由于系统工作压力高于大气压力，特别是采用氟利昂作为制冷剂时，空气难于分离，再则经常使用全封闭或半封闭制冷压缩机，一般可不装设空气分离器。

对于氟利昂制冷系统，由于没有专用的放空气装置，系统内一旦空气增多，由于空气的密度比氟利昂小，因而空气存于冷凝器的上部。制冷系统停机静置 20min 以上后，空气会集中在冷凝器上部，此时打开冷凝器顶部的放空气阀或压缩机排气阀多通孔的堵头，放出空气。此时可用手接触放出的气流，若是凉风就是空气；若是冷气，说明放出的是氟利昂，则关闭放空气阀或堵头。正常操作时，损失的氟利昂只占排放气体的 3%。

6.2.7　过滤器

过滤器是用来从液体或气体中除去固体杂质的设备，在制冷装置中应用于制冷剂循环系统、润滑油系统和空调器中。制冷剂循环系统用的过滤器，滤芯采用金属丝网或加入过滤填料，当安装在压缩机的回气管上，则防止污物进入压缩机气缸。另外，在电磁阀和热力膨胀阀之前也装过滤器，防止自控阀件堵塞，维持系统正常运转。

制冷系统的过滤器，可滤除混入制冷剂中的金属屑、氧化皮、尘埃、污物等杂质，防止系统管路脏堵，防止压缩机、阀件的磨损和破坏气密性。独立过滤器由壳体和滤网组成。氨过滤器采用网孔为 0.4mm 的两层或三层钢丝网，氟利昂过滤器采用网孔为 0.2mm（滤气）或 0.1mm（滤液）的铜丝网。

6.2.8　集油器

集油器也称放油器。由于氨制冷剂与润滑油不相溶，因此它只用于氨制冷系统中。其作用是将油分离器、冷凝器、贮液器、中间冷却器或蒸发器中积存的润滑油在低压状态下放出系统，这样既安全，又减少了制冷剂的损失。如图 6-34 所示，集油器的壳体是钢制圆筒，其上设有进油阀（与进油管相连）、放油阀、减压阀（与输气管相连）和压力计和液位计。输气管与制冷系统中常运行的蒸发压力最低的回气管于氨气液分离器前相接，作为回收制冷剂和降低筒内压力之用。筒体上侧的进油管与系统中需放油的设备相接，积油由此进入集油器。由于实际上进入集油器的是氨油混合物，因此只允许各个设备单独向集油器放油。筒下的放油管在回收氨气后将润滑油放出系统。

放油时，首先开启减压阀，使集油器内压力降低至稍高于大气压，然后关闭；再开启放油设备上的放油阀和集油器上的进油阀，当润滑油达到集油器内容积的 60% ~ 70% 时，关闭进油阀。慢慢开启减压阀，使油内的氨液蒸发并被吸入低压管（吸气总管），此时集油器底部外表结霜，待到霜完全熔化，关闭减压阀，静置 20min，若集油器压力计指示值有明显上升，则再开启减压阀，直至压力回升很小为止。关闭减压阀后开启放油阀放出润滑油，待油放净后关闭放油阀。

集油器的收集油量不得超过容积的 70%，以防止开启减压阀时，油被吸走而使压缩机产生液击。

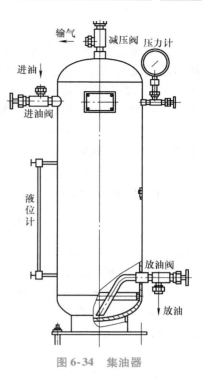

图 6-34　集油器

6.2.9　干燥器

如果制冷系统干燥不充分或充注的制冷剂含有水分，或制冷系统低压部分在负压下工作时通过密封不严密处窜入水分，系统中便有水分。水在氟利昂中的溶解度与温度有关，温度下降，水的溶解度减少，当含有水分的氟利昂通过节流装置时，温度急剧下降，其溶解度降低，于是一部分水分被分离出来停留在节流孔周围，如果节流后温度低于冰点，便会结冰出现"冰堵"现象。同时，水和氟利昂长期相溶后会分解而腐蚀金属，并使润滑油乳化，因此需要用干燥器吸附氟利昂中的水分。

实际上，在氟利昂系统中常将干燥器和过滤器做成一体，称为干燥过滤器。因此，它是既吸附系统中的残留水分又过滤杂质的设备。一般装在节流装置前的液体管道上，结构有直角式和直通式等，如图 6-35 所示。它是干燥剂和滤芯组合在一个壳体内而成的，常用干燥剂有硅胶和分子筛。分子筛的吸湿性很强，暴露在空气中 24h 即可接近其饱和水平，因此一旦拆封应在 20min 内安装完毕。当制冷系统出现冰堵、脏堵故障或正常维修保养设备时，均应更换干燥过滤器。氟利昂通过干燥层的流速应小于 0.03m/s。

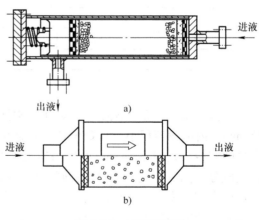

图 6-35　干燥过滤器
a）直角式　b）直通式

6.2.10　安全装置

制冷系统中的压缩机、换热设备、管道、阀门等部件在不同压力下工作，由于操作不当或机器故障都有可能导致系统内压力异常，有可能引发事故。因此，在制冷系统运转中，除了严格遵守操作规程，还必须有完善的安全装置加以保护。安全装置的自动预防故障能力越强，发生事故的可能性越小，因此，完善的安全装置是非常必要的。常用的安全装置有安全阀、熔塞和紧急泄氨器等。

1. 安全阀

安全阀是指用弹簧或其他方法使其保持关闭的压力驱动阀,当压力超过设定值时,就会自动泄压。图6-36所示为微启式弹簧安全阀,当压力超过规定数值时,阀门自动开启。安全阀通常在内部容积大于0.28m³的容器中使用。如果在压缩机上连通吸气管和排气管时,排气压力超过允许值,阀门便开启,使高低压两侧串通,保证压缩机的安全。通常规定吸、排气压力差超过1.6MPa时,应自动启跳。若是双级压缩机,吸、排气压力差值为0.6MPa。安全阀的口径 D_g(mm)的计算公式为

$$D_g = c_1 \sqrt{V} \tag{6-5}$$

式中　V——压缩机排气量(m³/h);
　　　c_1——计算系数,见表6-4。

安全阀也常安装在冷凝器、贮液器和蒸发器等容器上,其目的

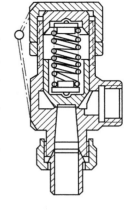

图6-36　微启式弹簧
安全阀

是防止环境温度过高(如火灾)时,容器内的压力超过允许值而发生爆炸。此时,安全阀的口径 D_g(mm)的计算公式为

$$D_g = c_2 \sqrt{DL} \tag{6-6}$$

式中　D——容器的直径(m);
　　　L——容器的长度(m);
　　　c_2——计算系数,见表6-4。

表6-4　安全阀的计算系数

制冷剂	c_1	c_2		制冷剂	c_1	c_2	
		高压侧	低压侧			高压侧	低压侧
R22	1.6	8	11	R717	0.9	8	11

2. 熔塞

熔塞是采用在预定温度下会熔化的构件来释放压力的一种安全装置,通常用于直径小于152mm、内部净容积小于0.085m³的容器中。采用不可燃制冷剂(如氟利昂)时,对于小容量的制冷系统或不满1m³的压力容器,其采用低熔点合金的熔化温度一般在75℃以下。合金成分不同,熔化温度也不相同,可以根据所要控制的压力选用不同成分的低熔点合金。一旦压力容器发生意外事故时,容器内压力骤然升高,温度也随之升高;而当温度升高到一定值时,熔塞中的低熔点合金即熔化,容器中的制冷剂排入大气,从而达到保护设备及人身安全的目的。值得的注意的是,熔塞禁止用于可燃、易爆或有毒的制冷剂系统中。

3. 紧急泄氨器

紧急泄氨器设置在氨制冷系统的高压贮液器、蒸发器等贮氨量较大的设备附近。其作用是当发生重大事故或出现严重自然灾害,又无法挽救的情况下,通过紧急泄氨器将制冷系统中的氨液与水混合后迅速排入下水道,以保护人员和设备的安全。

如图6-37所示,紧急泄氨器是由两个不同管径的无缝钢管套焊而成的。外管是两端有拱形端的壳体;内管下部钻有许多小孔,从紧急泄氨器上端盖插入。壳体上侧设有与其呈

30°角的进水管。紧急泄氨器下端盖设有排泄管，接下水道。

紧急泄氨器的内管与高压贮液器、蒸发器等设备的有关管路连通，若需要紧急排氨时，先开启紧急泄氨器的进水阀，再开启紧急泄氨器内管上的进氨阀门，氨液经过布满小孔的内管流向壳体内腔并溶解于水中，成为氨水溶液，由排泄管安全地排放到下水道。

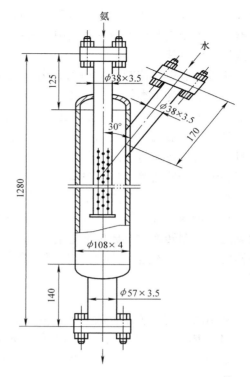

图 6-37　紧急泄氨器

6.3　控制机构

6.3.1　系统控制的主要环节

系统的自动控制一般有以下主要环节：

1. 联锁控制

（1）起动　开冷却塔风机，经延时后起动冷却水泵，再经延时后起动冷冻水泵，最后经延时后起动制冷机组（现多为冷水机组）。

（2）停止　首先停止制冷机组工作，经延时后关闭冷冻水泵，再经延时后关闭冷却水泵，最后关闭冷却塔风机。

2. 保护控制

冷冻水泵、冷却水泵起动后，水流开关检测水流状态，当水压过低时发出起动水泵信号，当水压过高时发出停泵信号。

3. 制冷机组自身的运行控制和保护控制

目前，制冷机组（冷水机组）均配备有完善的控制系统，一般测控的项目有：压缩机控制，包括压缩机的流量控制，压缩机进、排气温度控制，压缩机的进、排气压力控制，润滑油系统控制，润滑油压差及电动机的超载情况等；蒸发器和冷凝器的进、出口水温控制，蒸发器和冷凝器的水流开关控制；设置电压保护、相序保护、防连续起动保护、低压保护、高压保护、电动机过电流热保护和油压保护等。同时，也能提供可编程的中央控制器实现对冷冻水泵、冷却水泵、冷却塔运行的自动控制。

制冷机组（冷水机组）的节流控制，日趋采用电子膨胀阀，有的采用分级步进电动机驱动，以保证机组在满负荷及部分负荷下稳定、高效运行。

对于装备多台压缩机的机组，多具备自动控制各工作回路的能力，能够独立控制各回路中各台压缩机的起停及上下载顺序，合理均衡部分负荷工况下各回路及各压缩机的运行时间，提高系统的可靠性。

6.3.2　控制传感器及其特性

在控制系统中，为了对各种变量（物理量）进行检测和控制，首先要把这些物理量转换成容易比较而且便于传送的信息（一般是电气信号，如电压、电流等），这时就要用到传感器。在制冷空调自动控制系统中，常用的传感器有温度传感器、湿度传感器、压力传感器和流量传感器等。

从传感器送往控制器的电气信号，当前通用的有两种，分别为 0～10V 的直流电压信号，习惯上称为 I 类信号；以及 4～20mA 的直流电流信号，习惯上称为 II 类信号。有时 II 类信号也可以是 1～5V 的直流电压信号，用于与计算机系统相连的接口。

各种传感器的主要应用目的是对被测量进行连续测量和输出。如果仅仅是出于安全保护的目的和对设备运行状态进行监视时，则一般不宜采用如温度传感器、湿度传感器、压力传感器和流量传感器等以连续量输出的传感器，而应尽量采用如温度开关、压力开关、风流开关、水流开关、压差开关、水位开关等以开关量输出的传感器。

除了传送标准电信号之外，也有的温度传感器采用电阻信号输出的形式，通过调节器中设置的变送器转换后变成标准电信号来参与控制。湿度传感器通常采用标准电信号输出。传感器的性能指标包括线性度、时间常数等技术指标以及测量范围、测量精度等工程应用指标。

1. 温度传感器

常用的温度传感器有热电偶、热电阻和半导体热敏电阻等。

（1）热电偶 将不同材质的两种金属导线互相焊接起来，将焊点置于被测温度下，两根导线的另一端就会出现电动势，其值与被测温度之间有确定的关系。这种温度传感器就称为热电偶。

热电偶所提供的信号称为"热电动势"，它是不超过几十毫伏的微弱直流电动势。热电偶的特点是结构简单，根据所选择的两根导线的材质，最高可以测量 1600～1800℃ 的高温，本身尺寸小，可以用来测量狭小空间的温度，而且热惯性也小，动态响应快，输出信号为直流电动势，便于转换、传送和测量。

热电偶的型号一般用"分度号"来表示，它代表了构成热电偶的两种金属的材质、其测温范围以及热电动势与温度之间的关系。

在使用热电偶测温时，应当注意进行正确的冷端补偿；在将热电偶的信号从现场引到控制室时，应当采用相应的补偿导线。

（2）热电阻 绝大多数金属都具有正的电阻温度系数，即温度越高、电阻越大。利用这一自然规律可以制成温度传感器。与热电偶相对应，这种利用金属材料的电阻与温度的关系制成的温度传感器，被称为"热电阻"。应当指出的是，这里所说的热电阻是由金属材料制成的，它与由半导体材料制成的"热敏电阻"有着完全不同的特性。

与热电偶一样，热电阻也用分度号来表示材质、工作温度范围以及电阻与温度的关系；0℃ 的电阻值 R_0、100℃ 时的电阻值 R_{100}，与 R_0 的比值是 W_{100}（即 R_{100}/R_0）。

常用热电阻的特性曲线如图 6-38 所示。由图 6-38 可见，铜热电阻的特性曲线比较接近直线，而且铜属于廉价材质，但是抗氧化能力稍差。在合适的温度范围及妥善的防腐蚀、防氧化措施下，应优先选用铜热电阻。

在使用热电阻测温时，应当注意避免连接导线的电阻对测量结果的影响，一般可采用三线制接法。

（3）半导体热敏电阻 与金属热电阻相比，半导体热敏电阻具有灵敏度高、体积小、反应快等优点。图 6-39 所示为各种半导体热敏电阻的特性曲线。从图 6-39 中可以看出，PTC 型和 CTR 型热敏电阻在临界温度附近电阻变化十分剧烈，因此只适用于作为双位调节的温度传感器，只有 NTC 型热敏电阻才适用于连续作用的温度传感器。

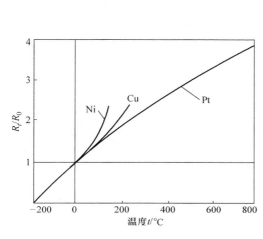

图 6-38　常用热电阻的特性曲线

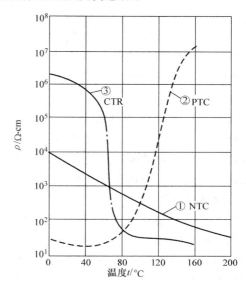

图 6-39　各种半导体热敏电阻的特性曲线

半导体热敏电阻的电阻温度系数不是常数，它的电阻与温度之间的关系接近指数关系，因此半导体热敏电阻是非线性器件，这将对其应用带来不利的影响。但是，在常温下它的电阻温度系数大约是铂热电阻的 12 倍，因此它的测温灵敏度是任何金属热电阻所无法达到的，这是半导体热敏电阻的一个突出优点。半导体热敏电阻的另外一个突出优点是连接导线的电阻值几乎对测温没有影响。因为热敏电阻在常温下的阻值很大，通常都在几千欧姆以上，根本不必考虑连接导线的电阻随温度变化的影响，这就给使用带来了方便。

限制半导体热敏电阻应用范围的主要因素除了非线性特性以外，还有时间稳定性较差、产品性能的离散性较大、互换性不够理想，而且不能在高温下使用（一般只能在 $-100 \sim 300℃$ 的范围内使用）。

无论采用哪种温度传感器，都应当根据实际测量要求正确选择传感器的测量范围（即量程）和测量精度。在一般情况下，可以按照测点处可能出现的温度范围的 $1.2 \sim 1.5$ 倍来选择传感器的测量范围；传感器的测量精度除了必须高于根据工艺要求所确定的控制和测量精度外，还应当与二次仪表的精度相匹配。

在测量气体和液体的温度时，温度传感器都应当完全浸没在被测气体或液体中，并且希望通过传感器的气体流速大于 $2m/s$，液体流速大于 $0.3m/s$，以期迅速达到热平衡。当采用壁挂式温度传感器测量室内温度时，应当仔细选择传感器的安装位置。除了要求空气流通以外，还要求能够代表被测房间的空气状态；在风道和水管内安装温度传感器时，要保证足够的插入深度，使得传感器的敏感部分处于管道内的主流区中；在空调箱中安装测量机器露点温度的传感器时，应在挡水板后选择合适的安装位置，避免传感器受到振动、水滴、辐射热和二次回风的影响。另外，如果风道内的空气含有易燃易爆物质时，应当采用本质安全型温度传感器。

2. 湿度传感器

在制冷空调自动控制系统中，经常需要测量空气的相对湿度，因此所用到的湿度传感器都是相对湿度传感器。测量空气相对湿度的方法很多，常用的有干湿球温度计以及各种湿敏传感元件。

（1）干湿球温度计　干湿球温度计是最常见的湿度传感器。在控制系统中采用干湿球温度计时，用热电阻或热电偶代替平常使用的玻璃温度计，同样将其中的一支保持湿润（湿球），分别测出干球温度 T_d 和湿球温度 T_w，再根据干球温度和干、湿球温度差，计算求得相对湿度。

无论是在高湿度条件还是在低湿度条件下，干湿球温度计都有很好的测量精度。将干湿球温度计在制冷空调自动控制系统中作为湿度传感器使用时，最大的问题在于如何在无人值守的情况下始终保证湿球湿润。

（2）湿敏传感元件　可以用作湿敏传感元件工作物质的材料很多，一般都是多孔性材料，如氯化锂湿敏元件、炭粒树脂湿敏元件、氧化铁湿敏元件和多孔陶瓷湿敏元件等。图 6-40 所示为多孔陶瓷湿敏元件的结构。

无论采用哪种工作物质，湿敏传感元件都是利用电阻值随着多孔性材料吸收水分的多少发生相应变化的性质来测量空气的相对湿度。有时也可以利用电介质吸湿后造成电容量的变化来测量空气的相对湿度。

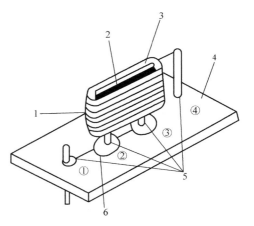

图 6-40　多孔陶瓷湿敏元件的结构
1—镍铬丝加热清洗线圈　2—金电极
3—$MgCr_2O_4$-TiO_2 感湿陶瓷　4—陶瓷基片
5—杜美丝引出线　6—金短路环

采用多孔性材料的湿敏元件都有一个共同的特点，那就是吸湿快而脱湿慢。为了克服这一缺点，首先在选择湿度传感器的安装位置时，应当尽量将传感器安装在气流速度较大的地方。如测量室内相对湿度时，往往不是将湿度传感器直接安装在室内，而是安装在回风风道内；而在测量室外空气的相对湿度时，则将湿度传感器安装在新风风道内。

除了以上要求之外，安装湿度传感器时还应当避免附近的热源和水滴对传感器的影响。如果被测空气中含有易燃易爆物质时，同样应当采用本质安全型湿度传感器。

3. 压力（压差）传感器

压力（压差）传感器的敏感元件一般由两部分组成。首先通过一个弹性测压元件将压力（压差）的变化转换成位移的变化，然后通过一个位移检测元件将位移的变化转换为电信号，最后转换成标准信号输出。

压差传感器与压力传感器的差别仅仅在于导压管的数量。压力传感器只有一支导压管，弹性测压元件的位移直接反映了该点的压力。而压差传感器有两支导压管，分别接在两个不同的地方，弹性测压元件的位移就反映了这两点之间的压力差。用于压力（压差）传感器的弹性测压元件有弹簧管、膜片、膜盒和波纹管等。弹簧管和波纹管的构造如图 6-41 所示。

压力传感器中的位移检测元件有电位器、电感器、差动变压器和霍尔元件等。图 6-42 所示为压力传感器中的位移检测元件，其中的弹性测压元件为弹簧管。

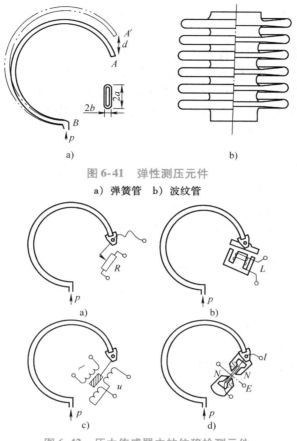

图 6-41 弹性测压元件

a）弹簧管 b）波纹管

图 6-42 压力传感器中的位移检测元件

a）电位器 b）电感器

c）差动变压器 d）霍尔元件

压力（压差）传感器的测量范围一般可以根据测压点可能出现的压力变化范围的 1.2 ~ 1.3 倍来选用，并且要求传感器的工作压力（压差）大于测压点可能出现的最大压力的 1.5 倍。压力传感器一般应当通过针阀与系统连接。

当在同一个建筑层面上的同一个水系统中安装同一对压力（压差）传感器时，宜使该对传感器处于同一标高上，以消除静水压力对测量结果的影响。

在系统中安装压力（压差）传感器时，还要注意测压点位置的选择。一般来说，测压点要选在被测介质做直线流动的直管段上，而不要选择管路转弯、分支/合流、变径以及管路附件前后等可能产生涡流的地方。如果被测介质是液体，测压点应选在管路的下部；当被测介质是气体时，测压点应选在管路的上部。无论测量液体还是气体的压力，压力（压差）传感器的导压管都应与被测介质的流动方向垂直。

4. 流量传感器

流量传感器类型有许多种，如差压流量计、容积式流量计、速度式流量计等。

差压流量计需要在管道内安装如孔板等的节流装置（见图 6-43），这样当流体通过时，在节流装置的前后将产生静压差，这一静压差与流速的平方根成正比。这样，只要测得节流装置前后的差压，就可以得到流速，再乘以管道的截面面积，就可以得到流量值。

差压流量计的主要优点是结构简单，可靠耐用，且能够适用于多种流体。

容积式流量计主要利用流体连续通过一定容积之后进行累积的原理，属于这类流量计的有椭圆齿轮流量计和腰轮流量计等。

速度式流量计利用管道内流体的速度来推动叶轮旋转，叶轮的转速与流体的流速成正比。与差压流量计相同，只要测得流体的流速，就能够算得流体的流量。速度式流量计的类型有叶轮式水表和涡轮流量计等。

除了以上几种流量计以外，还有基于电磁感应原理的电磁流量计、基于超声波在流体中传播特性的超声流量计、基于流体振荡原理的涡街流量计等。这些流量计也都是通过测量流体的速度来测量流量的。图 6-44 所示为电磁流量计和超声流量计的工作原理。

流量传感器的测量范围一般可以按照系统最大工作流量的 1.2 ~ 1.3 倍来选取。同时，应当选用能够输出流量瞬时值的传感器，以满足控制系统的响应要求。

在选择如差压流量计、电磁流量计、超声流量计和涡街流量计等的测点位置时，应当保证在传感器的前后留有产品所要求的直管段长度，避免将它们安装在管路转弯、分支/合流、变径以及管路附件前后等可能产生涡流的地方，以保证测量的准确性。

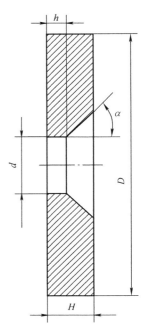

图 6-43 孔板断面示意图

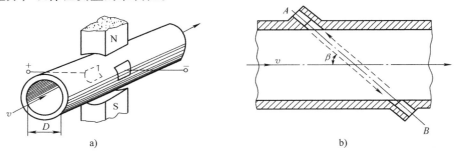

图 6-44 电磁流量计和超声流量计的工作原理
a）电磁流量计 b）超声流量计

6.4 制冷剂管道系统设计

1. 制冷剂管道系统的设计原则

1）按工艺流程合理，操作、维修、管理方便，运行可靠的原则进行管道的配置。

2）配管应尽可能短而直，以减少系统制冷剂的充注量及系统的压力降。

3）必须保证供给蒸发器适量的制冷剂，并且能够顺利地实现制冷系统的循环。

4）管径的选择合理，不允许有过大的压力降产生，以防止系统制冷能力和制冷效率不必要的降低。

5）根据制冷系统的不同特点和不同管段，必须设计有一定的坡度和坡向。

6）输送液体的管段，除特殊要求外，不允许设计成倒 "U" 形管段，以免形成阻碍流动的气囊。

7）输送气体的管段，除特殊要求外，不允许设计成"U"形管段，以免形成阻碍流动的液囊。

8）必须防止润滑油积聚在制冷系统的其他无关部分。

9）制冷系统在运行中，如果发生有部分停机或全部停机时，必须防止液体进入制冷压缩机。

10）必须按照制冷系统所用的不同制冷剂特点，选用管材、阀门和仪表等。

2. 制冷剂管道的材质

R134a、R410A 等制冷剂管道采用黄铜管、纯铜管或无缝钢管，管内壁不宜镀锌。通常，公称直径在 25mm 以下用黄铜管、纯铜管；公称直径大于或等于 25mm 用无缝钢管。多联机的制冷剂管道宜采用挤压工艺生产的铜管，挤压管较拉伸工艺生产的铜管壁厚更为均匀。

制冷系统的润滑油管采用制冷剂管道同样的材质。

3. 制冷剂管道系统的设计

对于能溶解一定数量润滑油的制冷剂，管道系统的设计应当使得润滑油在系统内形成良好的循环。

（1）制冷压缩机吸气管道设计

1）制冷压缩机吸气管道应有 ≥0.01 的坡度，坡向压缩机。

2）蒸发器布置在制冷压缩机之下时，管道设计可分成两种情况：一组蒸发器，选定适合的吸气竖管尺寸；多组蒸发器，由于制冷负荷的变化，当负荷较小时，要保证吸气竖管内制冷剂能有足够的速度，就应采用双吸气竖管，其做法如图 6-45 所示。

3）制冷系统采用两台压缩机并联接管时，设计的吸气管道应对称布置。

（2）制冷压缩机排气管道设计

1）制冷压缩机排气水平管应有 ≥0.01 的坡度，坡向油分离器或冷凝器。

2）两台制冷压缩机合用一台冷凝器，且冷凝器在压缩机的下方时，应将水平管道做成向下的坡度，同时在汇合处将管道做成 45°Y 形三通连接，如图 6-46 所示。

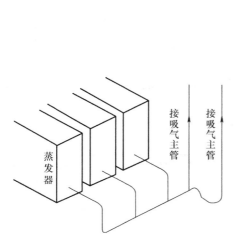

图 6-45　三台相同标高的蒸发器
管道连接示意图

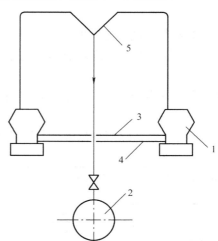

图 6-46　Y 形管道连接示意图
1—制冷压缩机　2—冷凝器
3—均压管　4—均液管　5—Y 形管

（3）冷凝器与贮液器之间的管道设计　壳管式冷凝器与贮液器之间的管道设计如图 6-47 所示。壳管式冷凝器中的液体利用重力经管道自由流入贮液器中，因而到贮液器的排液管，其流速在满负荷时不应大于 0.5m/s，水平管段应有 ≥0.001 的坡度，坡向贮液器。如果在冷凝器与贮液器之间的管道设计有阀门时，阀门应安装在距冷凝器下部出口处不少于 200mm 处。

（4）冷凝器或贮液器至蒸发器之间的管道设计　一般按照合理的压力降来选择相应的液体管管径，同时应防止闪发气体的产生。

应当指出，以上设计不是一成不变的，人们所知道的多联机系统，系统的制冷室外机可以是多台组合。同时，制冷剂可向数十台（有的可连接 64 台）直接蒸发式的室内机供给，这是由于妥善地解决了每一回路供液的合理匹配与回油技术，并采用了有效的油位控制技术，其管路的总长度可达 1000m，最大等效单管长达 240m，室内外机高差达 110m。

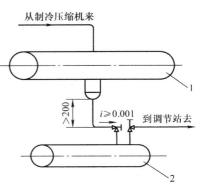

图 6-47　壳管式冷凝器与贮液器之间的管道设计
1—壳管式冷凝器　2—贮液器

4. R717 制冷剂管道系统的设计

氨有毒性，有爆炸危险，同时润滑油不能溶解于氨液中，故氨制冷剂管道系统的设计应当高度重视安全性，并处理好润滑油的排放与回收。

（1）R717 制冷压缩机吸气管道设计　制冷压缩机吸气管道的坡度应 ≥0.003，坡向蒸发器、液体分离器或低压循环贮液器，以防止停机时氨液流向压缩机引发液击。当多合压缩机并联时，为防止氨液由干管吸入压缩机，到压缩机的支管应由主管顶部或由侧部向上呈 45°接出。

（2）R717 制冷压缩机排气管道设计　制冷压缩机排气管道的坡度应 ≥0.01，坡向油分离器。当多台压缩机并联时，为防止润滑油进入压缩机，应将压缩机的支管由主管顶部或由侧部向上呈 45°接出。

（3）冷凝器与贮液器之间的管道设计　采用卧式冷凝器，当冷凝器与贮液器之间的管道不长，未设均压管时，管道内液体流速应按 0.5m/s 设计，对应的管径与氨液流量的关系见表 6-5。

当设计两台冷凝器共用一台贮液器时，冷凝器之间的压力平衡靠管道内液体流速 <0.5m/s 来实现。

采用立式冷凝器，冷凝器出液管与贮液器进液阀间的最小高度差为 300mm。

表 6-5　冷凝器出液管径与氨液流量的关系

冷凝器出液管径/mm	氨液流量/(kg/h)	冷凝器出液管径/mm	氨液流量/(kg/h)
9	95.5	38	1200
12	161	50	2020
20	300	65	3300
25	491	75	5070
32	872	100	8780

当设计两台立式冷凝器共用一台贮液器时，此时贮液器为波动式贮液器，冷凝器与贮液

器之间应设置均压管。均压管道直径见表 6-6。

表 6-6 均压管道直径

均压管道直径/mm	20	25	32
最大制冷量/kW	779	1064	1766

（4）冷凝器或贮液器至洗涤式氨油分离器之间的管道设计　氨油分离器的进液管道应从冷凝器或贮液器的底部接出；洗涤式氨油分离器的规定液位高度应比冷凝器或贮液器的出液总管低 250～300mm（蒸发式冷凝器除外）。

（5）不凝气体分离器（空气分离器）的管道设计　卧式四重管空气分离器、立式不凝气体分离器均按生产厂家提供的管道尺寸设计，分离器的安装高度一般距地面 1.2m 左右。

（6）贮液器与蒸发器之间的管道设计　贮液器至蒸发器的液体管道可以经调节阀直接进入蒸发器中，当采用调节站时，其分配总管的截面面积应大于各支管截面面积之和。

（7）安全阀的管道设计　安全阀的管道直径不应小于安全阀的公称通径。当几个安全阀共用一根安全总管时，安全总管的截面面积应大于各安全阀支管截面面积之和。排放管应高于周围 50m 内最高建筑物（冷库除外）的屋脊 5m，并有防雨罩和防止雷击、防止杂物落入泄压管内的措施。

5. 制冷剂管道直径的选择

制冷剂管道直径的选择应按其压力损失相当于制冷剂饱和蒸发温度的变化值确定，有相应的选用图表可供使用。制冷剂饱和蒸发温度或饱和冷凝温度的变化值，应符合下列要求：

1）制冷剂蒸气吸气管，饱和蒸发温度降低应不大于 1℃。

2）制冷剂排气管，饱和冷凝温度升高应不大于 0.5℃。

6. 制冷剂管道系统的安装

（1）制冷剂管道阀门的单体试压　制冷设备及管道的阀门，均应经单独压力试验和严密性试验合格后，再正式装至其规定的位置上；强度试验的压力为公称压力的 1.5 倍，保压 5min 应无泄漏；常温严密性试验，应在最大工作压力下关闭、开启 3 次以上，在开启和关闭状态下应分别停留 1min，其填料各密封处应无泄漏现象，合格后应保持阀体内的干燥。

（2）制冷剂管道的安装要求

1）制冷剂管道的安装应符合现行国家标准《工业金属管道工程施工规范》（GB 50235—2010）、《工业金属管道工程施工质量验收规范》（GB 50184—2011）、《自动化仪表工程施工及验收规范》（GB 50093—2013）和《制冷设备、空气分离设备安装工程施工及验收规范》（GB 50274—2010）的有关规定。多联机空调系统的制冷剂管道安装还应执行《多联机空调系统工程技术规程》（JGJ 174—2010）的有关规定。

2）输送制冷剂的碳素钢管道的焊接，应采用氩弧焊封底、电弧焊盖面的焊接工艺。

3）液体支管引出时，必须从干管底部或侧面接出；气体支管引出时，应从干管顶部或侧面接出。有两根以上的支管从干管引出时，连接部位应相互错开，间距不应小于支管管径的 2 倍，且不应小于 200mm。供液管不应出现上凸的弯曲；吸气管除专设的回油管外，不应出现下凹的弯曲。

4）与压缩机或其他设备相接的管道不得强迫对接。法兰、螺纹等连接处的密封材料，应选用金属石墨垫、聚四氟乙烯带、氯丁橡胶密封液或甘油一氧化铝；与制冷剂氨接触的管路附件不得使用铜和铜合金材料；制冷剂接触的铝密封垫片应使用纯度高的铝材制作。

5）管道穿过墙或楼板应设钢制套管，焊缝不得置于套管内。钢制套管应与墙面或楼板底面平齐，但应比地面高20mm。管道与套管的空隙宜为10mm，应用隔热材料填塞，并不得作为管道的支撑。

6）制冷剂管道的弯管及三通应符合下列规定：

① 弯管的弯曲半径不应小于4倍的弯管直径，椭圆率不应大于8%。不得使用焊接弯管（虾壳弯）及褶皱弯管。

② 制作三通时，支管应按介质流向弯成90°弧形与主管相连，不宜使用弯曲半径小于1.5倍的弯管直径的压制弯管。

7）多联机系统中的铜管安装还应符合下列规定：

① 由于多联机系统的管路安装基本都是在施工作业中的建筑物内安装，只有高度重视管路安装质量和管路的保护，才能保证系统的正常运行。

② 铜管切制必须采用专用刀具——专用割刀，切口表面应平整，不得有毛刺、凹凸等缺陷，切口平面允许倾斜偏差为管子直径的1%。

③ 铜管及铜合金的弯管应采用弯管器弯制，椭圆率不应大于8%。

④ 铜管喇叭口的加工应使用专用夹具；喇叭口与设备的连接必须采用两把扳手进行紧固作业，其中一把扳手应为力矩扳手，且力矩应符合表6-7的规定。

表6-7　喇叭口拧紧力矩

配管外径 D_o/mm	6.4	9.5	12.7	15.9	19.0
拧紧力矩/kN·cm	1.42～1.72	3.27～3.99	4.95～6.03	6.18～7.54	9.27～11.86

注：1. 铜管焊接的最小插入尺寸和与铜管间的距离应满足 JGJ 174—2010 的规定。

2. 严禁在管道内有压力的情况下进行焊接。

习　　题

1. 在制冷系统中节流装置的功能是什么？安装在什么位置？

2. 节流原理是什么？

3. 何谓过热度？

4. 膨胀阀是怎样根据热负荷变化实现制冷量自动调节的？

5. 分析内平衡式热力膨胀阀的优缺点。

6. 分析外平衡式热力膨胀阀的优缺点。

7. 毛细管有什么优缺点？

8. 电磁阀根据什么原理进行工作？有什么用途？直动式电磁阀有哪些特点？

9. 制冷系统中为什么要设置油压差控制器？

10. 制冷压缩机一般应设置哪些自动保护和安全控制？它们分别起什么作用？

11. 通过调查，制冷空调设备上还应用了哪些节流装置？

12. 举例说明实际制冷系统中辅助设备的作用。

13. 为什么要设置中间冷却器？

14. 用中间冷却器是如何实现热量综合利用的？

15. 氟用中间冷却器与氨用中间冷却器的冷却原理有何不同？

16. 分液器有何作用？有哪几种类型？

17. 节流机构有什么作用？有哪几种类型？

18. 气液分离器设计时的气液分离原理是什么？

19. 油分离器是如何实现油分离的？

20. 油分离器结构上有什么特点？

21. 热气冲霜管在制冷系统流程中起什么作用？

22. 制冷系统中为什么要除水、除杂质？

23. 干燥过滤器的作用是什么？安装在什么位置？

24. 制冷系统中为什么要排除空气？

25. 有哪些常用的排空气的装置？

26. 高压贮液器在制冷系统中的作用是什么？

27. 集油器如何放油？

28. 紧急泄氨器什么时候使用？

29. 热力膨胀阀的阀体和感温包的安装有什么要求？

30. 热力膨胀阀的孔径相同，但感温包中充注的工质不同，两阀是否可以互换使用？

31. 试比较内平衡式和外平衡式热力膨胀阀有何不同，各适用于什么场合。

32. 试述电子膨胀阀的工作原理及其特点。

33. 手动膨胀阀和截止阀有何不同？举例说明手动膨胀阀的用途。

34. 什么是直通式浮球膨胀阀和非直通式浮球膨胀阀？

35. 制冷装置用压力容器是如何管理的？

36. 试述毛细管的工作原理及使用中注意的问题。

37. 设 R12 蒸发器配置一内平衡式热力膨胀阀，温包内充注 R12，弹簧力调定为 5.7kPa，在 $t_e = 5℃$ 工况下运行，试求以下三种情况下蒸发器出口的过热度至少多大？

(1) 蒸发器无阻力。

(2) 蒸发器中阻力为 60.9kPa。

(3) 蒸发器和分液器阻力共 0.11MPa。

第 7 章
蒸气压缩式制冷系统

7.1 蒸气压缩式制冷系统的典型流程

　　蒸气压缩式制冷系统有单级、双级和复叠等多种形式，其中单级压缩制冷系统是最为常用的系统，也是最基本的系统形式。本节将简要介绍氟利昂和氨制冷剂的单级制冷系统典型流程，以明确制冷原理、制冷剂、压缩机、换热设备、节流装置和辅助设备是如何在系统中应用的。

7.1.1 氟利昂制冷系统

　　氟利昂制冷系统广泛应用于空调用制冷设备和各种冷冻、冷藏工艺中。其中，用于冷冻、冷藏的氟利昂制冷系统更为复杂，更具有代表性，下面以此为例进行说明。

　　图 7-1 所示为具有两种蒸发温度的典型氟利昂冷库制冷系统原理。低压氟利昂蒸气进入压缩机，被压缩为高压过热蒸气，再进入冷凝器进行冷凝；冷凝后的高压液态氟利昂经热力膨胀阀膨胀节流成低压氟利昂湿蒸气，供入蒸发器（该系统设有两个不同蒸发温度的蒸发

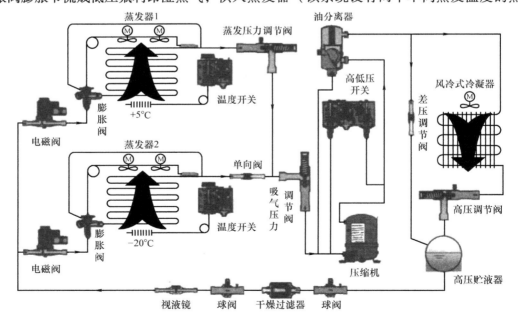

图 7-1　典型氟利昂冷库制冷系统原理

器）并在其中吸热蒸发，再返回压缩机被压缩。制冷剂在压缩机、冷凝器、膨胀阀和蒸发器这四大基本部件中的压缩、冷凝、节流和蒸发过程就构成了一个完整的制冷循环。从图 7-1 中可以看出，制冷系统除上述四大基本部件外，还需设置一些辅助设备和控制元件，以保障系统运行的安全性和经济性。例如：

1）氟利昂制冷系统可在压缩机的排气管上装设油分离器以减少润滑油进入冷凝器和蒸发器中。采用油分离器时，分离出的润滑油从油分离器底部经浮球阀减压后流回压缩机吸气管内；对于小型制冷系统或采用内设油分离器的压缩机，也可不设置油分离器。为了使带出的润滑油能顺利地返回压缩机，多采用干式蒸发器；采用满液式蒸发器时，由于温度较低时蒸发器内的润滑油将与制冷剂分离而浮于制冷剂液面（氟利昂的密度一般大于润滑油），故必须采取措施保证安全回油。

2）杂质和水分的存在对制冷系统的危害很大，因此在贮液器和膨胀阀之间的液管上通常需要装设干燥过滤器以拦截和吸附系统中的杂质和水分；为便于更换干燥过滤器以及减少制冷剂的泄漏，通常在干燥过滤器前后两端各设置一个开启时阻力很小的球阀。为了指示系统中的含水量，便于操作人员判断系统状况，在干燥过滤器后还会安装一个视液镜。当视液镜指示的颜色变成对应于含水量高的颜色时，系统的干燥过滤器就需要进行更换或将其滤芯进行再生。

3）风冷式制冷系统的冷凝压力受环境温度的影响显著，故在系统中设置高压调节阀和差压调节阀，可保证在外部温度过低时系统仍具有适宜的冷凝温度，以避免因高低压差过小导致的制冷量下降、系统回油困难等问题。

4）为提高控温精度并防止食品水分过多地蒸发（称为干耗），需在所有高蒸发温度蒸发器的出口处安装蒸发压力调节器，以稳定蒸发压力（或蒸发温度），并在低蒸发压力的蒸发器的出口安装单向阀，以防止停机时制冷剂从高蒸发压力蒸发器进入低蒸发压力蒸发器中，导致低温冷间的库温过快回升。

在实际制冷系统中，除图 7-1 中的辅助设备和控制机构外，还有很多较为常用的部件，例如气液分离器、四通阀、分液头、气液换热器等。在系统设计时，除选配四大基本部件外，还应根据需要设置必要的辅助设备或控制元件。其设置原则是，在确保工艺需求和系统安全性的前提下，综合考虑设备初投资和运行费用（效率），从全生命周期的经济性出发统筹取舍并设计选型。

7.1.2　氨制冷系统

大型冷库普遍采用氨制冷系统，随着对自然工质呼声的不断提高，目前氨在工业热泵领域已得到应用，同时氨系统的小型化技术也开始起步，因此，下面简要介绍氨制冷系统的基本构成。

图 7-2 所示为采用活塞式制冷压缩机、卧式壳管式冷凝器和满液式蒸发器的氨制冷系统流程。低压氨气进入活塞式压缩机 1，被压缩为高压过热氨气；由于来自制冷压缩机的氨气中带有润滑油，故高压氨气首先进入油分离器 2，将润滑油分离出来，再进入卧式壳管式冷凝器 3；冷凝后的高压氨液贮存在高压贮液器 4 内，通过液管将其送至过滤器 5、膨胀阀 6，减压后供入蒸发器 7；低压氨液在蒸发器内吸热汽化，低压氨气被制冷压缩机吸入，依此不断进行循环。

为了保证制冷系统的正常运行，系统中还装设有不凝性气体分离器8，以便从系统中放出不凝性气体（如空气）。

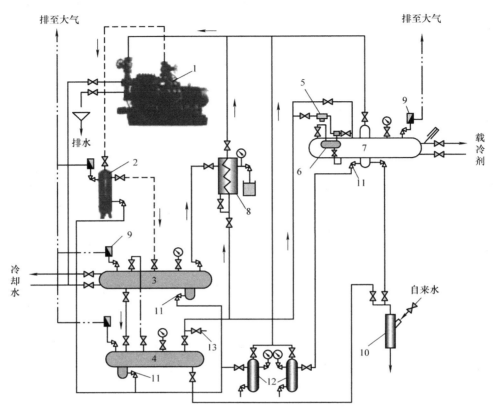

图 7-2　氨制冷系统流程

1—活塞式压缩机　2—油分离器　3—卧式壳管式冷凝器　4—高压贮液器　5—过滤器　6—膨胀阀　7—蒸发器
8—不凝性气体分离器　9—安全阀　10—紧急泄氨阀　11—放油阀　12—集油器　13—充液阀

为了保证制冷系统的安全运行，在冷凝器、高压贮液器和蒸发器上装设安全阀9，安全阀的放气管直接通至室外，系统内的压力超过允许值时，安全阀自动开启，将氨气排出，降低系统内的压力。同时，还设置紧急泄氨器，一旦需要（如发生火灾），可将高压贮液器以及蒸发器中的氨液分两路通至紧急泄氨器，在其中与自来水混合排入氨水池，以免发生爆炸事故。

被氨气从压缩机带出的润滑油，一部分在油分离器中被分离下来，但还会有部分润滑油被带入冷凝器、高压贮液器以及蒸发器。由于润滑油基本不溶于氨液，而且润滑油的密度大于氨液的密度，因此，这些设备的下部积聚有润滑油。为了避免这些设备存油过多，影响系统的正常工作，在这三个设备的下部装有放油阀11，并用管道分两路分别接至高、低压集油器12，以便定期放油。

此外，还必须指出，当采用螺杆式制冷压缩机时，润滑油除用于润滑轴承等转动部件以外，还用于高压喷至转子之间以及转子与气缸体之间，用以保证其间的密封。因此，螺杆式压缩机（不论使用哪种制冷剂）排气带油量大，油温高，对油的分离和冷却有特殊要求，一般均设置两级或多级油分离器以及油冷却器等。

7.2　空调用蒸气压缩式制冷机组

制冷机组是在工厂内将制冷系统中的部分或全部设备配套组装为一个整体的制冷装置。这种机组结构紧凑、使用灵活、管理方便、安装简单，其中有些机组只需连接水源和电源即可使用，为制冷空调工程设计和施工提供了便利条件。制冷机组有压缩-冷凝机组、空调热泵机组等。压缩-冷凝机组是将压缩机、冷凝器、高压贮液器等组装成一个整体，只需为之选配合适的蒸发器、膨胀阀和控制系统，即可在施工现场组装成一个制冷系统；空调热泵机组则是将压缩机、冷凝器、节流装置、蒸发器、辅助设备构成的制冷（热泵）系统及其自动控制系统组装成一个整体，专门为空调系统或其他工艺过程提供不同温度的冷（热）水或冷（热）风。

空调热泵机组可根据放热侧（或热源侧）和使用侧（即用户侧）的载能介质的种类不同划分为 4 种基本形式（见图 7-3）：空气-空气热泵、空气-水热泵、水-空气热泵和水-水热泵（"-"前、后分别为热源侧介质和使用侧介质）。

当使用侧载能介质为水（或液态载冷剂）时，称为冷（热）水机组（仅需提供冷水的机组常称为"冷水机组"），当采用空气时即为冷（热）风机组；当放热侧（或热源侧）载能介质为水（或液态载冷剂）时，

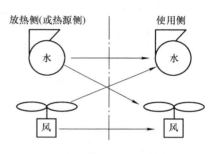

图 7-3　空调热泵机组的基本形式

称为水源（或水冷式）热泵机组，若为空气则称为空气源（或风冷式）热泵机组。为改善换热条件，在放热侧采用水与空气结合的复合载能介质的蒸发冷凝式冷水（风）机组已得到应用和发展，由于其产量尚不大，目前在我国产品标准中暂且将其纳入风冷式机组范畴。

空调热泵机组最终都是以冷风或热风方式向室内提供冷（热）量的。因而冷（热）水机组需要配套冷（热）水输配系统和空气处理末端设备（如风机盘管、空调箱等），而冷（热）风机组则可直接向房间提供经过热湿处理后的空气。在冷（热）风机组中，可以将使用侧换热器直接设置在室内的送风位置（如房间空气调节器、多联式空调机组等），也可以设置在远离送风位置（如接风管型单元式空气调节机等），通过风道将处理后的冷（热）空气送入室内，实现供冷、供热目的。

下面简要介绍空调工程上常用的冷（热）水机组和冷（热）风机组。

7.2.1　冷（热）水机组

冷（热）水机组分为单冷型冷水机组和热泵型冷热水机组两大类。

1. 冷水机组

由于单冷型冷水机组的容量较大，通常与冷却塔配合使用，将冷凝负荷排放至冷却水中。目前市场上主要的机组类型为螺杆式冷水机组和离心式冷水机组，对于更小容量的冷水机组则多采用一台或多台涡旋式压缩机及其他类型的压缩机。

（1）螺杆式冷水机组　螺杆式冷水机组是由螺杆式制冷压缩机、冷凝器、节流阀、蒸

发器、油分离器、自控元件和仪表等组成的一个完整制冷系统，如图7-4所示。螺杆式压缩机的调节性能优良，且在50%~100%负荷率运行时，其功率消耗几乎正比于制冷量，致使其部分负荷性能系数优于活塞式冷水机组。

螺杆式压缩机的润滑油除具有润滑运动部件接触面的作用外，还具有密封、喷油冷却、驱动容量调节机构（滑阀）动作等功能，因此润滑油系统比较复杂。由于排气中含有大量的润滑油，因此不仅需要采用高效的两级甚至多级油分离器，还要考虑装设油冷却器（尤其是低蒸发温度情况下）和油过滤器。目前螺杆式冷水机组的制冷剂通常为R22、R134a、R407C等，空调工况制冷量多在116~1758kW之间。

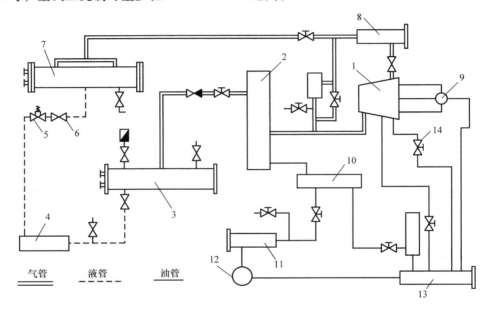

图7-4 螺杆式冷水机组

1—压缩机 2—油分离器 3—冷凝器 4—干燥过滤器 5—电磁阀 6—节流阀 7—蒸发器 8—吸气过滤器
9—容量调节四通阀 10—油冷却器 11—油粗过滤器 12—油泵 13—油精过滤器 14—喷油阀

（2）离心式冷水机组 离心式冷水机组将离心式压缩机、冷凝器、节流装置和蒸发器等设备组成一个整体。图7-5所示为单级离心式冷水机组。电动机通过增速器带动压缩机的叶轮将来自蒸发器的低压气态制冷剂压缩成为高压蒸气，送入冷凝器，被冷凝后的液态制冷剂经浮球式膨胀阀节流后送到蒸发器中吸热制取冷水。离心式冷水机组目前大多采用R123和R134a制冷剂。

离心式压缩机的转速非常高，一般采用齿轮箱进行变速，并采用滑动轴承支撑高转速轴。齿轮的啮合与滑动轴承通常需要大量的润滑油来润滑，因此离心式冷水机组需要加装油泵系统与非正常停机紧急润滑系统，否则将导致轴承失效而损毁。

离心式压缩机的结构及其工作特性决定了其制冷量一般不小于350kW。在部分负荷工况下通过容量调节机构调节容量以适应需求侧的负荷要求。离心式冷水机组采用可调导叶方式，或变频调速和可调导叶协调控制等方式进行容量调节。

随着技术的进步，目前采用带经济器的双级或三级离心式冷水机组和带中间补气的准双级螺杆式冷水机组得到了普及；为简化系统、提高性能，已经研发出无油润滑的直驱式磁悬浮离心式冷水机组，使得离心式冷水机组的体积和质量大幅度减小；采用膨胀机取代节流装置的冷水机组已研发成功，使得冷水机组的性能系数大大提高。

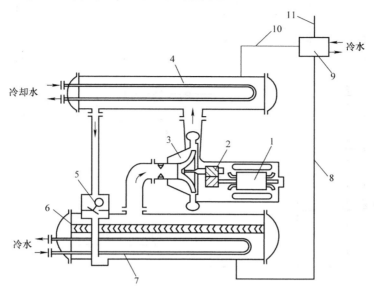

图7-5 单级离心式冷水机组

1—电动机 2—增速器 3—压缩机 4—单级冷凝器 5—浮球式膨胀阀 6—挡液板 7—蒸发器
8—制冷剂回收管 9—制冷剂回收装置 10—抽气管 11—放空气管

2. 热泵型冷（热）水机组

夏天需要供冷、冬季需要供热的空调工程中，可以采用热泵型冷（热）水机组作为空调冷（热）源。根据低位热源不同，热泵机组可分为空气源热泵和水源热泵，但是所有热泵机组的工作原理均相同。

（1）空气源热泵冷（热）水机组 图7-6所示为半封闭螺杆式空气源热泵冷（热）水机组的系统原理。

制冷运行时，从压缩机1排出的高压气态制冷剂通过四通阀2进入室外风冷式换热器12被冷凝成液体，冷凝液通过单向阀5进入高压贮液器6，然后经过干燥过滤器7和视液镜8，在制冷热力膨胀阀11处节流为低压气液混合物，进入水冷式换热器3使冷水冷却，吸热蒸发后的低压气态制冷剂经过四通阀2和气液分离器14进入压缩机。

制热运行时，四通阀换向，从压缩机排出的高压气态制冷剂通过四通阀进入水冷式换热器加热空调用水，冷凝液通过单向阀5进入高压贮液器，然后经过干燥过滤器7、视液镜8，在制热热力膨胀阀10处节流为低压气液混合物进入室外风冷式换热器中，吸收室外空气中的热量汽化；低压气态制冷剂蒸气经过四通阀2和气液分离器14进入压缩机。冬季制热时机组运行一段时间后，室外风冷式换热器的表面可能会结霜，影响换热器传热性能和系统的制热效果。此时机组将根据设定的除霜条件自动转换成制冷运行方式进行除霜（为充分利用压缩机排气热量，此时室外风冷式换热器风扇停止运行），经短时除霜后，机组再次返回制热模式运行。

为使系统配置简化，系统中采用的半封闭螺杆式压缩机带有内装油分离器和油过滤器，

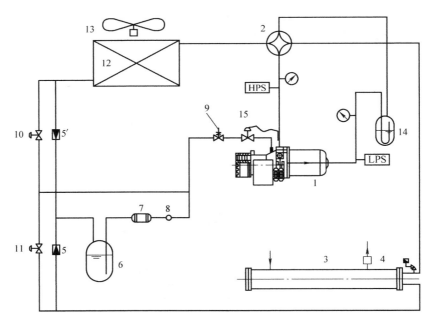

图 7-6 半封闭螺杆式空气源热泵冷（热）水机组的系统原理

1—半封闭螺杆式压缩机 2—四通阀 3—水冷式换热器 4—水流开关 5—单向阀 6—高压贮液器
7—干燥过滤器 8—视液镜 9—电磁阀 10—制热热力膨胀阀 11—制冷热力膨胀阀
12—室外风冷式换热器 13—风扇 14—气液分离器 15—喷液膨胀阀

且自带喷油装置。该机组中采用喷液膨胀阀 15 向压缩腔喷液，用于吸收压缩热和冷却润滑油，保证压缩机正常工作。热泵机组中安装了两个不同容量的热力膨胀阀（制冷热力膨胀阀和制热热力膨胀阀）以满足制冷和制热工况制冷剂流量不同的需求。由于热泵机组在不同的工况下运行，且冬季需要除霜运行，因此，在压缩机吸气管道上必须设置气液分离器。

空气源热泵冬季制热运行时，机组的性能系数和制热量随着室外温度的降低而下降，可以采用带有经济器的压缩机中间补气热泵循环，提高螺杆式空气源热泵机组在低外温条件下的性能系数和制热量。

空气源热泵的容量（名义制冷量）一般较小，故多采用转子式压缩机、涡旋式压缩机和螺杆式压缩机。为便于安装和系列化，常做成具有独立运行功能的标准容量模块，称之为空气源热泵"模块机组"。

（2）水源热泵冷（热）水机组 水源热泵冷（热）水机组（简称水源热泵机组）是一种以循环流动于地埋管中的水或地下井水、江、湖、海中的地表水、城市中水以及工业废水为冷（热）源，制取冷（热）风或冷（热）水的设备。地埋管水源热泵由于冬季制热时需要从循环水中取热，为防止水体冻结，有时需要向水体中添加防冻液，故水源热泵的"水"还包括"盐水""乙二醇水溶液"等类似功能的流体。

水源热泵机组按使用侧换热设备的形式分为冷（热）水型机组和冷（热）风型机组；按冷（热）源类型分为水环式机组、地下水式机组、地埋管式机组和地表水式机组。

上述机组的工作原理与空气源热泵机组基本相同，但由于所采用的水源温度不同，故在机组设计时需针对水源温度条件匹配制冷（热泵）系统。因其在制冷季需向这些水源排放制冷系统的冷凝热，而在制热季需从水体中取热，故可在机组中设置四通阀改变制冷剂流向，实现制冷与制热模式的转换，也可以在外部水系统上设置阀门组件转换热源侧和用户侧的水体流动方向，实现向用户提供冷（热）水。

水源热泵机组的种类和形式很多，其容量覆盖面也很宽，故可小至几千瓦，大至几千千瓦，故其压缩机也根据机组的容量大小采用转子式、涡旋式、螺杆式和离心式各种形式的压缩机。

7.2.2　冷（热）风机组

冷（热）风机组的种类很多，主要有房间空气调节器（简称房间空调器）、多联式空调（热泵）机组、单元式空气调节机和冷冻除湿机组等。

1. 房间空调器

房间空调器根据结构形式可分为整体式和分体式，其中整体式又包括窗式、穿墙式和移动式，分体式的室内机有挂壁式、落地式、吊顶式、嵌入式等；根据供热方式不同，分单冷型、电热型和热泵型；根据压缩机容量调节方式的不同，可分为定速空调器和转速可控型（交流变频与直流调速）空调器。

（1）窗式空调器　窗式空调器是整体式房间空调器应用最多的一种形式，它将所有设备都安装在一个壳体内，可开墙洞或直接安装在窗口上，空调制冷量一般为1.6～4.5kW。图 7-7 所示为单冷型窗式空调器的示意图，图的上半部（室外侧）为全封闭压缩机和风冷式冷凝器，与室外相通，使冷凝器向外通风散热；图的下半部（室内侧）为离心式送风机和直接蒸发式空气冷却器，向房间内供给冷风。此外，机组上还设有与室外空气相通的进风门，可向室内补入一定量的新鲜空气。窗式空调器结构紧凑，价格便宜，制冷剂不易泄漏，有新鲜空气补充，安装维修方便，但是噪声较大。

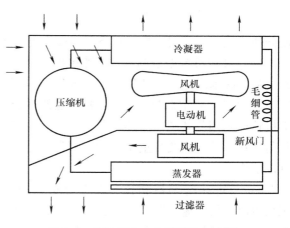

图 7-7　单冷型窗式空调器的示意图

图 7-8 所示为热泵型空调器流程，其工作原理与热泵型冷（热）水机组相同，它与单冷式空调器相比，增加了一个四通阀。制冷时四通阀断电，其工作情况与单冷式空调器相同，如图 7-8a 所示；制热时四通阀通电换向，改变制冷剂的流动路线，室外侧换热器为蒸发器，而室内侧换热器为冷凝器，利用高压气态制冷剂加热室内空气，解决房间供暖问题，如图 7-8b 所示。应用这种热泵型空调器供暖，其耗电量为电热供暖的 $1/3 \sim 1/2$。

（2）分体式空调器　分体式空调器将压缩机、冷凝器和冷凝器风机等部件组装在室外机内，将蒸发器和蒸发器风机置于室内机中，室外机和室内机在安装现场通过制冷剂管道连接成为一个制冷（热泵）系统。这种空调器由于压缩机放置在室外，而室内风机采用贯流风机，因此噪声较小。

图 7-9 所示为最常用的分体式挂壁空调器结构示意图。目前室内机常采用流线形壳体，

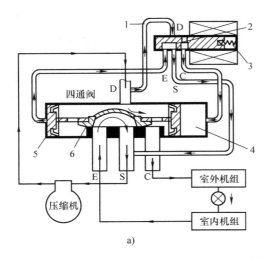
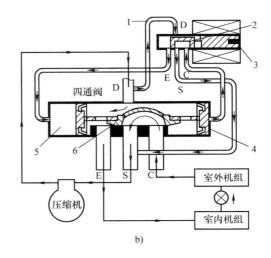

图 7-8　热泵型空调器流程

a）制冷工况　b）制热工况

1—毛细管　2—电磁导阀滑阀　3—弹簧　4—右气缸　5—左气缸　6—滑阀

C—冷凝器接口　D—压缩机排气管接口　E—蒸发器接口　S—压缩机吸气管接口

使分体式挂壁空调器、嵌顶式空调器成为集功能与装饰于一体的空气调节装置。

（3）转速可控型空调器　转速可控型空调器目前广泛采用直流调速压缩机，人们习惯将之简称为"变频空调器"。它主要通过改变压缩机转速来调节其制冷（热）量，以适应房间负荷变化，是一种变容量型房间空调器。它具有以下优点：

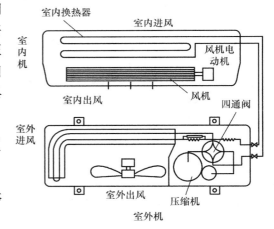

图 7-9　分体式挂壁空调器结构示意图

1）与定速空调器相比，在部分负荷时，压缩机以中低转速运行，能效比增大，提高了系统的全年运行效率，节能效果显著。

2）直流调速压缩机转速范围宽，其起停次数显著减少，降低了起停损失。

3）高转速运行可缩短房间降温（升温）时间，而且转速连续调节可减小房间的温度波动，提高室内的热舒适性。

4）可低转速起动，起动电流小，减小了对电网的冲击。

5）在冬季室外温度较低的情况下，可采用增加转速的方法提高空调器的制热能力。

上述优点使得转速可控型空调器得到越来越多的应用。

2. 多联式空调（热泵）机组

多联式空调（热泵）机组（简称多联机）是由一台或多台容量可调的室外机与多台室内机组成，通过制冷剂实现冷（热）量的输配，故可以将之看作是多室内机的变容量型房间空调器。多联机的室内外机组以及整个系统的自动控制系统均在工厂内生产制造，施工时，只需将合理容量的室内外机组用气体连接管、液体连接管、通信线和电源线按照一定规则连接，即可构建一个完整的、具有自动控制功能的变容量制冷（热泵）系统。

图 7-10 所示为典型风冷式多联机空调（热泵）系统原理图。室外机由制冷压缩机、室外换热器和其他辅助设备组成，类似于分体式空调机；室内机由直接蒸发式空气冷却器和风机组成，与分体式空调器的室内机相似。采用变速或变容等调节方式和电子膨胀阀分别控制压缩机的制冷循环量和进入室内换热器的制冷剂流量，适时地满足室内空调负荷的要求。通过四通阀换向，可以实现制冷和制热模式的转换。

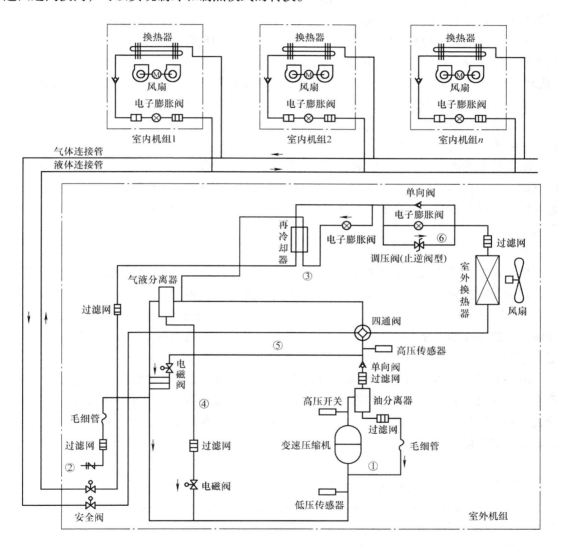

图 7-10　典型风冷式多联机空调（热泵）系统原理图

在多联机系统中，需要设置多种辅助回路和附属设备才能保证系统稳定、安全运行，如图 7-10 所示。例如：设置单向阀，限定制冷剂流向；在毛细管（入口）和电子膨胀阀

（进、出口）、电磁阀回路上设置过滤网，防止其出现脏堵；为保证压缩机安全供油，在压缩机出口管路上设置油分离器；为防止高压液态制冷剂向室内机组远距离、高落差输送过程中出现闪发，必须使其具有足够的再冷度，故设置有再冷却器等。又如，辅助回路①是压缩机的回油回路；②是多室外机模块的均油回路；③是保证制冷剂实现再冷的再冷却回路；④是从气液分离器向压缩机的回油辅助回路；⑤是热气旁通回路，实现卸载起动和极低负荷时的容量调节功能等；⑥是调压阀回路，当压力超高时打开，从而避免因运输或储存过程中管路内压力升高而导致对功能部件的损坏。

多联式系统具有制冷剂管路占用空间小、施工周期短、室内机可以独立调节、容易实现行为节能、可分期投资等突出优点，目前得到了广泛应用。但由于多联机系统是将工厂生产的室外机、室内机和控制系统产品在施工现场组装而成的直接蒸发式空调系统，因此，可以认为系统设计是多联式空调（热泵）机组产品设计的延伸，工程安装是产品多联式空调（热泵）机组产品制造的扩展，其系统设计与安装必须满足的一定的技术要求，才能保证多联机系统在实际工程中的高效、可靠运行。特别需要注意的是，随着室内外机组之间的连接管长度的增加，多联机系统的制冷（热）量和能效比因连接管阻力的增大而减小，故多联机系统的连接管长度不宜过长。

随着技术的进步，目前已发展出了水源热泵式（热源侧采用水为冷却介质或热源）、热回收式（向一些房间提供冷量的同时也向另一些房间提供热量）、蓄能式（利用夜间廉价电力制冷或制热并蓄能，以降低白天运行时的能耗）等新型多联机系统，以适应不同场合的需求。

3. 单元式空气调节机

单元式空气调节机（简称单元式空调机）的制冷量较房间空调器大，通常在 7kW 以上。它的形式和种类也较多，按功能分为单冷型、热泵型、恒温恒湿型；按冷凝器的冷却方式分为水冷式、风冷式；按加热方式分为电加热型、热泵制热型；按结构形式分为整体型、分体型；按送风形式分为直接吹出型和接风管型；按空调机能力调节特性又分为定容量型和变容量型。

图 7-11 所示为恒温恒湿型单元式空调机。机组下部是压缩机和水冷式冷凝器，上部为蒸发器、风机、电加湿器和电加热器等，组成一个柜形整体设备。由于空调机组中装有用于降温、除湿的蒸发器和加热器、加湿器，因此可在全年内保证房间达到一定程度的恒温与恒湿要求，但能耗大。

4. 冷冻除湿机组

冷冻除湿机组是利用蒸气压缩式制冷机降低空气含湿量的设备，它包括制冷压缩机、冷凝器、直接蒸发式空气冷却器（蒸发器）和通风机等主要设备。冷冻除湿机组的工作流程如图 7-12 所示。需要除湿的室内空气经空气过滤器被风机吸入，首先经蒸发器降温除湿（排出凝结水），然后经过风冷式冷凝器进行再热，相对湿度降低后的空气再送入室内，循环往复。

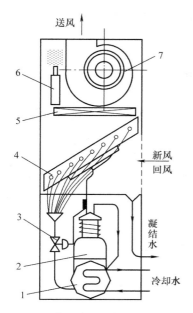

图 7-11　恒温恒湿型单元式空调机

1—水冷式冷凝器　2—压缩机　3—热力膨胀阀

4—蒸发器　5—电加热器　6—电加湿器　7—风机

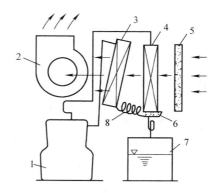

图 7-12　冷冻除湿机组的工作流程

1—压缩机　2—风机　3—冷凝器　4—蒸发器

5—空气过滤器　6—凝结水盘　7—凝水箱　8—毛细管

7.3　蒸气压缩式制冷系统的工作特性

设计制冷系统，无论是厂家装配成的整体机组，还是现场组装的制冷装置，主要是选配压缩机、冷凝器、蒸发器、制冷剂流量控制机构以及风机、电动机等部件，并设计其自动控制系统。其步骤是：根据给定的设计条件［包括冷水温度（或被冷却的空气温度）、流量和所采用的冷却水（或冷却用空气）入口温度、流量等］，确定该制冷系统的设计工况（即选定蒸发温度和冷凝温度等系统的内部参数设计值），然后按照设计工况选择或设计该制冷系统的各个组成部件，使之在运行过程中各个部件的能力相互匹配，以充分发挥每个部件的工作能力。

但是，一台制冷机组或制冷装置，在实际运行过程中，当外部参数（即冷凝器和蒸发器所通过的水流量或空气流量，以及水或空气的入口温度等）在一定范围内改变时，该机组或装置的性能如何变化、选配的各个组成部件是否匹配恰当，也是设计者必须考虑的问题。

所谓制冷系统（制冷机组或制冷装置）的特性，是指其制冷量和耗功率与外部参数之间的关系。分析制冷系统特性通常采用模拟解析法（又称为系统仿真）和图解法。模拟解析法实际上就是求解制冷系统中所有设备的工作特性方程（它们是制冷系统内部参数或外部参数的函数）以及能量平衡、质量平衡、动量平衡和制冷剂状态方程构成的联立方程，消去其中所包括的系统内部参数（蒸发温度和冷凝温度），即可得出制冷系统运行时的工作特性。由于这些方程式比较复杂，需根据不同的研究目的，对方程进行必要的简化，利用集总参数法或分布参数法进行数值求解。而采用图解法分析制冷系统的稳态运行性能，不仅简单，而且还可以直接表明各主要参数的影响程度，使设计者便于估计改进某个部件对整个系统性能的影响效果。

下面以图解法为例，阐述制冷系统工作特性的分析方法。

7.3.1 主要部件的工作特性

1. 制冷压缩机

对于理论输气量 V_h 不变的制冷压缩机（简称定容量压缩机）而言，当所用的制冷剂一定时，其制冷量 ϕ_k、耗功率 P 以及需要从冷凝器排出的热量、与蒸发温度 t_0 和冷凝温度 t_k（当忽略阻力损失时，即为压缩机吸、排气压力对应的饱和温度）成函数关系，即

$$\phi_0 = f_{\phi_0}(t_0, t_k) \tag{7-1a}$$

$$P = f_P(t_0, t_k) \tag{7-1b}$$

$$\phi_k = \phi_0 + P = f_{\phi_k}(t_0, t_k) \tag{7-1c}$$

制冷压缩机的性能曲线可以通过坐标变换，将性能曲线的横坐标变换为冷凝温度。图 7-13 所示就是以冷凝温度为横坐标、采用某制冷剂的压缩机性能曲线。其中，图 7-13a 表示在吸气过热度为 5℃，再冷度也为 5℃情况下，该压缩机的制冷量与系统内部参数（蒸发温度和冷凝温度）的关系。图 7-13b 所示为制冷剂冷凝并再冷 5℃时，应在冷凝器中排除的热量。图 7-13c 所示为在上述工作条件下，该制冷压缩机的输入功率与蒸发温度和冷凝温度的关系。

2. 冷凝器与蒸发器

冷凝器和蒸发器同属换热设备，其换热能力的表达式相似。对于逆流式冷凝器来说，其冷凝换热能力为

$$\phi'_k = \int_0^{A_c} d\phi'_k$$

$$d\phi'_k = m_w c_w dt_w = K_c(t_k - t_w)dA \tag{7-2}$$

即

$$\frac{dt_w}{t_k - t_w} = \frac{K_c}{m_w c_w}dA$$

积分后可得

$$\frac{t_k - t_{w2}}{t_k - t_{w1}} = \exp\left(-\frac{K_c A_c}{m_w c_w}\right) \tag{7-2a}$$

冷却介质获得热量

$$\phi'_k = m_w c_w(t_{w2} - t_{w1}) \tag{7-2b}$$

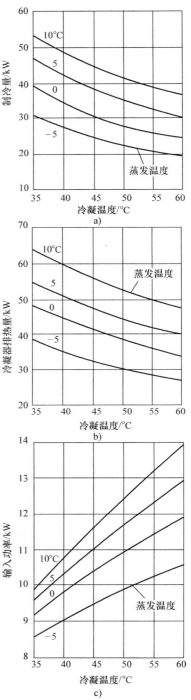

图 7-13　制冷压缩机的性能曲线
（制冷剂为 R22，过热度为 5℃，
再冷度为 5℃）

设

$$\phi'_k = F_R K_c A_c (t_k - t_{w1}) \tag{7-3}$$

由式（7-2a）、式（7-2b）和式（7-3），可以推导出式（7-3）中系数 F_R 的表达式为

$$F_R = \frac{m_w c_w}{K_c A_c} \left[1 - \exp\left(-\frac{K_c A_c}{m_w c_w} \right) \right] \tag{7-4}$$

式中　m_w、c_w ——冷却剂（水或空气）的质量流量和比热容；

　　　　K_c、A_c ——冷凝器的传热系数和传热面积；

　　　　t_{w1}、t_{w2} ——冷却剂进、出口温度。

　　由式（7-4）可知，对于某冷凝器来说，当冷却剂流量一定时，由于在一定热负荷范围内传热系数值变化不大，因此，系数 F_R 也基本不变。可以认为，给定冷凝器的换热能力是冷凝温度和冷却剂进口温度的函数。图 7-14 所示为一台风冷式冷凝器，制冷剂的再冷度为 5℃、风量为 10800m³/h 时，从制冷剂向冷却剂（空气）的冷凝换热能力 ϕ'_k 与冷凝温度 t_k 和空气进口温度 t_{w1} 的关系曲线。

　　同样，蒸发器的换热能力可以用以下公式表达：

$$\phi'_0 = F_R K_0 A_0 (t_{c,w1} - t_0) \tag{7-5}$$

$$F_R = \frac{m_{c,w} c_{c,w}}{K_0 A_0} \left[1 - \exp\left(-\frac{K_{0,i} A_0}{m_{c,a} c_{c,a}} \right) \right] \tag{7-6}$$

式中　$m_{c,w}$、$t_{c,w1}$ ——冷水的质量流量与进口温度；

　　　　$K_{0,i}$ ——以湿球温差为准的传热系数；

　　　　$c_{c,a}$ ——比热容，在定压条件下，空气湿球温度每增加 1℃ 每 1kg 湿空气所需的热量。

　　但是，应该注意，对于直接蒸发式空气冷却器来说，由于热量交换与质量交换同时发生，能量传递的推动力是比焓差，或者说是空气湿球温度之差，故式（7-5）和式（7-6）应改写为

$$\phi'_0 = F_R K_{0,i} A_0 (t_{m,1} - t_0) \tag{7-5a}$$

$$F_R = \frac{m_{c,a} c_{c,a}}{K_{0,i} A_0} \left[1 - \exp\left(-\frac{K_{0,i} A_0}{m_{c,a} c_{c,a}} \right) \right] \tag{7-6a}$$

式中　$t_{m,1}$ ——进口空气的湿球温度。

　　图 7-15 所示为一台直接蒸发式空气冷却器，当通过的空气量一定时，在不同进口空气湿球温度 $t_{m,1}$ 情况下，蒸发器的总换热能力（制冷能力）ϕ'_0 与蒸发温度 t_0 的关系曲线。

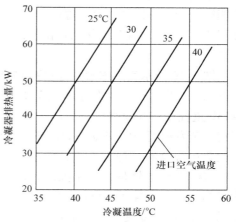

图 7-14　风冷式冷凝器的性能曲线
（冷凝器风量为 10800m³/h，再冷度为 5℃）

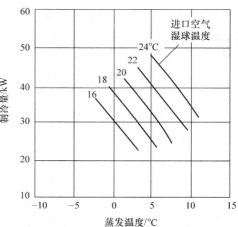

图 7-15　直接蒸发式空气冷却器的性能曲线
（蒸发器风量为 6800m³/h，过热度为 5℃）

7.3.2 制冷压缩机-冷凝器联合工作特性

压缩-冷凝机组是目前应用很广的一种组合式整体机组，其工作性能不同于单独的压缩机，也不同于所配用的冷凝器，而是两者的联合工作特性，需联立求解式（7-1）、式（7-3）和能量守恒方程（$\phi_k = \phi'_k$），或采用图解法得出。

采用图解法时，因为压缩机和冷凝器的冷凝温度相同，所以可以把以冷凝温度为横坐标的图 7-13 和图 7-14 简单地重合，从而得出压缩-冷凝机组的性能曲线。

图 7-16 所示就是求解压缩-冷凝机组性能曲线的图示。其中，图 7-16b 是将图 7-14 简单地与 图 7-13b 重叠在一起而得到的，图中等进口空气温度线与等蒸发温度线的交点，就是该压缩机与该冷凝器联合运行时的一种工况点，如图 7-16b 中 A 点，A 点的横坐标值就是在此工况运行时的冷凝温度，纵坐标值就是冷凝器排热量。但是，为了求得在此工况下该压缩-冷凝机组的制冷量和输入功率，就需将冷凝器的等进口空气温度线移植画在图 7-16a、c 上，方法是从图 7-16b 的各个交点向上和向下引垂直线，分别交在图 7-16a、c 所相应的等蒸发温度线上，连接同一进口空气温度与对应的各个蒸发温度线上的交点，即可在图 7-16a、c 上绘出等进口空气温度线。这样，消去冷凝温度这个系统内部参数，就可得出压缩-冷凝机组的制冷量、输入功率与蒸发温度和冷却剂进口温度的关系曲线，即以蒸发温度为横坐标的压缩-冷凝机组的性能曲线，如图 7-17 所示。

由图 7-16 和图 7-17 可以归纳出以下三点结论：

1）由定容量压缩机构成的压缩-冷凝机组的工作性能与蒸发温度、冷却剂进口温度及其质量流量成函数关系，可写为

$$\phi_0 = f_{\phi_0}(t_0, t_{w1}, m_w) \tag{7-7a}$$

$$P = f_P(t_0, t_{w1}, m_w) \tag{7-7b}$$

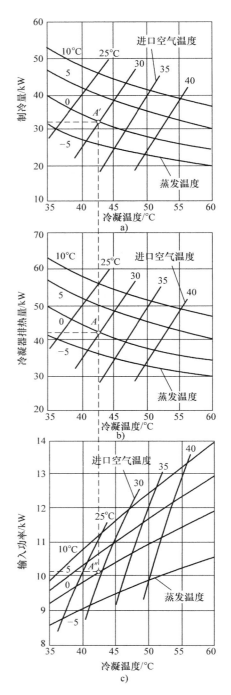

图 7-16 压缩-冷凝机组的性能曲线 （一）

2）由于冷凝器工作特性曲线的斜率 $\phi'_k/(t_k - t_{w1})$ 与 $F_R K_c A_c$ 三者乘积成正比 ［参看式（7-3）］，因此，设计时如果冷凝器传热面积取得较小，则冷凝器的工作特性曲线比较平缓，该机组的制冷能力就比较小。

3）运行时，由于传热面结垢、机组内存在不凝性气体等，使传热系数降低；或者，由于冷凝器中存液过多，等于缩减了传热面积。这些情况均可使冷凝器的工作特性曲线变得平缓，与正常情况相比，机组的冷凝温度将有所上升，也将导致制冷能力降低。

7.3.3　压缩机-冷凝器-蒸发器联合工作特性

当采用节流装置时，现场组装的制冷系统以及整体式制冷机组（如单元式空调机组、冷水机组等）的工作特性均可认为是压缩机-冷凝器-蒸发器三者的联合工作特性。该联合工作特性可以通过求解压缩机-冷凝器联合特性方程式（7-7）、蒸发器特性方程式（7-5）和能量守恒方程（$\phi_0 = \phi'_0$）这对联立方程组而得出。

采用图解法时，因为压缩-冷凝机组与蒸发器的蒸发温度相同，所以同样可以将均以蒸发温度为横坐标的图 7-15 和图 7-17 简单地重合在一起，以求得联合工作性能曲线，如图 7-18 所示。通过图 7-18a 中冷凝器进口空气的等温度线与蒸发器进口空气的等湿球温度线的交点，就可以得出在不同外在参数条件下运行时，该系统的蒸发温度和制冷量。如果从图 7-18a 的每个交点向下引垂线，与图 7-18b（图 7-17b）上相应的冷凝器进口空气温度线相交，即可在压缩-冷凝机组的输入功率图上画出蒸发器进口空气的等湿球温度线，从而得出在不同外在参数下运行时该系统所需的输入功率。由

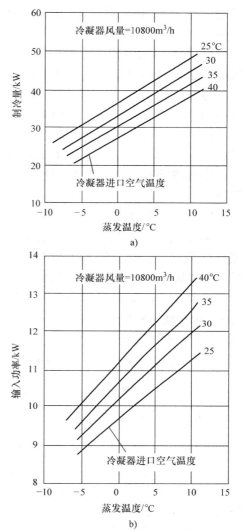

图 7-17　压缩-冷凝机组的性能曲线（二）

此，消去系统内部参数（蒸发温度），就可以得出整个制冷系统的制冷量、所需输入功率与外部参数（两个进口温度 $t_{m,1}$、t_{w1}）的函数关系，即所谓整个制冷系统的工作性能曲线，如图 7-19 所示。

由图 7-18 和图 7-19 可以得出以下三点结论：

1）对于给定的定容量压缩机构成的制冷系统，其工作特性只与通过冷凝器和蒸发器的外部流体进口温度（若为直接蒸发式空气冷却器，则为空气进口湿球温度）和流量成函数关系，即

$$\phi_0 = f_{\phi_0}(t_{w1}, t_{m,1}, m_w, M_{c,a}) \tag{7-8a}$$

$$P = f_P(t_{w1}, t_{m,1}, m_w, m_{c,a}) \tag{7-8b}$$

2）由于蒸发器工作特性曲线的斜率 $\phi'_0 / (t_{m,1} - t_0)$ 与 $F_R K_{0,i} A_0$ 三者乘积成正比［参看式（7-5a）］，因此，如果设计时蒸发器的传热面积取得较小，蒸发器工作特性曲线将比较

平缓，影响该系统制冷能力的充分发挥。

3）如果蒸发器传热面被污染，或因节流装置过小等造成供液不足，使部分传热面未与液态制冷剂相接触，则相当于减小了传热系数或缩减了传热面积，蒸发器的工作特性曲线变得平缓，与正常情况相比，该系统的蒸发温度必将降低，从而导致制冷能力下降。

值得注意的是，对于理论输气量 V_h 可调的制冷压缩机（简称变容量压缩机）而言，其制冷量 ϕ_0、耗功率 P 以及需要从冷凝器排出的热量 ϕ_k 不仅与蒸发温度和冷凝温度有关，还与 V_h 有关，故描述压缩机性能的式（7-1a）～式（7-1c）则转化为

$$\phi_0 = f(V_h, t_0, t_k) \qquad (7\text{-}1\text{A})$$

$$P = f_P(V_h, t_0, t_k) \qquad (7\text{-}1\text{B})$$

$$\phi_k = \phi_0 + P = f_{\phi_k}(V_h, t_0, t_k) \qquad (7\text{-}1\text{C})$$

当理论输气量 V_h 恒定为某一数值时，变容量制冷系统则转化为定容量制冷系统，其性能分析方法与上述完全相同。如果 V_h 变化，当采用模拟解析法时，只需将式（7-1a）～式（7-1c）更换为式（7-1A）～式（7-1C）即可；而采用图解法时，需注意图 7-13 中在各冷凝温度和蒸发温度条件下的 ϕ_0、P 以及 ϕ_k 将随 V_h 的增大而增大，随 V_h

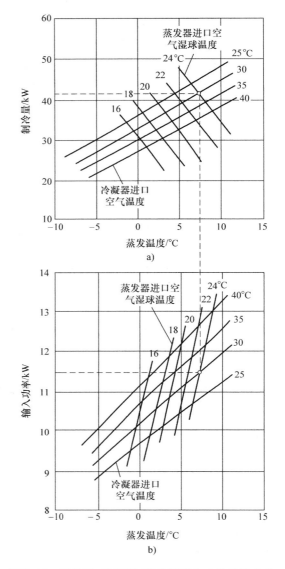

图 7-18 压缩机-冷凝器-蒸发器联合工作性能曲线
（蒸发器风量为 6800m³/h，过热度为 5℃；
冷凝器风量为 10800m³/h，再冷度为 5℃）

的减小而减小，其性能曲线的斜率以及各等值线之间的间距均会相应增大或减小。在分析变容量制冷系统的性能时，只需将不同 V_h 的压缩机性能曲线与冷凝器、蒸发器性能曲线进行联立，消去系统内部参数 t_k、t_0 即可得出不同 V_h 条件下，ϕ_0、P 和 ϕ_k 随外部参数变化的工作特性。

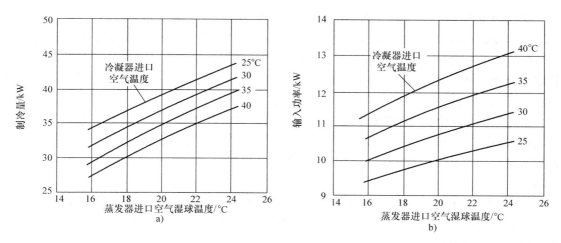

图 7-19　整个制冷系统的工作性能曲线

（蒸发器风量为 6800m³/h，过热度为 5℃；冷凝器风量为 10800m³/h，再冷度为 5℃）

7.4　蒸气压缩式制冷装置的性能调节

1）制冷装置是以制冷压缩机为核心的闭环气液两相流体管网系统，其性能不仅取决于其工作条件，而且与组成系统各部件的性能以及这些部件的匹配关系密切相关，因此，优化设计与优化控制是制冷装置的两个重要课题。随着制冷技术、电子技术以及自动控制理论的发展，空调用蒸气压缩式制冷装置的系统形式和控制方式均取得了长足发展，体现在以下三方面：

① 高效化。改善压缩机、换热器、膨胀阀与风扇性能，加强对制冷循环特性的研究，实现了系统的小型化、低能耗、低噪声、高可靠性。

② 多元化。从简单制冷系统发展到热泵、热回收多联机系统，拓展了直接蒸发式空调系统的应用范围，开辟了集中空调系统的新领域。

③ 智能化。从单一的温度控制发展到室内热环境特性的综合控制，从简单的起/停控制发展到包括人工神经网络与模糊技术相结合的智能控制，以实现人们对节能和舒适性的要求。

2）制冷装置自动调节又称制冷装置自动控制，主要包括制冷装置容量控制、制冷剂流量控制和安全保护控制三个方面，通过各种调节作用，使制冷剂状态参数在各部件与制冷系统典型部位具有合理取值，以保证被控工艺参数的要求以及制冷装置的安全、稳定、节能运行。

① 制冷装置容量控制。制冷装置的容量取决于构成循环的制冷压缩机、冷凝器、蒸发器以及节流装置的容量大小。欲保证被控工艺参数稳定，需根据负荷和外部扰动变化适时调节制冷装置的容量，有时制冷系统虽然能保证被控对象的负荷要求，但又有可能导致系统的内部参数（如冷凝温度、蒸发温度、再冷度、过热度等）偏离工艺参数要求或导致系统能耗增大。故制冷装置容量控制需要对压缩机、冷凝器、蒸发器以及节流装置的容量分别进行调节或进行联合调节，以保证被控参数的工艺要求和制冷系统高效节能运行。

② 制冷剂流量控制。制冷剂流量调节的目的是控制进入蒸发器的液态制冷剂的流量，使其与蒸发器负荷相匹配。制冷剂流量控制元件是节流装置，通过调节节流装置的容量（开度），合理控制蒸发器出口过热度，既保证蒸发器能力得到充分发挥，又保证制冷系统稳定运行和压缩机安全运行（不会出现湿压缩或排气温度超高）。特别是，电子膨胀阀作为节流装置已在制冷装置中得到广泛应用，其功能已不局限于对蒸发器出口过热度的控制。例如，在多联机系统中，电子膨胀阀是控制室内换热器出口制冷剂状态参数（制冷时，控制室内蒸发器出口过热度；制热时，控制室内冷凝器出口再冷度）和室内温度的双重执行器；在房间空调器中，电子膨胀阀有时也作为蒸发器出口过热度和压缩机排气温度的双重执行器。

③ 安全保护控制。当外部参数变化或制冷装置出现故障时，以及在制冷装置容量调节过程中，有可能出现内在参数超越安全运行范围。为保护设备，需要在系统中设置辅助部件，以保证制冷装置的安全运行。

7.4.1 制冷装置的容量调节

制冷装置的容量调节，包括压缩机、冷凝器、蒸发器以及节流装置的容量调节。压缩机容量调节是改变压缩机的制冷能力，使之与变动的负荷相适应，是制冷装置容量调节的主要手段；冷凝器和蒸发器的容量调节实质上是对冷凝压力与蒸发压力的调节；节流装置的容量调节已在第 6 章进行了详细分析，本节不再赘述。

1. 容积式制冷压缩机的容量调节

制冷装置的制冷量 ϕ_0（kW）的表达式为

$$\phi_0 = m m_R q_0 = m \left[\eta_V \frac{\pi}{4} D^2 L z \frac{f(1-s)}{p} \frac{1}{v_1} \right] q_0 \tag{7-9}$$

式中 m——压缩机台数；

     m_R——每台压缩机的制冷剂质量流量（kg/s）；

     q_0——单位质量制冷剂的制冷能力（kJ/kg）；

     η_V——压缩机的容积效率；

     D——气缸直径（m）；

     L——活塞行程（m）；

     z——每台压缩机的气缸数；

     f——电动机运转频率（Hz）；

     s——电动机转差率；

     p——电动机极对数；

     v_1——压缩机入口气态制冷剂的比体积（m³/kg）。

由式（7-9）可以看出，改变式中不同因素可以获得不同的容量调节方法，归纳起来，可划分为运转速度调节和机械式容量调节两大类，见表 7-1。

（1）运转速度调节方法   运转速度调节方法是以改变压缩机驱动电动机的极对数 p 或运转频率 f，调节单位时间内通过压缩机的制冷剂流量 m_R 的容量调节方法。由于压缩机采用变频调速技术，使制冷系统具有响应速度快、控温精度高、节能效果明显等优点，目前在房间空调器、单元式空调机组、多联机等中小型制冷设备甚至大型离心式冷水机组中都得到了广泛应用。

表 7-1 压缩机容量调节方法的分类

压缩机容量调节方法			调节原理	容量调节的连续性	适用压缩机
运转速度调节	改变电动机极对数		p	不连续	各种压缩机均可能
	改变电动机运转频率		f	连续	各种压缩机均可能
机械式容量调节	压缩机结构不变	台数控制	m	不连续	各种压缩机均可能
		吸气节流	v_1	不连续	各种压缩机均可能
		排气旁通	v_1	不连续	各种压缩机均可能
	压缩机结构变化	可变行程	L	连续	斜盘往复式压缩机
		吸气旁通	L	可实现连续	回转式压缩机
		卸载控制	z	不连续	多缸活塞式压缩机、双转子压缩机
			t[①]	近似连续	涡旋式压缩机

①t 表示在一个容量调节周期 T 内，数码涡旋式压缩机动、静涡盘加载时间 T_0 的占空比，$t = T_0/T$。

转速调节是指通过电力技术控制电动机的转速从而调节压缩机在单位时间内的吸气量的转速调节技术。压缩机调速技术已经被深入研究且广泛应用，包括活塞式压缩机在内各种形式的压缩机均有采用调速技术的机型。虽然转速调节技术可用于各种形式的压缩机，但调速对于各种压缩机性能的影响有所不同。图 7-20 所示为转速调节对压缩机性能的影响。纵坐标均以 60Hz 时涡旋式压缩机的对应指标为 100% 给出的。从图中可以看出，涡旋式压缩机的容积效率 η_V 和指示效率 η_i 均高于滚动转子式和往复式；但三种压缩机的 η_V 开始均随频率 f 的增加而上升，但当频率超过 80Hz 以后，往复式的 η_V 开始下降，而涡旋式和滚动转子式的 η_V 却依然上升，可见，这两种压缩机适用于转速在较宽范围内变化的场合。三种压缩

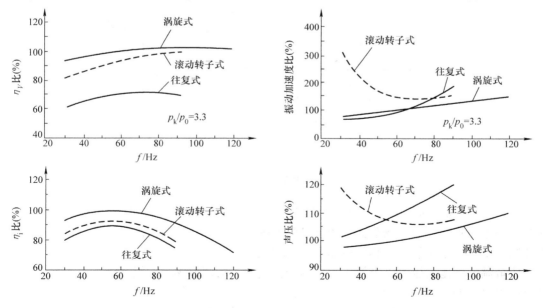

图 7-20 转速调节对压缩机性能的影响

机的指示效率 η_i 在 50 ~ 60Hz 之间达到最大值，低频与高频时 η_i 均降低，这主要是因为高速运转时摩擦损失增大，低速运转时泄漏加剧所致。其中，考虑到振动、噪声和阀片响应时间等因素，往复式压缩机的频率变化范围受到一定限制。

（2）机械式容量调节方法 机械式容量调节方法是指压缩机转速不变，而以改变每个压缩周期的工作容积或实际输气量来调节单位时间内通过压缩机的制冷剂流量 m_R 的容量调节方法。其中，台数控制、吸气节流、排气旁通等容量调节方法，无须改变压缩机结构即可实现，故对于任何形式的压缩机均适用；而可变行程、吸气旁通和卸载控制方法，则要求压缩机具有相应的调节机构，故不同形式的压缩机需采取不同的调节方法。

1）台数控制。多台定容量压缩机负责同一个被冷却对象时，可以起/停部分压缩机，以改变该系统的制冷量，使之与被冷却对象的负荷相适应，故又称为起/停控制。这种调节方式简单易行，但由于制冷量调节是分级进行的，故能级间的跃幅较大，常用于控温精度要求不高的场合。

对于容量较大的制冷系统，常采用多台定容量压缩机和一台变容量压缩机组合，以弥补定容量压缩机台数控制的缺陷，提高控温精度。

2）吸气节流。在压缩机吸气管上设置调节阀，通过调节阀的节流作用，降低吸气压力以增大吸气比体积，使压缩机实际吸入的制冷剂质量流量减小，从而改变压缩机的制冷量。如图 7-21 所示，实线表示吸气节流容量调节时压缩机的 $p\text{-}V$ 图和制冷循环 $\lg p\text{-}h$ 图，虚线表示容量控制前压缩机的工作过程。吸气节流阀前的压力为蒸发压力 p_0，经节流后降为 p'_0，使得压缩机的压缩比增大，单位质量制冷剂的耗功率增大，排气温度升高，容积效率降低，因此，该方法虽然能在一定范围内调节压缩机的容量，但经济性差，更适用于制冷量较小、被控制对象热惯性小的制冷系统。

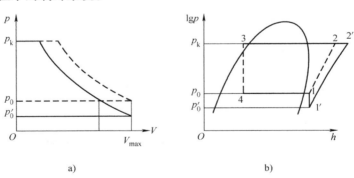

a)   b)

图 7-21 吸气节流容量调节原理

a) $p\text{-}V$ 图   b) $\lg p\text{-}h$ 图

3）排气旁通。排气旁通（又称为热气旁通）控制法就是在制冷压缩机进、排气管之间连接一条旁通管线，通过调节其上的能量调节阀开度，将部分高压侧气体旁通到低压侧，以改变制冷系统的制冷能力，其原理如图 7-22 所示。

能量调节阀是由压缩机吸气压力控制的比例型气动调节阀，它根据吸气压力与设定的阀开启压力之间的偏差按比例改变阀的开度，调节高压气体向低压侧的旁通量。能量调节阀开启时，主要是由于高压气体向低压侧的旁通，减少供给蒸发器的制冷剂质量流量，致使系统制冷量减少；当然，由于压缩机吸入的是蒸发器出口状态 1 与由高压侧旁通回来的高温蒸气

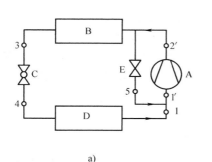 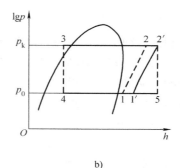

图 7-22　排气旁通容量调节原理

a）制冷循环　b）lg*p-h* 图

A—压缩机　B—冷凝器　C—膨胀阀　D—蒸发器　E—能量调节阀

5 的混合气体，状态点为 1′，因 $v_1 < v_{1'}$，故压缩机的实际制冷剂流量减小，制冷量也会相应减小。由于这种方法使流经蒸发器的制冷剂流量减小，对蒸发器的回油不利，而且压缩机的排气温度较高，为了解决这个问题，可以将压缩机的排气旁通至蒸发器入口或蒸发器中部，这样既可加大制冷剂在蒸发器中的流速，保证润滑油顺利返回压缩机，又能保证压缩机排气温度不致过高。

　　排气旁通阀有时也采用起/停控制的电磁阀代替，虽可降低制冷装置的成本，但其容量调节范围和稳定性则受到限制。

　　4）可变行程。在汽车空调系统中，由于压缩机的转速取决于发动机的转速，为调节任意车速和外界条件下车体内的温湿度，常采用可变行程的变排量压缩机。图 7-23a 所示为一

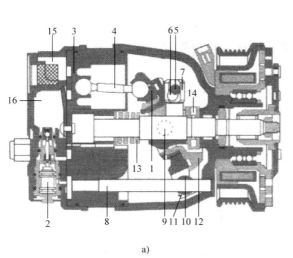 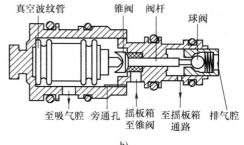 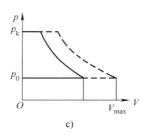

图 7-23　可变行程容量调节原理

a）变行程斜盘式压缩机　b）控制阀　c）*p-V* 图

1—摇板　2—控制阀　3—活塞　4—活塞杆　5—滑动接头　6—腰形槽　7—轴驱动耳　8—导向杆　9—轴颈轴销
10—导球　11—导片　12—轴颈　13—复位弹簧　14—推力轴承　15—吸气腔　16—排气腔

种变行程斜盘式压缩机的结构。压缩机的可变排量是通过改变摇板角度而获得的,全排量时,滑动轴套和推力轴承垫片接触,此时轴颈达到最大摇板角,活塞行程也最大;部分排量时,轴套沿主轴向气缸方向滑动,轴套同轴颈连接的轴颈轴销也沿轴线向气缸方向滑动,轴驱动耳组件中的滑动接头在腰形槽内运动,轴颈轴销和滑动接头在腰形槽内的运动决定了轴颈的不同摇板角。摇板角度的连续变化,致使活塞行程连续变化,从而实现压缩机在10% ~ 100% 范围内的容量调节。

控制摇板角度变化的部件是控制阀,它主要由锥阀和球阀两个阀门构成,锥阀控制摇板箱与吸气腔(波纹管室)之间的通道,球阀控制排气腔与摇板箱之间的通道,如图 7-23b 所示。当车内空调负荷增加时,压缩机吸气压力就会升高,高于控制阀的设定值后,会控制波纹管的收缩,推动控制阀阀杆关小球阀、开大锥阀,这样降低了摇板箱压力和吸气压力差,该压力差和其他作用在摇板上的力合在一起就会增大摇板的倾斜角,从而增加了活塞行程,提高了压缩机活塞排量,满足空调负荷增加的要求;当车内空调负荷减少时,以同样的作用机理来减少活塞行程和压缩机活塞排量。图 7-23c 所示为可变行程压缩机容量调节的 p-V 图,由此可以看出,压缩行程减小,耗功量也降低。

蒸发压力恒定的内部控制型变排量压缩机是目前的主流机型,为适应负荷变化,近年来已开发出蒸发压力可变的外部控制型变排量压缩机,其运行效率得到了进一步提高。

5)吸气旁通。对于螺杆式、滚动转子式与涡旋式等回转式压缩机,可以通过压缩机的内部机构,将压缩过程中的气体旁通至吸气腔,从而减少排出压缩机的制冷剂流量,这种方法称为吸气旁通容量调节方法。

螺杆式压缩机的吸气旁通容量调节是通过油活塞带动的滑阀进行的,滑阀位于排气侧机体两内圆的交线处,并且能够在平行于气缸轴线方向往返滑动,其调节原理如图 7-24 所示。当油活塞带动滑阀由排气侧移动到滑阀与吸气侧固定端贴合时,容量为 100%,这时螺杆式压缩机工作腔的长度全部有效。而当油活塞带动滑阀离开固定端时,两者之间形成回流孔口,于是随转子运转齿间容积从最大到逐渐减小的变化过程中,在回流孔口被全部堵断之

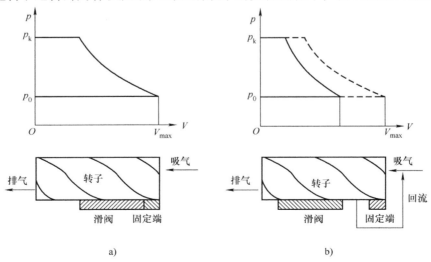

图 7-24 螺杆式压缩机容量调节原理

a)100% 容量   b)最小容量

前，已吸入到齿间容积中的气体经过孔口向压缩机吸气腔回流旁通，这段过程不产生气体压缩作用，只有当接触线移动到完全越过回流孔口，才开始发生随齿间容积变小的气体压缩过程，从而使压缩机实际输气量减小；滑阀连续移动可实现压缩机在 10% ~ 100% 范围内的容量调节。

滚动转子式压缩机和涡旋式压缩机可通过在压缩中段位置开设向吸气管或者吸气腔的旁通通道实现压缩机的容量调节，如图 7-25 和图 7-26 所示，其调节过程均可用图 7-25b 所示的 p-V 图表示。

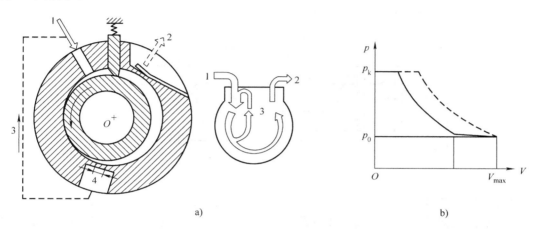

a)　　　　　　　　　　　　　　b)

图 7-25　具有吸气旁通容量调节功能的滚动转子式压缩机

a）压缩机结构　b）p-V 图

1—吸气　2—排气　3—回流气体　4—旁通口

从图 7-24 和图 7-25 中的 p-V 图可以看出，吸气旁通相当于可变行程容量调节。

6）卸载控制。卸载控制是吸气旁通的特殊情形，是将整个压缩腔全程旁通到吸气腔的吸气旁通调节方式，常用于多缸活塞式压缩机中，称为气缸卸载。但随着技术的进步，卸载控制方式已在滚动转子式压缩机和涡旋式压缩机中得以应用。

① 活塞式压缩机的卸载控制。气缸卸载是通过改变工作气缸的数量来实现的，通过图 7-27 所示的供油系统驱动油压启阀式卸载装置，停止两气缸、四气缸、六气缸的工作，使压缩机的输气量分别变为总输气量的 75% 、50% 、25% 。气缸卸载不仅可以实现阶跃式能量调节，还可以降低起动负荷，减小起动转矩，故常称之为"轻车起动"或"空车起动"。

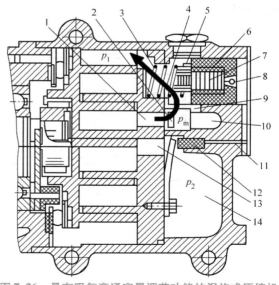

图 7-26　具有吸气旁通容量调节功能的涡旋式压缩机

1—回流气体出口　2—舌簧阀　3—弹簧　4—回流气体
5—通气孔　6—活塞式控制阀　7—波纹管　8—导向球阀
9—回流气体调节孔　10—中间压力腔　11—节流控
12—滤网　13—排气孔　14—排气腔

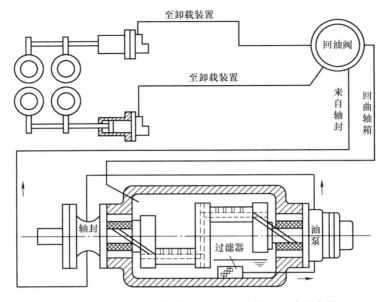

图 7-27 8AS-12.5 型活塞式压缩机的供油系统示意图

油压启阀式卸载装置如图 7-28 所示，它包括顶杆启阀机构和油压推杆机构两个组件。

顶杆启阀机构就是在吸气阀阀片下设有几根顶杆，顶杆上套有弹簧，其下端分别坐于转动环上具有一定斜度的斜槽内，如图 7-28a 所示。这样，当顶杆位于斜槽底部时，顶杆与阀片不接触，阀片可以自由上下运动，该气缸处于正常工作状态；如果旋转转动环，则顶杆沿斜面上升，将吸气阀阀片顶开，此时，尽管活塞仍在气缸内往复运动，但气缸内气体不被压缩，故该气缸处于卸载（不工作）状态。

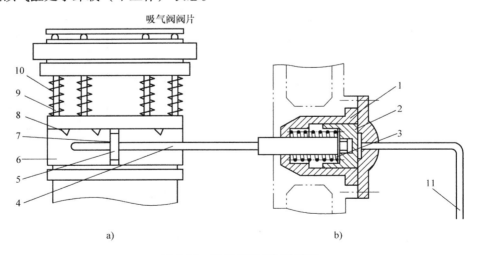

a)   b)

图 7-28 油压启阀式卸载装置
a）顶杆启阀机构（卸载状态） b）油压推杆机构
1—油缸 2—活塞 3—弹簧 4—推杆 5—凸缘 6—转动环 7—缺口
8—斜面切口 9—顶杆 10—顶杆弹簧 11—油管

　　油压推杆机构是使气缸套外部的转动环旋转的机构，如图 7-28b 所示。当油管内供入一定压力的润滑油时，油缸内的小活塞和推杆被推压向前移动，带动转动环稍微旋转，这时靠顶杆弹簧可将顶杆推至斜槽底部，反之，油管内没有压力油供入时，则油缸内的小活塞和推杆在弹簧作用下向后移动，并带动转动环将顶杆推至斜面高点，顶开吸气阀阀片。

　　图 7-29 所示为 6F 型半封闭式活塞压缩机采用的电磁阀控制的活塞加载和卸载的容量调节机构。通过控制电磁阀的开启（带电）或关闭（失电），导通或切断截止阀阀芯（活塞）上部的高压气体，由此控制截止阀阀芯的位置，从而关闭或开启吸气通路。

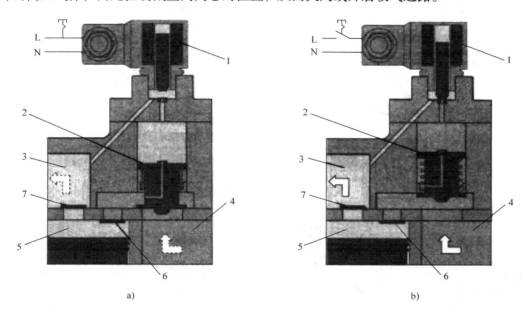

图 7-29　电磁阀控制的活塞加载和卸载的容量调节机构
a）卸载状态　b）加载状态
1—电磁阀　2—截止阀阀芯　3、7—排气腔　4、6—吸气腔　5—压缩腔

　　② 转子式压缩机的卸载控制。图 7-30 所示为一种双转子式压缩机卸载控制的容量调节原理。在上气缸的滑板顶部设置复位弹簧，压缩机工作时一直处于工作状态；在下气缸的滑板顶部不设弹簧，而设置一块磁铁，通过设置在下气缸吸气管上的三通电磁换向阀，在下气缸工作时吸入低压气体，卸载时吸入高压气体，从而实现压缩机 100% 与 50% 两档容量控制。

　　压缩机工作在 100% 容量时，设有复位弹簧的上气缸压缩吸气，形成吸、排气压差，下气缸内进入低压气体，其滑板在该压差作用下往复移动，其转子加载实现压缩过程（图 7-30a）；当电磁换向阀带电后，将上气缸压出的高压气体导入下气缸内，在压差的作用下，使下气缸的滑板向左推移并被磁铁吸引，使下气缸空载，实现 50% 的容量切换（图 7-30b）。

　　当两个气缸的工作容积 V_g 不相等时，还可制造出不同容量配比要求的双转子式压缩机。

　　③ 涡旋式压缩机的卸载控制。目前，将卸载技术应用于涡旋式压缩机，已开发出数码涡旋（Digital Scroll）式变容量压缩机，其原理如图 7-31 所示。

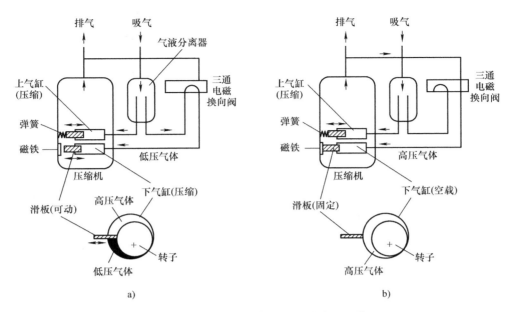

图 7-30　双转子式压缩机卸载控制的容量调节原理
a）100%容量　b）50%容量

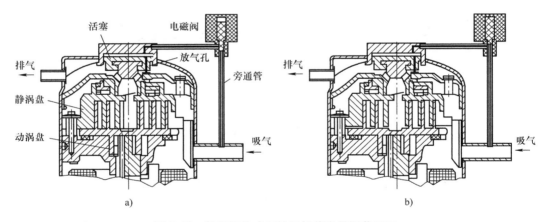

图 7-31　数码涡旋式压缩机卸载容量调节原理
a）加载（电磁阀关闭）　b）卸载（电磁阀开启）

常规涡旋式压缩机的静涡盘是固定的，而数码涡旋式压缩机采用轴向柔性结构，即在静涡盘顶部安装有一可上下移动的活塞；活塞顶部为调节室，通过直径为 0.6mm 的排气孔与排气腔相通，此外，还通过设有电磁阀的旁通管与吸气管相连。电磁阀开启时，调节室内的排气被释放至低压吸气管，导致活塞上移（仅为1mm），静涡盘也随之上移，使静涡盘与动涡盘分离卸载，导致无制冷剂蒸气被压缩；电磁阀关闭时，活塞上下侧的压力为排气压力，压缩机加载，恢复压缩过程；这样就可实现 0 和100%两档容量调节。

通过改变电磁阀启/闭周期时间 T 以及启/闭时间的占空比 t（ $t = T_0/T$ ，其中 T_0 为开启时间），可实现压缩机 10% ～100%无级容量调节。周期时间 T 可以是固定的，也可以是变化的，如图 7-32a、b 所示。不同的容量值采用不同的周期时间可提高压缩机的运行效率，将效率最大值所对应的周期时间称为最佳周期时间。试验研究表明，最佳周期时间与容量比率成反比趋势，容量比率越低，最佳周期时间越长，如图 7-32c 所示。

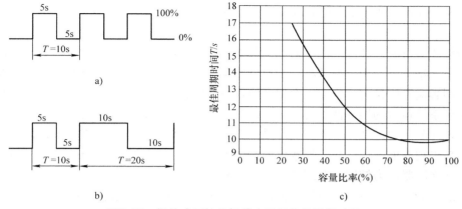

图 7-32　涡旋式压缩机卸载容量调节的周期时间
a）固定周期时间　b）可变周期时间　c）最佳周期时间曲线

2. 离心式制冷压缩机的容量调节

通常，离心式制冷压缩机的容量控制范围在 20%～100% 之间，其工作特性决定了离心式压缩机具有最小负荷率的限制，且一般情况下高负荷率时效率高，低负荷率时效率低。通过改进其能量调节技术以提高低负荷率时的性能系数是业内关注的课题。

离心式制冷压缩机的容量调节方式通常有四种：①叶轮入口导叶阀转角调节；②压缩机转速调节；③叶轮出口扩压器宽度调节；④热气旁通阀调节。当对部分负荷性能无特殊要求时，则较多采用①＋④的联合调节方式；而采用方式②＋③，或方式①＋②＋④，则可有效地改善压缩机的部分负荷性能，并实现防喘振控制。

多数离心式压缩机采用控制导叶阀（Inlet Guide Vane，IGV）转角的方式来调节容量，其优点是控制简单，投资少，能在 20%～100% 间实现无级调节，但在部分负荷率条件下的效率偏低。

在获得相同制冷量时，调节转速比调节导叶阀转角压缩机所消耗的功率更小，但为避免喘振，其转速下限仅为设计转速的 70% 左右，故仅依靠转速调节不可能获得更小的制冷量。将转速调节和导叶阀转角调节联合应用可实现大范围的容量控制（图 7-33），同时具有很好的节能效果。

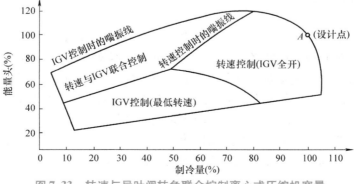

图 7-33　转速与导叶阀转角联合控制离心式压缩机容量

有些离心式制冷压缩机，采用导叶阀转角与叶轮出口扩压器宽度相结合的双重调节方法，使制冷量可以在10%～100%范围内连续调节，即使在低负荷率时，流动仍然稳定，不易发生喘振，还可大幅度降低低负荷率时的功耗。

3. 冷凝压力调节

制冷装置运行时，其冷凝压力对系统性能有很大影响。当冷凝压力（或冷凝温度）偏高时，压缩比增大，容积效率减小，制冷量减小，耗功率增大，排气温度升高；冷凝压力越高，其不利影响程度越大。冷凝压力偏高的现象主要出现在夏季，这时应尽可能降低冷凝压力，以保证系统运行的经济性和可靠性。但是，对于全年运行的制冷装置，在冬季运行时又有可能出现冷凝压力过低的现象。当冷凝压力过低时，膨胀阀前后压差太小，膨胀阀容量减小，且容易出现阀前液体汽化，导致供液能力不足，蒸发器缺液，系统制冷量大幅度下降。因此，必须将冷凝压力控制在合理范围内，以充分保证制冷装置的性能。

不同的冷凝器，其冷凝压力调节方法也不尽相同，其实质是通过调节冷凝器容量（即换热能力）实现的。增大冷凝器容量，冷凝压力将降低，减小冷凝器容量，冷凝压力将升高。冷凝器的冷却剂主要有水和空气，调节其温度是改变冷凝压力的有效方法，但因冷却剂温度取决于环境，往往难以作为调节手段；冷凝器的传热系数主要取决于冷却剂流量，因此，调节冷却剂流量和冷凝器传热面积是调节冷凝压力的主要方法。

（1）冷却剂流量的调节方法　在水冷式冷凝器中，常采用水量调节阀调节制冷系统的冷凝压力。

对于风冷式冷凝器，改变风量的调节方法有：采用变转速风扇电动机、调节冷凝风扇的运转台数（但需防止气流短路），以及在冷凝器进风口或出风口设置风量调节阀。这些调节方法均可采用冷凝压力（冷凝温度）或环境温度为信号进行风量调节。

（2）冷凝器传热面积的调节方法　具有多组冷凝器时，可以利用串联在各组冷凝器制冷剂通道上的电磁阀的开/闭状态，开启或截断冷凝器通路，以改变冷凝器的传热面积。这种方法多用于多联机系统中，以适应压缩机大范围容量调节时冷凝压力能够稳定在要求范围内。

冷凝压力调节阀实质上是控制冷凝器有效传热面积的控制器，常用于全年制冷运行的制冷装置中，利用高压调节阀和差压调节阀的配合动作实现冷凝压力的有效调节。

使用冷凝压力调节阀的制冷装置，必须在系统中设置容量足够大的高压贮液器，且制冷剂的充注量必须保证在冷凝器出现最大可能的集液时，高压贮液器内仍然有液体，以保证高压贮液器的液封作用，否则将导致膨胀阀不能正常工作。

4. 蒸发压力调节

当外界条件和负荷变化时，会引起制冷装置蒸发压力（蒸发温度）变化。蒸发压力的波动，会使被控对象的控温精度降低，蒸发温度过低，不仅导致系统能效降低，而且会导致蒸发器结霜、冷水冻结；蒸发温度过高，又会出现压缩机过载、除湿能力下降等现象。因此需根据工艺要求，调节系统的蒸发压力。此外，对于多蒸发器制冷系统而言，必须控制每台蒸发器的蒸发压力，才能实现一台压缩机制冷系统的多蒸发温度运行。

蒸发压力的调节，实质上是调节蒸发器的容量，这一点与冷凝压力调节原理相似，增大被冷却介质流量（如风量、水量）与蒸发器传热面积，系统的蒸发压力将升高；反之，蒸发压力将降低。

　　蒸发压力控制还可以采用蒸发压力调节阀来实现。蒸发压力调节阀安装在蒸发器出口，当蒸发压力降低时，减小阀开度，蒸发器流出的制冷剂流量减少，蒸发压力回升；当蒸发压力升高时，阀门开度变大，制冷剂流出量增加，抑制蒸发压力的升高。

　　调节压缩机、冷凝器、蒸发器及节流装置任一部件的容量都会影响整个制冷装置的性能和其他部件的内部参数，故在制冷装置的自动控制中，需要综合调节各部件的容量，使之达到制冷装置的容量需求，同时保证制冷装置各部位的制冷剂状态参数也在合理的范围内，因此制冷装置自动控制实质上是解决制冷循环的优化控制问题。

7.4.2　制冷装置的自动保护

　　制冷装置的事故有多种，包括液击、排气压力过高、润滑油供应不足、蒸发器内载冷剂冻结、制冷压缩机配用电动机过载等，为此，制冷装置应针对具体情况设置一定的保护装置。图 7-34 所示为氟利昂制冷装置的自动保护系统。

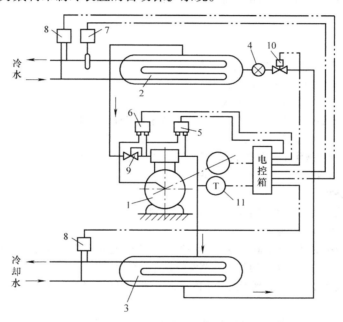

图 7-34　氟利昂制冷装置的自动保护系统

1—压缩机　2—蒸发器　3—冷凝器　4—节流装置　5—高低压开关　6—油压差开关　7—水温控制器
8—水流开关　9—吸气压力调节阀　10—电磁阀　11—排气温度控制器

　　从图中可以看出，该自动保护系统包括：

　　1）高低压开关，接于制冷压缩机排气管和吸气管，防止压缩机排气压力过高和吸气压力过低。

　　2）油压差开关，与制冷压缩机吸气管及油泵出油管相接，用于防止油压过低，压缩机润滑不良。

　　3）温度控制器。水温控制器安装在壳管式蒸发器的冷水出水管路上，防止冷水冻结。在电子控制系统中，温度控制器可以用温度传感器代替。压缩机排气温度过高会使润滑条件恶化，润滑油炭化，影响压缩机寿命，因此在压缩机排气腔内或排气管上设置温度控制器或温度传感器，当压缩机排气温度过高时，指令压缩机降容或停机，当温度降低后，再恢复压缩机的运行状态。

4）水流开关，分别安装在蒸发器和冷凝器的进、出水管之间，当冷水量或冷却水量过低时则自动停机，以防蒸发器冻结或冷凝压力过高。

5）吸气压力调节阀。为避免压缩机在高吸气压力下过载运行，在压缩机吸气管上装有吸气压力调节阀。通过吸气节流，增大吸气比体积，减小制冷剂循环量，从而防止压缩机过载导致电动机烧毁。

此外，有些低温制冷装置（如小型冷库等）在膨胀阀前的液管上装有电磁阀，它的电路与压缩机电路联动。系统运行时，开启电磁阀向蒸发器供液，停机时，首先切断电磁阀线圈的电源，关闭阀门停止向蒸发器供液后，再切断制冷压缩机的电源，这样可以防止压缩机停机后大量高压侧制冷剂液体进入蒸发器，而造成再次起动时发生液击；同时利用电磁阀将高低压部位分开，以减少停机后液态制冷剂向低压部分的迁移量，防止压缩机起动时过载。

习　　题

1. 贮液器的作用是什么？其上有哪几种接管？
2. 氟利昂制冷系统中为什么要设置干燥剂？
3. 氟利昂制冷系统与氨制冷系统有何区别？
4. 为什么制冷系统要设置油分离器？制冷系统的油分离器有哪几种？
5. 为什么制冷系统中要设置不凝性气体分离器？它的工作原理是什么？
6. 电磁阀的工作原理是什么？它有什么用途？直动式电磁阀有哪些特点？
7. 主阀有哪几种类型？试述它们的工作原理。
8. 恒压阀有哪几种？
9. 请查阅资料，了解目前常用的空调用蒸气压缩式制冷（热泵）机组有哪些种类？其适用范围如何？
10. 简述容量调节的方法及原理。
11. 控制压缩机转速不仅是调节制冷装置容量的方式，同时也是调节冷凝压力和蒸发压力的有效手段。试分析压缩机转速的升高与降低对冷凝压力和蒸发压力有何影响。
12. 在定速压缩机制冷装置中，增大或减小冷凝器风速可调节其冷凝压力，请问该调节手段对蒸发压力有何影响？为什么？
13. 制冷压缩机一般应设置哪些自动保护和安全控制装置？它们分别起什么作用？
14. 温度控制器是如何工作的？

第 8 章
溴化锂吸收式制冷系统

8.1 溴化锂水溶液的特性

溴化锂-水溶液是目前用于暖通空调领域的吸收式制冷与热泵机组的常用工质对。无水溴化锂是无色粒状结晶物，性质和食盐相似，化学稳定性好，在大气中不会变质、分解或挥发，此外，溴化锂无毒（有镇静作用），对皮肤无刺激。无水溴化锂的主要物性值如下：

分子式：LiBr

相对分子质量：86.856

成分（质量分数）：Li 为 7.99%，Br 为 92.01%

相对密度：3.464（25℃）

熔点：549℃

沸点：1265℃

通常固体溴化锂中会含有一个或两个结晶水，相应的分子式分别为 $LiBr \cdot H_2O$ 或 $LiBr \cdot 2H_2O$。溴化锂具有极强的吸水性，对水制冷剂来说是良好的吸收剂。当温度为 20℃ 时，溴化锂在水中的溶解度为 111.2g/（100g 水）。溴化锂水溶液对一般金属有腐蚀性。

由于溴化锂的沸点比水高得多，溴化锂水溶液在发生器中沸腾时只发生水汽化，生成纯的冷剂水，故不需要蒸汽精馏设备，系统较为简单，热力系数较高。其主要缺点是由于以水为制冷剂，蒸发温度不能太低，系统内真空度要求很高。

8.1.1 溴化锂水溶液的饱和压力-温度图

由于溴化锂水溶液沸腾时只有水汽化出来，溶液的蒸气压就是水蒸气压力。而水的饱和蒸气压仅是温度的单值函数。根据杜林（Dühring）法则可知：溶液的沸点 t 与同压力下水的沸点 t' 成正比。试验数据表明，对一定浓度的溴化锂水溶液，t 和 t' 具有如下关系：

$$t = At' + B \tag{8-1}$$

式中　A、B——与溶液浓度有关的系数。

若以溶液的温度 t 为横坐标，同压力 p 下水的沸点 t' 和 $\lg p$ 为纵坐标，绘制溴化锂水溶液的蒸气压图，即为一组以浓度 ξ 为参变量的直线，如图 8-1 所示，称为 p-t 图。

图中 8-1 左侧第一根斜线是纯水的压力与饱和温度的关系；右下侧的折线为结晶线，它表明在不同温度下溶液的最大饱和浓度（结晶浓度）。温度越低，结晶浓度也越低。因此，溴化锂水溶液的浓度过高或温度过低时均易于形成结晶，这点是溴化锂吸收式制冷机设计和运行中必须注意的问题。

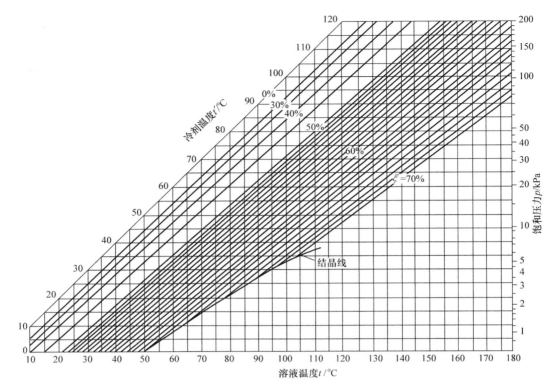

图 8-1 溴化锂水溶液的 p-t 图

从图 8-1 中可见，在一定温度下溶液面上水蒸气饱和压力低于纯水的饱和压力，而且溶液的浓度越高，液面上水蒸气的饱和压力越低。当压力一定时，溶液的浓度越高，其所需的发生温度也越高。

8.1.2 溴化锂水溶液的比焓-浓度图

根据某一温度下纯水和纯溴化锂的比焓，以及该温度下以各种浓度混合时的混合热，按式（8-2）就可求得此温度下不同浓度溶液的焓值。图 8-2 所示为溴化锂水溶液的比焓-浓度图（即 h-ξ 图），其下半部的虚线为液态等温线，通过该线可以查找某温度和浓度下溶液的比焓。

$$h_2 = h_1 + \Delta q_\xi = \xi h_A + (1 - \xi) h_B + \Delta q_\xi \tag{8-2}$$

式中　　h_2——A、B 两种液体混合后的比焓；

　　　　h_1——A、B 两种液体混合前的比焓；

　　　Δq_ξ——混合物的混合热或等温热，由试验测得；

　h_A、h_B——A、B 两种液体的比焓；

　　　　ξ——A 液体的浓度，$1 - \xi$ 为 B 液体的浓度。

由于当压力较低时，压力对液体的比焓和混合热的影响很小，故可认为液态等温线与压力无关，液态溶液的比焓只是温度和浓度的函数。饱和液态和过冷液态溶液的比焓，都可在 h-ξ 图上根据等温线与等浓度线的交点求得，仅用等温线不能判别 h-ξ 图上某点溶液的

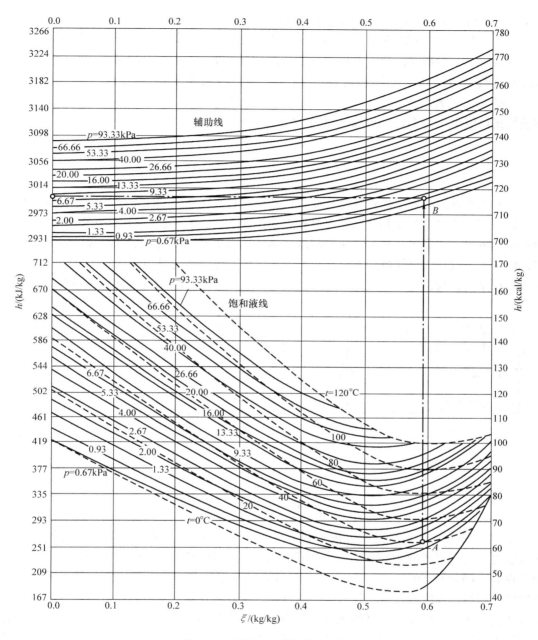

图 8-2　溴化锂水溶液的 h-ξ 图

状态。

图 8-2 中下半部的实线为等压饱和液线；某一等压线的下方区域为该压力下的再冷溶液区。根据某状态点与相应等压饱和液线的位置关系，可以判定该点的相态。

溴化锂水溶液的 h-ξ 图只有液相区，气态为纯水蒸气，集中在 $\xi=0$ 的纵轴上。由于平衡时制冷剂蒸气和二元溶液的温度相同，故平衡态溶液面上的蒸气都是过热蒸气。为方便求出气态制冷剂的比焓，在 h-ξ 图的上部给出了一组气态平衡等压辅助线，通过某等压辅助线与某等浓度线的交点即可得出此状态下蒸气的比焓。

目前我国普遍采用的 h-ξ 图是以 0℃ 饱和水和 0℃ 溴化锂的比焓均为 100kcal/kg（418.68kJ/kg）为基准，采用工程单位制绘制的（图 8-2 是转换为国际单位制的 h-ξ 图）。饱和水蒸气表中，0℃ 饱和水的比焓为 0kJ/kg，若用水蒸气表查得纯水比焓值应加 418.68kJ/kg，才能与 h-ξ 图上所得纯水比焓相符。此外，由于存在着混合热，0℃ 溴化锂水溶液的比焓值也不是 418.68kJ/kg，其值随浓度不同而变化。

8.2 溴化锂吸收式制冷的工作原理

图 8-3 所示为蒸气压缩式制冷与吸收式制冷的基本原理。蒸气压缩式制冷的整个工作循环包括压缩、冷凝、节流和蒸发四个过程，如图 8-3a 所示。其中，压缩机的作用是：一方面不断地将完成了吸热过程而汽化的制冷剂蒸气从蒸发器中抽吸出来，使蒸发器维持低压状态，便于蒸发吸热过程能持续不断地进行下去；另一方面，通过压缩作用，提高气态制冷剂的压力和温度，为制冷剂蒸气向冷却介质（空气或冷却水）排放冷凝热创造条件。

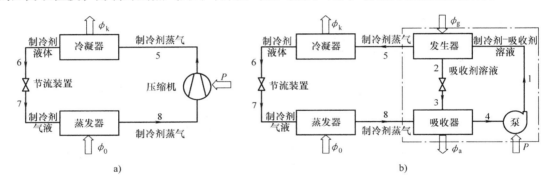

图 8-3　蒸气压缩式制冷与吸收式制冷的基本原理
a) 蒸气压缩式制冷循环　b) 吸收式制冷循环

由图 8-3b 可知，吸收式制冷机主要由四个换热设备组成，即发生器、冷凝器、蒸发器和吸收器，它们组成两个循环环路：制冷剂循环与吸收剂循环。右半部为吸收剂循环（图中的点画线部分），属于正循环，主要由吸收器、发生器和溶液泵组成，相当于蒸气压缩式制冷的压缩机。在吸收器中，用液态吸收剂不断吸收蒸发器产生的低压气态制冷剂，以达到维持蒸发器内低压的目的。吸收剂吸收制冷剂蒸气而形成的制冷剂-吸收剂溶液经溶液泵升压后进入发生器。在发生器中该溶液被加热、沸腾，其中沸点低的制冷剂汽化为高压气态制冷剂，与吸收剂分离进入冷凝器，浓缩后的吸收剂经降压后返回吸收器，再次吸收蒸发器中产生的低压气态制冷剂。

图 8-3b 中的左半部和吸收剂循环部分构成一个制冷循环，属于逆循环。发生器中产生的高压气态制冷剂在冷凝器中向冷却介质放热、冷凝为液态后，经节流装置减压降温进入蒸发器；在蒸发器内该液体被汽化为低压气体，同时吸取被冷却介质的热量产生制冷效应。这些过程与蒸气压缩式制冷是完全一样的。

对于吸收剂循环而言，可以将吸收器、发生器和溶液泵看作是一个"热力压缩机"，吸收器相当于压缩机的吸入侧，发生器相当于压缩机的压出侧。吸收器可视为将已经产生制冷效应的制冷剂蒸气从循环的低压侧输送到高压侧的运载液体。值得注意的是，吸收过程是将冷剂蒸气转化为液体的过程，和冷凝过程一样为放热过程，故需要由冷却介质带走其吸收热。

吸收式制冷机中的吸收剂通常并不是单一物质，而是以二元溶液的形式参与循环的，吸收剂溶液与制冷剂-吸收剂溶液的区别只在于前者所含沸点较低的制冷剂含量比后者少，或者说前者所含制冷剂的浓度较后者低。

8.3　溴化锂吸收式制冷系统性能及改善措施

8.3.1　溴化锂吸收式机组的性能特点

与蒸气压缩式机组相同，吸收式制冷与热泵机组在设计时也必须先确定其设计工况（通常为名义工况）。由于吸收式机组的冷却（或热源）介质和被冷却（加热）介质都是水，其驱动热源为蒸气、热水、化石燃料或余热烟气，故机组的设计工况主要包含三个方面：①冷水（或热水）工况，包括出口温度、进口温度或流量；②冷却水（或低温热源水）工况，包括进口温度、出口温度或流量；③热源工况，视热源的类型不同，包括蒸汽压力、流量，或驱动热源水的进口温度、出口温度或流量，或燃料类型与流量，或余热烟气的进口温度、出口温度或流量等。此外，设计工况还包括冷水和冷却水侧的污垢系数，电源的类型、额定电压和频率等参数。

在给定机组容量和设计工况后，通过技术经济分析确定机组的循环形式和内部参数（如蒸发温度、冷凝温度、发生温度以及各个位置的溶液状态），进而确定机组的结构布局、各换热器（发生器、冷凝器、蒸发器和吸收器）的换热面积、各种泵体（溶液泵、制冷剂泵）的扬程与流量、节流装置的结构尺寸等。

对于一台按照设计工况生产的制冷（热泵）机组，在实际运行过程中，往往其输出能力需要随着用户侧需求而变化，且外部工况也与设计工况存在偏差，因而需要了解吸收式机组的部分负荷特性和变工况运行性能。

下面简要介绍溴化锂吸收式冷水机组的性能特点。

1. 吸收式冷水机组的性能参数

所谓机组的性能是指在给定工况条件下的性能，不同的工况其性能存在差异。吸收式冷水机组的性能参数主要包括制冷量 ϕ_0、加热耗量（或加热耗热量）ϕ_g、消耗电功率 P、性能系数，此外，直燃机还有供热量 ϕ_h 参数。

由于加热热源的类型不同，其输入能耗的表述方式也不同，例如，蒸汽型机组用热源蒸汽压力（单位为 MPa）和流量（单位为 kg/h）来表示，直燃机则用燃料的低位热值换算的热量值（单位为 kW）来表示。因此，各类机组的性能系数的表述方式也有所差异，如蒸汽型机组用"单位冷量蒸汽耗量"［单位为 kg/（h·kW）］表示；直燃机的制冷性能系数用 COP_c［制冷量除以加热耗热量与消耗电功率之和，即 $COP_c = \phi_0/(\phi_g + P)$］来表示，制热性能系数用 GOP_h［$COP_h = \phi_h/(\phi_g + P)$］来表示。

2. 部分负荷性能和变工况性能

溴化锂吸收式机组在实际运行中，100%负荷时的使用时间很少，大多数时间运行在部分负荷工况和变工况条件下。

在描述确定工况下的机组性能时，常以名义工况下的性能参数作为基准（100%），用相对制冷量（或负荷率）、相对燃料耗量百分数来表示输出的制冷量和输入的能耗大小（相对制冷量为100%时，又习惯称为"满负荷"）。

（1）部分负荷性能 图8-4给出了直燃机在部分负荷条件下运行时的制冷量与燃料耗量的关系，其测试条件为：①冷水出口温度7℃，流量为100%，蒸发器水侧污垢系数$0.018m^2 \cdot ℃/kW$；②冷却水流量为100%，其进口温度在100%负荷率时为32℃，20%负荷率时为24℃，中间温度随负荷减小呈线性变化，污垢系数为$0.086m^2 \cdot ℃/kW$。

从图8-4中可以看出，直燃型溴化锂冷水机组在负荷率为25%~100%范围内运行时，机组的部分负荷性能系数比满负荷时高，但在负荷率小于25%时其性能系数才变差。

（2）变工况性能 图8-5~图8-7给出了某一条件改变但其他条件仍为名义工况参数时测得的溴化锂吸收式冷水机组的性能，从中可以看出冷水温度、冷却水温度和热源温度对机组制冷量和耗气量的影响规律。

1）冷水温度的影响。图8-5给出了蒸汽型溴化锂吸收式冷水机组性能随冷水出口温度的变化曲线。当其他参数一定（蒸汽压力为0.6MPa，冷水和冷却水的流量为设计流量）

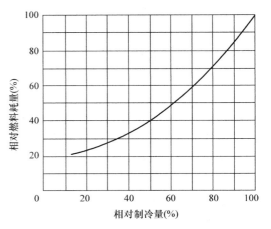

图8-4 直燃机制冷量与燃料耗量的关系

时，冷水出口温度降低引起蒸发温度（压力）降低，导致吸收器的吸收能力降，稀溶液的浓度增大，放气范围减小，制冷量和性能系数（相对单位耗气量）均下降。

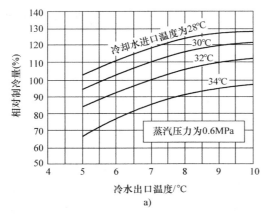

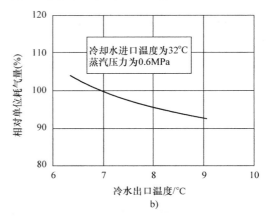

图8-5 冷水温度对机组性能的影响

a）对制冷量的影响 b）对性能系数（相对单位耗气量）的影响

冷水机组的冷水出口温度是在一定范围内变化的，温度过低会使稀溶液浓度升高，引起溶液泵吸空和溶液结晶，蒸发温度过低会引起蒸发器液囊冷剂水冻结，同时制冷量急剧下降；温度过高，则会使蒸发器液囊的冷剂水位下降，造成蒸发器泵吸空，同时制冷量的上升也趋于平缓。

2）冷却水温度的影响。图 8-6 给出了蒸汽型溴化锂吸收式冷水机组性能随冷却水入口温度的变化情况。当其他参数一定（蒸汽压力为 0.6MPa，冷水出口温度为 7℃，冷水和冷却水的流量为设计流量）时，冷却水入口温度降低，使吸收器中的稀溶液温度下降，吸收能力增强，制冷量增加；另外，冷却水温度降低使冷凝压力下降，发生器出口浓溶液浓度升高，放气范围增大，也有利于提升制冷性能。但是，冷却水温度过低会使稀溶液温度过低，浓溶液浓度过高，均会增加结晶危险；冷却水温度过高则会使吸收能力和制冷量大幅降低，严重时也将导致结晶危险。

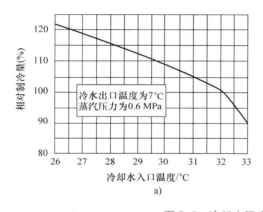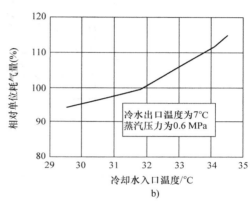

图 8-6　冷却水温度对机组性能的影响

a）对制冷量的影响　b）对性能系数（相对单位耗气量）的影响

3）热源温度的影响。热源温度（或蒸汽温度）对吸收式冷水机组的制冷量影响显著。热源温度降低会使发生器出口浓溶液的浓度降低，放气范围减少，机组制冷量降低。对于蒸汽型机组，热源对双效机组的影响比单效机组大，这是因为热源的变化还将影响高压发生器产生的冷剂蒸气压力和温度（即低压发生器的加热源）。

图 8-7 给出了不同类型机组的热源温度或蒸汽压力对制冷量的影响曲线（冷水和冷却水为设计流量）。热源温度或蒸汽压力过高，不仅会导致浓溶液浓度过高，增加溶液结晶的危险，而且将增加溶液对材料的腐蚀性；热源温度或蒸汽压力过低则会使制冷量太小，甚至无法正常运行。

8.3.2　改善溴化锂吸收式机组性能的措施

为提高吸收式制冷与热泵机组的性能，不仅应采用高效的制冷与热泵循环、优良的吸收式工质对，强化各换热器的传热传质性能，还需采取如下附加措施。

1. 添加表面活性剂

为提高热质交换效果，常在溴化锂溶液中加入表面活性剂，以降低表面张力，常用的表面活性剂是异辛醇或正辛醇。表面活性剂提高吸收式机组性能的机理如下：①降低表面张

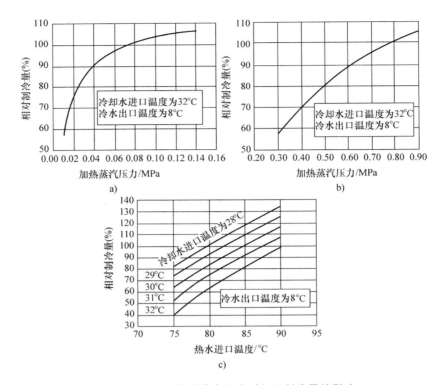

图 8-7 热源温度或蒸汽压力对机组制冷量的影响

a) 蒸汽型单效机组 b) 蒸汽型双效机组 c) 热水型单效机组

力，增强溶液和水蒸气的结合能力，增加吸收器中传热传质的接触面积；②降低溶液表面水蒸气压力，提高吸收器中传质推动力；③传热管表面形成马拉各尼对流效应，提高吸收系数和吸收速率，强化吸收效果；④含有辛醇的水蒸气与铜管表面几乎完全浸润，然后很快形成一层液膜，使水蒸气在铜管表面的凝结状态由原来的膜状凝结变成珠状凝结，从而提高冷凝时的传热效果。

辛醇添加量与制冷量的关系如图 8-8所示，添加质量分数为 0.1% ~ 0.3% 的辛醇可以带来 10% ~ 20% 的制冷量提升，继续提高添加量的改善效果则并不明显。

2. 添加缓蚀剂

溴化锂水溶液对一般金属有腐蚀作用，尤其是在有空气存在的情况下腐蚀更为严重，腐蚀不但缩短机组的使用寿命，而且产生不凝性气体，使筒内真空度难以维持。因此，吸收式制冷机的传热管采用铜镍合金或不锈钢管，筒体和管板采用不锈钢板或复合钢板。

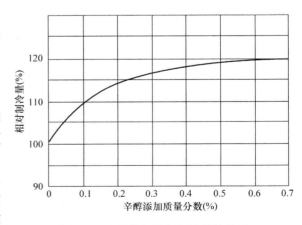

图 8-8 辛醇添加量与制冷量的关系

在溶液中加入缓蚀剂可以有效地减缓溶液对金属的腐蚀作用。在溶液温度不超过 120℃

时，在溶液中加入 0.1% ~ 0.3%（质量分数）的铬酸锂（Li_2CrO_4）和 0.02%（质量分数）的氢氧化锂，使溶液呈碱性，pH 值保持在 9.5 ~ 10.5 范围内，对碳素钢-铜的组合结构防腐蚀效果良好。当溶液温度高达 160℃ 时，上述缓蚀剂对碳素钢仍有很好的缓蚀效果。此外，还可选用其他耐高温缓蚀剂，如在溶液中加入 0.001 % ~ 0.1 %（质量分数）的氧化铅（PbO）或加入 0.2%（质量分数）的三氧化锑（Sb_2O_3）与 0.1%（质量分数）的铌酸钾（$KNbO_3$）的混合物等。

此外，为了防止溶液对金属的腐蚀，在机组运行期间，必须确保机组的密封性，以维持机组内的高度真空。在机组长期不运行时需充入氮气并保持微正压，以防止空气渗入。

3. 排除不凝性气体

由于吸收式制冷系统内的工作压力远低于大气压力，尽管设备密封性好，也难免有少量空气渗入，并且因腐蚀也会产生一些不凝性气体。因此，必须设有抽气装置，排除聚积在筒体内的不凝性气体，以保证制冷机的正常运行。此外，抽气装置还可用于制冷机的抽空、试漏与充液。

（1）机械真空泵抽气装置　常用的抽气装置如图 8-9 所示。图中辅助吸收器 3 又称冷剂分离器，其作用是将部分溴化锂-水溶液淋洒在冷却盘管上，在放热条件下吸收所抽出气体中含有的冷剂水蒸气，使真空泵排出的只是不凝性气体，以提高真空泵的抽气效果并减少冷剂水的损失。阻油器 2 的作用是防止真空泵停转时泵内润滑油倒流入机体内。真空泵 1 一般采用旋片式机械真空泵。

（2）自动抽气装置　上述机械真空泵抽气装置只能定期抽气，为了改进溴化锂吸收式制冷机的运转效能，除设置上述抽气装置外，可设置自动抽气装置。图 8-10 所示为自动抽气装置的原理结构图。该装置利用溶液泵 1 和引射器 2，将系统中的不凝性气体通过抽气管 3 引射到辅助吸收器 4 中，经过气液分离，稀溶液通过回流阀 8 返回吸收器，不凝性气体则通过管道进入贮气室 5，并聚集于顶部气包中待集中排出。利用设置在贮气室上的压力传感器 9（薄膜式真空压力计）检测其不凝性气体的压力，当压力超过设定值时，自动进行排气

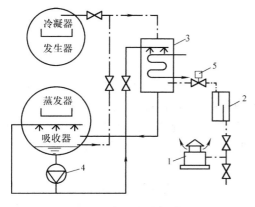

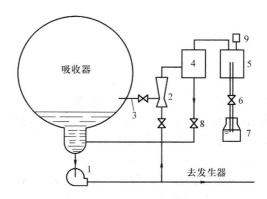

图 8-9　常用的抽气装置
1—真空泵　2—阻油器　3—辅助吸收器
4—吸收器泵　5—调节阀

图 8-10　自动抽气装置的原理结构图
1—溶液泵　2—引射器　3—抽气管
4—辅助吸收器　5—贮气室
6—排气阀　7—排气瓶
8—回流阀　9—压力传感器

操作。排气时先关闭抽气管和回液管上的阀门，此时溶液仍在不断进入引射器，贮气室内气体被压缩，压力升高，当大于大气压力时，则打开排气阀排气。另外，压力传感器时刻检测贮气室的压力，根据压力的变化情况也可判断机组气密性能的好坏。

(3) 钯膜抽气装置　溴化锂吸收式制冷机在正常运行过程中，由于溶液对金属材料的腐蚀作用，会产生一定量的氢气。如果机组的气密性能良好，产生的氢气则是机组中不凝性气体的主要来源。为了排出氢气，可以设置钯膜抽气装置。钯金属对氢气具有选择透过性，可将产生的氢气排出机组之外。但是，钯膜抽气装置的工作温度约为300℃，因此需利用加热器进行加热。除长期停机外，一般不切断加热器的电源。钯膜抽气装置通常装设在自动抽气装置的贮气室上。

4. 溶液结晶控制

从溴化锂水溶液 p-t 图（见图8-1）中可以看出，溶液的温度过低或浓度过高均容易发生结晶。因此，当进入吸收器的冷却水温度过低（如小于 20～25℃）或发生器加热温度过高时就可能引起结晶。结晶现象一般先发生在溶液换热器的浓溶液出口处，因为此处溶液浓度最高，温度较低，通路窄小。发生结晶后，浓溶液通路被阻塞，引起吸收器液位下降，发生器液位上升，直到制冷机不能运行。

为解决换热器浓溶液侧的结晶问题，在发生器上设有浓溶液溢流管，也称为防结晶管。该溢流管不经过换热器，而直接与吸收器的稀溶液侧相连。当换热器浓溶液通路因结晶被阻塞时，发生器的液位升高，浓溶液经溢流管直接进入吸收器。这样，不但可以保证制冷机在部分负荷下继续工作，而且由于热的浓溶液在吸收器内直接与稀溶液混合，提高了换热器稀溶液侧的温度，从而使浓溶液侧结晶部位的温度升高，以消除结晶现象。此外，还可通过机组的控制系统，停止冷却水泵，利用吸收热使吸收器内的稀溶液升温，以融化换热器浓溶液侧的结晶。

8.4　溴化锂吸收式冷水机组

8.4.1　单效溴化锂吸收式制冷机

1. 单效溴化锂吸收式制冷理论循环

图8-11所示为单效溴化锂吸收式制冷系统的流程。其中除图8-3b所示简单吸收式制冷系统的主要设备外，在发生器和吸收器之间的溶液管路上装有溶液换热器，来自吸收器的冷稀溶液与来自发生器的热浓溶液在此进行换热。这样，既提高了进入发生器的冷稀溶液温度，减少了发生器所需耗热量；又降低了进入吸收器的浓溶液温度，减少了吸收器的冷却负荷，故溶液换热器又可称为节能器。

在分析理论循环时假定：工质流动时无损失，因此在换热设备内进行的是等压过程，发生器压力 p_g 等于冷凝压力 p_k，吸收器压力 p_a 等于蒸发压力 p_0。发生过程和吸收过程终了的溶液状态，以及冷凝过程和蒸发过程终了的冷剂状态都是饱和状态。

图8-12所示是图8-11所示系统理论循环的比焓-浓度图。

1→2为泵的加压过程。将来自吸收器的稀溶液由压力 p_0 下的饱和液变为压力 p_k 下的再冷液。$\xi_1 = \xi_2$，$t_1 \approx t_2$，点1与点2基本重合。

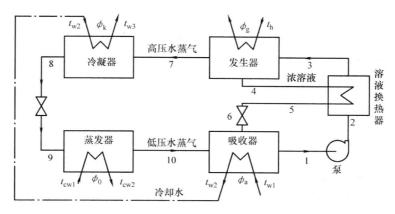

图 8-11 单效溴化锂吸收式制冷机流程

2→3 为再冷状态稀溶液在换热器中的预热过程。

3→4 为稀溶液在发生器中的加热过程。其中 3→3_g 是将稀溶液由过冷液加热至饱和液的过程；3_g→4 是稀溶液在等压 p_k 下沸腾汽化变为浓溶液的过程。发生器排出的蒸汽状态可认为是与沸腾过程溶液的平均状态相平衡的水蒸气（状态 7 的过热蒸汽）。

4→5 为浓溶液在换热器中的预冷过程。即把来自发生器的浓溶液在压力 p_k 下由饱和液变为再冷液。

5→6 为浓溶液的节流过程。将浓溶液由压力 p_k 下的过冷液变为压力 p_0 下的湿蒸汽。

7→8 为冷剂水蒸气在冷凝器内的冷凝过程，其压力为 p_k。

8→9 为冷剂水的节流过程。制冷剂由压力 p_k 下的饱和水变为压力 p_0 下的湿蒸汽。状态 9 的湿蒸汽是由状态 9′ 的饱和水与状态 9″ 的饱和水蒸气组成。

9→10 为状态 9 的制冷剂湿蒸汽在蒸发器内吸热汽化至状态 10 的饱和水蒸气过程，其压力为 p_0。

6→1 为浓溶液在吸收器中的吸收过程。其中 6→6_a 为浓溶液由湿蒸汽状态冷却至饱和液状态；6_a→1 为状态 6_a 的浓溶液在等压 p_0 下与状态 10 的冷剂水蒸气放热混合为状态 1 的稀溶液的过程。

决定吸收式制冷热力过程的外部条件是三个温度：热源温度 t_h、冷却介质温度 t_w 和被冷却介质温度 t_{cw}。它们分别影响着机器的各个内部参数。

被冷却介质温度 t_{cw} 决定了蒸发压力 p_0（蒸发温度 t_0）；冷却介质温度 t_w 决定了冷凝压力 p_k（冷凝温度 t_w）及吸收器内溶液的最低温度 t_1；热源温度 t_h 决定了发生器内溶液的最高温度 t_4。进而，p_0 和 t_1 又决定了吸收器中稀溶液浓度 ξ_w；p_k 和 t_4 决定了发生器中浓溶液的浓度 ξ_s 等。

溶液的循环倍率 f，表示系统中每产生 1kg 制冷剂所需要的制冷剂-吸收剂的质量（kg）。设从发生器流入冷凝器的制冷剂流量为 D(kg/s)，从吸收器流入发生器的制冷剂-吸收剂稀溶液流量为 F(kg/s)（浓度为 ξ_w），则从发生器流入吸收器的浓溶液流量为 $(F-D)$(kg/s)（浓度为 ξ_s）。由于从溴化锂水溶液中汽化出来的冷剂水蒸气中不含溴化锂，故根据溴化锂的质量平衡方程可导出

$$f = \frac{F}{D} = \frac{\xi_s}{\Delta\xi} \tag{8-3}$$

$$\Delta \xi = \xi_s - \xi_w \qquad (8-4)$$

式中 $\Delta \xi$ ——"放气范围",表示浓溶液与稀溶液的
浓度差。

图 8-12 所示的理想溴化锂吸收式制冷循环的热
力系数 ζ 为

$$\zeta = \frac{h_{10} - h_9}{f(h_4 - h_3) + (h_7 - h_4)} \qquad (8-5)$$

由式 (8-5) 可知,循环倍率 f 对热力系数 ζ 的
影响非常大,为增大 ζ,必须减小 f,由式 (8-3) 可
知,欲减小 f,必须增大放气范围 $\Delta \xi$ 及减小浓溶液浓
度 ξ_s。

2. 热力计算

热力计算的原始数据有:制冷量 ϕ_0,加热介质
温度 t_h,冷却水入口温度 t_{w1} 和冷水出口温度 t_{cw2}。可
根据下面一些经验关系选定设计参数。

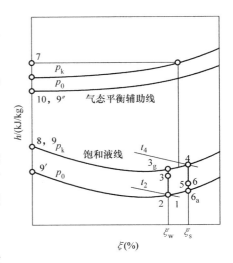

图 8-12 h-ξ 图上的溴化锂
吸收式制冷循环

溴化锂吸收式制冷机中的冷却水,一般采用先通过吸收器再进入冷凝器的串联方式。冷
却水出、入口总温差取 8~9℃。冷却水在吸收器和冷凝器内的温升之比与这两个设备的热
负荷之比相近。一般吸收器的热负荷及冷却水的温升稍大于冷凝器。

冷凝温度 t_k 比冷凝器内冷却水出口温度高 3~5℃;蒸发温度 t_0 比冷水出口温度低 2~
5℃;吸收器内溶液的最低温度比冷却水出口温度高 3~5℃;发生器内溶液最高温度 t_4 比热
媒温度低 10~40℃;换热器的浓溶液出口温度 t_5 比稀溶液侧入口温度 t_2 高 12~25℃。

【例 8-1】 图 8-3b 所示溴化锂吸收式制冷系统,已知制冷量 $\phi_0 = 1000$kW,冷水入口温
度 $t_{cw1} = 12℃$、出口温度 $t_{cw2} = 7℃$,冷却水入口温度 $t_{w1} = 32℃$,发生器热源的饱和蒸气温
度 $t_h = 119.6℃$,试对该系统进行热力计算。

【解】

1. 确定设计参数

根据已知条件和经验关系确定如下设计参数:

冷凝器冷却水出口温度	$t_{w3} = t_{w1} + 9℃ = 41℃$
冷凝温度	$t_k = t_{w3} + 5℃ = 46℃$
冷凝压力	$p_k = 10.09$kPa
蒸发温度	$t_0 = t_{cw2} - 2℃ = 5℃$
蒸发压力	$p_0 = 0.87$kPa
吸收器冷却水出口温度	$t_{w2} = t_{w1} + 5℃ = 37℃$
吸收器溶液最低温度	$t_1 = t_{w2} + 6.2℃ = 43.2℃$
发生器溶液最高温度	$t_4 = t_h - 17.4℃ = 102.2℃$
换热器最大端部温差	$t_5 - t_2 = 25℃$

2. 确定循环中各点的状态参数

将已确定的压力及温度值填入表 8-1 中,利用 h-ξ 图或公式求出处于饱和状态的点 1

（点 2 与之相同）、4、8、10、3_g 和 6_a 的其他参数，填入表 8-1 中。

计算溶液的循环倍率

$$f = \frac{\xi_s}{\xi_s - \xi_w} = \frac{0.64}{0.64 - 0.595} = 14.2$$

换热器出口浓溶液为过冷液态，由 $t_5 = t_2 + 25℃ = 68.2℃$ 及 $\xi_s = 64\%$ 求得焓值 $h_5 = 332.43\text{kJ/kg}$。$h_6 \approx h_5$。换热器出口稀溶液点 3 的比焓由换热器热平衡式求得

$$h_3 = h_2 + (h_4 - h_5)\left[(f-1)/f\right]$$
$$= \left[281.77 + (393.56 - 332.43)(14.2 - 1)/14.2\right]\text{kJ/kg}$$
$$= 338.601\text{kJ/kg}$$

表 8-1　例 8-1 计算用参数

状态点	压力 p/kPa	温度 t/℃	浓度 $\xi(\%)$	比焓 h/(kJ/kg)
1	0.87	43.2	59.5	281.77
2	10.09	≈43.2	59.5	≈281.77
3	10.09	—	59.5	338.60
3_g	10.09	92.0	59.5	—
4	10.09	102.2	64.0	393.56
5	10.09	68.2	64.0	332.43
6	0.87	—	64.0	332.43
6_a	0.87	52.4	64.0	—
7	10.09	97.1	0	3100.33
8	10.09	46.0	0	611.11
9	0.87	5.0	0	611.11
10	0.87	5.0	0	2928.67

3. 计算各设备单位热负荷

$q_g = f(h_4 - h_3) + (h_7 - h_4) = \left[14.2 \times (393.56 - 338.60) + (3100.33 - 393.56)\right]\text{kJ/kg} = 3487.20\text{kJ/kg}$

$q_a = f(h_6 - h_1) + (h_{10} - h_6) = \left[14.2 \times (332.43 - 281.77) + (2928.67 - 332.43)\right]\text{kJ/kg} = 3315.61\text{kJ/kg}$

$$q_k = h_7 - h_8 = (3100.33 - 611.11)\text{kJ/kg} = 2489.22\text{kJ/kg}$$
$$q_0 = h_{10} - h_9 = (2928.67 - 611.11)\text{kJ/kg} = 2317.56\text{kJ/kg}$$
$$q_t = (f-1)(h_4 - h_5) = (14.2 - 1)(393.56 - 332.43)\text{kJ/kg} = 806.92\text{kJ/kg}$$

总吸热量为

$$q_g + q_0 = 5804.8\text{kJ/kg}$$

总放热量为

$$q_a + q_k = 5804.8\text{kJ/kg}$$

由此可见，总吸热量等于总放热量，符合能量守恒定律。

4. 计算热力系数

$$\zeta = \frac{q_0}{q_g} = \frac{2317.56}{3487.20} = 0.665$$

5. 计算各设备的热负荷及流量

冷剂循环量
$$D = \frac{\phi_0}{q_0} = \frac{1000\text{kW}}{2317.56\text{kJ/kg}} = 0.4315\text{kg/s}$$

稀溶液循环量
$$F = fD = 14.2 \times 0.4315\text{kg/s} = 6.1271\text{kg/s}$$

浓溶液循环量
$$F - D = (f-1)D = (14.2-1) \times 0.4315\text{kg/s} = 5.6956\text{kg/s}$$

各设备的热负荷:

发生器 $\qquad\qquad\qquad\qquad \phi_g = Dq_g = 1504.7\text{kW}$

吸收器 $\qquad\qquad\qquad\qquad \phi_a = Dq_a = 1430.6\text{kW}$

冷凝器 $\qquad\qquad\qquad\qquad \phi_k = Dq_k = 1074.1\text{kW}$

换热器 $\qquad\qquad\qquad\qquad \phi_t = Dq_t = 348.2\text{kW}$

6. 计算水量及加热蒸汽量

冷却水流量 (冷凝器)
$$G_{wk} = \frac{\phi_k}{c_{pw}\Delta t_{wk}} = \frac{1074.1}{4.18 \times 4} \times \frac{3600}{1000}\text{t/h} = 231.3\text{t/h}$$

或冷却水流量 (吸收器)
$$G_{wa} = \frac{\phi_a}{c_{pw}\Delta t_{wa}} = \frac{1430.6}{4.18 \times 5} \times \frac{3600}{1000}\text{t/h} = 246.4\text{t/h}$$

两者的冷却水量基本吻合。

冷水流量
$$G_{cw} = \frac{\phi_0}{c_{pw}(t_{cw1} - t_{cw2})} = \frac{1000}{4.18 \times (12-7)} \times \frac{3600}{1000}\text{t/h} = 172.2\text{t/h}$$

加热蒸气消耗量 (汽化热 $r = 2202.68\text{kJ/kg}$)
$$G_g = \frac{\phi_g}{r} = \frac{1504.7}{2202.68} \times \frac{3600}{1000}\text{t/h} = 2.46\text{t/h}$$

7. 计算热力完善度

在计算吸收式制冷机的最大热力系数时,不用考虑传热温差,则取环境温度 $T_e = 305\text{K}$ (冷却水进水温度,$T_e \approx t_{w1} + 273\text{K}$),被冷却物温度 $T_0 = 280\text{K}$ (冷水出水温度,$T_0 = t_{cw2} + 273\text{K}$),热源温度 T_g (蒸汽温度,$T_g \approx t_h + 273\text{K} = 392.6\text{K}$),则最大热力系数 ζ_{max} 为

$$\zeta_{max} = \frac{T_g - T_e}{T_g} \frac{T_0}{T_e - T_0} = \eta_c \varepsilon_c \qquad\qquad (8\text{-}6)$$

热力系数 ζ 与最大热力系数 ζ_{max} 之比称为热力完善度 η_a,即

$$\eta_a = \frac{\zeta}{\zeta_{max}} \qquad\qquad (8\text{-}7)$$

由此可知,其最大热力系数

$$\zeta_{max} = \frac{T_g - T_e}{T_g} \frac{T_0}{T_e - T_0} = \frac{392.6 - 305}{392.6} \times \frac{280}{305 - 280} = 2.5$$

热力完善度

$$\eta_a = \frac{\zeta}{\zeta_{\max}} = \frac{0.665}{2.5} = 0.266$$

经验认为溴化锂吸收式制冷机的放气范围 $\Delta\xi = 4\% \sim 5\%$ 为好，此范围内的热源温度常被看作经济热源温度。当冷却水温为 $28 \sim 32℃$，制取 $5 \sim 10℃$ 的冷水时，单效溴化锂吸收式制冷机可采用表压为 $0.04 \sim 0.1MPa$ 的蒸汽或相应温度的热水作为热源，其热力系数约为 0.7。

8.4.2 双效溴化锂吸收式制冷机

由式（8-6）可知，当给定冷却介质和被冷却介质温度时，提高热源温度 t_h 可有效改善吸收式制冷机的热力系数。但由于溶液结晶条件的限制，单效溴化锂吸收式制冷机的热源温度不能太高。当有较高温度热源时，应采用多级发生的循环。如利用表压为 $0.6 \sim 0.8MPa$ 的蒸汽或燃油、燃气作为热源的双效型溴化锂吸收式制冷机，它们分别称为蒸汽双效型和直燃双效型。

双效型溴化锂吸收式制冷机设有高、低压两级发生器，以及高、低温两级溶液换热器，有时为了利用热源蒸汽的凝水热量，还设置溶液预热器（或称凝水回热器）。以高压发生器中溶液汽化所产生的高温冷剂水蒸气作为低压发生器加热溶液的内热源，释放其潜热后再与低压发生器中溶液汽化产生的冷剂蒸气汇合，作为制冷剂，进入冷凝器和蒸发器制冷。由于高压发生器中冷剂蒸气的凝结热已用于机组的正循环中，使发生器的耗热量减少，故热力系数可达 1.0 以上；冷凝器中冷却水带走的主要是低压发生器的冷剂蒸气的凝结热，冷凝器的热负荷仅为普通单效机的一半。

1. 蒸汽双效型溴化锂吸收式制冷机的流程

根据溶液循环方式的不同，常用的双效溴化锂吸收式制冷机主要分为串联流程和并联流程两大类。串联流程系统操作方便、调节稳定，并联流程系统热力系数较高。

（1）串联流程双效型吸收式制冷机　串联流程双效型吸收式制冷系统流程如图 8-13a 所示。

从吸收器 E 引出的稀溶液经发生器泵 I 输送至低温换热器 G 和高温换热器 F 吸收浓溶液放出的热量后，进入高压发生器 A（压力为 p_r）在高压发生器中加热沸腾，产生高温水蒸气和中间浓度溶液，此中间溶液经高温换热器 F 减压后进入低压发生器 B（压力为 p_k），被来自高温发生器的高温蒸气加热，再次产生水蒸气并形成浓溶液。浓溶液经低温换热器 G 与来自吸收器的稀溶液换热后进入吸收器 E（压力为 p_0），在吸收器中吸收来自蒸发器 D 的水蒸气而成为稀溶液。

串联流程双效型吸收式制冷机的工作过程如图 8-13b 所示。

1）溶液的流动过程：点 2 的低压稀溶液（浓度为 ξ_w）经发生器泵加压后压力提高至 p_r，经低温换热器加热到达点 7，再经过高温换热器加热到达点 10。溶液进入高压发生器后，先加热到点 11，再加热至点 12，成为中间浓度 ξ'_s 的溶液，在此过程中产生水蒸气，其焓值为 h_{3_c}。从高压发生器流出的中间浓度溶液在高温换热器中放热后，达到 13 点，并进入低压发生器。

中间浓度溶液在低压发生器中被高温发生器产生的水蒸气加热，成为浓溶液（浓度为

ξ_s）点 4，同时产生水蒸气，其焓值为 h_{3_a}。点 4 的浓溶液经低温换热器冷却放热至点 8，成为低温浓溶液，它与吸收器中的部分稀溶液混合后，达到点 9，闪发后至点 9′，再吸收水蒸气成为低压稀溶液 2。

2）冷剂水的流动过程：高压发生器产生的蒸气在低压发生器中放热后凝结成水，比焓值降为 h_{3_b}，进入冷凝器后冷却又降至 h_3。而来自低压发生器产生的水蒸气也在冷凝器中冷凝，焓值同样降至 h_3。冷剂水节流后进入蒸发器，其中液态水的比焓值为 h_1，在蒸发器中吸热制冷后成为水蒸气，比焓值为 h_{1_a}，此水蒸气在吸收器中被溴化锂溶液吸收。

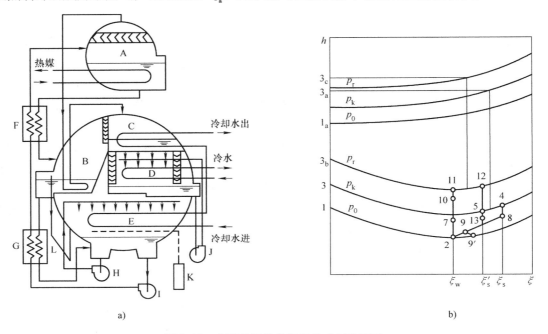

图 8-13　串联流程溴化锂吸收式制冷原理

A—高压发生器　B—低压发生器　C—冷凝器　D—蒸发器　E—吸收器　F—高温换热器　G—低温换热器
H—吸收器泵　I—发生器泵　J—蒸发器泵　K—抽气装置　L—防结晶管

（2）并联流程双效型吸收式制冷机　并联流程双效型吸收式制冷系统的流程如图 8-14a 所示。从吸收器 E 引出的稀溶液经发生器泵 J 升压后分成两路。一路经高温换热器 F，进入高压发生器 A，在高压发生器中被高温蒸汽加热沸腾，产生高温水蒸气。浓溶液在高温换热器 F 内放热后与吸收器中的部分稀溶液以及来自低压发生器的浓溶液混合，经吸收器泵 I 输送至吸收器的喷淋系统。另一路稀溶液在低温换热器 H 和凝水回热器 G 中吸热后进入低压发生器 B，在低压发生器中被来自高压发生器的水蒸气加热，产生水蒸气及浓溶液。此溶液在低温换热器中放热后，与吸收器中的部分稀溶液及来自高温发生器的浓溶液混合后，输送至吸收器的喷淋系统。

并联流程双效型溴化锂吸收式制冷机的工作过程如图 8-14b 表示。

1）溶液的流动过程：点 2 的低压稀溶液（浓度为 ξ_w）经发生器泵 J 增压后分为两路。一路在高温换热器 F 中吸热达到点 10，然后在高压发生器内吸热（压力为 p_r）产生水蒸气，达到点 12，成为浓溶液（浓度为 ξ_{rH}），所产生的水蒸气的焓值为 h_{3_c}。此浓溶液在高温换热器中放热至点 13，然后与吸收器中的部分稀溶液 2 及低压生器的浓溶液 8 混合，达到点 9，闪发后至点 9′。

　　另一路稀溶液经低温换热器 H 加热至点 7，再经过凝水回热器 G 和低压发生器 B 升温至点 4（压力为 p_k），成为浓溶液（浓度为 ξ_{rL}），此时产生的水蒸气焓值为 h_{3_a}。浓溶液在低温换热器内放热至点 8，然后与吸收器的部分稀溶液 2 及来自高压发生器的浓溶液 13 混合，达到点 9，闪发后至点 9′。

　　2）冷剂水的流动过程：高压发生器产生的水蒸气（焓值为 h_{3_e}）在低压发生器中放热，凝结成焓值为 h_{3_b} 的水（点 3_b），再进入冷凝器中冷却至点 3；低压发生器产生的水蒸气（焓值为 h_{3_a}）在冷凝器中冷凝成冷剂水（点 3）。压力为 p_k 的冷剂水经节流在蒸发器中制冷，达到点 1_a，然后进入吸收器，被溶液吸收。

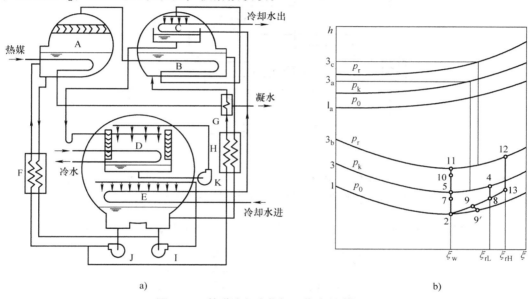

a)　　　　　　　　　　　　　　b)

图 8-14　并联流程溴化锂吸收式制冷原理

A—高压发生器　B—低压发生器　C—冷凝器　D—蒸发器　E—吸收器　F—高温换热器

G—凝水回热器　H—低温换热器　I—吸收器泵　J—发生器泵　K—蒸发器泵

2. 直燃双效型溴化锂吸收式制冷机的流程

　　直燃双效型溴化锂吸收式制冷机（简称直燃机）和蒸汽双效型制冷原理完全相同，只是高压发生器不是采用蒸汽或热水换热器，而是锅筒式火管锅炉，由燃气、燃油或高温烟气余热直接加热稀溶液，产生高温水蒸气；当采用高温烟气余热作为热源时，在热量不足时也采用燃气或燃油作为辅助热源。此外，直燃机也可作为一种热水生产设备，全年制取生活热水和在冬季制取采暖热水。

　　直燃机的溶液循环均可采用串联和并联流程。根据制取热水方式不同，目前主要有两种机型：①设置与高压发生器相连的热水器；②将蒸发器切换成冷凝器。

　　（1）设置与高压发生器相连的热水器的机型　图 8-15 所示为该型直燃机的工作原理，直燃机在高压发生器的上方设置一个热水器 12。

　　制热运行时，关闭与高压发生器 1 相连管路上的 A、B、C 阀，热水器借助高压发生器所发生的高温蒸气的凝结热来加热管内热水，凝水则流回高压发生器。

制冷运行时,开启 A、B、C 阀,直燃机按照串联流程蒸汽双效型溴化锂吸收式制冷机的工作原理制取冷水,还可以同时利用热水器12制取生活热水。

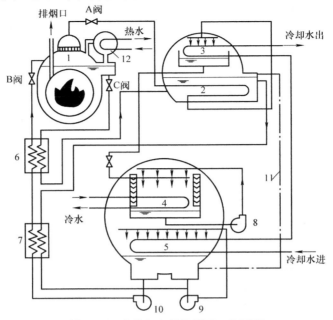

图 8-15   直燃机 1 制热循环工作原理
1—高压发生器 2—低压发生器 3—冷凝器 4—蒸发器 5—吸收器 6—高温换热器 7—低温换热器
8—蒸发器泵 9—吸收器泵 10—发生器泵 11—防结晶管 12—热水器

(2) 将蒸发器切换成冷凝器的机型   图 8-16 所示为该型直燃机制热运行的工作原理。

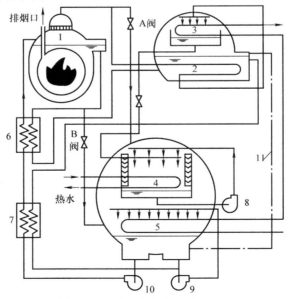

图 8-16   直燃机 2 制热循环工作原理
1—高压发生器 2—低压发生器 3—冷凝器 4—蒸发器 5—吸收器 6—高温换热器
7—低温换热器 8—蒸发泵 9—吸收器泵 10—发生器泵 11—防结晶管

制热时，同时开启冷热转换阀 A 与 B（制冷运行时，需关闭图中冷热转换阀 A 与 B），冷水回路则切换成热水回路。冷却水泵及蒸发器泵停止运行。

稀溶液由发生器泵 10 送入高压发生器 1，加热沸腾，发生的冷剂蒸气经阀 A 进入蒸发器 4；同时高温浓溶液经阀 B 进入吸收器 5，因压力降低闪发出部分冷剂蒸气，经挡水板进入蒸发器。两股高温蒸气在蒸发器传热管表面冷凝释放热量，凝结水自动流回吸收器，并与发生器返回的浓溶液混合成稀溶液。稀溶液再由发生器泵 10 送往高压发生器 1 加热。蒸发器传热管内的水吸收冷剂蒸气释放的冷凝热而升温，制取热水。

8.4.3　双级溴化锂吸收式制冷机

前已述及，当其他条件一定时，随着热源温度的降低，吸收式制冷机的放气范围 $\Delta\xi$ 将减小。若热源温度很低，致使其放气范围 $\Delta\xi < 4\%$ 甚至成为负值，此时需采用多级吸收循环（一般为双级）。

图 8-17a 所示的双级吸收式制冷循环，它包括高、低压两级完整的溶液循环。来自蒸发器 E 的低压（p_0）冷剂蒸气在低压级溶液循环中，经过低压吸收器 A_2、低压换热器 T_2 和低压发生器 G_2，升压为中间压力 p_m 的冷剂蒸气，再进入高压级溶液循环升压为高压（冷凝压力 p_k）冷剂蒸气，最后去冷凝器、蒸发器制冷。

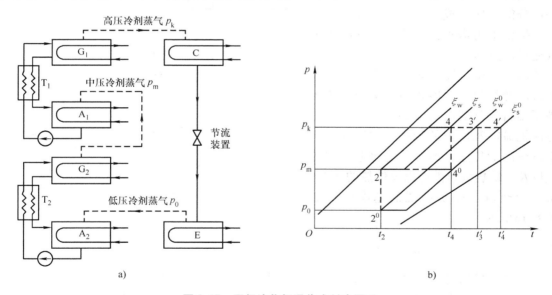

图 8-17　双级溴化锂吸收式制冷原理

a）流程简图　b）$p\text{-}t$ 图上的循环

G_1—高压发生器　A_1—高压吸收器　T_1—高压换热器　C—冷凝器　G_2—低压发生器

A_2—低压吸收器　T_2—低压换热器　E—蒸发器

如果将吸收器、溶液泵、换热器和发生器看作是热力压缩机，可见，低压级热力压缩机将蒸发压力为 p_0 的冷剂蒸气加压至中间压力 p_m，再经过高压级热力压缩机加压至冷凝压力 p_k。这与蒸气压缩式双级压缩制冷循环极为相似。

在双级吸收式制冷循环中，高、低压两级溶液循环中的热源和冷却水条件一般是相同的。因而,高、低压两级的发生器溶液最高温度 t_4,以及吸收器溶液的最低温度 t_2 也是相同的。

从图 8-17b 所示的压力-温度图上可以看出,在冷凝压力 p_k、蒸发压力 p_0 以及溶液最低温度 t_2 一定的条件下,发生器溶液最高温度 t_4 若低于 t_3,则单效循环的放气范围将成为负值。而同样条件下采用两级吸收循环就能增大放气范围,实现制冷。

这种双级吸收式机可以利用 70~90℃ 废气或热水作为热源,但其热力系数较小,约为普通单效机的 1/2,但所需的传热面积约为普通单效机的 1.5 倍。

8.5 冷热电联供技术应用

8.5.1 冷热电三联供的原理

冷热电三联供系统只是一种供能方式,系统工作原理为:天然气为主要燃料产生的高温烟气带动燃气轮机发电设备运行,将其中一部分能量转换成电能;从燃气轮机排出的中高温烟气进入余热锅炉,产生高温高压的蒸汽,蒸汽进入蒸汽轮机发电设备,再将一部分能量转化成电能,两部分电能为用户提供电力需求;余热锅炉排出的尾气通过余热回收设备产生具有一定温度的热水,为用户提供热负荷或者通过吸收式制冷机提供给冷负荷。整个系统实现了燃料化学能向热能的转换、烟气热能向机械能和电能的转换、烟气热能向蒸汽热能的传递、蒸汽热能向电能的转换以及系统热量向供冷以及供热的转换。常规冷热电三联供系统的基本原理如图 8-18 所示。

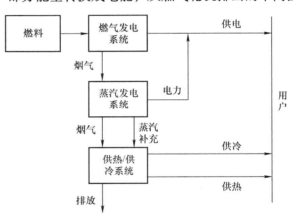

图 8-18 常规冷热电三联供系统的基本原理

8.5.2 冷热电三联供的特点

1)能源梯级利用,综合利用率较高。冷热电三联供系统的综合能源利用率可接近90%。从能量品质的角度看,燃气锅炉的热效率虽然也能达到 90%,但是它最终产出能量的形式为低品位的热能,而三联供系统中将有 37% 左右的高品位电能产出,电能的做功能力是相同数量热能的 2 倍以上,因此三联供系统的综合能源利用效率比燃气锅炉直接燃烧天然气供热高得多。另外,系统建设在用户附近,与传统长距离输电相比,还能减少 6%~7% 的线损。

2)对燃气和电力有削电力之峰填燃气之谷的作用。我国大部分地区冬季需要采暖,夏季需要制冷。大量的空调用电使得夏季电负荷远远超过冬季,即电力使用的高峰出现在夏季。而目前 50% 以上的天然气消费量用于冬季采暖,即燃气使用的高峰出现在冬季。采用燃气三联供系统,夏季燃烧天然气制冷,增加夏季的燃气使用量,减少夏季空调的电力负荷，同时系统的自发电也可以降低电网的供电压力。

3）清洁环保，减少碳排放。天然气是清洁能源，燃气发电机组采用先进的燃烧技术，冷热电三联供系统的排放指标均能达到相关的环保标准。根据美国的调查数据，采用冷热电三联供系统分布式能源，写字楼类建筑可减少温室气体排放 22.7%，商场类建筑可减少温室气体排放 34.4%，医院类建筑可减少温室气体排放 61.4%，体育场馆类建筑可减少温室气体排放 22.7%，酒店类建筑可减少温室气体排放 34.3%。

4）与电网互相支撑，提高供电安全性。冷热电三联供系统的发电机组作为备用电源与市电并网运行，提高了供电的可靠性。在春秋季系统不运行时发电机组也可作为备用电源，尤其是对于医疗、酒店等建筑节约了柴油发电机组的安装投入。

<h2 align="center">习　　题</h2>

1. 潜热与显热有什么区别？制冷主要用哪几种形式？
2. 直燃式溴化锂冷水机组制取热水有哪三种方式？说明其工作原理。
3. 溴化锂溶液对碳钢的腐蚀与哪些因素有关？什么是引起腐蚀的根本原因？
4. 溴化锂机组中防止溶液腐蚀的根本措施是什么？缓蚀剂抑制腐蚀的机理是什么？目前常用的缓蚀剂有哪些？
5. 蒸气型单效溴化锂吸收式冷水机组有哪些主要换热部件？说明各个部件的作用和工作原理。为什么溶液换热器是节能部件？
6. 双效溴化锂吸收式冷水机组有哪些主要的换热部件？与单效机组相比增加了哪些部件？
7. 根据工作热源划分，溴化锂机组有哪几种类型？
8. 溴化锂吸收式制冷机组如何进行防腐？
9. 直燃式溴化锂吸收式制冷机有哪几种机型？
10. 试简要描述直燃式溴化锂吸收式机组的制冷流程及供暖流程。
11. 吸收式制冷机是如何完成制冷循环的？在溴化锂吸收式制冷循环中，制冷剂和吸收剂分别起哪些作用？从制冷剂、驱动能源、制冷方式、散热方式等方面比较吸收式制冷与蒸气压缩式制冷的异同点。
12. 试分析在吸收式制冷系统中为何双效系统比单效系统的热力系数高。
13. 试分析吸收式冷水机组与蒸气压缩式制冷机组的冷却水温度是否越低越好。
14. 绘图并简述 LiBr 吸收式制冷的工作原理。
15. 什么是溴化锂在水中的溶解度？为什么溴化锂水溶液的浓度一般不超过 65%（质量分数）？
16. 溴化锂水溶液的饱和温度与压力、浓度有什么关系？与纯水的关系一样吗？
17. 已知发生器的压力为 11kPa，出口溶液的温度为 94℃，求该溶液的浓度和比焓。
18. 已知溴化锂吸收式制冷剂的冷凝温度为 44℃，蒸发温度为 6℃，吸收器出口稀溶液的温度为 42℃，发生器出口浓溶液温度为 95℃，请将此循环表示在 p-t 图及 h-ξ 图上。
19. 题 18 中，若冷剂水的流量为 0.75kg/s，求该制冷剂的制冷量及冷凝器的热负荷。
20. 利用溴化锂水溶液的 p-t 图说明状态 A（温度 $t=90℃$，压力 $p=8kPa$）的饱和溶液等压加热到温度为 95℃时溶液的变化过程，并求终了状态 B 溶液的质量浓度。
21. 利用溴化锂水溶液的 h-ξ 图，计算溶液从状态 a（$\xi_a=62\%$，$t_a=50℃$）变化到状态 b（$\xi_b=58\%$，$t_b=40℃$）时所放出的热量。
22. 什么是双效溴化锂吸收式制冷系统？
23. 什么是放气范围？

第 9 章

热　　泵

9.1　热泵技术概念

9.1.1　热泵的工作原理

　　热泵是一种以消耗部分能量作为补偿条件使热量从低温物体转移到高温物体的能量利用装置，它能够把空气、土壤、水中所含的不能直接利用的低品位热能、工业废热等转换为可以利用的热能。在暖通空调工程中可以利用热泵作为热源提供 100℃ 以下的低温热能。

　　根据热力学第二定律，热量是不能自发从低温区向高温区传递的，必须向热泵输入一部分驱动能量才能实现这种热量的传递。热泵虽然需要消耗一定量的驱动能，但根据热力学第一定律，所供给用户的热量等于消耗的驱动能与吸取的低品位热能的总和。用户通过热泵获得的热量永远大于所消耗的驱动能，因此说热泵是一种节能装置。

　　热泵与制冷机从热力学原理上说是相同的，都是按逆卡诺循环工作的。但两者使用目的不同。制冷机吸取热量而使对象变冷，达到制冷目的；而热泵则是利用排放热量向对象供热，达到制热目的。另外，两者的工作温度范围也不同。

　　制冷机在环境温度 T_a 和被冷却物体温度 T_e 之间工作，从作为低温热源的被冷却物体中吸热，向作为高温热源的环境介质排热，以维持被冷却物体温度低于环境温度。

　　热泵在被加热物体温度 T_h 和环境温度 T_a 之间工作，从作为低温热源的环境介质中吸热，向作为高温热源的被加热物体供热，以维持被加热物体温度高于环境温度。

　　热泵制热时的性能系数称为制热系数，用 COP_h 表示。对逆卡诺循环，由热力学定理可以证明，其制热系数为

$$COP_h = \frac{T_h}{T_a} \tag{9-1}$$

　　热泵的热源是指可利用的自然界低温能源（空气、水及土壤等）和生活、生产排出的废热热源。这些热源的温度较低，但能量很大，可以通过热泵来提高品位，向生活和生产过程提供有用的热量。

9.1.2　热泵的热源

　　热泵运行时，通过蒸发器从热源吸收热量，而向供热对象提供热量。因此，不同的热源对热泵的装置、工作特性、经济性等都有重要的影响。热泵的供热温度取决于热泵的用途及供热对象的要求。比如，暖通空调的供热介质温度通常在 40℃ 以上，因而冷凝温度应在

45℃以上；而茶叶烘干需要的空气温度为 85～95℃，因而要求冷凝温度比较高。

作为热泵的热源一般应满足下列要求：

1）热源的温度尽可能高。因为在一定的供热温度条件下，热泵的热源温度与供热温度之间的差值越小，其供热系数就越大。

2）热源应尽可能多地提供热量，以免设置辅助加热装置，这样可以减少附加投资。

3）热源的热能应便于输送，而且输送热量的热（冷）媒动力消耗应尽可能小，以减少热泵的运行费用。

4）热源对换热设备的材料无腐蚀作用，而且尽可能不产生污染和结垢现象。

5）热源温度的时间特性和供热的时间特性应尽量一致，以免造成热量供求的矛盾。

热泵可以利用的热源分为两大类：一类为自然资源，其温度较低，如空气、水（地下水、海水、江河水等）、土壤、太阳能；另一类为生活或生产中的废热，如建筑物内部的排热，工业生产过程的排热，生产或生活废水、地下铁道、垃圾焚烧过程的排热等，这类热源的温度较高。

9.2　空气源热泵

9.2.1　空气源热泵的特点

空气源热泵机组是以室外空气为热源的热泵机组。

空气源热泵机组具有以下特点：

1. 以室外空气为热源

空气是空气源热泵机组的理想热源，它有以下优势：①在空间上，处处存在；②在时间上，时时可得；③在数量上，随需而取。

正是由于空气具有以上良好的热源特性，使空气源热泵机组的安装和使用都比较简单和方便，应用也最为普遍。

2. 适用于中小规模工程

由于空气源热泵机组难以实现空气流动方向的改变，因此为实现空气源热泵机组的制冷工况和热泵工况转换，只能通过机组内的四通换向阀改变热泵工质的流动方向来实现。基于此，空气源热泵机组必须设置四通换向阀，同时，由于机组的供热能力又受四通换向阀大小的限制，因此很难生产大型机组。

3. 室外侧换热器冬季易于结霜

空气源热泵机组冬季运行时，室外空气侧表面温度容易低于周围空气的露点温度且低于0℃时，等效换热器表面容易结霜。机组结霜将会降低室外侧换热器的传热系数，增加空气侧的流动阻力，使风量减小，导致机组的性能系数及供热能力下降，严重时机组会停止运行。因此，空气源热泵机组一般都具有必要的除霜系统。

4. 室外机组运行噪声较大

由于空气的热容较小，因此其换热所需要的空气量较大，导致所选用的风机较大，产生的噪声也较大。

9.2.2 空气源热泵冷热水机组

空气源热泵冷热水机组在空调系统中应用较多，它可以实现冬季供暖和夏季供冷，一机两用。图9-1所示为采用螺杆式压缩机的空气源热泵冷热水机组流程图。

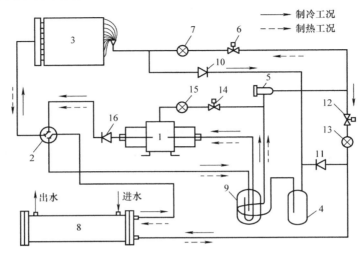

图9-1 空气源热泵冷热水机组流程图

1—压缩机 2—四通换向阀 3—空气/制冷剂换热器 4—贮液器 5—干燥器 6、12、14—电磁阀
7—热力膨胀阀 8—水/制冷剂换热器 9—液体分离器 10、11、16—止回阀 13—制冷膨胀阀 15—膨胀阀

机组冬季运行时，其制冷剂流程为：压缩机1→止回阀16→四通换向阀2→水/制冷剂换热器8→止回阀11（电磁阀12关闭）→贮液器4→液体分离器9中的换热盘管→干燥器5→电磁阀6→热力膨胀阀7（或电子膨胀阀）→空气/制冷剂换热器3→四通换向阀2→液体分离器9→压缩机1。此循环制备出45℃热水，送入空调系统。

机组夏季运行时，四通换向阀换向，电磁阀12开启，关闭电磁阀6，其制冷剂流程为：压缩机1→止回阀16→四通换向阀2→空气/制冷剂换热器3→止回阀10→贮液器4→液体分离器9中的换热盘管→干燥器5→电磁阀12→制冷膨胀阀13（或电子膨胀阀）→水/制冷剂换热器8→四通换向阀2→液体分离器9→压缩机1。此循环制备出7℃冷冻水，送入空调系统。经电磁阀14、膨胀阀15降为低压、低温的R22液体喷入螺杆式压缩机腔内，供冷却用。

空气源热泵冷热水机组属于空气/水热泵机组，相对于空气/空气热泵而言，具有如下特点：

1）供热工况时热源端为空气，供热端为水（热媒），供冷工况时放热端为空气，供冷端为水（冷冻水）。由此可见，空气源热泵冷热水机组供热与供冷符合空调水系统对冷媒与冷冻水的需求。因此，目前在集中空调设计中，常采用空气源热泵冷热水机组作为冷热源。冷源与热源合二为一，一机两用，甚至一机三用（供冷、供暖和供热水）；机组通常布置在裙楼顶上，这样可以不占用建筑的有效面积。

2）需要较高的冷凝温度。在相同的室外空气温度下，相同容量大小的空气源热泵冷热水机组的制热系数要比空气/空气热泵小些。图9-2给出了空气/空气热泵和空气/水热泵制热系数与压缩机容量 V_c、室外温度 t_a 的关系。

由图 9-2 可见，当室外温度为 0℃，压缩机容量为 $10m^3/h$ 时，空气/空气热泵的 COP 约为 3.6，而空气/水热泵的 COP 约为 3.1，比空气/空气热泵约小 14%。但是两者的 COP，在大容量压缩机时都比小容量压缩机时大。

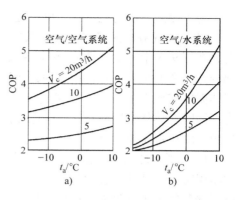

图 9-2 制热系数 COP 与压缩机容量 V_c、
室外温度 t_a 的关系
注：在给定建筑及热泵结构形式条件下。

9.2.3 空气源热泵多联机

空气源热泵多联机也称"多联式空调系统"。所谓多联式空调系统是指由一台或数台风冷（或水冷）室外机连接数台不同或相同形式、容量的直接蒸发式室内机所构成的单一制冷循环系统。根据其功能不同，可分为单冷型、热泵型和热回收型三类。

1. 空气源热泵多联机组的工作原理

现以某热泵多联机组为例，介绍其组成和工作原理。

图 9-3 所示为某热泵多联机组系统。该系统的室外机由 4 台压缩机（其中 1 台是变频型，另外 3 台为恒速型）、油分离器、室外换热器、气液分离器、高压贮液器、过冷却器、轴流风机和辅助器件（如电磁阀、毛细管、单向阀、过滤器、电子膨胀阀、分液器）等组成。室内机由室内换热器、电子膨胀阀、过滤器和离心风机等构成。室外机和室内机之间通过制冷剂管路系统连接起来，构成热泵多联机组空调系统。

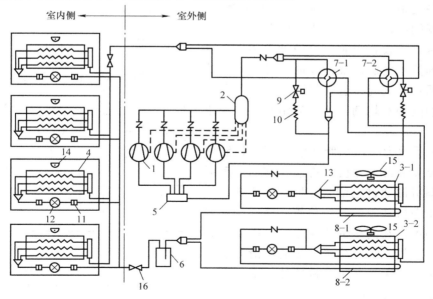

图 9-3 某热泵多联机组系统

1—压缩机 2—油分离器 3-1、3-2—室外换热器（制冷剂/空气换热器） 4—室内换热器 5—气液分离器
6—高压贮液器 7-1、7-2—四通换向阀 8-1、8-2—过冷却器 9—电磁阀 10—毛细管 11—过滤器
12—电子膨胀阀 13—分液器 14—离心风机 15—轴流风机 16—截止阀

为了提高系统的稳定性、可控性和可靠性，在系统中增设了一些辅助回路，主要有：

（1）热气旁通回路 热泵多联机组由于管路长、高差大，常使冷凝器远离蒸发器，因此，在图9-3中由毛细管10和电磁阀9组成排气管与吸气管之间的热气旁通回路，可以将部分热气旁通至吸气管，用这种方法控制吸气压力和调节能量。为保证返回压缩机时制冷剂气体温度在允许范围内，应在气液分离器内使旁通热气、蒸发器回气和液体制冷剂充分混合。同时在热气旁通回路上接一电磁阀，用于关断和抽空循环用，以平衡压缩机高低压差，避免压缩机带压差起动。

（2）再冷却回路（过冷度与过热度的保障） 热泵多联系统管路长，且存在上升立管，这将引起高压液体沿程闪发，制冷剂到达室内机电子膨胀阀前已呈气液两相状态，严重影响电子膨胀阀的正常供液，或出现偏流现象而不能充分、完全地发挥室内换热器的换热作用。解决这一特殊问题的有效方法是对高压液体实现大幅度过冷，其技术措施有：

1）在室外换热器处设置一组过冷却器。

2）在高压贮液器出口液体管上设置过冷却回路。

3）在吸气管路上的气液分离器中设置高压液体盘管，实现热循环。

（3）安全保护回路 空气源热泵多联机由于系统复杂，且有容量控制、配管长度、制冷剂分流、并联压缩机吸排气状态一致性的控制等诸多技术要求的限制，必须设计一些安全保护回路，以保证系统的可靠运行。通常有：①双电子膨胀阀＋液侧旁通控制回路；②用于除霜的高低压旁通回路；③喷液冷却回路；④压缩机气平衡回路。

（4）压缩机回油与均油回路 空气源热泵多联机组系统相对一般制冷系统，更容易导致压缩机失油，甚至导致压缩机断续失油而损坏。这主要是因为它实质上属于空气源热泵，同时它具备变制冷剂流量多联机组的配管长、高差大、变制冷剂流量等特点。因此，对于多联机系统压缩机设置单独的高效油分离器，以便随制冷剂流出的润滑油能及时、可靠地自动回到压缩机中。同时，也要保证并联的各台压缩机之间油的相对均衡，防止油跑到某一台压缩机内。

图9-4所示为高压油腔压缩机回油控制回路。采用交叉两台压缩机的均油孔和油分离器分离出的润滑油通过毛细管自回油的方式，均油孔开在压缩机油腔的一定位置，这样保证多余的润滑油可以在高压的作用下，自由溢出到达另一台压缩机，既可防止过多的润滑油引发油压缩，又可以保障在压缩机缺油的情况下可从另外一台压缩机借油使用。

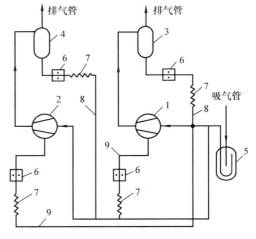

图9-4 高压油腔压缩机回油控制回路
1—变频压缩机 2—定频压缩机
3、4—油分离器 5—气液分离器 6—过滤器
7—毛细管 8—回油管 9—均油孔

2. 空气源热泵多联机组应用存在的问题

多联机组系统应用在大型建筑时，由于系统制冷剂管路配管过长、高差太大、变制冷剂流量等，会存在以下一些问题：

1）制冷剂管路的配管长度过长，对系统性能将会带来不良影响。

2）室内室外机高差太大，将会对系统的正常运行带来不良影响。

3）室内机之间高差过大，也会对系统的正常运行带来不良影响。

4）多联机系统回油困难，将会对系统的可靠运行带来不良影响。

9.2.4 四通换向阀

四通换向阀是空气源热泵机组实现功能转换和热气融霜的一个关键部件，通过切换制冷剂循环回路，达到制冷或制热、热气融霜的目的。

四通换向阀的工作原理如图 9-5 所示。电磁线圈装在先导滑阀上，先导滑阀的两根毛细管分别与排气管和回气管相连。制冷时，四通换向阀不通电，先导滑阀的排气管毛细管与四通阀活塞腔的右腔相通，低压部分的毛细管（回气管毛细管）与四通阀活塞腔的左腔相通，因此左右腔就存在压差，把活塞推到左边，于是压缩机的排气管与右边的连接管连通，回气管与左边的连接管连通。制热时电磁线圈通电，在电磁力的作用下，先导滑阀向右移动，排气管毛细管与四通阀的活塞腔左腔相通，回气管毛细管与活塞腔右腔相通，在压差的作用下，把活塞推向右边，压缩机的排气管与左边的管相通，压缩机的回气管与右边的管相通，从而完成制冷剂流动方向的变换。

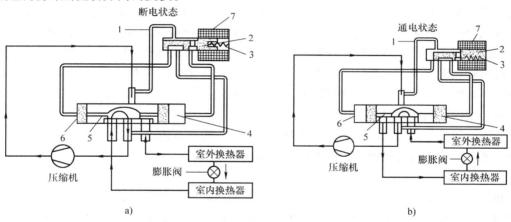

图 9-5 四通换向阀的工作原理

a）制冷循环 b）制热循环

1—毛细管 2—先导滑阀 3—弹簧 4、6—活塞腔 5—主滑阀 7—电磁线圈

9.2.5 蒸发器的除霜方法

空气源热泵机组冬季运行时，换热器表面容易结霜，需要不定期除霜，以恢复其供热能力。

常规除霜方法主要有自然除霜法、逆循环除霜法、热气旁通除霜法、显热除霜法、高压静电除霜法和声波除霜法等，其中逆循环除霜法和热气旁通除霜法被广泛应用在空气源热泵机组的除霜控制中。

1. 逆循环除霜法

逆循环除霜法是一种传统除霜方式，其原理是通过四通阀换向改变制冷剂流向，将室外换热器转换成冷凝器，使机组进入除霜工况。如图 9-6 所示，当启动逆循环除霜时，四通换

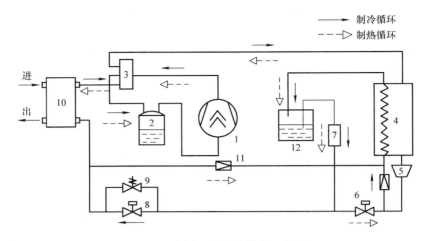

图 9-6　逆循环除霜法原理示意图

1—压缩机　2—气液分离器　3—四通换向阀　4—风冷换热器　5—分液器　6、8—热力膨胀阀

7—干燥过滤器　9—电磁阀　10—板式换热器　11—单向阀　12—高压贮液器

向阀 3 把机组从制热循环切换至制冷循环，压缩机 1 出来的高温高压制冷剂气体沿着图中实线进入风冷换热器 4 中放出热量进行除霜，同时制冷剂被冷凝为液体，经过高压贮液器 12 和干燥过滤器 7 后，在热力膨胀阀 8 中节流，再进入板式换热器 10 中从室内取热蒸发成气体，最后被压缩机吸入。当除霜结束后，四通换向阀 3 把机组从制冷循环切换至制热循环，供热量逐渐恢复至正常状态。该方法中除霜所需的热量主要源于四部分：从室内环境中吸收的热量、室内换热器蓄热量、压缩机电力消耗和压缩机蓄热量；由于恢复制热时，室内换热器表面温度较低，会吹出冷风，造成室内温度波动，影响室内舒适性；另外，四通换向阀动作时，系统压力波动比较剧烈，产生极大的机械冲击和气流噪声等。

2. 热气旁通除霜法

热气旁通除霜法是利用压缩机排气管和室外换热器与毛细管间的旁通回路，将压缩机的高温排气直接引入室外换热器中，通过蒸气液化放出的热量将换热器外侧霜层融化。如图 9-7 所示，当启动热气旁通法除霜时，电动三通阀 10 打开，关闭电磁阀 6。压缩机出口的高温高压气体通过旁通管道，经过气液分离器 2、电磁阀 5 和单向阀 11，然后到达蒸发器 4

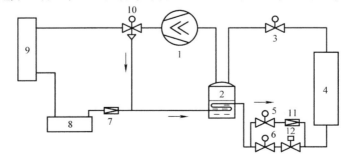

图 9-7　热气旁通除霜法原理示意图

1—压缩机　2—气液分离器　3、5、6—电磁阀　4—蒸发器　7、11—单向阀

8—储液罐　9—冷凝器　10—电动三通阀　12—膨胀阀

中液化放出热量将霜层融化。除霜结束后，制冷剂经过电动三通阀10，到达冷凝器9，然后依次经过其他部件，最后回到压缩机入口。

热气旁通除霜法较逆循环除霜法在除霜性能上有所改进。首先四通换向阀不需要切换，系统压力波动不大，产生的机械冲击和气流噪声较小。再者，制冷剂不再反向流动，室内换热器表面温度不会降得很低，这样就不会从房间取热，且室内温度波动不大，因此舒适性较好。但是这种方法在除霜过程中能耗损失较大，节能效果不佳，因此并没有赢得良好的销售市场。

3. 其他常规除霜方法

其他的常规除霜方法还有自然除霜法、淋水融霜法、电加热除霜法、显热除霜法等。自然除霜法又称中止制冷循环法，主要用于包装间、冷却间等室温大于0℃的库房。需要除霜时，停止制冷，冷风机的轴流风机继续运转使霜层融化。而空气源热泵系统很少采用。淋水融霜法通过淋水装置向蒸发器表面淋水，用水流携带的热量融化霜层，融霜水温约为25℃，配水量约为$35kg/(h \cdot m^2)$。

电加热除霜法是在冷风机的翅片和水盘上设置电热管使其通电加热，融化霜层。

显热除霜法是指利用旁通回路，将压缩机的高温高压排气直接引到电子膨胀阀前，再经过电子膨胀阀的等焓节流将压缩机排气引入室外空气换热器中，利用压缩机排气的热量将空气换热器翅片侧的霜层除掉，同时通过调节电子膨胀阀控制制冷剂流量，保证制冷剂在室外空气换热器中只进行显热交换而不进行冷凝。

9.3 地源热泵

9.3.1 地源热泵系统的组成及工作原理

1. 系统组成

地源热泵系统主要由地表浅层地能采集系统、热泵机组和建筑物空调供暖系统三部分组成。地源热泵系统示意图如图9-8所示。

图9-8 地源热泵系统示意图

1）浅层地能采集系统是指通过水循环或含有防冻剂的水溶液循环将岩土体或地下水、地表水中的热量或冷量采集出来并输送给水源热泵机组的换热系统。通常分为地埋管换热系统、地下水换热系统和地表水换热系统。

2）水源热泵机组主要有水/水热泵和水/空气热泵两种。

3）室内空调供暖系统主要有风机盘管系统、地板辐射供暖系统等。

热泵与地能之间的换热介质为水，与建筑物采暖空调末端的换热介质可以是水或空气。

2. 系统工作原理

地源热泵系统通过输入少量的电能，最大限度地利用地表浅层能量，实现由低温位向高温位或由高温位向低温位的转换，即在冬季，把地下的热量"取"出来，经过热泵进一步换热后为室内供暖，同时将冷量传输到地下；在夏季，把地下冷量"取"出来，经过热泵进一步制冷后供室内使用，同时将热量释放到地下。

9.3.2 地源热泵的分类

以岩土体、地下水或地表水为低温热源，由水源热泵机组、地热能交换系统、建筑物内系统组成的空调供暖系统，统称为地源热泵系统。

地源热泵系统根据地热能交换形式的不同，分为地埋管地源热泵系统（简称地埋管系统）、地下水地源热泵系统（简称地下水系统）和地表水地源热泵系统（简称地表水系统）。其中，地埋管地源热泵系统也称地耦合系统或土壤源地源热泵系统。地表水系统中的地表水是一个广义概念，包括河流、湖泊、海水、中水或达到国家排放标准的污水、废水等。地表水系统和地下水系统由于涉及开采利用地表水或地下水，有些地区可能受到当地政府政策法规的限制。三种地源热泵系统的主要区别在于室外地能换热系统，见表9-1。

表 9-1 地源热泵室外地能换热系统的比较

比较内容	室外地能换热系统		
	地埋管系统	地下水系统	地表水系统
换热强度	土壤热阻大，换热强度低	水质比地表水好，换热强度高	水热阻小，换热强度比土壤高
运行稳定	运行性能比较稳定	短期稳定性优于地表水，长期可能变化	气候影响较大
占地面积	较多	较少	不计水体占用面积，占地最少
建设难度	设计难度、施工量及投资较大	设计难度、施工量及投资较小	设计难度、施工量及投资最小
运行维护	基本免维护	维护工作量及费用较大	维护工作量及费用较小
环境影响	基本无明显影响	对地下水及生态的影响有待观测和评估	短期无明显影响，长期有待观测和评估
使用寿命	寿命在50年以上	取决于水井寿命，优质井可达20年以上	取决于换热管或换热器寿命
应用范围	应用范围比较广泛	取决于地下水资源情况	取决于附近是否有大量或大流量水体

9.3.3 地源热泵系统的特点

1）利用可再生能源，环境效益显著。地源热泵从常温土壤或地表水（地下水）中吸热或向其排热，利用的是可再生清洁能源，可持续使用。系统运行没有任何污染，不会产生城市热岛效应，外部噪声低，对环境非常友好。

2）高效节能、运行费用低。地源热泵的冷热源温度常年相对稳定，冬季比环境空气温度高，夏季比环境空气温度低，能使地源热泵比传统空调系统运行效率高40%；同时由于地源恒定，使热泵机组运行更稳定、可靠，也保证了系统的高效性和经济性；这些都使整个系统的维修量极少，折旧费和维修费大大低于传统空调，因此其运行费用比传统集中式空调系统低 40% 左右。

3）节水、省地。不消耗水资源，不会对其造成污染；省去了锅炉房及附属煤场、贮油房、冷却塔等设施，机房面积大大小于传统空调系统，节省建筑空间，也有利于建筑的美观。

4）运行安全可靠。地源热泵系统中无燃烧设备，因此运行中不会产生 CO_2、CO 之类的废气，也不存在丙烷气体，因而不会有爆炸危险，使用安全。

5）一机多用，应用范围广。地源热泵系统可供暖、制冷、供生活热水。一套系统可以代替原来的锅炉加制冷两套装置或系统，可应用于宾馆、商场、办公楼、学校等建筑，更适合于住宅的供暖、供冷。

6）自动化控制程度高。地源热泵机组由于工况温定，因此系统简单，部件较少，机组运行简单可靠，维护费用低，易于实现较高程度的自动控制，可无人值守。

9.3.4 土壤源热泵系统

1. 土壤源热泵系统的分类及特点

（1）土壤源热泵系统的分类　土壤源热泵系统以土壤为热源和热汇。它是利用地下土壤的温度相对稳定的特性，通过消耗少量高位能（电能），在夏季把室内余热转移到土壤热源中，在冬季把低位能转移到需要供暖的地方；同时可以提供生活热水，是一种高效、节能的空调装置。系统中最主要的设备之一是室外地表浅层换热器。

如图 9-9 所示，根据地埋管换热器埋管方式的不同，土壤源热泵系统可分为水平式地埋管换热器系统和竖直式地埋管换热器系统。

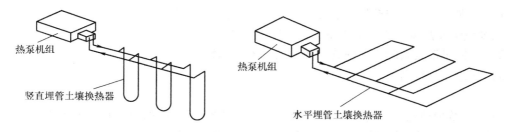

图 9-9　地埋管换热器的敷设方式

水平式地埋管埋深通常为 1.2 ~ 3.0m，如果埋深太浅，埋管周围土壤温度易受地上空气温度波动的影响，甚至可能出现冻冰现象；同时埋管易受到地面载荷的碾压破坏，因此最上层埋管顶部应在冻土层以下 0.4m，且距地面不宜小于 0.8m。常采用单层或多层串、并联水平平铺埋管。每个管沟埋 1 ~ 6 根管子。管沟长度取决于土壤状态和管沟内管子的数量与长度。根据埋管形式可分为水平式埋管换热器和螺旋换热器。水平式的特点是施工方便、造价低；但换热效果差，受地面温度波动影响大，热泵运行不稳定；占地面积较大，一般用于地表面积不受限制的场合。

竖直式地埋管换热器的埋管形式有 U 形埋管、套管和螺旋管等。竖直式根据埋深分为浅埋和深埋两种，浅埋埋深为 8 ~ 10m，深埋埋深为 33 ~ 180m，一般埋深为 23 ~ 92m。目前，一般常用 U 形竖直埋管。竖直式地埋管换热器的特点是占地面积小，土壤温度全年比较稳定，热泵运行稳定，所需的管材较少，流动阻力损失小，但初投资（钻孔、打井等土建费用）大。

水平式地埋管和竖直式地埋管的形式中都有螺旋形埋管形式，它结合了水平地埋管和竖直地埋管的优点，占地面积小，安装费用低，但其管道系统结构复杂，管道加工困难，系统运行阻力较大。

早期的地埋管换热器，主要采用热阻小、抗压抗拉强度高的金属材料。实际使用中，发现金属材料耐蚀性能较差，使用寿命短，造价相对较高。现在的地埋管换热器一般采用与土壤匹配性能好、耐蚀能力强、造价相对合理的聚乙烯塑料管等。

（2）土壤源热泵系统的主要特点 土壤源热泵系统除了具有地源热泵的优点外，与空气源热泵相比，还有以下特点：

1）土壤温度全年波动较小且数值相对稳定。地表面约 5m 以下的土壤温度基本不受地面温度的影响，而保持一个定值。有研究表明，地下约 10m 深处的土壤温度比全年的平均温度（在多数情况下）高出 1~2℃，并且几乎无季节性波动。因此，可以提供相对较低的冷凝温度和较高的蒸发温度，这说明无论是夏季还是冬季，都非常适用于空调系统。土壤源热泵机组不因外界空气的变化而影响运行效率，因此，运行效率较高。

2）土壤具有良好的蓄热性能，冬、夏季从土壤中取出（或放入）的能量可以分别在夏、冬季得到自然补偿。

3）运行工况平稳。与空气源热泵相比，地下土壤温度较高且相对稳定，几乎不受地上温度变化的影响，没有结霜之忧，土壤源热泵运行工况平稳。同时，也节省了空气源热泵结霜、除霜所消耗的能量。

土壤源热泵系统也存在一些缺点，其表现主要有：

1）地埋管换热器的换热性能受土壤热物性参数的影响较大。长期连续运行时，热泵的冷凝温度或蒸发温度受土壤温度变化的影响而发生波动。

2）当换热量较大时，地埋管换热器的占地面积较大。

3）初始投资较高。

2. 土壤换热器

（1）土壤换热器的设计步骤 与传统的空调系统设计相比，设计计算土壤换热器的管长是土壤源热泵系统设计所特有的内容。设计时首先要收集和确定设计所需的初始数据，包括当地的气象数据和土壤的性质以及传热特性、选用热泵的特性、建筑供暖和供冷的负荷、选用管材的特性等。由基于能量分析的温频法计算得到空调系统的冷热负荷，然后根据最冷的一月份热负荷和最热的七月份冷负荷分别计算出冬、夏季土壤换热器所需的长度。土壤源热泵系统的土壤换热器设计步骤如下：

1）确定建筑物的供暖、制冷和热水供应（如果选用）的负荷，并根据所选择的建筑空调系统的特点确定热泵的形式和容量。可根据有关计算负荷的软件或计算负荷方法，如度日法、温频法等确定建筑物的月负荷。

2）确定土壤换热器的布置形式。土壤换热器的布置形式主要包括水平埋管、竖直埋管闭式循环以及串联、并联的管路连接形式。选择水平系统还是竖直系统，根据可利用的土地、当地土壤的水文地质条件和挖掘费用而定。如果有大量的土地且没有坚硬的岩石，应该考虑经济的水平系统。考虑到我国人多地少的实际情况，在大多数情况下，竖直埋管方式是唯一的选择。当采用竖直埋管的土壤换热器时，每个钻井中可设置一组或两组 U 形管。

3）选择换热器管材。目前主要采用高密度聚乙烯（HDPE），管径（内径）通常采用 20～40mm，管径的选择应根据热泵本身换热器的流量要求以及选用的串联或并联的形式确定，即一方面应保证管中流体的流速应足够大，以在管中产生湍流利于传热；另一方面，该流速又不应过大，以使循环泵的功耗保持在合理的范围内。

4）如果设计工况中热泵主机蒸发器出口的流体温度低于 0℃，应选用适当的防冻液作为循环介质。

5）合理设计分、集水器。分、集水器是从热泵到并联环路的土壤换热器的流体供应和回流的管路。为使各支管间的水力平衡，应采用并联同程对称布置。为有利于系统排除空气，在水平供、回水干管应各设置一个自动排气阀。

6）根据所选择的土壤换热器的类型及布置形式，计算土壤换热器的管长。最大吸热量和最大释热量相差不大的工程，应分别计算供热与供冷工况下换热器的长度，取其大者，确定换热器容量。当两者相差较大时，宜通过技术经济比较，采用辅助散热（增加冷却塔）或辅助供暖的方式来解决，一方面经济性较好，另一方面可避免因吸热与释热不平衡引起土壤体温度的逐年降低或升高。全年冷、热负荷平衡失调，将导致换热器区域土壤体温度持续升高或降低，从而影响换热器的换热性能，降低换热器换热系统的运行效率。因此，土壤换热器换热系统的设计应考虑全年冷热负荷的影响。

（2）土壤换热器（地埋管）的布置形式

1）埋管形式。在现场勘测结果的基础上，确定换热器采用竖直地埋管形式还是水平地埋管形式，现场可用地表面积是一个需要考虑的因素。当可利用地表面积较大，浅层岩土体的温度及热物性受气候、雨水、埋设深度影响较小时，宜采用水平地埋管换热器；否则，宜采用竖直地埋管换热器。竖直地埋管换热器根据竖井的深度，每千瓦负荷需要 2～7m² 的地表面积，其位置不限。竖井深度由当地环境条件和现有钻孔设备决定。竖井深度可以在45～150m 范围内选取。

另一个需要考虑的因素是建筑物高度。对水平换热器，建筑高度不是问题，埋设地埋管换热器的地表面积是唯一的限制。如果地下换热器盘管和建筑物内管路间没有用换热器隔开，竖直地埋管换热器将被限制在一定高度内的建筑物中使用。超过这个高度，系统静压将可能超过地下埋管的最大额定承压能力。以上是在未考虑地下水的静压抵消作用时的结论，如果考虑静压抵消作用，竖直地埋管换热器可以在更高的建筑物中使用。工程上应进行相应计算，以验证系统静压是否在管路最大额定承压范围内。

在应用中还需要考虑竖直式或水平式换热器区域的预定位置，换热器的位置也会影响系统的性能。例如，位于沥青表面下的水平式换热器与位于草地或森林地面下的换热器相比，根据当地水文地质条件的不同，其夏季运行温度较高，冬季运行温度较低。这要归因于沥青表面的吸收率较高。目前还没有足够的数据可供在设计方法中量化处理这种现象。

经过恰当选型后，水平式系统和竖直式系统的性能相当，也就是说两种系统的运行费用近似相等。如果上述选择水平式或垂直式系统的限制因素都不存在，安装费用就成了主要考虑因素。

竖直地埋管换热器的构造有多种，主要有竖直 U 形埋管和竖直套管。图 9-10 所示为竖直地埋管换热器的典型环路构造。其中较多采用的是图 9-10a 所示的每个竖井中布置单根 U 形管换热器，各 U 形管进行并联同程连接。另一种构造方式是每个竖井中布置两根 U 形管换热器，如图 9-10b 所示。图 9-10c 表示的是一种由两个竖井组成一个环路的布置方式。在预布置时，各竖井的间距可在 4~6m 范围内，是为保证在大多数情况下各竖井间的相互热干扰和长时间后的热积聚可以忽略不计，也可以保证此后确定的竖井的各种条件满足设计要求。图 9-10d 所示的是竖直套管式形式。

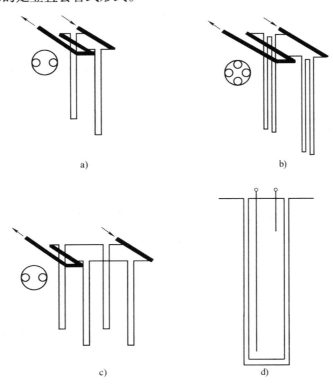

图 9-10 竖直地埋管换热器的典型环路构造

a）单竖井/环路，单 U 形管/竖井 b）单竖井/环路，双 U 形管/竖井 c）多竖井/环路，单 U 形/竖井 d）套管式

单 U 形埋管的竖井内热阻比双 U 形埋管大 30% 以上，但实测与计算结果均表明：双 U 形埋管比单 U 形埋管仅可提高 15%~20% 的换热能力。这是因为竖井内热阻仅是埋管传热总热阻的一部分。竖井外的岩土层热阻，对双 U 形埋管和单 U 形埋管来说是一样的。双 U 形埋管管材用量大，安装较复杂，运行中水泵的功耗也相应增加。因此，一般地质条件下，多采用单 U 形埋管。对于较坚硬的岩石层，经过经济技术分析后，因选用双 U 形埋管而节省的钻竖井的费用，有可能补偿因双 U 形埋管使用的管道数量多而增加的费用。这种情况下，选用双 U 形埋管，有效地减少了竖井内热阻，使单位长度 U 形埋管的换热能力明显提高，同时可以减少地下埋管空间。

图 9-11 所示为几种常见的水平地埋管换热器布置形式。其中，图 9-11a 所示是双管水平式布置的图例，左边的常称为并排方式，右边的称为上下排方式。两种排列方式可以组成单环路或双环路系统，即图示可以看作为单环路系统的供回水断面图，也可以看作为两个平行布置的相互独立的环路断面图。图 9-11b 所示是四管水平式布置的图例，它可以表示双环

路或四环路换热器。图 9-11c 表示的是双层六管水平式布置的图例,它可以表示三环路或六环路换热器。图 9-12 所示为几种新型水平地埋管换热器的布置形式。

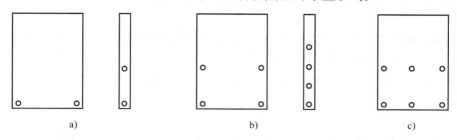

图 9-11 几种常见的水平地埋管换热器布置形式
a)单环路或双环路 b)双环路或四环路 c)三环路或六环路

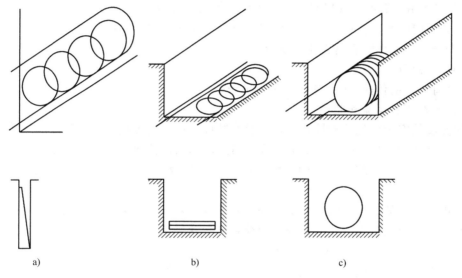

图 9-12 几种新型水平地埋管换热器的布置形式
a)竖直排圈式 b)水平排圈式 c)水平螺旋式

2)连接方式。竖直地埋管换热器和水平地埋管换热器都有并联管路和串联管路两种形式。并联管路竖直式换热器与串联管路竖直式换热器相比,U 形管管径可以更小,从而可以降低管路费用、防冻液费用。由于较小的管路更容易制作,人工费用也可能减少。如果 U 形管管径的减小使竖井直径也相应变小,钻孔费用也能相应降低。并联管路换热器同一环路集管连接的所有竖井的传热量是相同的,而串联管路换热器每个竖井的传热量是不同的。

并联管路竖直式换热器与串联管路竖直式换热器的比较结果也同样适用于并联管路水平式换热器与串联管路水平式换热器的比较。

采用并联还是串联取决于系统的大小、埋管深浅及安装成本的高低等因素。串联系统的主要优点是具有单一流体通道和同一型号的管道。由于串联系统管路管径大,因此对于单位长度埋管来说,串联系统的换热能力比并联系统的高。串联系统有许多缺点,首先,由于采用大管径管道,管内容积大,需较多的防冻液;管道成本及安装费用高于并联系统;管道不能太长,否则阻力损失太大且可靠性降低。目前,工程上以并联管路为主。需要说明的是:

对于并联管道，在设计和制造过程中必须特别注意，应确保管内水流速较高，以排走空气。此外，并联管道每个管路长度应尽量一致（偏差宜控制在10%以内），以使每个环路都有相同的流量。

3）水平连接集管。分、集水器是防冻液从热泵到地热换热器各并联环路之间循环流动的调节控制装置。设计时应注意各并联环路间的水力平衡及有利于系统排除空气。与分、集水器相连接的各并联环路的多少，取决于竖直U形埋管与水平连接管路的连接方法、连接管件和系统的大小。

（3）地埋管管材与传热介质　地埋管管材的选择，对初装费用、维护费用、水泵扬程和热泵的性能等都有影响。地埋管及管件应符合设计要求，且应具有质量检验报告和生产厂的合格证。地埋管管材及管件应符合下列规定：地埋管应采用化学稳定性好、耐腐蚀、热导率大、流动阻力小的塑料管材及管件，宜采用聚乙烯管（PE80或PE100）或聚丁烯管（PB），不宜采用聚氯乙烯（PVC）管。管件与管材应为相同材料。

传热介质应以水为首选，也可选用符合下列要求的其他介质：

1）安全，与地埋管管材无化学反应。

2）具有较低的冰点。

3）具有良好的传热特性，较低的摩擦阻力。

4）易于购买、运输和储藏。

传热介质的安全性包括毒性、易燃性及腐蚀性；良好的传热特性和较低的摩擦阻力是指传热介质具有较大的热导率和较低的黏度。可采用的其他传热介质包括氯化钠溶液、氯化钙溶液、乙二醇溶液、丙醇溶液、丙二醇溶液、甲醇溶液、乙醇溶液、醋酸钾溶液及碳酸钾溶液。

在有可能冻结的地区，传热介质应添加防冻剂。防冻剂的类型、浓度及有效期应在充注阀处注明。可选择的防冻剂包括盐类（氯化钙和氯化钠）、乙二醇（乙烯基乙二醇和丙烯基乙二醇）、甲醇、异丙基、乙醛、钾盐溶液（醋酸钾和碳酸钾）。为了防止出现结冰现象，添加防冻剂后的传热介质的冰点宜比设计最低使用水温低$3 \sim 5℃$。

地埋管换热系统的金属部件应与防冻剂兼容。这些金属部件包括循环泵及其法兰、金属管道、传感部件等与防冻剂接触的所有金属部件。同时，应考虑防冻剂的安全性、经济性及其对换热的影响。

（4）地埋管管长的确定　根据所选择的地热换热器的类型、布置形式及建筑物负荷，设计计算地热换热器的管长。与传统的空调系统设计相比，这是地源热泵空调系统设计所特有的内容，而且也不同于一般的换热器的设计计算。

地热换热器计算的基本任务：一是给定地热换热器和热泵的参数以及运行条件，确定地热换热器循环液的进出口温度，以保证系统能在合理的工况下工作；二是根据用户确定的循环液工作温度的上下限确定地热换热器的长度。根据所选择的土壤换热器的类型及布置形式，设计计算换热器的管长。但迄今为止土壤换热器的长度计算尚未有统一的规范，目前可根据现场实测土壤体及回填料热物性参数，采用专用软件计算土壤换热器的容量。在换热器设计计算时，环路集管作为安全裕量一般不包括在换热器长度内。但对于水平埋管量较多的竖直埋管系统，水平埋管应折算成适量的换热器长度。

1）确定土壤换热器容量计算所需的设计参数：

① 确定钻井参数，包括钻井的几何分布形式、钻井半径、模拟计算所需的钻井深度、钻井间距及回填材料的热导率等。

② 确定 U 形管参数，如管道材料、公称外径、壁厚及两支管的间距。

③ 确定土壤的热物性和当地土壤的平均温度，其中土壤热物性最好使用在现场实测的等效热物性值。

④ 确定循环介质的类型，如纯水或某种防冻液。

⑤ 确定热泵性能参数或热泵性能曲线，如热泵主机循环介质的不同入口温度值所对应的不同制热量（或制冷量）及压缩机的功率。

2）根据已知的设计参数按如下步骤计算土壤换热器的长度：

① 初步设计土壤换热器，包括设计土壤换热器的几何尺寸及布置方案。

② 计算钻井内热阻，根据初步设计的土壤换热器几何参数、物性参数等计算。

③ 计算运行周期内孔壁的平均温度和极值温度。

④ 计算循环介质的进出口温度、极值温度或平均温度。

⑤ 调整设计参数，使循环介质进出口温度满足设计要求。

（5）竖井、管沟数目及间距 对于竖直式埋管，知道所需的埋管长度就可以确定钻井的深度，但还要考虑钻井数目。对于水平式埋管，管沟的数目要由初始投资和占地面积等因素来确定。

《地源热泵系统工程技术规范》（GB 50366—2005）中规定，竖直地埋管换热器埋管深度宜大于 20m，钻孔孔径不宜小于 0.11m，钻孔间距应满足换热需要，宜为 3 ~ 6m。水平连接管的深度应在冻土层以下 0.6m，且距地面不宜小于 1.5m。

（6）管道压力损失计算与循环泵的选择 传热介质不同，其摩擦阻力也不同，水力计算应按选用的传热介质的水力特性进行计算。国内已有塑料管的比摩阻均是针对水而言的，对添加防冻剂的水溶液，目前尚无相应数据。为此，可参照《地源热泵系统工程技术规范》（GB 50366—2005）中给出的计算方法。

根据水力计算的结果，合理确定循环水泵的流量和扬程，并确保水泵的工作点在高效区。

（7）校核管材承压能力 校核地埋管换热器最下端管道的重力作用静压是否在其耐压范围内。换热器最下端管道的重力作用静压由循环系统最高点对该点的重力作用压力加上作用在环路最高点的所有正压决定，如果该静压超出管道耐压极限，则需换用耐压极限更高的管道或用板式换热器将土壤换热器与建筑环路分开。现场地下水的静压虽然可以起到抵消管内作用静压的作用，但除非确认地下水水位很稳定，否则不应将其抵消作用完全考虑在内。

（8）土壤换热器传热计算方法 在以半经验公式为主的土壤换热器的计算方法中，以国际地源热泵协会（IGSHPA）和美国供暖制冷与空调工程师协会（ASHRAE）共同推荐的 IGSHPA 模型方法的影响最大，我国《地源热泵系统工程技术规范》中土壤换热器的计算方法基本参考了此种方法。该方法是北美确定地下土壤换热器尺寸的标准方法，是以 Kelvin 线热源理论为基础的解析法。它是以年最冷月和最热月负荷作为确定土壤换热器尺寸的依据，使用能量分析的温频法计算季节性能系数和能耗。该能量分析只适用于民用建筑。该模型考虑了多根钻井之间的热干扰及地表面的影响，但没有考虑热泵机组的间歇运行工况，没有考虑灌浆材料的热影响，没有考虑管内的对流传热热阻，不能直接计算出热泵机组的进液温度，而是使用迭代程序得到近似的其他月平均进液温度。

竖直土壤换热器计算的基础是单个钻井的传热分析。在多个钻井的情况下，可在单井的基础上运用叠加原理加以扩展。计算土壤换热器所需的长度时按以下步骤进行：

1）根据地埋管平面布置计算土壤传热热阻。在进行土壤换热器传热分析前必须事先确定埋设地埋管的群井的平面布置结构，然后根据选定的平面布置计算土壤换热器在土壤中的传热热阻。

定义单个钻井土壤换热器的土壤传热热阻为

$$R_s(X) = \frac{I(X_{r0})}{2\pi\lambda_s} \tag{9-2}$$

式中　$X_{r0} = \dfrac{r_0}{2\sqrt{a\tau}}$，$I(X_{r0}) = \displaystyle\int_{X_{r0}}^{\infty} \dfrac{1}{\eta} e^{-\eta^2} d\eta$，为指数积分；

　　　r_0——土壤换热器埋管外半径（m）；

　　　a——土壤热扩散系数（m²/s）；

　　　λ_s——土壤热导率［W/(m·℃)］；

　　　τ——运行时间。

指数积分 $I(X)$ 可使用下列公式近似计算：

当 $0 < X \leq 1$ 时

$$I(X) = 0.5(-\ln X^2 - 0.57721566 + 0.99999193X^2 - 0.249910055X^4 +$$
$$0.05519968X^6 - 0.00975004X^8 + 0.00107857X^{10})$$

当 $X > 1$ 时

$$I(X) = \frac{1}{2X^2 e^{X^2}} \frac{A}{B}$$

$A = X^8 + 8.5733X^6 + 18.059017X^4 + 8.637609X^2 + 0.2677737$

$B = X^8 + 9.5733223X^6 + 25.632956X^4 + 21.0996553X^2 + 3.9684969$

定义多个钻井土壤换热器的土壤传热热阻为

$$R_s = \frac{1}{2\pi\lambda_s} \Big[I(X_{r0}) + \sum_{i=2}^{n} I(X_{SD_i}) \Big] \tag{9-3}$$

式中　$I(X_{r0})/(2\pi\lambda_s)$——半径为 r_0 的单管土壤换热器周围的土壤热阻；

　　　$I(X_{SD_i})/(2\pi\lambda_s)$——与所考虑的换热器距离为 SD_i 的换热器对该换热器热干扰引起的附加土壤热阻。

2）土壤换热器管壁传热热阻。U 形土壤换热器的管壁传热热阻为

$$R_p = \frac{1}{2\pi\lambda_p} \ln \frac{d_e}{d_e - (d_o - d_i)} \tag{9-4}$$

式中　d_o——管外径（mm）；

　　　d_i——管内径（mm）；

　　　d_e——当量管的外径（mm）；

　　　λ_p——管壁的热导率［W/(m·℃)］。

对于 U 形土壤换热器，当量管的外径可表示为

$$d_e = \sqrt{n d_o} \tag{9-5}$$

式中　n——钻井内土壤换热器支管数目,对于单 U 形管,$n=2$;对于双 U 形管,$n=4$。

3) 确定热泵主机的最高进液温度、最低进液温度和供冷、供热运行份额。该方法建议热泵冬季供热最低进液温度要高出当地最冷室外气温 16~22℃,夏季制冷最大进液温度以 37.8℃ 作为初始近似值。根据最高和最低进液温度选择热泵机组,从而确定机组的供热/制冷能力(CAP$_h$/CAP$_c$)及供热/制冷系数(COP$_h$/COP$_c$)。

供热运行份额 F_h 和制冷运行份额 F_c 分别由式(9-6)和式(9-7)确定,即

$$F_h = \frac{最冷月中的运行小时数}{24 \times 该月天数} \tag{9-6}$$

$$F_c = \frac{最热月中的运行小时数}{24 \times 该月天数} \tag{9-7}$$

4) 确定土壤换热器的长度。根据前面的数据,分别计算满足供热和制冷所需的换热器长度,即

$$L_h = \frac{2CAP_h(R_p + R_s F_h)}{(T_m - T_{min})}\left(\frac{COP_h - 1}{COP_h}\right) \tag{9-8}$$

$$L_c = \frac{2CAP_c(R_p + R_s F_c)}{(T_{max} - T_m)}\left(\frac{COP_c + 1}{COP_c}\right) \tag{9-9}$$

式中　L_h、L_c——供热、制冷工况下土壤换热器的计算长度(m);

CAP$_h$、CAP$_c$——热泵机组处于最低和最高进液温度下的供热、制冷能力;

COP$_h$、COP$_c$——处于最低和最高进液温度下的供热、制冷系数;

T_{min}、T_{max}——供热工况下的最小进液温度(℃)、制冷工况下的最大进液温度(℃);

T_m——土壤未受热扰动时的平均温度(℃)。

为同时满足供热、制冷的空调负荷需求,应采用两种工况下土壤换热器长度的较大者作为设计值。

5) 逐月能耗分析。根据公式使用温频法(BIN 法)进行逐月能耗分析。该方法需要根据最冷、最热月计算的埋管长度来估计其他月的流体平均温度,其估算步骤如下:①对每个月假定一个 T_{min} 或 T_{max},从而得到相应的热泵主机供热、制冷能力及性能系数;②将假定的 T_{min} 或 T_{max} 代入 BIN 法,计算每月热泵运行份额;③由公式计算每月 $T_m - T_{min}$ 或 $T_{max} - T_m$;④将假定的 T_{min} 或 T_{max} 与计算值进行比较,若假设值与计算值差的绝对值大于 0.1℃,则对 T_{min} 或 T_{max} 重新假设,重复①~③的步骤,直到得到合适的流体平均温度值。

其他较常用的半经验解析计算方法有 NWWA(National Water Well Association)模型法、Kavanaugh 模型法。前者也是以 Kelvin 线热源理论为基础,建立了线热源到周围土壤随时间变化的温度分布传热模型,是一种线源解析计算法;后者是以改进的柱热源理论为基础,建立土壤换热器(柱热源)到周围土壤随时间变化的温度分布传热模型,是一种柱热源解析计算法,详情可参阅有关文献。

9.3.5　地下水源热泵系统

1. 地下水源热泵系统的分类及特点

(1) 地下水源热泵系统的分类　地下水源热泵系统是以地下水为热源或热汇的地源热泵系统。按照地下水是否直接作为热泵的冷却介质,可以将地下水源热泵系统分为闭式环路

（间接）地下水系统和开式环路（直接）地下水系统。

闭式环路地下水系统中，换热器把地下水和热泵机组隔开，采用小温差换热的方式运行。系统所用地下水由单个井或井群提供，然后排入地下回灌。

闭式环路地下水系统有多种形式，在冬季制热工况下，主要有带有蓄热设备的分区地下水热泵系统、带有锅炉的分区地下水热泵系统和带有锅炉的集中地下水热泵系统。中央闭式环路地下水热泵系统如图9-13所示。制热工况下可以使用锅炉来辅助制热水，以限制所需的地下水源系统的规模。在制冷工况下，闭式冷却塔或其他散热装置也能起到辅助制冷却水的作用。

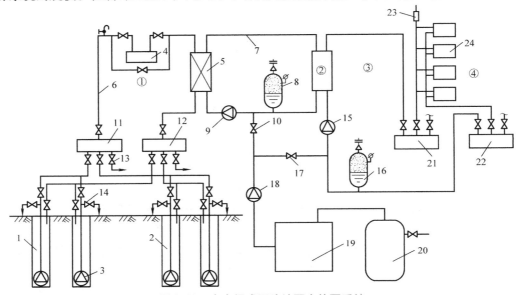

图9-13　中央闭式环路地下水热泵系统

①—地下水换热系统　②—水源热泵机组　③—热媒或冷媒管路系统　④—空调末端系统

1—生产井群　2—回灌井群　3—潜水泵　4—除砂设备　5—板式换热器　6—一次水环路系统　7—二次水环路系统
8—二次水管路定压装置　9—二次水循环泵　10—二次水环路补水阀　11—生产井转换阀门组　12—回水井转换阀门组
13—排污与泄水阀　14—排污与回扬阀　15—热媒或冷媒循环泵　16—热媒或冷媒管路系统定压装置
17—热媒或冷媒管路系统补水阀　18—补给水泵　19—补给水箱　20—水处理设备　21—分水缸　22—集水器
23—放气装置　24—风机盘管

开式地下水热泵系统是将地下水经处理后直接供给并联连接的每台热泵，与热泵中的循环工质进行热量交换后回灌。图9-14所示为开式地下水热泵系统。系统定压由井泵和隔膜式膨胀罐来完成。由于地下水中含杂质，易将管道堵塞，甚至腐蚀损坏管道，因此地下水源热泵适用于系统设备、管道材质适于水源水质，或者具有较完善的水处理、防腐、防堵措施的系统。

（2）地下水源热泵系统的特点　地下水源热泵系统除了具有地源热泵系统的一般特点外，相对于传统的供暖（冷）方式及空气源热泵具

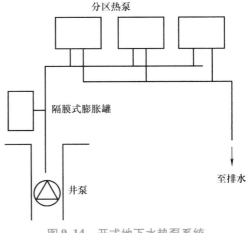

图9-14　开式地下水热泵系统

有如下特点：

1）节能性。地下水的温度相当稳定，一般等于当年全年平均气温或高 1~2℃。国内的地下水源热泵的制热系数可达 3.5~4.4，比空气源热泵的制热性能要高 40%。

2）经济性。一般来说，对于浅井（60m）的地下水源热泵不论容量大小，都是经济的；而安装容量大于 528kW，井深在 180~240m 范围时，地下水源热泵也是经济的。这也是大型地下水源热泵应用较多的原因。地下水源热泵的维护费用虽然高于土壤源热泵，但与传统的冷水机组加燃气锅炉相比还是低的。据专家初步计算，使用地下水源热泵技术，投资增量回收期为 4~10 年。

3）可靠的回灌措施。回灌是地下水源热泵的关键技术。如果不能将 100% 的井水回灌含水层内，那将带来地下水位降低、含水层疏干、地面下沉等环境问题，为此地下水源热泵系统必须具备可靠的回灌措施。

目前，国内地下水源热泵系统按回灌方式有两种类型：同井回灌系统和异井回灌系统。同井回灌系统，即取水和回灌水在同一口井内进行，通过隔板把井分成两部分：一部分是低压吸水区；另一部分是高压回水区。当潜水泵运行时，地下水被抽至井口换热器中，与热泵低温水换热、释放热量后，再由同井返回到回水区。异井回灌热泵技术是地下水源热泵最早的形式。取水和回水在不同的井内进行，从一口井抽取地下水，送至井口换热器中，与热泵低温水换热、释放热量后，再从其他的回灌井内回到同一地下含水层中。若地下水水质好，地下水可直接进入热泵，然后再由另一口回灌井回灌。

（3）地下水源热泵的适用场合　如果有足够的地下水量、水质较好，当地政府规定又允许，就应该考虑使用地下水源热泵系统。

2. 闭式环路地下水系统

闭式环路地下水系统使用板式换热器把建筑物内循环水系统和地下水系统分开，地下水由配备水泵的热源井或井群供给。

（1）热源井

1）热源井的主要形式。热源井是地下水源热泵空调系统的抽水井和回灌井的总称。热源井的主要形式有管井、大口井和辐射井等。

管井按含水层的类型划分，有潜水井和承压井；按揭露含水层的程度划分，有完整井和非完整井。管井是目前地下水源热泵空调系统中最常见的。管井的构造如图 9-15 所示，主要由井室、井管壁、过滤器、沉淀管等部分组成。

井径大于 1.5m 的井称为大口井，大口井可以作为开采浅层地下水的热源井，其构造如图 9-16 所示，它具有构造简单、取材容易、施工方便、使用年限长、容积大、能调节水量等优点。但大口井由于深度小，对潜水水位变化适应性差。

辐射井由集水井与若干呈辐射状铺设的水平集水

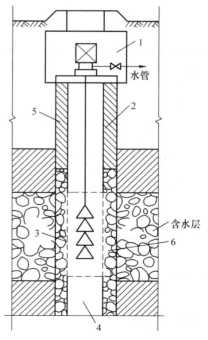

图 9-15　管井的构造
1—井室　2—井管壁　3—过滤器
4—沉淀管　5—黏土封闭　6—规格填砾

管（辐射管）组合而成。集水井用来汇集从辐射管来的水，同时又是辐射管施工和抽水设备安装的场所。辐射管是用来集取地下水的，辐射管可以单层铺设，也可多层铺设。单层辐射管的辐射井如图9-17所示。

地下水取水构筑物的形式及适用范围见表9-2。

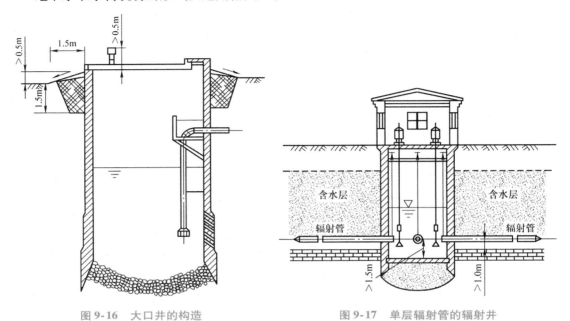

图9-16　大口井的构造　　　　　　图9-17　单层辐射管的辐射井

表9-2　地下水取水构筑物的形式及适用范围

形式	尺寸	深度	适用范围				出水量
			地下水类型	地下室埋深	含水层厚度	水文地质特征	
管井	井直径 50～1000mm，常用150～600mm	井深 20～1000m，常用300m 以内	潜水、承压水、裂隙水、溶洞水	200m 以内，常用在70m 以内	大于 5m，或有多层含水层	适用于任何砂、卵石、砾石底层及构造裂缝隙、岩溶裂隙地带	单井出水量 500～6000m³/d，最大可达到 (2～3)×10⁴m³/d
大口井	井直径 1.5～10m，常用 3～6m	井深 20m 以内，常用 6～15m	潜水、承压水	一般在10m 以内	一般为5～15m	适用于砂、卵石、砾石底层，渗透系数最好在 20m/d 以上	单井出水量 500～1×10⁴m³/d，最大为 (2～3)×10⁴ m³/d
辐射井	集水井直径 4～6m，辐射管直径50～300mm，常用 75～150mm	集水井井深 3～12m	潜水、承压水	埋深 12m 以内，辐射管距降水层应大于 1m	一般大于 2m	适用于补给良好的中粗砂、砾石层，但不可含有飘砾	单井出水量 500～1×10⁴m³/d，最大为10⁵m³/d

2）地下水的回灌。文地质条件的不同，常常影响到回灌量的大小。对于砂粒较粗的含水层，由于孔隙较大，相对而言，回灌比较容易。但在细砂含水层中，回灌的速度大大低于

抽水速度。表9-3列出了我国针对不同地下含水层情况，典型的灌抽比、井的布置和单井出水量。

表9-3 不同地质条件下地下水系统的设计参数

含水层类型	灌抽比（%）	井的布置	井的流量/(t/h)
砾石	>80	一抽一灌	200
中粗砂	50~70	一抽二灌	100
细砂	30~50	一抽三灌	50

① 回灌水的水质。对于回灌水的水质要求好于或等于原地下水水质，回灌后不会引起区域性地下水水质污染。实际上，地下水经过水源热泵机组或板式换热器后，只是交换了热量，水质几乎没有发生变化，回灌一般不会引起地下水污染。

② 回灌类型、回灌量。根据工程场地的实际情况，可采用地面渗入补给、诱导补给及注入补给。注入补给一般利用管井进行，常采用无压（自流）、负压（真空）及加压（正压）回灌、单井抽灌等方法。无压回灌适用于含水层渗透性好、井中有回灌水位和静水位差的情况。负压回灌适用于地下水位埋藏深（静水位埋深在10m以下）、含水层渗透性好的情况。加压回灌适用于地下水位高、透水性差的地层。对于抽灌两用井，为防止井间互相干扰，应控制合理井距。

③ 单井抽灌。从原理上讲，单井抽灌是在地下局部形成抽灌的平衡和循环，如图9-18所示，深井被人为地分隔为上部的回灌区和下部的抽水区两部分。当系统运行时，抽水区的水通过潜水泵提升到井口换热器，与热泵机组进行换热后，通过回水管回到井中。抽水区的水被抽吸时，抽水区局部形成漏斗。回灌的回灌水在水头压力的驱动下，从井的四周往抽水区渗透，因此单井抽灌兼具负压回灌及加压回灌的优点，在此过程中完成回灌水与

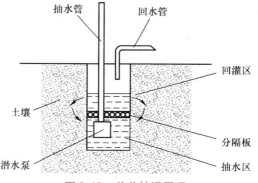

图9-18 单井抽灌原理

土壤的换热。此时回灌水所经过的土壤，就成为一个开放式的换热器。单井抽灌变多井间的小水头差为单井的高水头差，因此，单井抽灌比多井更容易解决水的回灌问题，同时还有占地面积小的优点。在实际应用中，单井回灌技术一般适用于供热/制冷负荷较小的情况。

（2）板式换热器 在闭式地下水源热泵系统中常采用板式换热器作为地下水和水源热泵冷却水的换热器。板式换热器的特点：优良的导热性能，紧凑且易扩容，可以用耐腐蚀的材料制作，造价较低，可拆卸进行维护。

当板式换热器需要在供冷和供热两种工况下运行时，需要比较两种工况下地下水侧设计流量，取其较大值作为选择换热器的依据。计算地下水侧设计流量的步骤如下：

1）确定制冷和供热设计工况下地下水源侧的进水温度（T_{gw}）。该温度就是使用地点的地下水温度的每年最高值和最低值。

2）明确循环水运行温度范围对地下水水泵出水量的影响。运行的温度范围越大，则地下水水泵出水量越低。实际选择的温度对地下水的水量需求有巨大影响。使用进水温度范围

较大的热泵，可以使循环水的运行温度范围更大。

3）计算制冷工况下，地下水侧设计流量。

① 计算循环水侧温差 ΔT_{wl}。

$$\Delta T_{wl} = \frac{Q_R}{\rho_{wl} c_{wl} G_{wl} C_{af}} \tag{9-10}$$

$$C_{af} = \frac{\rho_{af} c_{af}}{\rho_{wl} c_{wl}} \tag{9-11}$$

式中　ΔT_{wl}——循环水侧温差（℃）；

　　　Q_R——设计释热量（kW）；

　　　G_{wl}——循环水侧设计流量（m³/s）；

　　　ρ_{wl}——循环水的密度（kg/m³）；

　　　c_{wl}——循环水的比热容[kJ/（kg·℃）]；

　　　C_{af}——循环水中使用防冻液的修正系数；

　　　ρ_{af}——防冻液的密度（kg/m³）；

　　　c_{af}——防冻液的比热容[kJ/（kg·℃）]。

② 计算循环水侧进水温度 T_{wl}。

$$T_{wl} = T'_{wl} + \Delta T_{wl} \tag{9-12}$$

式中　T'_{wl}——循环水侧的出水温度，即水源热泵机组的实际进水温度（℃）。

③ 选择换热器循环水侧出水与地下水侧回水的逼近温差（ΔT_{app}），一般为 1～3℃。

④ 计算地下水侧回水温度 T'_{gw}。地下水侧的回水温度（T'_{gw}）应在 10℃ 以内或低于热泵循环水的进水温度，两者之间的微小逼近温差为 ΔT_{app}。

$$T'_{gw} = T'_{wl} - \Delta T_{app} \tag{9-13}$$

式中　T'_{gw}——地下水侧回水温度（℃）。

⑤ 计算地下水侧的温差 ΔT_{gw}。

$$\Delta T_{gw} = T'_{gw} - T_{gw} \tag{9-14}$$

式中　ΔT_{gw}——板式换热器地下水侧的地下水温差（℃）；

　　　T_{gw}——板式换热器地下水侧的进水温度（℃），当地地下水最高温度和土壤平均温度可作为地下水温度的近似值。

⑥ 计算制冷工况下，地下水侧设计流量 G_{gw}。

$$G_{gw} = \frac{Q_R}{\rho_{gw} c_{gw} \Delta T_{gw}} \tag{9-15}$$

式中　G_{gw}——制冷工况下，地下水侧的设计流量（m³/s）；

　　　ρ_{gw}——地下水的密度（kg/m³）；

　　　c_{gw}——地下水的比热容[kJ/（kg·℃）]。

4）计算供热工况下，地下水侧的设计流量。

① 计算循环水侧温差 ΔT_{wl}。

$$\Delta T_{wl} = \frac{Q_H}{\rho_{wl} c_{wl} G_{wl} C_{af}} \tag{9-16}$$

式中　Q_H——设计吸热量（kW）。

② 计算循环水侧的进水温度 T_{wl}。

$$T_{wl} = T'_{wl} - \Delta T_{wl} \tag{9-17}$$

式中 T'_{wl}——循环水侧的出水温度（℃），即水源热泵机组的实际进水温度。

③ 计算地下水侧的进水温度。选择换热器循环水侧出水与地下水侧回水的逼近温差（ΔT_{app}），一般为 $1 \sim 3$℃。同时保证地下水侧的进水温度大于 1℃。

$$T'_{gw} = T'_{wl} + \Delta T_{app} \tag{9-18}$$

④ 计算地下水侧的温差 ΔT_{gw}。

$$\Delta T_{gw} = T_{gw} - T'_{gw} \tag{9-19}$$

式中 T_{gw}——板式换热器地下水侧的进水温度（℃），可取当地地下水最低温度。

⑤ 计算供热工况下，地下水侧设计流量 G_{gw}。

$$G_{gw} = \frac{Q_H}{\rho_{gw} c_{gw} \Delta T_{gw}} \tag{9-20}$$

5）根据计算出的两个设计地下水流量的较大值确定板式换热器的类型。换热器循环水侧的阻力损失用来进行建筑物内水泵的选型，地下水流量用来进行地下水管路的设计和选型。

（3）水井水泵 首先确定水井、板式换热器及排水系统之间的管路，然后计算水井水泵的扬程。有三种不同的设计方案：使用不带排气管的回水立管向地表排水；使用带排气管的回水立管向地表排水；使用不带排气管的回水立管向回灌井回灌。在设计中，应尽可能使用不带排气管的方案，因为带有排气管的回水立管噪声大，易产生水锤，并且与大气的不断接触容易在系统中产生腐蚀现象。这三种地下水设计方案的水井水泵的扬程确定如下：

1）使用不带排气管的回水立管向地表排水。水泵的扬程为季节性水泵最低吸水平面到地下水循环系统管道最高点的竖直高度、污水井中回水立管的竖直淹没高度、井泵和进入污水池的回水立管之间的管道阻力与虹吸作用产生的压头的差值这三项之和。

2）使用带排气管的回水立管向地表排水。水泵的扬程为季节性水泵最低吸水平面到地下水循环系统管道最高点的竖直高度与井泵和进入污水井的回水立管之间的管道沿程水头损失这两项之和。

3）使用不带排气管的回水立管向回灌井回灌。水泵的扬程为运行期间供水井季节性水泵最低吸水平面至回灌井最高水平面的竖直高度，回灌井中回水立管的竖直淹没高度，井泵和回灌井中回水立管之间的管道沿程水头损失，阀门的背压与虹吸作用产生的压头的差值这四项之和。

在能够输送设计水流量的条件下选择最接近最佳运行效率的最小水泵。井泵运行原则如下：

1）板式换热器循环水的温度接近温度的上限或下限时，水泵应分级起动。

2）水泵应按顺序交替轮班工作。

3）如果地下水温度预计会达到 10℃ 或者在建筑物核心区要求冷却塔等散热装置全年运行或有全年供冷要求，那么在核心区机组上加装水侧节能器是有利的。当地下水的温度低于 10℃ 时，为了使系统能够全年运行，需要重新设定温度上限。一旦地下水温度升高，就要恢复对温度上限的控制。

3. 开式地下水系统

经验表明在低温地下水系统中，存在腐蚀和结垢的潜在可能性，使用开式地下水热泵系统时应具备以下几个条件：地下水水量充足，水质好，具有较高的稳定水位，建筑物高度低（降低井泵能量损耗），内部热回收潜力小（如果有）。首先，对地下水进行完整的水质分析是非常重要的，它可以确定地下水是否达到了高标准的水质要求，并且能鉴别出一些腐蚀性物质及其他成分，这些腐蚀性物质会影响热泵的换热器和其他部件的选择。

开式地下水系统的定压由井泵和隔膜式膨胀罐来完成。在供水管上设置电磁阀或电动阀用于控制在供热或供冷工况下向系统提供的水流量。阀门被安装在热泵的换热器出口，使其维持一定的压力，这样也可以防止换热器结垢。为了解决一些腐蚀问题，推荐使用铜镍合金换热器。但是当水中含有硫化氢或氨成分，则不能使用铜镍合金换热器。

开式地下水系统的设计步骤如下：

1）选择地下水井群与建筑物开式系统的接口方式。在井群与开式系统之间设置一个除污器，并设置旁通管，以方便拆除和维修除污器。在开式系统中，热泵供水干管与除污器之间的供水管上设置隔膜式膨胀罐，每根供水管均设置关断阀和泄水管。

2）热泵布置。热泵按排布置，每台热泵都与供水管和排水管连接。供水管起始端与供水干管相连，排水管末端与回水立管相连，然后接入排水系统。

3）计算每组供水管和排水管的流量。把在此组管线上所有热泵的设计流量相加即可得到，流量一般为 $0.34 \sim 0.45 \text{kg/h}$。峰值流量可能由供热工况决定，也可能由供冷工况决定，设计流量取供冷工况水流量与供热工况水流量的较大者。

4）计算回水立管设计水流量。回水立管设计水流量是与回水立管相连的所有排水管流量之和。

5）确定从潜水泵至膨胀罐或板式换热器的管道管径，应根据设计水流量确定。

6）管材选择。在当地政府许可的情况下，开式地下水系统可选用铜管或 PVC 管，在对管材有强度要求的地方不应使用 PVC 管。

7）确定隔膜式膨胀罐出口侧每段管道的管径：比摩阻一般小于或等于 39Pa/m，当管径 $<50\text{mm}$ 时，流速 $\leqslant 1.2\text{m/s}$；当管径 $\geqslant 50\text{mm}$ 时，流速 $\leqslant 2.4\text{m/s}$。

8）调节阻力，设定流量。管道的流量不同，其管径也不同。每个热泵应设置球阀，用于调节阻力损失，以最终设定流量。

9）确定最大、最小管径。根据管路总流量确定总管管径（即供水管的起始端、排水管的末端）。然后选择供水、回水管道末端的最小管径，根据供水、回水管线上第一个或最后一个机组的较大水流量确定这个管道末端的管径，并且阻力损失小于 39Pa/m。两末端之间管段的管径在每个热泵处改变或者依据上述最大管径和最小管径之间的标准管径改变，管径的改变量应采用较小值。

10）确定回水立管管径。如果回水立管没有排气管，选择适当的管材并根据每个管段流量确定管径，而每个管段流量是根据在此之前讲述的最大流速或阻力损失的标准来确定的。如果回水立管有排气管，使用标准的排气废水管。

11）选择局部阻力附件。根据需要选择堵头、三通管、异径三通、两异径管段之间的转接头以及弯头，完成开式系统管道的设计。

12）计算开式系统并联管路的阻力损失。选择从隔膜式膨胀罐内侧到回水立管（如果排气）或到排水系统出口之间（如果不排气）具有最大摩擦阻力的管段（一般是最长的管段）进行计算。

13）计算隔膜式膨胀罐出口侧的压头。同闭式环路地下水系统一样，压头取决于排水系统的设计以及优先选用不带有排气管的方案。分为以下三种情况：

① 使用不带排气管的回水立管向地面排水。该压头等于膨胀罐到开式系统供水、排水管最高点的竖直距离，运行期间回水立管出口的竖直淹没高度，上面计算得出的并联管路最大水头损失，具有最大水头损失的热泵换热器的水头损失与虹吸作用产生的水头的差值这四项的总和。

② 使用带排气管的回水立管向地面排水（即没有虹吸作用）。该压头等于从膨胀罐到开式系统供水、排水管最高点的竖直距离，膨胀罐到回水立管末端之间并联管路的最大水头损失，具有最大水头损失的热泵换热器的水头损失这三项的总和。

③ 使用不带排气管的回水立管向回灌井回灌。该压头等于从膨胀罐到系统供回水管最高点的竖直距离，运行期间回水立管在回灌井中的淹没深度，并联管路中从膨胀罐至回灌井中的排水口之间管段的最大沿程水头损失，具有最大水头损失的热泵换热器的水头损失这四项的总和。

14）选择膨胀罐。膨胀罐的压力下限等于隔膜式膨胀罐的出口侧计算所得的压力，它主要取决于上面描述的三种设计方案。膨胀罐最小容积的数值为设计水流量数值的两倍。膨胀罐的压力上限等于压力下限加上 6860Pa。

15）选择潜水泵及回灌井与膨胀罐之间的管道尺寸。潜水泵的扬程是供水井预计的水泵最低抽水水面与膨胀罐竖直高度和膨胀罐压头上限之和。根据井的水流量和上面计算得出的从膨胀罐到回水立管或出水口的压头损失，初步选择一个水泵。选择的水泵在设计工况下的扬程应比计算得到的压头高，并且是在水泵的最高效率点附近运行。

确定从潜水泵到隔膜式膨胀罐之间管道的管径后，计算这段管道的压头损失，这个压头损失就是满足流量要求的潜水泵的扬程与计算得到的压头的差值。

通过管道的比摩阻≤400Pa/m 的条件及相应的井水流量，可选出最小的标准管径。每个供水井管道设计均按此方法进行。

供水干管的水流量是总设计水流量，而不是单个井的水流量。对于这部分管道的最大阻力损失应按照摩擦阻力最大的水井支管计算。

16）开式系统管道保温层的厚度计算。依据以下几个参数选定：选择的保温层类型、环路的预计最低温度、建筑物内空气温度、建筑物内空气的最大相对湿度、管径等。

9.3.6　地表水源热泵系统

1. 地表水源热泵系统的分类及特点

地表水源热泵系统通过直接或间接换热的方式，利用江水、河水、湖水、水库水以及海水作为热泵的冷热源。在制热的时候以水作为热源，在制冷的时候以水作为排热源。地表水的性质直接影响地表水源热泵系统的运行效率。

（1）地表水的性质　地表水作为地源热泵系统的冷热源，主要涉及水温和水质两方面问题。一般 5～38℃的地表水能够满足水源热泵的运行要求，而最适宜的水温是 10～22℃。水体若含氧量较高，则腐蚀性强；若矿化度较高、杂质和沉淀物多，则易使设备及系统结垢，长时间运行后使系统效率下降，并且会增加设备维护量，同时也影响设备寿命。因此，作为地源热泵系统冷热源的水体，应当水质良好、稳定，处理起来比较简单，否则会使系统工艺复杂或投资增大。海水和城市污水的情况比较复杂，需要特殊对待。

不同水源的水体特性见表 9-4，选择地表水源热泵的冷热源时应该综合考虑。

表 9-4 不同水源的水体特性

水源	固态污染物的质量分数（平均，近似）	腐蚀性	可否直接进机组蒸发器与冷凝器	冬、夏季温度范围
浅层地下水	很小	弱	可	在当地年均温附近
污水处理厂中的二级出水	不稳定	弱	可	15~30℃，夏季高，冬季低
江水、河水、湖水	0.003%（黄浦江）	弱	不可	接近当时大气湿球温度
海水	0.005%	强	不可	略高于当时大气湿球温度
城市污水渠中的原生污水	0.3%	弱	不可	当地自来水温度与当时日均外温的平均值

（2）地表水源热泵系统的组成　地表水源热泵系统一般由水源系统、水源热泵机房系统和室内供暖空调系统三部分组成。其中，水源系统包括水源、取水构筑物、输水管网和水处理设备等。

（3）地表水源热泵系统的分类　根据热泵机组与地表水连接方式的不同，可将地表水源热泵分为两类：开式地表水源热泵系统和闭式地表水源热泵系统。

开式系统是直接将地表水经处理后引入热泵机组或板式换热器，换热后排回原水体中，如图 9-19a 所示。闭式系统是将中间换热装置放置在具有一定深度的水体底部，通过中间换热装置内的循环介质与水体进行换热，即地表水与机组冷媒水通过中间换热装置隔开，如图 9-19b 所示。

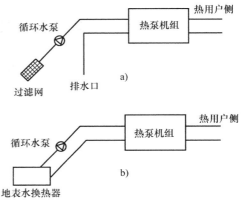

图 9-19　地表水源热泵系统的类型
a）开式系统　b）闭式系统

（4）地表水源热泵的特点　除了具有地源热泵系统的一般特点以外，在冬季应用地表水源热泵系统还能避免空气源热泵冬季运行时结霜的问题，并且比地下埋管方式一次性投资要少许多，尤其在大型项目上更划算。

1）开式系统的特点。地表水开式换热系统的换热效率较高，初始投资较低，适合于区域供冷、供热等容量较大的场合。如果水体较深，水体底部的温度较低，夏季可以直接利用水体底部的低温水对新风或空调房间的回风进行预冷。将温水排放到温度较高的水域上层，对水体温度的影响较小。

由于需要将地表水提升到一定的高度，因此开式系统的水泵扬程较高。另外，因为开式系统是直接将地表水引入热泵机组或板式换热器，所以对水质要求较高。

2）闭式系统的特点。闭式系统容量一般比较小，通常与水-空气热泵机组相连。由于不需要将地表水提升到较高的高度，闭式系统循环水泵的扬程低于开式系统。虽然闭式系统内部结垢的可能性小，但是盘管的外表面往往会结垢，使外表面传热系数降低。

如果地表水换热器设于公共水域，有可能遭到人为的破坏。当水体比较浅时，水温受室外大气温度的影响比较大。

（5）目前在地表水源热泵系统应用中存在的问题

1）基础水温数据不全。由于国家没有准确的数据监测，使设计方不能明确取水点温度的全年变化情况；而现有数据难以适应地表水源热泵的设计需要。

2）地表水温受周围空气温度影响很大，尤其在取水点不够深的时候更是如此。夏季气温高时水温也高，机组的效率降低，出力下降。冬季气温最低的月份水温也最低，若地表水的最低温度低于4℃并采用开式系统，主机就有结冰的危险。

根据部分工程实践经验，如果取水点不够深，夏季可以利用喷泉、人工景观等加速地表水的自然蒸发冷却，降低水体温度。最好的方法是采用蓄冷技术来补充高温时刻的出力不足。冬季可利用建筑物本身或附近的中水热量来预热地表水，也可增加辅助热源预热地表水或在供热高峰负荷期间，补偿地表水温度低带来的供热不足。

3）热泵所产生的冷热水循环温差不大，使循环水量增加。如果取水点距离用水设备过远，则不经济。因此，设计时必须要避免水泵能耗过高使系统失去节能的优越性。

4）大规模应用时，水体温度以及生态环境的影响未经过测试。

（6）地表水源热泵的适用范围

1）适用于夏季有供冷需要、冬季有供暖要求，而且冬季水温不过低的区域，比如冬冷、夏热地区。或者对冷热水同时都有需求的场所，如配置游泳馆的宾馆、度假村等。

2）适用于建筑物附近有可以利用的江水、河水、湖水、海水水源的建筑工程。最好可以实现区域供热、供冷。

地表水系统分开式和闭式两种，开式系统类似于地下水系统，闭式系统类似于地埋管系统。但是地表水体的热特性与地下水或地埋管系统有很大不同。

与地埋管系统相比，地表水系统的优势是省去了钻孔或挖掘费用，投资相对低；缺点是设在公共水体中的换热管有被损坏的危险，而且如果水体小或浅，水体温度随空气温度变化较大。

（7）地表水热源和环境评价　设计前应对所选地表水热源本身及其对环境影响进行评价。

1）地表水热源评价。

① 水温评价。预测地表水系统长期运行对水体温度的影响，避免对水体生态环境产生影响。地表水体的热传递主要有三种形式：一是太阳辐射热；二是与周围空气间的对流换热；三是与岩土体间的热传导。由于很难获得水体温度的实测数据，而决定水温变化的因素中，最重要的是同大气的换热，因此通常水体温度是根据室外空气温度，通过软件模拟计算获得的。确定换热盘管敷设位置及方式时，应考虑对船只航行等水面用途的影响。

② 水量评价。考虑到机组运行的稳定性，以及周围情况的限制，所有机组全工况运行下，应能满足其使用水量要求。

③ 水质评价。地表水水质达到国家Ⅲ类水及以上标准，可以直接进入水源热泵机组主机。

由于水中富有腐蚀、结垢等离子，因而地表水与换热器进行热交换时，必须处理好控制腐蚀、结垢和水生生物附着等问题。我国有着很长的海岸线，海水作为热容最大的水体，理应成为地表水系统的首选低位热源。但海水对设备的腐蚀性成为海水源热泵发展的一个瓶颈。为此《地源热泵系统工程技术规范》中特别对海水源系统做了如下规定："当地表水体为海水时，与海水接触的所有设备、部件及管道应具有防腐、防生物附着的能力；与海水连通的所有设备、部件及管道应具有过滤、清理的功能。"

2）环境评价。

① 环境热评价。《地表水环境质量标准》（GB 3838—2002）中规定：中华人民共和国领域内江、河、湖泊、水库等具有适用功能的地面水水域，人为造成的环境水温变化应限制在：夏季周平均最大温升≤1℃，冬季周平均最大温降≤2℃。

② 排放环境水质评价。江水进入水源热泵机组或板式换热器之前已进行预处理，故机组排放水的水质应好于进入的江水水质。

2. 开式地表水源热泵系统

开式系统设计的关键是取、排水口和取水构筑物的设计。通常情况下，取、排水口的布置原则是上游深层取水，下游浅层排水；在湖泊、水库水体中，取水口和排水口之间还应相隔一定的距离，保证排水再次进入取水口之前温度能得到最大限度的恢复。

（1）取水构筑物的形式　从水源地向水源热泵机房供水，需要建设取水构筑物。按水源种类的不同，地表水取水构筑物可分为河水、湖水、水库水和海水取水构筑物；按结构形式，地表水取水构筑物可分为活动式和固定式两种。活动式地表水取水构筑物有浮船式和活动缆车式。较常用的是固定式地表水取水构筑物，其种类较多，但一般都包括进水口、导水管（或水平集水管）和集水井。地表水取水构筑物受水源流量、流速、水位影响较大，施工较复杂，要针对具体情况选择施工方案。

1）泵船取水形式。取水机泵、电控设备均设在泵船上，机泵出口与输水管道之间为软塑管接口，接口点根据水源水位变化情况设置多处，以适应水源水位变幅要求，如图9-20所示。

2）岸边固定泵站取水形式。在圩堤外坡上修建固定井筒式泵站，取水泵、电控设备均设在泵站内。该泵站必须满足最低设计水位下的生产要求，同时又要满足最高洪水位下的防洪安全，如图9-21所示。

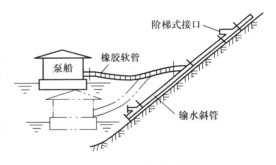

图9-20　泵船取水构筑物

3）堤后泵站取水形式。把取水头部设在堤外江中，满足设计取水要求，泵站设在堤后平台上。泵站与取水头部用吸水管道穿堤连接，如图9-22所示。

（2）取水构筑物形式的比较

1）泵船取水构筑物的优点是能够最大限度地适应水位涨落，但是若地表水水位变幅较大，则管道接口的换接过于频繁，操作复杂；若来往停靠船只较多，还将直接影响泵船的安全。

2）岸边固定泵站取水构筑物取水的最大优点是操作管理较泵船取水方便，但岸边固定

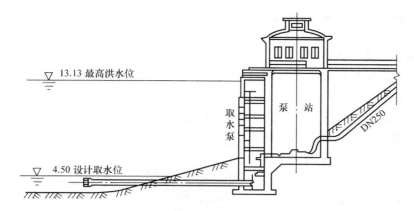

图 9-21 岸边固定泵站取水构筑物

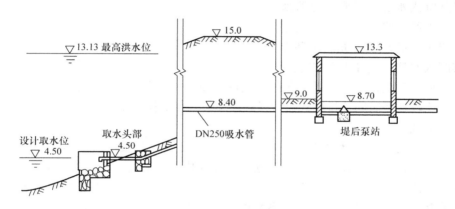

图 9-22 堤后泵站取水构筑物

泵站侵占了部分航道,同时又改变了汛期洪水的局部流态,给船舶航运、取水构筑物本身都增加了不安全因素。

3)堤后泵站式取水构筑物的最大优点是操作管理较岸边固定泵站更方便,又无侵占航道之忧(建在堤后平台处或农田上)。该取水构筑物由于基础埋深较浅,其设计难度、处理费用均较岸边固定泵站小,并且堤后、堤外建筑物施工相互独立,可同时进行,工期较短。但埋设穿堤引水管道需破堤,工程土方量有所增加。

(3)设计要点 在夏季制冷时,由于地表水的温度总是低于空气温度,机组运行效率比较高。冷却水侧流量应根据放热负荷的大小,按照5℃温差设计即可。在冬季制热时,必须保证机组换热器出口水温在2℃以上,因此水侧进出口温差一般保持在3℃以内,每千瓦热负荷的最佳流量为0.083L/s。

在气候寒冷地区,若冬季地表水温度在5℃以下时,则不适宜用开式热泵系统。

3. 闭式地表水源热泵系统

(1)系统特点 与土壤源热泵系统相同,闭式地表水源热泵系统设计的关键是换热器的设计。湖水的温度变化更复杂,比地下土壤或地下水的温度更难预测。

当湖水有足够的深度时,湖水温度存在分层现象,当水深超过10m时,夏季湖底部水温几乎保持不变。对于河水,一年四季中水温的变化比较大。

在冬季，湖水表面的温度最低，而湖底部的水温一般比水面高 3~5℃，可作为热泵机组的良好热源，特别是当湖面结冰以后，冰作为一个天然的保温层，使得底部的水不受表面冷空气的影响，效果会更好。

（2）地表水换热器的材料　制作地表水换热器最常用的材料是高密度聚乙烯塑料管，因此地表水换热器一般主要是指塑料盘管换热器。在美国也有采用铜管来制作换热器的，铜管导热性能比聚乙烯管要好，但使用寿命不如聚乙烯管长。

（3）塑料盘管换热器的类型　塑料盘管换热器有盘卷式和排圈式两种类型，如图 9-23 所示。盘卷式盘管换热器是指将塑料盘管捆绑成松散的线圈状，在底部加上混凝土块或石块等重物将其沉入水底。排圈式盘管换热器是指在水面上将塑料盘管架设平铺成有一定重叠的环状，充满循环介质后将其沉入水底。由于盘卷式盘管

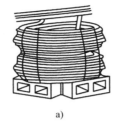
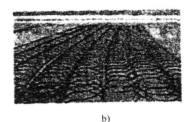

a)　　　　　　　　　　　b)

图 9-23　塑料盘管换热器
a）盘卷式　b）排圈式

换热器往往相互重叠，在盘管周围存在"热点"或"冷点"，故传热效率比排圈式差，在制作安装时也比较耗费时间。排圈式盘管换热器单位长度的换热量比盘卷式大，因此所需换热器的长度大大减小。

（4）中间循环介质　闭式系统一般采用清水作为循环介质。当冬季地表水温度在 5~7℃时，若换热器的进出口温差为 5℃，则可能导致热泵机组入口水温低于 0℃，此时必须采用防冻液。常用的防冻液有丙烯乙二醇、乙烯乙二醇、甲醇水溶液和乙醇水溶液。

（5）盘管换热器的流量对总传热系数的影响　盘管换热器的流量即管内流速，对总传热系数影响不大，主要热阻为管壁导热热阻，因此只要保证流动为湍流即可。每千瓦冷负荷的循环介质适宜流量为 0.05L/s，换热器的管径为 25~40mm。

（6）盘管换热器的设计步骤

1）确定换热器的形式，即确定采用盘卷式或排圈式。

2）根据建筑物的冷负荷和单位冷负荷的液体适宜流量，初步确定换热器的盘管直径。

3）查出或测出地表水温度，然后分别确定夏季和冬季换热器的传热温差。当换热器传热温差一定时，热泵机组换热器的入口温度即可确定。

4）根据换热器的类型、管径和传热温差，即可计算得到单位冷负荷和热负荷所需的换热器长度。

5）根据建筑物的冷热负荷分别求出冷、热负荷所需的换热器长度，取其中最大值作为换热器的实际长度。

6）确定换热器总的循环流量，并求出所需并联的环路数量。

4. 特殊地表水源热泵

（1）海水源热泵　海洋面积约占地球表面积的 71%，汇集了地球 97% 的水量。海水不但容量巨大，而且比热容也较大，温度变化迟缓。夏季，海水的温度远低于环境空气温度；冬季，海水的温度又远高于环境空气温度，其温度极值出现的时间也比气温延迟一段时间。受大洋环流、海域周围具体气候条件的影响，近海域海水温度会因地因时而异，同时，海水

温度也会随其深度而变化（见表9-5）。海水具有良好的热泵冷热源的温度特性。

表 9-5 我国四大海区的海水温度分布

月份	深度/m	海水温度/℃		
		黄海、渤海	东海	南海
2 月	25	0 ~ 13	9 ~ 23	17 ~ 27
	50	5 ~ 12	11 ~ 23	19 ~ 26
5 月	25	6 ~ 11	10 ~ 26	23 ~ 29
	50	5 ~ 12	12 ~ 25	22 ~ 27
8 月	25	8 ~ 25	20 ~ 28	21 ~ 29
	50	7 ~ 16	15 ~ 27	21 ~ 29
11 月	25	12 ~ 19	20 ~ 26	22 ~ 28
	50	9 ~ 20	20 ~ 25	24 ~ 28

1）海水对设备和管道的腐蚀与海洋附着生物造成的管道和设备的堵塞是海水源热泵利用的两个重要问题。

① 由于海水含盐量高，且成分复杂，仅海水的电导率就比一般淡水高两个数量级，这就决定了海水腐蚀时电阻性阻滞比淡水小得多，海水较淡水有更强的腐蚀性。海水所含盐分中氯化物比例很大，与海水接触的大多数金属（如铁、钢等）都很容易受到腐蚀。

② 海洋附着生物十分丰富，有海藻类、细菌、微生物等。它们在适宜的条件下大量繁殖，附着在取水构筑物、管道与设备上，严重时可造成堵塞，并且不易清除。海洋生物的附着也会造成管路局部腐蚀，降低设备的使用寿命。

2）目前较常用的防腐措施和技术如下：

① 选用耐腐蚀材料。对于海水换热器来说，当流速较低时可以采用铜合金；设备要求的可靠性高时，应选用镍合金或钛合金。

② 管道涂层保护。普遍使用的涂料有环氧树脂漆、环氧沥青涂料以及硅酸锌漆。

③ 阴极保护。通常的做法有牺牲阳极的阴极保护法和外加电流的阴极保护法。

3）防治和清除海洋附着生物的措施和技术如下：

① 设置拦污栅、格栅、筛网等粗过滤和精过滤装置。

② 投放氧化型杀生剂（氯气、二氧化氯、臭氧）或非氧化型杀生剂（十六烷氰尿酸酯）等药物。

③ 用电解海水法产生的次氯酸钠杀死海洋生物幼虫或虫卵。

④ 涂刷防污涂料进行防污。

（2）污水源热泵　排入城市污水管网的各种污水的总和称为城市污水，包括生活污水、各种工业废水，还有地面的降雨、融雪水。城市污水中夹杂各种垃圾、废物、污泥等。城市污水具有水量大、水质成分复杂、冬暖夏凉等特点。与河水水温、气温相比，城市污水温度冬季最高，夏季最低。城市污水的温度一年四季比较稳定，变化幅度较小，冬季即使气温在0℃以下时，城市污水温度也达到 10 ~ 18℃，夏季即使气温在35℃以上时，城市污水温度仅为 20 ~ 28℃。

污水源热泵系统取水换热过程为非循环利用，水体经过热交换后直接排走，而且污水源水质不稳定，包含了大小不同的污物及溶解性化合物。因此，污水源热泵系统的取水换热在实际应用中存在堵塞、结垢和腐蚀等问题。

从热能利用的角度，城市污水主要分为三类：原生污水、一级污水和二级污水。原生污水就是未经任何处理的污水；一级污水是原生污水经过汇集输运到污水处理厂后，经过格栅过滤或沉砂池沉淀等物理处理后的污水；一级污水经过活性污泥法或生物膜法等生化方法处理后就称为二级污水。多数污水处理厂排放的污水为二级污水。

原生污水广泛存在于城市的污水管道中，所赋存的热能多，但水质恶劣。一级污水基本上避免了大尺度污杂物的堵塞问题，缓解了换热面的结垢程度，但是在缓解腐蚀方面改善不明显。二级污水在结垢和腐蚀方面有了进一步的改善，且其热工特性和流变特性与清水差别不大。由于污水处理厂多位于偏僻之地，一级污水和二级污水都存在着空间局限性问题，因此原生污水在污水源热泵系统利用中占主导地位，但所面临的难题也最多。

由于污水处理的最低费用要高于从污水中提取热量或冷量的价值，污水源热泵系统只能进行初步除污，因此堵塞、结垢及腐蚀问题是不可避免的。

目前，国内已经开发出专用的防堵装置和污水换热器，效果较好。但污水换热器的污染结垢问题依然是需要解决的前沿问题。

一般通过采用耐腐蚀材料来解决腐蚀问题。鉴于金属合金价格昂贵，非金属材料换热效果较差，因此也有人建议采用普通碳素钢材料。普通碳素钢比较经济实用，只要定期更换即可。虽然城市污水水质极差，但其 pH 值却近似为 7，腐蚀问题并不是非常严重。

城市污水量一般为城市供水量的 85% 以上，热能利用的潜力巨大。冬季取其 5℃ 温差的显热就可以为北方城市 10% 的建筑物供暖。若能开发出水的潜热利用技术，则可解决包括城市污水在内的地表水的水量不足或水温过低问题，利用地表水地源热泵系统甚至仅利用污水源热泵系统，就能基本满足整个城市的供暖需求。

9.4 热泵的应用

简而言之，只要在需要热能的地方，就有热泵的应用机会。随着社会对节约能源、保护环境要求的提高和热泵本身技术的发展，热泵这种高效制热技术的综合优势正在得到充分发挥，其应用领域也在不断被拓展。

9.4.1 热泵在食品、生物制品及制药工业中的应用

洗涤、杀菌、蒸发浓缩或蒸馏、干燥、冷藏是食品、生物制品、药品生产中的基本环节，尤其是干燥、蒸发浓缩或蒸馏环节，热量消耗很大，同时又有很多废热排出，特别适合应用热泵来提高其能源效率。

1. 热泵干燥装置

（1）工作原理　热泵与各种干燥装置结合组成的干燥装置称为热泵干燥装置。热泵应用于干燥过程的主要原理是利用热泵蒸发器回收干燥过程排气中的放热，经压缩升温后再加热进入干燥室的空气，从而大幅度降低干燥过程的能耗。热泵装置干燥的原理如图 9-24 所示。

（2）热泵干燥的主要特点

1）可实现低温空气封闭循环干燥，物料干燥质量好。通过控制热泵干燥装置的工况，使进干燥室的热干空气的温度为20~80℃，可满足大多数热敏物料的高质量干燥要求；干燥介质的封闭循环，可避免与外界气体交换所可能对物料带来的杂质污染，这对食品、药品或生物制品尤其重要。此外，当物料对空气中的氧气敏感（易氧化或燃烧爆炸）时，还可采用惰性介质代替空气作为干燥介质，实现无氧干燥。

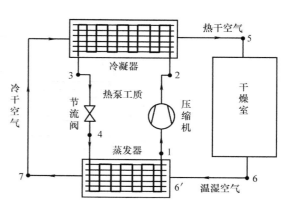

图9-24 热泵装置干燥的原理

2）高效节能。由于热泵干燥装置中加热空气的热量主要来自回收干燥室排出的温湿空气中所含的显热（6-6′）和潜热（6′-7），需要输入的能量只有热泵压缩机的耗功，而热泵又有消耗少量功可制取大量热量的优势，因此热泵干燥装置的 SMER 值（消耗单位能量所除去湿物料中的水分量）通常为 $1.0 \sim 4.0 \mathrm{kg/(kW \cdot h)}$，而传统对流干燥器的 SMER 值为 $0.2 \sim 0.6 \mathrm{kg/(kW \cdot h)}$。

3）温度、湿度调控方便。当物料对进干燥室空气的温度、湿度均有较高要求时，可通过调整蒸发器、冷凝器中热泵工质的蒸发温度、冷凝温度，满足物料对质构、外观等方面的要求。

4）可回收物料中的有用易挥发成分。某些物料含有用易挥发性成分（如香味及其他成分），利用热泵干燥时，在干燥室内，易挥发性成分和水分一同汽化进入空气，含易挥发性成分的空气经过蒸发器被冷却时，其中的易挥发性成分也被液化，随凝结水一同排出，收集含易挥发性成分的凝结水，并用适当的方法将有用易挥发性成分分离出来即可。

5）环境友好。热泵干燥装置中干燥介质在其中封闭循环，没有物料粉尘、挥发性物质及异味随干燥废气向环境排放而带来的污染；干燥室排气中的余热直接被热泵回收来加热冷干空气，没有对环境造成热污染。

6）可实现多功能。热泵干燥装置中的热泵同时也具有制冷功能，可在干燥任务较少时，利用制冷功能实现适宜物料的低温加工（如速冻、冷藏）或保鲜加工，也可利用拓展热泵的制热功能在寒冷季节为种植（如温室）或养殖场所供热。

7）相对于其他低温干燥方法，设备投资小，运行费用低。热泵干燥装置的设备成本主要是热泵部分和干燥室部分，其中干燥室部分与普通对流干燥室要求相同，无特别的气密性和承压性要求；热泵部分部件及工质可借用应用较广泛、满足工况要求的空调制冷设备的相关部件和工质，成本也可得到有效控制。对中小型热泵干燥机组，其投资回收期一般为 $0.5 \sim 3$ 年。

2. 热泵蒸发浓缩和蒸馏装置

蒸发浓缩、蒸馏及蒸煮等过程中需大量的热能，同时又产生具有很高焓值的二次蒸气，此时可利用热泵，在热泵蒸发器中循环工质吸收二次蒸气中所蕴含的热能，经压缩机升温后到热泵冷凝器中冷凝放热满足料液蒸发或蒸馏过程的需要。热泵蒸发浓缩或蒸馏的原理如图9-25所示。

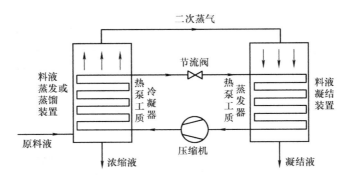

图 9-25　热泵蒸发浓缩或蒸馏的原理

3. 工艺热水的热泵制取装置

热泵除在干燥、蒸发浓缩及蒸馏中的应用外，在食品、生物制品及制药工业中通常需要用温热水洗涤容器、利用热水或低压蒸汽杀菌；同时，洗涤、杀菌后的废热水也通常还具有较高的温度，故可利用热泵回收废热水中的热能制取洗涤、杀菌用热水。此外，食品、生物制品及制药工业中的原料、半成品及产品通常需要低温贮藏，可利用热泵蒸发器的制冷功能在设计制取热水的热泵系统时同时考虑。

9.4.2　热泵在城市公用事业中应用

热泵在城市公用事业中的应用包括供暖、制取热水或蒸汽、利用海水制取淡化水等。以热泵供暖为例，可用的低温热源有空气、地下水、土壤、海水等；用户侧输热介质有空气或水等；驱动能源有电能、燃料或其他热能等；热泵形式可为蒸气压缩式、吸收式或吸附式等。下面以电能驱动的蒸气压缩式热泵为例，简介典型的热泵应用系统。

1. 热泵供暖系统

（1）空气-空气热泵供暖系统　该类系统以空气为低温热源，以空气为输热介质，如图 9-26 所示。

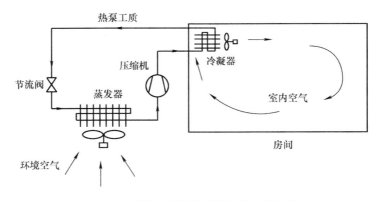

图 9-26　空气-空气热泵供暖的系统示意

（2）空气-水热泵供暖系统　该类系统以空气为低温热源，以水为输热介质，如图 9-27所示。

该类系统的常见室内传热形式是地板采暖，热水温度为 35 ~ 45℃。热泵从室外空气中吸收热量，经压缩机升温后在冷凝器中把热量释放给循环热水，制热系数一般在 3.0 以上。热水由泵输入房间地板（热水在室内流程形式有多种布置，图 9-27 所示为房间中心处温度高、周围温度低的布置），加热室内空气，热水降温 5 ~ 10℃ 后回水出房间并进入冷凝器被加热再循环。

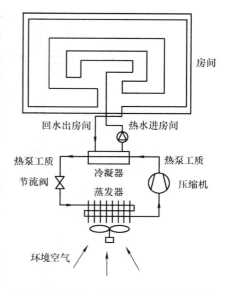

空气-水热泵供暖系统由于受室外蒸发器传热容量的限制，也多为小型机组。

（3）地下水-水热泵供暖系统 该类系统以地下水为低温热源，以水为输热介质，如图 9-28 所示。

地下水温度一般常年在 8 ~ 12℃ 之间，当地下水位较浅且管理部门允许抽取其中的热能时，是热泵供暖的很好低温热源。水泵由抽水井将水抽出进入蒸发

图 9-27 空气-水热泵供暖的系统示意

器，将热量传给热泵循环工质，降温后从回灌井返回地下（回灌井应在抽水井的下游），保证不造成地下水的流失。热泵工质从地下水中吸取热量后，经压缩机升温后进入冷凝器，放热给循环热水，热水用泵送入需供暖的建筑。热水在建筑物内的利用方式，可采用翅片管换热器直接使室内空气吸收热水的热量，也可采用热水地板传热给室内空气。从建筑物出来已降温的回水再回到冷凝器加热升温后进行下一个循环。

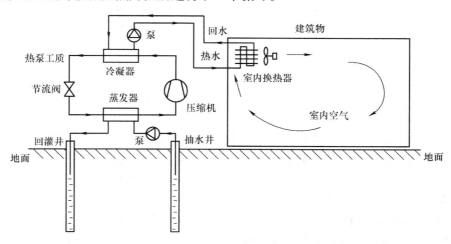

图 9-28 地下水-水热泵供暖的系统示意

（4）土壤-水热泵供暖系统 该类系统以土壤为低温热源，以水为输热介质，如图 9-29 所示。

土壤的温度在一年四季也相对稳定，也随处可得，是热泵可选的低温热源之一。当建筑物周围土壤面积较充足时，可采用浅层水平埋管（可为聚乙烯等塑料管），通常在地面以下 1 ~ 3m，施工较简易；当建筑物周围土壤面积相对小时，可采用深层竖直埋管（埋管深度可达 50 ~ 100m）。

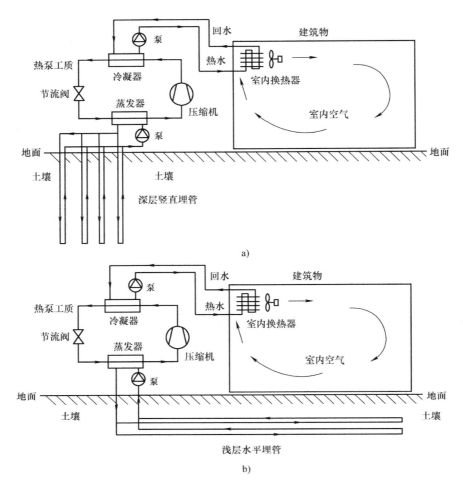

图 9-29　土壤-水热泵供暖的系统示意

a）深层竖直埋管　b）浅层水平埋管

以土壤为低温热源的低温载热介质可为水或其他溶液（用水时需注意防冻），出蒸发器的冷水进入土壤内，吸收土壤中的热量，升温后回到蒸发器，在蒸发器中将热量传递给热泵循环工质。热泵工质被压缩机升温后在冷凝器中将热量传递给循环热水，通过热水循环将热量输送到建筑物内各个需供热处。

（5）海水-水热泵供暖系统　对近海地区，海水是热泵供暖较理想的低温热源。利用泵将一定深度的海水抽出，经过去除污物等预处理，进入热泵蒸发器加热热泵的循环工质，降温后出蒸发器，排入海中（排水口应与抽水处有一定距离）。热泵循环工质经压缩机升温后将热量传给循环热水并送入需供热的建筑物。其系统示意如图 9-30 所示。

海水-水热泵供暖系统设计时的主要注意点是热泵蒸发器要采用耐海水腐蚀的材料，如钛或其他复合材料等。

除海水外，还可用河水、湖水、工业废水、城市污水等作为低温热源，利用热泵实现高效供暖；当单一低温热源容量不够时，可采用双低温热源（如冬季环境空气温度较低导致热泵效率也较低时，此时可采用其他水类低温热源），或与传统供热方式联合。热泵供暖系

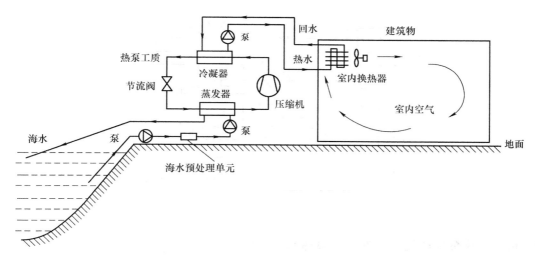

图 9-30 海水-水热泵供暖的系统示意

统同时也可用于家庭或小区生活热水的制取，或为游泳池（若带溜冰场时还可同时为其制冷）、洗浴场所等制取热水。此外，应用热泵供暖的另一个优势是，同一套设备在夏季还可用于制冷空调。

2. 热泵海水淡化系统

热泵在海水淡化中的应用方式有两种：压汽蒸馏法和冷冻-加热法。

（1）压汽蒸馏法海水淡化系统　当利用热法进行海水淡化时，海水蒸发产生的蒸汽具有较高的焓值，可将其用压缩机升压后在冷凝器中继续作为加热热源使海水蒸发，同时本身凝结为液态淡化水被引出。压汽蒸馏法海水淡化的系统示意如图 9-31 所示。

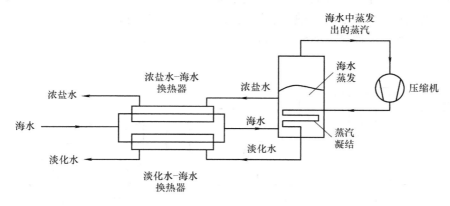

图 9-31 压汽蒸馏法海水淡化的系统示意

（2）冷冻-加热法海水淡化系统　该方法可分为直接法和间接法。直接法是冷冻剂直接与海水接触或压缩机直接抽取海水低温下产生的蒸汽；间接法是热泵工质通过在蒸发器蒸发吸热使海水产生冰晶，经压缩机压缩后在冷凝器中冷凝放热使冰晶融化成为淡化水。

以间接法为例，其系统如图 9-32 所示。

3. 热泵式低压蒸汽或高温热水生产系统

当有温度较高的低温热源（如温度在 60℃ 以上的地热水、太阳能热水、工业废热水等）

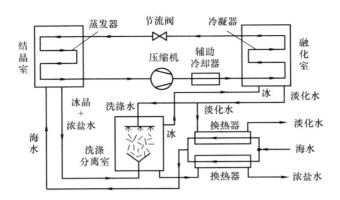

图 9-32　间接法冷冻-加热法海水淡化的系统示意

时，可采用热泵生产低压蒸汽或高温热水，其生产系统如图 9-33 所示。

在图 9-33 中，低温热水进入蒸发器放热给热泵循环工质（如 R123），热泵循环工质的冷凝温度在100℃以上，在冷凝器中循环工质加热补给水至沸腾，所产生的低压蒸汽由冷凝器上方引出，同时可从冷凝器下方引出高温热水用于生产或生活。

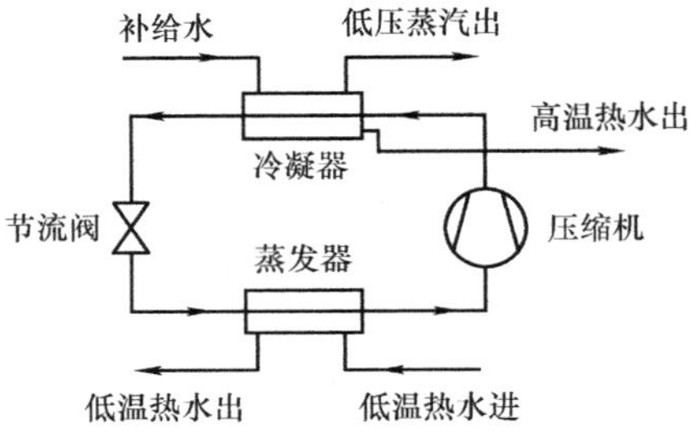

图 9-33　热泵式低压蒸汽或
高温热水生产系统

9.4.3　热泵在其他领域的应用分析

1. 在工业余热回收中的应用分析

除食品生化工业外，在造纸、纺织、化学品生产、材料生产与加工等工业领域通常有大量60℃以下的低温余热，这类余热可利用热泵进行回收再利用。

以造纸厂为例，一种热泵型废热回收系统方案的示意如图 9-34 所示。

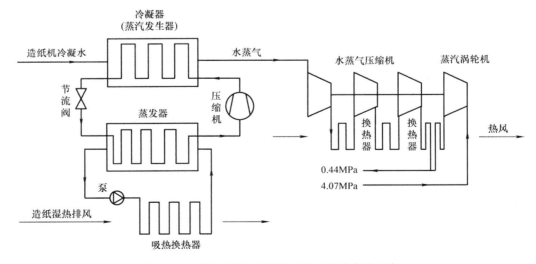

图 9-34　造纸厂热泵型废热回收系统方案的示意

在图 9-34 中，左侧部分为热泵，右侧部分为蒸汽涡轮机驱动的离心式压缩机用于蒸汽的增压。热泵循环中的蒸发器以造纸工艺的湿热风为低温热源，造纸机的凝结水经热泵冷凝器加热后变为蒸汽，经压缩机升压后得到工艺要求的压力，与驱动压缩机的蒸汽涡轮机排出的蒸汽合并后一起用于造纸厂的干燥工艺，干燥工艺需补充的新风可用压缩机级间换热器得到预热。

2. 在种植养殖及农副产品加工贮藏中的应用分析

由于名贵花卉及药材种植、菌类培养、动物（如水产等）养殖在冬季均需要一定的温度，而在种植养殖现场通常又缺乏适宜的供热装置，此时可用以土壤或地下水为低温热源的热泵制热装置，为动植物的生长提供适宜的温度条件。

在农副产品收获季节，往往采收时间比较集中，需同时对产品进行保鲜、干燥、冷藏处理，为此，可设计适于不同农副产品，并具有低温保鲜、低温冷藏、热泵干燥等多功能的装置，满足不同产品、不同季节的加工、贮藏需要。

综上所述，充分利用各类低温热源或余热、废热，采用热泵技术为不同的需热场合供热（或同时供冷），开发各类适合生产、生活实际需要的热泵应用系统，努力拓展热泵新的应用领域，对缓解能源紧张，建立能源节约型的经济和社会发展模式均具有重要的意义，这一目标的实现还需要各领域人员的共同努力。

习　题

1. 根据地热能交换系统形式的不同，地源热泵系统可分为哪几种类型？各有什么特点？
2. 什么是土壤源热泵系统、地下水源热泵系统和地表水源热泵系统？它们各自有什么特点？
3. 什么是地源热泵系统的最大释热量和最大吸热量？在地源热泵系统设计中如何进行热量平衡？
4. 土壤源热泵系统地埋管换热器的布置形式有哪几种？
5. 土壤源热泵系统地埋管管材与传热介质有哪些？
6. 如何确定土壤源热泵系统地埋管管长？
7. 地下水源热泵系统设计应遵循哪些基本原则？
8. 如何进行闭式环路地下水系统设计？
9. 空气源热泵有哪些特点？
10. 空气源热泵中四通换向阀有什么作用？简述其工作原理。
11. 空气源热泵蒸发器的除霜有哪些方法？有什么区别？
12. 高品位能和低品位能各指什么？有什么区别？
13. 压缩式热泵由哪些基本设备组成？画出简单示意图并标明热泵制热时热量流向。
14. 空气源热泵在结霜工况下热泵系统性能系数随运行时间的变化规律是什么？
15. 计算题：若向室内供热 10kW，采用以下两种供热方案，求所需电能的消耗量，并对比得出结论。
（1）采用电阻式加热器，直接加热室内空气。
（2）采用电能拖动式热泵供热。假设利用炼钢厂废热，供热温度为 10℃，向室内供热温度为 40℃，热泵采用逆卡诺循环。

10

第 10 章
空调水系统与制冷机房

10.1 空调水系统

10.1.1 空调水系统概述

典型集中式空调系统原理如图 10-1 所示。冷水机组制取的冷量通过冷水系统输送给空调末端空气处理设备，从而实现向空调区域提供冷量的目的；根据能量守恒原理可知，这部分冷量、水泵能耗以及冷水机组能耗产生的热量都要经过冷却水系统散发到室外环境中去。由图 10-1 可见，空调水系统由冷水系统和冷却水系统两大部分组成。这两个系统需要和相关设备联合运行，故对冷水机组以及空调系统的性能影响很大，因此冷水系统和冷却水系统的设计至关重要。

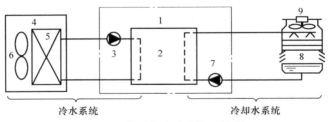

图 10-1 典型集中式空调系统原理

1—制冷机房 2—冷水机组 3—冷水泵 4—空调末端空气处理设备 5—空调末端换热器
6—风机 7—冷却水泵 8—冷却塔 9—冷却塔风机

水系统作为空调系统的能量输配环节，其全年能耗在空调系统中占相当大的份额。与冷水机组能效比（COP）类似，可用系统能效比（COP_s）和系统季节能效比（$SCOP_s$）来评价整个空调系统在某时刻和整个供冷季的综合能源利用效率。即

$$COP = Q_e / P \tag{10-1}$$

$$COP_s = Q_e / (P + P_{cw} + P_{cw,f} + P_{fw} + P_{f,w}) \tag{10-2}$$

式中 Q_e——冷水机组的制冷量（kW）；

P——冷水机组的输入功率（kW）；

$P_{cw,f}$——冷水泵（也称为冷冻泵）的输入功率（kW）；

P_{fw}——空调末端设备风机的输入功率（kW）；

P_{cw}——冷却水泵的输入功率（kW）；

$P_{f,w}$——冷却塔风机的输入功率（kW）。

系统季节能效比

$$SCOP_s = \frac{冷水机组在制冷季节制取的总冷量}{空调系统在制冷季节消耗的总冷量} \tag{10-3}$$

式（10-1）、式（10-2）分别表示在某运行时刻冷水机组的能效比和整个空调系统的能效比，也可以分别表示空调系统在设计条件下的机组能效比和系统能效比。例如，在给定设计条件时，冷水机组的 COP 一般为 4.0~6.0，但空调水系统中的水泵等设备的装机功率为系统装机总功率的 20%~30%，显然式（10-2）给出的系统能效比 COP_s 比冷水机组 COP 明显降低。据目前的实测数据显示，在整个制冷季节，空调水系统的能耗占到空调系统的40%~60%，可见空调水系统对系统季节能效比 $SCOP_s$ 的贡献率很大。

可以看出，减少冷水系统和冷却水系统的能耗能够提高整个空调系统的系统季节能效比。因此，对于集中式与半集中式空调系统，除选用高能效比冷水机组外，更重要的是要尽量减少冷水系统和冷却水系统的运行能耗。

10.1.2　冷水系统

空调冷水系统主要由水泵、管道、定压设备、阀门、换热器、除污器等部件构成。针对不同类型建筑及空调系统的特征，上述设备可以构成不同形式的冷水系统，本小节主要介绍冷水系统的主要形式及其特征和适用场合，并针对典型的冷水系统进行分析。

1. 冷水系统的主要形式

冷水系统将冷水机组制取的冷水输配给各个空调用户末端，根据实际情况和不同的应用需求出现了不同的系统形式。

（1）开式系统和闭式系统　冷水系统均为循环水系统，有闭式系统（图 10-2）和开式系统（图 10-3）之分。在开式系统中，循环水存在与空气接触的自由液面，而闭式系统中的循环水对外封闭而不与空气接触（不参与循环的定压面除外）。

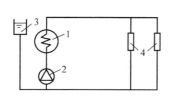

图 10-2　闭式冷水系统
1—冷水机组　2—水泵
3—定压水箱　4—用户

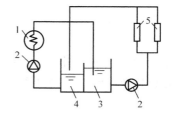

图 10-3　开式冷水系统
1—冷水机组　2—水泵
3—冷水箱　4—回水箱　5—用户

开式系统需要设置开式水箱，系统水容量大，运行稳定，控制简便。当建筑本身或附近有可资利用的水池时（如消防水池等），也可采用开式系统。另外，由于水容量较大，可以利用水池进行蓄冷，构成水蓄冷系统。而闭式系统与外界空气接触少，可以减缓水系统腐蚀。

开式系统与闭式系统的选择还应考虑冷水机组和空气处理方式。闭式系统必须采用间壁式蒸发器，用户侧空气处理设备则采用表面式换热设备。而开式系统则不受此限制，采用水箱式蒸发器时，可以用它代替冷水箱或回水箱；而当用户处采用淋水室冷却处理空气时，一般都为开式系统。

开式系统与闭式系统的水泵扬程相差较大。在闭式系统中，水泵的扬程为管道、冷水机组、换热器、阀门等闭式循环水路中各个部件压力损失的总和。而在开式系统中，水泵除承担管道等部件的压力损失外，还要克服将水从开式水箱提升到管路最高点的高度差。因此，当建筑内空调水系统高度比较高时，开式系统水泵的扬程比较高，系统的能耗也比较大。

此外，对于开式系统，设计时还应注意水泵吸水真空高度的问题，为防止水泵吸入口汽化，必须保证水泵吸入口的水压大于水的汽化压力。对于闭式系统，为保证系统的可靠运行，在水泵吸入口设置定压水箱（图10-2），保证水系统任何一点的最低运行压力为5kPa以上，防止系统中任何一点出现负压，否则有可能将空气吸入水系统中（抽空）或造成部分软连接向内收缩等问题。

开式系统蓄水箱容量的确定原则：①蓄存所有的系统水容量并附加一定的安全系数；②按照系统小时循环水量的5%～10%计算。在实际设计中应取上述两者中较大值。

（2）直连系统与间连系统　根据用户水系统与冷水机组的连接方式不同，冷水系统可以分为直连系统和间连系统，分别如图10-4和图10-5所示。

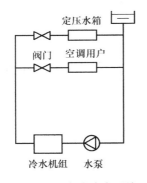

图10-4　直连冷水系统

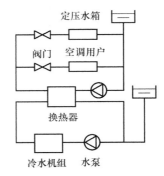

图10-5　间连冷水系统

直连系统为用户侧水路和冷水机组直接连通的水系统。当系统规模较小、用户比较集中，且高差也比较小时，采用直连系统可以减少中间换热环节，降低设备投资，而且运行效率较高。

间连系统是采用换热器将全部或部分用户侧水路与冷水机组水路分隔的水系统。当系统规模较大、用户比较分散时，采用间连系统便于系统调节，减少各部分之间的相互影响，各部分都可以保持较高的运行效率。在高层建筑中，利用间连系统进行高低分区以解决系统的承压问题；还可以根据空调负荷特性进行功能分区，以设计出更为高效的水系统。因此，间连系统在大型建筑和超高层建筑（高度大于100m）的空调系统中应用比较普遍。

但是，由于间连系统存在中间换热环节，二次冷水供水温度高于一次冷水供水温度，故二次水系统中末端换热设备的换热面积增大，实际上也牺牲了冷水机组的冷量品位（导致㶲损失）。因此，在设计高、低压区间连系统时，低区应尽量用足设备承压，以减小高区对中间换热器和末端换热面积的需求，减少高区投资，提高系统的经济性和运行能效。

设计间连系统时，各个系统都必须分别设置其定压、补水系统或装置。

（3）异程系统和同程系统　根据每个空调末端水的流程是否相同，冷水系统可分为异程系统（图10-6）和同程系统（图10-7）。每个用户的冷水流经管道的物理长度相同的系统为同程系统，反之则为异程系统。同程系统的优点是流经各终端用户的压力损失比较接近，设备各个末端的阻力特性比较相似，有利于水力平衡，可以简化水系统设计并减少系统初调节的工作量。而异程系统，所需要的主干管路较短，可以节省管道的初投资及管路占用空间，但是各用户的压力损失相差较大，需使用调节阀门平衡各个用户之间的压力损失，保证每个末端用户都能够得到需要的水量供应，因此水系统设计和初调节的工作相对复杂。

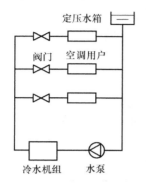

图 10-6　异程冷水系统

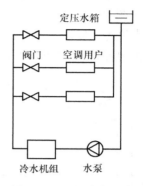

图 10-7　同程冷水系统

设计同程系统和异程系统时应注意其水力平衡。当各末端的水流阻力相差较小时，如果水流经过的管道物理长度相同，则各个末端支路容易实现水力平衡。当末端支路的阻力相差悬殊时，如果不采用调节阀门，同程系统也难以保证各支路的水力平衡。

（4）两管制系统、三管制系统和四管制系统　根据供回水主干管数目不同，冷水系统可以分为两管制系统、三管制系统和四管制系统，分别如图10-8、图10-9和图10-10所示。在两管制系统中，用户端只接入一根供水管和一根回水管，夏季管内走冷水，冬季管内走热水，只能对所有房间进行供冷或者供热，故难以保证部分用户在过渡季的室温需求。在三管制系统中，用户端接入两根供水管和一根回水管，两根供水管分别走冷水和热水，可以同时对不同房间进行供冷或供热，但是由于共用一根回水管，存在较大的冷热掺混损失。在四管制系统中，用户端接入两根供水管和两根回水管，分别走冷水和热水，冷水管路和热水管路互补掺混，可同时对不同房间进行供冷或供热，但系统结构复杂，初投资较大。

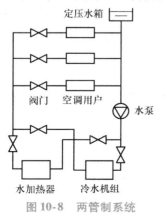

图 10-8　两管制系统

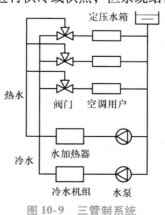

图 10-9　三管制系统

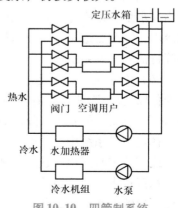

图 10-10　四管制系统

从空调空间的舒适程度和能源利用效率上看,四管制系统有着非常明显的优势,因此对于较大型建筑中具有不同功能、不同负荷特性的区域,并且对舒适性要求较高的空调系统,比较适合采用四管制系统。对于功能比较单一、负荷特性比较一致(即末端用户需要同时制冷或制热)且不需频繁冷热转换的空调系统,则比较适合采用两管制系统。三管制系统除了前述的冷、热掺混损失外,还会导致冷水机组的效率下降甚至无法正常运行,因此目前实际应用非常少。

(5)一次泵系统和二次泵系统 根据水泵克服系统阻力要求不同,冷水系统可以分为一次泵系统(图10-11)和二次泵系统(图10-12)两种形式。在一次泵系统中,用一级冷水泵克服冷水机组蒸发器、输配管路以及末端设备的全部沿程阻力与局部阻力。一次泵系统组成简单,控制容易,运行管理方便,一般多采用此种系统。

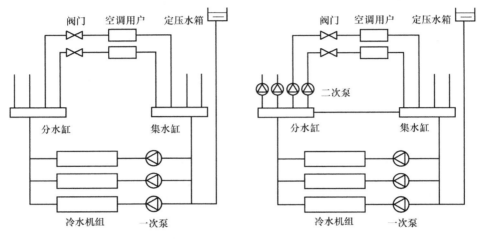

图 10-11 一次泵冷水系统   图 10-12 二次泵冷水系统

在二次泵系统中,用一次泵克服冷水机组蒸发器及其前后管道、部件的阻力,用二次泵克服用户侧(即输配管路以及末端设备)的阻力。一次环路负责冷水的制备,二次环路负责冷水的输配。这种系统的特点是采用两组泵来保持冷水机组一次环路的定流量运行,以及用户侧二次环路的变流量运行,从而解决空调末端设备要求变流量与冷水机组要求定流量的矛盾。该系统完全可以根据空调负荷需要,通过改变二次泵的运行台数或转速调节二次环路的循环水量,以降低冷水的输配能耗。并且,二次泵系统能够分区、分路为用户侧供应所需的冷水,因此更适用于用户末端具有负荷特性差别较大、管道阻力相差悬殊、使用时间不同步等特征的空调系统。

(6)变水量系统和定水量系统 从用户侧(而不是单个末端装置)的冷水流量是否实时变化以适应空调负荷需求特征上,可将冷水系统分为定水量(CWV)系统和变水量(VWV)系统两种形式,分别如图10-13和图10-14所示。

在定水量系统中,总的用户侧水流量相对恒定而不随时间变化,通过改变冷水供、回水温差或调节末端风机转速等方式来适应空调房间的冷负荷变化;而变水量系统则通过改变用户侧水流量来适应冷负荷变化。因此,在多台水泵并联的系统中,如果仅仅是因为水泵台数变化而导致的水流量变化,不能称为"变水量系统"。

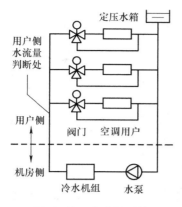

图 10-13　定水量系统

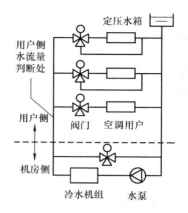

图 10-14　变水量系统

定水量系统的用户侧末端一般无水流量控制装置或采用电动三通阀。当采用电动三通阀根据空调负荷控制进入末端水流量时，一部分冷水通过旁通流入回水管，使得用户侧水流量保持不变。定水量系统适合于小型空调系统或者功能比较单一、负荷特性比较一致的空调系统。

在变水量系统中，用户侧末端装置一般采用电动阀连续调节所需水流量，或用双位式电动阀或电磁阀调节启闭时间以满足各自的负荷需求，故用户侧的总水量实时发生变化。由于冷水输配能耗占整个空调系统的能耗比例较大，而空调负荷经常小于设计负荷，故采用变水量系统降低冷水的输配能耗，具有较大的节能潜力。

2. 典型冷水系统分析

下面介绍一次泵系统与二次泵系统的定水量与变水量的系统形式、运行方式及其特征。

（1）一次泵定水量系统　一次泵定水量系统如图 10-15 所示。传统冷水机组都需要比较稳定的冷水流量，以保证冷水机组高效、稳定运行。如果冷水流量变小，冷水机组蒸发器的换热效果降低，会造成蒸发温度降低，一方面导致冷水机组的 COP 降低，另一方面还可能引起冷水结冰，导致冷水机组不能安全运行。因此要保证冷水机组的冷水流量尽量维持其设计流量，这也是传统空调冷水系统采用定水量系统形式的原因。

一次泵定水量系统的总循环水量主要取决于水泵的开启台数。空调末端各用户的负荷变化及电动三通阀调节作用对整个冷水系统的水力特性影响较小，各用户和整个系统的水力工况稳定，系统运行也比较稳定。在部分负荷时，系统根据回水温度调节冷水机组和水泵运行台数来满足用户侧的空调负荷需求，但是在冷水机组台数不变时，系统会运行在大流量、小温差工况，水泵能耗相对较高。尤其是当有一部分用户负荷率较高而另一部分用户负荷率较低时，关闭部分冷水机组和泵会使得高负荷率的用户供水量不足，不能满足空调负荷的需求，而开启较多的冷水机组和泵又会使得供、回水温差很小，导致水泵和冷水机组能耗都比较大。因此，一次泵定水量系统适用于小型空调系统，尤其是空调用户负荷特性比较一致的情况。

冷水机组和水泵的连接方式可以为"一机一泵"（图 10-15a）、"多泵共用"（图 10-15b）和"多泵备用"（图 10-15c）三种形式。

在"一机一泵"形式中，冷水机组与泵一一对应，并进行联锁控制（即泵与冷水机组

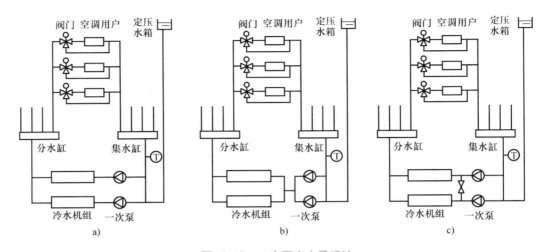

图 10-15　一次泵定水量系统

a）一机一泵　b）多泵共用　c）多泵备用

的起停同步），以保证系统的安全运行，连接方式与控制方式都相对简单，但是在一台泵发生故障时，其对应的冷水机组也必须关闭。

在"多泵共用"形式中，并联水泵与并联冷水机组串联，冷水机组与泵也可以进行联锁控制以保证系统的安全运行。在泵发生故障时，可以互相备用。例如：在图 10-15b 中，当系统中水泵和冷水机组都运行时，一台泵发生故障，每台冷水机组还有略大于 50% 的冷水流过；当系统中只有一台泵和一台冷水机组运行时，泵或冷水机组发生故障时，都可以快速起动另外一台泵或者冷水机组，满足空调用户的冷负荷需求。采用该形式时需在冷水机组前（或后）设置电动水阀，并与水泵、冷水机组联锁控制，以避免部分机组停运时出现回水（流经机组的蒸发器）旁通，机组总出水温度升高，导致能耗增大的现象发生。

在"多泵备用"形式中，冷水机组与泵仍一一对应，并进行联锁控制以保证系统的安全运行；但是在各台泵与冷水机组之间设置旁通水管和阀门，在泵发生故障时，可打开旁通阀门，为运行中的冷水机组供水。由于一次泵定水量系统的空调系统规模较小，冷水机组和泵一般都不多于两台，因此与"多泵共用"形式差别不大。

（2）一次泵变水量系统　由于一次泵定水量系统在部分负荷时为大流量小温差工况运行，水泵的能耗很大，因此，如图 10-16 所示的一次泵变水量系统逐渐在空调系统中得到应用。

在一次泵变水量系统中，用户侧一般采用 ON/OFF 控制的电磁阀或能连续调节流量的电动阀，故每个用户末端的调节作用都会影响用户侧的总流量。但机房侧的总水流量仍取决于冷水机组与水泵开启台数（若为变频调速水泵还取决于水泵的运行频率）。用户侧总水流量和冷水机组侧的总水流量并不总保持一致，因此要在分水缸和集水缸之间设置旁通管，旁通管上电动阀的开度根据分水缸和集水缸之间的压差进行调节。这样既可以实现冷水机组的冷水流量保持在额定流量，又可以使得用户侧的冷水循环量和空调负荷相适应。

一次泵变水量系统的控制方法主要有：

1）温差控制法。当用户侧在部分负荷运行时，由于各个空调末端的调节作用，使得用户侧的总循环水量变小，与冷水机组侧总循环水量的差距较大，需要将一定量的水从旁通管

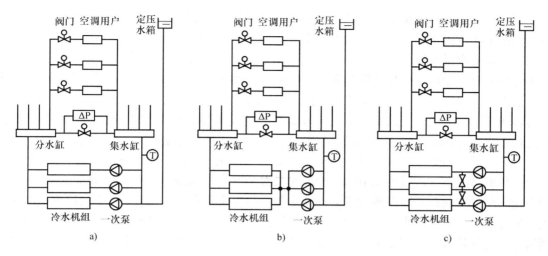

图 10-16 一次泵变水量系统

a）一机一泵 b）多泵共用 c）多泵备用

上流过，以平衡用户侧的循环水量和冷水机组侧的循环水量。当大量的冷水从分水缸通过旁通管直接流回集水缸时，它与从用户侧返回的冷水混合，再通过回水干管流回水泵和冷水机组，旁通水量越大，回水温度越低。因此干管回水温度与用户侧空调总负荷有一定的对应关系，根据干管回水温度或冷水机组的供回水温差，对冷水机组和水泵台数（或转速）进行控制。但是，泵的台数减少或泵的转速降低，会使总供水量减少，供水压头也同步变小。如果各空调用户负荷率不一致，高负荷率的空调用户的资用压头则不够，即使阀门全开仍不能得到足够的水流量，系统会出现一定程度的水力失调。

2）压差控制法。压差控制是利用测定点压差值的变化来控制水泵的供水量，压力的传递速度快，因而压差控制反应较快。目前的冷水系统主要采用末端压差控制法和干管压差控制法。为了能够保证每个用户的空调负荷需求，需要保证最不利回路上的空调用户也有足够的压头，即采用末端压差对水泵开启台数或水泵转速进行调节，这样可以使得最不利回路中空调用户的阀门全开，整个水系统的阻力较小，有比较理想的节能效果。但是由于建筑内部功能的改变会引起空调负荷特性变化，以及在空调系统运行过程中，最不利回路的位置也可能发生变化，末端压差控制比较难以实现。根据冷水系统的水力分析，各空调用户（尤其是最不利回路空调用户）的资用压差与供回水干管压差有一定的对应关系，可以采用供回水干管压差对水泵台数或水泵转速进行调节，即干管压差控制法。

压差控制法又可以分为定压差控制法和变压差控制法。由于在系统运行过程中，当最不利回路运行于部分负荷时，所需水量和资用压头也都有所下降，若采用定压差控制，最不利回路上的阀门则不能完全打开，仍有一定的压头损失，故整个水系统的阻力变大。变压差控制就是根据系统中当前最不利回路对压头和水量的需要，在该回路上末端用户阀门全开的情况下，对水泵台数或转速进行控制，可以实现最佳的节能效果。但是变水量系统必须对系统的水力工况进行实时监控，在空调的工程设计和运行控制上实现比较困难。因此，虽然定压差控制法的节能效果有所降低，但是控制策略简单，可靠性强，易于设计和实际运行控制，因此应用比较广泛。

在一次泵变水量系统中，根据冷水泵和冷水机组的连接方式不同，也可分为"一机一泵"（图 10-16a）、"多泵共用"（图 10-16b）和"多泵备用"（图 10-16c）三种形式，其特征与一次泵定水量系统相似。定速泵方式（旁通阀压差控制）不能实时节能，只能在多台泵系统中通过改变运行台数实现节能；变速泵方式可以减小水泵的能耗，但是在制取相同冷量的条件下，由于蒸发器内冷水流速降低，将导致蒸发温度降低，为防止冷水冻结，变速泵的运转频率不能太低，其最低频率（或最低流量）需根据冷水机组的具体要求确定。因此，在进行一次泵变速调节时，必须保证冷水机组的安全性和系统能效比得到提高。

（3）二次泵变水量系统 在空调系统规模较大、各个空调分区也较大且负荷特性并不完全一致的情况下，可采用图 10-17 所示的二次泵变水量系统。与一次泵变水量系统相同，用户侧采用二通阀调节所需要的流量以满足各自的负荷需求；一次泵回路中的冷水机组和一次泵的控制与一次泵变水量系统的冷水机组侧控制相似，仍可采用干管压差控制法或温差控制法进行容量调节，以满足整个空调系统冷负荷的需求。由于每个二次泵回路中各用户的调节都会影响该回路的总流量和水力特性，因此二次泵回路中可采用调节水泵转速以满足该回路的空调负荷需求，实时降低二次泵系统的输配能耗。

根据一次泵与冷水机组的连接关系，二次泵变水量系统也可分为"一机一泵""多泵共用"和"多泵备用"三种形式。图 10-17 所示即为"多泵备用"形式的系统。

与一次泵系统相比，二次泵变水量系统的节能潜力在于：

1）在全年运行的绝大多数时间段内，用户侧所需流量小于冷水机组需要的流量。因此，降低用户侧的供水量（改变二次泵的运行台数或转速）可以节约二次泵的运行能耗。

2）在多环路系统中，如果各环路的水阻力存在明显差别，那么各环路独立配置二次泵后，某些环路需要的总扬程（一次泵＋二次泵）小于一次泵系统的扬程，水泵的总安装容量和运行能耗都有所降低。尤其是各二次泵回路使用时间不一致时，可以关闭不使用支路，以节省二次泵的

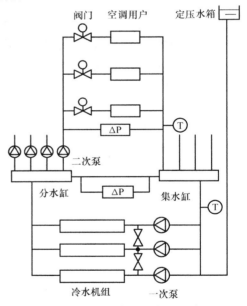

图 10-17 二次泵变水量系统

能耗。反之，如果二次泵变水量系统的设计与控制不当，可能导致输配总能耗比一次泵系统更大。

此外，由于变频调速技术的普及，变频器的成本也在不断降低，采用变频泵并不会大幅度增加系统的初投资，因此在大型建筑的空调系统中，二次泵变水量系统应用比较普遍，且其中二次泵使用变速泵的工程应用也越来越广泛。

10.1.3 冷却水系统

冷却水系统承担着将空调系统的冷负荷与冷水机组的能耗散发到室外环境的功能，是空调系统中必不可少的环节。合理地选用冷却水源和冷却水系统对减少冷水机组的运行费用和

初投资具有重要意义。为了保证冷水机组的冷凝温度不超过压缩机的允许工作条件，冷却水进水温度一般宜不高于32℃。

　　冷却水系统可分为直流式（采用自然水源，经过冷水机组的冷凝器后直接排走）、混合式（采用深井水等较低水温的水源，经过冷水机组冷凝器后的冷却水一部分与新补充的低温冷却水混合后再送往各台冷水机组使用）和循环式（经过冷水机组冷凝器后的冷却水在蒸发冷却装置中冷却后再送入各台冷水机组使用，只需少量补水即可）三种。直流式和混合式冷却水系统由于受水源条件的限制，并且水的消耗量非常大，不能广泛使用，而循环式冷却水系统特别是机械通风冷却循环系统是目前空调系统中应用最为普遍的系统形式。

　　如图10-18所示，机械通风冷却循环系统主要由冷水机组冷凝器、冷却水泵、冷却塔、循环水管、补水装置及水质处理装置等组成。流出冷水机组冷凝器的冷却水由上部进入冷却塔，喷淋在塔内填充层上，以增大水与空气的接触面积，被冷却后的水从填充层流至下部水盘内，通过水泵再送入冷水机组冷凝器中循环使用。冷却塔顶部装有通风机，使室外空气以一定流速自下通过填料层，以加强冷却效果，如果冷却水与空气充分接触，可将冷却水冷却到比空气湿球温度高3~6℃的出水温度。

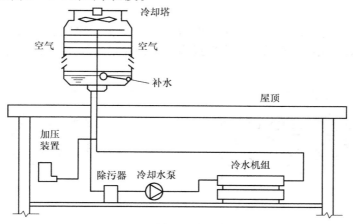

图 10-18　机械通风冷却循环系统

　　下面简要阐述机械通风冷却循环冷却水系统的类型及其相关问题。

1. 冷却水系统的形式

　　在采用机械通风冷却循环的冷却水系统中，当系统中选用多台冷却塔时，根据冷却塔与冷水机组的连接方式，可以分为单元式冷却水系统（图10-19）、干管式冷却水系统（图10-20）和混合式冷却水系统（图10-21）三种。在干管式冷却水系统和混合式冷却水系统中，根据水泵与冷水机组的连接形式均有"一机一泵"（图10-20a、图10-21a）和"多泵共用"（图10-20b、图10-21b）两种形式。

　　单元式冷却水系统是由一台冷水机组、一台水泵和一台冷却塔构成的最为简单的冷却水循环系统（即

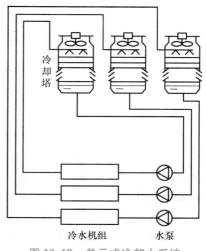

图 10-19　单元式冷却水系统

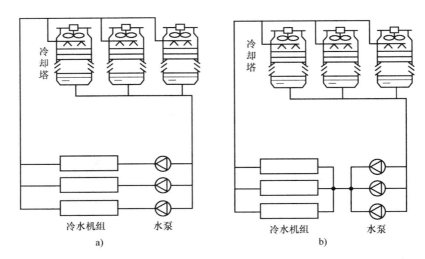

图 10-20　干管式冷却水系统
a）一机一泵　b）多泵共用

"一机对一塔"），三者联锁控制，流量分配合理，各个单元之间相互影响小，运行可靠性高；但是整个冷却水系统的配管管线布置最为复杂，管路数目多，占用空间大，各设备不能相互备用。

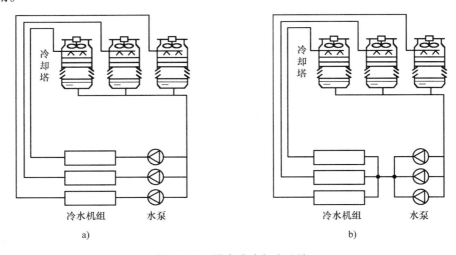

图 10-21　混合式冷却水系统
a）一机一泵　b）多泵共用

　　干管式冷却水系统的供、回水都采用集中干管形式（即"多机对多塔"），管路数目少，占用空间小，设备之间可以相互备用，可通过冷却风机的台数或转速控制降低冷水机组部分负荷时的冷却塔风机能耗，故应用最广。但是，当冷却水泵只有一台或部分台数运行时，干管内水的流速将降低，使得冷却水系统的阻力降低，导致单台水泵的工作点偏移，流量大幅度超过其额定流量，效率降低，有可能引起水泵电动机超载或烧毁。

　　在混合式冷却水系统中，冷水机组的供水（或冷却塔的出水）采用集中干管，其出水（或冷却塔的进水）采用"一机对一塔"形式，系统特征介于单元式和干管式之间。

在干管式系统与混合式系统中，由于冷却塔可以相互备用，但如果水系统设计与控制不当，则容易出现"溢流""旁通"和"抽空"问题。

当出现以下情况，容易发生"溢流"问题：①在冷却塔的进水管上安装了电动阀，而出水管上未装，不运行的冷却塔进水阀关闭，但出水管连通时；②有些冷却塔的出水管设置了与风机联锁的电动阀门，当出水电动阀关闭而进水电动阀开启时；③各冷却塔水量分配不平衡时；多台大小不同的冷却塔并联设置且集水盘水位不相同时。为防止"溢流"，需注意水位平衡和水力平衡设计，并注意冷却塔进出口电动阀的设置及与冷却塔风机和水泵的联锁控制。

当部分冷却塔不运行时，如果其进、出水管电动阀开启，流过该塔的未得到有效冷却的冷却水与其他冷却塔的出水掺混，即出现了"旁通"现象，导致冷却水温度升高。

在部分冷却塔不运行时也容易出现"抽空"现象，即不运行的冷却塔出现水位降低，直至空气由此处进入冷却塔出水集管内。其防止措施有：①在每台冷却塔的出水管上增设电动阀，不运行的冷却塔进、出本电动阀必须同时严密关闭；②在每台冷却塔的集水盘之间设置大管径连通管；③提高冷却塔的安装高度，利用出水集管自身就是连通管的特点，增加自然水头，防止抽空。

"一机对一塔"的单元式冷却水系统尽管可有效地避免旁通，但无法充分利用其他冷却塔填料的换热面积，也无法实现在全年室外气象条件变化和冷水机组负荷变化下的冷却塔风机的转速调节，因此应尽可能采用多台冷却塔并联、共同为冷水机组服务的"多机对多塔"冷却水系统形式。

2. 冷却水泵扬程的确定

冷却水泵选型时，需要确定其流量和扬程。冷却水泵的流量由冷水机组的冷凝负荷和冷凝器进口、出口温差确定，其扬程由以下几部分构成：

1）冷却水系统管路的沿程阻力和局部阻力。

2）冷水机组冷凝器的水侧阻力（$5 \sim 10 \text{mH}_2\text{O}$）。

3）冷却塔内的进水管总阻力。

4）喷嘴出口余压（约 $3\text{mH}_2\text{O}$）。

5）水柱高差，即冷却塔喷嘴到集水盘液面的高差；若设置有冷却水池时，则为冷却塔喷嘴到冷却水池液面之间的高差。

因此，当冷却水系统设置冷却水池时，若设置在冷却塔附近，则接近闭式系统；若位于冷水机组附近，则为开式系统，冷却水泵的扬程必然增大。

由于冷却塔内的进水管阻力、喷嘴出口余压和喷嘴到集水盘液面的水柱高度因塔而异，故一般厂家将这三部分合并为"进塔水压"作为一个参数给出，以便设计人员选型。

3. 冷却水温度控制

（1）冷却水温度的控制原则

1）一般蒸气压缩式冷水机组的冷却水进水温度不宜低于 15.6℃（不包括水源热泵等特殊设计机组），否则容易引起冷凝压力过低、膨胀阀前后压差过小，导致蒸发器的制冷剂供液量不足，制冷量与能效比降低。

2）吸收式冷水机组的冷却水进水温度不宜低于 24℃，否则容易引起溶液结晶。

3）由于冷却水温度降低时冷水机组的 COP 增大，因此只要在冷水机组允许的情况下，应尽量降低冷却水温度。

4）在过渡季和冬季，冷却塔能够产生较低温度的冷却水，可以直接作为空调冷水用于供冷，但在其工程设计时必须采取措施，防止冷却塔、集水盘以及暴露在大气环境中的冷却水管出现结冰隐患。

（2）冷却水温度控制的方法

1）风机转速（变频）控制。在过渡季室外空气温度偏低或冷水机组运行台数较少或部分负荷率运行时，可以降低风机的转速以减少能耗，在多台冷却塔并联的冷却水系统中，可以同步降低各冷却塔的风机转速以降低能耗，但是风机转速调节时，应注意冷却水流量的关联调节，以保证冷却塔具有适宜的"风水比"（冷却塔的风量与水量的比值），并防止冷却水出现"溢流""旁通"和"抽空"。需要注意的是，对于干管式冷却水系统而言，当水泵开启台数过少时，可能导致单泵水量过大而烧毁水泵电动机，可以通过调节冷却水泵的台数，或者调节阀门、增大阻力、降低水流量的方式加以避免。

2）冷却水旁通控制。冷却水温过低时，可以在冷却水供水、回水干管间设置旁通管，在保证冷水机组进口水温和流量稳定的情况下，减少流经冷却塔的水流量，以提高冷却水温度。

控制冷却水温一方面是保证冷水机组的稳定、高效运行，另一面可降低冷却水系统能耗，如减少冷却塔运行台数、降低冷却塔风机转速都是良好的节能措施。此外，调节冷却水泵转速（变频控制）也具有一定的节能效果。对于蒸气压缩式冷水机组，冷却水系统的下限流量一般不低于额定流量的70%，对于吸收式冷水机组，冷却系统的下限流量还可更低。因此，可以在冷水机组允许的范围内降低冷却水泵转速，以减少冷却水泵的能耗。

10.1.4 空调水系统的应用案例

下面举两个实际工程案例，以综合了解空调水系统在空调系统中的应用情况。

1. 工程案例 1

（1）工程概况 该工程位于夏热冬冷地区，为商务写字楼，总建筑面积约为 5.3 万 m^2（其中，地下室为 9 万 m^2、裙房面积为 2.6 万 m^2、标准层为 1.8 万 m^2，建筑高度为 109m；地下 2 层、地上 25 层，地下二层（B2）为车库、制冷机房和物业管理办公室，地下一层（B1）和地上 1~6 层（1~6F）为商场，7~8 层（7~8F）为多功能厅、餐厅，9~25 层（9~25F）为办公室。

（2）空调系统 如图 10-22 所示。

1）冷热源设备。空调系统采用了 2 台离心式冷水机组、9 台空气源热泵机组和 2 台电锅炉。在夏季由离心式冷水机组和空气源热泵制取冷水；冬季主要由空气源热泵进行制热，在极端寒冷时由电锅炉辅助供热。冷水机组设置在建筑的 B2，冷却塔安装在裙楼顶层（8F）的屋顶；空气源热泵机组和电锅炉设置在整栋建筑的顶层屋顶。

2）空调方式。B2 的车库、机房采用机械通风，物业办公室采用风机盘管 + 新风系统；商场、多功能厅、餐厅采用全空气系统（以空调箱 AHU 作为空气处理设备）；对于厨房则主要采用送、排风系统，但在人员工作区还需采用 AHU；对 B2 及 9~25 层的办公区域，采用了风机盘管（FCU）＋新风（FAU）系统。

3）空调水系统。冷却水系统采用了"多机对多塔"形式，2 台冷水机组对应两台冷却

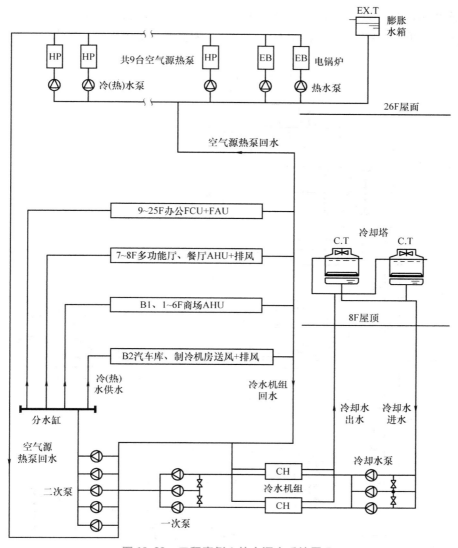

图 10-22 工程案例 1 的空调水系统原理

塔，采用了 3 台冷却泵（2 用 1 备），且互为备用。冷、热水采用同一套冷水（热水）系统，为闭式、直连、异程、两管制二次泵系统；水系统采用膨胀水箱方式定压，其定压点设置在建筑屋顶；每台冷水机组和空气源热泵的一次泵均采用了一机对一泵形式（其中冷水机组备用了 1 台一次泵）、共设置了 5 台二次泵（4 用 1 备）；冷水系统分为四支立管，分别为 B2 的物业办公室、B1 和 1~6F 的商场、7~8F 的多功能厅、9~25F 的办公室的空调箱、风机盘、新风机组提供冷热水。

2. 工程案例 2

（1）工程概况 该工程位于夏热冬冷地区，为高层建筑商务写字楼，总建筑面积约为 6 万 m^2（其中，地下室为 7000m^2、裙房面积为 3400m^2、主楼标准层为 5 万 m^2），建筑高度为 213m；地下 2 层，地上 41 层。

（2）空调系统 如图 10-23 所示。

1）冷热源设备。以 2 台离心式冷水机组作为冷源、城市热力网为热源（热网入口为 0.8MPa 蒸汽，采用汽-水换热器换出 60℃热水），为空调系统提供冷、热水。

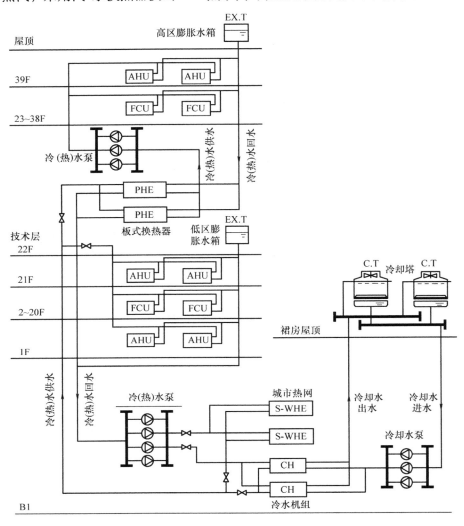

图 10-23　工程案例 2 的空调水系统原理

2）空调方式。在大空间商务（1F、21F）和旋转观光餐厅（39F）采用了全空气系统（AHU）；在其他办公区采用风机盘管（FCU）+新风系统。

3）空调水系统。冷却水采用了 2 台冷水机组对应 2 台冷却塔的"多机对多塔"系统形式，系统中设置了 3 台冷却泵（2 用 1 备）；冷水机组设置在地下一层（B1），冷却塔设置在裙房屋顶。冷、热水共用一个水系统，为闭式、同程、两管制一次泵系统；由于该建筑属于高层建筑，考虑到水系统的承压问题，故在低区（21F 以下）采用了直连系统，由一根主立管为系统供水，高区（23～39F）为间连系统，在技术层（22F）设置了板式换热器将高、低区分开，高、低区水系统均采用了膨胀水箱定压。

10.2 制冷机房的设计

10.2.1 设计步骤

制冷机房（也称冷冻站）的设计大体有以下六个步骤：

1. 计算制冷机房所服务的建筑总冷负荷

制冷机房所服务建筑或区域的总冷负荷应根据相关设计规范进行计算确定，包括用户实际所需的制冷量以及冷水机组本身和供冷系统的冷损失。用户实际所需的制冷量应由空调、冷冻或工艺有关方面提出，而冷损失一般可用附加值计算，附加值的大小需根据相关设计规范的规定选取。

2. 确定技术方案和机组类型

根据用户使用要求、冷负荷及其全年变化、当地能源供应等情况，根据因地制宜、对等比较（使用功能对等、使用寿命对等、使用能源对等、舒适性对等、占地面积对等）原则，从多个技术方案中选择技术经济性良好的方案和机组类型，包括制冷方式、制冷剂种类、冷凝器冷却方式等。

从单位制冷量消耗一次能源的角度看，电力驱动蒸气压缩式冷水机组比吸收式冷水机组能耗要低。但对于当地电力供应紧张，或有热源可资利用，特别是有余热废热的场合，应优先选用吸收式冷水机组。

至于采用何种制冷剂，先应考虑环境友好性能和相关法规协议，以保证在机组寿命时间内能够允许使用（能够有制冷剂的补充来源）。一般而言，直接蒸发式空调系统或对卫生安全要求较高的用户应采用氟利昂；而大中型系统，若对卫生安全要求不十分严格，或采用间接供冷方式进行空调时，也可采用氨。目前氨制冷机组主要用于食品冷藏冷冻，而空调用冷水机组主要采用氟利昂制冷剂。

此外，应根据总制冷量大小和当地条件，确定冷凝器的冷却方式，即水冷、空冷还是采用蒸发式冷凝器。用水冷式冷凝器时，则应同时考虑水源和冷却水的系统形式。

3. 确定机组的容量和台数

选择蒸气压缩式冷水机组时应从能耗、机组容量和调节性能等多方面进行考虑，宜根据冷水机组的名义工况性能、变工况性能和部分负荷性能指标及特点综合确定。单机名义工况制冷量大于 1758kW 时宜采用离心式；制冷量在 1054～1758kW 时，宜选用螺杆式或离心式；制冷量在 116～1054kW 时，宜选用螺杆式；制冷量小于 116kW 时，宜选用涡旋式。

设计制冷机房时，一般选择 2～4 台制冷机组，台数不宜过多。除要求外，可不设备用机组。当总冷负荷较小时，也可选择 1 台冷水机组，但需要具有良好的容量调节能力。

对于空调用制冷机房，目前一般选用冷水机组；对于冷冻冷藏用制冷机房，制冷压缩机、冷凝器、蒸发器和其他辅助设备，可以选择成套设备或配套机组。

4. 设计水系统

确定冷水和冷却水系统形式；选择冷水泵、冷却水泵和冷却塔的规格和台数，进行管路系统设计计算。

5. 设计制冷机房的自动控制系统

根据冷水机组台数和容量、冷水和冷却水系统形式结合建筑的负荷分布特征，制订整个制冷机房及其子系统的控制策略，并设计其自动控制系统，以保证整个系统在各种工况下都能够高效运行，并进行能耗计量和相关数据显示。

6. 布置制冷机房

根据制冷机房设计要求和设备布置原则布置机房的各种设备。

10.2.2 制冷机房

小型制冷机房一般附设在主体建筑内，氟利昂制冷设备也可设在空调机房内。规模较大的制冷机房，特别是氨制冷机房，应单独修建。

1. 对制冷机房的要求

制冷机房的位置应尽可能设在冷负荷中心处，力求缩短冷水管网。当制冷机房为该区域的主要用电负荷时，还应考虑靠近变电站。

制冷机房应采用二级耐火材料或不燃材料建造。机房最好为单层建筑，设有不相邻的两个出入口，机房门窗应向外开启。机房应预留能通过最大设备的出入口或安装洞。

氨制冷机房不应靠近人员密集的房间或场所（对于民用建筑，不能设置于建筑内），以及有精密贵重设备的房间等，以免发生事故时造成重大损失。

空调用制冷机房，主要包括主机房、水泵房和值班室等。冷冻冷藏用的制冷机房，规模小者可为单间房屋，不做分隔；规模较大者，按不同情况可分隔为主机间（用于布置制冷压缩机）、设备间（布置冷凝器、蒸发器和高压贮液器等辅助设备）、水泵间（布置水箱、水泵）、变电间（耗电量大时应有专门变压器），以及值班控制室、维修贮藏室和生活间等。房高应不低于 3.2m，设备间也不应低于 2.5m（净高度）。

氟利昂制冷机房应按机房面积设有不小于 $9.18m^3/(h \cdot m^2)$ 的机械通风和不少于 7 次/h 的事故通风设备；氨制冷机房应有不少于 12 次/h 换气的事故通风设备，排风机应选用防爆型。排风口应设置在容易泄漏制冷剂的设备附近，并有合理的气流组织。直燃吸收式制冷机房机器配套设施的设计应符合国家现行的有关防火及燃气设计规范的规定。此外，制冷机房还应设置给水与排水设施。

在采暖地区，在冬季需保证使用的制冷机房的采暖温度高于 16℃，冬季设备停运时，为防止水系统冻结，其值班温度不应低于 5℃。

2. 制冷机房的设备布置

机房内的设备布置应保证操作和检修的方便，同时要尽可能使设备布置紧凑，以节省建筑面积。冷水机组的主要通道宽度以及冷水机组与配电柜的距离应不小于 1.5m；冷水机组与冷水机组或与其他设备之间的净距离不小于 1.2m；冷水机组与墙壁之间以及与其上方管道或电缆桥架的净距离应不小于 1m。

大、中型制冷压缩机应设在室内，并有减振基础。其他设备则可根据具体情况，设置在室内、室外或敞开式建筑内，但是，要注意保证某些设备（如冷凝器和高压贮液器）之间必要的高度差。制冷压缩机及其他设备的位置应使连接管路短，流向通畅，并便于安装。

卧式壳管式冷凝器和蒸发器布置在室内时，应考虑有清洗和更换其内部传热管的空间。

冷却塔应布置在通风散热条件良好的屋面或地面上，并远离热源和尘源；冷却塔之间及冷却塔与周围建筑物、构筑物之间应有一定间距。风冷式冷凝器和蒸发式冷凝器也有与冷却塔同样的要求。

水泵的布置应便于接管、操作和维修；水泵之间的通道一般不小于 0.7m。此外，设备和管路上的压力表、温度计等应设在便于观察的地方。

10.2.3 机组与管道的保温

为了减少各种制冷机组的冷量损失，低温设备和管道均应加以保温。应保温的部分一般为制冷压缩机的吸气管、膨胀阀后的供液管、间接供冷的蒸发器以及冷水管和冷水箱等。

机组使用的保温材料应热导率小、湿阻因子大、吸水率低、密度小，而且使用安全（如不燃或难燃、无刺激性气味、无毒等）、价廉易购买、易于加工敷设。目前，常用的保温材料有矿渣棉、离心玻璃棉、柔性泡沫橡塑、自熄型聚苯乙烯泡沫塑料、聚乙烯泡沫塑料和硬质聚氨酯泡沫塑料等，其主要性能见表 10-1。

表 10-1　常用保温材料的主要性能

名称	密度/ （kg/m³）	热导率/ [W/(m·K)]	适用温度/ ℃	吸水率	防火性能	备注
矿渣棉	100～130	0.04～0.046	<930	<2%（质量）	不燃	机械强度尚可，工艺性好，防蛀，耐腐蚀，吸声性能好
离心玻璃棉	40～60	0.031～0.048	－30～+250	<1%（质量）	不燃	机械强度差，吸声性能好，抗老化性能好，对环境无影响
柔性泡沫橡塑	40～110	<0.046	－40～+105	<10%（真空吸水率）	B1、B2 级	表面光滑，弹性好，抗老化性能好，抗水蒸气渗透能力强，使用时无须防潮层和保护层
自熄型聚苯乙烯泡沫塑料	25～50	0.029～0.035	－80～+75	1g/100cm³	可燃，离火自熄	机械强度尚可，工艺性好，耐腐蚀，燃烧烟浓有毒
聚乙烯泡沫塑料	33～45	0.038	－40～+80	0.05g/100cm³	可燃，离火自熄	机械强度好，工艺性好，燃烧无毒性
硬质聚氨酯泡沫塑料	45～54	0.018～0.022	－100～+120	0.8g/100cm³	可燃，离火自熄	机械强度好，工艺性好，可现场发泡，燃烧烟浓有毒

管道和设备保温层厚度的确定要考虑经济上的合理性，但是最小保温层厚度应使其外表面温度比最热月室外空气的平均露点高 2℃左右，以保证保温层外表面不致有结露现象。在计算保温层厚度时，可忽略管壁导热热阻和管内表面的对流换热热阻，这样，对于设备壁面：

$$\frac{t_a - t_f}{t_a - t_s} = 1 + \alpha_a \frac{\delta}{\lambda} \tag{10-4}$$

对于管道：

$$\frac{t_a - t_f}{t_a - t_s} = 1 + \frac{\alpha_a}{\lambda}\left(\frac{d_o}{2} + \delta\right)\ln\frac{d_o + 2\delta}{d_o} \quad (10-5)$$

式中　t_a——空气干球温度（℃），依最热月室外空气平均温度计算；

　　　　t_f——管道或设备内介质的温度（℃）；

　　　　t_s——保温层的表面温度（℃），比最热月室外空气的平均露点高2℃；

　　　　α_a——外表面的表面传热系数［W/（m²·K）］，一般取5.8W/（m²·K）；

　　　　λ——保温材料的热导率［W/（m·K）］；

　　　　δ——保温层厚度（m）；

　　　　d_o——管道的外径（m）。

　　为了保证保温效果，保温结构由内向外应包括以下几个部分：

　　1）防锈层。清除管道或设备外表面铁锈、污垢至干净，涂以红丹漆或沥青漆两道，防止管道或设备表面锈蚀。

　　2）保温层。

　　3）隔气层。在保温层外面缠包油毡或塑料布等，使保温层与空气隔开，防止空气中的水蒸气透入保温层造成保温层内部结露，以保证保温性能和使用寿命。若有必要，还可在隔气层外敷以铁皮等保护层，使保温层不致被碰坏。

　　4）识别层。保护层外表面应涂以不同颜色的调和漆，并标明管路的种类和介质流向。

习　　题

　　1. 开式循环和闭式循环水系统各有什么优缺点？

　　2. 两管制、四管制及分区两管制水系统的特点分别是什么？

　　3. 什么是定流量和变流量系统？

　　4. 请画出冷水机组冷冻水一次泵定流量和二次泵变水流量系统示意图，试述一次定流量和二次泵变水量系统的特点及其适用场合。

　　5. 复式泵流量水系统的特点是什么？

　　6. 单式泵变流量水系统的特点是什么？

　　7. 高层建筑空调水系统需要分区的原因何在？系统中承压最薄弱的环节是什么？

　　8. 常用的空调水系统定压方式有哪几种？带有开式膨胀水箱的水系统是开式系统还是闭式系统？为什么？

　　9. 空调水系统的定压点如何确定？

　　10. 膨胀水箱有哪些配管？

　　11. 空调冷热水与冷却水不经水处理的危害是什么？

　　12. 为什么要对空调水系统进行补水？

　　13. 平衡阀有哪些功能？选用平衡阀时应该注意什么？

　　14. 简述冷却塔的工作原理及如何选择冷却塔。

　　15. 冷凝水系统设计时应该注意什么？

　　16. 试描述冷凝器的传热过程，并分析风冷冷凝器和水冷冷凝器的最大热阻处于哪一侧。为了最有效地提高冷凝器换热能力，应该在换热管内侧还是外侧加肋？

　　17. 与风冷式冷凝器相比较，蒸发式冷凝器强化换热的机理是什么？使用蒸发式冷凝器应注意哪些问题？

18. 比较满液式蒸发器和干式蒸发器的优缺点，它们各适用于什么场合？

19. 氨制冷系统用满液式蒸发器是否可以直接用于氟利昂制冷系统？如果不能，需要做哪些改动？

20. 在直接蒸发式空气冷却器设计中，管内制冷剂流速选取应考虑哪些因素？应该如何确定制冷剂通路的分支数？

21. 直接蒸发式空气冷却器是空调热泵机组中最常用的蒸发器，试提出改善直接蒸发式空气冷却器传热能力的措施。

22. 与常规蒸气压缩式制冷系统的冷凝器相比，用于 CO_2 超临界制冷系统的气体冷却器有何特点？传热过程有何不同？

第 11 章
蓄冷技术

11.1 蓄冷概述

11.1.1 蓄冷空调技术的原理

众所周知，建筑物的空调负荷分布是很不均匀的。以办公室、写字楼为例，其空调系统一般在白天运行，而在晚上则停止运行。蓄冷空调技术，即是在电力负荷很低的夜间用电低谷期，采用电制冷机制冷，利用蓄冷介质的显热或潜热特性，用一定的方式将冷量贮存起来。在空调负荷高的白天，也就是用电高峰期，把贮存的冷量释放出来，以满足建筑物空调的需要。蓄热（冷）介质的种类如图 11-1 所示。显热蓄热是通过降低蓄热介质的温度进行蓄冷，常用的介质为水。潜热蓄冷是利用蓄冷介质发生相变来蓄冷，常用的介质为冰、共晶盐水化合物等相变物质。蓄冷空调技术中多采用水蓄冷和冰蓄冷方式。

蓄冷空调技术主要适用于两类场合：一类是白天空调负荷大、晚上空调负荷小的场合，如办公室、写字楼、商场等；另一类是空调周期性使用，空调负荷只集中在某一个时段的场合，如影剧院、体育馆、大会堂、教堂、餐厅等。由于蓄冷空调系统转移了制冷机组的用电时间，起到了移峰填谷的作用。应用蓄冷空调技术是否经济，取决于当地电力部门的峰谷电价政策，峰谷电价差值越大，蓄冷空调系统所节省的运行费用越多。

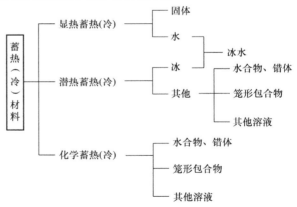

图 11-1 蓄热（冷）介质的种类

11.1.2 蓄冷设计模式与控制策略

1. 设计模式

蓄冷系统设计中，蓄冷装置容量大小是首先应予考虑的问题。通常蓄冷容量越大，初始投资越大，而制冷机开机时间越短，运行电费越省。按照蓄冷设计思想（运行策略），系统设计中需对蓄冷装置和制冷机两者供冷的份额做出合理安排，即对设计模式加以选择。蓄冷模式的确立应以设计循环周期（即设计日或周等）内建筑物的负荷特性及其他一些具体设计条件。工程中常用的蓄冷设计模式有全负荷蓄冷和部分负荷蓄冷两种。

（1）全负荷蓄冷　全负荷蓄冷即将建筑物典型设计日（或周）白天用电高峰时段的冷负荷全部转移到电力低谷时段，起动制冷机进行蓄冷；在白天运行时制冷机组不运行，而由蓄冷装置释冷。图 11-2 所示为全负荷蓄冷模式示例。制冷机容量按周期内的最大冷负荷确定为 1000kW。图中面积 A 表示用电低谷期（下午 6 时至次日上午 8 时）的全部蓄冷量，制冷机在该运行时段内的平均制冷量约为 590kW。这一模式下蓄冷系统需要配置较大容量的制冷机和蓄冷装置，虽然运行电费少，但其初投资大，蓄冷装置占地面积也大。因此，一般是不采用这一设计模式的。

（2）部分负荷蓄冷　部分负荷蓄冷就是按建筑物典型设计日（或）周全天所需冷量部分由蓄冷装置供给，部分由制冷机供给，制冷机在全天蓄冷与用冷时段基本上是 24h 持续运行。图 11-3 所示是部分负荷蓄冷模式示例。图中面积 D 是制冷机在用电低谷期的蓄冷量，面积 E 则代表同一制冷机在电力峰值期运行的供冷量（注意其上部曲线位置要比面积 D 高）。显然，部分负荷蓄冷不仅蓄冷装置容量小，制冷机利用效率提高，其装机容量小，是一种更为经济有效的蓄冷设计模式。

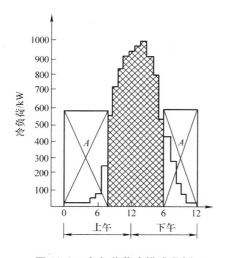

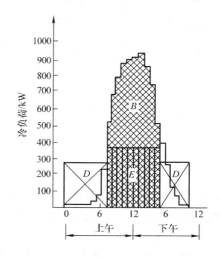

图 11-2　全负荷蓄冷模式示例　　　　图 11-3　部分负荷蓄冷模式示例

2. 控制模式

蓄冷空调系统在运行中的负荷管理或控制策略关系到能否最终确保蓄冷空调的使用效率，并尽可能获取最大效益的问题。原则上应使蓄冷装置充分发挥其在电力非高峰期的蓄冷作用，并保证在高峰期内满足负荷要求，应尽可能保持制冷机长时间处于满负荷、高效率、低能耗的条件下运行。控制策略应按蓄冷模式分别考虑，不同控制策略下的运行效果、效益不同。此外，蓄冷系统中按制冷机和蓄冷装置所处位置有并联流程和串联流程之分，后者又有制冷机置于上游或下游两种情况，不同条件下的运行特性是不同的。

（1）全负荷蓄冷　全负荷蓄冷中只存在制冷机蓄冷和蓄冷装置供冷两种运行工况，两者在时间上截然分开，运行中除设备安全运转、参数检测以及工况转换等常规控制外，无须特别的控制策略。

（2）部分负荷蓄冷　部分负荷蓄冷涉及制冷机蓄冷、制冷机供冷、蓄冷装置供冷或制冷机和蓄冷装置同时供冷等多种运行工况，在运行中需要合理分配制冷机直接供冷量和蓄冷装置释冷供冷量，使两者能最经济地满足用户的冷量需求。常用的控制策略有三种，即制冷机优先、蓄冷装置优先和优化控制。

1）制冷机优先。尽量使制冷机满负荷供冷，只有当用户需冷量超过制冷机的供冷能力时才启用蓄冷装置，使其承担不足部分。这种控制策略实施简便（尤其在串联流程中制冷机位于上游时），运行可靠，能耗较低，但蓄冷装置利用率不高，不能有效地削减峰值用电，更多地节约运行费用，因而采用不多。

2）蓄冷装置优先。尽量发挥蓄冷装置的释冷供冷能力，只有在其不能满足用户需冷量时才起动制冷机，以补充不足部分的供冷量。这种控制策略有利于节省电费，但其能耗较高，在控制程序上比制冷机优先复杂。它需要在预测用户冷负荷的基础上，计算分配蓄冷装置的释冷量及制冷机的直接供冷量，以保证既能使蓄冷量得到充分利用，又能满足用户的逐时冷负荷的要求。

3）优化控制。根据电价政策，借助于完善的参数检测和控制系统，在负荷预测、分析的基础上最大限度地发挥蓄冷装置的释冷供冷能力，使用户支付的电费最少，系统实现最佳的综合经济性。根据国内一些分析数据，采用优化控制比制冷机优先控制可以节省运行费用25%以上。

11.2　水蓄冷空调系统

11.2.1　水蓄冷空调系统的特点

水蓄冷系统采用空调用冷水机组在电力谷段制取4~6°C的冷水，蓄存在保温的蓄冷槽中，空调系统供冷时将蓄存的冷水抽出来使用。

（1）优点　水蓄冷空调系统具有如下优点：

1）可以使用常规的冷水机组、水泵、空调末端设备、配管等，适合于常规空调系统的扩容和改造，可以在不增加制冷机容量的前提下增加供冷量；用于旧系统改造也十分方便，只需要增设蓄冷槽，原有的设备仍然可用，新增加的费用少。

2）蓄冷、释冷时冷水温度相近，冷水机组在这两种工况下均能维持较高的制冷效率。

3）可以利用消防水池、原有蓄水设施或地下室等作为蓄冷槽，从而降低初始投资。

4）可以实现蓄热和蓄冷的双重功能，适合于采用热泵系统的地区用于冬季蓄热、夏季蓄冷，提高蓄冷槽的利用率。

5）其设备及控制方式与常规空调系统相似，可直接与常规空调系统匹配，运行维护管理方便，无须特殊的技术培训。

（2）缺点　水蓄冷系统也存在如下一些缺点：

1）只能贮存水的显热，不能贮存潜热，因此需要较大容积的蓄冷槽，其应用受到空间条件的限制。

2）蓄冷槽容积较大，表面散热损失也相应增加，保温措施需要加强。

3）蓄冷槽内不同温度的冷水混合，会影响蓄冷效率，使蓄存冷水的可用冷量减少。

4）开式蓄冷槽中的水与空气接触易滋生菌类和藻类，管路易锈蚀，需增加水处理设施。

11.2.2 水蓄冷空调系统的形式

常见的水蓄冷空调系统的形式有直接供冷和间接供冷两种方式。图 11-4 所示为直接供冷式系统的流程图。其蓄冷槽为开式水池，而空调冷水系统一般采用闭式系统。系统中的 V_5 为调节阀，V_6 为阀前压力调节阀。系统共设 3 台水泵，水泵 P_1 为冷水机组供冷水泵；水泵 P_2 为蓄冷水泵，P_2 的流量小于 P_1 的流量，以增大进出水温差，有利于蓄冷；水泵 P_3 为取冷水泵。

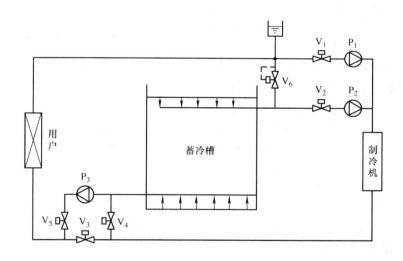

图 11-4　直接供冷式系统的流程图

该系统有 4 种运行工况，即蓄冷工况、制冷机供冷工况、蓄冷槽供冷工况、制冷机与蓄冷槽联合供冷工况，见表 11-1。只要采用蓄冷槽供冷，就必须依靠 V_6 调节阀保证阀前压力为膨胀水箱维持的系统静水压力。这样可保证系统全部充满水，使运行可靠。该系统在空调水蓄冷系统中应用较普遍，具有系统简单、投资少、温度梯度损失小等优点；但也存在如下一些不足之处：

1）蓄冷槽与大气相通，水质易受环境污染，水中含氧量高，易生长菌藻类植物。为防止系统管路与设施的腐蚀，需要设置水处理装置。

2）整个水蓄冷槽为常压运行，其制冷与供冷回路应注意避免因虹吸、倒空而引起的运行工况破坏。为维持系统静压力，膨胀水箱内必须充满水。

表 11-1　直接供冷式系统的各运行工况

工　况	P_1	P_2	P_3	V_1	V_2	V_3	V_4	V_5	V_6
蓄　冷	关	开	关	关	开	关	开	关	关
制冷机供冷	开	关	关	开	关	开	关	关	关
蓄冷槽供冷	关	关	开	关	关	关	关	调节	调节
联合供冷	开	关	开	开	关	开	关	调节	调节

图 11-5 所示为间接供冷式水蓄冷系统的流程图。该系统在供冷回路中采用换热器与用户形成间接连接，换热器一次侧与水蓄冷组成开式回路，而用户侧形成一个闭式回路。这样，用户侧回路的压力稳定，可防止其管路出现氧化腐蚀、有机物及菌藻类繁殖的现象。间接式系统同样可以实现 4 种运行工况，各工况的设备和阀门运行情况与直接式系统有一定区别，见表 11-2。

间接式系统可根据用户的要求，选用相应的设备，以承受各种静压，因此，该系统主要适用于高层、超高层空调供冷。由于用户的换热器二次侧回路为闭式流程，水泵扬程降低，故水泵能耗减少，但需增加换热设备及相应的投资，使其供水温度将比直接供冷提高 1～2℃，系统的蓄冷效率降低。故此形式应根据系统规模大小及供冷条件，进行技术经济比较后再进行选择。一般认为，对于高于 35m 的建筑物，采用间接供冷方式较为经济。

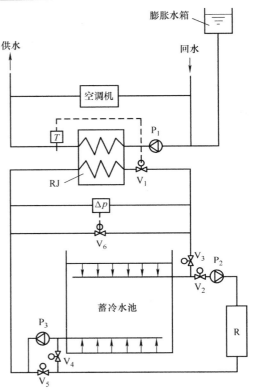

图 11-5　间接供冷式水蓄冷系统的流程图

表 11-2　间接供冷式系统的各运行工况

工　况	P_1	P_2	P_3	V_1	V_2	V_3	V_4	V_5	V_6
蓄　冷	关	开	关	关	开	关	开	关	关
制冷机供冷	开	开	关	调节	开	开	关	开	调节
蓄冷槽供冷	开	关	开	调节	关	开	关	开	调节
联合供冷	开	开	开	调节	开	开	关	开	调节

11.2.3　水蓄冷槽的类型及其特点

水蓄冷系统贮存冷量的大小取决于蓄冷槽贮存冷水的数量和蓄冷温差。蓄冷温差是指空调回水与蓄冷槽供水之间的温差，蓄冷温差的维持可以通过降低蓄冷温度、提高回水温度和防止回水与贮存的冷水之间混合等措施来实现。蓄冷温度一般为 4～7℃，回水温度取决于负荷及末端设备的状况。在水蓄冷技术中，关键问题是蓄冷槽的结构型式应能够有效地防止回水与贮存的冷水之间混合。就结构型式而言，水蓄冷槽的类型主要有以下几种。

1. 温度分层型水蓄冷槽

温度分层型水蓄冷槽是最简单、有效和经济的一种蓄冷槽型式。水蓄冷槽中水温的分布是按照其密度自然地进行分层，水温高于 4°C 时，温度低的水密度大，位于贮槽的下部，而温度高的水密度小，位于贮槽的上部。图 11-6 所示为温度分层型蓄冷槽温度分布示意图。为了实现温度分层，在蓄冷槽的上下部设置了均匀分配水流的稳流器。在蓄冷（释冷）过程中，温水从上部稳流器流出（流入），冷水从下部稳流器流入（流出），并且控制水流缓慢地自下而上（自上而下）平移运动，在蓄冷槽内形成稳定的温度分布。

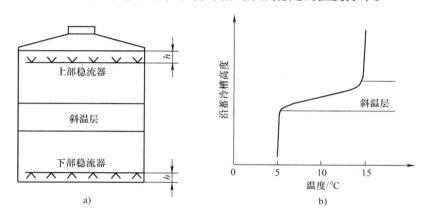

图 11-6 温度分层型蓄冷槽温度分布示意图
a）自然分层蓄冷槽 b）斜温层

在上部温水区和下部冷水区之间存在一个温度剧变层，即斜温层，依靠稳定的斜温层阻止下部的冷水与上部的温水混合。当蓄冷时，随着冷水不断从下部送入和温水不断从上部被抽出，斜温层逐渐上移，当斜温层在蓄冷槽顶部被抽出时，抽出温水的温度急剧降低。反之，当释冷时，随着温水不断从上部流入和冷水不断从下部被抽出，斜温层逐渐下降，当斜温层在蓄冷槽底部被抽出时，蓄冷槽的供冷水温度急剧升高。因此，蓄冷槽实际释放的冷量小于理论可用蓄冷量，若设计合理，实际释放的冷量一般可以达到理论可用蓄冷量的90%。

2. 迷宫型蓄冷槽

迷宫型蓄冷槽是指采用隔板将大蓄冷槽分隔成多个单元格，水流按照设计的路线依次流过每个单元格。如果单元格的数量较多，可以控制整体蓄冷槽中冷温水的混合，蓄冷槽的供冷水温度变化缓慢。图 11-7 所示为迷宫型蓄冷槽的水流线路图，蓄冷时的水流方向与释冷时的水流方向刚好相反。单元格的连接方式有堰式和连通管式两种。图 11-7 中的断面图便是堰式连接的示意图，蓄冷时的水流方向为下进上出，释冷时的水流方向为上进下出。堰式结构简单，节省空间，适合于单元格数量多的场合，在工程中应用较多。

虽然整体上蓄冷槽冷温水的混合能得到较好的控制，但在相邻两个单元格之间仍然存在局部混合现象。另外，迷宫型蓄冷槽表面积与容积之比偏高，使冷损失增加，蓄冷效率下降。蓄冷槽中水流速度的控制非常重要，若水流速度过高，会导致水流扰动，加剧冷温水的

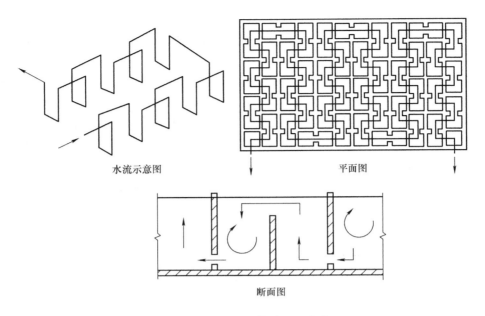

图 11-7　迷宫型蓄冷槽的水流线路图

混合；若水流速度过低，会在单元格中形成死区，冷量不能充分利用，降低蓄冷系统的容量。

3. 多槽型水蓄冷系统

图 11-8 所示为多槽型水蓄冷系统流程图。在系统中设有两个以上的蓄冷槽，将冷水和温水贮存在不同的蓄冷槽中，并且要保证其中一个贮槽是空的。在蓄冷时，其中一个温水槽中的水经制冷机降温后送入空槽中，空槽蓄满后成为冷水槽，原温水槽成为空槽。然后重复上述过程，直至所有的温水槽中的温水变成冷水。蓄冷结束时，除其中的一个贮槽为空槽外，其他贮槽均为冷水槽。释冷时，抽取其中一个冷水槽中的冷水，空调回水送入空槽，当空槽成为温水槽时，原冷水槽成为空槽。如此周期循环，以确保运行中冷水与温水不混合。

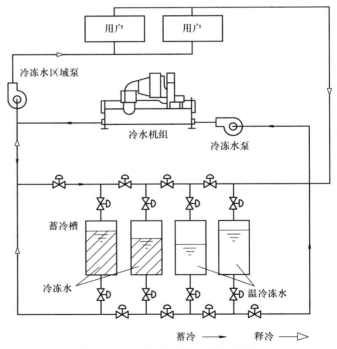

图 11-8　多槽型水蓄冷系统流程图

此类蓄冷系统必须设置一个空槽，占用空间大；要求使用的阀门多，系统的运行管理和控制复杂，初始投资和运行维护费用较高，在实际中应用较少。

4. 隔膜型水蓄冷系统

在蓄冷槽内部安装一个可以活动的柔性隔膜或一个可移动的刚性隔板,将蓄冷槽分隔成分别贮存冷水和温水的两个空间,从而消除冷、温水混合的现象。为了减少温水对冷水的影响,一般冷水放在下部。这种系统的缺点在于:隔膜本身的导热特性会降低蓄冷槽的蓄冷效率,而且隔膜的材料要求高,水槽结构复杂。与其他的水蓄冷槽相比,其一次性投资及隔膜的维护费用均较高,因此推广应用较困难,在实际中应用较少。

11. 2. 4 水蓄冷空间系统设计

1. 蓄冷槽的蓄冷量与体积确定

蓄冷槽的实际可用蓄冷量必须满足系统对蓄冷量的需求。系统需要的蓄冷量取决于设计日内逐时空调负荷的分布情况和系统的蓄冷模式。各种蓄冷系统的蓄冷模式可以归纳为全部蓄冷模式和部分蓄冷模式两类。全部蓄冷模式是指设计日非电力谷段的总冷负荷全部由蓄冷装置供应;部分蓄冷模式是指设计日非电力谷段总冷负荷的一部分由蓄冷装置供应,其余冷负荷由制冷机供应;一般情况下,蓄冷系统采用部分蓄冷模式。

在确定水蓄冷槽体积之前,需要计算出设计日内的逐时空调负荷,然后根据系统的蓄冷模式确定系统需要的蓄冷量,即蓄冷槽的可用蓄冷量。水蓄冷槽的体积计算公式为

$$V = \frac{Q_s}{\Delta T \rho c_p \varepsilon \alpha} \tag{11-1}$$

式中　V——蓄冷槽实际体积(m^3);

　　Q_s——蓄冷槽的可用蓄冷量(kJ);

　　ρ——蓄冷水的密度(kg/m^3);

　　c_p——水的比定压热容[$kJ/(kg \cdot ℃)$];

　　ΔT——释冷时回水温度与蓄冷时进水温度之间的温差(℃),可选取为 8~10℃;

　　ε——蓄冷槽的完善度,考虑混合和斜温层等的影响,一般取 85%~90%;

　　α——蓄冷槽的体积利用率,考虑稳流器布置和蓄冷槽内其他不可用空间等的影响,一般取 95%。

2. 水蓄冷槽的结构设计

由于温度分层型水蓄冷槽应用得最广泛,这里只介绍温度分层型水槽冷槽的结构设计方法。

(1) 水蓄冷槽的形状和安装　水蓄冷槽的外表面积与容积之比越小,冷损失越小。在同样的容积下,圆柱体蓄冷槽外表面积与容积之比小于长方体或立方体蓄冷槽,在实际中应用较多的便是圆柱体蓄冷槽。此类蓄冷槽的高度与直径之比(高径比)增加,会降低斜温层体积在蓄冷槽中的比例,有利于温度分层,提高蓄冷效率,但一次投资将会提高。高径比一般通过技术经济比较来确定,据有关文献介绍,钢筋混凝土贮槽的高径比采用 0.25~0.5,其高度最小为7m,最大一般不高于14m。地面以上的钢贮槽高径比采用 0.5~1.2,其高度宜在 12~27m 范围内。蓄冷槽的材料通常选用钢板焊接、预制混凝土、现浇混凝土,必须对蓄冷槽采取有效的保温和防水措施,尽可能避免或减少槽体内因结构梁、柱形成的冷桥。

由于水蓄冷采用的是显热贮存,蓄冷槽的体积较冰蓄冷槽的体积要大,因此,安装位置是蓄冷槽设计时要考虑的主要因素。若蓄冷槽体积较大,而空间有限,则可在地下或半地下

布置蓄冷槽。对于新建项目，蓄冷槽应与建筑物在结构上组成一体，以降低初始投资，这比新建一个蓄冷槽要合算。还应综合考虑水蓄冷槽兼作消防水池功能的用途。蓄冷槽应布置在冷水机附近，靠近制冷机及冷水泵。循环冷水泵应布置在蓄冷槽水位以下的位置，以保证水泵的吸入压头。

（2）稳流器的设计　稳流器的作用就是使水以重力流的方式平稳地导入槽内（或由槽内引出），减少水流进入蓄冷槽时对贮存水的冲击，促使并维持斜温层的形成。在 0~20℃ 范围内，水的密度变化不大，形成的斜温层不太稳定，因此要求通过稳流器进出口的水流的流速足够小，以免造成对斜温层的扰动破坏。这就需要确定恰当的弗劳德数（Fr）和稳流器进口高度，确定合理的雷诺数（Re）。

Fr 是表示作用在流体上的惯性力与浮力之比的无量纲特征数，该特征数反映了进口水流能否形成密度流的条件，其定义式为

$$Fr = \frac{Q}{L\sqrt{gh^3(\rho_i - \rho_a)/\rho_a}} \tag{11-2}$$

式中　Fr——稳流器进口的弗劳德数；

　　　Q——通过稳流器的最大流量（m^3/s）；

　　　L——稳流器的有效长度，即稳流器上所有开口的总长度（m）；

　　　g——重力加速度（m/s^2）；

　　　h——稳流器最小进口高度（m）；

　　　ρ_i——进口水的密度（kg/m^3）；

　　　ρ_a——周围水的密度（kg/m^3）。

研究表明：当 $Fr \leq 1$ 时，进口水流的浮力大于惯性力，可以很好地形成重力流；当 $1 < Fr < 2$ 时，也能形成重力流；$Fr \geq 2$ 时，惯性力作用大，会产生明显的水流混合现象，并且 Fr 的微小增加就会造成混合作用的显著增加。一般要求 $Fr < 2$，设计时通常取 $Fr = 1$。

若已知空调冷水循环流量和稳流器的有效长度，通过计算 Fr 后，就可以确定稳流器所需的进口高度。稳流器的进口高度定义为：当水以重力流从下部稳流器的孔眼流出时，其孔眼与蓄冷槽底间所需的竖直距离。对于上部稳流器，其进口高度应为其开孔与蓄冷槽液面间所需的竖直距离。

如果进口稳流器单位长度的流量过大，Re 过大，会造成蓄冷槽上下不同温度（即不同密度）的水混合物，破坏斜温层。Re 表示流体的惯性力与黏滞力的比值，稳流器进口 Re 的定义式为

$$Re = \frac{Q}{L\nu} \tag{11-3}$$

式中　Re——稳流器进口的雷诺数；

　　　ν——通过稳流器进口的水的运动黏度（m^2/s）。

稳流器的设计应控制在较低的 Re 值，较低的进口 Re 值有利于减小由于惯性流而引起的冷、温水的混合作用。一般来说，进口 Re 值取在 240~800 时，能取得理想的分层效果。对于高度小或带倾斜侧壁的蓄冷槽，其 Re 值下限通常取 200；对于高度大于 5m 的蓄冷槽，其 Re 值一般取 400~850。在设计中，已知蓄冷所需的循环水量时，可以通过调整稳流器的有效长度来得到所需的 Re 值。

稳流器的结构型式主要有水平缝隙型稳流器、圆盘辐射型（图 11-9）、H 型稳流器、八边型稳流器。其中，H 型稳流器采用的也是水平缝隙加长，以降低稳流器的出水流速，水平缝隙呈 H 形布置。图 11-10 所示为 H 型稳流器的布置。圆盘辐射型稳流器由两个相距很近的圆盘组成，平行安装在水槽的底部或顶部，自分配管进入盘间的水通过两盘之间的间隙，呈水平径向辐射状进入水槽。由于圆盘辐射型稳流器中水流方向是沿径向向外离开圆盘的，在同样的条件下该类型稳流器的 Re 值一般较高，可以通过增加稳流器的数量来降低 Re 值。对于圆柱形水槽，最适宜的是圆盘辐射型稳流器和八边型稳流器；对于正方形或长方形水槽，最适宜的是水平缝隙型稳流器和 H 型稳流器。

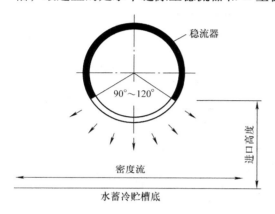

图 11-9　圆盘辐射型稳流器

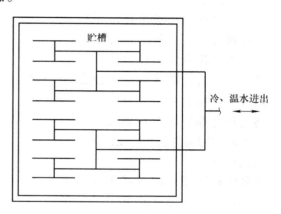

图 11-10　H 型稳流器的布置

11.3　冰蓄冷空调系统

冰蓄冷系统利用冰的融解热进行蓄热，由于冰的融解热（335kJ/kg）远高于水的比热容，采用冰蓄冷时蓄冷池的容积比蓄冷水池的容积小得多，通常冰蓄冷时单位蓄冷量所要求的容积仅为水蓄冷时的 17% 左右。

总体而言，可以根据蓄冰系统所用冷媒的不同，将冰蓄冷空调系统分为间接冷媒式和直接蒸发式。所谓直接蒸发式，是指制冷系统的蒸发器直接用作制冰元件，来自膨胀阀的制冷机进入蓄冰槽盘管内吸热蒸发，使盘管外的水结冰。直接蒸发式以蓄冰槽代替蒸发器，制冷剂与冷冻水只发生一次换热，制冷机的蒸发温度比间接方式有所提高，但长度较长的蒸发盘管浸泡在蓄冰槽内，容易引起管路腐蚀，发生制冷剂泄漏，而且蒸发盘管内的润滑油易于沉积，这种方式用于一些小型蓄冰装置和冰片滑落式蓄冰装置。

间接冷媒式使用载冷剂在蒸发器中与制冷剂进行换热，冷却到 0℃ 以下后被送入蓄冰槽的盘管内，使盘管外的水结冰。这种方式大大降低了制冷剂泄漏的可能性，不存在润滑油沉积的问题，提高了运行的可靠性，在冰蓄冷空调系统中得到广泛使用，其载冷剂一般采用质量分数为 25% 的乙二醇溶液。

在冰蓄冷空调系统中，蓄冰槽的水不一定全部结成冰，通常用蓄冰率（IPF）来衡量蓄冰槽内冰所占的体积。蓄冰率定义为蓄冰槽内冰所占容积与蓄冰槽有效容积的比值。各种蓄冰装置的 IPF 不同，与蓄冰装置的结构和工作特性有关。

11. 3. 1 蓄冰技术

根据蓄冰技术的不同，冰蓄冷系统可以分为静态蓄冰和动态蓄冰两类。静态蓄冰是指冰的制备、贮存和融化在同一位置进行，蓄冰设备和制冰部件为一体结构，静态蓄冰方式主要有冰盘管式蓄冰和封装式蓄冰。动态蓄冰是指冰的制备和贮存不在同一位置，制冰机和蓄冰槽是独立的，主要有冰片滑落式蓄冰和冰晶式蓄冰。

1. 冰盘管式蓄冰

根据融冰方式的不同，冰盘管式蓄冰可以分为内融冰方式和外融冰方式。

外融冰蓄冷系统可以采用间接冷媒式和直接蒸发式。图 11-11 所示为直接蒸发式外融冰蓄冷系统。蓄冰时，制冷剂进入盘管吸热蒸发，使管壁上结冰，当冰层达到规定厚度时结束蓄冰，蓄冰结束时槽内需保持50%以上的水，以便抽水进行融冰。融冰时，冷水泵将蓄冰槽内的冷水送至空调末端设备，升温后的空调回水进入结满冰的盘管外侧空间流动，使盘管外表面的冰层由外向内逐渐融化。外融冰蓄冷装置的蓄冰率较小，为 20% ~ 50%，

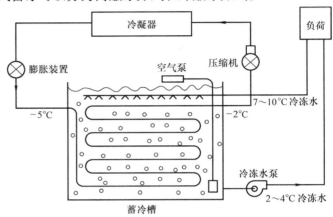

图 11-11　直接蒸发式外融冰蓄冷系统

但融冰速度快，释冷温度低，可以在较短时间内制出大量的低温冷水，适合于短时间内冷量需求大、水温要求低的场合。

对于外融冰蓄冷系统，如果上一周期的蓄冰没有完全融化而再次制冰，由于冰的热阻大，会导致传热效率下降，耗电量增加。因此，应在下一次制冰前将盘管外蓄冰的冷量用完。为了保证槽内结冰密度均匀，避免局部的冰层没有完全融化，常在槽内设置空气搅拌器，将压缩空气导入蓄冰槽的底部，产生大量气泡而搅动水流，促使管壁表面结冰厚度均匀。由于外融冰蓄冰系统为开式系统，且槽内导入大量空气，易导致盘管的腐蚀；另外，开式系统冷水泵的扬程比闭式系统大。

内融冰蓄冷系统如图 11-12 所示，该系统均采用间接冷媒式。蓄冷时，低温的载冷剂在盘管内循环，将盘管外的水逐渐冷却至结冰。融冰时，从空调负荷端流回的升温后的载冷剂在盘管内循环，将盘管外表面的冰层由内向外逐渐融化，使载冷剂冷却到需要的温度，以供应空调负荷的需要。与外融冰方式相比，内融冰系统为闭式系统，盘管不易腐蚀，冷水泵扬程降低。因此，

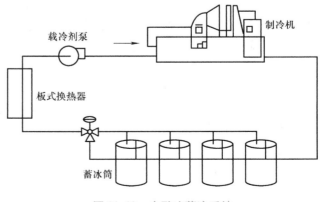

图 11-12　内融冰蓄冷系统

内融冰蓄冷系统在空调工程中应用较多。

内融冰蓄冷系统的蓄冰率较大，为 50%～70%。由于内层冰融化后形成的水膜层产生较大的传热热阻，内融冰的融冰速度不如外融冰方式。常用的内融冰盘管材料有钢和塑料，多采用小管径、薄冰层的方式蓄冰。根据盘管的结构形状，主要有以下几种：

（1）蛇形盘管蓄冰装置　这种装置以美国 BAC 公司的产品为代表。多采用钢制盘管，加工成立置的蛇形状，组装在钢架上，外表面采用热镀锌处理。为了提高传热效率，相邻两组盘管的流向相反，使蓄冷和释冷时温度均匀。槽体一般采用双层镀锌钢板制成，内填聚苯乙烯保温层，也可采用玻璃钢或钢筋混凝土制成。

（2）圆形盘管蓄冰装置　这种装置以美国 Calmac 公司和 Dunham-Bush 公司的产品为代表。将聚乙烯管加工成圆形盘管，用钢制构架将圆形盘管整体组装后放置在圆形蓄冰槽内。相邻两组盘管内载冷剂的流向相反，有利于改善和提高传热效率，并使槽内温度均匀。在蓄冷末期，蓄冰槽内的水基本上全部冻结成冰，故该装置又被称为完全冻结式蓄冷装置。以美国 Calmac 蓄冰筒为例，其标准系列产品有五种规格，其总蓄冷容量为 288～570kW·h，盘管内的工作压力为 0.6MPa，蓄冷筒直径为 1.88～2.261m，高度为 2.083～2.566m，盘管换热表面积为 $0.511m^2/(kW·h)$，蓄冰筒体积为 $0.019m^3/(kW·h)$。这种装置由于单管回路较长，因此盘管中流动阻力较大，一般为 80～100kPa。

（3）U 形盘管蓄冰装置　这种蓄冰装置以美国 Fafco 系列产品为代表。盘管材料为耐高温与低温的聚烯烃石蜡脂，盘管分片组合成型，竖直放置于蓄冰槽内。每片盘管由 200 根外径为 6.35mm 的 U 形塑料管组成，管两端与直径为 50mm 的集管相连，结冰厚度通常为 10mm。蓄冰槽的槽体采用镀锌钢板或玻璃钢制成，内壁敷设带有防水膜的保温层。U 形盘管的管径很小，载冷剂需要过滤后进入盘管，以免堵塞盘管。

上述盘管作为换热器分别与相应的不同种类贮槽组合为成套的标准型号设备；也可以根据实际需要制作成非标准尺寸的盘管，以适应于各种建筑结构场合，合理使用建筑空间。

2. 封装式蓄冰

封装式蓄冰是以内部充有水或有机盐溶液的塑料密封容器为蓄冷单元，将许多这种密封件有规则地堆放在蓄冷槽内。蓄冰时，制冷机组提供的低温载冷剂（乙二醇水溶液）进入蓄冷槽，使封装件内的蓄冷介质结冰；释冷时，载冷剂流过密封件之间的空隙，将封装件内的冷量取出。

密封件由高密度聚乙烯材料制成，由于水结冰时有 10% 的体积膨胀，为防止冰球形成后体积增大对密封件壳体造成破坏，要预留膨胀空间。按照其形状可以分为冰球、冰板、哑铃形密封件。冰球直径为 50～100mm，球表面有多处凹窝，结冰时凹处凸起成为平滑的球形。冰板一般为长 750mm、宽 300mm、厚 35mm 的长方块，内部有 90% 的空间充水。哑铃形密封件设计有伸缩折皱，可适应制冰、融冰过程中的膨胀和收缩。在哑铃形密封件的一端或两端有金属芯伸入密封件内部，以促进冰球的热传导，其金属配重作用也可避免密封件在开敞式贮槽制冰时浮起。

封装式的蓄冷槽分为密闭式贮槽和开敞式贮槽。密闭式贮槽由钢板制成圆柱形，有卧式和立式两种。开敞式贮槽通常为矩形结构，可采用钢板、玻璃钢加工，也可采用钢板混凝土现场浇筑。蓄冷容器可布置在室内或室外，也可埋入地下，在施工过程中应妥善处理保温隔热、防腐及防水问题，尤其应采取措施保证乙二醇水溶液在容器内和封装件内均匀流动，防止开敞式贮槽中蓄冰元件在蓄冷过程中向上浮起。

3. 冰片滑落式蓄冰系统

冰片滑落式蓄冰系统属于直接蒸发式，设有专门的竖直板片式蒸发器，如图 11-13 所示。蓄冰时，通过水泵将水从蓄冰槽送至蒸发器上方喷淋在蒸发器表面，部分冷水会冻结在其表面上。当冰层达到相当的厚度时（一般为 3 ~ 6.5mm），采用制冰剂热气除霜原理使冰层融化脱落，滑入到蓄冰槽，蓄冰率为 40% ~ 50%；融冰时，抽取蓄冰槽的冷水供用户使用。如果需要在融冰的同时进行制冰，可以将从用户返回的温水喷淋在低温的蒸发器表面，反复进行结冰和脱冰过程。在这种系统中，片状冰的表面积大，换热性能好，具有较高的释冷速率。通常情况下，即使蓄冰槽内 80% ~ 90% 的冰被融化，仍能够保持释冷温度不高于 2℃。因此，

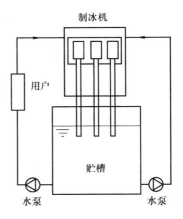

图 11-13　冰片滑落式蓄冰系统

适合于负荷集中在较短时间内，且供水温度低、供回水温差大的场合。不过，这种蓄冷系统的初始投资高；故障率较高，维护保养费用高；为了使冰片顺利落下，需要占用的空间高度较大。

4. 冰晶式蓄冰系统

冰晶式蓄冰系统如图 11-14 所示。特殊设计的制冷机组将流经蒸发器的低浓度乙二醇溶液冷却到冻结点温度以下产生冰晶，此类直径约 $100\mu m$ 的细微冰晶与载冷剂形成泥浆状的物质，其形成过程类似于雪花，自结晶核以三维空间向外生长而成，生成的冰晶经泵输送到蓄冷槽贮存。释冰时，混合溶液被融冰

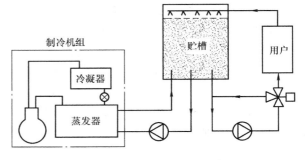

图 11-14　冰晶式蓄冰系统

泵送到换热器向用户提供冷量，升温后的载冷剂回流至蓄冷槽，将槽内的冰晶融化成冰。

这种系统的蓄冰槽构造简单，只要有足够的空间以及适当的防水和保温即可。由于系统生成的冰晶细小而均匀，其总换热面积大，融冰释冷速度快。冰晶的生成是在制冷机的蒸发器内进行的，分布均匀，不易形成死角和冷桥。

由于该系统的制冰过程发生在主机的蒸发器内，随着制冰时间的延长，流动的混合溶液的含冰率越来越大，因此这类系统的制冷能力不能太大，目前只能生产 100kW 左右的系统，不适用于大型系统。

11.3.2　冰蓄冷空调系统的循环流程

根据制冷机与蓄冰槽的相对位置不同，冰蓄冷空调系统的循环流程有并联和串联两种形式。

1. 并联式冰蓄冷空调系统

图 11-15 所示为并联式冰蓄冷空调系统，该系统由双工况制冷机、蓄冰槽、板式换热器、初级乙二醇泵 P_1、次级乙二醇泵 P_2、冷水泵 P_3 及调节阀等组成，整个系统由两个独立

的环路组成，即空调冷水环路和乙二醇溶液环路，两个环路通过板式换热器间接连接，每个环路具有独立的膨胀水箱和工作压力。

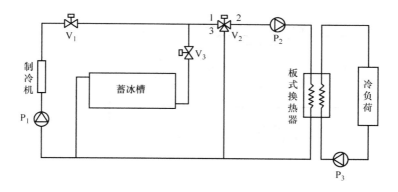

图 11-15　并联式冰蓄冷空调系统

融冰供冷时，冷负荷发生变化，通过调节阀 V_2 来调节通过板式换热器的溶液流量，保证冷水供水温度不变。

在负荷高峰期，需要实现融冰和制冷机联合供冷。来自板式换热器的溶液一部分经过制冷机降温，另一部分流经蓄冰槽降温，调节三通阀 V_2 同样可以调节通过板式换热器的溶液流量。

在空调负荷较低的电力谷段时间内，系统可能要同时制冰和供冷。泵 P_1 使一部分溶液流经三通阀 V_2 供给空调用户，另一部分溶液流经蓄冷槽升温后与来自板式换热器的溶液混合，然后进入制冷机。

该系统可以实现五种工况，各种运行工况的调节情况见表 11-3。

表 11-3　并联式流程各运行工况的调节情况

工　况	P_1	P_2	V_1	V_2	V_3
制冰	开	关	开	关	开
制冰同时供冷	开	开	开	调节	开
融冰供冷	关	开	关	调节	开
制冷机供冷	开	开	开	1-2	关
联合供冷	开	开	开	调节	开

2. 串联式冰蓄冷空调系统

串联式流程可以分为制冷机位于蓄冰槽上游和制冷机位于蓄冰槽下游两种方式。图 11-16 所示为制冷机位于上游时的串联式冰蓄冷空调系统。

该系统可以实现四种运行工况，各种运行工况的调节情况见表 11-4。蓄冰槽单独供冷时，停止运行的制冷机仍作为系统的通路，通过调节 V_2 和 V_3 的相对开度来控制进入板式换热器的溶液温度，以适应负荷的变化。

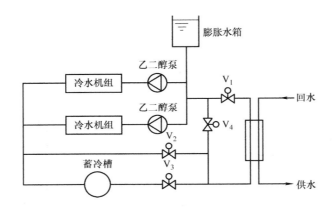

图 11-16　制冷机位于上游时的串联式冰蓄冷空调系统

表 11-4　制冷机上游串联式流程各运行工况的调节情况

工　况	V_1	V_2	V_3	V_4
制冰	关	关	开	开
融冰供冷	开	调节	调节	关
制冷机供冷	开	开	关	关
联合供冷	开	调节	调节	关

　　制冷机与蓄冰槽联合供冷时，从板式换热器流回的溶液先经过制冷机冷却后，再经过蓄冰槽释冷冷却，通过调节 V_2 和 V_3 的相对开度来控制进入板式换热器的溶液温度。

　　在制冷机位于上游的流程中，制冷机进液温度较高，制冷机效率较高，但蓄冰槽的融冰温差较小，蓄冰槽的容量较大。若制冷机位于下游，回流溶液先经过蓄冰槽冷却后，再经过制冷机冷却，制冷机进液温度较低，制冷机效率较低，但蓄冰槽的融冰温差较大，蓄冰槽的容量小一些。为了节省制冷机运行费用，在实际应用中倾向于采用制冷机位于上游的形式，除非制冷机位于下游时蓄冰槽容量的减少具有更大意义（如蓄冰槽投资过大，或受设备布置场地限制）时，才考虑采用制冷机位于下游的形式。

　　串联系统运行于联合供冷工况时，载冷剂要经过制冷机和蓄冰槽两次冷却，可以获得比并联系统更大的温差，特别适合于冷水温差大的系统和低温送风系统。

11.3.3　冰蓄冷空调系统的设计

1. 冰蓄冷空调系统的运行策略

　　空调蓄冷系统在运行中要合理分配制冷机直接供冷和蓄冷装置的释冷量，使两者的能量经济地满足负荷需求，这就涉及运行策略问题。全部蓄冷运行的系统不存在这个问题；对于部分蓄冷运行的系统，存在制冷机优先策略和释冷优先策略两种运行策略。制冷机优先策略以制冷机供冷为主，当负荷超过制冷机的供冷能力时，才由蓄冰槽承担不足的部分。制冷机优先策略在运行中较容易控制，但蓄冷槽的使用率低，不能充分利用电力谷段低廉的电价，运行电费高，在实际中很少采用。

　　释冷优先策略以蓄冷槽释冷为主，不足部分由制冷机补充。如果释冷优先策略使用得当，能获得最大的经济效益，故在实际中应用较多。释冷优先策略在控制程序上比制冷机优先策略复杂，如果释冷量不能很好地控制和合理分配，有可能会造成负荷高峰时供冷量不够，或者蓄冷量未能充分利用。需要在预计逐时负荷的基础上，计算分配蓄冷槽的释冷量和制冷机的供冷量，以保证蓄冷量既得到充分利用，又能够满足逐时冷负荷的要求，通常采用基本恒定的逐时释冷速率。系统设计采用的是典型设计日的逐时负荷，而非典型设计日的逐时负荷分布是变化的，这就要求根据负荷预测的情况优化释冷速率。已经有一些冰蓄冷系统优化控制软件，结合计算机控制系统应用，可以在满足逐时冷负荷的基础上，最大限度地发挥蓄冷槽的作用，使运行电费最少。

2. 蓄冷空调系统的设计步骤

各种蓄冷空调系统的设计基本上可以按照以下几个步骤进行：

1）可行性分析。在进行某项蓄冷空调工程设计之前，需要先进行技术和经济方面的可行性分析。要考虑的因素通常包括：建筑物的使用特点、电价、可以利用的空间、设备性能要求、使用单位意见、经济效益以及操作维护等问题。

2）计算设计日的逐时空调负荷，按空调使用时间逐时累加，并计入各种冷损失，求出设计日内系统的总冷负荷。

3）选择蓄冷装置的型式。目前在蓄冷空调工程中应用较多的有水蓄冷、内融冰和封装式系统。在进行系统设计时，应根据工程的具体情况和特点选择合适的型式。

4）确定系统的蓄冷模式、运行策略及循环流程。蓄冷空调系统有多种蓄冷模式、运行策略及循环流程。如蓄冷模式中有全部蓄冷模式和部分蓄冷模式；运行策略中有主机优先和蓄冷优先策略；系统循环流程有串联和并联；在串联流程中又有主机和蓄冷槽哪一种在上游的问题。这些都需要做出明确、合理的选择，才能对设备容量进行确定。

5）确定制冷机和蓄冷装置的容量，计算蓄冷槽的容积。

6）系统设备的设计及附属设备的选择。主要指制冷机选型、蓄冷槽设计、泵及换热器等附属设备的选择等。对于宾馆、饭店等夜间仍需要供冷的商业性建筑，往往需要配置基载冷水机组。这是由于夜间制冷机在效率低的制冰工况下运行，若同时有供冷要求，则需将 0℃以下的载冷剂经换热器后供应 7℃的空调冷水，制冷机的运行效率较低。如果夜间负荷很小，可以直接由蓄冷用的低温载冷剂供冷；如果夜间负荷能有合适的冷水机组可供选用，应该在空调侧水环路上设置基载冷水机组，在蓄冰时间直接供应 7℃的空调冷水。

7）经济效益分析。包括初始投资、运行费用、全年运行电费的计算，求出与常规空调系统相比的投资回收期。

3. 冰蓄冷设备容量确定

冰蓄冷系统的主机一般采用双工况的螺杆式制冷机。制冰工况时制冷机的冷量将会有明显的降低，当出水温度从 5℃降至 -5℃时，螺杆机的冷量下降至 70%。因此，在确定主机容量时必须考虑制冰工况下冷量降低带来的影响。采用制冷机优先的运行策略时，要求夜间蓄冷量和设计日内制冷机直接供冷量降低带来的影响。采用制冷机优先的运行策略时，要求夜间蓄冷量和设计日内制冷机直接供冷量之和能够设计日内系统的总冷负荷，所需的制冷机及蓄冷槽容量最小，其制冷机容量的计算公式为

$$R = \frac{Q}{H_C C_1 + H_D} \tag{11-4}$$

式中　R——制冷机在空调工况下的制冷量（kW）；

　　　Q——设计日内系统的总负荷（kW·h）；

　　　H_C——蓄冷装置在电力谷段的充冷时间（h）；

　　　C_1——制冷机在制冰工况下的容量系数，一般为 0.65~0.7；

　　　H_D——制冷机在设计日内空调工况运行的时间（h）。

式（11-4）是按充冷与供冷在满负荷下运行来计算的。若出现有 n 个小时的空调负荷小于计算出的制冷机容量，制冷机不会在满负荷下运行，应该将这 n 个小时折算成满负荷运行时间，然后代入式（11-4）对 R 进行修正。折算后的 H_D 应修正为

$$H'_D = \frac{(H_D - n) + \sum_{i=1}^{n} Q_i}{R} \tag{11-5}$$

式中　Q_i——n 个小时中的第 i 个小时的空调负荷（kW）。

如果采用融冰优先的运行策略，则要求高峰负荷时的释冷量与制冷机供冷量之和能够满足高峰负荷，一般采用恒定的逐时释冷速率，则有

$$\frac{RH_C C_1}{H_S} + R = Q_{max} \tag{11-6}$$

式中　H_S——系统在非电力谷段融冰供冷的时间（h）；

　　　Q_{max}——设计日内系统的高峰负荷（kW）。

由式（11-6）可以得出采用融冰优先策略时的制冷机容量

$$R = \frac{Q_{max} H_S}{H_C C_1 + H_S} \tag{11-7}$$

蓄冰槽的容积 V 的计算公式为

$$V = \frac{RH_C C_1 b}{q} \tag{11-8}$$

式中　b——容积膨胀系数，一般取 $b = 1.05 \sim 1.15$；

　　　q——单位蓄冷槽容积的蓄冷量（kW·h/m³），取决于蓄冷装置的型式。

4. 冰蓄冷低温送风空调系统

低温送风空调系统是指送风温度小于或等于 11℃ 的空调系统，一般要求冷水温度不高于 4℃，而冰蓄冷系统可以提供 4℃ 以下的冷水。因此，随着冰蓄冷技术的发展，低温送风空调逐渐兴起。低温送风空调系统具有以下特点：

（1）初始投资低　在低温送风空调系统中，送风温差可达到 13~20℃，减小了送风系统的设备和风管尺寸，因此也降低了送风系统的初始投资。低温送风与常规送风相比，空调水系统与风系统的投资可减少 14%~19%，而总投资可减少 6%~11%。

（2）提高空调舒适性　根据人体热舒适理论，只要降低相对湿度，即使提高干球温度，也可以获得同等的舒适性。低温送风系统的空气相对湿度一般为 35%~45%，在此情况下，干球温度即使提高 1~2℃，人体同样会感到舒适。较低的相对湿度使人体对空调送风有较强的新鲜感和舒适感。低温送风还大大减少了空调区域细菌生存和繁衍的条件，从而提高了

空调区域的空气质量，更有利于人体的健康。

（3）减少高峰电力需求，降低运行费用　空调系统的风机大多在电力峰值时间运行，低温送风系统减少了送风量，因此相应地降低了风机的功率，采用低温送风系统可以进一步减小蓄冷空调系统的峰值电力需求。另外，采用低温送风系统时，可将室内干球温度提高1~2℃，这样可以减少空调冷负荷，从而节省运行电费。

（4）节省空间，降低建筑造价　由于低温送风系统的送风量减少，空气处理设备及风道尺寸相应减少，所占的建筑空间减少。

由于低温送风系统的送风温度低，为了防止风口表面结露，需要采用软起动方式，即起动时，逐渐降低送风温度，待室内露点温度低于风口外表面温度时，才进入正常运行。另外，低温送风系统的送风量小会影响室内气流组织，冷热极不均匀，室内人员有吹冷风感。为了解决这些问题，低温送风系统通常采用的送风方式有以下两种：

1）在送风末端加设空气诱导箱和混合箱，使一次送风和部分回风在混合箱内混合至常规送风状态后，直接通过一般常规空气用散流器送入空调房间。此类设备又分为三种型式，即带风机的串联式混合箱、带风机的并联式混合箱及不带风机的诱导式混合箱。

2）采用低温送风系统专用的散流器，直接将一次低温风送入室内，使之在出风口附近卷吸周围空气，与之迅速混合，增强了室内空气流动，使送风在到达工作区域前完全混合，送入工作区域的空气温度得到升高。

11.4　蓄冷空调技术的应用

目前，冰蓄冷技术因其蓄冷槽容积小，冷损小（2%~3%），节约成本，能耗低等优势而被广泛研究和应用。冰蓄冷系统又包括静态冰蓄冷和动态冰蓄冷。动态冰蓄冷按不同的制冰方式分为冰片滑落式、冰晶式，水与非相溶液体直接接触换热制冰，油水乳化动态制冰等。相对于静态蓄冰，动态蓄冰系统最主要的特点是制冰装置和贮冰装置分离，蓄冰过程中冰结到一定厚度通过融冰使冰与制冰装置分离，输送到贮冰装置，蓄冰过程是多次冻结完成的。目前，静态冰蓄冷技术已十分成熟和稳定，动态冰蓄冷技术的开发与研究是未来的热点与难点。

在当今世界能源消耗逐年增加、环保意识逐渐增强、大城市空调负荷又快速增长的情况下，应用蓄冷空调技术具有很大的社会效益和经济效益。许多国家的研究机构都在积极进行研究开发，当前目标主要集中在如下几个方面：

1. 区域性蓄冷空调供冷站

经实际运行证明，区域性供冷或供热系统对节能较为有利，可以节约大量初期投资和运行费用，而且减少了电力消耗及环境污染，建立区域性蓄冷空调供冷站已成为各国热点。这种供冷站可根据区域空调负荷的大小分类自动控制系统，用户取用低温冷水进行空调就像取用自来水、煤气一样方便。

2. 冰蓄冷低温送风空调系统

冰蓄冷与低温送风系统相结合是蓄冷技术在建筑物空调中应用的一种趋势，是暖通空调工程中继变风量系统之后最重大的变革。这种系统能够充分利用冰蓄冷系统所产生的低温冷水,一定程度上弥补了因设置蓄冷系统而增加的初投资,进而提高了蓄冷空调系统的整体竞争力,在建筑空调系统建设和工程改造中具有优越的应用前景,在 21 世纪将得到广泛的应用。另外,低温送风系统的除湿能力大大增强,室内环境舒适,对潮湿的南方地区尤其如此,可减少空调病的发生。

3. 开发新型蓄冷、蓄热介质

直接接触式冰蓄冷是通过将蒸发器与蓄冰罐合并,直接将制冷剂喷射入蓄冷罐与水进行接触,在制冷剂汽化过程中将水制成冰。或采用过冷水蓄冷技术。过冷水蓄冷技术主要是利用水的过冷现象进行动态制冰。过冷水经过过冷解除装置后,过冷状态被破坏,成为冰水混合物进入蓄冰槽,在蓄冰槽中冰水分离,分离出来的冰蓄存在蓄冰槽中,分离出来的水继续在系统中循环。

4. 开发新型的蓄冷空调机组

对于分散的、暂时还不具备建造集中式供冷站条件的建筑,可以采用中小型蓄冷空调机组。目前,中小型建筑物大量在用的柜式和分体式空调机,夏季白天所耗电量占空调总用电量相当大的份额。国外研究表明,为柜式空调机增加紧凑式冰蓄冷单元是可行且有效的,冰蓄冷空调机组投资回收期一般是 3 年左右。

5. 建立科学的蓄冷空调经济性分析和评估方法

蓄冷空调系统并非适用于所有场合,必须通过认真分析评估,确保能够降低运行费用,减少设备初投资,缩短投资回收期,才能确定是否采用。因此建立一个科学的评价体系对发展和推广蓄冷空调是十分重要的,并需在实践过程中不断完善。

综上所述,加强对冰蓄冷空调技术现状及其应用的研究分析,对于其良好实践效果的取得有着十分重要的意义,因此在今后的冰蓄冷空调技术应用过程中,应该加强对其关键环节与重点要素的重视程度,并注重其具体应用实施策略的科学性。

习 题

1. 请简述蓄冷空调系统的特点及使用场合。
2. 蓄冷模式有哪些?
3. 常规的蓄冷介质有哪些?
4. 蓄冷空调系统设计模式及控制策略有哪些?
5. 水蓄冷空调系统有哪些优缺点?
6. 简要说明水蓄冷系统间接供冷系统的流程。
7. 根据结构型式不同,水蓄冷槽有哪几种类型?
8. 如何确定水蓄冷槽的蓄冷量与体积?
9. 当冷源采用蓄冷水池蓄冷时,宜采用的空调水系统是开式系统还是闭式系统?
10. 冰蓄冷和水蓄冷的主要区别是什么?各自主要特点是什么?
11. 冰蓄冷和水蓄冷对峰谷电价的利用规律是什么?
12. 试画出冰蓄冷和水蓄冷系统的简易流程图。
13. 部分负荷冰蓄冷系统的控制就是要解决冷负荷在冷机和冰罐之间的分配问题。常见的控制策略有冷机优先、蓄冰罐优先和优化控制,试解释各策略具体内容。
14. 根据融冰方式的不同,冰盘管式蓄冰可以分为哪几种方式?它们各有哪些特点?

15. 根据制冷机与蓄冰槽的相对位置不同，冰蓄冷空调系统的循环流程可分为哪几种？试绘图描述其工作过程。

16. 如何确定冰蓄冷空调系统蓄冰槽的容积？

17. 冰蓄冷系统与哪种空调系统的结合可以大幅降低空调系统主机能耗？是变风量系统、变水量系统还是温湿度独立控制系统？为什么？

18. 动态蓄冰技术有哪些？

19. 试着思考冰蓄冷系统和水蓄冷系统的使用场合，并说明原因。

第 12 章
冷库设计基础

12.1 冷库概述

食品的保鲜、贮存方法中冷藏技术是应用最为广泛的方法，同时，要求建立一个完善、高质量的食品冷链物流系统。在食品的低温贮藏中，贮藏温度高于0℃（通常为1~10℃）时称为冷藏，低于0℃（通常为-18℃以下）称为冷冻。食品冷链物流体系是指包含易腐食品的冷却与冻结加工、贮藏、运输、分配、销售的各种冷藏工具和冷藏作业过程的总和。

冷库除了主要用作贮藏食品外，花卉、药物或生物制品、中药材、高档家具和服装等商品，也都要求采用冷库进行低温贮藏，因而，冷库的广泛使用，冷藏链的不断发展和完善，是国家实现现代化的一个标志。

当前，我国的冷冻冷藏能力已逾2400万t，为适应市场经济的需求和人民日益增长的生活需求，加快冷藏业的发展已成为人们的共识和现实的选项。

12.1.1 冷库的分类

冷库的分类方式有很多种，其基本分类见表12-1。

表 12-1 冷库的基本分类

分 类 方 式	类 型
按冷库建筑围护的结构形式	土建式冷库、装配式冷库（组合式冷库）
按冷库的库温范围和要求	高温冷库（冷却物冷藏库）、低温冷库（冻结物冷藏库）、变温冷库
按冷加工功能	冷却库、冷却物冷藏库、冻结库、冻结物冷藏库、解冻库、制冰间、贮冰库、气调库
按贮藏的商品	畜肉类库、蛋品库、水产库、果蔬库、药物或生物制品库、冷饮品库、茶叶库和花卉库等
按冷库的用途	原料冷库、生产性冷库、分配性冷库、销售环节的商业用冷库（包括冷藏柜、制冷陈列柜）等

12.1.2 冷库的组成

土建式冷库多以库房为中心，加上生产设施和附属建筑，共同组成了一个低温条件下加工或保藏货物的建筑群。

1. 主库

主库由生产加工区、贮藏区、进出货及操作区组成。主库的组成见表12-2。

表 12-2　主库的组成

序号	名称	内容
1	冷却间	畜肉类冷却间：经加工的畜肉制品，在规定的时间内，冷却到 0 ~ 4℃，按冷却时间分为缓慢冷却和快速冷却，缓慢冷却时，库温为 −2℃，经 12 ~ 20h 冷却到 0 ~ 4℃。果蔬冷却的方式有水冷式、风冷式、差压式和真空式冷却等
2	冻结间	通常有搁架式冻结间和风冻间。采用冻结装置冻结时，多采用连续冻结，如流态化冻结机、螺旋式冻结机、隧道式冻结机和液氮冻结机等。冻结方式有风冻式、接触式、半接触式、浸渍式和喷淋式等
3	制冰间和冷库	冷库建筑一般与冷却物冷藏间相同，室温为 −10 ~ −4℃，采用光滑排管和冷风机作为蒸发器，蒸发温度为 −15℃
4	原料暂存间	根据需要设置冷却降温系统，保持合适的贮存环境温度
5	解冻间	冷冻食品加工厂内设置，对冻结物加温到 −2 ~ 0℃，以便于加工
6	低温加工或包装间	因在室温为 6 ~ 15℃ 的车间内作业，并根据需要设置冷却降温系统，同时，必须考虑操作人员对新风量的需求
7	冷却物冷藏间	室温为 −5 ~ 20℃，具体温湿度数值因冷藏的商品而异，贮存现货商品的冷间需要设置通风换气设备与冲氧设备
8	冻结物冷藏间	室温为 −35 ~ −18℃，肉类一般为 −25 ~ −18℃，水产品一般为 −30 ~ −20℃，冰激凌产品为 −30 ~ −23℃，经济的冷藏温度为 −18℃
9	穿堂	穿堂有低温穿堂、定温（又称中温）穿堂和高温穿堂三种，一般以定温穿堂为宜，采用温度为 5 ~ 10℃
10	站台	可分为敞开式站台和封闭式站台，封闭式站台维持定温穿堂温度，避免产生取出食品表面凝露或结霜，符合食品冷链工艺要求，新建大、中型冷库多采用
11	门斗	一般设于冷库内，在冷藏门的内侧
12	楼梯、电梯间	电梯为 2t 或 3t 型电梯，运载能力分别为 13t/h 和 20t/h
13	理、配货间	当已有穿堂和站台不能满足理、配货需求时设置，有关建筑隔热和室内温度要求，应按商品种类确定

《冷库设计规范》（GB 50072—2010）中对库房要求的强制性条文如下：

1）每座冷库冷藏间建筑的耐火等级、层数和面积应符合表 12-3 的要求。

表 12-3　冷藏间建筑的耐火等级、层数和面积（m²）

冷藏间建筑耐火等级	最多允许层数	冷藏间最大允许占地面积和防火分区最大允许建筑面积			
		单层、多层		高层	
		冷藏间占地	防火分区	冷藏间占地	防火分区
一、二级	不限	7000	3500	5000	2500
三级	3	1200	400	—	—

注：1. 当设地下室时，只允许设一层地下室，且地下冷藏间占地面积不应大于地上冷藏间建筑的最大允许占地面积，防火分区不应大于 1500m²。

2. 建筑高度超过 24m 的冷库为高层冷库。

3. 本表中 "—" 表示不允许建高层冷库。

2）冷藏间与穿堂之间的隔墙应当为防火隔墙，该防火隔墙的耐火极限不低于 3.00h，该防火隔墙上的冷藏门可为非防火门。

3）库房的楼梯间应设在穿堂附近，并应采用不燃材料建造。通向穿堂的门应为乙级防火门；首层楼梯出口应直通室外或距直通室外的出口距离不大于15m。

4）建筑面积大于1000m²的冷藏间应至少设两个冷藏门（含墙壁上的门），面积不大于1000m²的冷藏间可只设置一个冷藏门。冷藏门内侧应设有应急内开门锁装置，并应有醒目的标识。

5）在库房内严谨设置与库房生产、管理无直接关系的其他用房。

2. 生产设施

生产工艺决定生产设施，属于制冷冷藏范围的生产设施，除满足表12-2列的1~8项外，还有工艺冷却水、快速冷却和冷却去皮机等设施。

3. 附属建筑

附属建筑主要有：制冷机房、电控室和变配电间、充电间、发电机房、锅炉房、氨库、化验室、办公及生活设施等。

4. 库址选择和总平面布置

《冷库设计规范》（GB 50072—2010）中对冷库的库址选择和总平面图布置的要求是：

1）库址应位于周围集中居住区夏季最大频率风向的下风侧。使用氨制冷剂的冷库，与其下风侧居住区的防护距离不宜小于300m，与其他方位居住区的防护距离不宜小于150m。

2）库址周围应有良好的卫生条件，且必须避开和远离有害气体、灰沙、烟雾、粉尘及其他有污染源的地段。

3）肉类、水产类等加工厂的冷库应布置在该加工厂洁净区内，并应在其污染区夏季最大频率风向的上风侧。

4）在库区显著位置应设风向标。

5）制冷机房或制冷机组应靠近用冷负荷最大的冷间布置，并应有良好的自然通风条件。

6）变配电所应靠近制冷机房布置。

7）两座一、二级耐火等级的库房贴邻布置时，贴邻布置的库房总长度不应大于150m，总占地面积不应大于1000m²。库房应设置环形消防车道。贴邻库房的外墙均应为防火墙，屋顶的耐火极限不应低于1.00h。

8）库房与制冷机房、变配电所和控制室贴邻布置时，相邻侧的墙体，应至少有一面为防火墙，屋顶的耐火极限不应低于1.00h。

12.2 冷库制冷系统设计要点

12.2.1 食品贮藏的温湿度要求、贮藏期限及物理性质

1. 食品冷冻工艺

食品冷冻工艺主要包括食品冷却、冻结、冷藏、解冻的方法，根据上述过程中食品发生的物理、化学和组织细胞学的变化，确定出应采用的最佳低温保存食品和加工食品的方法。

食品可分新鲜食品和加工食品两大类。新鲜食品包括植物性食品（蔬菜、水果等农产品）、动物性食品（猪肉、牛肉、羊肉等畜产品、家禽肉、乳及乳制品、蛋及鱼贝类、虾、蟹、甲壳类等水产品）。

（1）食品冷冻工艺

1）食品的冷却：将食品的温度降低到指定的温度，但不低于食品汁液的冻结点。冷却的温度带通常是 10℃ 以下，下限是 -2~4℃。食品的冷却保存可延长其贮藏期，并能保持其新鲜状态。但由于在冷却温度下，细菌、霉菌等微生物仍能生长繁殖，故冷却的鱼、肉类等动物性食品只能做短期贮藏。

食品的冷却方法与适用对象见表 12-4。

表 12-4　食品的冷却方法与适用对象

冷却方法	肉	禽	蛋	鱼	水果	蔬菜
真空冷却					√	√
差压式冷却	√	√	√		√	√
通风冷却	√	√	√		√	√
冷水冷却		√		√	√	√
碎冰冷却		√		√		√

食品的几种冷却方法对比见表 12-5。

表 12-5　食品的几种冷却方法对比

冷却方法	冷却原理	基本组成	特　点
真空冷却	水在低压时，实现低温沸腾，大量吸热	真空槽 + 真空泵 + 冷凝器 + 制冷机（制冷是使大量蒸发的水蒸气重新凝结为水，维持冷却槽的真空度）	冷却速度快（一般为 20~30min），冷却均匀，保鲜期长，损耗小，操作方便，适用于叶类蔬菜
差压式冷却	-5~10℃ 的冷风以 0.3~0.5m/s 的速度流经食品，压降为 2~4kPa	冷却间内配置风机，控制气流有效流经食品	冷却需时 4~6h，能耗低，食品干耗较大，库房利用率偏低
通风冷却	冷却间内空气强制对流	冷却间内配置风机	冷却速度慢，约 12h
冷水冷却	以 0~3℃ 的冷水为冷媒	喷水式冷却设备居多	冷却速度较快，无干耗

采用冷库中冷藏间的冷却方式时，冷却速度慢，冷却时间一般需 15~24h，冷却与冷藏同时进行，一般只限于苹果、梨等产品，不适合易腐成分变化快的水果与蔬菜。

2）食品的冻结：将食品的温度降低到冻结点以下，使食品中的大部分水分冻结成冰。冻结温度带国际上推荐为 -18℃ 以下，冻结食品中，微生物的生命活动及酶的生化作用均受到抑制，水分活性下降，因此，冻结食品可做长期贮藏。

常用冻结设备冻结食品的冻结方法见表 12-6。

表 12-6　常用冻结设备冻结食品的冻结方法

冻结方法	冻结原理	采用的设备	特　点
接触式冻结	典型的为平板式冻结装置，上下平板紧压食品，冷媒在上下平板内蒸发	平板冻结装置	间歇式冻结，传热系数高，当接触压力为 7~30kPa 时，传热系数可达 93~120W/($m^2 \cdot K$)
鼓风式冻结	提高空气风速，加速冻结，风速为 6m/s 时，冻结速度是 1m/s 时的 4.32 倍（冻结为 7.5cm 厚的板状食品）	钢带连续式冻结装置、螺旋式冻结装置、气流上下冲击式冻结装置	连续式冻结，冻结速度为 0.5~3cm/h，属快速冻结

（续）

冻结方法	冻结原理	采用的设备	特　　点
流态化冻结	高速气流自下向上流动，食品处于悬浮状态，实现快速冻结	带式流态化冻结装置、振动流态化冻结装置	连续式冻结，冻结速度为 5～10cm/h，属快速冻结
液化气体喷淋冻结	直接用液化气体喷淋冻结	液氮喷淋冻结装置	连续式冻结，冻结速度为 10～100cm/h，属快速冻结

注：冻结速度的定义为，食品表面至热中心的最短距离与食品表面温度达到0℃后，食品表面热中心点的温度降至比冻结点低10℃所需时间之比，称为该食品的冻结速度，单位为cm/h。

3）食品的冷藏：在维持食品冷却或冻结最终温度的条件下，将食品进行不同期限的低温贮藏。根据食品冷却或冻结最终温度的不同，冷藏又可分为冷却物冷藏和冻结物冷藏两种。冷却物冷藏温度一般在0℃以上，冻结物冷藏温度一般在 −18℃以下。

4）食品的解冻：将冻品中的冰结晶融化成水，恢复冻前的新鲜状态。解冻是冻结的逆过程。作为食品加工原料的冻结品，通常只需要升温至半解冻状态即可。食品解冻的方法有空气解冻法、水解冻法、水蒸气减压解冻法和电解冻法等，都有相应的装置。

5）食品的真空冷冻干燥：一般是先将食品低温冻结，然后进行真空处理，去除食品中的水分使其干燥。常用工艺流程是：优选原料→冻干预处理（必要的物理或化学处理）→冷冻干燥（包括冻结、升华干燥和解吸干燥）→包装贮藏，由专门的食品干燥设备完成。

（2）冰温冷藏和微冻冷藏　冰温冷藏和微冻冷藏是近年来开发的在食品冻结点附近保存食品的新方法。

1）冰温冷藏：将食品贮藏在0℃以下至各自冻结点的范围内，属于非冻结保存。冰温贮藏可延长食品贮藏期，但可利用的温度范围狭小，一般为 −2～−0.5℃，故温度带的设定十分困难。

2）微冻冷藏：主要是将水产品放在 −3℃的空气或食盐水中保存的方法，由于在略低于冻结点以下的微冻温度下贮藏，鱼体内部分水分发生冻结，对微生物的抑制作用尤为显著，使鱼体能在较长时间内保持其新鲜度而不发生腐败变质，贮藏期比冰温冷藏法长1.5～2倍。

（3）速冻技术　速冻技术是指食品在 −40～−35℃的环境中，于30min内快速通过 −5～−1℃的最大冰结晶生成带，在40min内将食品95%以上的水分冻结成冰，即使食品中心温度达到 −18℃以下。

各种冷藏方式的温度要求及适用商品见表12-7。

表 12-7　各种冷藏方式的温度要求及适用商品

冷藏方式	温度范围/℃	主要适用商品
冷却物冷藏	>0	蛋品、果蔬
冰温冷藏	−2～−0.5	水产品
微冻冷藏	−3	水产品
冻结物冷藏	−28～−18	肉类、禽类、水产品、冰激凌
超低温冷藏	−30	金枪鱼

2. 食品贮藏的室温、湿度要求、贮藏期限及热物理性质

（1）食品贮藏的室温、湿度要求、贮藏期限　食品贮藏的室温、湿度要求、贮藏期限

因不同的食品而异，因同一食品的不同形态、品质和包装而异。食品贮藏的室温和食品贮藏的湿度指的是贮藏环境空气的温、湿度，而贮藏期限则是符合食品保鲜期所要求的时间。部分食品贮藏的室温、湿度要求和贮藏期限分别见表 12-8 ~ 表 12-12。

表 12-8　部分肉类、禽、蛋类食品贮藏的室温、湿度要求和贮藏期限

食品名称		室温/℃	相对湿度（%）	贮藏期限
猪肉	新鲜（平均）	0 ~ 1	85 ~ 90	3 ~ 7 天
	胴体（47% 瘦肉）	0 ~ 1	85 ~ 90	3 ~ 5 天
	腹部（35% 瘦肉）	0 ~ 1	85	3 ~ 5 天
	脊背部肥肉（100% 肥肉）	0 ~ 1	85	3 ~ 7 天
	肩膀肉（67% 瘦肉）	0 ~ 1	85	3 ~ 5 天
	冻猪肉	− 20	90 ~ 95	4 ~ 8 个月
香肠	散装	0 ~ 1	85	1 ~ 7 天
	烟熏	0	85	1 ~ 3 周
牛肉	新鲜（平均）	− 2 ~ − 1	88 ~ 95	1 周
	牛肝	0	90	5 天
	小牛肉（瘦）	− 2 ~ − 1	85 ~ 90	3 周
	冻牛肉	− 20	90 ~ 95	6 ~ 12 个月
羔羊肉	新鲜（平均）	− 2 ~ − 1	85 ~ 90	3 ~ 4 周
		− 20	90 ~ 95	8 ~ 12 个月
禽类	家禽（新鲜）	− 2 ~ 0	95 ~ 100	1 ~ 3 周
	鸡肉、鸭肉	− 2 ~ 0	95 ~ 100	1 ~ 4 周
	冷冻家禽	− 20	90 ~ 95	12 个月
兔肉	新鲜	0 ~ 1	90 ~ 95	1 ~ 5 天
蛋类	带壳蛋	− 1.5 ~ 0	80 ~ 90	5 ~ 6 个月
	带壳蛋（冷却过）	10 ~ 13	70 ~ 75	2 ~ 3 周
	冷冻蛋	− 20	—	12 个月以上

表 12-9　部分水产品类食品贮藏的室温、湿度要求和贮藏期限

食品名称		室温/℃	相对湿度（%）	贮藏期限
鱼类	黑线鳕、鳕、河鲈	− 0.5 ~ 1	95 ~ 100	12 天
	狗鳕、牙鳕	0 ~ 1	95 ~ 100	10 天
	大比目鱼	0 ~ 1	95 ~ 100	18 天
	腌或熏过的鲱鱼	0 ~ 2	80 ~ 90	10 天
	大马哈鱼	0.5 ~ 1	95 ~ 100	18 天
	金枪鱼	0 ~ 2	95 ~ 100	14 天
	冷冻鱼	− 30 ~ − 20	90 ~ 95	6 ~ 12 个月
贝类	扇贝肉	0 ~ 1	95 ~ 100	12 天
	虾	− 0.5 ~ 1	95 ~ 100	12 ~ 14 天
	牡蛎（带壳）	5 ~ 10	95 ~ 100	5 天
	冷冻贝壳	− 34 ~ − 20	90 ~ 95	3 ~ 8 个月

表 12-10 部分水果类食品贮藏的室温、湿度要求和贮藏期限

食品名称	室温/℃	相对湿度（%）	贮藏期限
苹果（未冷却）	-1	90~95	3~6 个月
苹果（冷却）	9		1~2 个月
梨	-1.5~-0.5	90~95	2~7 个月
桃	-0.5~0	90~95	2~4 周
杏	-0.5~0	90~95	1~3 周
李子	-0.5~0	90~95	2~5 周
柑橘（美国）	9~10	90	2 周
荔枝	1~2	90~95	3~5 周
西瓜	10~15	90	2~3 周
猕猴桃	0	90~95	3~5 周
杧果	13	85~90	2~3 周

表 12-11 部分蔬菜类食品贮藏的室温、湿度要求和贮藏期限

食品名称	室温/℃	相对湿度（%）	贮藏期限
卷心菜	0	95~100	2~3 个月
花椰菜	0	95~98	3~4 周
芹菜	0	98~100	1~2 个月
蘑菇	0	90	7~14 天
成熟番茄（红色）	8~10	90~95	1~3 天
蔬菜叶	0	95~100	10~14 天
干洋葱	0	65~70	1~8 个月
马铃薯（早收）	10~15	90~95	10~14 天
红薯	15	70~80	2~7 个月
甜玉米	0	95~98	5~8 天

表 12-12 部分乳制品及其他商品贮藏的室温、湿度要求和贮藏期限

食品名称	室温/℃	相对湿度（%）	贮藏期限
奶油（白脱）	0	75~85	2~4 周
速冻奶油	-23	70~85	12~20 个月
冰激凌（10%脂肪）	-30~-25	90~95	3~23 个月
冰激凌（上等）	-40~-35		
液态牛奶（巴氏消毒）	4~6	—	7 天
液态牛奶（A级）	0~1	—	2~4 个月
生鲜奶	0~4	—	2 天
全脂奶粉	21	低	6~9 个月
果汁软糖	-20~1	65	3~9 个月
面包	-20		3~13 周

（2）食品的热物理性质　食品冷冻（冷却、冻结、冷藏、解冻）与食品的热物理性质密切相关。食品的热物理性质主要包括：食品的含水率、冻结点、比热容、比焓等参数，它们是计算冷负荷、确定冷冻或冻结时间，选择制冷设备的基础资料。

1）食品的比热容。食品的温度在冻结点以上时，其比热容可按式（12-1）求出：

$$c_r = 4.19 - 2.30X_s - 0.628X_s^3 \qquad (12\text{-}1)$$

式中　c_r——冻结点以上的比热容［kJ/(kg·K)］；

　　X_s——食品中固形物的质量分数（%）。

食品的温度在冻结点以下时，其水分的冻结量可按式（12-2）求出：

$$X_i = \frac{1.105X_w}{1 + \dfrac{0.8765}{\ln(t_f - t + 1)}} \qquad (12\text{-}2)$$

式中　X_i——食品中水分的冻结质量分数（%）；

　　X_w——食品的含水率（质量分数,%）；

　　t_f——食品的初始冻结点（℃）；

　　t——食品冻结终了温度（℃）。

食品冻结后的比热容可按式（12-3）近似求出：

$$c_r = 0.837 + 1.256X_w \qquad (12\text{-}3)$$

式中　c_r——冻结点以上的比热容［kJ/(kg·K)］；

　　X_w——食品的含水率（质量分数,%）。

2）食品的比焓。食品的比焓是一个相对值，多取温度为 -40℃时食品冻结状态的比焓值作为计算零点。食品的比焓一般按食品的冻结潜热、水分冻结率和比热容的数据计算得出，食品在冻结前和冻结后的比焓，可按式（12-4）~式（12-5）近似计算。

食品在初始冻结前的比焓计算公式为

$$h = h_f + (t - t_f)(4.19 - 2.30X_s - 0.628X_s^3) \qquad (12\text{-}4)$$

式中　h——食品在除湿冻结点 t_f 以上的比焓（kJ/kg）；

　　h_f——食品在除湿冻结点 t_f 时的比焓（kJ/kg）；

　　t——食品的温度（℃）；

　　t_f——食品的初始冻结点（℃）；

　　X_s——食品中固形物的质量分数（%）。

食品在初始冻结点以下的比焓计算公式为

$$h = (t - t_r)\left[1.55 + 1.26X_s - \frac{(X_w - X_b)\gamma_0 t_f}{t_f t}\right] \qquad (12\text{-}5)$$

式中　h——食品在除湿冻结点 t_f 以上的比焓（kJ/kg）；

　　t——食品的温度（℃）；

　　t_r——食品中水分全部冻结时的参考温度（℃），取 $t_r = -40℃$；

　　γ_0——水的冻结潜热（kJ/kg），$\gamma_0 = 333.6\text{kJ/kg}$；

　　X_w——食品的含水率（质量分数,%）；

　　X_b——食品中结合水的含量（质量分数,%）。

食品中结合水，是指食品中与固形物结合的水分，在冻结过程中不会冻结，其含量与食品中的蛋白质含量有关，可按式（12-6）近似计算：

$$X_b = 0.4X_p \qquad (12\text{-}6)$$

式中　X_p——食品中蛋白质的质量分数（%）。

（3）果蔬的呼吸热与蒸发作用

1）果蔬的呼吸热。果蔬在采摘以后，仍然有呼吸作用，呼吸作用会释放出热量，称为呼吸热。呼吸热与果蔬的品种和贮藏温度有关，呼吸热的数值应是冷却负荷计算时的组成部分。可通过有关资料查出不同温度时部分果蔬的呼吸热，计算选用时，视果蔬的采摘时间分别取值。果蔬采摘后 1~2 天时，可取高值；时间长则取低值。

2）果蔬的蒸发作用与蒸发系数。果蔬由于呼吸作用和环境条件（温度、湿度、风速、包装等因素）的影响，逐渐蒸发失水的现象称为蒸发作用。显然，在贮藏过程中，蒸发作用的强弱会直接影响到贮藏果蔬的品质和损耗（干耗）。贮藏果蔬的水分蒸发的途径有两个：一是果蔬自身的呼吸作用，但所带来的失水量不大；二是果蔬自身的水蒸气分压力大于所处环境的空气中水蒸气分压力，形成的压差使得果蔬的水分源源不断地蒸发，造成了果蔬大量失水。食品发生干耗时不仅重量损失，表面还会出现干燥现象，食品的品质也会下降。例如水果、蔬菜的干耗达到 5%，就会失去新鲜饱满的外观而出现明显的凋萎现象。

因环境作用引起的果蔬表面水分蒸发所造成的失水量，可用式（12-7）计算：

$$m = \beta M (p_g - p_s) \tag{12-7}$$

式中　m——果蔬单位时间的失水量（kg/s）；

　　　β——蒸发系数 [1/(s·Pa)]；

　　　M——果蔬的质量（kg）；

　　　p_g——果蔬表面的水蒸气压（Pa）；

　　　p_s——果蔬周围空气的水蒸气压（Pa）。

果蔬的蒸发系数与环境条件、果蔬的种类等因素有关。表 12-13 列出了部分果蔬的蒸发系数，可供估算用。

表 12-13　部分果蔬的蒸发系数 β（平均值）

果蔬名称	蒸发系数 $\beta/[\times 10^{-12}(s \cdot Pa)^{-1}]$	果蔬名称	蒸发系数 $\beta/[\times 10^{-12}(s \cdot Pa)^{-1}]$
苹果	42	卷心菜	223
葡萄	123	胡萝卜	1207
柠檬	186	芹菜	1760
柑橘	117	韭菜	790
桃子	572	莴苣	7400
李子	136	洋葱	60
葡萄柚	81	马铃薯	44
梨	69	番茄	140

3）食品冻结时间的计算。食品冷却或冻结过程结束时，在食品内部的最高温度点称为食品的热中心。食品冻结时间则是指从食品的冻结点温度，降温至所规定的食品热中心点的温度所需的时间。同一食品冻结时间与冻结方法和冻结装置相关。据日本资料介绍，按食品的形状、食品表面传热系数、食品的热导率等参数，可近似计算食品的冻结时间。食品的冻结点按 -1℃ 计算，冻结终了热中心点的温度为 -15℃，对不同形状食品的冻结时间 τ_{-15} 可按式（12-8）~式（12-10）计算。

① 平板状食品：

$$\tau_{-15} = \frac{W(105 + 0.42 t_c)}{10.7 \lambda (-1 - t_c)} \delta \left(\delta + \frac{5.3 \lambda}{\alpha} \right) \tag{12-8}$$

式中 δ—— 食品的厚度或半径（m）；

α—— 表面传热系数 $[W/(m^2 \cdot K)]$；

λ—— 食品冻结后的热导率 $[W/(m \cdot K)]$；

W——食品的含水量（kg/m^3）；

t_c——冷却介质的温度（℃）。

② 圆柱状食品：

$$\tau_{-15} = \frac{W(105 + 0.42t_c)}{6.3\lambda(-1-t_c)}\delta\left(\delta + \frac{3.0\lambda}{\alpha}\right) \tag{12-9}$$

③ 球状食品：

$$\tau_{-15} = \frac{W(105 + 0.42t_c)}{11.3\lambda(-1-t_c)}\delta\left(\delta + \frac{3.7\lambda}{\alpha}\right) \tag{12-10}$$

当冻结终了温度不是 -15℃时，应从图 12-1 中根据冻结终了温度查出修正系数 m，与上述计算结果相乘。

各种冻结方法的表面传热系数见表 12-14。

表 12-14 各种冻结方法的表面传热系数 α

冻结方法	表面传热系数 $\alpha/[W/(m^2 \cdot K)]$
空气自然对流的库房（或微弱通风的库房）	8 ~ 15
空气强制循环的冻结间	10 ~ 45
空气强制循环的冻结装置	30 ~ 50
流态化冻结装置	60 ~ 100
平板冻结装置（与食品接触良好）	500 ~ 1000
液氮或液态制冷剂喷淋冻结	1000 ~ 2000
液氮浸渍冻结	5000

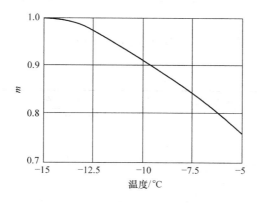

图 12-1 冻结时间修正系数 m

12.2.2 冷库的公称容积与库容量的计算

1. 设计规范的规定

《冷库设计规范》（GB 50072—2010）中对冷库的公称容积与库容量的计算做出了如下规定：

1）冷库的设计规模应以冷藏间或冰库的公称容积为计算标准。公称容积应按冷藏间或冰库的室内净面积（不扣除柱、门斗和制冷设备所占的面积）乘以房间净高确定。

2）冷库或冰库的计算吨位可按式（12-11）计算：

$$G = \sum V_1 \rho_s \eta / 1000 \qquad (12\text{-}11)$$

式中　G——冷库或冰库的计算吨位（t）；

V_1——冷藏间或冰库的公称容积（m^3）；

η——冷藏间或冰库的容积利用系数；

ρ_s——食品的计算密度（kg/m^3）。

3）冷藏间容积利用系数不应小于表12-15的规定值。

表 12-15　冷藏间容积利用系数

公称容积/m^3	体积利用系数 η
500 ~ 1000	0.40
1001 ~ 2000	0.50
2001 ~ 10000	0.55
100001 ~ 15000	0.60
>15000	0.62

4）贮藏块冰冰库的容积利用系数不应小于表12-16的规定值。

表 12-16　贮藏块冰冰库的容积利用系数

冰库净高/m	体积利用系数 η
≤4.20	0.40
4.21 ~ 5.00	0.50
5.01 ~ 6.00	0.60
>6.00	0.65

2. 库容量的计算

1）按冷库计算吨位计算。冷库计算吨位按式（12-11）计算，式中的食品计算密度见表12-17。

表 12-17　食品计算密度

食品类别	密度/（kg/m^3）	食品类别	密度/（kg/m^3）
冻肉	400	篓装、箱装鲜水果	350
冻分割肉	650	冰蛋	700
冻鱼	470	机制冰	750
篓装、箱装鲜蛋	260	其他	按实际密度采用
鲜蔬菜	230		

注：同一冷库若同时存放猪、牛、羊肉（包括禽兔）时，其密度可按400kg/m^3计；当只存冻羊腔时，其密度应按250kg/m^3计；只存冻牛、羊肉时，其密度应按330kg/m^3计。

2）按实际堆货体积计算冷库实际吨位计算。

3）按货架存放托盘数计算冷库实际吨位计算。

12. 2. 3　冷却间和冻结间的冷加工能力计算

冷却间和冻结间的日生产能力即是冷却间和冻结间的冷加工能力，按加工方式与作业时间确定。

1. 吊挂式

设有吊轨的冷却间和冻结间的冷加工能力可按式（12-12）计算：

$$G_d = \left(\frac{lg}{1000}\right)\left(\frac{24h}{\tau}\right) \tag{12-12}$$

式中　G_d——设有吊轨的冷却间、冻结间每日冷加工能力（t）；

l——冷间内吊轨的有效总长度（m）；

g——吊轨单位长度净载货质量（kg/m）；

τ——冷间货物冷加工时间（h）。

吊轨单位长度净载货质量 g 可按表 12-18 取值。

表 12-18　吊轨单位长度净载货质量

食品类别		人工推送	机械传送
肉类	猪胴体	200 ~ 265	170 ~ 210
	牛 1/2 胴体	195 ~ 400	
	牛 1/4 胴体	130 ~ 265	
	羊胴体	170 ~ 240	

注：水产品可按照加工企业的习惯装载方式确定。

2. 搁架排管式

采用搁架排管式冻结设备冻结间的冷加工能力可按式（12-13）计算：

$$G_d = \left(\frac{NG'_g}{1000}\right)\left(\frac{24h}{\tau}\right) \tag{12-13}$$

式中　G_d——搁架排管式冻结间每日冷加工能力（t）；

N——搁架排管式冻结设备设计摆放冻结食品容器的件数；

G'_g——每件食品的净质量（kg）；

τ——货物冷加工时间（h）。

12.2.4　气调贮藏

气调贮藏是指在特定气体环境中的冷藏方法。气调贮藏目前主要用于果蔬的保鲜。

1. 气调贮藏的分类

（1）按调节方法分类　气调贮藏的特定气体环境应控制各种气体的含量，最普遍使用的是降氧和升高二氧化碳。气调贮藏按调节方法的分类见表 12-19。

表 12-19　气调贮藏按调节方法的分类

降氧方法	自然降氧	机械降氧		
		充氮降氧	最佳气体成分置换	减压气调
具体做法	仅靠果蔬的自身呼吸作用	用制氮机的氮气强制性进行气体置换	用最佳的气体配比充入真空的贮藏环境	用真空泵实现抽气和外部空气减压加湿输入
特点	投资低、降氧时间长、效果差	降氧快速、可控二氧化碳	效果最佳、成本高	通过降低贮藏环境的空气密度，实现降氧，对设施的强度和密闭性要求高

（2）按不同气调设备分类　气调贮藏按气调设备的分类见表 12-20。

表 12-20　气调贮藏按气调设备的分类

气调设备类型	塑料薄膜帐气调	硅窗气调	催化燃烧降氧气调	充氮降氧气调
运作原理	靠水通过率低、对氧和二氧化碳有不同渗透性的塑料薄膜实现	选择不同面积的硅橡胶织物膜热合于聚乙烯或聚氯乙烯的贮藏帐上，作为气体交换的窗口	采用催化燃烧降氧机，燃料为工业汽油或液化石油气。同时，要配置二氧化碳脱除机	用真空泵抽出空气，然后冲入氮气

2. 气调贮藏的气调设备

常用于气调贮藏的气调设备见表 12-21。

表 12-21　常用于气调贮藏的气调设备

气调设备	工作原理	特点
催化燃烧降氧机	采用复方铬或铂为催化剂，利用燃烧作用降氧	因采用可燃气体，燃烧前后气体既可加热又可冷却。能源、水资源消耗大，该设备正被淘汰
碳分子筛制氮机	利用两个碳分子筛的吸附床吸附作用制氮，一个吸附，一个再生	与中空纤维制氮机比可靠性稍差，但同等产量时，用电量少 30%
中空纤维制氮机	利用气体对膜的渗透系数不同，进行气体分离	膜易损坏，换膜贵于换碳分子筛
二氧化碳脱除机	利用活性炭做吸附剂，按吸附→再生→吸附循环运作	类型选择取决于贮藏库大小、水果呼吸率以及氧和二氧化碳的所需水平
乙烯脱除机	乙烯在催化剂和高温（氧化温度 250℃）条件下，氧化反应生成二氧化碳和水	初投资高，较乙烯化学法的保鲜效果、保鲜期和减少果蔬贮藏损失等更优

3. 气调库的气密性

气调库处于密封状态，因而气调库的气密性直接关系到它的保鲜效果。

（1）气调库的气密性要求　气调库的气密性要求主要体现在采用气密性检测的标准方面，世界各国有所不同，有关国家对气调库的气密性测试要求见表 12-22。

表 12-22　气调库的气密性测试要求

国家	气密性测试要求	备注
英国	需氧 2.5% 以上的气调库，库内限压从 200Pa 下降至半压降的时间≥7min；需氧 2% 以下的气调库，同上述压降，时间≥10min	—
美国	需氧 3% 以上的库，库内限压从 250Pa 下降至 125Pa 的时间≥20min；需氧 2% 以下的气调库，同上述压降，时间≥30min	—
中国	库内限压从 100Pa 下降至 50Pa 的时间≥10min	GB 50274—2010

（2）保证气调库气密性的措施　保证气调库气密性的措施见表 12-23。

表 12-23　保证气调库气密性的措施

库部位	措施
围护结构	于防潮层外采用聚氨酯现场发泡；装配式库，关键是处理好夹芯板的接缝处的密封承压
地坪	设置防潮隔汽层，另连续铺设 0.1mm 厚 PVC 薄膜；用密封胶，处理好有关搭接
门、窗	采用专用于气调库的门、窗
穿围护结构的管线	采用保证气密性的做法，且均应采用柔性连接

12.2.5 冷库围护结构的隔汽、防潮及隔热

1. 冷库围护结构

如前所述，氨冷库围护结构的形式有土建式冷库和装配式冷库（组合式冷库）两大类。传统意义上的土建式冷库多为钢筋混凝土框架结构。当前，随着钢结构在建筑工程中的广泛应用，围护结构采用钢结构形式的冷库因具有良好的隔汽、防潮及隔热构造、建设周期短、性价比高等诸多特点，将在土建式冷库中占有重要的地位。而装配式冷库则都是钢结构冷库。

为了保证冷间的食品贮藏条件，冷库围护结构应具有符合要求的隔汽、防潮及隔热能力，因而，在具体的围护结构材料选择、构造做法方面较常规建筑有更加严格的要求和更为复杂的做法和施工规范。典型的土建式冷库基本结构如图 12-2 所示。

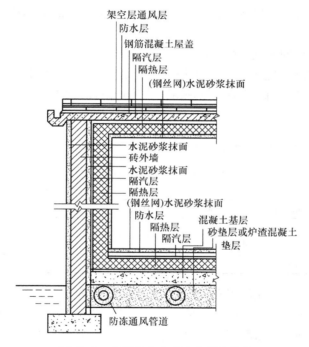

图 12-2 典型的土建式冷库基本结构

2. 冷库围护结构的隔汽、防潮及隔热

（1）冷库围护结构的隔汽、防潮 优良的冷库围护结构的隔汽、防潮构造是保证冷库正常节能运行、实现运转费用低廉的基础。冷库外部空气中水蒸气的分压力往往大于低温冷间内空气中水蒸气的分压力（在炎热的夏季则更为显著），在水蒸气分压力差的作用之下，水蒸气将通过围护结构向冷间迁移，隔热材料中一旦有相当的水蒸气量进入，并冷凝成水，进而由于低温结成冰，将会造成隔热材料的保冷性能丧失，甚至造成冷库围护结构的破坏。因而，设计并施工出优良的冷库围护结构的隔汽、防潮构造是建设冷库的一项十分重要的任务。

建设优良的冷库围护结构的隔汽、防潮构造应采用以下做法：

1）当围护结构隔热层选用现喷（或灌注）硬质聚氨酯泡沫塑料材料时，隔汽层不应选用热熔性材料。

2）应在温度较高的一侧设置隔汽层。

3）外墙的隔汽层应与地面隔热层上下的隔汽层和防火层搭接。

4）冷却间或冷冻间隔墙的隔热层两侧均应做隔汽层。

5）隔墙隔热层的底部应设防潮层，且应在其热侧上翻铺 0.12m。

6）楼面、地面的隔热层上、下、四周应做防水层或隔汽层，且楼面、地板隔热层的防水层或隔汽层应全封闭。

7）严禁采用含水粘接材料粘接块状隔热材料。

8）带水作业的冷间应有保护墙面、楼面和地面的防水措施。

9）冷间建筑的地下室或地面架空层应防止地下水和地表水的浸入，并应设排水设施。

10）多层冷库库房外墙与檐口及穿堂与库房的连接部分的变形缝部位应采取防漏水的构造措施。

（2）冷库围护结构的隔汽、防潮设计

1）隔汽、防潮材料的选择。冷库围护结构常用的隔汽、防潮材料有沥青隔汽防潮材料和聚乙烯（PE）或聚氯乙烯（PVC）薄膜隔汽防潮材料两大类。隔汽防潮材料的主要物理性能见表 12-24。

表 12-24　隔汽防潮材料的主要物理性能

材料名称	密度 ρ/ (kg/m^3)	热导率 λ/ $[W/(m \cdot K)]$	蒸汽渗透率 μ/ $[\times 10^{-3} g/(m \cdot h \cdot Pa)]$	蒸汽渗透阻力 H/ $(m^2 \cdot h \cdot Pa/g)$
石油沥青油毛毡（350 号），厚 1.5mm	1130	0.27	0.00135	1106.57
石油沥青或玛蹄脂一道，厚 2.0mm	980	0.20	0.0075	266.64
一毡二油，厚 5.5mm	—	—	—	1639.86
二毡三油，厚 9.0 mm	—	—	—	3013.08
聚乙烯薄膜，厚 0.07mm	1200	0.16	0.00002	3166.37

对土建式冷库而言，常用沥青和油毡制作隔汽层，工期长、造价高，且施工复杂。基于冷库隔热层多采用现场发泡聚氨酯，一种可行的隔汽层做法是，对聚氨酯的现场发泡工艺提出具体的规范约束，利用聚氨酯现场发泡的表面光滑、坚韧且密封效果好的特点，现场发泡时，要求先于墙面上发出薄薄的一层，其表面光滑无空隙，然后在此基础上再分层发泡，人为地形成多个密封层，有助于增加聚氨酯的隔汽能力，并延长聚氨酯的寿命。

聚乙烯（PE）或聚氯乙烯（PVC）薄膜隔汽防潮材料，要求低温条件下保持柔软，薄膜不能有气孔，施工也应保证其完整。一般冷库采用 0.13mm 厚聚乙烯（PE）半透明薄膜或 0.2mm 厚聚氯乙烯（PVC）透明薄膜。聚乙烯薄膜使用的胶粘剂为 721 或 XY404 聚乙烯胶粘剂；聚氯乙烯薄膜使用的胶粘剂为 641 或 XY405 聚氯乙烯胶粘剂。

2）围护结构蒸汽渗透的计算。目前围护结构蒸汽渗透的计算有两个假定：一是蒸汽渗透过程均以气态形式进行；二是蒸汽渗透过程均处于稳定状态。即在稳定条件下，通过围护结构的蒸汽渗透量与室内外的水蒸气分压力差成正比，与渗透过程中受到的渗透阻力成反比。可按式（12-14）～式（12-16）计算蒸汽渗透强度 $\omega[g/(m^2 \cdot h)]$。

$$\omega = (p_{sw} - p_{sn})/H \qquad (12-14)$$

式中　H——围护结构隔热层各层材料的蒸汽渗透阻力之和（$m^2 \cdot h \cdot Pa/g$）；

　　　p_{sw}——围护结构高温侧空气的水蒸气分压力（Pa）；

　　　p_{sn}——围护结构低温侧空气的水蒸气分压力（Pa）。

$$H = R_w + R_1 + R_2 + R_3 + \cdots + R_n \tag{12-15}$$

式中　　　　R_w——围护结构外表面的蒸汽渗透阻（$m^2 \cdot h \cdot Pa/g$），$R_w = 4 m^2 \cdot h \cdot Pa/g$；

　　　　　　R_n——围护结构内表面的蒸汽渗透阻（$m^2 \cdot h \cdot Pa/g$），$R_n = 8 m^2 \cdot h \cdot Pa/g$

　　　　　　　　　（当库内有强力通风装置时，$R_n = 4 m^2 \cdot h \cdot Pa/g$）；

$R_1 + R_2 + R_3 + \cdots$——围护结构内各层不同性能材料的蒸汽渗透阻力。

$$R = \delta/\mu \tag{12-16}$$

式中　δ——材料的厚度（m）；

　　　μ——材料的蒸汽渗透率$[g/(m \cdot h \cdot Pa)]$。

围护结构蒸汽渗透的计算需要对围护结构中各材料的内、外表面温度、水蒸气分压力和相对湿度进行计算，并对蒸汽渗透过程中各材料层内是否会出现冷凝现象进行判别。

3）围护结构蒸汽渗透阻力的验算。对于冷库，围护结构的蒸汽渗透阻力可按式（12-17）验算：

$$H_0 \geqslant 1.6(p_{sw} - p_{sn})/\omega \tag{12-17}$$

式中　H_0——围护结构隔热层高温侧各层材料（隔热层以外）的蒸汽渗透阻力之和（$m^2 \cdot h \cdot Pa/g$）；

　　　ω——蒸汽渗透强度$[g/(m^2 \cdot h)]$；

　　　p_{sw}——围护结构高温侧空气的水蒸气分压力（Pa）；

　　　p_{sn}——围护结构低温侧空气的水蒸气分压力（Pa）。

（3）冷库围护结构的隔热材料及选择　冷库围护结构的隔热材料传统选择多为稻壳、软木板、膨胀珍珠岩和聚苯乙烯泡沫塑料等，现已获得广泛采用的材料有硬质聚氨酯泡沫塑料、聚乙烯发泡体、泡沫玻璃及挤压型聚苯乙烯泡沫塑料等。隔热材料应是不散发有毒或异味等对食品有污染的物质；难燃或不燃烧，且不易变质。常用隔热材料的主要特性和物理性能指标分别见表 12-25 和表 12-26。

表 12-25　常用隔热材料的主要特性

材料名称	材 料 特 性
软木板	热导率小、抗压强度较高的块状材料。价格高、施工难度大、性能差异大
膨胀珍珠岩	热导率小、抗压强度大、易吸湿
聚苯乙烯泡沫塑料（自燃型）	轻质、隔热性好、耐低温、易吸水
硬质聚氨酯泡沫塑料	轻质、强度高、隔热性好、成型工艺简单，可预制、现场发泡或喷涂。阻燃性好
聚乙烯（PEF）发泡体	隔热、防振、隔声的新材料。热导率小、抗湿、耐水、耐低温、阻燃、抗老化。胶粘工艺要求高
低密度闭孔泡沫玻璃	隔热新材料，密度和热导率较小，抗压、吸水率极低、价格高
挤压型聚苯乙烯泡沫板	抗吸水性高、抗蒸汽渗透性高、力学性能好，适用于做冷库地面；是冷间侧壁、顶板或装配式冷库隔热板芯材的理想材料

表 12-26 常用隔热材料的物理性能指标

材料名称	密度 ρ/ (kg/m^3)	抗压强度/ MPa	设计用热导率 λ/ $[W/(m \cdot K)]$	蒸汽渗透率 μ/ $[\times 10^{-3} g/(m \cdot h \cdot Pa)]$	蓄热系数 S_{24}/ $[W/(m^2 \cdot K)]$
软木板	170	≥0.4	0.07	0.02552	1.1863
膨胀珍珠岩	82~150	—	0.0872		0.5315
聚苯乙烯泡沫塑料（自熄型）	18~22	≥0.15	0.0465	0.02775	0.2326
硬质聚氨酯泡沫塑料	35~55	≥0.2	0.0314	0.02550	0.2791
聚乙烯（PEF）发泡体	27	—	0.0383	吸水性 0.011kg/m²	—
低密度闭孔泡沫玻璃	140~180	0.5~0.7	0.058	0.000025	0.70
挤压型聚苯乙烯泡沫板	30~45	0.25~0.3	0.03	—	0.28

正铺于地面、楼面的隔热材料，其抗压强度不应小于 0.25MPa。

（4）冷库地面防止冻胀的措施

1）《冷库设计规范》（GB 50072—2010）中规定：当冷库底层冷间设计温度低于 0℃时，地面应采取防止冻胀的措施。当地面下为岩层或砂砾层，且地下水位较低时，可不做防止冻胀处理。

2）冷库地面防止冻胀的措施。冷库地面防止冻胀的措施有四种常用的方法，见表 12-27。

表 12-27 冷库地面防止冻胀的措施

防止冻胀的方法	适应的冷库地面情况	方法特征
乙二醇循环系统	当地面面积大于 1500m² 时	通常内径为 25mm 的聚乙烯管，间距为 300mm，乙二醇的热量由换热器从制冷系统中获得，是经济性最好的加热方法
低压电加热方法	当地面面积小于 1500m² 时	由一组电加热元件组成。施工过程的监测十分重要，隔热层下维持约 6℃，所需功率为 15~20W/m²
架空地坪方法	一般用于采用桩基的冷库	架空层净高不宜小于 1m
自然通风或机械通风	前者适用于小型冷库	自然通风系统最简单、经济

冷库地面防止冻胀的技术处理方法如图 12-3 所示。

12.2.6　冷库围护结构的热工计算

1.《冷库设计规范》（GB 50072—2010）的有关规定

1）计算冷间围护结构热流量时，室外计算温度应采用夏季空气调节室外计算日平均温度。计算冷间围护结构最小总热阻时，室外计算相对湿度应采用最热月的平均相对湿度。

2）计算内墙和楼面，围护结构外侧的计算温度应取其邻室的室温。当邻室为冷却间或冻结间时，应取该类冷间空库保温温度。空库保温温度，冷却间应按 10℃ 计算，冻结间应按 -10℃ 计算。

3）冷间地面隔热层下设有加热装置时，其外测温度按 1~2℃ 计算；若地面下部无加热装置或地面隔热层下为自然通风架空层时，其外侧的计算温度应采用夏季空气调节日平均温度。

2. 冷库围护结构总热阻 R_0 的确定方法

（1）冷间外墙、屋面或顶棚的总热阻 R_0　冷间外墙、屋面或顶棚的总热阻 R_0，根据设计采用的室内外两侧温差 Δt，可按表 12-28 的规定选用。

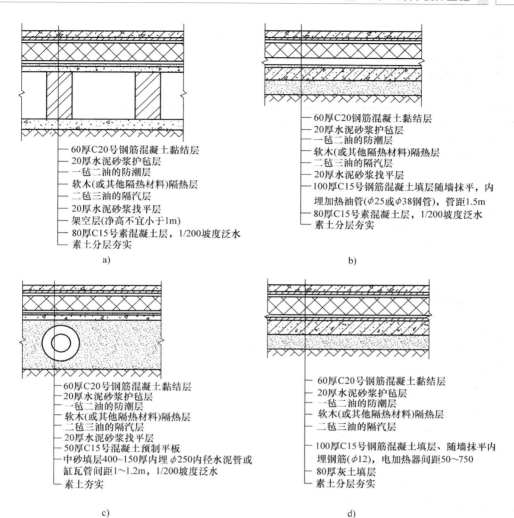

图 12-3　冷库地面防止冻胀的技术处理方法

a）架空地坪法　b）热油管加热地坪法　c）自然通风或机械通风管地坪法　d）电加热地坪法

表 12-28　冷间外墙、屋面或顶棚的总热阻 R_0　　（单位：m² · ℃/W）

设计采用的室内外温差 Δt/℃	面积热流量/（W/m²）				
	7	8	9	10	11
90	12.86	11.25	10.00	9.00	8.18
80	11.43	10.0	8.89	8.00	7.27
70	10.00	8.75	7.78	7.00	6.36
60	8.57	7.50	6.67	6.00	5.45
50	7.14	6.25	5.56	5.00	4.55
40	5.71	5.00	4.44	4.00	3.64
30	4.29	3.75	3.33	3.00	2.73
20	2.86	2.50	2.22	2.00	1.82

注：Δt = 夏季空调日平均温度-冷间温度。

冷库底层冷间设计温度大于或等于 0℃ 时，地面可不做防止冻胀处理，但应设置隔热层。在空气冷却器基座下部及周围 1m 范围内的地面总热阻 R_0 不应小于 $3.18 \text{m}^2 \cdot ℃/\text{W}$。

围护结构两侧温差修正系数 α 见表 12-29。

表 12-29　围护结构两侧温差修正系数 α

序号	围护结构部位	α
1	$D>4$ 的外墙： 冻结间、冻结物冷藏间 冷却间、冷却物冷藏间、冰库	1.05 1.10
2	$D>4$ 相邻有常温房间的外墙： 冻结间、冻结物冷藏间 冷却间、冷却物冷藏间、冰库	1.00 1.00
3	$D>4$ 的冷间顶棚，其上为通风阁楼、屋面有隔热层或通风层： 冻结间、冻结物冷藏间 冷却间、冷却物冷藏间、冰库	1.15 1.20
4	$D>4$ 的冷间顶棚，其上为不通风阁楼、屋面有隔热层或通风层： 冻结间、冻结物冷藏间 冷却间、冷却物冷藏间、冰库	1.20 1.30
5	$D>4$ 的无阁楼屋面，屋面有通风层： 冻结间、冻结物冷藏间 冷却间、冷却物冷藏间、冰库	1.20 1.30
6	$D \leqslant 4$ 的外墙、冻结物冷藏间	1.30
7	$D \leqslant 4$ 的无阁楼屋面、冻结物冷藏间	1.60
8	半地下室外墙外侧为土壤时	0.20
9	冷间地面下部无通风等加热设备时	0.20
10	冷间地面隔热层下有通风等加热设备时	0.60
11	冷间地面隔热层下为通风架空层时	0.70
12	两侧均为冷间时	1.00

注：1. 负温穿堂的 α 值可按冻结物冷藏间确定。

　　2. 表内未列的其他室温大于或等于 0℃ 的冷间可参照各项中冷却间的 α 值选用。

围护结构热惰性指标 D 可按式（12-18）计算：

$$D = R_1 S_1 + R_2 S_2 + \cdots \tag{12-18}$$

式中　S——蓄热系数 $[\text{W}/(\text{m}^2 \cdot ℃)]$。

（2）冷间隔墙、楼面和地面的总热阻 R_0　冷间隔墙、楼面和地面的总热阻 R_0 按表 12-30 ~ 表 12-33 确定。

表 12-30　冷间隔墙、楼面和地面的总热阻 R_0　　（单位：$\text{m}^2 \cdot ℃/\text{W}$）

隔墙两侧设计室温	面积热流量/（W/m²）	
	10	12
冻结间 −23℃——冷却间 0℃	3.80	3.17
冻结间 −23℃——冻结间 −23℃	2.80	2.33
冻结间 −23℃——穿堂 4℃	2.70	2.25
冻结间 −23℃——穿堂 −10℃	2.00	1.67

（续）

隔墙两侧设计室温	面积热流量/（W/m²）	
	10	12
冻结物冷藏间 −18 ～ −20℃——冷却物冷藏间 0℃	3. 30	2. 75
冻结物冷藏间 −18 ～ −20℃——冰库 −4℃	2. 80	2. 33
冻结物冷藏间 −18 ～ −20℃——穿堂 4℃	2. 80	2. 33
冷却物冷藏间 0℃——冷却物冷藏间 0℃	2. 00	1. 67

注：隔墙总热阻已考虑生产中的温度波动因素。

表 12-31　冷间楼面总热阻

楼板上、下冷间设计温度/℃	冷间楼面总热阻/（m² · ℃/W）
35	4. 77
23 ～ 28	4. 08
15 ～ 20	3. 31
8 ～ 12	2. 58
5	1. 89

注：1. 楼板总热阻已考虑生产中的温度波动因素。

　　2. 当冷却物冷藏间楼板下为冻结物冷藏间时，楼板热阻不宜小于 4.08m² · ℃/W。

表 12-32　直接铺设在土壤上的冷间地面总热阻

冷间设计温度/℃	冷间地面总热阻/（m² · ℃/W）
−2 ～ 0	1. 72
−10 ～ −5	2. 54
−20 ～ −15	3. 18
−28 ～ −23	3. 91
−35	4. 77

注：当地面隔热层采用炉渣时，总热阻按本表数据乘以 0.8 的修正系数计算。

表 12-33　铺设在架空层上的冷间地面总热阻

冷间设计温度/℃	冷间地面总热阻/（m² · ℃/W）
−2 ～ 0	2. 15
−10 ～ −5	2. 71
−20 ～ −15	3. 44
−28 ～ −23	4. 08
−35	4. 77

（3）冷间隔热材料热导率的修正　冷库隔热材料的设计热导率 λ 应按式（12-19）计算确定：

$$\lambda = \lambda' b \tag{12-19}$$

式中　λ'——材料在正常条件下测定的热导率 [W/（m · ℃）]；

　　　　b——热导率修正系数，见表 12-34。

表 12-34　热导率修正系数

序号	材料名称	b	序号	材料名称	b
1	聚氨酯泡沫塑料	1.4	7	加气混凝土	1.3
2	聚苯乙烯泡沫塑料	1.3	8	岩棉	1.8
3	聚苯乙烯挤塑板	1.3	9	软木	1.2
4	膨胀珍珠岩	1.7	10	炉渣	1.6
5	沥青膨胀珍珠岩	1.2	11	稻壳	1.7
6	水泥膨胀珍珠岩	1.3			

注：加气混凝土、水泥膨胀珍珠岩的修正系数，应为经过烘干的块状材料并用沥青等不含水黏结材料贴铺、砌筑的数值。

3. 冷库围护结构热流量的计算

1）《冷库设计规范》（GB 50072—2010）规定的冷间设计温度和相对湿度，见表 12-35。

表 12-35　冷间设计温度和相对湿度

序号	冷间名称	室温/℃	相对湿度（%）	适用食品范围
1	冷却间	0 ~ 4	—	肉、蛋等
2	冻结间	−18 ~ −23	—	肉、禽、兔、冰蛋、蔬菜等
		−23 ~ −30	—	鱼、虾等
3	冷却物冷藏间	0	85 ~ 90	冷却后的肉、禽
		−2 ~ 0	80 ~ 85	鲜蛋
		−1 ~ +1	90 ~ 95	冰鲜鱼
		0 ~ +2	85 ~ 90	苹果、鸭梨等
		−1 ~ +1	90 ~ 95	大白菜、蒜薹、葱头、菠菜、香菜、胡萝卜、甘蓝、芹菜、莴苣等
		+2 ~ +4	85 ~ 90	土豆、橘子、荔枝等
		+7 ~ +13	85 ~ 95	柿子椒、菜豆、黄瓜、番茄、菠萝、柑橘等
		+11 ~ +16	85 ~ 90	香蕉等
4	冻结物冷藏间	−15 ~ −20	85 ~ 90	冻肉、禽、副产品、冰蛋、冻蔬菜、冰棒等
		−18 ~ −25	90 ~ 95	冻鱼、虾、冷冻饮品等
5	冰库	−4 ~ −6	—	盐水制冰的冰块

注：冷却物冷藏间的设计温度宜取0℃，贮藏过程中应按照食品的产地、品种、成熟度和降温时间等调节其温度与相对湿度。

2）库房围护结构外面表和内表面传热系数和热阻按表 12-36 采用。

表 12-36　库房围护结构外面表和内表面传热系数 α_w、α_n 和热阻 R_w、R_n

围护结构部位及环境条件	$\alpha_w/[W/(m^2 \cdot ℃)]$	$\alpha_n/[W/(m^2 \cdot ℃)]$	R_w 或 $R_n/(m^2 \cdot ℃/W)$
无防风设施的屋面、外墙的外表面	23	—	0.043
顶棚上为阁楼或有房屋和外墙外部紧邻其他建筑物的外表面	12	—	0.083
外墙和顶棚的内表面、内墙和楼板的表面、地面的上表面：			
1. 冻结间、冷却间设有强力鼓风装置时	—	29	0.034
2. 冷却物冷藏间设有强力鼓风装置时	—	18	0.056
3. 冻结物冷藏间设有鼓风的冷却设备时	—	12	0.083
4. 冷间无机械鼓风装置时	—	8	0.125
地面下为通风架空层	8	—	0.125

注：地面下为通风加热管道或直接铺设于土壤上的地面以及半地下室外墙埋入地下的部位，外表面传热系数均可不计。

3）冷库围护结构的总传热系数。冷库围护结构的总传热系数计算公式与供暖围护结构的传热系数计算公式相同。对于各层隔热材料的设计用热导率，一般讲正常条件下测定的热导率乘以大于1的修正系数（见表12-34）。

4）冷间围护结构热流量的计算。冷间围护结构热流量 Q_1（W）按式（12-20）计算：

$$Q_1 = KA\alpha(t_w - t_n) \tag{12-20}$$

式中　K——围护结构的传热系数 $[W/(m^2 \cdot K)]$；

　　　A——围护结构的传热面积（m^2）；

　　　α——围护结构两侧温差修正系数，见表12-29；

　　　t_w——围护结构外侧计算温度（℃）；

　　　t_n——围护结构内侧计算温度（℃）。

冷间围护结构的传热面积 A 的计算规则是：

① 屋面、地面和外墙：以外墙为边界计算的面积，均应以外墙外表面作为起（止）点计算；以内墙为边界计算的面积，应取内墙中线为起（止）点计算。

② 楼板和内墙：以外墙内表面为起（止）点计算，或以内墙中线为起（止）点计算。

③ 外墙的高度：地下室或底层应自楼面至顶部隔热层的顶面计算；中间层应自本层楼面至上层楼面计算；顶层应自楼面至顶部隔热层的顶面计算。

④ 内墙的高度：地下室、底层或中间层应自该层地（楼）面上层楼面计算；顶层应自该层楼面至顶部隔热层的底面计算。

12.3　冷库制冷负荷计算

冷库的冷负荷应计算"冷却设备负荷"和"机械负荷"。前者是为了选择冷间的冷却设备；后者则是为了选择冷库的制冷设备。

"冷却设备负荷"计算是对所有冷间逐间计算，分别将各个冷间的各项"计算热流量"（各个冷间的冷却设备负荷）汇总。

"机械负荷"计算是分别将相同蒸发温度所属冷间的各项"计算热流量"乘以系数后汇总，即得出各个蒸发温度系统的"机械负荷"值。

冷间的"计算热流量"由五种基本的热流量构成：冷间围护结构热流量；冷间内货物热流量；冷间通风换气热流量；冷间内电动机运转热流量；照明、开门和操作人员形成的冷间操作热流量。

1. 计算热流量

（1）冷间围护结构热流量　冷间围护结构热流量计算 Q_1 按式（12-20）进行。

（2）冷间内货物热流量

1）冷间内货物热流量按式（12-21）计算：

$$
\begin{aligned}
Q_2 &= Q_{2a} + Q_{2b} + Q_{2c} + Q_{2d} \\
&= \frac{1}{3.6}\left[\frac{m(h_1 - h_2)}{t} + mB_b\frac{c_b(\theta_1 - \theta_2)}{t}\right] + \frac{m(Q' + Q'')}{2} + (m_2 - m)Q''
\end{aligned} \tag{12-21}
$$

式中　Q_2——冷间内货物热流量（W）；

　　　Q_{2a}——食品热流量（W）；

Q_{2b}——包装材料和运载工具热流量（W）；

Q_{2c}——货物冷却时的呼吸热流量（W）；

Q_{2d}——货物冷藏时的呼吸热流量（W）；

　m——冷间的每日进货质量（kg）；

　h_1——货物进入冷间初始温度时的比焓（kJ/kg）；

　h_2——货物在冷间内终止降温时的比焓（kJ/kg）；

　t——货物冷却加工时间（h），对冷藏间取 24h，对冷却间、冷冻间取设计冷加工时间；

　B_b——货物包装材料或运载工具质量系数；

　c_b——包装材料或运载工具的比热容[kJ/(kg·℃)]；

　θ_1——包装材料或运载工具进入冷间时的温度（℃）；

　θ_2——包装材料或运载工具在冷间内终止降温时的温度（°），取该冷间的设计温度；

　Q'——货物冷却初始温度时单位质量的呼吸热流量（W/kg）；

　Q''——货物冷却终止温度时单位质量的呼吸热流量（W/kg）；

　m_2——冷却物冷藏间的冷藏质量（kg）；

1/3.6——1kJ/h 换算成 1/3.6W 的数值。

注：①仅鲜水果、鲜蔬菜冷藏间计算 Q_{2c}、Q_{2d}；②若冻结过程中需要加水时，应把水的热流量加入式（12-21）内。

2）冷间的每日进货质量 m。冷间的每日进货质量应按下列规定取值：

① 冷却间或冻结间应按设计冷加工能力计算。

② 存放果蔬的冷却物冷藏间，不应大于该间计算吨位的 10%。

③ 存放鲜蛋的冷却物冷藏间，不应大于该间计算吨位的 5%。

④ 有从外库调入货物的冷库，其冻结物冷藏间宜按该间计算吨位的 5%～15% 计算。

⑤ 无外库调入货物的冷库，其每间冻结物冷藏间一般宜按该库每日冻结质量计算；若该进货的热流量大于按该冷藏间吨位 5% 计算的进货热流量时，则可按④计算。

⑥ 冻结质量大的水产冷库，其冻结物冷藏间的每日进货质量可按具体情况确定。

3）货物包装材料或运载工具质量系数 B_b 应按表 12-37 的规定取值。

表 12-37　货物包装材料或运载工具质量系数 B_b

序号	食品类别	质量系数 B_b	
1	肉类、鱼类、冰蛋类	冷藏	0.1
		肉类冷却或冷冻（猪单轨叉挡式）	0.1
		肉类冷却或冷冻（猪双轨叉挡式）	0.3
		肉类、鱼类、冰蛋类（搁架式）	0.3
		肉类、鱼类、冰蛋类（吊笼式或架子式手推车）	0.6
2	鲜蛋类	0.25	
3	鲜水果	0.25	
4	鲜蔬菜	0.35	

4）包装材料或运载材料的比热容 c_b。包装材料或运载工具的比热容 c_b 可按表 12-38 的规定值。

表 12-38 包装材料或运载工具的比热容 c_b

序号	名称	$c_b / [kJ/(kg \cdot ℃)]$	序号	名称	$c_b / [kJ/(kg \cdot ℃)]$
1	木板类	2.51	6	纸板类	1.47
2	黄铜	0.39	7	黄油纸类	1.51
3	钢板类	0.42	8	竹器类	1.51
4	铝板	0.88	9	布类	1.21
5	玻璃容器	0.84			

5）包装材料或运载工具进入冷间时的温度应按下列规定取值：

① 在本库包装的货物，其包装材料或运载工具温度的取值应按夏季空调调节日平均温度乘以生产旺月的温度修正系数，该系数按表 12-39 取值。

表 12-39 包装材料或运载工具进入冷间时的温度修正系数

进入冷间月份	1	2	3	4	5	6	7	8	9	10	11	12
温度修正系数	0.10	0.15	0.33	0.53	0.72	0.86	1.00	1.00	0.83	0.62	0.41	0.20

② 自外库调入已包装的货物，其包装材料温度应为该货物进入冷间时的温度，其运载工具按①计算。

6）货物进入冷间时的温度应按下列规定计算：

① 未经冷却的鲜肉温度按 39℃ 计算，一经冷却的鲜肉温度按 4℃ 计算。

② 自外库调入的冻结货物按 -15 ~ -10℃ 计算。

③ 无外库调入的冷库，进入冻结物冷藏间的货物温度按该冷库冻结间终止降温时或包冰衣后或包装后货物的温度计算，一般可取 -15℃。

④ 冰鲜鱼虾整理后的温度按 15℃ 计算。

⑤ 鲜鱼虾整理后进入冷加工间的温度，按整理鱼虾用水的水温计算。

⑥ 鲜蛋、水果、蔬菜的进货温度，按当地食品进入冷间生产旺月的月平均温度计算。

（3）冷间通风换气热流量 冷间通风换气热流量按式（12-22）计算：

$$Q_3 = Q_{3a} + Q_{3b}$$
$$= \frac{1}{3.6} \left[\frac{(h_w - h_n) n V_n \rho_n}{24} + 30 n_r \rho_n (h_w - h_n) \right] \tag{12-22}$$

式中 Q_3——冷间通风换气热流量（W）；

Q_{3a}——冷间换气热流量（W）；

Q_{3b}——操作人员需要的新鲜空气热流量（W）；

h_w——冷间外空气的比焓（kJ/kg）；

h_n——冷间内空气的比焓（kJ/kg）；

n——每日换气次数，可取 2 次或 3 次；

V_n——冷间内净体积（m^3）；

ρ_n——冷间内空气密度（kg/m^3）；

24——1 天换算成 24h 的数值；

30——每个操作人员每小时需要的新鲜空气量（m^3/h）；

n_r——操作人员数量。

注：①式（12-22）只适用于贮存有呼吸的食品的冷间；②有操作人员长期停留的冷间，如加工间、包装间等，应计算操作人员需要新鲜空气的热流量 Q_{3b}，其余冷间可不计；③冷间外空气的比焓应按夏季通风室外计算温度及夏季通风室外计算相对湿度取值；冷间内空气的比焓应按冷间设计温度及相对湿度（可参照表 12-35）取值。

（4）冷间内电动机运转热流量　冷间内电动机运转热流量按式（12-23）计算：

$$Q_4 = 1000 \sum P_d \xi b \tag{12-23}$$

式中　Q_4——电动机运转热流量（W）；

$\quad P_d$——电动机额定功率（kW）；

$\quad \xi$——热转化系数，电动机在冷间内时取 1，电动机在冷间外时取 0.75；

$\quad b$——电动机运转时间系数，对空气冷却器配用的电动机取 1，对冷间内其他设备配用的电动机可按实际情况取值，若按每昼夜操作 8h 计，则 $b = 8/24$。

（5）冷间操作热流量　冷间操作热流量按式（12-24）计算：

$$Q_5 = Q_{5a} + Q_{5b} + Q_{5c}$$
$$= Q_d A_d + \frac{1}{3.6} \times \frac{n'_k n_k V_n (h_w - h_n) M \rho_n}{24} + \frac{3}{24} n_r q_r \tag{12-24}$$

式中　Q_5——冷间操作热流量（W）；

$\quad Q_{5a}$——照明热流量（W）；

$\quad Q_{5b}$——开门热流量（W），当每个冷间的冷库门超过两樘时，应按两个门樘进行计算；

$\quad Q_{5c}$——操作人员热流量（W）；

$\quad Q_d$——每平方米地板面积照明热流量（W/m²），冷却间、冷冻间、冷藏间、冰库和冷间内穿堂可取 1.8 ~ 2.3W/m²，加工间、包装间等可取 4.7 ~ 5.8W/m²；

$\quad A_d$——冷间地面面积（m²）；

$\quad n'_k$——门樘数；

$\quad n_k$——每日开门换气次数，可按图 12-4 取值，对需经常开门的冷间，换气次数可按实际情况采用；冷却物冷藏间换气次数每日不宜少于 1 次；

$\quad V_n$——冷间内净体积（m³）；

$\quad h_w$——冷间外空气的比焓（kJ/kg）；

$\quad h_n$——冷间内空气的比焓（kJ/kg）；

$\quad M$——空气幕效率修正系数，可取 0.5；不设空气幕时，应取 1；

$\quad \rho_n$——冷间内空气密度（kg/m³）；

$\quad 3/24$——每日操作时间系数，按每日操作 3h 计；

$\quad n_r$——操作人员数量，当人数难以确定时，可按每 250m³ 冷间体积 1 个人计；

$\quad q_r$——每个操作人员产生的热流量（W），冷间设计温度高于或等于 −5℃ 时，取 395W。

注：①冷却间、冻结间不计热流量 Q_5；②对采用定温穿堂和封闭站台的冷库，其冷间的 Q_5 可乘以 0.2 ~ 0.6 的系数。

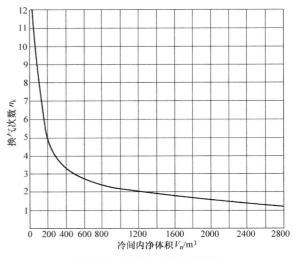

图 12-4　冷间开门换气次数

2. 冷间冷却设备负荷

冷间冷却设备负荷应按式（12-25）计算：

$$Q_s = Q_1 + pQ_2 + Q_3 + Q_4 + Q_5 \qquad (12\text{-}25)$$

式中　Q_s——冷间冷却设备负荷（W）；

　　　Q_1——冷间围护结构热流量（W）；

　　　Q_2——冷间内货物热流量（W）；

　　　Q_3——冷间通风换气热流量（W）；

　　　Q_4——冷间内电动机运转热流量（W）；

　　　Q_5——操作热流量（W）；

　　　p——冷间内货物冷加工负荷系数，冷却间、冻结间和货物不经冷却而进入冷却物冷藏间的货物冷加工负荷系数 p 应取 1.3，其他冷间取 1。

3. 冷间机械负荷

（1）冷间机械负荷的计算　冷间机械负荷应分别根据不同蒸发温度按式（12-26）计算：

$$Q_j = \left(n_1 \sum Q_1 + n_2 \sum Q_2 + n_3 \sum Q_3 + n_4 \sum Q_4 + n_5 \sum Q_5 \right) R \qquad (12\text{-}26)$$

式中　Q_j——某蒸发温度的机械负荷（W）；

　　　n_1——围护结构热流量的季节修正系数，一般可根据冷库生产旺季出现的月份按表 12-40 选取，当全年生产无明显淡旺季区别时应取 1；

　　　n_2——冷间货物热流量折减系数；

　　　n_3——同期换气次数，宜取 0.5~1.0（"同时最大换气量与全库每日换气量的比数"大时取大值）；

　　　n_4——冷间内电动机同期运转系数；

　　　n_5——冷间同期操作系数；

　　　R——冷制冷装置和管道等冷损耗补偿系数，一般直接冷却系统宜取 1.07，间接冷却系统宜取 1.12。

（2）冷间围护结构热流量季节修正系数　冷间围护结构热流量季节修正系数 n_1 应按表 12-40 的规定取值。

表 12-40　冷间围护结构热流量季节修正系数 n_1

库温/℃	月份 1	2	3	4	5	6	9	10	11	12
北纬 40°以上（含 40°）										
0	-0.70	-0.50	-0.10	0.40	0.70	0.90	-0.10	0.30	-0.10	-0.50
-10	-0.25	-0.11	0.19	0.59	0.78	0.92	0.78	0.49	0.19	-0.11
-18	0.02	0.10	0.33	0.64	0.82	0.93	0.82	0.58	0.33	0.10
-23	-0.08	0.18	0.40	0.68	0.84	0.94	0.84	0.62	0.40	0.18
-30	0.19	0.28	0.47	0.72	0.86	0.95	0.86	0.67	0.47	0.28
北纬 35°~40°（含 35°）										
0	-0.30	-0.20	0.20	0.50	0.80	0.90	0.70	0.50	0.10	-0.20
-10	0.05	0.14	0.41	0.65	0.86	0.92	0.78	0.65	0.35	0.14
-18	0.22	0.29	0.51	0.71	0.89	0.93	0.82	0.71	0.38	0.29
-23	0.30	0.36	0.56	0.74	0.90	0.94	0.84	0.74	0.40	0.36
-30	0.39	0.44	0.61	0.77	0.91	0.95	0.86	0.77	0.47	0.44

（续）

纬度	库温/℃	1	2	3	4	5	6	9	10	11	12
北纬 30°~35° （含30°）	0	0.10	0.15	0.33	0.53	0.72	0.86	0.83	0.62	0.41	0.20
	−10	0.31	0.33	0.48	0.64	0.79	0.86	0.88	0.71	0.55	0.38
	−18	0.42	0.46	0.56	0.70	0.82	0.90	0.88	0.76	0.62	0.48
	−23	0.47	0.51	0.60	0.73	0.84	0.91	0.89	0.78	0.65	0.53
	−30	0.53	0.56	0.65	0.76	0.85	0.92	0.90	0.81	0.69	0.58
北纬 25°~30° （含25°）	0	0.18	0.23	0.42	0.60	0.80	0.88	0.87	0.65	0.45	0.26
	−10	0.39	0.41	0.56	0.71	0.85	0.90	0.90	0.73	0.59	0.44
	−18	0.49	0.51	0.63	0.76	0.88	0.92	0.92	0.78	0.65	0.53
	−23	0.54	0.56	0.67	0.78	0.89	0.93	0.92	0.80	0.67	0.57
	−30	0.59	0.61	0.70	0.80	0.90	0.93	0.93	0.82	0.72	0.62
北纬 25°以下	0	0.44	0.48	0.63	0.79	0.94	0.97	0.93	0.81	0.65	0.40
	−10	0.58	0.60	0.73	0.85	0.95	0.98	0.95	0.85	0.75	0.63
	−18	0.65	0.67	0.77	0.88	0.96	0.98	0.96	0.88	0.79	0.69
	−23	0.68	0.70	0.79	0.89	0.96	0.98	0.96	0.89	0.81	0.72
	−30	0.72	0.73	0.82	0.90	0.97	0.98	0.97	0.90	0.83	0.75

注：7月、8月，$n_1 = 1.00$。

（3）冷间货物热流量折减系数　冷间货物热流量折减系数 n_2 应按表 12-41 的规定取值。

表 12-41　冷间货物热流量折减系数 n_2

序号	冷间类别	折减系数 n_2
1	冷却物冷藏间	0.3~0.6（对应冷藏间公称容积大时，取小值）
2	冻结物冷藏间	0.5~0.8（对应冷藏间公称容积大时，取大值）
3	冷加工间和其他冷间	1.00

（4）冷间内电动机同期运转系数和冷间同期操作系数　冷间内电动机同期运转系数 n_4 和冷间同期操作系数 n_5 应按表 12-42 的规定取值。

表 12-42　冷间内电动机同期运转系数 n_4 和冷间同期操作系数 n_5

冷间总间数	n_4 或 n_5
1	1
2~4	0.5
≥5	0.4

注：1. 冷却间、冷却物冷藏间、冻结间 n_4 取 1；其他冷间按本表取值。
　　2. 冷间总间数应按同一蒸发温度且用途相同的冷间间数计算。

4. 各类冷间负荷的经验数据

综合对众多已经建成的冷库实际数据归纳统计的结果，反映于表 12-43~表 12-45 及图 12-5 中，这些经验数据可供设计时参考，也可作为评价已建成冷库的参照指标。

表 12-43　肉类冷冻加工单位制冷负荷

序号	冷间温度/℃	肉类降温情况/℃		冷冻加工时间[①]/h	单位制冷负荷/(W/t)	
		入冷间时	出冷间时		冷却设备负荷	机械负荷
冷却加工						
1	−2	35	4	20	3000	2300
2	−7/−2[②]	35	4	11	5000	4000
3	−10	35	12	8	6200	5000
4	−10	35	10	3	13000	10000
冻结加工						
1	−23	4	−15	20	5300	4500
2	−23	12	−15	12	8200	6900
3	−23	35	−15	20	7600	5800
4	−30	4	−15	11	9400	7500
5	−30	−10	−18	16	6700	5400

注：1. 本表冷却设备负荷已包括食品冷冻加工的热流量 Q_2 的负荷系数 p（即 $1.3Q_2$）的数值。

2. 本表机械负荷已包括管道等冷损耗补偿系数 7%。

3. 本表还适用于连续快速冻结设备的冻结加工。

① 不包括肉类进冷间、出冷间的搬运时间。

② 制冷间温度纤维 −7℃，待肉体表面温度降到 0℃时，更改冷间温度 −2℃继续降温。

表 12-44　冷藏间、制冰等单位制冷负荷

序号	冷间名称	冷间温度/℃	单位制冷负荷/(W/t)	
			冷却设备负荷	机械负荷
冷却加工				
1	一般冷却物冷藏间	−2 ~ 0	88	70
2	250t 以下冻结物冷藏间	−18 ~ −15	82	70
3	500 ~ 1000t 冻结物冷藏间	−18	53	47
4	1000 ~ 3000t 单层库冻结物冷藏间	−20 ~ −18	41 ~ 47	30 ~ 35
5	1500 ~ 3500t 多层库冻结物冷藏间	−18	41	30 ~ 35
6	4500 ~ 9000t 多层库冻结物冷藏间	−18	30 ~ 35	24
7	10000 ~ 20000t 多层库冻结物冷藏间	−18	28	21
制冰				
1	盐水制冰方式		7000	
2	桶式快速制冰		7800	
3	贮冰间		25	

注：本表机械负荷已包括管道等冷损耗补偿系数 7%。

表 12-45　小型冷库单位制冷负荷

序号	冷间名称	冷间温度/℃	单位制冷负荷/(W/t)	
			冷却设备负荷	机械负荷
肉、禽、水产品				
1	50t 以下冷藏间	−18 ~ −15	195	160
2	50 ~ 100t 冷藏间		150	130
3	100 ~ 200t 冷藏间		120	95
4	200 ~ 300t 冷藏间		82	70

（续）

序号	冷间名称	冷间温度/℃	单位制冷负荷/（W/t）	
			冷却设备负荷	机械负荷
水果、蔬菜				
1	100t 以下冷藏间	0～2	260	230
2	100～300t 冷藏间		230	210
鲜蛋				
1	100t 以下冷藏间	0～2	140	110
2	100～300t 冷藏间		115	90

注：1. 本表机械负荷已包括管道等冷损耗补偿系数 7%。

2. －18～－15℃冷藏间进货温度按－15～－12℃，进货量按 5%计算。

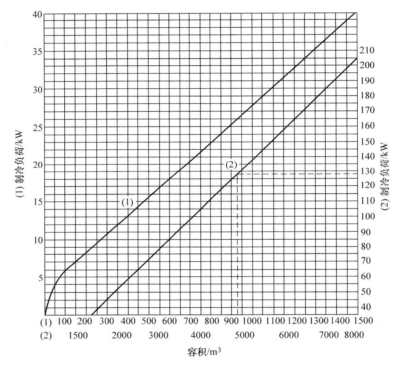

图 12-5　果蔬土建冷库制冷负荷曲线

注：公称容积 >8000m³ 时，每增加 155m³，制冷负荷相应增加 3.86kW。

12.4　冷库制冷系统设计

12.4.1　制冷系统形式及其选择

1. 制冷系统形式

冷库制冷系统形式见表 12-46。

表 12-46 冷库制冷系统形式

按制冷剂划分	按冷却方式划分	按供冷方式划分	按制冷剂供液方式划分
氨制冷系统		集中供冷	直接膨胀供液制冷系统
氟利昂制冷系统	直接冷却	分散供冷	重力供液制冷系统
新型制冷剂系统	间接冷却		液泵供液制冷系统

2. 制冷系统的选择

冷库制冷系统的选择见表 12-47。

表 12-47 冷库制冷系统的选择

按制冷剂划分	按冷却方式划分	按供冷方式划分	按制冷剂供液方式划分
氨制冷系统：常用，单位制冷量大，制冷剂价低，易燃易爆，对人体有害	大、中型氨制冷系统采用间接冷却，有载冷剂（盐水）循环系统和制冷剂（氨）循环系统	大、中型氨制冷系统均采用集中供冷系统	直接膨胀供液制冷系统：多用于氟利昂制冷系统和小型氨制冷系统
氟利昂制冷系统：用于中、小型冷库，受 CFC 工质禁用限制	中、小型氨制冷系统，氟利昂制冷系统多采用直接冷却系统	氟利昂制冷系统采用分散供冷系统	重力供液制冷系统：用于氨制冷系统
			液泵供液制冷系统：用于大、中型氨制冷系统

注：冷库制冷系统采用环境友好型制冷剂 CO_2，以替代氨制冷机，正获得逐渐推广。

12.4.2 制冷压缩机及辅助设备的选择计算

1. 制冷压缩机的选择计算

（1）制冷压缩机的选择依据 制冷压缩机的选择依据是冷间机械负荷 Q_j。压缩机的选择，应结合压缩机的设计运行工况确定，根据压缩机的类型可有以下考虑：

1）活塞式压缩机。影响活塞式压缩机设计运行工况的选择要素见表 12-48。采用二级活塞式压缩机的标准见表 12-49。

表 12-48 影响活塞式压缩机设计运行工况的选择要素

蒸发温度	冷凝温度	过冷温度	吸气温度	二级压缩的中间温度与中间压力
综合减少食品干耗、提高制冷效率、节约能源和降低投资等因素考虑，一般比冷间温度低10℃，比载冷剂温度低5℃	与冷凝器的形式、冷却方式及冷却介质有关	二级压缩制冷系统中，高压液体过冷温度比中间温度高5℃	与系统的供液方式、吸气管的长度和直径、供液量及隔热状况有关（见表12-50）	按中间温度与中间压力的经验公式式（12-27）和式（12-28）确定

表 12-49 采用二级活塞式压缩机的标准

制冷机形式	采用单级时的压缩比	采用二级时的压缩比
氨压缩机	≤8	>8
氟利昂压缩机	≤10	>10

氨压缩机允许的吸气温度见表 12-50。

表 12-50 氨压缩机允许的吸气温度

蒸发温度/℃	0	−5	−10	−15	−20	−25	−28	−30	−33	−40	−45
吸气温度/℃	1	−4	−7	−10	−13	−16	−18	−19	−21	−25	−28
过热度/℃	1	1	3	5	7	9	10	11	12	15	17

对于氟利昂制冷系统的吸气应有一定的过热度：热力膨胀阀系统，蒸发器出口温度气体应有 3~7℃ 的过热度，单级压缩机和二级压缩机的高压级吸入温度一般 ≤15℃。在回热系统中，气体出口温度比液体进口温度宜低 5~10℃。

二级压缩的中间温度与中间压力的经验公式：

$$t_{zj} = 0.4t_c + 0.6t_e + 3 \tag{12-27}$$

$$p_{zj} = \sqrt{p_c p_e} \tag{12-28}$$

式中　t_{zj}——二级压缩的中间温度（℃）；

　　t_c、t_e——冷凝温度和蒸发温度（℃）；

　　p_{zj}——二级压缩的中间压力（MPa）；

　　p_c、p_e——冷凝压力和蒸发压力（MPa）。

2）螺杆式制冷压缩机。螺杆式制冷压缩机的内容积比会随外界温度的变化而变化，我国规定有 2.6、3.6 和 5.0 三种内容积比的无级调节。三种内容积比的螺杆式压缩机的适应工况范围见表 12-51。

表 12-51　螺杆式氨制冷压缩机的适应工况范围

		R717 标准工况压缩比为 4.92					
内容积比	适用的压缩比范围	$t_c = 30℃$		$t_c = 40℃$		$t_c = 45℃$	
		t_e/℃	压比	t_e/℃	压比	t_e/℃	压比
2.6	$p_2/p_1 \leqslant 4$	5	2.20	5	3.20	5	—
		0	2.72	—	—	0	4.14
		−10	4.00	−3	4.05	0	4.14
3.6	$4 < p_2/p_1 \leqslant 6.3$	−10	4.00	−3	4.05	0	4.14
		−20	6.13	−14	6.30	−11	6.37
5.0	$6.3 < p_2/p_1 \leqslant 9.7$	−20	6.13	−14	6.30	−11	6.37
		−30	9.70	−24	9.80	−21	9.78

注：t_e 和 t_c 分别是蒸发温度和冷凝温度；p_2、p_1 分别是排气压力和吸气压力。

（2）氨制冷压缩机的选择要求　制冷压缩机的选择应符合下列要求：

1）压缩机应根据对应各蒸发温度机械负荷的计算值分别选定，不另设置备用机。

2）选用的活塞式氨压缩机，当冷凝压力与蒸发压力之比大于 8 时，应采用双级压缩；当冷凝压力与蒸发压力之比小于或等于 8 时，应采用单级压缩。

3）选配压缩机时，其制冷量宜大小搭配。

4）制冷压缩机的系列不宜超过两种。若仅有两台机器时，应选用同一系列。

5）应根据实际使用工况，对压缩机所需的驱动功率进行核算，并通过其制造厂选配适宜的驱动电动机。

2. 换热设备的选择计算

（1）冷凝器的选择计算

1）冷凝器的选型。冷凝器可按表 12-52 进行选取。

表 12-52　各种冷凝器的类型、特点及适用范围

类型	形式	制冷剂	优点	缺点	使用范围
水冷式	立式	氨	1. 可装设于室外 2. 占地面积小 3. 传热管易于清洗	1. 冷却水量大 2. 体积较卧式大	大、中型
	卧式	氨、氟利昂	1. 传热效果优于立式 2. 易小型化和与其他设备组装	冷却水质要求高	大、中、小型
	套管式	氨、氟利昂	1. 传热系数较高 2. 结构简单、易制造	1. 冷却水侧阻力大 2. 清洗困难	小型
	板式	氨、氟利昂	1. 传热系数高 2. 结构紧凑、组合灵活	水质要求高	中、小型
	螺旋板式	氨、氟利昂	1. 传热系数高 2. 体积小	1. 冷却水侧阻力大 2. 维修困难	中、小型
空气冷却式	强制对流式	氟利昂	无冷却水和相应配管于室外设置	1. 体积大、传热面积大 2. 制冷机功率消耗大	中、小型
	自然对流式	氟利昂	无冷却水和相应配管于室外设置、低噪声	1. 体积大、传热面积大 2. 制冷机功率消耗大	小型
水和空气联合冷却式	淋水式	氨	1. 制造简单 2. 易于清洗、维修 3. 水质要求低	1. 占地面积大 2. 材料消耗大 3. 传热效果较差	大、中型
	蒸发式	氨、氟利昂	1. 冷却水耗量小 2. 冷凝温度较低	1. 体积大、占地面积大 2. 清洗、维修困难	大、中型

2）冷凝器的传热系数 K 和热流密度 q_1 的推荐值。各种冷凝器的传热系数 K 和热流密度 q_1 的推荐值见表 12-53。

表 12-53　各种冷凝器的传热系数 K 和热流密度 q_1 的推荐值

制冷剂	形式	传热系数 K/[W/(m²·K)]	热流密度 q_1/(W/m²)	相应条件
R717	立式壳管式冷凝器	700~900	3500~4000	1. 冷却水温升 $\Delta t = 1.5\sim3℃$ 2. 传热温差 $\theta_m = 4\sim6℃$ 3. 单位面积冷却水量为 $1\sim7m^3/(m^2\cdot h)$ 4. 传热管为钢光管
	卧式壳管式冷凝器	800~1100	4000~5000	1. 冷却水温升 $\Delta t = 4\sim6℃$ 2. 传热温差 $\theta_m = 4\sim6℃$ 3. 单位面积冷却水量为 $0.8\sim1.5m^3/(m^2\cdot h)$ 4. 传热管为钢光管
	板式冷凝器	2000~2300	—	1. 使用焊接板式或经特殊处理的钎焊板式 2. 板片为不锈钢
	螺旋板式冷凝器	1400~1600	7000~9000	1. 冷却水温升 $\Delta t = 3\sim5℃$ 2. 传热温差 $\theta_m = 4\sim6℃$ 3. 水速为 $0.6\sim1.4m/s$
	淋水式冷凝器	600~750（以传热管外表面积计）	3000~3500	1. 单位面积冷却水量为 $0.8\sim1.0m^3/(m^2\cdot h)$ 2. 补充水量为循环水量的 10%~12% 3. 传热管为钢光管 4. 进口湿球温度为24℃
	蒸发式冷凝器	600~800（以传热管外表面积计）	1800~2500（对其他制冷剂, 1600~2200）	1. 单位面积冷却水量为 $0.12\sim0.16m^3/(m^2\cdot h)$ 2. 补充水量为循环水量的 5%~10% 3. 传热温差 $\theta_m = 2\sim3℃$（指制冷剂和钢管外侧水膜间） 4. 传热管为钢光管 5. 单位面积通风量为 $300\sim340m^3/(m^2\cdot h)$

（续）

制冷剂	形式		传热系数 $K/$ $[W/(m^2 \cdot K)]$	热流密度 $q_1/$ (W/m^2)	相 应 条 件
R22 R134a R404A	卧式冷凝器		800~1200	5000~8000	1. 冷却水温升 $\Delta t = 4 \sim 6℃$ 2. 传热温差 $\theta_m = 7 \sim 9℃$ 3. 水速为 $1.5 \sim 2.5m/s$ 4. 低肋钢管，肋化系数≥3.5
	套管式冷凝器			7500~10000	1. 冷却水流速为 $1 \sim 2m/s$ 2. 传热温差 $\theta_m = 8 \sim 11℃$ 3. 低肋钢管，肋化系数≥3.5
	板式冷凝器		2300~2500	—	1. 钎焊板式 2. 板片为不锈钢
	空气冷却式	自然对流	6~10	45~85	—
		强制对流	30~40（以翅片管外表面积计）	250~300	1. 迎面风速为 $2.5 \sim 3.5m/s$ 2. 传热温差 $\theta_m = 8 \sim 12℃$ 3. 铝平翅片套铜管 4. 冷凝温度与进风温差≥15℃

采用水冷式冷凝器时，其冷凝温度不应超过 39℃；采用蒸发式冷凝器时，其冷凝温度不应超过 36℃。

3）冷凝器的计算。

① 冷凝器的热负荷：

$$Q_c = Q_e + P_i \qquad (12\text{-}29)$$

式中 Q_c——冷凝器的热负荷（kW）；

$\qquad Q_e$——压缩机在计算工况下的制冷量（kW）；

$\qquad P_i$——压缩机在计算工况下的消耗功率（kW）。

对单级压缩制冷循环，冷凝器热负荷 Q_c 也可按式（12-30）计算：

$$Q_c = \psi Q_e \qquad (12\text{-}30)$$

式中 ψ——冷凝器负荷系数，如图 12-6 所示。

② 冷凝器的传热系数：按表 12-53 中各种冷凝器的传热系数和热流密度的推荐值选取，或按厂家商品规定和参考投产后产生水垢和油污等的影响确定。

③ 冷凝器的传热温差：采用对数平均温差，也可按表 12-53 选取。

④ 冷凝器的传热面积 $A(m^2)$：

$$A = Q_c/(K\Delta\theta_m) = Q_c/q_1 \qquad (12\text{-}31)$$

式中 Q_c——冷凝器的热负荷（W）；

$\qquad K$——冷凝器的传热系数 $[W/(m^2 \cdot K)]$；

$\qquad \Delta\theta_m$——冷凝器的对数平均温差（K）；

$\qquad q_1$——冷凝器的热流密度（W/m^2）。

计算出的冷凝器的传热面积需选择大于或等于该值的标准冷凝器。

⑤ 冷凝器的冷却水量或空气流量：按热平衡式计算或依据设备样本的数据选择。

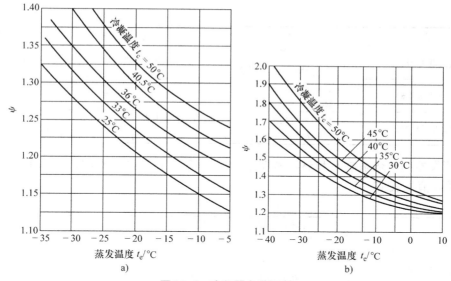

图 12-6　冷凝器负荷系数

a）氨系统　b）氟利昂系统

⑥ 冷凝器冷却水的阻力：立式冷凝器和淋水式冷凝器冷却水的流动依靠的是重力，无须计算冷却水的阻力。

强制对流空气冷却式冷凝器和蒸发式冷凝器均由厂家将冷凝器、风机和水泵成套提供，因此也不计算冷却水的阻力。

卧式壳管式冷凝器的冷却水水泵应在设计中选配，冷凝器冷却水的阻力通常可由厂家的样本获得。

（2）蒸发器的选择计算

1）蒸发器的选型。冷却液体载冷剂的蒸发器的选型可按表 12-54 进行选取。

表 12-54　冷却液体载冷剂的蒸发器的类型、特点及适用范围

形式		优点	缺点	适用范围
水箱型（沉浸式）	立管式	1. 载冷剂冻结危险小 2. 有一定蓄冷能力 3. 操作管理方便	1. 体积大、占地大 2. 容易发生腐蚀 3. 金属耗量大 4. 易积油	氨制冷系统
	螺旋管式	1. ~3. 同立管式 4. 结构简单、制造方便 5. 体积、占地较立管式小	维修比立管式复杂	氨制冷系统
	蛇管式（盘管式）	1. ~3. 同立管式 4. 结构简单、制造方便	管内制冷剂流速低，传热效果差	小型氟利昂制冷系统
卧式壳管式	满液式	1. 结构紧凑、重量轻、占地面积小 2. 可采用闭式循环，腐蚀性低	1. 加工复杂 2. 载冷剂易发生冻结胀裂管子 3. 无蓄冷能力	氨、氟利昂制冷系统
	干式	1. 载冷剂不易冻结 2. 回油方便 3. 制冷剂充灌量小	1. 加工复杂 2. 不易清洗	氟利昂制冷系统

（续）

形式	优点	缺点	适用范围
板式蒸发器	1. 传热系数高 2. 结构紧凑、组合灵活	加工复杂、维修困难	氨、氟利昂制冷系统
螺旋板式蒸发器	1. 传热系数高 2. 体积小	加工复杂、维修困难	氨、氟利昂制冷系统
套管式蒸发器	1. 传热系数高 2. 结构简单、体积小	1. 维修困难 2. 水质要求高、不易清洗	小型氟利昂制冷系统

2）蒸发器的传热系数 K 和热流密度 q_1 的推荐值。各种蒸发器的传热系数 K 和热流密度 q_1 的推荐值见表12-55。

表 12-55　各种蒸发器的传热系数 K 和热流密度 q_1 的推荐值

制冷剂	形式	载冷剂	传热系数 $K/$ $[W/(m^2 \cdot K)]$	热流密度 $q_1/$ (W/m^2)	相应条件
R717	直管式	水	500~700	2500~3500	1. 传热温差 $\theta_m = 4~6℃$ 2. 载冷剂流速为 0.3~0.7m/s 3. 以管外表面积计算
		盐水	400~600	2200~3000	
	螺旋管式	水	500~700	2500~3500	
		盐水	400~600	2200~3000	
	卧式管壳式 （满液式）	水	500~750	3000~4000	1. 传热温差 $\theta_m = 5~7℃$ 2. 载冷剂流速为 1~1.5m/s 3. 光钢管
		盐水	450~600	2500~3000	
	板式	水	2000~2300		1. 使用焊接板式或钎焊板式 2. 板片为不锈钢
		盐水	1800~2100		
R22、 R134a、 R404A	蛇管式 （盘管式）	水	350~450	1700~2300	有搅拌器，以管外表面积计算
		水	170~200		无搅拌器，以管外表面积计算
		低温载冷剂	115~140		
	卧式壳管式 （满液式）	水	800~1400		1. 水流速 1~2.4m/s 2. 低肋钢管，肋化系数≥3.5
		低温载冷剂	500~750		1. 传热温差 $\theta_m = 4~6℃$ 2. 载冷剂流速为 1~1.5m/s 3. 光钢管
	干式	低温载冷剂	800~1000 （以外表面积 计算）	5000~7000	1. 传热温差 $\theta_m = 4~6℃$ 2. 载冷剂或水流速为 1~1.5m/s 3. 带内肋芯铜管
		水	1000~1800 （以外表面积 计算）	7000~12000	
	套管式	水	900~1100	7500~10000	1. 水流速为 1~1.2m/s 2. 低肋管，肋化系数≥3.5
	板式	水	2300~2500		1. 钎焊钢板 2. 板片为不锈钢
		低温载冷剂	2000~2300		
	翅片式	空气	30~40 （以翅片管外 表面积计算）	450~500	1. 蒸发管组 4~8 排 2. 迎面风速为 2.5~3m/s 3. 传热温差 $\theta_m = 8~12℃$

3）蒸发器的计算。

① 蒸发器的制冷量：综合制冷工艺负荷、设备与管路的冷损耗和制冷量的裕度等因素确定。

② 蒸发器的传热系数：按表 12-55 中各种蒸发器的传热系数和热流密度的推荐值选取，或按厂家产品规定和参考投产后产生水垢和油污等的影响确定。

③ 蒸发器的传热温差：采用对数平均温差，也可按表 12-55 选取。

④ 蒸发器的传热面积 $A(m^2)$：

$$A = Q_c/(K\Delta\theta_m) = Q_c/q \tag{12-32}$$

式中　Q_c——蒸发器的热负荷（W）；

　　　K——蒸发器的传热系数[W/(m²·K)]；

　　　q——蒸发器的热流密度（W/m²）；

　　　$\Delta\theta_m$——蒸发器的对数平均温差（K）。

计算出的蒸发器的传热面积需选择大于或等于该值的标准蒸发器。

⑤ 蒸发器的载冷剂流量：按热平衡式计算或依据设备样本的数据确定。

3. 辅助设备的选择计算

（1）中间冷却器的选择计算　中间冷却器用于两级或多级压缩制冷系统，通过中间冷却器冷却低压级压缩机的排气，对进入蒸发器的制冷剂液体进行过冷，以提高压缩机的制冷量、减少节流损失，同时又对低压级压缩机的排气产生油分离作用。

中间冷却器分为氨中间冷却器和氟利昂中间冷却器两种，用于两级压缩制冷系统时，它们的有关情况见表 12-56。

表 12-56　氨中间冷却器和氟利昂中间冷却器的有关情况

中间冷却器	制冷循环	制冷剂液体的流程	制冷剂气体的流速	传热系数 K
氨	一级节流中间完全冷却循环	蛇形管内，流速一般为 0.4~0.7m/s。蛇形管内，氨液出口温度与中间冷却器内氨液蒸发温度差为 3~5℃	≤0.5m/s	600~700 W/(m²·K)
氟利昂	一级节流中间不完全冷却循环	—	—	—

中间冷却器的选择应根据其直径和蛇形管冷却面积，经计算确定。

（2）油分离器的选择计算　油分离器的常用结构有洗涤式、离心式、填料式及过滤式四种形式，有关特征和适用范围见表 12-57。

表 12-57　集中油分离器的特征和适用范围

油分离器	分油效果的要素	适用范围
洗涤式	取决于冷却作用，分离器氨液进液管必须比冷凝器或贮液器的氨出液总管低 250~300mm；氨气在分离器中的流速不大于 0.8m/s，分油效率为 80%~85%	氨制冷装置
离心式	取决于气流沿着叶片的螺旋运动的离心作用，为提高分离效果，加有冷却水套。气体在分离器内的流速不大于 0.8m/s	大中型制冷装置
填料式	金属丝网填料的效果最好，填料层的厚度高，分离效果佳，阻力也随之增大。应控制蒸气流速不大于 0.5m/s，分油效率高达 96%~98%	广泛用于氨及氟利昂制冷装置
过滤式	依靠降低流速、改变流向和过滤丝网作用，分油效果不及填料式油分离器。气体在分流器内的流速不大于 0.8m/s	常用于氟利昂制冷装置

油分离器的选择应根据其直径，经计算确定。

（3）贮液器的选择计算　贮液器的作用是贮存、调节和补充制冷系统各部分设备的液体循环量，以适应制冷工况变化的需要；同时也起到液封的作用，防止高压气体流向系统的低压部分。贮液器多为卧式结构，氟利昂制冷装置也有采用立式结构的贮液器。在氨制冷系统中，可分为贮液器（高压）和低压贮液器，低压贮液器用于重力供液的氨制冷系统，贮存循环使用的低压液氨，同时也起到气液分离的作用；排液桶则是专供蒸发器融霜或检修排液之用。以下为氨贮液器的选择计算。

1）贮液器的选择：贮液器大多为卧式结构，其上部有压力表、安全阀、进出液阀和气体压力平衡管，下部有放油阀。高压贮液器液位高度不得超过筒体直径的80%，其容量按每小时制冷剂循环量的1/3~1/2选配。

2）低压循环贮液器的选择计算：低压循环贮液器的选择应根据其直径和体积的计算确定。

① 低压循环贮液器的直径按式（12-33）计算：

$$d_d = \sqrt{\frac{4\lambda V}{3600\pi W_d \xi_d n_d}} = 0.0188\sqrt{\frac{\lambda V}{W_d \xi_d n_d}} \qquad (12\text{-}33)$$

式中　d_d——低压循环贮液器直径（m）；

λ——氨压缩机的输气系数（双级压缩时取低压级的输气系数），应按产品规定取值；

V——氨压缩机的理论输气量（双级压缩机时取低压级的理论输气量）（m^3/h）；

W_d——低压循环贮液器内的气体速度，立式低压循环贮液器不应大于0.5m/s，卧式低压循环贮液器不应大于0.8m/s；

ξ_d——低压循环贮液器截面面积系数，立式低压循环贮液器采用1，卧式低压循环贮液器采用0.3；

n_d——低压循环贮液器气体进气口的个数，立式低压循环贮液器为1，卧式低压循环贮液器为1或2（按实际情况确定）。

② 低压循环贮液器的体积计算：低压循环贮液器的体积计算与供液方式有关，采用不同的计算公式。

上进下出式供液系统：

$$V_d = (\theta_q V_q + 0.6V_h)/0.5 \qquad (12\text{-}34)$$

式中　V_d——低压循环贮液器的体积（m^3）；

θ_q——冷却设备蒸发器的设计灌氨量体积百分比（%）；

V_q——冷却设备蒸发器的体积（m^3）；

V_h——回气管体积（m^3）。

下进上出式供液系统：

$$V_d = (0.2V'_q + 0.6V_h + t_b V_b)/0.7 \qquad (12\text{-}35)$$

式中　V'_q——各冷间中，冷却设备灌氨量最大一间蒸发器的体积（m^3）；

V_b——一台氨泵的体积流量（m^3/h）；

t_b——氨泵由起动到液体自系统返回低压循环贮液器的时间（h），可采用0.15~0.2h。

（4）气液分离器的选择　气液分离器分为机房用气液分离器和库房用气液分离器两种。

机房用气液分离器与压缩机的总回风管路相连接，分离回气中的液滴，防止压缩机产生液击。库房用气液分离器，一般在氨重力供液系统中，设置在各个库房，分离出节流后的低压制冷剂中夹带的蒸气，以及来自各冷间分配设备回气中夹带的液滴，并借助其设置的高度（0.5~2.0m）向各冷间设备供液，其上设有供液机构——浮球阀或液位控制器配供液电磁阀、手动节流阀等。

1）重力供液方式的回气系统属下列情况之一时，应在氨压缩机机房内增设氨液分离器：

① 两层及两层以上的库房。

② 设有两个或两个以上制冰池。

③ 库房的氨液分离器与氨压缩机房的水平距离大于50m时。

2）立式气液分离器的筒体内气流速度不应大于0.5m/s。

（5）制冷剂的净化设备

1）空气分离器：用于分离并排除系统中的空气及其他不凝性气体。小型系统一般在冷凝器上部设置放空气阀，但会带来制冷剂的外排，造成制冷剂损失，甚至污染环境。故大、中型制冷装置均设置专门的放空气阀，如氨制冷系统中常用卧式四套管式空气分离器。

2）制冷剂过滤干燥器：用于清除制冷剂液体或气体中的水分、机械杂质等。氨制冷系统一般只装过滤器，氟利昂系统则必须装过滤干燥器。

气体过滤器一般装在压缩机的吸入口；液体过滤干燥器则装于节流阀、热气膨胀阀、浮球调节阀、供液电磁阀或液泵之前的液体管路上。

（6）液泵的选择计算 制冷系统的供液常用齿轮泵或离心式屏蔽泵，以立式屏蔽泵使用居多。

1）液泵的体积流量应按式（12-36）计算：

$$q_V = n_x q_z V_z \qquad (12\text{-}36)$$

式中 q_V——液泵体积流量（m^3/h）；

n_x——循环倍数，对于下进上出供液系统，若负荷较为稳定、蒸发器组数较少、不易积油则取3~4，否则取5~6；对于上进下出供液系统，取7~8；

q_z——液泵所供同一蒸发温度的液体制冷剂的蒸发量（kg/h）；

V_z——蒸发温度下制冷剂饱和液体的比体积（m^3/kg）。

2）液泵的排出压力必须克服液泵出口至蒸发器进液口的沿程阻力及局部阻力、液泵中心至最高的蒸发器进液口上升管段静压阻力损失和蒸发器节流器前应维持的自由压头。液泵的自由压头一般为0.1MPa。

3）液泵进液处压力应有不小于0.5m制冷剂液柱的裕度。液泵的吸入压头一般在泵的性能参数中提供。

液泵的进液处压力，采用离心屏蔽泵时，蒸发温度较高或工况稳定的系统为2.0~2.5m；蒸发温度较低或工况较波动的系统为1.5~2.5m。

4）液泵的设置。液泵与低压循环贮液器的连接布置，应当注意采用由低压循环贮液器双向接管至两台液泵（一用一备），其优点是：有效地保证了低压循环贮液器向液泵的顺利出液，从而消除液泵产生气蚀现象和上液不好、易坏泵的弊端，保证了液泵正常运行与提高制冷效果。双向出液液泵接管安装如图12-7所示。

（7）桶泵机组　冷库设备厂家提供桶泵机组，它由低压循环贮液器、液泵、集油器、供液节流机构、电气控制箱、钢支架等组成，适用于一个或多个蒸发器的供液系统，具备自动供液、液位显示与控制、高（低）液位报警、液泵自动保护、自动或手动操作功能，是工厂化生产的一体化供液装置。它既能保证装备质量和运行控制，又可节约初投资和缩短建设工期。

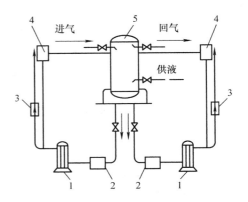

图 12-7　双向出液液泵接管安装
1—屏蔽液泵　2—氨液过滤器　3—止回阀
4—自动旁通阀　5—低压循环贮液器

12.4.3　冷间冷却设备的选择和计算

冷间冷却设备根据式（12-25）计算的冷间冷却设备负荷 Q_s 进行选择。

1. 冷间内冷却设备的选型

冷间内冷却设备的选型见表 12-58。

表 12-58　冷间内冷却设备的选型

冷间名称	冷却设备的选型
冷却和冷却物冷藏间	应采用空气冷却器
冻结物冷藏间	宜选用空气冷却器。当食品无良好的包装时，可采用顶排管、墙排管
包装间	宜采用空气冷却器
食品冻结加工间	选用合适的冻结设备（见表 12-6）

注：包装间、分割间、产品整理间等人员较多的冷间，严禁采用氨直接蒸发式冷却设备，以确保人身安全。

2. 冷间内冷却设备的设计计算

冷间内冷却设备的传热面积应通过校核计算确定。

（1）冷却设备的传热面积的计算　冷却设备的传热面积按式（12-37）计算：

$$A_s = Q_s / (K_s \Delta\theta_s) \tag{12-37}$$

式中　A_s——冷却设备的传热面积（m^2）；

Q_s——冷间冷却设备负荷（W）；

K_s——冷却设备的传热系数[$W/(m^2 \cdot ℃)$]；

$\Delta\theta_s$——冷间温度与冷却设备蒸发温度的计算温差（℃）。

冷间内空气温度与冷却设备中制冷剂蒸发温度的计算温差，应根据提高制冷机效率、节省能源、减少食品干耗、降低投资等因素，通过技术经济比较确定，并应符合下列规定：

1）顶排管、墙排管和搁架式冻结设备的计算温差，可按算术平均温差采用，并不宜大于 10℃。

2）空气冷凝器的计算温差，应按对数平均温差确定，可取 7~10℃，冷却物冷藏间也可采用更小的温差。

3）冷间内冷却设备每一制冷剂通路的压力降，应控制在制冷剂饱和温度降低 1℃ 的范围内。

（2）冷却设备传热系数的计算

1）光滑顶排管和光滑墙排管的传热系数应按式（12-38）计算：

$$K = K'C_1C_2C_3 \qquad\qquad (12\text{-}38)$$

式中　K——光滑管在设计条件下的传热系数 $[W/(m^2 \cdot ℃)]$；

　　　K'——光滑管在特定条件下的传热系数 $[W/(m^2 \cdot ℃)]$，按《冷库设计规范》（GB 50072—2010）的规定采用；

　　　C_1——构造换算系数，与管子间距 S 和管外径 d_w 之比有关，按《冷库设计规范》（GB 50072—2010）的规定采用；

　　　C_2——管外径换算系数，按《冷库设计规范》（GB 50072—2010）的规定采用；

　　　C_3——供液方式换算系数，按《冷库设计规范》（GB 50072—2010）的规定采用。

2）氨搁架式冻结设备的传热系数应按表 12-59 的规定采用。

表 12-59　氨搁架式冻结设备的传热系数

空气流动状态	自然对流	风速 1.5m/s	风速 2.0m/s
传热系数/$[W/(m^2 \cdot ℃)]$	17.4	20.9	23.3

3）空气冷却系统的设计原则：

① 空气分配系统。根据冷间的用途、尺寸、空气冷却器的性能、贮存货物的种类和要求的贮存温湿度条件，可采用无风道或有风道的空气分配系统。

无风道空气分配系统宜用于装有分区使用的吊顶式空气冷却器或装有集中落地式空气冷却器的冷藏间，应保证有足够的气流射程，并应在货堆上部留有足够的气流扩展空间。同时，应采取技术措施使冷空气较均匀地布满整个冷间。

在无风道系统中，吊顶式空气冷却器宜设空气导流板，落地式空气冷却器宜设喷嘴，用于库房空气分配。

有风道空气分配系统可用于空气强制循环的冻结间和冷藏间，以及冷间狭长、设有集中落地式空气冷却器而货堆上又缺乏足够的气流扩展空间的冷藏间。

有风道空气分配系统应设置送风风道，并利用货物之间的空间作为回风道。

② 冷却间、冻结间的气流组织。冷却间、冻结间的气流组织应符合下列要求：

a. 吊挂白条肉的冷却间，气流应均匀下吹，肉片间平均风速应为 0.51 ~ 1.0m/s（采用两段冷却工艺时，第一段风速宜为 2.0m/s，第二段风速宜为 1.5m/s）。

b. 盘装食品冻结间的气流应均匀横吹，盘间平均风速宜为 1.0 ~ 3.0m/s。

12.4.4　冷库冷间冷却设备的除霜

为了保证冷库冷间冷却设备的正常工作，具有良好的传热效果，必须定期将冷库冷间冷却设备（蒸发器）的表面霜层清除。除霜方法取决于蒸发器的形式和工作条件。光滑墙排管以扫霜为主，结合热氨融霜。

1. 空气冷却器的除霜方法

空气冷却器的除霜方法主要有四种，见表 12-60。

表 12-60　空气冷却器的主要除霜方法

除霜方法	热电除霜	热气（氨）除霜	反向循环除霜	水除霜
除霜原理	于空气冷却器中加装电热管线	将冷凝器排出的热气（氨）转向需除霜的空气冷却器的管路，其他空气冷却器照常制冷运行	将冷凝器排出的热气（氨）转向所有的空气冷却器的管路，即冷凝器与蒸发器互换	采用能充分供应的10℃的水，通过直流水或水泵与喷淋装置对空气冷却器除霜，采用后者，空气冷却器下部应设置带微量加热的积水盘

（续）

适用情况	适用于顶置小型空气冷却器	适用于各冷间的空气冷却器	适用于小型冷库	仅限于 > -4℃ 的冷风冻结室的空气冷却器
特点	简单，易实现自动化，耗能	系统较复杂，融霜压力不得超过 0.8MPa，节能	除霜时，冷间温度升高较大	操作简单，易于实现自动控制，电耗、水耗较大
运行费用	高	最经济	高于热气（氨）除霜方法	运行费用取决于供水量、水泵和微量加热器的功率，回收用于冷凝器冷却用水，可降低费用

国内冷库大多采用混合的除霜方法，即先热气（氨）除霜后，再用水除霜，效果好、速度快。

2. 热氨除霜系统的设计要求

热氨除霜系统的设计要求如下：

1）融霜用热氨管应连接在除油装置之后，以防止制冷压缩机润滑油进入系统。其起端应装设截止阀，以便不冲霜时关闭排气管。

2）每个需要热氨冲霜的库房，必须设置单独的热氨阀和排液阀。

3）热氨总管及热氨分配站应设有压力表，热氨融霜时，系统压力一般控制在 0.6 ~ 0.8MPa。

4）空气冷却器宜设人工指令自动除霜装置。

3. 水除霜系统的设计要求

水除霜系统的设计要求如下：

1）空气冷却器的冲霜水量应按产品样本规定，冲霜淋水延续时间按每次 15 ~ 20min 计算，冲霜水宜回收利用。

2）空气冷却器冲霜配水装置前的自由水头应满足冷风机要求，但进水压力不应小于 49kPa。

3）冲霜给水管应有坡度，坡向空气冷却器。管道上应设泄空装置并应有防结露措施。

4）冷库冲霜水系统调节站宜集中设置，并应设置泄空装置。当环境温度低于 0℃ 时，应采取防冻措施。有自控要求的冷间，冲霜水电动阀前后段应设泄空装置，并应采取防冻措施。

5）速冻装置及对卫生有特殊要求冷间的冷风机冲霜水宜采用一次性用水。

12.4.5　冷库制冷剂管道系统的设计

1. 冷库制冷剂管道系统的设计资格

冷库制冷剂管道系统属于《压力管道规范　工业管道　第 1 部分：总则》GB/T 20801.1—2006 中规定的工业管道 GC 类，氨制冷剂管道系统中的氨气又属于《建筑设计防火规范》（GB 50016—2014）中规定的火灾危险性为乙类可燃气体，当设计压力 $p < 4.0$MPa 时，氨制冷剂气体管道系统中公称直径大于或等于 50mm 的管道属于 GC1 级，管道系统的设计人员和单位都应遵循设计单位资格许可制度，取得设计许可证，并按批准的类别、级别从事设计。

2. 冷库制冷剂管道系统的设计

冷库制冷剂管道系统属于压力管道,涉及管道的耐压强度、柔性和热补偿、材质、焊接、管道的组成件、管道的支吊架、管道的绝热与防腐、管道施工与验收等方面,应遵循国家有关的标准与规范。

(1) 冷库制冷系统管道设计压力、设计温度　冷库制冷系统管道设计压力应根据其采用的制冷剂及其工作状况按表 12-61 确定。

表 12-61　冷库制冷系统管道设计压力

设计压力/MPa 管道部位 制冷剂	高压侧	低压侧
R717	2.0	1.5
R404A	2.5	1.8
R507	2.5	1.8

注: 1. 高压侧指自制冷压缩机排气口经冷凝器、贮液器到节流装置的入口的制冷管道。
　　2. 低压侧指自系统节流装置的出口,经蒸发器到制冷压缩机吸入口的制冷管道,双级压缩制冷装置的中间冷却器的中压部分也属于低压侧。

管道涉及温度和低压侧管道的最低工作温度按《冷库设计规范》(GB 50072—2010) 的有关规定执行。

(2) 管道与管道的组成件材质　管道应采用无缝钢管,其他材料选用应符合表 12-62 的规定。

表 12-62　冷库制冷系统管道材料的选用

制冷剂	R717	R404A	R507
管材牌号	10、20	10、20 T2、TU1、TU2 12Cr18Ni9 06Cr19Ni10	
标准编号	GB/T 8163—2018	GB/T 8163—2018、GB/T 17791—2017、GB/T 14976—2012	

管道系统采用的弯头、异径管接头、三通、管帽等管件应采用工厂制作件,其设计条件应与其连接管道的设计条件相同,其壁厚也应与其连接管道相同。热弯加工的弯头,其最小弯曲半径应为管子外径的 3.5 倍;冷弯加工的弯头,其最小弯曲半径应为管子外径的 4 倍。

系统中所用阀门、仪表及测控元件都应选用与其使用制冷剂相适应的专用元器件。氨系统不得使用铜制和镀锌、镀锡的元器件。

与制冷管道直接接触的支架、吊架零部件,其材料应按管道设计温度选用。

(3) 制冷管道管径选择　制冷管道管径应按其允许压力降和油箱上制冷剂的流速综合考虑确定。制冷回气管允许压力降相当于制冷剂饱和温度降低 1℃;而制冷排气管允许压力降相当于制冷剂饱和温度升高 0.5℃。

氨制冷管道允许压力降和允许速度宜按表 12-63 和表 12-64 采用。

表 12-63　氨制冷管道允许压力降

类别	工作温度/℃	允许压力降/kPa
回气管或吸气管	−45	2.99
	−40	3.75
	−33	5.05
	−28	6.16
	−15	9.86
	−10	11.63
排气管	90～150	19.59

表 12-64　氨制冷管道允许速度

管道名称	允许速度/(m/s)	管道名称	允许速度/(m/s)
吸气管	10～16	溢流管	0.2
排气管	12～25	蒸发器至氨液分离器的回气管	10～16
冷凝器至贮液器的液体管	<0.6	氨液分离器至液体分配站的供液管（限于重力供液式）	0.2～0.25
冷凝器至节流阀的液体管	1.2～2.0		
高压供液管	1.0～1.5	氨泵系统中第一循环贮液器至氨泵的进液管	0.4～0.5
低压供液管	0.8～1.0		
节流阀至蒸发器的液体管	0.8～1.4		

（4）制冷管道布置　制冷管道布置应符合下列要求：

1）水平制冷管道支架、吊架的最大间距，应依据制冷管道强度和刚度计算结果确定，并取两者中的较小值作为其支架、吊架的间距。当按刚度条件计算管道允许跨距时，由管道自重产生的挠度不应超过管道跨距的 1/400。

2）低压侧管道直线段超过 100m，高压侧管道直线段超过 50m 时，应设置一处管道补偿装置，并应在管道的适当位置设置导向支架和滑动支架、吊架。

3）管道穿过建筑物的墙体（除防火墙外）、楼板、屋面时，应加套管。套管与管道之间的空隙应密封，但制冷压缩机的排气管道与套管间的空隙不应密封。低压侧管道的套管直径应大于管道隔热层的外径，并不得影响管道的热位移。套管应超出墙面、楼板、屋面 50mm。管道穿过屋面时应设防雨罩。

4）在管道系统中，应考虑能从任何一个设备中将制冷剂抽走。

5）供液管应避免形成气袋，吸气管应避免液囊。

6）水平布置的回风管外径大于 108mm 时，应选用偏心异径管作为变径元件，并应保证管道底部平齐。

7）制冷剂管道的走向及坡度：氨制冷及系统，应方便制冷剂与冷冻油分离；对使用氢氟烃及其混合物为制冷剂的系统，应方便系统的回油。

8）跨越厂区道路架空敷设的管道上，不得装设阀门、金属波纹管补偿器和法兰、螺纹接头等管道组成件。架空高度应满足道路通行、施工等对净空高度的要求。

（5）制冷系统的严密性试验　制冷系统的严密性试验应符合下列要求：

1）气密性试验应采用干燥空气或氮气进行，气密性试验压力按表 12-65 执行。

表 12-65 气密性试验压力

制冷剂	试验压力/MPa
R22、R404A、R407C、R502、R717	≥1.8
R134a	≥1.2

2）制冷系统的压力试验，除执行制冷设备厂家的技术条件外，还应符合《工业金属管道工程施工规范》（GB 50235—2010）和《工业金属管道工程施工质量验收规范》（GB 50184—2011）的相关规定。

（6）管道和设备的保冷、保温与防腐

1）凡管道和设备导致冷损失的部位、将产生凝露的部位和易形成冷桥的部位，均应进行保冷。

2）管道和设备保冷的设计、计算、选材等均应按《设备及管道绝热技术通则》（GB/T 4272—2008）及《设备及管道绝热设计导则》（GB/T 8175—2008）执行。

3）穿过墙体、楼板等处的保冷管道，应采取不使保冷结构中断的技术措施。

4）融霜用热气管应做保温处理。

5）制冷管道和设备经排污、严密性试验合格后，均应涂防锈底漆和色漆。冷间光滑排管可仅刷防锈漆。

6）制冷管道和设备保冷、保温结构所选用的黏结剂，保冷材料、保温材料、防锈涂料及色漆的特性应相互匹配，不得有不良的物理、化学反应，并应符合食品卫生的要求。

12.4.6 冷库制冷机房设计及设备布置原则

1. 冷库制冷机房设计

冷库制冷机房设计应符合下列要求：

1）氨压缩机房宜单独设置，不应设置在地下或半地下；制冷机房应靠近用冷负荷最大的冷间，并应有良好的自然通风条件。变配电所应靠近制冷机房布置。

2）氨压缩机房泄压设施的设置和防火要求，应按《建筑设计防火规范》（GB 50016—2014）执行。

3）制冷机房的净高，应根据设备情况和供暖通风的要求确定。

4）制冷机房宜与辅助设备间和水泵间隔开，并应根据具体情况，在机房内设置值班室、维修间、贮藏室以及卫生间等生活设施。

5）氨制冷机房和变配电所的门应采用平开门并向外开启。

6）氨制冷机房应设置氨气浓度报警装置，当空气中氨气浓度达到 0.01% 或 0.015% 时，应自动发出警报信号，并应自动开启制冷机房内的事故排风机。氨气浓度传感器应安装在氨制冷机组及贮氨容器上方的机房顶板上。

7）氨制冷机房应设控制室，控制室可位于机房一侧。氨制冷机组启动控制柜，冷凝器水泵及风机、机房排风机控制柜，氨气浓度报警装置，机房照明配电箱等，宜集中布置在控制室内。

8）每台氨制冷剂在机组控制台上装设紧急停车按钮。

9）制冷机房日常运行时，通风换气次数不应小于 3 次/h。

10）氟制冷机房应设置事故排风机，排风机换气次数不应小于 12 次/h。事故排风口上缘距室内地坪的距离不应大于 1.2m。

11）氨制冷机房应设置事故排风机，事故排风量应按 183m³/（m²·h）进行计算确定，且最小排风量不应小于 34000m³/h。排风机必须采用防爆型，排风口应位于侧墙高处或屋顶。

12）当制冷系统发生意外事故而被切断供电电源时，应能保证事故排风机的可靠供电。事故排风机的过载保护宜作用于信号报警而不是直接停掉排风机。事故排风机的人工启停控制按钮应在氨压缩机房外侧的墙内暗装。

13）氨制冷系统的安全总泄压管出口应高于周围 50m 范围内最高建筑物（冷库除外）的屋脊 5m，并应采取防止雷击和防止雨水、杂物落入泄压管内等措施。

14）制冷机房的动力设备宜由低压配电室按放射式配电，动力配线可采用铜芯绝缘电线穿钢管埋地暗敷，也可采用铜芯交联电缆桥架或敷设在电缆沟内。氟制冷机房内的动力配线若确需敷设在电缆沟内，可采用充沙电缆沟。

15）制冷机房的照明方式宜为一般照明，设计照度不应低于 150lx，且应按规定设置备用照明。采用自带蓄电池的应急照明灯具时，应急照明持续时间不应小于 30min。

16）氨压缩机房内应设置必要的消防和安全器材（如灭火器和防毒面具等）。

17）设置集中供暖的制冷机房，其室内温度不宜低于 16℃。严禁采用明火供暖及电散热器供暖。

18）制冷机房应设给水与排水设施。

2. 冷库制冷机房设备的布置原则

制冷机房的设备布置和管道连接，应符合工艺流程，连接管道要短，并便于安装、操作与维修。

（1）制冷机

1）制冷机房内主要操作通道的宽度不应大于 1.3m，压缩机凸出部位到其他设备或分配站之间的距离不应小于 1.0m。两台压缩机凸出部位之间的距离不应小于 1.0m，并留有检修的空间，制冷机与墙壁以及非主要通道之间的距离不小于 0.8m。主要通道的宽度应为 1.2m。

2）制冷机的仪表均应设置在操作时便于观察的位置。

（2）中间冷却器

1）中间冷却器宜布置在室内，并靠近高压级和低压级压缩机。

2）中间冷却器必须装有超高液位报警装置、液位指示器、安全阀、压力表。

（3）冷凝器

1）立式冷凝器一般均安装在室外，其距外墙的距离不宜超过 5m，冷凝器的水池壁与机房外墙面应有不少于 3m 的间距。冷凝器的安装高度应保证液体制冷剂能够借助重力顺畅地流入高压贮液器内。对于夏季通风温度高于 32℃ 的地区，安装在室外的冷凝器应有遮阳设施。

2）卧式或分组式冷凝器一般均安装在室内，应考虑检修时能够留有抽出管束的空间。

3）淋水式冷凝器均安装在室外，并且尽量将其排管垂直于该地夏季的主导风向。

4）站房内布置两台以上冷凝器时，其间通道应有 0.8~1.0m 的宽度，其外壁与墙的距离不应小于 0.3m。

5）冷凝器上必须装设安全阀、压力表。

（4）过冷器

1）过冷器通常布置在冷凝器与贮液器之间，并应靠近贮液器。

2）过冷器最低点处必须设置放水阀门，以便冬季停止运行时排出余水，避免冻裂设备。

3）过冷器上应设置有冷却水进水、排水管的温度测量点。

（5）贮液器

1）高压贮液器应布置在冷凝器附近，其标高必须保证冷凝器的液体制冷剂借助液位差流入高压贮液器内。

2）布置两台以上高压贮液器时，两台间的通道应有 0.8～1.0m 的宽度，应在每个贮液器顶部和底部设均压管并相互连接，在各容器的均压管上应装设截止阀。

3）高压贮液器上必须装设安全阀、压力表，并应在显著位置装设液面指示器。

4）低压循环贮液器是专为氨泵系统设置的，应将其靠近氨泵布置。其设置高度应高于氨泵 1.5～3.0m。

（6）排液桶

1）排液桶一般布置在设备间内，并应尽量靠近蒸发器的一侧。

2）排液桶的进液口必须低于氨液分离器的排液口，且进液口不得靠近该容器降压用的抽气管。

3）排液桶应设有安全阀、压力表、液面指示器、高压加压管和降低压力用的抽气管。

（7）机房内氨液分离器

1）氨液分离器应设排液装置，并须保证其液体借助液位差流入排液桶内。氨液分离器与排液桶之间应设有气体均压管。

2）禁止在液氨分离器的进出管上另设旁通管。

3）氨液分离器上应设有压力表。

（8）蒸发器

1）蒸发器的位置应尽可能靠近制冷压缩机，以减少压降。

2）立管式或螺旋盘管式蒸发器一般均安装在室内，可有一长边靠墙，其距墙的距离不少于 0.2m；其两端距墙应留有不少于 1.2m 宽的操作场地。

3）立管式或螺旋盘管式蒸发器上应装设液面自动控制装置。

4）卧式蒸发器一般均安装在室内，对其要求同上。

5）蒸发器与基础之间应避免发生"冷桥"。

（9）氨油分离器

1）氨油分离器布置在室内外均可，当制冷压缩机总产冷量大于 233kW 时，系统宜采用立式冷凝器，不带自动回油装置的氨油分离器宜设置在室外。

2）专供冷库内用的冷分配设备（如冷风机、墙管、顶管等）融霜用热氨的氨油分离器可设置在制冷压缩机机房内。

12.4.7　装配式冷库

装配式冷库是一种拼装快速、简易的冷藏设备。

1. 装配式冷库的优点

装配式冷库与传统土建式冷库相比有以下优点：

1）隔热层为聚氨酯时，热导率 $\lambda = 0.023\text{W/(m·K)}$；隔热层为聚苯乙烯时，热导率 $\lambda = 0.040\text{W/(m·K)}$。这类材料的防水性能好，吸水率低，外面覆以涂塑面板，使得其蒸汽渗透阻力值 $H \to \infty$。因此，具有良好的保温隔热和防潮防水性能，使用范围可在 $-50 \sim +100℃$。

2）整个冷库的结构均为工厂化生产预制，现场组装，质量稳定，工期短。

3）采用不锈钢板或喷塑钢板材料，可满足食品贮藏的卫生要求。

4）重量轻，不易霉烂，阻燃性能好。

5）抗压强度高，抗震性能好。

6）组合灵活，安装方便，可根据用户需求配置制冷机组和自控元件。

2. 装配式冷库的分类

目前市场上销售的装配式冷库一般按以下方式分类：按适用场所分，有室内型和室外型两种（室外型由室内型加装饰面板组成）；按冷却方式分，有水冷式和风冷式；按冷分配形式分，有冷风式和排管式；按库房结构分，有单间型和分隔型；按面板材料分，有不锈钢板装配式冷库、彩钢板装配式冷库和玻璃钢板装配式冷库。

单间型装配式冷库的围护结构如图12-8所示。

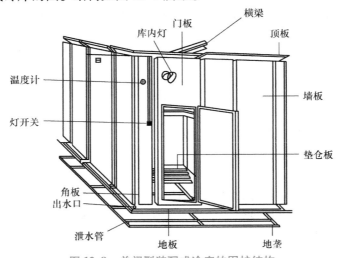

图 12-8　单间型装配式冷库的围护结构

3. 装配式冷库的隔汽、防潮

装配式冷库围护结构的库板是工厂化生产、现场组装的，目前市场上销售的装配式冷库，生产厂家在制作时均采用聚氨酯保温预制板，内外均具有良好的封装，隔汽、防潮的重点是处理好板材之间的拼接，对装配式冷库的隔汽、防潮构造则应采用以下做法：

1）应选择性能良好的密封材料，具有优良的防蒸汽渗透性、良好的承受板材变形应力的能力以及与板材表面有极强的黏接力。

2）采用密封材料密封处的薄弱环节应便于实现定期检查和维护。

4. 装配式冷库的选用条件

目前市面上销售的装配式冷库分为室内型和室外型两大类，其选用条件如下：

1）冷库外的环境温度及湿度：温度为 35℃；相对湿度为 80%。

2）冷库的库级与库内设定温度：L 级冷库（保鲜库）为 -5~5℃；D 级冷库（冷藏库）为 -18~-10℃；J 级冷库（低温库）为 -28~-23℃。

3）进货温度：L 级冷库 ≤30℃；D 级冷库，熟货 ≤15℃、冻货 ≤-10℃；J 级冷库 ≤15℃。

4）冷库的堆货有效容积为公称容积的 60% 左右，贮存果蔬时再乘以 0.8 的修正系数。

5）每天进货量为冷库有效容积的 8%~10%，未经冻结的熟货直接进入冷藏间，日进货量不得超过规定容量的 5%。

6）制冷剂的工作系数为 50%~80%。

5. 装配式冷库的选用步骤

装配式冷库的选用步骤如下：

1）根据冷库的冷藏要求，结合商家的供货范围，选定冷库的类型和库级；确定冷库的尺寸。

2）装配式冷库总制冷负荷计算。

① 冷库计算吨位 G，按式（12-11）计算。

② 每天进货量 m(t)：

$$m = 0.1G \tag{12-39}$$

③ 货物耗冷量 Q_2(W)：

$$Q_2 = \frac{1}{3.6} mc(\theta_1 - \theta_2) \tag{12-40}$$

式中 c——货物的比热容 [kJ/(kg·℃)]；

　　θ_1——货物进入冷库时的温度（℃）；

　　θ_2——冷库的设计温度（℃）。

④ 通风换气耗冷量 Q_3，按式（12-22）计算。

⑤ 围护结构的热流量 Q_1(W)：

$$Q_1 = (\alpha_1 A_S + \alpha_2 A_C + A_X)(\lambda/\delta)(t_w - t_n) \tag{12-41}$$

式中 α_1——冷库顶围护结构的传热系数修正值，室内型为 1.0，室外型为 1.6；

　　A_S——冷库顶围护结构的传热面积（m²）；

　　α_2——冷库侧围护结构的传热系数修正值，室内型为 1.0，室外型为 1.3；

　　A_C——冷库侧围护结构的传热面积（m²）；

　　A_X——冷库地坪的传热面积（m²）；

　　λ——隔热材料的热导率 [W/(m·K)]；

　　δ——隔热材料的厚度（m）；

　　t_w——冷库围护结构外侧计算温度（℃）；

　　t_n——冷库围护结构室内计算温度（℃）。

⑥ 冷库总制冷负荷 Q(W)：

$$Q = 1.1(Q_1 + Q_2 + Q_3) \tag{12-42}$$

3）结合商家的样本进行具体选型。

4）有关估算指标。图 12-9 和图 12-10 所示分别为 L 级装配式冷库和 D、J 级装配式冷库的单位内净容积冷负荷估算图。

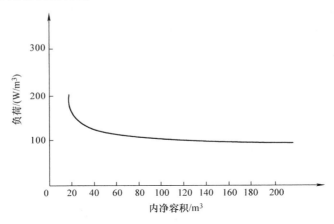

图 12-9　L 级装配式冷库单位内净容积冷负荷估算图

注：由该图查到的单位内净容积冷负荷，即为需配的制冷剂产冷量，对库温在 0 ~ +5℃来讲，
已考虑到制冷机工作系数；对库温 – 5 ~0℃来讲，还需要考虑制冷机工作系数。

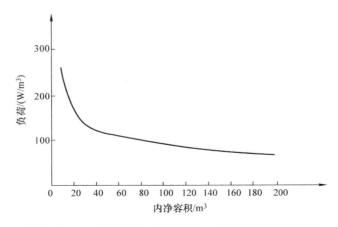

图 12-10　D、J 级装配式冷库单位内净容积冷负荷估算图

注：由该图查到的单位内净容积冷负荷，即为需配的制冷剂产冷量，对 D 级冷库，已考虑到制冷机工作系数；
对 J 级冷库，还应考虑制冷机工作系数。

5）综合已经使用的装配式冷库的数据归纳统计结果，反映于表 12-66、图 12-11 和图 12-12 中，有关数据可供选用时参考。

表 12-66　贮存鲜蛋、果蔬的装配式冷库系列

	序号	1	2	3	4	5	6	7	8
冷间规格	公称容积/m³	513	772	1143	1700	2270	2966	3863	4885
	冷间净面积/m²	127	191	213	298	398	570	678	857
	冷间净高/m	4.04	4.04	4.38	5.7	5.7	5.7	5.7	5.7
	冷间容积利用系数	0.4	0.45	0.505	0.535	0.55	0.555	0.56	0.565
	公称吨位/t　鲜蛋	57	90	145	226	339	396	565	735
	果蔬	50	80	130	200	300	350	500	650

（续）

序号			1	2	3	4	5	6	7	8
冷藏负荷/ W	鲜蛋	设备负荷	8617	11887	17252	23657	34393	40015	52233	67909
		机械负荷	7377	10082	14657	19829	28830	33235	43203	56216
	果蔬	设备负荷	13663	20735	30330	46628	67739	77790	107222	138266
		机械负荷	11588	17528	27877	42583	61749	70525	97121	125127
冷藏单位 负荷/ （W/t）	鲜蛋	设备负荷	151	133	119	105	101	101	92	92
		机械负荷	129	112	101	87	85	84	77	77
	果蔬	设备负荷	273	259	234	234	226	222	214	213
		机械负荷	231	219	214	213	206	201	194	193

注：1. 室外计算温度为 31℃，相对湿度为 80%；室内计算温度为 0℃，相对湿度为 90%；冷凝温度为 38℃，蒸发温度为 -10℃。

　　2. 鲜蛋每天进货量按 5%，果蔬按 8%，进货温度均按 25℃，加工时间按 24h 算。

　　3. 果蔬冷库的通风换气次数按 2 次/天计算，隔热板的芯材为聚氨酯泡沫塑料，厚度为 100mm。

　　图 12-11 和图 12-12 中，室外计算温度为 35℃，开门次数按标准计算；每天进货量按冷间计算量的 10% 考虑，高温库进货温度为 25℃，低温库进货温度为 -5℃；高温库未考虑货物呼吸热量。

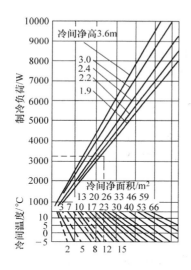

图 12-11　小型高温装配式冷库制冷负荷曲线

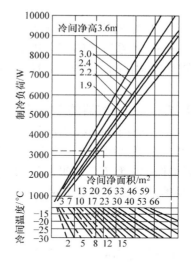

图 12-12　小型低温装配式冷库制冷负荷曲线

12.5　冷库安全运行与节能

12.5.1　冷库制冷系统的安全保护装置

　　1. 与自动控制系统相关联的安全保护装置的设置见表 12-67。

表 12-67 与自动控制系统相关联的安全保护装置的设置

设备名称	必须设置的保护装置
压缩机	应设排气压力过高、吸气压力过低、油压差不足和电动机负荷超载停机保护装置。螺杆式压缩机应设经过滤器前后压差过大等停机保护装置。出水管应设断水停机保护装置。排气口应设排气温度过高停机保护装置。螺杆式压缩机增设油温过高停机保护装置。压缩机应设事故停机紧急按钮
冷凝器	应设断水及冷凝压力超压报警装置。蒸发式冷凝器应设风机故障报警装置
制冷剂泵	应设断液自动停泵装置，排液管上设压力表、止回阀，排液总管上应设旁通泄压阀
低压循环贮液器、气液分离器和中间冷却器	应设超高液位报警装置及正常液位控制装置
空气冷却器	宜设人工指令自动除霜装置及风机故障报警装置

2. 制冷系统的安全装置

制冷系统的安全装置有安全阀、紧急泄氨器、易熔塞等。

1）安全阀一般设置在压缩机的高压端、冷凝器和贮液器等设备上，常用的为弹簧式安全阀，其给定的开启压力与制冷系统的工作条件、采用制冷剂的种类有关，一般 R717、R22 制冷剂系统安全阀的开启压力约为 1.8MPa。

压缩机设置的安全阀口径 $d(\mathrm{mm})$ 可按式（12-43）计算：

$$d = C_1 q_V^{0.5} \tag{12-43}$$

式中 q_V——压缩机的排气量（$\mathrm{m^3/h}$）；

C_1——计算系数，R717、R22 制冷剂分别取 0.9、1.6。

装在压力容器上的安全阀口径 $d(\mathrm{mm})$ 可按式（12-44）计算：

$$d = C_2 (DL)^{0.5} \tag{12-44}$$

式中 D、L——压力容器的直径（m）和长度（m）；

C_2——计算系数，R717、R22 制冷剂高压侧取 8，低压侧取 11。

2）紧急泄氨器用于大、中型氨制冷系统中，当发生火警等事故时，将氨溶于水，排至经当地环境保护主管部门批准的消纳贮缸或水池中。

3）易熔塞主要代替安全阀，用于小型氟利昂制冷装置或不满 $1\mathrm{m^3}$ 的容器上。

12.5.2 冷库运行节能与节能改造

冷库属于耗能高的行业，其电费支出占到冷链物流体系中所需成本的一大部分。据资料介绍，我国的冷库耗电量平均值高达 $131\mathrm{kW \cdot h/(a \cdot m^3)}$，近年国内新落成的自动化冷库耗电量低至 $40\mathrm{kW \cdot h/(a \cdot m^3)}$ 冷间容积。因而，实现冷库运行节能与节能改造，既是节能减排的要求，又是降低冷链物流体系成本的实际需求。

1. 运行节能的基本措施

（1）控制冷间的合理使用温度和采取节能运行方法

1）冻结间在不进行冻结加工时，应通过所设置的自动控温装置，使房间温度控制在（-8 ± 2）℃ 的范围内。

2）根据冷库贮藏物品的变化，合理调节需要的冷间室温，避免不需要的冷间低温情况出现，并将冷间温度与蒸发温度的温差控制在 7～10℃。

3）尽量安排制冷机组夜间运行，一是可以获得较低的冷凝温度；二是有利于错峰用电。

4）对需要通风换气的冷间，选取室外气温较低的时段（如凌晨）进行。

5）确保冷库自动控制系统的可靠运行。同时，冷间采用适宜的控制精度，以不影响商品的品质为前提，控制精度宜取低不宜取高。

6）同一制冷系统服务的冷间，应避免或减少不同蒸发温度冷间的并联运行时段。

7）合理堆放货物，避免货物阻挡空气流通的路径，应注意不能出现货物阻挡风口的现象。

8）合理采用除霜方法，做好冷间冷却设备的及时除霜，并尽量减少除霜的耗水耗电，实现回收利用融霜水作为冷凝器的冷却用水。

（2）努力减少冷库作业热流量　冷库作业热流量是一个变动因素，表现于冷库门的开启、进库人员活动、照明和设备的电动机运行等，尤其是冷库门的频繁开启，会增加过多的能耗。因此，尽量避免冷库门的频繁开启，在冷库外门处，加设 PVC 门帘和空气幕能起到显著的节能作用。尽量采用机械化作业，减少作业人员数量。合理控制库房照度以及开闭时间。

2. 冷库的节能改造

1）围护结构与隔热层的改造。由《冷库设计规范》（GB 50072—2010）可知，该规范规定的冷间外墙、屋面或顶棚的热流量为 $7 \sim 11 \text{W/m}^2$，因此，采用现有手段可以实现低的热流量。

其主要做法是：采用闭孔的聚氨酯发泡塑料（低温库）或聚苯乙烯泡沫塑料（高、中温库），并加大隔热层的厚度；消除或减少围护结构中的冷桥；冷库的外墙采用减少太阳辐射热的涂料；完善围护结构的防潮、隔汽措施。

2）完善或增加冷库的自动控制系统，实现实时监控、智能化运行。

3）采用能效比高的制冷设备，优化系统的组成设计和设备的选用，采用冷凝热回收制冷剂，采用蒸发式冷凝器替代传统的"壳管式冷凝器+冷却塔"装置，实现冷库制冷系统的有效节能。

习　　题

1. 试述冷库的分类及组成。

2. 适用于禽、鱼和蔬菜一起储存的冷却方式是什么？

3. 桃子、香蕉、苹果和荔枝是否都可用冷藏间冷藏？为什么？

4. 冷间的"计算热流量"由什么构成？

5. 在冷库围护结构中设置隔热层的目的是什么？请说出两种以上冷库常用的隔热材料的名称。

6. 库房邻室的计算温度应如何确定？

7. 何种情况下冷库的地坪需要防冻？有哪些地坪防冻的形式？

8. 冷库中常用的除霜方法有哪几种？各种方法适用于何种场合？

9. 为什么有些冷库需要设置排液桶？

10. 了解冷库制冷系统的四大部分各包含的设备和作用。如中间冷却器、低压循环桶、空气分离器、气液分离器、集油器等的作用。

11. 为什么库房耗冷量、机械负荷、冷却设备负荷三者不相等？

12. 在青岛建一座 450t 的水果冷库，库温为 0℃，采用木箱盛装苹果，生产旺季在 10 月，每天按贮藏量的 10% 进未预冷的水果，水果冷加工时间按 24h 计，试计算该冷库的货物热流量。

13. 有一肉类冷库，由两间冷冻间、两间冻结物冷藏间组成，加工羊白条肉。各冷间冷负荷计算结果如表 12-68 所示，若采用直接冷却系统，试计算各库房冷却设备负荷和不同蒸发温度系统的机械负荷（表 12-69）。

表 12-68　各冷间冷负荷计算表　　　　　　　　　　（单位：kW）

库号	库名	库温/℃	Q_1	Q_2	Q_4	Q_5
1	冻结物冷藏间	−20	5	3	—	1.5
2	冻结物冷藏间	−20	5	3	—	1.5
3	冻结间	−25	3	3	10	—
4	冻结间	−25	3	30	10	—

表 12-69　机械负荷计算表　　　　　　　　　　（单位：kW）

系统	库名	Q_1	n_2	Q_2	n_4	Q_4	n_5	Q_5
−30℃系统	冻结物冷藏间	5		3				1.5
	冻结物冷藏间	5		3				1.5
−35℃系统	冻结间	1		30		10		
	冻结间	1		30		10		

附 图

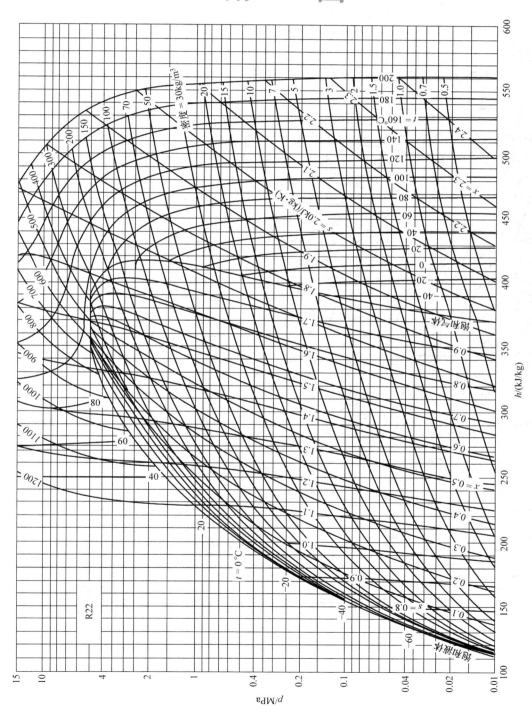

附图 1 制冷剂 R22 压焓图

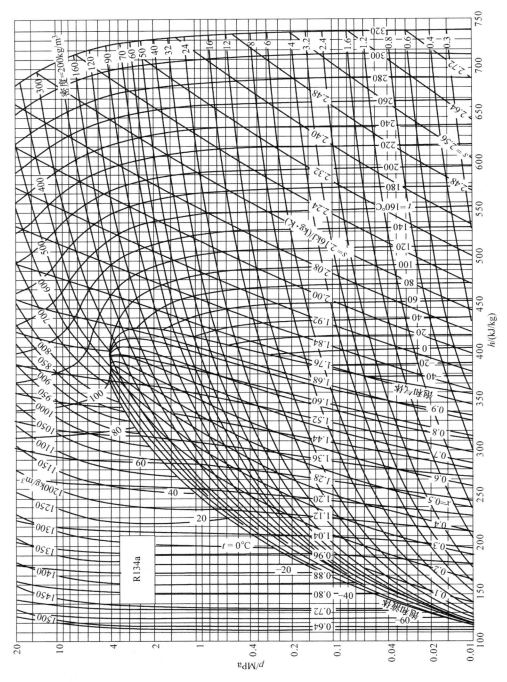

附图 2 制冷剂 R134a 压焓图

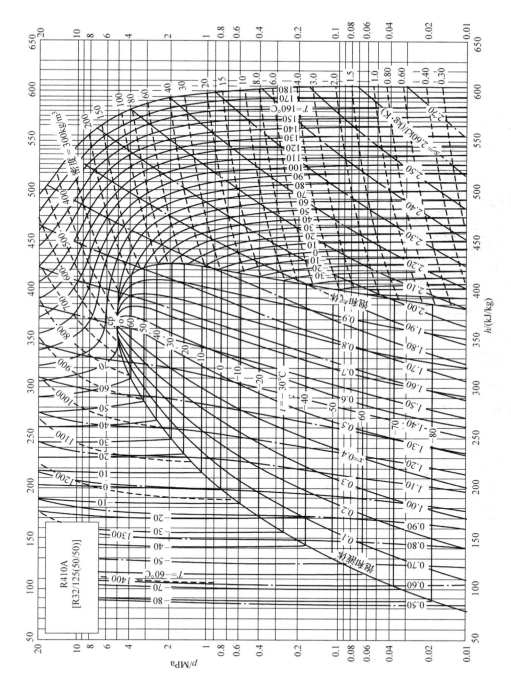

附图 3　制冷剂 R410A 压焓图

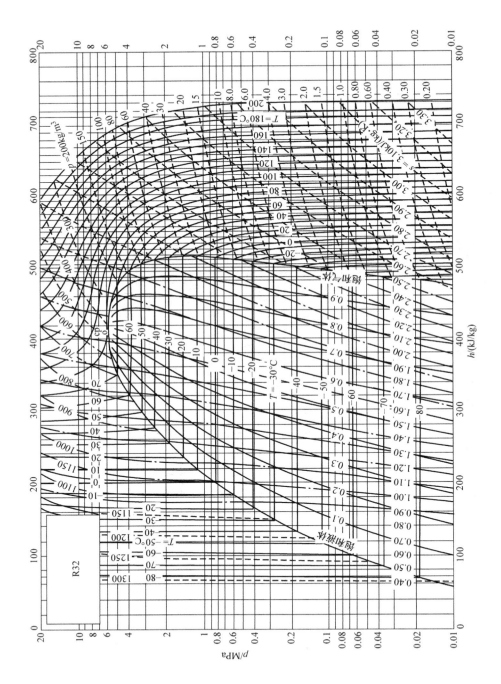

附图 4 制冷剂 R32 压焓图

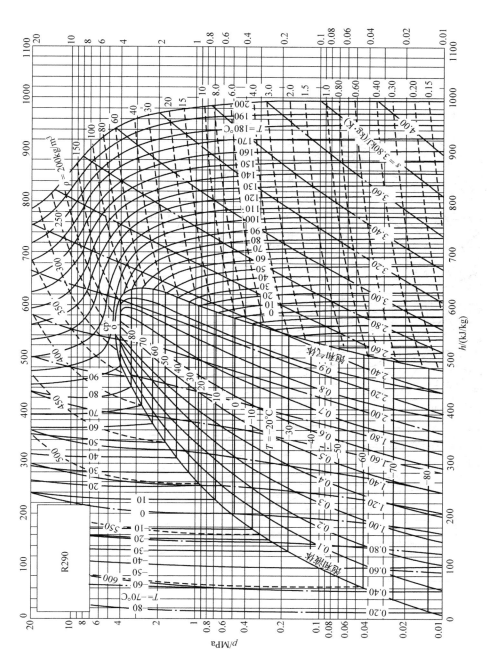

附图 5 制冷剂 R290 压焓图

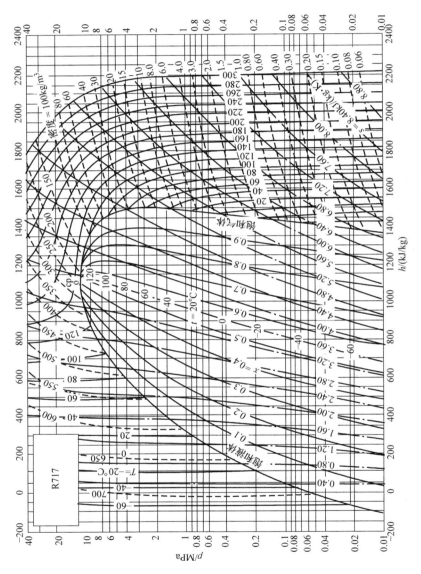

附图 6 制冷剂 R717 压焓图

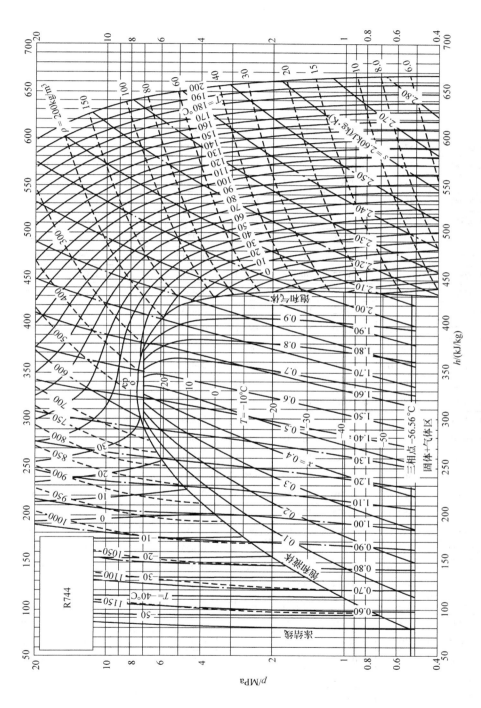

附图 7 制冷剂 R744 压焓图

附　　表

附表 1　R22 饱和液体与饱和气体的物性

温度 t/ ℃	绝对压力 p/ MPa	密度 ρ/ (kg/m³)		比体积 v/ (m³/kg)		比焓 h/ (kJ/kg)		比熵 s/ [kJ/(kg·℃)]		质量定压热容 c_p/ [kJ/(kg·℃)]	
		液体	气体	液体	气体	液体	气体	液体	气体	液体	气体
-100.00	0.00201	1571.3	8.2660	90.71	358.97	0.5050	2.0543	1.061	0.497
-90.00	0.00481	1544.9	3.6448	101.32	363.85	0.5646	1.9980	1.061	0.512
-80.00	0.01037	1518.2	1.7782	111.94	368.77	0.6210	1.9508	1.062	0.528
-70.00	0.02047	1491.2	0.94342	122.58	373.70	0.6747	1.9108	1.065	0.545
-60.00	0.03750	1463.7	0.53680	133.27	378.59	0.7260	1.8770	1.071	0.564
-50.00	0.06453	1435.6	0.32385	144.03	383.42	0.7752	1.8480	1.079	0.585
-48.00	0.07145	1429.9	0.29453	146.19	384.37	0.7849	1.8428	1.081	0.589
-46.00	0.07894	1424.2	0.26837	148.36	385.32	0.7944	1.8376	1.083	0.594
-44.00	0.08705	1418.4	0.24498	150.53	386.62	0.8039	1.8327	1.086	0.599
-42.00	0.09580	1412.6	0.22402	152.70	387.20	0.8134	1.8278	1.088	0.603
-40.81 [①]	0.10132	1409.2	0.21260	154.00	387.75	0.8189	1.8250	1.090	0.606
-40.00	0.10523	1406.8	0.20521	154.89	388.13	0.8227	1.8231	1.091	0.608
-38.00	0.11538	1401.0	0.18829	157.07	389.06	0.8320	1.8186	1.093	0.613
-36.00	0.12628	1395.1	0.17304	159.27	389.97	0.8413	1.8141	1.096	0.619
-34.00	0.13797	1389.1	0.15927	161.47	390.89	0.8505	1.8098	1.099	0.624
-32.00	0.15050	1383.2	0.14682	163.67	391.79	0.8596	1.8056	1.102	0.629
-30.00	0.16389	1377.2	0.13553	165.88	392.69	0.8687	1.8015	1.105	0.635
-28.00	0.17819	1371.1	0.12528	168.10	393.58	0.8778	1.7975	1.108	0.641
-26.00	0.19344	1365.0	0.11597	170.33	394.47	0.8868	1.7937	1.112	0.646
-24.00	0.20968	1358.9	0.10749	172.56	395.34	0.8957	1.7899	1.115	0.653
-22.00	0.22696	1352.7	0.09975	174.80	396.21	0.9046	1.7862	1.119	0.659
-20.00	0.24531	1346.5	0.09268	177.04	397.06	0.9135	1.7826	1.123	0.665
-18.00	0.26479	1340.3	0.08621	179.30	397.91	0.9223	1.7791	1.127	0.672
-16.00	0.28543	1334.0	0.08029	181.56	398.75	0.9311	1.7757	1.131	0.678
-14.00	0.30728	1327.6	0.07485	183.83	399.57	0.9398	1.7723	1.135	0.685
-12.00	0.33038	1321.2	0.06986	186.11	400.39	0.9485	1.7690	1.139	0.692
-10.00	0.35479	1314.7	0.06527	188.40	401.20	0.9572	1.7658	1.144	0.699
-8.00	0.38054	1308.2	0.06103	190.70	401.99	0.9658	1.7627	1.149	0.707
-6.00	0.40769	1301.6	0.05713	193.01	402.77	0.9744	1.7596	1.154	0.715
-4.00	0.43628	1295.0	0.05352	195.33	403.55	0.9830	1.7566	1.159	0.722
-2.00	0.46636	1288.3	0.05019	197.66	404.30	0.9915	1.7536	1.164	0.731
0.00	0.49799	1281.5	0.04710	200.00	405.05	1.0000	1.7507	1.169	0.739
2.00	0.53120	1274.7	0.04424	202.35	405.78	1.0085	1.7478	1.175	0.748

（续）

温度 $t/$ ℃	绝对压力 $p/$ MPa	密度 $\rho/$ （kg/m³）		比体积 $v/$ （m³/kg）		比焓 $h/$ （kJ/kg）		比熵 $s/$ [kJ/(kg·℃)]		质量定压热容 $c_p/$ [kJ/(kg·℃)]	
		液体	气体	液体	气体	液体	气体	液体	气体	液体	气体
4.00	0.56605	1267.8		0.04159		204.71	406.50	1.0169	1.7450	1.181	0.757
6.00	0.60259	1260.8		0.03913		207.09	407.20	1.0254	1.7422	1.187	0.766
8.00	0.64088	1253.8		0.03683		209.47	407.89	1.0338	1.7395	1.193	0.775
10.00	0.68095	1246.7		0.03470		211.87	408.56	1.0422	1.7368	1.199	0.785
12.00	0.72286	1239.5		0.03271		214.28	409.21	1.0505	1.7341	1.206	0.795
14.00	0.76668	1232.2		0.03086		216.70	409.85	1.0589	1.7315	1.213	0.806
16.00	0.81244	1224.9		0.02912		219.14	410.47	1.0672	1.7289	1.220	0.817
18.00	0.86020	1217.4		0.02750		221.59	411.07	1.0755	1.7263	1.228	0.828
20.00	0.91002	1209.9		0.02599		224.06	411.66	1.0838	1.7238	1.236	0.840
22.00	0.96195	1202.3		0.02457		226.54	412.22	1.0921	1.7212	1.244	0.853
24.00	1.0160	1194.6		0.02324		229.04	412.77	1.1004	1.7187	1.252	0.866
26.00	1.0724	1186.7		0.02199		231.55	413.29	1.1086	1.7162	1.261	0.879
28.00	1.1309	1178.8		0.02082		234.08	413.79	1.1169	1.7136	1.271	0.893
30.00	1.1919	1170.7		0.01972		236.62	414.26	1.1252	1.7111	1.281	0.908
32.00	1.2552	1162.6		0.01869		239.19	414.71	1.1334	1.7086	1.291	0.924
34.00	1.3210	1154.3		0.01771		241.77	415.14	1.1417	1.7061	1.302	0.940
36.00	1.3892	1145.8		0.01679		244.38	415.54	1.1499	1.7036	1.314	0.957
38.00	1.4601	1137.3		0.01593		247.00	415.91	1.1582	1.7010	1.326	0.976
40.00	1.5336	1128.5		0.01511		249.65	416.25	1.1665	1.6985	1.339	0.995
42.00	1.6098	1119.6		0.01433		252.32	416.55	1.1747	1.6959	1.353	1.015
44.00	1.6887	1110.6		0.01360		255.01	416.83	1.1830	1.6933	1.368	1.037
46.00	1.7704	1101.4		0.01291		257.73	417.07	1.1913	1.6906	1.384	1.061
48.00	1.8551	1091.9		0.01226		260.47	417.27	1.1997	1.6879	1.401	1.086
50.00	1.9427	1082.3		0.01163		263.25	417.44	1.2080	1.6852	1.419	1.113
52.00	2.0333	1072.4		0.01104		266.05	417.56	1.2164	1.6824	1.439	1.142
54.00	2.1270	1062.3		0.01048		268.89	417.63	1.2248	1.6795	1.461	1.173
56.00	2.2239	1052.0		0.00995		271.76	417.66	1.2333	1.6766	1.485	1.208
58.00	2.3240	1041.3		0.00944		274.66	417.63	1.2418	1.6736	1.511	1.246
60.00	2.4275	1030.4		0.00896		277.61	417.55	1.2504	1.6705	1.539	1.287
65.00	2.7012	1001.4		0.00785		285.18	417.06	1.2722	1.6622	1.626	1.413
70.00	2.9974	969.7		0.00685		293.10	416.09	1.2945	1.6529	1.743	1.584
75.00	3.3177	934.4		0.00595		301.46	414.49	1.3177	1.6424	1.913	1.832
80.00	3.6638	893.7		0.00512		310.44	412.01	1.3423	1.6299	2.181	2.231
85.00	4.0378	844.8		0.00434		320.38	408.19	1.3690	1.6142	2.682	2.984
90.00	4.4423	780.1		0.00356		332.09	401.87	1.4001	1.5922	3.981	4.975
95.00	4.8824	662.9		0.00262		349.56	387.28	1.4462	1.5486	17.31	25.29
96.15[2]	4.9900	523.8		0.00191		366.90	366.90	1.4927	1.4927	∞	∞

① 表示 1atm（101325Pa）下的沸点。

② 表示临界点。

附表 2　R134a 饱和液体与饱和气体的物性

温度 t/ ℃	绝对压力 p/ MPa	密度 ρ/ (kg/m³)		比体积 v/ (m³/kg)	比焓 h/ (kJ/kg)		比熵 s/ [kJ/(kg·℃)]		质量定压热容 c_p/ [kJ/(kg·℃)]	
		液体	气体	气体	液体	气体	液体	气体	液体	气体
−103.30①	0.00039	1591.1	35.496	71.46	334.94	0.4126	1.9639	1.184	0.585
−100.00	0.00056	1582.4	25.193	75.36	336.85	0.4354	1.9456	1.184	0.593
−90.00	0.00152	1555.8	9.7698	87.23	342.76	0.5020	1.8972	1.189	0.617
−80.00	0.00367	1529.0	4.2682	99.16	348.83	0.5654	1.8580	1.198	0.642
−70.00	0.00798	1501.9	2.0590	111.20	355.02	0.6262	1.8264	1.210	0.667
−60.00	0.01591	1474.3	1.0790	123.36	361.31	0.6846	1.8010	1.223	0.692
−50.00	0.02945	1446.3	0.60620	135.67	367.65	0.7410	1.7806	1.238	0.720
−40.00	0.05121	1417.7	0.36108	148.14	374.00	0.7956	1.7643	1.255	0.749
−30.00	0.08438	1388.4	0.22594	160.79	380.32	0.8486	1.7515	1.273	0.781
−28.00	0.09270	1382.4	0.20680	163.34	381.57	0.8591	1.7492	1.277	0.788
−26.07②	0.10133	1376.7	0.19018	165.81	382.78	0.8690	1.7472	1.281	0.794
−26.00	0.10167	1376.5	0.18958	165.90	382.82	0.8694	1.7471	1.281	0.794
−24.00	0.11130	1370.4	0.17407	168.47	384.07	0.8798	1.7451	1.285	0.801
−22.00	0.12165	1364.4	0.16006	171.05	385.32	0.8900	1.7432	1.289	0.809
−20.00	0.13273	1358.3	0.14739	173.64	386.55	0.9002	1.7413	1.293	0.816
−18.00	0.14460	1352.1	0.13592	176.23	387.79	0.9104	1.7396	1.297	0.823
−16.00	0.15728	1345.9	0.12551	178.83	389.02	0.9205	1.7379	1.302	0.831
−14.00	0.17082	1339.7	0.11605	181.44	390.24	0.9306	1.7363	1.306	0.838
−12.00	0.18524	1333.4	0.10744	184.07	391.46	0.9407	1.7348	1.311	0.846
−10.00	0.20060	1327.1	0.09959	186.70	392.66	0.9506	1.7334	1.316	0.854
−8.00	0.21693	1320.8	0.09242	189.34	393.87	0.9606	1.7320	1.320	0.863
−6.00	0.23428	1314.3	0.08587	191.99	395.06	0.9705	1.7307	1.325	0.871
−4.00	0.25268	1307.9	0.07987	194.65	396.25	0.9804	1.7294	1.330	0.880
−2.00	0.27217	1301.4	0.07436	197.32	397.43	0.9902	1.7282	1.336	0.888
0.00	0.29280	1294.8	0.06931	200.00	398.60	1.0000	1.7271	1.341	0.897
2.00	0.31462	1288.1	0.06466	202.69	399.77	1.0098	1.7260	1.347	0.906
4.00	0.33766	1281.4	0.06039	205.40	400.92	1.0195	1.7250	1.352	0.916
6.00	0.36198	1274.7	0.05644	208.11	402.06	1.0292	1.7240	1.358	0.925
8.00	0.38761	1267.9	0.05280	210.84	403.20	1.0388	1.7230	1.364	0.935
10.00	0.41461	1261.0	0.04944	213.58	404.32	1.0485	1.7221	1.370	0.945
12.00	0.44301	1254.0	0.04633	216.33	405.43	1.0581	1.7212	1.377	0.956
14.00	0.47288	1246.9	0.04345	219.09	406.53	1.0677	1.7204	1.383	0.967
16.00	0.50425	1239.8	0.04078	221.87	407.61	1.0772	1.7196	1.390	0.978
18.00	0.53718	1232.6	0.03830	224.66	408.69	1.0867	1.7188	1.397	0.989
20.00	0.57171	1225.3	0.03600	227.47	409.75	1.0962	1.7180	1.405	1.001
22.00	0.60789	1218.0	0.03385	230.29	410.79	1.1057	1.7173	1.413	1.013

（续）

温度 t/ ℃	绝对压力 p/ MPa	密度 ρ/ (kg/m³)	比体积 v/ (m³/kg)	比焓 h/ (kJ/kg)		比熵 s/ [kJ/(kg·℃)]		质量定压热容 c_p/ [kJ/(kg·℃)]	
		液体	气体	液体	气体	液体	气体	液体	气体
24.00	0.64578	1210.5	0.03186	233.12	411.82	1.1152	1.7166	1.421	1.025
26.00	0.68543	1202.9	0.03000	235.97	412.84	1.1246	1.7159	1.429	1.038
28.00	0.72688	1195.2	0.02826	238.84	413.84	1.1341	1.7152	1.437	1.052
30.00	0.77020	1187.5	0.02664	241.72	414.82	1.1435	1.7145	1.446	1.065
32.00	0.81543	1179.6	0.02513	244.62	415.78	1.1529	1.7138	1.456	1.080
34.00	0.86263	1171.6	0.02371	247.54	416.72	1.1623	1.7131	1.466	1.095
36.00	0.91185	1163.4	0.02238	250.48	417.65	1.1717	1.7124	1.476	1.111
38.00	0.96315	1155.1	0.02113	253.43	418.55	1.1811	1.7118	1.487	1.127
40.00	1.0166	1146.7	0.01997	256.41	419.43	1.1905	1.7111	1.498	1.145
42.00	1.0722	1138.2	0.01887	259.41	420.28	1.1999	1.7103	1.510	1.163
44.00	1.1301	1129.5	0.01784	262.43	421.11	1.2092	1.7096	1.523	1.182
46.00	1.1903	1120.6	0.01687	265.47	421.92	1.2186	1.7089	1.537	1.202
48.00	1.2529	1111.5	0.01595	268.53	422.69	1.2280	1.7081	1.551	1.223
50.00	1.3179	1102.3	0.01509	271.62	423.44	1.2375	1.7072	1.566	1.246
52.00	1.3854	1092.9	0.01428	274.74	424.15	1.2469	1.7064	1.582	1.270
54.00	1.4555	1083.2	0.01351	277.89	424.83	1.2563	1.7055	1.600	1.296
56.00	1.5282	1073.4	0.01273	281.06	425.47	1.2658	1.7045	1.618	1.324
58.00	1.6036	1063.2	0.01209	284.27	426.07	1.2753	1.7035	1.638	1.354
60.00	1.6818	1052.9	0.01144	287.50	426.63	1.2848	1.7024	1.660	1.387
62.00	1.7628	1042.2	0.01083	290.78	427.14	1.2944	1.7013	1.684	1.422
64.00	1.8467	1031.2	0.01024	294.09	427.61	1.3040	1.7000	1.710	1.461
66.00	1.9337	1020.0	0.00969	297.44	428.02	1.3137	1.6987	1.738	1.504
68.00	2.0237	1008.3	0.00916	300.84	428.36	1.3234	1.6972	1.769	1.552
70.00	2.1168	996.2	0.00865	304.28	428.65	1.3332	1.6956	1.804	1.605
72.00	2.2132	983.8	0.00817	307.78	428.86	1.3430	1.6939	1.843	1.665
74.00	2.3130	970.8	0.00771	311.33	429.00	1.3530	1.6920	1.887	1.734
76.00	2.4161	957.3	0.00727	314.94	429.04	1.3631	1.6899	1.938	1.812
78.00	2.5228	943.1	0.00685	318.63	428.98	1.3733	1.6876	1.996	1.904
80.00	2.6332	928.2	0.00645	322.39	428.81	1.3836	1.6850	2.065	2.012
85.00	2.9258	887.2	0.00550	332.22	427.76	1.4104	1.6771	2.306	2.397
90.00	3.2442	837.8	0.00461	342.93	425.42	1.4390	1.6662	2.756	3.121
95.00	3.5912	772.7	0.00374	355.25	420.67	1.4715	1.6492	3.938	5.020
100.00	3.9724	651.2	0.00268	373.30	407.68	1.5188	1.6109	17.59	25.35
101.06[3]	4.0593	511.9	0.00195	389.64	389.64	1.5621	1.5621	—	—

① 表示三相点。

② 表示 1atm（101325Pa）下的沸点。

③ 表示临界点。

附表 3　R410A［R32/125（50/50）］沸腾状态液体与结露状态气体的物性

绝对压力 p/MPa	温度 t/℃		密度 ρ/(kg/m³)	比体积 v/(m³/kg)	比焓 h/(kJ/kg)		比熵 s/[kJ/(kg·℃)]		质量定压热容 cₚ/[kJ/(kg·℃)]	
	泡点	露点	液体	气体	液体	气体	液体	气体	液体	气体
0.01000	-88.54	-88.50	1462.0	2.09550	78.00	377.63	0.4650	2.0879	1.313	0.666
0.02000	-79.05	-79.01	1434.3	1.09540	90.48	383.18	0.5309	2.0388	1.317	0.695
0.04000	-68.33	-68.29	1402.4	0.57278	104.64	389.31	0.6018	1.9916	1.325	0.733
0.06000	-61.39	-61.35	1381.4	0.39184	113.86	393.17	0.6461	1.9650	1.333	0.761
0.08000	-56.13	-56.08	1365.1	0.29918	120.91	396.04	0.6789	1.9465	1.340	0.785
0.10000	-51.83	-51.78	1351.7	0.24259	126.69	398.33	0.7052	1.9324	1.347	0.805
0.10132①	-51.57	-51.52	1350.9	0.23961	127.04	398.47	0.7068	1.9316	1.348	0.806
0.12000	-48.17	-48.12	1340.1	0.20433	131.64	400.24	0.7273	1.9211	1.353	0.823
0.14000	-44.96	-44.91	1329.9	0.17668	136.00	401.89	0.7464	1.9116	1.359	0.839
0.16000	-42.10	-42.05	1320.7	0.15572	139.90	403.33	0.7634	1.9034	1.365	0.854
0.18000	-39.51	-39.45	1312.2	0.13928	143.46	404.62	0.7786	1.8963	1.371	0.868
0.20000	-37.13	-37.07	1304.4	0.12602	146.73	405.78	0.7925	1.8900	1.376	0.881
0.22000	-34.93	-34.87	1297.1	0.11510	149.76	406.84	0.8052	1.8843	1.381	0.894
0.24000	-32.89	-32.83	1290.3	0.10593	152.60	407.81	0.8170	1.8791	1.386	0.906
0.26000	-30.97	-30.90	1283.9	0.09813	155.27	408.71	0.8280	1.8744	1.391	0.917
0.28000	-29.16	-29.10	1277.7	0.09141	157.79	409.54	0.8383	1.8700	1.396	0.928
0.30000	-27.45	-27.38	1271.9	0.08556	160.19	410.31	0.8481	1.8659	1.401	0.938
0.32000	-25.83	-25.76	1266.3	0.08041	162.47	411.04	0.8573	1.8622	1.405	0.948
0.34000	-24.28	-24.21	1260.9	0.07584	164.66	411.72	0.8660	1.8586	1.410	0.958
0.36000	-22.80	-22.73	1255.8	0.07177	166.75	412.36	0.8743	1.8553	1.414	0.968
0.38000	-21.39	-21.31	1250.8	0.0681	168.76	412.96	0.8823	1.8521	1.419	0.977
0.40000	-20.03	-19.95	1246.0	0.0648	170.70	413.54	0.8899	1.8491	1.423	0.986
0.42000	-18.72	-18.64	1241.3	0.0618	172.57	414.08	0.8972	1.8463	1.427	0.995
0.44000	-17.45	-17.38	1236.8	0.0591	174.38	414.60	0.9042	1.8436	1.432	1.004
0.46000	-16.24	-16.16	1232.4	0.0566	176.13	415.09	0.9110	1.8410	1.436	1.012
0.48000	-15.06	-14.98	1228.1	0.0543	177.83	415.56	0.9175	1.8385	1.440	1.021
0.50000	-13.91	-13.83	1223.9	0.0521	179.48	416.00	0.9238	1.8361	1.444	1.029
0.55000	-11.20	-11.12	1214.0	0.0475	183.41	417.04	0.9388	1.8305	1.455	1.049
0.60000	-8.68	-8.59	1204.5	0.0435	187.11	417.96	0.9527	1.8254	1.465	1.068
0.65000	-6.30	-6.22	1195.5	0.0402	190.60	418.80	0.9657	1.8207	1.475	1.088
0.70000	-4.07	-3.98	1186.9	0.0373	193.92	419.56	0.9779	1.8163	1.485	1.106
0.75000	-1.95	-1.86	1178.6	0.0348	197.08	420.25	0.9894	1.8122	1.495	1.125
0.80000	0.07	0.16	1170.6	0.0326	200.10	420.88	1.0004	1.8083	1.505	1.143
0.85000	1.99	2.08	1162.9	0.0307	203.00	421.45	1.0108	1.8046	1.515	1.161
0.90000	3.83	3.92	1155.5	0.0289	205.79	421.97	1.0207	1.8011	1.525	1.179
0.95000	5.59	5.69	1148.2	0.0274	208.49	422.45	1.0303	1.7978	1.535	1.197
1.00000	7.28	7.38	1141.2	0.0260	211.09	422.89	1.0394	1.7946	1.545	1.215
1.10000	10.48	10.59	1127.6	0.0235	216.06	423.64	1.0568	1.7885	1.565	1.251

（续）

绝对压力 p/MPa	温度 t/℃		密度 ρ/ (kg/m³)	比体积 v/ (m³/kg)	比焓 h/ (kJ/kg)		比熵 s/ [kJ/(kg·℃)]		质量定压热容 c_p/ [kJ/(kg·℃)]	
	泡点	露点	液体	气体	液体	气体	液体	气体	液体	气体
1.20000	13.48	13.58	1114.5	0.0215	220.76	424.27	1.0729	1.7828	1.586	1.287
1.30000	16.28	16.39	1102.0	0.0197	225.22	424.78	1.0881	1.7774	1.607	1.324
1.40000	18.93	19.04	1089.8	0.0182	229.48	425.18	1.1024	1.7723	1.629	1.362
1.50000	21.44	21.55	1078.0	0.0169	233.56	425.49	1.1160	1.7674	1.651	1.402
1.60000	23.83	23.94	1066.5	0.0157	237.49	425.72	1.1290	1.7627	1.675	1.442
1.70000	26.11	26.22	1055.3	0.0147	241.29	425.86	1.1414	1.7581	1.699	1.485
1.80000	28.29	28.40	1044.2	0.0138	244.96	425.93	1.1533	1.7536	1.725	1.529
1.90000	30.37	30.49	1033.3	0.0129	248.52	425.93	1.1648	1.7492	1.751	1.576
2.00000	32.38	32.49	1022.6	0.0122	251.99	425.87	1.1759	1.7448	1.779	1.625
2.10000	34.31	34.43	1012.0	0.0115	255.37	425.74	1.1866	1.7406	1.809	1.677
2.20000	36.18	36.29	1001.4	0.0109	258.68	425.54	1.1970	1.7363	1.840	1.732
2.30000	37.98	38.09	991.0	0.0103	261.91	425.29	1.2071	1.7321	1.874	1.790
2.40000	39.72	39.83	980.5	0.0098	265.08	424.98	1.2169	1.7279	1.909	1.853
2.50000	41.40	41.51	970.1	0.0093	268.20	424.61	1.2265	1.7237	1.947	1.920
2.60000	43.04	43.15	959.7	0.0088	271.27	424.18	1.2359	1.7194	1.988	1.993
2.70000	44.62	44.73	949.3	0.0084	274.29	423.69	1.2451	1.7152	2.032	2.072
2.80000	46.17	46.27	938.8	0.0080	277.27	423.14	1.2541	1.7109	2.080	2.158
2.90000	47.67	47.77	928.3	0.0076	280.23	422.53	1.2630	1.7065	2.133	2.252
3.00000	49.13	49.23	917.7	0.0073	283.15	421.85	1.2718	1.7021	2.190	2.356
3.20000	51.94	52.04	896.0	0.0067	288.94	420.30	1.2890	1.6930	2.323	2.598
3.40000	54.61	54.71	873.7	0.0061	294.67	418.47	1.3059	1.6835	2.490	2.904
3.60000	57.17	57.26	850.4	0.0056	300.41	416.29	1.3226	1.6734	2.707	3.305
3.80000	59.61	59.69	825.8	0.0051	306.20	413.72	1.3394	1.6624	3.002	3.855
4.00000	61.94	62.02	799.1	0.0046	312.13	410.64	1.3564	1.6503	3.431	4.661
4.20000	64.18	64.25	769.5	0.0042	318.33	406.86	1.3741	1.6365	4.129	5.970
4.79000[②]	70.20	70.20	548.0	0.0018	352.50	352.50	1.4720	1.4720	—	—

① 表示 1atm（101325Pa）下的泡点和露点。

② 表示临界点。

附表 4　R32 饱和液体与饱和气体的物性

温度 t/℃	绝对压力 p/MPa	密度 ρ/ (kg/m³)	比体积 v/ (m³/kg)	比焓 h/ (kJ/kg)		比熵 s/ [kJ/(kg·℃)]		质量定压热容 c_p/ [kJ/(kg·℃)]	
		液体	气体	液体	气体	液体	气体	液体	气体
−100.00	0.003813	1339.0	7.222	38.826	468.31	0.27110	2.7515	1.5600	0.70304
−90.00	0.008869	1313.9	3.2721	54.418	474.61	0.35863	2.6529	1.5586	0.72537
−80.00	0.018654	1288.4	1.6316	70.016	480.72	0.44151	2.5679	1.5606	0.75427
−70.00	0.036067	1262.4	0.88072	85.656	486.57	0.52038	2.4939	1.5663	0.79029
−60.00	0.064955	1235.7	0.50786	101.38	492.11	0.59581	2.4289	1.5758	0.83346
−51.65[①]	0.101325	1212.9	0.33468	114.59	496.45	0.65653	2.3805	1.5870	0.87533

（续）

温度 $t/℃$	绝对压力 p/MPa	密度 $\rho/$ (kg/m^3)		比体积 $v/$ (m^3/kg)	比焓 $h/$ (kJ/kg)		比熵 $s/$ $[kJ/(kg \cdot ℃)]$		质量定压热容 $c_p/$ $[kJ/(kg \cdot ℃)]$	
		液体	气体	液体	气体	液体	气体	液体	气体
−50.00	0.110140	1208.4	0.30944	117.22	497.27	0.66827	2.3714	1.5895	0.88348
−40.00	0.177410	1180.2	0.19743	133.23	502.02	0.73819	2.32	1.6077	0.9401
−38.00	0.194090	1174.4	0.18134	136.45	502.91	0.75191	2.3103	1.6119	0.95222
−36.00	0.211970	1168.6	0.1668	139.69	503.78	0.76554	2.3008	1.6164	0.96462
−34.00	0.231110	1162.8	0.15365	142.93	504.63	0.77909	2.2916	1.6211	0.97729
−32.00	0.251590	1156.9	0.14173	146.18	505.47	0.79257	2.2824	1.626	0.99026
−30.00	0.273440	1151.0	0.13091	149.45	506.27	0.80597	2.2735	1.6311	1.0035
−28.00	0.296750	1145.0	0.12107	152.72	507.06	0.8193	2.2647	1.6365	1.0171
−26.00	0.321570	1138.9	0.11211	156.01	507.83	0.83256	2.2561	1.6422	1.031
−24.00	0.347960	1132.9	0.10393	159.31	508.57	0.84576	2.2476	1.6481	1.0452
−22.00	0.376000	1126.7	0.096462	162.62	509.28	0.85889	2.2392	1.6543	1.0598
−20.00	0.405750	1120.6	0.089628	165.94	509.97	0.87197	2.231	1.6607	1.0747
−18.00	0.437280	1114.3	0.083367	169.28	510.64	0.88498	2.2229	1.6675	1.0901
−16.00	0.470670	1108.0	0.077622	172.63	511.28	0.89794	2.2149	1.6746	1.1059
−14.00	0.505970	1101.7	0.072343	175.99	511.89	0.91085	2.207	1.682	1.1221
−12.00	0.543270	1095.2	0.067487	179.37	512.47	0.92371	2.1992	1.6898	1.1388
−10.00	0.582630	1088.8	0.063013	182.76	513.02	0.93652	2.1915	1.698	1.156
−8.00	0.624140	1082.2	0.058887	186.18	513.54	0.94929	2.1839	1.7065	1.1737
−6.00	0.667860	1075.6	0.055076	189.60	514.03	0.96202	2.1764	1.7154	1.1921
−4.00	0.713880	1068.9	0.051552	193.05	514.49	0.97472	2.169	1.7248	1.211
−2.00	0.762260	1062.1	0.048291	196.52	514.91	0.98737	2.1616	1.7347	1.2307
0.00	0.813100	1055.3	0.045267	200.00	515.30	1.0000	2.1543	1.745	1.2511
2.00	0.866470	1048.3	0.042462	203.50	515.65	1.0126	2.1471	1.7559	1.2723
4.00	0.922450	1041.3	0.039857	207.03	515.96	1.0252	2.1399	1.7674	1.2944
6.00	0.981130	1034.2	0.037434	210.58	516.24	1.0377	2.1327	1.7795	1.3174
8.00	1.042600	1027.0	0.035179	214.15	516.47	1.0503	2.1256	1.7922	1.3415
10.00	1.106900	1019.7	0.033077	217.74	516.66	1.0628	2.1185	1.8056	1.3667
12.00	1.174200	1012.2	0.031117	221.36	516.80	1.0753	2.1114	1.8199	1.3931
14.00	1.244500	1004.7	0.029287	225.01	516.90	1.0878	2.1043	1.8349	1.4208
16.00	1.317900	997.1	0.027576	228.68	516.95	1.1003	2.0972	1.8509	1.4501
18.00	1.394600	989.3	0.025975	232.39	516.95	1.1128	2.0902	1.8679	1.4809
20.00	1.474600	981.4	0.024476	236.12	516.90	1.1253	2.0831	1.8859	1.5136
22.00	1.557900	973.3	0.023071	239.89	516.79	1.1378	2.076	1.9052	1.5483
24.00	1.644800	965.2	0.021753	243.69	516.62	1.1503	2.0688	1.9258	1.5851
26.00	1.735300	956.8	0.020515	247.53	516.39	1.1629	2.0616	1.9479	1.6245
28.00	1.829500	948.3	0.019351	251.40	516.09	1.1755	2.0544	1.9717	1.6666
30.00	1.927500	939.6	0.018256	255.32	515.72	1.1881	2.0471	1.9973	1.7118
32.00	2.029400	930.8	0.017225	259.28	515.29	1.2007	2.0397	2.025	1.7605

（续）

温度 t/℃	绝对压力 p/MPa	密度 ρ/ (kg/m³)		比体积 v/ (m³/kg)	比焓 h/ (kJ/kg)		比熵 s/ [kJ/(kg·℃)]		质量定压热容 c_p/ [kJ/(kg·℃)]	
		液体	气体		液体	气体	液体	气体	液体	气体
34.00	2.135300	921.7	0.016252	263.28	514.77	1.2134	2.0322	2.055	1.8132
36.00	2.245400	912.4	0.015335	267.34	514.17	1.2262	2.0246	2.0878	1.8704
38.00	2.359700	902.8	0.014468	271.45	513.49	1.2391	2.0169	2.1236	1.9328
40.00	2.4783	893.04	0.013649	275.61	512.71	1.252	2.0091	2.1629	2.0012
42.00	2.6014	882.96	0.012873	279.84	511.82	1.265	2.0011	2.2064	2.0766
44.00	2.7292	872.58	0.012138	284.13	510.83	1.2781	1.9929	2.2547	2.1602
46.00	2.8616	861.86	0.01144	288.50	509.72	1.2914	1.9845	2.3087	2.2535
48.00	2.9989	850.77	0.010777	292.95	508.48	1.3048	1.9759	2.3695	2.3584
50.00	3.1412	839.26	0.010147	297.49	507.10	1.3183	1.967	2.4385	2.4773
52.00	3.2887	827.28	0.009547	302.12	505.57	1.3321	1.9578	2.5177	2.6134
54.00	3.4415	814.78	0.008974	306.87	503.86	1.3461	1.9482	2.6094	2.7709
56.00	3.5997	801.68	0.008426	311.74	501.95	1.3603	1.9382	2.7171	2.9555
58.00	3.7635	787.9	0.0079	316.75	499.82	1.3749	1.9277	2.8453	3.1751
60.00	3.9332	773.81	0.007396	321.93	497.44	1.3898	1.9166	3.0007	3.4412
64.00	4.2909	741.1	0.006438	332.90	491.73	1.4211	1.8922	3.4384	4.1901
68.00	4.6745	703.16	0.00553	345.02	484.25	1.4553	1.8634	4.2078	5.5081
72.00	5.0866	655.38	0.004634	359.11	473.77	1.4946	1.8268	5.9415	8.489
76.00	5.5315	583.32	0.003636	378.03	455.86	1.547	1.7699	14.259	22.389
78.11②	5.7823	424.00	0.002362	414.15	414.15	1.6486	1.6486	—	—

① 表示1atm（101325Pa）下的沸点。

② 表示临界点。

附表5　R290饱和液体与饱和气体的物性

温度 t/℃	绝对压力 p/MPa	密度 ρ/ (kg/m³)		比体积 v/ (m³/kg)	比焓 h/ (kJ/kg)		比熵 s/ [kJ/(kg·℃)]		质量定压热容 c_p/ [kJ/(kg·℃)]	
		液体	气体		液体	气体	液体	气体	液体	气体
-100.00	0.002899	643.74	11.231	-23.560	456.88	-0.00826	2.7664	2.0538	1.1845
-90.00	0.006448	633.32	5.33	-2.8974	468.58	0.10772	2.6820	0.0783	1.2200
-80.00	0.013049	622.76	2.7676	18.028	480.44	0.2189	2.6130	2.1059	1.2583
-70.00	0.024404	612.02	1.5487	39.251	492.41	0.32593	2.5566	2.1369	1.3003
-60.00	0.042693	601.08	0.9225	60.811	504.44	0.42938	2.5107	2.172	1.3465
-50.00	0.070569	589.9	0.57905	82.753	516.48	0.52975	2.4734	2.2115	1.3971
-42.11①	0.10325	580.9	0.41388	100.36	525.95	0.6070	2.4491	2.2460	1.4400
-42.00	0.10383	580.75	0.41196	100.61	526.08	0.60815	2.4488	2.2466	1.4411
-40.00	0.11112	578.43	0.37985	105.12	528.48	0.62751	2.4433	2.2558	1.4526
-38.00	0.12105	576.1	0.35076	109.65	530.87	0.64678	2.438	2.2653	1.4643
-36.00	0.13166	573.76	0.32437	114.2	533.26	0.66597	2.433	2.275	1.4762
-34.00	0.14297	571.4	0.30037	118.77	535.64	0.68508	2.4282	2.2849	1.4883
-32.00	0.15502	569.03	0.27853	123.36	538.01	0.70411	2.4236	2.295	1.5007

（续）

温度 t/℃	绝对压力 p/MPa	密度 ρ/ (kg/m³)		比体积 v/ (m³/kg)		比焓 h/ (kJ/kg)		比熵 s/ [kJ/(kg·℃)]		质量定压热容 c_p/ [kJ/(kg·℃)]	
		液体		气体		液体	气体	液体	气体	液体	气体
−30.00	0.16783	566.64		0.25861	127.97	540.38	0.72306	2.4192	2.3054	1.5133
−28.00	0.18144	564.23		0.24041	132.61	542.75	0.74193	2.415	2.316	1.5262
−26.00	0.19589	561.81		0.22376	137.26	545.11	0.76074	2.4109	2.3268	1.5393
−24.00	0.21119	559.38		0.20851	141.94	547.46	0.77948	2.4071	2.3379	1.5527
−22.00	0.22739	556.92		0.19452	146.64	549.8	0.79815	2.4034	2.3492	1.5664
−20.00	0.24452	554.45		0.18167	151.36	552.13	0.81676	2.3999	2.3608	1.5803
−18.00	0.26261	551.96		0.16984	156.11	554.46	0.83531	2.3965	2.3727	1.5945
−16.00	0.2817	549.45		0.15894	160.88	556.77	0.8538	2.3933	2.3848	1.6091
−14.00	0.30181	546.92		0.14889	165.68	559.08	0.87224	2.3903	2.3972	1.624
−12.00	0.323	544.37		0.13961	170.5	561.37	0.89063	2.3874	2.41	1.6392
−10.00	0.34528	541.8		0.13103	175.35	563.65	0.90897	2.3846	2.423	1.6548
−8.00	0.3687	539.2		0.12308	180.22	565.92	0.92726	2.3819	2.4363	1.6707
−6.00	0.39329	536.59		0.11571	185.12	568.18	0.9455	2.3794	2.45	1.6871
−4.00	0.41909	533.95		0.10887	190.05	570.42	0.96371	2.3769	2.464	1.7038
−2.00	0.44613	531.28		0.10252	195.01	572.65	0.98187	2.3746	2.4784	1.721
0.00	0.47446	528.59		0.096613	200.00	574.87	1.0000	2.3724	2.4932	1.7387
2.00	0.5041	525.88		0.091112	205.02	577.06	1.0181	2.3703	2.5083	1.7569
4.00	0.5351	523.13		0.085985	210.06	579.24	1.0362	2.3682	2.5239	1.7756
6.00	0.56749	520.36		0.081201	215.14	581.41	1.0542	2.3663	2.5399	1.7949
8.00	0.60131	517.56		0.076732	220.25	583.55	1.0722	2.3644	2.5563	1.8148
10.00	0.6366	514.73		0.072555	225.40	585.67	1.0902	2.3626	2.5733	1.8353
12.00	0.6734	511.86		0.068646	230.57	587.77	1.1082	2.3608	2.5907	1.8565
14.00	0.71175	508.97		0.064984	235.79	589.85	1.1261	2.3592	2.6087	1.8784
16.00	0.75168	506.03		0.061551	241.03	591.91	1.144	2.3575	2.6272	1.9011
18.00	0.79324	503.03		0.058329	246.32	593.94	1.162	2.356	2.6464	1.9247
20.00	0.83646	500.06		0.055303	251.64	595.95	1.1799	2.3544	2.6662	1.9492
22.00	0.88139	497.01		0.052458	256.99	597.93	1.1978	2.3529	2.6867	1.9746
24.00	0.92807	493.92		0.049781	262.39	599.88	1.2157	2.3514	2.708	2.0011
26.00	0.97653	490.79		0.04726	267.83	601.8	1.2336	2.35	2.73	2.0287
28.00	1.0268	487.62		0.044884	273.31	603.68	1.2515	2.3486	2.7529	2.0575
30.00	1.079	484.39		0.042643	278.83	605.54	1.2695	2.3471	2.7767	2.0877
32.00	1.1331	481.12		0.040527	284.4	607.35	1.2874	2.3457	2.8015	2.1193
34.00	1.1891	477.79		0.038527	290.01	609.13	1.3053	2.3443	2.8274	2.1525
36.00	1.2472	474.41		0.036636	295.68	610.87	1.3233	2.3429	2.8545	2.1874
38.00	1.3072	470.96		0.034847	301.39	612.57	1.3413	2.3414	2.8829	2.2243
40.00	1.3694	467.46		0.033151	307.15	614.21	1.3594	2.3399	2.9127	2.2632
42.00	1.4337	463.89		0.031544	312.96	615.81	1.3774	2.3384	2.9442	2.3045
44.00	1.5002	460.25		0.03002	318.83	617.36	1.3955	2.3368	2.9773	2.3484

（续）

温度 $t/℃$	绝对压力 p/MPa	密度$\rho/$ （kg/m^3）		比体积$v/$ （m^3/kg）	比焓$h/$ （kJ/kg）		比熵$s/$ [kJ/（kg·℃）]		质量定压热容$c_p/$ [kJ/（kg·℃）]	
		液体	气体		液体	气体	液体	气体	液体	气体
46.00	1.569	456.54	0.028572		324.76	618.86	1.4137	2.3352	3.0124	2.3951
48.00	1.64	452.75	0.027196		330.75	620.29	1.4319	2.3335	3.0496	2.4451
50.00	1.7133	448.87	0.025887		336.8	621.66	1.4502	2.3317	3.0893	2.4987
52.00	1.789	444.9	0.024641		342.92	622.96	1.4685	2.3298	3.1317	2.5564
54.00	1.8672	440.83	0.023453		349.11	624.19	1.487	2.3278	3.1773	2.6187
56.00	1.9478	436.66	0.02232		355.37	625.34	1.5055	2.3257	3.2263	2.6864
58.00	2.031	432.38	0.021239		361.71	626.4	1.5241	2.3234	3.2795	2.7603
60.00	2.1168	427.97	0.020205		368.14	627.36	1.5429	2.321	3.3375	2.8414
65.00	2.343	416.34	0.017809		384.6	629.29	1.5903	2.3139	3.5089	3.0863
70.00	2.5868	403.62	0.015645		401.75	630.37	1.6389	2.3052	3.735	3.4214
75.00	2.8493	389.47	0.013672		419.76	630.33	1.6891	2.2939	4.0529	3.914
80.00	3.1319	373.29	0.011847		438.93	628.73	1.7417	2.2791	4.5445	4.7067
85.00	3.4361	353.96	0.01012		459.81	624.75	1.798	2.2586	5.4328	6.1824
90.00	3.7641	328.83	0.008404		483.71	616.47	1.8616	2.2272	7.6233	9.8876
95.00	4.1195	286.51	0.006398		516.33	595.81	1.9476	2.1635	23.594	36.066
96.74[2]	4.2512	220.5	0.004540		555.24	555.24	2.0516	2.0516	—	—

① 表示 1atm（101325Pa）下的沸点。

② 表示临界点。

附表 6　R717 饱和液体与饱和气体的物性

温度 $t/℃$	绝对压力 p/MPa	密度$\rho/$ （kg/m^3）		比体积$v/$ （m^3/kg）	比焓$h/$ （kJ/kg）		比熵$s/$ [kJ/（kg·℃）]		质量定压热容$c_p/$ [kJ/（kg·℃）]	
		液体	气体		液体	气体	液体	气体	液体	气体
-77.65[1]	0.00609	732.9	15.602		-143.15	1341.23	-0.4716	7.1213	4.202	2.063
-70.00	0.01094	724.7	9.0079		-110.81	1355.55	-0.3094	6.9088	4.245	2.086
-60.00	0.02189	713.6	4.7057		-68.06	1373.73	-0.1040	6.6602	4.303	2.125
-50.00	0.04084	702.1	2.6277		-24.73	1391.19	0.0945	6.4396	4.360	2.178
-40.00	0.07169	690.2	1.5533		19.17	1407.76	0.2867	6.2425	4.414	2.244
-38.00	0.07971	687.7	1.4068		28.01	1410.96	0.3245	6.2056	4.424	2.259
-36.00	0.08845	685.3	1.2765		36.88	1414.11	0.3619	6.1694	4.434	2.275
-34.00	0.09795	682.8	1.1604		45.77	1417.23	0.3992	6.1339	4.444	2.291
-33.33[2]	0.10133	682.0	1.1242		48.76	1418.26	0.4117	6.1221	4.448	2.297
-32.00	0.10826	680.3	1.0567		54.67	1420.29	0.4362	6.0992	4.455	2.308
-30.00	0.11943	677.8	0.96396		63.60	1423.31	0.4730	6.0651	4.465	2.326
-28.00	0.13151	675.3	0.88082		72.55	1426.28	0.5096	6.0317	4.474	2.344
-26.00	0.14457	672.8	0.80614		81.52	1429.21	0.5460	5.9989	4.484	2.363
-24.00	0.15864	670.3	0.73896		90.51	1432.08	0.5821	5.9667	4.494	2.383
-22.00	0.17379	667.7	0.67840		99.52	1434.91	0.6180	5.9351	4.504	2.403
-20.00	0.19008	665.1	0.62373		108.55	1437.68	0.6538	5.9041	4.514	2.425

（续）

温度 t/℃	绝对压力 p/MPa	密度 ρ/ (kg/m³)		比体积 v/ (m³/kg)	比焓 h/ (kJ/kg)		比熵 s/ [kJ/(kg·℃)]		质量定压热容 c_p/ [kJ/(kg·℃)]	
		液体	气体	气体	液体	气体	液体	气体	液体	气体
-18.00	0.20756	662.6	0.57428		117.60	1440.39	0.6893	5.8736	4.524	2.446
-16.00	0.22630	660.0	0.52949		126.67	1443.06	0.7246	5.8437	4.534	2.469
-14.00	0.24637	657.3	0.48885		135.76	1445.66	0.7597	5.8143	4.543	2.493
-12.00	0.26782	654.7	0.45192		144.88	1448.21	0.7946	5.7853	4.553	2.517
-10.00	0.29071	652.1	0.41830		154.01	1450.70	0.8293	5.7569	4.564	2.542
-8.00	0.31513	649.4	0.38767		163.16	1453.14	0.8638	5.7289	4.574	2.568
-6.00	0.34114	646.7	0.35970		172.34	1455.51	0.8981	5.7013	4.584	2.594
-4.00	0.36880	644.0	0.33414		181.54	1457.81	0.9323	5.6741	4.595	2.622
-2.00	0.39819	641.3	0.31074		190.76	1460.06	0.9662	5.6474	4.606	2.651
0.00	0.42938	638.6	0.28930		200.00	1462.24	1.0000	5.6210	4.617	2.680
2.00	0.46246	635.8	0.26962		209.27	1464.35	1.0336	5.5951	4.628	2.710
4.00	0.49748	633.1	0.25153		218.55	1466.40	1.0670	5.5695	4.639	2.742
6.00	0.53453	630.3	0.23489		227.87	1468.37	1.1003	5.5442	4.651	2.774
8.00	0.57370	627.5	0.21956		237.20	1470.28	1.1334	5.5192	4.663	2.807
10.00	0.61505	624.6	0.20543		246.57	1472.11	1.1664	5.4946	4.676	2.841
12.00	0.65866	621.8	0.19237		255.95	1473.88	1.1992	5.4703	4.689	2.877
14.00	0.70463	618.9	0.18031		265.37	1475.56	1.2318	5.4463	4.702	2.913
16.00	0.75303	616.0	0.16914		274.81	1477.17	1.2643	5.4226	4.716	2.951
18.00	0.80395	613.1	0.15879		284.28	1478.70	1.2967	5.3991	4.730	2.990
20.00	0.85748	610.2	0.14920		293.78	1480.16	1.3289	5.3759	4.745	3.030
22.00	0.91369	607.2	0.14029		303.31	1481.53	1.3610	5.3529	4.760	3.071
24.00	0.97268	604.3	0.13201		312.87	1482.82	1.3929	5.3301	4.776	3.113
26.00	1.0345	601.3	0.12431		322.47	1484.02	1.4248	5.3076	4.793	3.158
28.00	1.0993	598.2	0.11714		332.09	1485.14	1.4565	5.2853	4.810	3.203
30.00	1.1672	595.2	0.11046		341.76	1486.17	1.4881	5.2631	4.828	3.250
32.00	1.2382	592.1	0.10422		351.45	1487.11	1.5196	5.2412	4.847	3.299
34.00	1.3124	589.0	0.09840		361.19	1487.95	1.5509	5.2194	4.867	3.349
36.00	1.3900	585.8	0.09296		370.96	1488.70	1.5822	5.1978	4.888	3.401
38.00	1.4709	582.6	0.08787		380.78	1489.36	1.6134	5.1763	4.909	3.455
40.00	1.5554	579.4	0.08310		390.64	1489.91	1.6446	5.1549	4.932	3.510
42.00	1.6435	576.2	0.07863		400.54	1490.36	1.6756	5.1337	4.956	3.568
44.00	1.7353	572.9	0.07445		410.48	1490.70	1.7065	5.1126	4.981	3.628
46.00	1.8310	569.6	0.07052		420.48	1490.94	1.7374	5.0915	5.007	3.691
48.00	1.9305	566.3	0.06682		430.52	1491.06	1.7683	5.0706	5.034	3.756
50.00	2.0340	562.9	0.06335		440.62	1491.07	1.7990	5.0497	5.064	3.823
55.00	2.3111	554.2	0.05554		466.10	1490.57	1.8758	4.9977	5.143	4.005
60.00	2.6156	545.2	0.04880		491.97	1489.27	1.9523	4.9458	5.235	4.208
65.00	2.9491	536.0	0.04296		518.26	1487.09	2.0288	4.8939	5.341	4.438

（续）

温度 t/℃	绝对压力 p/MPa	密度 ρ/ (kg/m³)		比体积 v/ (m³/kg)	比焓 h/ (kJ/kg)		比熵 s/ [kJ/(kg·℃)]		质量定压热容 c_p/ [kJ/(kg·℃)]	
		液体	气体	气体	液体	气体	液体	气体	液体	气体
70.00	3.3135	526.3	0.03787		545.04	1483.94	2.1054	4.8415	5.465	4.699
75.00	3.7105	516.2	0.03342		572.37	1479.72	2.1823	4.7885	5.610	5.001
80.00	4.1420	505.7	0.02951		600.34	1474.31	2.2596	4.7344	5.784	5.355
85.00	4.6100	494.5	0.02606		629.04	1467.53	2.3377	4.6789	5.993	5.777
90.00	5.1167	482.8	0.02300		658.61	1459.19	2.4168	4.6213	6.250	6.291
95.00	5.6643	470.2	0.02027		689.19	1449.01	2.4973	4.5612	6.573	6.933
100.00	6.2553	456.6	0.01782		721.00	1436.63	2.5797	4.4975	6.991	7.762
105.00	6.8923	441.9	0.01561		754.35	1421.57	2.6647	4.4291	7.555	8.877
110.00	7.5783	425.6	0.01360		789.68	1403.08	2.7533	4.3542	8.36	10.46
115.00	8.3170	407.2	0.01174		827.74	1379.99	2.8474	4.2702	9.63	12.91
120.00	9.1125	385.5	0.00999		869.92	1350.23	2.9502	4.1719	11.94	17.21
125.00	9.9702	357.8	0.00828		919.68	1309.12	3.0702	4.0483	17.66	27.00
130.00	10.8977	312.3	0.00638		992.02	1239.32	3.2437	3.8571	54.21	76.49
132.25③	11.3330	225.0	0.00444		1119.22	1119.22	3.5542	3.5542	—	—

① 表示三相点。

② 表示 1atm（101325Pa）下的沸点。

③ 表示临界点。

附表 7　**R744 饱和液体与饱和气体的物性**

温度 t/℃	绝对压力 p/MPa	密度 ρ/ (kg/m³)		比体积 v/ (m³/kg)	比焓 h/ (kJ/kg)		比熵 s/ [kJ/(kg·℃)]		质量定压热容 c_p/ [kJ/(kg·℃)]	
		液体	气体	气体	液体	气体	液体	气体	液体	气体
−56.56	0.51796	1178.5	0.07267		80.04	430.42	0.5213	2.1390	1.9532	0.9092
−54.00	0.57805	1169.2	0.06543		85.056	431.34	0.54413	2.1243	1.9595	0.92477
−52.00	0.62857	1161.9	0.060376		88.994	432.03	0.56182	2.113	1.965	0.93802
−50.00	0.68234	1154.6	0.055789		92.943	432.68	0.57939	2.1018	1.9712	0.95194
−48.00	0.73949	1147.1	0.051618		96.905	433.29	0.59684	2.0909	1.9779	0.96657
−46.00	0.80015	1139.6	0.047819		100.88	433.86	0.61418	2.0801	1.9853	0.98196
−44.00	0.86445	1132	0.044352		104.87	434.39	0.63143	2.0694	1.9933	0.99817
−42.00	0.93252	1124.2	0.041184		108.88	434.88	0.64858	2.0589	2.0021	1.0153
−40.00	1.0045	1116.4	0.038284		112.9	435.32	0.66564	2.0485	2.0117	1.0333
−38.00	1.0805	1108.5	0.035624		116.95	435.72	0.68261	2.0382	2.022	1.0523
−36.00	1.1607	1100.5	0.033181		121.01	436.07	0.69951	2.0281	2.0333	1.0725
−34.00	1.2452	1092.4	0.030935		125.1	436.37	0.71634	2.018	2.0455	1.0938
−32.00	1.3342	1084.1	0.028865		129.2	436.62	0.73311	2.0079	2.0587	1.1165
−30.00	1.4278	1075.7	0.026956		133.34	436.82	0.74982	1.998	2.0731	1.1406
−28.00	1.5261	1067.2	0.025192		137.5	436.96	0.76649	1.988	2.0886	1.1663
−26.00	1.6293	1058.6	0.02356		141.69	437.04	0.78311	1.9781	2.1055	1.1938
−24.00	1.7375	1049.8	0.022048		145.91	437.06	0.79971	1.9683	2.1238	1.2234

（续）

温度 t/℃	绝对压力 p/MPa	密度 ρ/ (kg/m³)		比体积 v/ (m³/kg)	比焓 h/ (kJ/kg)		比熵 s/ [kJ/(kg·℃)]		质量定压热容 c_p/ [kJ/(kg·℃)]	
		液体	气体	气体	液体	气体	液体	气体	液体	气体
−22.00	1.8509	1040.8	0.020645		150.16	437.01	0.81627	1.9584	2.1437	1.2551
−20.00	1.9696	1031.7	0.019343		154.45	436.89	0.83283	1.9485	2.1653	1.2893
−18.00	2.0938	1022.3	0.018131		158.77	436.7	0.84937	1.9386	2.1889	1.3263
−16.00	2.2237	1012.8	0.017002		163.14	436.44	0.86593	1.9287	2.2146	1.3664
−14.00	2.3593	1003.1	0.01595		167.55	436.09	0.88249	1.9187	2.2426	1.4099
−12.00	2.501	993.13	0.014967		172.01	435.66	0.89908	1.9086	2.2734	1.4572
−10.00	2.6487	982.93	0.014048		176.52	435.14	0.91571	1.8985	2.3072	1.5091
−8.00	2.8027	972.46	0.013188		181.09	434.51	0.9324	1.8882	2.3446	1.566
−6.00	2.9632	961.7	0.012381		185.71	433.79	0.94915	1.8778	2.386	1.6288
−4.00	3.1303	950.63	0.011624		190.4	432.95	0.96599	1.8672	2.4322	1.6986
−2.00	3.3042	939.22	0.010911		195.16	431.99	0.98293	1.8563	2.4839	1.7767
0.00	3.4851	927.43	0.010241		200	430.89	1	1.8453	2.5423	1.8648
2.00	3.6733	915.23	0.009609		204.93	429.65	1.0172	1.834	2.6086	1.9649
4.00	3.8688	902.56	0.009011		209.95	428.25	1.0346	1.8223	2.6846	2.0799
6.00	4.072	889.36	0.008445		215.08	426.67	1.0523	1.8102	2.7724	2.2134
8.00	4.2831	875.58	0.007909		220.34	424.89	1.0702	1.7977	2.8753	2.3704
10.00	4.5022	861.12	0.007399		225.73	422.88	1.0884	1.7847	2.9976	2.5578
12.00	4.7297	845.87	0.006913		231.29	420.62	1.107	1.771	3.1454	2.7856
14.00	4.9658	829.7	0.006447		237.03	418.05	1.1261	1.7565	3.3278	3.0684
16.00	5.2108	812.41	0.006		243.01	415.12	1.1458	1.7411	3.5583	3.429
18.00	5.4651	793.76	0.005569		249.26	411.76	1.1663	1.7244	3.8581	3.9046
20.00	5.7291	773.39	0.005149		255.87	407.87	1.1877	1.7062	4.2637	4.5599
22.00	6.0031	750.77	0.004738		262.93	403.26	1.2105	1.686	4.8464	5.5186
24.00	6.2877	725.02	0.004327		270.61	397.7	1.2352	1.6629	5.7674	7.0487
26.00	6.5837	694.46	0.003908		279.26	390.71	1.2627	1.6353	7.4604	9.862
28.00	6.8918	655.28	0.003459		289.62	381.2	1.2958	1.5999	11.549	16.691
30.00	7.2137	593.31	0.002898		304.55	365.13	1.3435	1.5433	35.338	55.822
30.98[①]	7.3773	467.6	0.002142		332.25	332.25	1.4336	1.4336	—	—
−26.00	1.6293	1058.6	0.02356		141.69	437.04	0.78311	1.9781	2.1055	1.1938

① 表示临界点。

附表 8　R22 饱和液体的物性

温度/ ℃	密度/ (kg/m³)	潜热/ (kJ/kg)	比热容/ [kJ/(kg·K)]	热导率/ [W/(m·K)]	热扩散率/ (×10⁸m²/s)	动力黏度/ (×10⁶Pa·s)	运动黏度/ (×10⁶m²/s)	表面张力/ (N/m)	普朗特数
−70	1491.2	251.12	1.065	0.1276	8.03	507.6	0.3404	0.0229	4.24
−60	1463.7	245.32	1.071	0.1226	7.82	441.4	0.3016	0.0212	3.86
−50	1435.6	239.39	1.079	0.1178	7.60	387.5	0.2699	0.0196	3.55
−40	1406.8	233.24	1.091	0.1131	7.37	342.6	0.2435	0.0179	3.30

（续）

温度/ ℃	密度/ (kg/m³)	潜热/ (kJ/kg)	比热容/ [kJ/(kg·K)]	热导率/ [W/(m·K)]	热扩散率/ (×10⁸m²/s)	动力黏度/ (×10⁶Pa·s)	运动黏度/ (×10⁶m²/s)	表面张力/ (N/m)	普朗特数
−30	1377.2	226.81	1.105	0.1085	7.13	304.6	0.2212	0.0163	3.10
−20	1346.5	220.02	1.123	0.1039	6.87	271.9	0.2019	0.0148	2.94
−10	1314.7	212.80	1.144	0.0993	6.60	243.4	0.1851	0.0132	2.80
0	1281.5	205.05	1.169	0.0948	6.33	218.2	0.1703	0.0117	2.69
10	1246.7	196.69	1.199	0.0904	6.05	195.7	0.1570	0.0102	2.60
20	1209.9	187.60	1.236	0.0859	5.74	175.3	0.1449	0.0088	2.52
30	1170.7	177.64	1.281	0.0814	5.43	156.7	0.1339	0.0074	2.47
40	1128.5	166.60	1.339	0.0769	5.09	139.4	0.1235	0.0060	2.43
50	1082.3	154.19	1.419	0.0723	4.71	123.1	0.1137	0.0047	2.42
60	1030.4	139.94	1.539	0.0676	4.26	107.6	0.1044	0.0035	2.45
70	969.7	122.99	1.743	0.0629	3.72	92.4	0.0953	0.0024	2.56

附表9　R410A 饱和液体的物性

压力/ MPa	泡点/ ℃	露点/ ℃	密度/ (kg/m³)	潜热/ (kJ/kg)	比热容/ [kJ/(kg·K)]	热导率/ [W/(m·K)]	热扩散率/ (×10⁸m²/s)	动力黏度/ (×10⁶Pa·s)	运动黏度/ (×10⁶m²/s)	表面张力/ (N/m)	普朗特数
0.04	−68.1	−68.0	1401.1	286.65	1.351	0.1633	8.63	454.8	0.3246	0.0209	3.76
0.06	−61.2	−61.1	1380.0	281.10	1.358	0.1583	8.45	404.6	0.2932	0.0196	3.47
0.10	−51.7	−51.6	1350.5	273.18	1.369	0.1515	8.19	347.8	0.2575	0.0179	3.14
0.18	−39.4	−39.4	1311.2	262.43	1.390	0.1428	7.84	289.9	0.2211	0.0157	2.82
0.26	−30.9	−30.9	1283.0	254.52	1.408	0.1367	7.57	257.2	0.2005	0.0142	2.65
0.40	−20.0	−20.0	1245.3	243.72	1.438	0.1291	7.21	221.9	0.1782	0.0124	2.47
0.60	−8.7	−8.6	1203.9	231.57	1.479	0.1214	6.82	191.2	0.1588	0.0105	2.33
0.80	0.0	0.1	1170.1	221.37	1.519	0.1155	6.50	170.6	0.1458	0.0091	2.24
1.10	10.4	10.5	1126.8	208.04	1.581	0.1086	6.10	148.8	0.1321	0.0075	2.17
1.50	21.3	21.4	1076.9	192.21	1.670	0.1015	5.64	128.5	0.1193	0.0058	2.11
1.90	30.2	30.3	1031.6	177.52	1.772	0.0958	5.24	113.3	0.1098	0.0046	2.10
2.40	39.6	39.7	978.0	159.81	1.929	0.0900	4.77	98.5	0.1007	0.0033	2.11
3.00	49.0	49.1	914.5	138.40	2.211	0.0841	4.16	84.1	0.0920	0.0021	2.21
3.80	59.5	59.6	821.0	106.87	3.070	0.0779	3.09	67.7	0.0825	0.0010	2.67

附表10　氯化钠水溶液的物性

质量分数 w(%)	凝固点 t_f/℃	15℃时的密度 ρ/(kg/m³)	温度 t/℃	质量定压热容 c_p/ [kJ/(kg·K)]	热导率 λ/ [W/(m·K)]	动力黏度 μ/ (×10³Pa·s)	运动黏度 ν/ (×10⁶m²/s)	热扩散率 a/ (×10⁷m²/s)	普朗特数 $Pr = a/\nu$
7	−4.4	1050	20	3.843	0.593	1.08	1.03	1.48	6.9
			10	3.835	0.576	1.41	1.34	1.43	9.4
			0	3.827	0.559	1.87	1.78	1.39	12.7
			−4	3.818	0.556	2.16	2.06	1.39	14.8

（续）

质量分数 $w(\%)$	凝固点 $t_f/℃$	15℃时的密度 $\rho/(kg/m^3)$	温度 $t/℃$	质量定压热容 $c_p/$ [$kJ/(kg·K)$]	热导率 $\lambda/$ [$W/(m·K)$]	动力黏度 $\mu/$ ($\times10^3Pa·s$)	运动黏度 $\nu/$ ($\times10^6m^2/s$)	热扩散率 $a/$ ($\times10^7m^2/s$)	普朗特数 $Pr = a/\nu$
11	-7.5	1080	20	3.697	0.593	1.15	1.06	1.48	7.2
			10	3.684	0.570	1.52	1.41	1.43	9.9
			0	3.676	0.556	2.02	1.87	1.40	13.4
			-5	3.672	0.549	2.44	2.26	1.38	16.4
			-7.5	3.672	0.545	2.65	2.45	1.38	17.8
13.6	-9.8	1100	20	3.609	0.593	1.23	1.12	1.50	7.4
			10	3.601	0.568	1.62	1.47	1.43	10.3
			0	3.588	0.554	2.15	1.95	1.41	13.9
			-5	3.584	0.547	2.61	2.37	1.39	17.1
			-9.8	3.580	0.510	3.43	3.13	1.37	22.9
16.2	-12.2	1120	20	3.534	0.573	1.31	1.20	1.45	8.3
			10	3.525	0.569	1.73	1.57	1.44	10.9
			-5	3.508	0.544	2.83	2.58	1.39	18.6
			-10	3.504	0.535	3.49	3.18	1.37	23.2
			-12.2	3.500	0.533	4.22	3.84	1.36	28.2
18.8	-15.1	1140	20	3.462	0.582	1.43	1.26	1.48	8.5
			10	3.454	0.566	1.85	1.63	1.44	11.4
			0	3.442	0.550	2.56	2.25	1.40	16.1
			-5	3.433	0.542	3.12	2.74	1.39	19.8
			-10	3.429	0.533	3.87	3.40	1.37	24.8
			-15	3.425	0.542	4.78	4.19	1.35	31.0
21.2	-18.2	1160	20	3.395	0.579	1.55	1.33	1.46	9.1
			10	3.383	0.563	2.01	1.73	1.44	12.1
			0	3.374	0.547	2.82	2.44	1.40	17.5
			-5	3.366	0.538	3.44	2.96	1.38	21.5
			-10	3.362	0.530	4.30	3.70	1.36	27.1
			-15	3.358	0.522	5.28	4.55	1.35	33.9
			-18	3.358	0.518	6.08	5.24	1.33	39.4
23.1	-21.2	1175	20	3.345	0.565	1.67	1.42	1.47	9.6
			10	3.333	0.549	2.16	1.84	1.40	13.1
			0	3.324	0.544	3.04	2.59	1.39	18.6
			-5	3.320	0.536	3.75	3.20	1.38	23.3
			-10	3.312	0.528	4.71	4.02	1.36	29.5
			-15	3.308	0.520	5.75	4.90	1.34	36.5
			-21	3.303	0.514	7.75	6.60	1.32	50.0

附表 11　氯化钙水溶液的物性

质量分数 $w(\%)$	凝固点 $t_f/℃$	15℃时的密度 $\rho/(kg/m^3)$	温度 $t/℃$	质量定压热容 $c_p/[kJ/(kg \cdot K)]$	热导率 $\lambda/[W/(m \cdot K)]$	动力黏度 $\mu/(\times 10^3 Pa \cdot s)$	运动黏度 $\nu/(\times 10^6 m^2/s)$	热扩散率 $a/(\times 10^7 m^2/s)$	普朗特数 $Pr = a/\nu$
9.4	−5.2	1080	20	3.642	0.584	1.24	1.15	1.49	7.8
			10	3.634	0.570	1.55	1.44	1.45	9.9
			0	3.626	0.556	2.16	2.00	1.42	14.1
			5	3.601	0.549	2.55	2.36	1.41	16.7
14.7	−10.2	1130	20	3.362	0.576	1.49	1.32	1.52	8.7
			10	3.349	0.563	1.86	1.64	1.49	11.0
			0	3.328	0.549	2.56	2.27	1.46	15.6
			−5	3.316	0.542	3.04	2.70	1.44	18.7
			−10	3.308	0.534	4.06	3.60	1.43	25.3
18.9	−15.7	1170	20	3.148	0.572	1.80	1.54	1.56	9.9
			10	3.140	0.558	2.24	1.91	1.52	12.6
			0	3.128	0.544	2.99	2.56	1.49	17.2
			−5	3.098	0.537	3.43	2.84	1.48	19.8
			−10	3.086	0.529	4.67	4.00	1.47	27.3
			−15	3.065	0.523	6.15	5.27	1.47	35.9
20.9	−19.2	1190	20	3.077	0.569	2.00	1.68	1.55	10.9
			10	3.056	0.555	2.45	2.06	1.53	13.4
			0	3.044	0.542	3.28	2.76	1.49	18.5
			−5	3.014	0.535	3.82	3.22	1.49	21.5
			−10	3.014	0.527	5.07	4.25	1.47	28.9
			−15	3.014	0.521	6.59	5.53	1.45	38.2
23.8	−25.7	1220	20	2.973	0.565	2.35	1.94	1.56	12.5
			10	2.952	0.551	2.87	2.35	1.53	15.4
			0	2.931	0.538	3.81	3.13	1.51	20.8
			−5	2.910	0.530	4.41	3.63	1.49	24.4
			−10	2.910	0.523	5.92	4.87	1.48	33.0
			−15	2.910	0.518	7.55	6.20	1.46	42.5
			−20	2.889	0.510	9.47	7.77	1.44	53.8
			−25	2.889	0.504	11.57	9.48	1.43	66.5
25.7	−31.2	1240	20	2.889	0.562	2.63	2.12	1.57	13.5
			10	2.889	0.548	3.22	2.51	1.53	16.5
			0	2.868	0.535	4.26	3.43	1.51	22.7
			−10	2.847	0.521	6.68	5.40	1.48	36.6
			−15	2.847	0.514	8.36	6.75	1.46	46.3
			−20	2.805	0.508	10.56	8.52	1.46	58.5
			−25	2.805	0.501	12.90	10.40	1.44	72.0
			−30	2.763	0.494	14.81	12.00	1.44	83.0

（续）

质量分数 w(%)	凝固点 t_f/℃	15℃时的密度 ρ/(kg/m³)	温度 t/℃	质量定压热容 c_p/[kJ/(kg·K)]	热导率 λ/[W/(m·K)]	动力黏度 μ/(×10³Pa·s)	运动黏度 ν/(×10⁶m²/s)	热扩散率 a/(×10⁷m²/s)	普朗特数 $Pr=a/\nu$
27.5	-38.6	1260	20	2.847	0.558	2.93	2.33	1.56	24.9
			10	2.826	0.545	3.61	2.87	1.53	18.8
			0	2.809	0.531	4.80	3.81	1.50	25.3
			-10	2.784	0.519	7.52	5.97	1.48	40.3
			-20	2.763	0.506	11.87	9.45	1.46	65.0
			-25	2.742	0.499	14.71	11.70	1.44	80.7
			-30	2.742	0.492	17.16	13.60	1.42	95.5
			-35	2.721	0.486	21.57	17.10	1.42	120.0
28.5	-43.5	1270	20	2.805	0.557	3.14	2.47	1.56	15.8
			0	2.780	0.529	5.12	4.02	1.50	26.7
			-10	2.763	0.518	8.02	6.32	1.48	42.7
			-20	2.721	0.505	12.65	10.0	1.46	68.8
			-25	2.721	0.500	15.98	12.6	1.44	87.5
			-30	2.700	0.491	18.83	14.9	1.43	103.5
			-35	2.700	0.484	24.52	19.3	1.42	136.5
			-40	2.680	0.478	30.40	24.0	1.41	171.0
29.4	-50.1	1280	20	2.805	0.555	3.33	2.65	1.55	17.2
			0	2.755	0.528	5.49	4.30	1.5	28.7
			-10	2.721	0.576	8.63	6.75	1.49	45.5
			-20	2.680	0.504	13.83	10.8	1.47	73.4
			-30	2.659	0.490	21.28	16.6	1.44	115.0
			-35	2.638	0.483	25.50	19.9	1.43	139.0
			-40	2.638	0.477	32.36	25.3	1.42	179.0
			-45	2.617	0.470	40.21	31.4	1.40	223.0
			-50	2.617	0.464	49.03	38.3	1.3	295.0
29.9	-55	1286	20	2.784	0.554	3.51	2.75	1.55	17.8
			0	2.738	0.528	5.69	4.43	1.50	29.5
			-10	2.700	0.515	9.04	7.04	1.48	47.5
			-20	2.680	0.502	14.42	11.23	1.46	77.0
			-30	2.659	0.488	22.56	17.6	1.43	123.0
			-35	2.638	0.483	28.44	22.1	1.42	156.0
			-40	2.638	0.576	35.30	27.5	1.40	196.0
			-45	2.617	0.470	43.15	33.5	1.39	240.0
			-50	2.617	0.463	50.99	39.7	1.38	290.0

附表 12　乙烯乙二醇水溶液的物性

质量 分数 $w(\%)$	凝固点 $t_f/℃$	15℃时 的密度 $\rho/(kg/m^3)$	温度 $t/℃$	质量定压 热容 $c_p/$ $[kJ/(kg·K)]$	热导率 $\lambda/$ $[W/(m·K)]$	动力黏度 $\mu/$ $(×10^3Pa·s)$	运动黏度 $\nu/$ $(×10^6m^2/s)$	热扩散率 $a/$ $(×10^7m^2/s)$	普朗 特数 $Pr=a/\nu$
4.6	−2	1005	50	4.14	0.62	0.58	0.58	1.54	3.96
			20	4.14	0.58	1.08	1.07	1.39	7.7
			10	4.12	0.57	1.37	1.39	1.37	9.9
			0	4.1	0.56	1.96	1.95	1.35	14.4
12.2	−5	1015	50	4.1	0.58	0.69	0.677	1.41	4.8
			20	4.0	0.55	1.37	1.35	1.33	10.1
			0	4.0	0.53	2.54	2.51	1.33	18.9
19.8	−10	1025	50	3.95	0.55	0.78	0.76	1.33	5.7
			10	3.87	0.51	2.25	2.20	1.29	17
			−5	3.85	0.49	3.82	3.73	1.25	30
27.4	−15	1035	50	3.85	0.51	0.88	0.855	1.28	6.7
			20	3.77	0.49	1.96	1.90	1.25	15.2
			0	3.73	0.48	3.93	3.80	1.24	31
			−10	3.68	0.48	5.68	5.50	1.25	44
			−15	3.66	0.47	7.06	6.83	1.24	35
35	−21	1045	50	3.73	0.48	1.08	1.03	1.22	8.4
			20	3.64	0.47	2.45	2.35	1.22	19.2
			0	3.59	0.46	4.90	4.70	1.22	37.7
			−10	3.56	0.45	7.64	7.35	1.22	60
			−20	3.52	0.45	11.8	11.3	1.24	92
38.8	−26	1050	50	3.68	0.47	1.18	1.12	1.21	9.3
			20	3.56	0.45	2.74	2.63	1.21	21.6
			−10	3.48	0.45	8.62	8.25	1.24	67
			−25	3.41	0.45	18.6	17.8	1.26	144
42.6	−29	1055	50	3.60	0.44	1.37	1.3	1.16	11.2
			20	3.48	0.44	2.94	2.78	1.21	23
			−10	3.39	0.44	9.60	9.1	1.24	73
			−25	3.33	0.44	21.6	20.5	1.26	162
46.4	−33	1060	50	3.52	0.43	1.57	1.48	11.5	12.8
			20	3.39	0.43	3.43	3.24	1.19	27
			−10	3.31	0.43	10.8	10.2	1.22	84
			−20	3.27	0.43	18.1	17.2	1.24	140
			−30	3.22	0.43	32.3	30.5	1.26	242

附表 13　几种常用载冷剂的物性

使用温度 $t/℃$	载冷剂名称	质量分数 $w(\%)$	密度 $\rho/$ (kg/m^3)	质量定压热容 $c_p/$ [$kJ/(kg\cdot K)$]	热导率 $\lambda/$ [$W/(m\cdot K)$]	动力黏度 $\mu/(\times10^3Pa\cdot s)$	凝固点 $t_f/℃$
0	氯化钠水溶液	11	1080	3.676	0.556	2.02	−7.5
	氯化钙水溶液	12	1111	3.465	0.528	2.5	−7.2
	甲醇溶液	15	979	4.1868	0.494	6.9	−10.5
	乙二醇溶液	25	1030	3.834	0.511	3.8	−10.6
−10	氯化钠水溶液	18.8	1140	3.429	0.533	3.87	−15.1
	氯化钙水溶液	20	1188	3.041	0.501	4.9	−15.0
	甲醇溶液	22	970	4.066	0.461	7.7	−17.8
	乙二醇溶液	35	1063	3.561	0.4726	7.3	−17.8
−20	氯化钙水溶液	25	1253	2.818	0.4755	10.6	−29.4
	甲醇溶液	30	949	3.813	0.3878	—	−23.0
	乙二醇溶液	45	1080	3.312	0.441	21	−17.8
−35	氯化钙水溶液	30	1312	2.641	0.441	27.2	−50.0
	甲醇溶液	40	963	3.50	0.326	12.2	−42.0
	乙二醇溶液	55	1097	2.975	0.3725	90.0	−41.6

附表 14　主要国际单位制与常用单位名称对照

度量名称	国际单位制	符号	与基本单位的关系	常用单位	符号
长度	米	m	基本单位	米	m
质量	千克（公斤）	kg	基本单位	千克（公斤）	kg
时间	秒	s	基本单位	秒	s
温度	开，摄氏度	K,℃	$T/K = 273.15 + t/℃$	摄氏度	℃
力	牛顿	N	$1N = 1kg\cdot m/s^2$	公斤力	kgf
力矩	牛顿·米	N·m	$1N\cdot m = 1kg\cdot m^2/s^2$	公斤力·米	kgf·m
机械应力	牛顿/毫米²	N/mm²	$1N\cdot mm^2 = 10^6 kg\cdot m/(s^2\cdot m^2)$	公斤力/毫米²	kgf/mm²
压力	帕	Pa	$1Pa = 1N/m^2$ $= 1kg\cdot m/(s^2\cdot m^2)$	公斤力/厘米²	kgf/cm²
				标准大气压	atm
				米水柱	mH₂O
				毫米汞柱（托）	mmHg（Torr）
	巴	bar	$1bar = 100000Pa = 0.1MPa$		
功、能量 热量	焦耳	J	$1J = 1N\cdot m = 1kg\cdot m^2/s^2$	公斤力·米	kgf·m
			$4.1868J = 1cal$	卡	cal
			$1055.06J = 1Btu$	英热单位	Btu
功率	瓦	W	$1W = 1J/s = 1kg\cdot m^2/s^3$ $1W = 0.8598kcal/h$ $1kW = 1.341hp$	千瓦	kW
				英马力	hp
				公斤力·米/秒	kgf·m/s
				千卡/时	kcal/h

（续）

度量名称	国际单位制	符号	与基本单位的关系	常用单位	符号
热流量 （制冷能力）	瓦	W	$1W = 0.8598kcal/h$	千卡/小时	kcal/h
			$3517W = 1Rt（US）$	冷吨（美国）	Rt（US）
热导率	瓦/（米·开）	W/（m·K）	$1W/（m·K）=0.8598kcal/（m·h·℃）$	千卡/（米·时·摄氏度）	kcal/（m·h·℃）
传热系数	瓦/（米²·开）	W/（m²·K）	$1W/（m²·K）=0.8598kcal/（m²·h·℃）$	千卡/（米²·时·摄氏度）	kcal/（m²·h·℃）
比热容	焦耳/（千克·开）	J/（kg·K）	$1J/（kg·K）=0.2388kcal/（kg·℃）$	千卡/（千克·摄氏度）	kcal/（kg·℃）
动力黏度	帕·秒	Pa·s	$1Pa·s = 1kgf·s/m² = 10P$	公斤力·秒/米²	kgf·s/m²
				泊	P
运动黏度	米²/秒	m²/s	$1St = 0.0001m²/s$	斯［托克斯］	St

附表15　常用单位换算

度量单位	国际单位	常用单位	对应关系
力	N（$1N = 1kg·m/s²$）	kgf	$1N = 0.10197kgf$
		dyn	$1N = 100000dyn$
压力	Pa（$1Pa = 1N/m²$）	kgf/m²	$1Pa = 0.10197kgf/m²$
	bar（$1bar = 0.1MPa$）	kgf/cm²	$1bar = 1.0197kgf/cm²$
		mmHg	$1bar = 750.06mmHg$
		mH₂O	$1bar = 10.197mH_2O$
		atm	$1bar = 0.98962atm$
		lbf/in²	$1bar = 14.5038lbf/in²$
功、热量	J（$1J = 1N·m$）	cal	$1J = 0.23885cal$
		kgf·m	$1J = 0.10197kgf·m$
功率、热流量	W（$1W = 1J/s$）	cal/s	$1W = 0.23885cal/s$
		kgf·m/s	$1W = 0.10197kgf·m/s$
	kW（$1kW = 1kJ/s$）	kcal/h	$1kW = 859.85kcal/h$
		hp	$1kW = 1.341hp$
热导率	W/（m·K）	kcal/（m·h·℃）	$1W/（m·K）=0.85985kcal/（m·h·℃）$
传热系数	W/（m²·K）	kcal/（m²·h·℃）	$1W/（m²·K）=0.85985kcal/（m²·h·℃）$
比热容	kJ/（kg·K）	kcal/（kg·℃）	$1kJ/（kg·K）=0.23885kcal/（kg·℃）$
	kJ/（m³·K）	kcal/（m³·K）	$1kJ/（m³·K）=0.23885kcal/（m³·K）$
动力黏度	Pa·s	P	$1Pa·s = 10P$
		kgf·s/m²	$1Pa·s = 0.10197kgf·s/m²$
运动黏度	m²/s	St	$1m²/s = 10000St$

参 考 文 献

[1] 石文星，田长青，王宝龙．空气调节用制冷技术 [M].5 版．北京：中国建筑工业出版社，2016.

[2] 李树林．制冷技术 [M]．北京：机械工业出版社，2003.

[3] 全国勘察设计注册工程师公用设备专业管理委员会秘书处．全国勘察设计注册公用设备工程师暖通空调专业考试复习教材：2019 [M].3 版．北京：中国建筑工业出版社，2019.

[4] 陆亚俊，马最良，姚杨．空调工程中的制冷技术 [M]．哈尔滨：哈尔滨工程大学出版社，1997.

[5] 陆亚俊，马世君，王威．建筑冷热源 [M].2 版．北京：中国建筑工业出版社，2015.

[6] 丁云飞．空调冷热源工程 [M]．北京：机械工业出版社，2019.

[7] 龙恩深．冷热源工程 [M].3 版．重庆：重庆大学出版社，2013.

[8] 张昌．热泵技术与应用 [M]．北京：机械工业出版社，2008.

[9] 刘泽华，彭梦珑，周湘江．空调冷热源工程 [M]．北京：机械工业出版社，2005.

[10] 郭庆堂．实用制冷工程设计手册 [M]．北京：中国建筑工业出版社，1994.

[11] 周谟仁．流体力学泵与风机 [M]．北京：中国建筑工业出版社，1985.

[12] 张祉祐．制冷原理与设备 [M]．北京：机械工业出版社，1987.

[13] 蒋能照．空调用热泵技术及应用 [M]．北京：机械工业出版社，1997.

[14] 燃油燃气锅炉房设计手册编写组．燃油燃气锅炉房设计手册 [M]．北京：机械工业出版社，1998.

[15] 吴味隆．锅炉及锅炉房设备 [M].5 版．北京：中国建筑工业出版社，2014.

[16] 秦裕琨．燃油燃气锅炉实用技术 [M]．北京：中国电力出版社，2001.

[17] 中国机械工业联合会．锅炉房设计规范：GB 50041—2008 [S]．北京：中国计划出版社，2008.

[18] 马最良，吕悦．地源热泵系统设计与应用 [M].2 版．北京：机械工业出版社，2014.

[19] 佚名．地源热泵工程技术指南 [M]．徐伟，等译．北京：中国建筑工业出版社，2001.

[20] 中华人民共和国建设部．地源热泵系统工程技术规范：GB 50366—2005 [S]．北京：中国建筑工业出版社，2006.

[21] 全国冷冻空调设备标准化技术委员会．水（地）源热泵机组：GB/T 19409—2013 [S]．北京：中国标准出版社，2014.

[22] 中华人民共和国住房和城乡建设部．工业建筑供暖通风与空气调节设计规范：GB 50019—2015 [S]．北京：中国计划出版社，2016.

[23] 全国能源基础与管理标准化技术委员会省能材料应用技术分委员会．设备及管道绝热设计导则：GB/T 8175—2008 [S]．北京：中国标准出版社，2009.

[24] 中华人民共和国住房和城乡建设部．公共建筑节能设计标准：GB 50189—2015 [S]．北京：中国建筑工业出版社，2015.

[25] 王伟，倪龙，马最良．空气源热泵技术与应用 [M]．北京：中国建筑工业出版社，2017.

[26] 中华人民共和国商务部．冷库设计规范：GB 50072—2010 [S]．北京：中国计划出版社，2010.

[27] 全国冷冻空调设备标准化技术委员会．制冷剂编号方法和安全性分类：GB/T 7778—2017 [S]．北京：中国标准出版社，2017.

[28] 全国制冷标准化技术委员会．制冷术语：GB/T 18517—2012 [S]．北京：中国标准出版社，2013.

[29] 全国石油产品和润滑剂标准化技术委员会．冷冻机油：GB/T 16630—2012 [S]．北京：中国标准出版社，2013.

[30] 全国冷冻空调设备标准化技术委员会．活塞式单级制冷剂压编机（组）：GB/T 10079—2018 [S]．北京：中国标准出版社，2018.

[31] 全国冷冻空调设备标准化技术委员会．全封闭涡旋式制冷剂压缩机：GB/T 18429—2018 [S]．北京：中国质检出版社，2018.

［32］全国冷冻空调设备标准化技术委员会. 螺杆式制冷压缩机：GB/T 19410—2008 ［S］. 北京：中国标准出版社，2009.

［33］全国家用电器标准化技术委员会. 房间空气调节器用全封闭型电动机 – 压缩机：GB/T 15765—2014 ［S］. 北京：中国标准出版社，2015.

［34］全国家用电器标准化技术委员会. 电冰箱用全封闭型电动机 – 压缩机：GB/T 9098—2008 ［S］. 北京：中国标准出版社，2009.

［35］全国冷冻空调设备标准化技术委员会. 汽车空调用制冷压缩机：GB/T 21360—2018 ［S］. 北京：中国标准出版社，2018.